青藏高原羌塘沉积盆地演化与油气资源丛书

青藏高原羌科1井科学钻探工程

Initial Report of Qinghai-Tibet Plateau Scientific Drilling Project（QK-1）
of the Mesozoic Qiangtang Basin

王 剑 宋春彦 付修根 谭富文 董维哲 等 著

科学出版社

北 京

内 容 简 介

本书全面介绍了羌塘盆地油气资源战略调查工程所取得的成果资料。全书共分 11 章,对青藏高原羌塘盆地第一口油气科学探井——羌科 1 井(QK-1)及其配套地质浅钻所获得的珍贵资料进行了全面、系统、客观的介绍,主要包括羌科 1 井(QK-1)立项依据与组织实施过程、羌塘盆地地质背景、科探井实施依据、钻井工程(钻井、录井、测井和固井)实施情况、钻遇地层(岩石学、矿物学、沉积相及构造)特征、油气显示及勘探前景分析等,同时还对钻探工程中遇到的问题与实践经验进行了初步总结,提出了相应的技术改进措施与建议。

本书对羌塘盆地下一步油气勘探和地质研究具有重要的借鉴与指导意义,亦可供从事青藏高原及特提斯构造域地球动力学研究的相关专业技术人员和院校师生参考使用。

图书在版编目(CIP)数据

青藏高原羌科 1 井科学钻探工程/王剑等著. —北京:科学出版社,2022.10
(青藏高原羌塘沉积盆地演化与油气资源丛书)
ISBN 978-7-03-071071-0

Ⅰ. ①青… Ⅱ. ①王… Ⅲ. ①青藏高原－含油气盆地－油气钻井
Ⅳ. ①TE242

中国版本图书馆 CIP 数据核字(2021)第 265441 号

责任编辑:罗 莉/责任校对:彭 映
责任印制:罗 科/封面设计:蓝创视界

科 学 出 版 社 出版
北京东黄城根北街 16 号
邮政编码:100717
http://www.sciencep.com
四川煤田地质制图印刷厂印刷
科学出版社发行 各地新华书店经销
*
2022 年 10 月第 一 版 开本:787×1092 1/16
2022 年 10 月第一次印刷 印张:32 1/4
字数:765 000
定价:398.00 元
(如有印装质量问题,我社负责调换)

丛书编委会

主　　编：王　剑　付修根

编　　委：谭富文　陈　明　宋春彦　陈文彬
　　　　　刘中戎　孙　伟　曾胜强　万友利
　　　　　李忠雄　戴　婕　王　东　谢尚克
　　　　　占王忠　周小琳　杜佰伟　冯兴雷
　　　　　陈　浩　王羽珂　曹竣锋　任　静
　　　　　马　龙　王忠伟　申华梁　郑　波

参 与 人 员

1. 工程首席

王　剑　工程首席
　　　　中国地质调查局成都地质调查中心（西南石油大学）
付修根　工程副首席（后期任首席）
　　　　中国地质调查局成都地质调查中心（西南石油大学）
谭富文　工程副首席
　　　　中国地质调查局成都地质调查中心

2. 二级项目负责人

付修根　二级项目负责人
　　　　中国地质调查局成都地质调查中心（西南石油大学）

3. 前线指挥部

王　剑　总指挥
　　　　中国地质调查局成都地质调查中心（西南石油大学）
谭富文　副总指挥
　　　　中国地质调查局成都地质调查中心
徐常生　副总指挥
　　　　中原钻井三公司
翟群林　副总指挥（后期）
　　　　中原钻井三公司
付修根　总工程师
　　　　中国地质调查局成都地质调查中心（西南石油大学）
羽保林　副总工程师
　　　　中原钻井三公司
陈　明　副总工程师
　　　　中国地质调查局成都地质调查中心
董维哲　项目经理
　　　　中原钻井三公司
汪大明　办公室主任
　　　　中国地质调查局资源评价部
　　　　中国地质调查局成都地质调查中心

罗　琼　项目副经理

　　　　中原钻井三公司

宋春彦　羌科 1 井钻井负责人

　　　　中国地质调查局成都地质调查中心

万　方　二级项目联络人

　　　　中国地质调查局成都地质调查中心

占王忠　羌科 1 井联络人

　　　　中国地质调查局成都地质调查中心

4. 随钻综合研究（中国地质调查局成都地质调查中心）

付修根　项目负责人

宋春彦　彭清华　钻井技术组负责人

申华梁　冯兴雷　录井组技术负责人

万友利　谢尚克　录井薄片鉴定组负责人

戴　婕　任　静　扫描电镜鉴定组负责人

李忠雄　马　龙　地震资料解译与地层预测组负责人

占王忠　卫红伟　综合与后勤保障组负责人

5. 井震标定组（中国石油化工股份有限公司勘探分公司）

郑天发　组长

刘中戎　副组长

成　员：王均杰　陈祖庆　孙进华　蒲　勇　范志伟　盛秋红　李文超　张矿明
　　　　闻　涛　李旭文　马成宪　何志文　孙庭金　张国常　何志勇

6. 地质设计（中国地质调查局成都地质调查中心）

付修根　宋春彦　陈　明　陈文彬　冯兴雷　王　东　彭清华

7. 工程设计（中国石化胜利石油工程有限公司钻井工艺研究院）

刘云鹏

8. 数字岩心分析（数岩科技厦门股份有限公司）

张运波　符　颖　朱　健

9. 现场钻井技术监督（中国地质调查局北京探矿工程研究所）

单文军　张德龙

10. 工程监理（成都中油勘探监理有限公司）

曹　斌　组长

郑基炬　技术负责

成　员：赵国卫　郑金陆　郑志斌　王希平　张宏伟　杨　毅　杨　斌　王建国
　　　　武光华

11. 钻前施工（中国石化中原石油工程有限公司钻井三公司）

李自力　组长
成　员：郭庆阳　王志华　车先超　牛遂军　权社教　周建山　王晋军　代长青
　　　　李维民　陈继慧　李　杰　高永庆　韩昭士　李昌华

12. 钻井施工（中国石化中原石油工程有限公司钻井三公司）

董维哲　项目部经理
罗　琼　书记
成　员：葛要奎　高小芄　席小军　靳锟锟　陈安祥　杜红雨　刘　闯　马耀飞
　　　　闫玉鹏　郭建设　李　刚　崔继峰　薛红册　张克俊　李立斌　刘生生
　　　　李世豪　王亚飞　王亚南　岳旭松　叶志国　王凡超　李富川　丁　鑫
　　　　刘瑞勇　沈　坤　陈　涛　李　浩　曹官华　谷令龙　黄瑞亮　白　莹
　　　　赵胜军　郑　珍　姬晓光　冯冠凯　张　宏　刘　波　马守良　程　亮
　　　　秦保军　孙洪宇　孙双虎　王　飞　徐贵国　李小龙　李跃强　王兆阳
　　　　文庆玲　袁春波　赵　健　赵紫文　白光华　崔同员　范彬彬　蒲小刚
　　　　宋志高　吴轲轲　路　强　张亮亮　李忠伟　朱　川　张　平　焦德成
　　　　张晓华　王冬冬　谢启钊　郭超俊　郭　威　汪明俊　康学生　姬晓光
　　　　高学斌　周　海　王　涛　周高隆　杨荣星

13. 录井施工（中国石化中原石油工程有限公司录井公司）

徐泽海　项目经理
成　员：王志刚　庞春明　刘　峰　梁贝贝　沈志敏　张朝晖　闫　磊　王　勇
　　　　白立峰　高川川　余　彪　张保喜　张卫肖　张兆全　单彦彬　高　伟
　　　　窦汝利　张大岭　娄凡金　李　梁　叶乾宇　刘军杰　张水洲　龚宏涛
　　　　刘彦生　贾向虎　畅旺战　崔守营　王道哲　卫腾飞　李治龙　宋道胜
　　　　舒丹桂　李保星　赵万强

14. 测井施工（中国石化中原石油工程有限公司地球物理测井公司）

孙立彬　技术负责
单绍轩　测井队长
成　员：张文涛　李合林　田　烨　和少伟　蔡　蓉　侯立云　凌志红　马娟娟
　　　　王卫萍　于世建　姜登美　李喜清　陈汉林　陈　斌　汪　权　钟　浩
　　　　胡荆陵　胡　勇　高顺军　郭　光　崔敬华　李　斌　张志刚　伏长春
　　　　高永乾　丁润新　王亮亮

15. 固井施工（中国石化中原石油工程有限公司固井公司）

陈道元　组长

成　员：乐振好　姚志翔　陈建国　张国利　王同敏　唐登峰　王艳峰　崔永杰
　　　　胡永胜　张力文　张世玉　黄　亮　吕昌敬　杨　斌　刘广振　刘勇国
　　　　李松见　杨世涛　郑高武　薛贺星　于敦行　王金峰　段洪岩　谭　巍
　　　　刘文昌　朱建民

16. 后勤服务（中国石化中原石油工程有限公司钻井三公司）

石　岩　负责人

成　员：范道普　何志勇　张　博　张东旺　赵攀登　苏　东　肖瑞成　郭志平

17. 地质浅钻

羌资 7 井、羌资 8 井

宋春彦　谢尚克　甲方负责人
　　　　　　　中国地质调查局成都地质调查中心

龚　军　钻井施工负责人
　　　　西藏地勘局第六地质大队

王海勇　技术员
　　　　西藏地勘局第六地质大队

唐　斌　技术员
　　　　西藏地勘局第六地质大队

谢小国　测井负责人
　　　　四川中成煤田物探工程院有限公司

羌资 16 井、羌地 17 井

陈文彬　曾胜强　王　东　沈利军　甲方负责人
　　　　　　　中国地质调查局成都地质调查中心

赵宏兵　钻井施工负责人
　　　　西藏地勘局第六地质大队

王海勇　技术员
　　　　西藏地勘局第六地质大队

唐　斌　技术员
　　　　西藏地勘局第六地质大队

谢小国　测井负责人
　　　　四川中成煤田物探工程院有限公司

前　言

羌塘盆地位于青藏高原北部，是我国陆上新区油气勘探程度最低、面积最大（约22 万 km²）、地层沉积序列最完整的中生代海相含油气盆地。大地构造位置上，羌塘盆地归属特提斯-喜马拉雅构造域东段，油气地质条件与西侧毗邻的中东油气区有许多相似之处。这一特殊的大地构造背景，使得羌塘盆地油气资源前景备受关注。

近 30 年来，我国油气地质工作者在条件极其艰苦的藏北高原开展了系统的油气地质调查与研究工作，完成了从盆地油气预查到资源潜力评价、战略选区及靶区预测过程，获得了一系列新发现与新认识，预测其地质远景资源量在百亿吨以上，并提出羌塘盆地是我国最有希望获得突破的陆上油气勘探新区。

然而，学界对上述认识也存在不同的看法，争论的焦点主要包括两个方面：一是保存条件，一些学者认为高原隆升与剥蚀作用导致地层出露并遭受破坏，缺乏有效封盖层是油气成藏的致命弱点；二是盆地生烃潜力，20 世纪 90 年代中国石油天然气集团有限公司（简称中国石油）获取的大量地表露头烃源岩样品，其有机碳含量通常不高，因而认为羌塘盆地缺乏优质烃源岩。

围绕上述石油地质问题及盆地资源潜力评价，中国地质调查局组织开展了"羌塘盆地油气资源战略调查工程"（2016—2019 年）及其配套地质浅钻工作（主要包括羌地 17 井、羌资 7 井、羌资 8 井及羌资 16 井），在采集获得 1160km 信噪比较高、能清晰识别出地覆构造与地层层序的地震资料的基础上，经多次井位论证，最终确定在藏北高原羌塘盆地北部实施科学钻探，并命名为羌参 1 井[后更名为羌科 1 井(QK-1)，下同]。该科探井位于半岛湖 6 号背斜构造核部，开孔海拔为 5030m，终孔井深为 4696.18m，钻遇了从上侏罗统索瓦组至上三叠统那底岗日组的连续地层序列，同时还获得了包括孔隙度三要素[声波时差（acoustic，AC）、密度（density，DEN）及补偿中子测井（compensated neutron log，CNL）]、泥质岩含量三要素[自然伽马（natural gamma ray, GR）、自然电位（spontaneous potential，SP）及井径 C13 和 C24）]、电阻率四要素[深侧向电阻率（deep lateral resistivity logging，LLD）、浅侧向电阻率（shallow lateral resistivity logging，LLS）、视电阻率 R25 及 4 m 电阻率]等全部测井资料。科探井（QK-1）钻井工程造价为 1.78 亿元，与之配套的地质浅钻及前期二维地震投入约 3 亿元。

通过实施羌科 1 井及其配套地质浅钻，获得了北羌塘盆地覆盖区始新统—上侏罗统—上三叠统所有地层单元的全部岩心或岩屑样品及测录井资料，在油气封盖条件、优质烃源岩、油气显示、地层沉积序列、高原油气勘探技术及钻井经验积累等方面，都获得了一系列新发现、新认识：①钻探发现了两套巨厚层硬石膏或含膏泥质岩盖层，同时钻井、地震资料及沉积相综合分析证实，这些盖层区域分布连续、稳定，油气封盖性能良好；②地质浅钻揭示，北羌塘盆地边缘带上三叠统滨岸沼泽-三角洲平原相区发育了较好的烃源岩，预测北羌塘拗陷覆盖区发育更好的优质烃源岩；③钻探共发现气测异常 13 层，结合地表露头广泛分布的油气显示分析，表明羌塘盆地有过大规模油气生成聚集与油气藏破坏过程，同时也存在油气有利保存区带；④科探井钻遇了侏罗系完整连续的地层沉积序列，总体上表现为陆缘近海湖相沉积逐渐演化为滨-浅海相及碳酸盐台地，地层沉积序列资料为羌塘含油气盆地分析提供了新的依据；⑤首次获得了高寒缺氧极端环境下高原钻探实践经验积累，形成了相应的技术改进措施与建议。上述新发现新认识对于羌塘盆地油气勘探乃至青藏高原与特提斯构造域地球动力学研究都具有重要的借鉴与指导意义。

　　本专著由王剑、宋春彦、付修根、谭富文、董维哲等共同组织编写，羌科 1 井工程所有项目成员（见参与人员表）分别参与了野外工作、室内综合研究或报告编写工作，本专著成果是这些成果报告的综合、集成与凝练。

　　羌科 1 井工程得到了中国地质调查局的大力支持与领导，中国地质调查局成都地质调查中心牵头组织完成了立项设计与野外施工；转入室内综合研究阶段后，西南石油大学在科研团队、科研经费、实验与办公条件等方面都给予了极大的支持，牵头组织完成了室内资料整理与综合研究工作；中国石油化工集团有限公司（简称中国石化）中原石油工程公司钻井三公司、中国石油化工股份有限公司勘探分公司、中国石油集团东方地球物理勘探有限责任公司、西藏自治区地质矿产勘查开发局、北京探矿工程研究所、中国地质大学（北京）、中国地质调查局拉萨工作站、中国地质调查局油气中心等单位分别参加了二维地震攻关、科探井施工、地质浅钻、综合研究、项目监理、资料归档或后勤保障等工作，在此一并致以衷心感谢！

　　羌科 1 井是一个系统的庞大工程，参加前期二维反射地震施工及科研的人员在 1200 人以上，参加钻探施工及随钻的科研人员在 250 人以上。在立项论证、项目实施及重大疑难问题解决过程中，得到了许多专家的悉心指导，多吉、翟光明、刘宝珺、罗平亚、康玉柱、郭旭升及丁林等院士为工程实施提供了关键性咨询意见与建议；冉隆辉、邹家建、乔德武、李学义及李永铁等教授级高级工程师自始至终跟踪项目综合研究，协助综合组解决项目实施过程中出现的重大问题。此外，参与咨询或部分工作的专家还有：张友焱、甘贵元、陈志勇、谢渊、朱同兴、尹福光、王二七、潘桂棠、李海兵、樊腊生、伊海生、李亚林、孙平、陈永武、翟刚毅、胡志方、胡东风、敬朋贵、肖秋苟、廖建河、陈建文、于常青、何远信、张利军、马丰臣、黄兵及刘新义等，在此一并致以衷心的感谢！

　　最后，对曾经冒着生命危险、长期奋战在藏北高原海拔 5000m 以上、气温零下 40℃ 以下、寒风凛冽、紫外辐射超强、含氧量仅为平原 30%这样恶劣条件下，坚持完成羌科 1 井工程任务的工程技术人员、科研人员、管理人员及后勤服务人员致以衷心感谢！是他们以生命和健康为代价，获得了羌塘盆地未知领域的第一份珍贵资料，对他们为国家事业的献身精神，致以崇高敬意！

　　由于羌科 1 井及其配套地质浅钻形成的资料多、涉及面广，本次编写首先是以客观、准确、真实反映原始数据为原则，因此没有过多解读、延伸扩展原始资料的适用范围；其次是羌塘盆地整体上油气勘探程度较低，加之参与编写的单位及人员较多，时间仓促，水平有限，因此，编者在总结、归纳、消化原始资料方面，难免挂一漏万、失之偏颇或囫囵吞枣。在此，恳请读者不吝批评指正。

王　剑

2021.12 月于成都

目 录

第一章 绪 论

羌科 1 井科学钻探工程是由中国地质调查局组织部署、成都地质调查中心牵头负责、有关石油公司及高等院校科研院所等十多家单位共同参与完成的一项重大油气地质钻探工程。羌科 1 井是青藏高原羌塘盆地第一口以获取油气地质参数为目的的科探井，也是目前世界上海拔最高（井口海拔为 5030m）的科学探井。

该科探井位于藏北高原羌塘盆地北部无人区，2016 年 12 月 6 日开钻，2019 年 3 月提前完钻终孔，终孔井深为 4696.18m（设计井深为 5500m），钻遇了从上侏罗统至上三叠统的连续地层序列，在基础地质、石油地质（特别是烃源岩与保存条件）、工程地质及高原钻探技术等方面取得了一系列新资料、新发现、新认识与新经验。

一、科学问题的提出

青藏高原北部羌塘盆地石油地质预查始于 20 世纪 90 年代。30 多年来，中国石油与自然资源系统有关单位相继对羌塘盆地开展了油气地质普查及两轮油气资源战略选区评价工作（赵政璋等，2001a，2001b，2001c，2001d；王成善等，2001；王剑等，2004，2009a）。截至羌科 1 井工程二维反射地震调查启动前的 2015 年初，先后在羌塘盆地累计完成二维反射地震勘探 2700km、岩心地质浅钻 17 口（总进尺为 13688m）、1∶5 万构造详查及化探 3423km²、1∶2.5 万和 1∶5 万油页岩评价 800km²，综合研究路线地质调查 5071km，实测地层剖面 192km，采集各类样品 23230 件、地质走廊大剖面综合调查 810km、电磁测量 2574km、微生物化探 700km² 等（王剑等，2020）。

通过上述油气地质普查及油气资源战略选区评价工作，羌塘盆地在基础地质、石油地质及地球物理勘探等方面主要取得了以下重要成果：一是提出了羌塘盆地具有形成大型油气田的潜力，预测其远景资源量在百亿吨以上，是我国油气资源战略选区的首选目标；二是预测优选出 6 个油气勘探有利区带、9 个重点区块；三是基本查明了羌塘盆地沉积充填序列、地层-构造格架、岩相古地理特征及基底隆拗格局。

然而，由于羌塘盆地油气勘探程度整体上还非常低，因此对盆地性质及石油地质条件还存在不同的看法。在基础地质方面，沉积盆地基底结构、隆拗格局、沉积层序及岩相古地理演化等有待通过科探井工程对盆地覆盖区加以验证；在石油地质条件方面，盆地覆盖区优质烃源岩、规模性储层、区域封盖层及保存条件等还有待通过科探井进一步证实；在方法技术方面，一是二维地震勘探展开及资料处理有待钻井资料的约束与标定，二是高原缺氧条件下钻探技术有待探索尝试。

基于上述工作基础和有待解决的科学问题，中国地质调查局 2015 年初在组织部署《全国陆域能源矿产地质调查计划》过程中，通过组织专家反复论证，把《羌塘盆地油气资源战略调查工程》作为该计划的第一个项目，列入了该计划首批启动的五十个工程之一，由中国地质调查局成都地质调查中心牵头并承担。

2015～2016 年，成都地质调查中心组织中国石化、中国石油等相关单位，先后对北羌塘拗陷半岛湖地区、托纳木-笙根地区、南羌塘拗陷隆鄂尼-鄂斯玛及东部的玛曲地区开展了重点区块二维反射地震勘探，完成二维反射地震勘探 1160km，获得了一批信噪比高、能清晰识别出地覆构造与地层层序的地震资料。在此基础上，通过多次井位论证与现场考察，最终于 2016 年下半年确定在北羌塘拗陷半岛湖 6 号构造核部实施科学钻探，命名为羌参 1 井（后更名为羌科 1 井），设计井深为 5500m。

2016 年 12 月 6 日，成都地质调查中心组织中国石化中原石油工程公司钻井三公司正式启动了羌科 1 井钻探工程，中国地质调查局李金发副局长莅临现场指导。

二、科探井科学目标

羌塘盆地与中东油气区同属于特提斯构造域，被认为是我国最有希望取得突破的油气勘探新区。围绕羌塘盆地有待解决的重大科学问题，羌科 1 井科学钻探工程特制定了以下几个方面的科学目标（表 1-1）：

（1）建立羌塘盆地半岛湖地区地层岩性（岩相）、电性、物性、地层压力及含油气性剖面；

（2）探明羌塘盆地中生界油气地质条件，获取羌塘盆地中生界烃源岩发育情况及其生烃潜力、储盖条件及其组合特征资料，为羌塘盆地油气勘探提供依据；

（3）获取地球物理相关参数，准确标定地震层位，验证地球物理资料的准确性、地腹构造的可靠性；

（4）探索藏北高原冻土条件下的钻井、测井、完井及测试工艺技术，形成独特的石油钻井工程工艺技术；

（5）力争取得重大油气发现，实现羌塘盆地油气勘探的历史性突破。

表 1-1　羌科 1 井钻探工程目标任务

序号	研究内容	目标任务
1	羌塘盆地井位论证与优选	对二级项目在羌塘盆地开展的各项工作进行总结，形成二维地震创新方法技术、盆地油气勘探创新理论、盆地参数井研究成果和技术创新成果，形成综合总结报告
2	羌塘盆地羌科 1 井钻井工程	继续组织实施好羌科 1 井钻井工程，完成羌科 1 井剩余的钻井、录井、测井、固井等工作；对工程进行有效监督与管理，确保工程质量良好；继续开展羌科 1 井跟踪研究，提出油气测试建议，并根据羌科 1 井获取的地质、地球物理资料建立羌科 1 井地层铁柱子
3	羌塘盆地参数井井震联合反演与属性分析	充分利用羌科 1 井、羌地 17 井钻探成果资料，开展北羌塘半岛湖地区中生界油气勘探潜力评价、二维地震资料连片精细解释、地震资料地震相研究、地震资料属性分析与反演、区带评价优选、圈闭识别描述与目标评价工作。此外，在此基础上总结形成羌塘盆地二维地震方法技术
4	羌塘盆地羌科 1 井单井综合评价	以羌科 1 井工程为重点研究对象，继续开展羌科 1 井单井综合评价，并根据羌科 1 井的取心情况开展数字岩心分析，为羌塘盆地下一步的井位论证与优选提供依据
5	羌科 1 井邻区地质调查与评价	利用新获得的羌塘盆地参数井石油地质参数，对盆地内已有地质调查井，特别是本单位已经实施的 17 口地质调查井资料进行归纳总结和综合集成，为完善羌塘盆地地层铁柱子，重新评价盆地油气地质条件与油气资源潜力提供依据

续表

序号	研究内容	目标任务
6	羌科 1 井外围有利区调查与优选	以路线地质调查、实测剖面、观测剖面等为工作手段,以色哇-昂达尔错含油气带和伦北盆地为工作重点,分析研究区地层特征、构造特征、沉积充填序列和岩相古地理演化等,评价烃源岩、储层、盖层等基本石油地质条件,结合已有的地球物理和地质钻井资料,评价研究区的油气资源潜力,优选有利油气区带及区块,为下一步油气调查勘探奠定基础
7	羌塘盆地野外后勤保障	完善拉萨、双湖后勤保障工作站,建立信息服务管理系统,保障野外工作顺利施工。总结高原野外营地标准化建设、羌科 1 井环境评估和验收、总结后勤保障经验等收尾工作

围绕上述科学目标,羌科 1 井钻探施工进一步明确、细化了钻井施工要求:按项目设计完成羌科 1 井钻、录、测、固井施工;获取岩屑录井、荧光录井、气测及综合录井仪录井完整资料,获取钻井岩心及综合地球物理测井等参数资料,获取羌科 1 井钻遇地层的岩电、流体及地球物理参数资料;对可能发现的油气显示层进行中途测试和完井压裂试油;集成与创新高原冻土条件下的钻井技术。

三、研究内容与任务分解

羌塘盆地油气资源战略调查工程(2016~2019 年)是全国陆域能源矿产地质调查计划所属任务之一,该工程由 3 个方面的研究内容构成(表 1-2):①羌塘盆地金星湖-隆鄂尼地区油气资源战略调查(由中国地质调查局成都地质调查中心承担);②羌塘盆地隆鄂尼-鄂斯玛地区油气构造地质调查(由中国地质科学院承担);③伦坡拉、尼玛与措勤盆地油气基础地质调查(由中国地质调查局油气资源调查中心承担)。

表 1-2 羌塘盆地油气资源战略调查工程研究内容与任务分解

计划	工程	二级项目研究内容	子项目研究内容	研究目标
全国陆域能源矿产地质调查计划	羌塘盆地油气资源战略调查工程	羌塘盆地金星湖-隆鄂尼地区油气资源战略调查	羌塘盆地参数井井震联合反演与属性分析	实现井震联合反演
			羌塘盆地羌科 1 井钻井工程	实施羌科 1 井(5500m)
			羌科 1 井邻区地质调查与评价	完成井区区域地质调查
			羌科 1 井外围有利区调查与优选	完成井区油气地质填图
			羌塘盆地井位论证与优选	钻井目标优选
			羌塘盆地羌科 1 井单井综合评价	组织单井评价
			羌塘盆地野外后勤保障工程	确保后勤保障
		羌塘盆地隆鄂尼-鄂斯玛地区油气构造地质调查	隆鄂尼-鄂斯玛地区重要逆冲推覆构造综合调查	调查重要区块主要断层和推覆构造

续表

计划	工程	二级项目研究内容	子项目研究内容	研究目标
全国陆域能源矿产地质调查计划	羌塘盆地油气资源战略调查工程	羌塘盆地隆鄂尼-鄂斯玛地区油气构造地质调查	隆鄂尼-鄂斯玛地区二维地震资料处理与解释	地震反射资料处理技术攻关
			隆鄂尼-鄂斯玛地区油气地质构造保存条件调查	研究羌塘盆地南部构造与油气生储盖关系，发现和评价有利构造圈闭
		伦坡拉、尼玛与措勤盆地油气基础地质调查	伦坡拉盆地油气资源潜力分析	评价伦坡拉盆地常规、非常规油气资源潜力
			尼玛盆地油气基础地质调查	优选尼玛盆地油气远景区、有利区带及目标区
			措勤盆地油气基础地质调查	优选措勤盆地油气远景区、勘查区块及目标区

羌科 1 井科学钻探是羌塘盆地油气资源战略调查工程（2016～2019 年）的核心内容，工程总造价为 1.78 亿元。与羌科 1 井配套的工程还包括前期已完成的近 2000km 二维反射地震勘探（2015）、羌资 7 井至羌资 15 井等 9 口地质浅钻（2014～2015 年），以及与羌科 1 井同时进行钻探的羌资 16 井（2016 年）及羌地 17 井（2017 年）等，二维地震及地质浅钻配套工程累计投入经费约 3 亿元。

为了组织实施好羌科 1 井科学钻探工程，该科探井工程在 2016～2018 年设置了 7 个方面的工作内容，命名为 7 个子项目（表 1-2）：羌塘盆地井位论证与优选、羌塘盆地羌科 1 井钻井工程、羌塘盆地参数井井震联合反演与属性分析、羌塘盆地羌科 1 井单井综合评价、羌科 1 井邻区地质调查与评价、羌科 1 井外围有利区调查与优选、羌塘盆地野外后勤保障工程。7 个子项目均由中国地质调查局成都地质调查中心承担，其目标任务围绕羌科 1 井展开，同时根据需要，子项目下设了外协课题，项目承担单位通过与科研院所及石油公司的合作，共同完成了羌科 1 井的科学钻探任务。

四、井位论证过程

羌科 1 井井位经过了 4 次专题研讨、4 次综合论证及 1 次综合培训，通过上述井位论证工作，优选出半岛湖-万安湖重点区块，预测了科探井钻遇地层序列、岩石及构造特征；根据岩相古地理有利条件及"断背＋构造高点＋压力异常"，于 2016 年底至 2017 年初确定了西藏自治区双湖县北部半岛湖 6 号背斜构造核部作为科探井井位，坐标 N34°22′22″，E88°33′38″，井口海拔为 5030m。

（一）专题论证

2016 年 3 月 1 日，羌塘油气资源战略调查工程召开了"地震资料解释与圈闭构造优选"专题研讨会。会议特邀国土资源部（现自然资源部）、中国地质调查局、中国石油、中国石化等单位具油气勘探实践经验的专家进行"会诊"。通过地震剖面资料详细解释与构造优选，最终确定了半岛湖 6 号构造、托拉木 1 号构造及半岛湖 1 号构造为下一步科探井部署的优选构造。专家"会诊"达成了以下几个方面的共识：一是与会专家一致认为，2015 年取得了一批品质非常好的二维地震资料，其品质与网线密度完全可以作为确定科探井的依据；二是发现的一批有利圈闭构造可作为科探井部署的依据，但第一步要以"构造稳定、圈闭规模较大、拗中定隆"等为首要原则，兼顾岩性、岩相及地层圈闭等条件；三是半岛湖北部 3 号、4 号、5 号、6 号、7 号构造实际上为一个具多个次级构造的大型复式圈闭构造，该构造整体上保存完整，圈闭幅度大，地震资料品质好，构造落实可靠，是羌塘盆地目前最好、最有利的构造，可列为首选目标。

2016 年 4 月 22～23 日，中国地质调查局总工程师室、资源评价部、羌塘盆地油气资源战略调查工程项目组组织有关专家，召开了"羌塘盆地科探井井位论证"专题会。与会专家在听取羌塘盆地金星湖-隆鄂尼地区油气资源战略调查项目汇报后，现场对项目提供的报告、图册、部署的大图件进行了审阅、会诊。专家组通过提问、讨论，在羌塘盆地科探井井位部署上达成了以下评审意见：①中国地质调查局成都地质调查中心做了大量的工作，2015 年的地震测量工作卓有成效，2015～2016 年的地震解释工作效果明显，项目组对盆地做出了全面的评价，提出的 3 个科探井部署方案合理；②专家组一致认为，半岛湖 6 号圈闭构造由"井"字形的 5 条高品质二维地震测线控制，地层识别可靠性强，能够有效刻画圈闭，该圈闭整体上保存完整，圈闭幅度大，成藏史匹配关系好，在此部署羌科 1 井作为首要钻探目标合理；③经过对成藏条件（烃源岩、储集层和盖层）的讨论，专家组认为中侏罗统布曲组和下三叠统肖茶卡（巴贡）组可作为首要勘探目的层系。

2016 年 10 月 26 日，羌塘油气资源战略调查工程组织中国石油、中国石化、中国地质调查局油气资源调查中心、中国科学院地质与地球物理研究所、中国地质科学院地质研究所等单位的相关专家及项目研究人员共计二十余人，在中国石化勘探分公司二维地震资料处理实验中心召开了专题咨询现场工作会议，就羌塘盆地油气工程二级项目地震资料处理成果提出的有关羌科 1 井下是否存在侵入岩体的问题，专家们开展了认真的资料对比研究与热烈的讨论。与会专家通过对中国石化勘探分公司、江汉油田物探院、中国石油东方物探研究院提供的叠后偏移剖面，中国地质科学院"羌塘盆地隆鄂尼-鄂斯玛地区油气地质构造调查"二级项目组提供的叠前深度偏移剖面进行认真对比分析，最终认为羌科 1 井附近低信噪比区域仍然为沉积地层的可能性更大，存在侵入岩体的可能性不大。

2017 年 3 月 3 日，羌塘盆地油气资源战略调查工程羌科 1 井随钻研究高级专家咨询会议在成都召开。会议由中国地质调查局成都地质调查中心主办，中国科学院及中国工程院刘宝珺院士、康玉柱院士、罗平亚院士、多吉院士等莅临指导，中国石油、中国石化、中国科学院、中国地质科学院及相关高校的总地质师、高级专家、教授，参加了本次专题咨询会议。中国地质调查局资源评价部、总工程师室等有关领导出席并讲话。

（二）综合论证

2016 年 5 月 10 日，中国地质调查局成都地质调查中心学术委员会对《藏北羌塘盆地羌科 1 井井位论证与设计》进行了论证评审，专家在认真审阅报告及相关资料、听取汇报的基础上，经过质疑、答辩，形成评审意见如下：①按照上次建议，加快了项目进程，同时启动了钻井地质设计、钻井工程设计、钻井招标等一系列工作；②补充了地层压力预测，结合地层、构造、石油地质条件、地震资料品质和圈闭落实程度，以及三口可选择井位（羌科 1 井、羌科 2 井、羌科 3 井）的钻井风险评估，最终确定将羌科 1 井作为羌塘盆地内第一口石油地质科探井，该井位于半岛湖 6 号构造内，是"实现取全取准地层参数同时兼顾油气发现"这一核心目标和指导思想下当时最优的井位方案。

2016 年 5 月 21 日，中国地质调查局在北京组织专家对《藏北羌塘盆地羌科 1 井井位论证报告》进行了论证评审。专家组审阅了资料，听取了汇报，经讨论，形成如下意见：①报告对区域地质背景、油气地质特征、油气成藏及保存条件、区带优选、圈闭构造评价等方面进行了较系统的论证，依据充分；②在前期井位论证研究的基础上，根据专家意见，补充了 1 : 5 万构造图、三史（埋藏史、热史、生烃史）评价图，并对圈闭特征进行了分析研究；③半岛湖 6 号圈闭构造由 5 条二维地震测线控制，圈闭基本落实，为井位选择提供了重要的参考依据；④羌科 1 井主要目的层为中侏罗统布曲组和上三叠统肖茶卡组（巴贡组），同时兼探三叠系与基底；④羌科 1 井按科探井要求，取全取准各项地质资料，落实烃源岩，明确生储盖组合，验证地震反射波组地质属性，力争获得油气发现，目标任务明确；⑤基于现有的生储盖资料和石油物探资料，针对羌科 1 井开展了地质和工程的风险评估，为钻井地质设计和工程提示提供了依据。

2016 年 7 月 21 日，中国地质调查局成都地质调查中心组织专家在成都对四川迅达工程咨询监理有限公司提交的羌塘盆地科探井钻探工程造价方案进行论证评审，专家组通过听取汇报、审查资料、现场质询和讨论，形成如下评审意见：①选用标准体系要一致、要统一、不能随意，确保不重不漏；②依据技术方案确定预算工作量，依据相关规定选用预算标准；③首选地质调查局制定的预算标准，没有再选用中国石化、中国石油工程建设费用定额，在没有可选用市场价的情况下，须说明测算依据，确保有理有据。

2016 年 8 月 4～6 日，中国地质调查局组织专家，在成都对四川省迅达工程咨询监理有限公司提交的"羌塘盆地羌科 1 井钻井工程"招标控制价进行论证评审，专家组通过听取汇报，审查资料，现场质询和讨论，形成如下审核意见：羌塘盆地羌科 1 井钻井工程在原造价总额的基础上减少费用 925 万元，专家组同意项目以造价 16850 万元为招标控制价。

此外，羌塘油气资源战略调查工程首席专家于 2017 年 2 月 25 日召集野外一线各子项目成员在成都召开会议，聘请中国石化勘探分公司、中国石油青海油田的有关专家，对项目成员进行了随钻综合研究方面的综合培训。

第二章 地质背景

位于青藏高原北部的羌塘盆地记录了冈瓦纳大陆单向裂解、古特提斯洋关闭、新特提斯洋扩张及关闭演化历史（吴福元等，2020；Wan et al.，2019；王剑等，2022）。羌塘盆地位于可可西里-金沙江与班公湖-怒江缝合带之间，整体上呈"两坳夹一隆"构造格局，其演化经历了4个构造旋回，在前寒武纪结晶基底之上，形成了相应的4个构造层，发育了古生界至新生界完整的地层沉积序列和相应的生储盖组合。

本章主要介绍羌塘盆地地理位置、构造单元划分、构造层与构造期次、构造特征及构造演化，讨论盆地地层分区、地层划分对比，并对古生界、中生界及新生界地层进行详细描述，最后对羌塘盆地岩相古地理与沉积演化做简单介绍。

第一节 地 理 位 置

羌塘盆地位于青藏高原北部，北抵喀喇昆仑山南麓，南达念青唐古拉山北缘，面积约为22万 km²，平均海拔在5000m以上。羌塘盆地多为草地、荒漠覆盖，具丘陵、山地、沼泽与河流湖泊等多种地貌类型，低地发育有吐错、达则错、东湖、半岛湖、万安湖等咸水湖，盆地北部多为无人区，环境极其恶劣，条件极其艰苦。

一、工区位置

羌塘盆地行政区划大部分属西藏自治区，北接新疆维吾尔自治区，东北角属青海省管辖，该区现在已被列为国家级自然保护区（图2-1）。

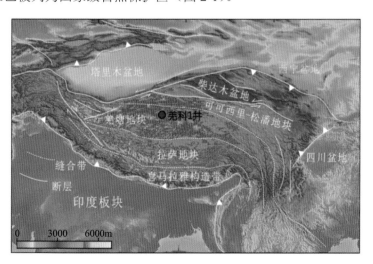

图2-1 青藏高原构造地貌图及钻井位置

羌科 1 井位于羌塘盆地北部半岛湖地区,属西藏自治区那曲市双湖县境内,距离双湖县城 162km,井位位置为 N34°22′22″,E88°33′38″,海拔为 5030m。

二、交通条件

羌科 1 井与外界交通极为不便,进入井场的交通路况分两段:第一段是拉萨—当雄—班戈—双湖,全线 660km,其中柏油路 425km,砂石路 235km,区间要翻过海拔 5190m 的那根拉山口,途经海拔 4700m 的班戈县,才能到达海拔 4980m 的双湖县。羌科 1 井施工期间,从班戈到双湖 280km 的土石路路况非常差,羌科 1 井施工期间需要 10h 车程方可达到,且极易陷车,目前已有柏油路直达双湖(图 2-2)。

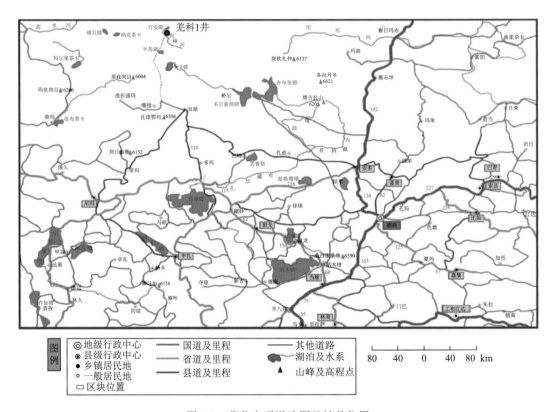

图 2-2　藏北交通道路图及钻井位置

第二段是从双湖至羌科 1 井井场。双湖至嘎措乡的 684 乡道行驶 43km(乡村砂石路,路况较差),然后就是北羌塘无人区,141km 基本上没有现成的道路可走,沿途穿越沼泽 14 处、季节性河流 22 处、翻浆点 37 处,旱季大多地区均可通车,雨季则泥泞难行,经常陷车。根据项目需要,工作人员自行建设了双湖至羌科 1 井井场的便道 184km,为沙土道路,极易被洪水冲毁(图 2-3)。

图 2-3 被洪水冲毁的简易土路（双湖至井场）

三、气候水文条件

羌科 1 井井场区域气候分区为羌塘高原亚寒带干旱高原气候区,降水稀少,干燥寒冷、多大风天气。藏北地区气候严寒,双湖县全年无霜期少于 60d,而素有"中国冷极"之称的内蒙古自治区根河市全年的无霜期为 90d,因此双湖县才是真正的"中国冷极"。羌塘每年 8 级以上的大风天高达 200d 以上,冻土时间超过 280d,年平均气温为–5℃,最低气温为–40℃（图 2-4）,最热为 7 月,平均气温为 12℃。羌塘高原年均降水量为 50～300mm,其中 80%以上集中于 6～9 月,干湿季分明,但多为雪、霰、雹等固态降水形式,自东南向西北递减。羌塘高原湖泊众多,以咸水湖为主（洛桑和灵智多杰,2003）；温泉发育,与温泉相伴的地热资源居全国前列（佟伟等,1981；鲁连仲,1989；白嘉启等,2006；古格和其美多吉,2013）。

图 2-4 羌科 1 井工人在低温严寒条件下工作

"羌塘"在藏语中是"北方空地"的意思,它是青藏高原上真正的无人区。羌塘高原最严酷的除极寒气候外,便是极度缺氧。众所周知,海拔与气压呈负相关关系,气压与含氧量呈正相关关系,因此,随着海拔增加,空气含氧量逐渐降低。据统计,海拔为 0m 处,每 10L 空气中约有 2.095L 的氧气,氧气含量约为 20.95%,海拔为 5100m 处,氧气含量平均为 10.90%。因此，羌科 1 井井场海拔为 5030m，氧气含量约为内地的 52%，到了冬季含氧量可能会降到内地的 30% 左右。对于人类生存来说，氧气甚至比水、食物更重要。医学研究表明，氧气浓度降低到 18% 就到了人类呼吸的安全极限。因此，在羌科 1 井整个施工过程中，缺氧对工程的影响非常大。

第二节　构　　造

通常认为，羌塘盆地是受特提斯洋演化控制的大型叠合盆地（文世宣，1976；常承法等，1982；蒋忠惕，1983；黄汲清等，1984；黄汲清和陈炳蔚，1987；范和平等，1988；白生海，1989；潘桂棠等，1990；刘增乾和李兴振，1993；边千韬等，1997），其构造演化经历了古生代构造旋回、印支构造旋回、燕山构造旋回及喜马拉雅构造旋回，形成了相应的古生界构造层、三叠系构造层、上三叠统—下白垩统构造层及上白垩统—新生界构造层。本节重点介绍羌塘盆地构造单元划分、构造层与构造期次、构造特征及盆地构造演化过程。

一、构造单元划分

根据羌塘盆地重力、航磁地球物理场资料，结合盆地地质-地球物理大剖面结构特征，参照最新油气地质调查资料及 1：25 万区域地质调查资料，羌塘盆地构造单元可以划分为基底构造单元、一级构造单元（2 个）、二级构造单元（4 个）、三级构造单元（23 个）（图 2-5）。

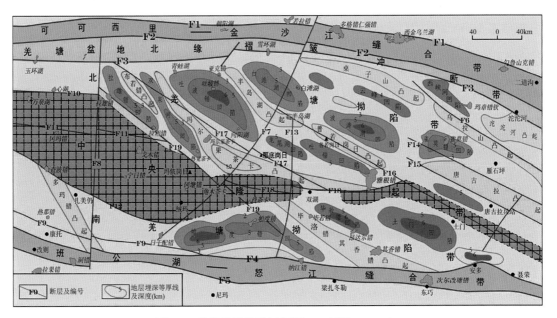

图 2-5　羌塘盆地构造区划图（王剑等，2005）

1. 基底构造单元

基底构造单元的划分依据主要是磁性基底（火山岩、变质岩系等）航磁异常特征，同时兼顾区域构造和地层出露情况。

2. 一级构造单元

一级构造单元为羌塘盆地的南北边界，即北边的可可西里-金沙江构造带和南边的班公湖-怒江构造带，也是侏罗系露头分布的边界。

3. 二级构造单元

二级构造单元为盆地形成前期形成的隆起带和拗陷带，隆起带是盆地沉积的主要物源区。该单元有盆地北缘褶皱冲断带、中央隆起带、北羌塘拗陷带和南羌塘拗陷带（王剑等，2009a）。

4. 三级构造单元

三级构造单元为南、北羌塘拗陷带内部发育的次级凸起和凹陷，其划分的主要依据为晚三叠世磁性界面（近基底）的航磁异常特征。在北羌塘拗陷带，自西向东有拉雄错凹陷、布若错凸起、玛尔果茶卡凸起、吐坡错凹陷、龙尾湖凹陷、吐错凹陷、半岛湖凸起、普若岗日凸起、白滩湖凹陷、波涛湖凹陷、唐古拉山凸起、云峰凹陷、雀莫错凹陷、桌子山凸起、乌拉山凸起、西峡河凹陷和沱沱河凸起等；在南羌塘拗陷带，自西向东有多玛错凸起、帕度错凹陷、毕洛错-其香错凸起、毕洛错凹陷和土门凹陷等。

二、主要构造单元特征

（一）北羌塘拗陷区

北羌塘拗陷区地面出露侏罗系，发育有背斜及向斜，构造样式主要为滑脱褶皱及断层传播褶皱，褶皱较舒缓，主要次级单元有吐坡错凹陷、嘎尔孔茶卡凹陷、吐错凹陷、白滩湖凹陷、波涛湖凹陷及普若岗日凸起等。

1. 吐坡错凹陷

过吐坡错的 MT-C 线壳内低阻层从海拔−100km 深处呈蘑菇状直立上升到海拔−10km 左右，有的地段直接和沉积岩低阻层相接，基底高阻层不见。凹陷很可能被改造成热壳热盆，这与西部凹陷侏罗系、古近系和新近系油气热演化值很高表现一致。磁性体和大地电磁测深（magnetotelluric sounding，MT）基电层埋深均超过 7.0km，这与航磁确定的吐坡错凹陷大体相当。

2. 嘎尔孔茶卡凹陷

嘎尔孔茶卡凹陷构造单元紧邻西部隆起北侧，位于玛尔果茶卡凸起之南，呈狭长北西走向。地表大范围出露三叠系、中侏罗统地层，有多层逆掩、叠加现象。地震剖面 3.6s 以上可见宽度小于 40km 的深凹陷。

3. 吐错凹陷

吐错凹陷位于普若岗日凸起之南，中央潜伏隆起之北。MT 基电层埋深大于 8km，壳内低阻层上升较高，海拔为-15km，局部可达海拔-10km，应该是一个相对热盆。

4. 白滩湖凹陷

白滩湖凹陷位于羌塘盆地北部，壳内低阻层相对上隆为海拔-25～-20km。地面有古近系—第四系中、基性喷发岩，为拉张环境下的产物。MT 基电层埋深大于 7.5km，沉积岩厚度大于 9km。

5. 普若岗日凸起

普若岗日凸起与普若岗日高山冰川分布区域大致相同，地面有白垩系及古近系喷发岩。航磁存在南、北二排北西走向浅部异常（埋深为 1.5～3.0km），并和地面喷发岩分布一致；MT 显示地表有高阻火山岩，其下仍有沉积岩，4～5km 以下为基底高阻火山岩；重力异常为大型块状重力低，壳内低阻层为下陷区，深达海拔-35km，可能为深拗陷之中的隆起。

（二）中央隆起区

中央隆起区为南、北深凹之间的鞍部，沉积岩可达 7km 以上：磁性体深度较浅，为 2～3km，推测为三叠系火山岩；出露地层主要为 T_3x 直接超覆于古生界地层之上，中-下侏罗统地层（$J_{1-2}q$、J_2b）零星超覆。

（三）南羌塘拗陷区

南羌塘拗陷区东西长约 600km，平均宽 50km，是一个狭长的、被消减了的残留盆地。其南界以断层与班公湖-尼玛构造带相接，并与南侧的构造组成一个在成因环境上有联系的中生代大陆边缘裂谷盆地，羌南拗陷区就位于裂谷盆地北部边缘斜坡带，广泛分布海相侏罗系及少量上三叠统，总厚超过 10km。总体上南厚北薄呈楔状。

次级构造单元包括帕度错-纳江错凹陷及蒂让碧错-土门凹陷。

三、构造层与构造期次

（一）构造层划分及特征

羌塘盆地经历了多期构造运动与叠加改造（肖序常和李廷栋，2000），盆内构造特征十分复杂。利用野外调查、重点区块填图和 1：25 万区域填图资料的综合分析，依据羌塘盆地地层接触关系、沉积事件、岩浆活动和变形-变质特征等，羌塘盆地可划分为结晶基底、古生界构造层、三叠系构造层、上三叠—下白垩统构造层和上白垩统—新生界构造层（表 2-1）。

表 2-1 羌塘盆地构造层和构造期次划分表[据王剑等（2009a）修编]

系	统	构造层	南羌塘拗陷	中央隆起带	北羌塘拗陷	年龄(Ma)	构造运动
第四系	全新统	新生界—上白垩统构造层	第四系构造小层		全新统：松散堆积物		喜马拉雅运动III幕
	更新统			更新统：松散堆积物，构成阶地			
新近系	上新统		石坪顶组构造小层：高钾火山岩系，未变形			—7.5①	喜马拉雅运动II幕
	中新统					—23②	
	渐新统		鱼鳞山组构造小层：碱性火山岩系，基本未变形				喜马拉雅运动I幕
古近系						—46.57③	
	始新统		唢呐湖组/康托组构造小层：唢呐湖组为厚达数百米的滨浅湖相含膏碳酸盐岩，康托组为厚逾千米的红色磨拉石建造。二者均为弱变形，且为同期异相沉积				
	古新统						
白垩系	上统		上白垩统构造亚层：陆相红色磨拉石建造，局部夹火山岩，弱变形			—75.9④	燕山运动II幕
	下统	下白垩统—上三叠统构造层	下白垩统构造亚层：零星分布，海相陆源碎屑岩建造，构成舒缓褶皱			—101⑤	燕山运动I幕
侏罗系	上统		中常褶皱为主，开阔褶皱次之，叠加褶皱发育	侏罗系构造亚层	以开阔褶皱为主，次为舒缓褶皱和中常褶皱，叠加褶皱普遍发育	—217⑥	
	中统						
	下统						
三叠系	上统	三叠系构造层	土门格拉组	那底岗日组	那底岗日组		印支运动
				肖茶卡组	巴贡-波里拉-甲丕拉组：南北为小型褶皱，中部为大型中常褶皱	—235⑦	
	中统		康南组		康南组-康鲁组-饮水泉组		海西运动
	下统		康鲁组				
二叠系	上统	古生界构造层	热觉茶卡组	那布查日组		—290⑧	
				那益雄组			
	中统		鲁谷组		开心岭群	为海相碎屑岩+碳酸盐岩组合，构成中常-开阔褶皱，发育轴面劈理	
	下统		曲地组				
			展金组				
石炭系	上统		擦蒙组	杂多群		—364⑨	
	上统		日湾茶卡组				
泥盆系	上统		查桑组	雅西尔群			
	上统		仅少量地层出露				
志留系				普尔错组			
奥陶系				饮水河组			泛非运动
元古宇		结晶基底	软基底：中新元古代中浅变质岩系			—645⑩	吕梁运动
			硬基底：古元古代中深变质岩系，为固态塑性流变褶皱			—1666⑪	

注：①据邓万明和孙宏娟（1998）；②据李才等（2002）；③据王剑等（2019a）；④据 Li 等（2013）；⑤据王剑等（2007a）；⑥据付修根等（2010）；⑦据马龙等（2016）；⑧和⑨据 Pullen 等（2011）；⑩和⑪据谭富文等（2009）。

1. 结晶基底

结晶基底出露于中央隆起带上，为一套中深变质岩系，时代可能为中元古界（郝太平，1993；汪啸风等，1999；王国芝和王成善，2001；赵政璋等，2001a；谭富文等，2008；王剑等，2009a），岩石类型为含石榴二云片岩、石榴黑云斜长片麻岩、黑云二长片麻岩、浅粒岩、大理岩、蓝晶十字石二云片岩和斜长角闪岩等。此套岩系总体显示出中深构造层次固态塑性流变特征,与角闪岩相变形-变质作用密切相关,在中央隆起带西段埋深最小,为 3～5km(熊盛青等,2020)。

2. 古生界构造层

古生界构造层主要出露于中央隆起带(李才等,2004)和北羌塘拗陷,南羌塘拗陷有少量地层分布。奥陶-石炭系主体上表现为稳定构造背景下厚度达 7000m 以上的海相碳酸盐岩-陆源碎屑岩建造;二叠系为海相陆源碎屑岩-碳酸盐岩建造,局部地带火山岩发育(王成善等,1987;李日俊和吴浩若,1997;Song et al.,2017)。这些地层除在中央隆起带北部表现为紧闭褶皱外,其余地区多为中常-开阔褶皱。

3. 三叠系构造层

三叠系构造层主要发育了北羌塘拗陷,北部地区表现为厚逾千米的大陆斜坡-深海盆地相浊积岩建造,中部自下而上显示为碳酸盐缓坡向海陆交互相沉积演化的特征,南部延伸到中央隆起带上,以海陆过渡环境三角洲、碳酸盐台地和滨岸沼泽相沉积为主(李勇等,2003)。就变形特征而言,北羌塘拗陷南、北两侧多以小型连续褶皱和大型紧闭褶皱为主(李亚林等,2006,2011;宋春彦等,2012),中部地区中常-开阔褶皱占主导地位。

4. 下白垩统-上三叠统构造层

下白垩统-上三叠统构造层贯穿整个羌塘盆地,厚达 5～6km,底部为一套火山岩、火山碎屑岩(王剑等,2007b,2007c,2008;付修根等,2007a;Fu et al.,2010;Zhang et al.,2011),下侏罗统在南羌塘为一套滨浅海相至深海相陆源碎屑岩-碳酸盐岩沉积,北羌塘则以冲洪积相至滨浅海陆源碎屑岩沉积序列为特征(方德庆等,2002),西部部分地区发育潟湖相油页岩(谭富文等,2004a;李亚林等,2005;王剑等,2007a;付修根等,2007b;李忠雄等,2010)。中上侏罗统南北羌塘连成一片,发育了一套碳酸盐岩-陆源碎屑岩-碳酸盐岩组合,下白垩统零星分布,为陆源碎屑岩建造。就变形特征而言,该构造层以开阔褶皱为主,次为舒缓褶皱和中常褶皱,叠加褶皱普遍发育。

5. 上白垩统-新生界构造层

依据变形特征、接触关系可将上白垩统—新生界构造层划分为上白垩统构造亚层和新生界构造亚层。

1)上白垩统构造亚层

上白垩统构造亚层在全盆地内零星分布,总体表现为一套厚度达数百米的红色磨拉石沉积(Wang et al.,2008,2014),属于拉萨-羌塘地块碰撞引起早期隆升过程的沉积响应(Song et al.,2013)。在中央隆起带和南羌塘拗陷还有火山岩夹层,钾-氩(K-Ar)同位素年龄为 106～89Ma(Li et al.,2013)。该构造层内褶皱密度较小,为 EW 向舒缓褶皱。

2)新生界构造亚层

新生界构造亚层自下而上划分为康托组-唢呐湖组、鱼鳞山组、石坪顶组、第四系4 个构造小层。

（1）康托组-唢呐湖组构造小层。主要由康托组和唢呐湖组构成。康托组在全盆地内分布零星，为一套角度不整合于上白垩统及以前地层之上的、厚度逾千米的红色磨拉石建造，总体为近 EW-NWW 向展布的开阔-舒缓褶皱，但密度以靠近可可西里-金沙江缝合带、班公湖-怒江缝合带的部位和中央隆起带北缘相对较大。最新资料研究表明，唢呐湖组时代归属已明确为古近纪始新世中期，同沉积沉凝灰岩（已蚀变为斑脱岩）的二次离子质谱（secondary ion mass spectroscopy，SIMS）U-Pb 加权平均年龄为 46.57 ± 0.30Ma，与康托组为同期异相沉积地层（王剑等，2019a）。

（2）鱼鳞山组构造小层。主要分布于北羌塘拗陷中部东月湖—雀莫错一带，在中央隆起带和南羌塘拗陷也有零星分布，表现为厚度逾 1000m 且呈熔岩被产出的碱性火山岩系（局部倾斜较大），与时代较老地层呈角度不整合接触（岳龙等，2006），同位素年龄为 40～28Ma（李才等，2002；Ding et al.，2007）。

（3）石坪顶组构造小层。主要分布于北羌塘拗陷北缘玉盘湖—永波错一带，为一套基本未经变形、时限大致为 10～5Ma 的陆相高钾火山岩系（邓万明和孙宏娟，1998）。

（4）第四系构造小层。主要由更新世—全新世冲积、洪积和湖积砂砾石、砂石及黏土组成，局部地带表现为泉华。此套岩系变形轻微，常构成多级阶地。

（二）构造期次

在构造层划分的基础上，依据各构造层变形特征、接触关系、岩浆活动和沉积作用等，认为羌塘盆地自元古宙形成变质结晶基底后，主要经历了海西期、印支期、燕山期和喜马拉雅期等 4 次构造运动（表 2-1），其中燕山运动、喜马拉雅运动表现为多幕。现将主要构造运动介绍如下。

1. 海西运动

羌塘盆地石炭-二叠系构造样式与上覆三叠系明显不同，二者之间存在角度不整合面，二叠纪、三叠纪之间海西构造运动表现为 SSW-NNE 向挤压作用，使石炭-二叠系构成一系列 NWW 向展布的褶皱群。

2. 印支运动

印支运动使中央隆起带和北羌塘拗陷三叠系构造层褶皱变形，且上三叠统那底岗日组至侏罗系构造层明显不同，从南向北，二者之间为角度不整合逐渐过渡为平行不整合及整合接触。南羌塘缺失中下三叠统地层，上三叠统与侏罗系为整合接触，它们共同构成近 EW 向展布的褶皱。

3. 燕山运动

燕山运动在羌塘盆地表现为两幕。

（1）燕山运动 I 幕：上白垩统阿布山组红色磨拉石建造弱变形，与下伏具舒缓褶皱变形特征的下白垩统海相碎屑岩构成角度不整合接触关系。

（2）燕山运动 II 幕：唢呐湖组/康托组（同期异相）湖相膏灰岩及红色冲洪积相磨拉

石建造弱变形，与下伏弱变形的上白垩统阿布山组红色磨拉石建造呈角度不整合接触。

4. 喜马拉雅运动

喜马拉雅运动在羌塘盆地表现为 3 幕。

（1）喜马拉雅运动 I 幕：鱼鳞山组碱性火山岩系基本未变形，与下伏弱变形的唢呐湖/康托组（同期异相）湖相膏灰岩及红色冲洪积相磨拉石建造呈角度不整合接触。

（2）喜马拉雅运动 II 幕：石坪顶组未变形的高钾火山岩系与基本未变形的鱼鳞山组碱性火山岩系呈角度不整合接触。

（3）喜马拉雅运动 III 幕：更新世以来，第四系松散堆积物构成阶地与下伏地层呈不整合接触。

第三节　地　层

羌塘盆地出露的地层包括前奥陶系、古生界、中生界和新生界，总体上，前奥陶系变质岩结晶基底之上的羌塘叠合盆地由 4 个地层序列构成：①奥陶系—二叠系碎屑岩、碳酸盐岩夹少量火山岩序列；②中-下三叠统碎屑岩、碳酸盐岩序列；③上三叠统—下白垩统火山岩、碳酸盐岩、碎屑岩夹煤系地层序列；④上白垩统—古近系—新近系碎屑岩红层夹膏盐序列。其中，第二、第三地层序列是羌塘盆地油气勘探重要目标层。

一、地层分区

根据岩石地层组合特征和沉积层序，羌塘盆地可划分为两个地层分区（图 2-6）：南羌塘拗陷分区（III）和北羌塘拗陷分区（II），分别位于中央隆起带的南北两侧，具有稳

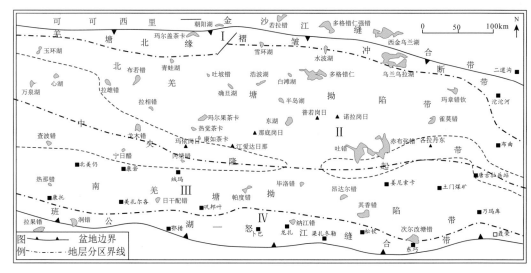

I. 若拉岗日分区　　II. 北羌塘拗陷分区　　III. 南羌塘拗陷分区　　IV. 东巧-改则分区

图 2-6　羌塘盆地中、新生界地层分区图

定连续的地层层序。羌塘盆地地层分区南北两侧分别是班公湖-怒江缝合带及可可西里-金沙江缝合带（褶皱冲断带）构造混杂岩组成的若拉岗日分区（Ⅰ）和东巧-改则分区（Ⅳ）。

二、地层划分对比与描述

地层划分对比方案主要引用 21 世纪初完成的青藏高原 1∶25 万区域地质调查及两轮战略选区工作成果资料补充完善修编而成。

（1）盆地基底。羌塘盆地是否具有前古生代结晶基底分歧较大（张胜业等，1996；潘桂棠等，2004，李才等，2006，2016），战略选区及区域地质调查新资料证实，盆地存在前奥陶纪变质岩结晶基底，未变质的沉积盖层与之角度不整合接触，结晶基底主要出露于中央隆起带的戈木日—玛依岗日—阿木岗一带（王剑等，2022）。

（2）盆地地层。羌塘盆地主要由 4 套地层序列组成：奥陶系—二叠系碎屑岩、碳酸盐岩夹少量火山岩；中-下三叠统碎屑岩、碳酸盐岩；上三叠统—下白垩统火山岩、碳酸盐岩、碎屑岩夹煤系；上白垩统—古近系—新近系碎屑岩红层夹膏盐（图 2-7～图 2-9）。

1. 奥陶系—二叠系地层序列

奥陶系—二叠系地层序列几乎包括了古生代所有岩石地层，奥陶系三岔口组或古拉组角度不整合沉积超覆于前奥陶系结晶基底戈木日群之上（夏军等，2006；李才等，2010），并被上三叠统那底岗日组或下侏罗统雀莫错组角度不整合沉积超覆（图 2-7）。

奥陶系、志留系主要为浅海相碎屑岩沉积，泥盆系以稳定型浅海相碳酸盐岩沉积为主，石炭系在羌塘地区主体为碳酸盐岩和含煤碎屑岩沉积（谢义木，1983），在中央隆起带可见复理石砂板岩、火山岩组合（李才等，2004，2008）。中-下二叠统以碳酸盐岩沉积为主（梁定益等，1982），普遍含有基性至中基性火山岩夹层（连续厚度可达数百米），上统为滨、浅海相碳酸盐岩、碎屑岩组合，局部夹火山岩和煤线（图 2-8、图 2-9）。

2. 中-下三叠统地层序列

中-下三叠统地层序列主要出露在北羌塘拗陷，南羌塘拗陷尚未发现相应地层出露，可能缺失这一地层序列。北羌塘拗陷主要由下三叠统康鲁组、硬水泉组，中三叠统康南组构成（图 2-7）。

上三叠统那底岗日组或下侏罗统雀莫错组角度不整合超覆于奥陶系—二叠系地层序列之上的同时，也角度不整合沉积超覆在中-下三叠统地层序列之上（图 2-7）。这一地层序列在北羌塘拗陷北部以浅海-半深海相碎屑岩地层为主，向南过渡为陆相，大致在中央隆起带北缘地层尖灭。

3. 上三叠统—下白垩统地层序列

在北羌塘拗陷，通常为上三叠统那底岗日组或下侏罗统雀莫错组角度不整合沉积超覆于中-下三叠统地层序列之上，局部为上三叠统肖茶卡组（或土门格拉组、藏夏河组）平行不整合与中-下三叠统地层序列接触（图 2-7、图 2-8）；在南羌塘拗陷，上三叠统日干配错组未见底，可能缺失中-下三叠统。这一地层序列在南、北羌塘拗陷均被上白垩统阿布山组、古近系康托组或唢呐湖组角度不整合沉积超覆（图 2-7）。

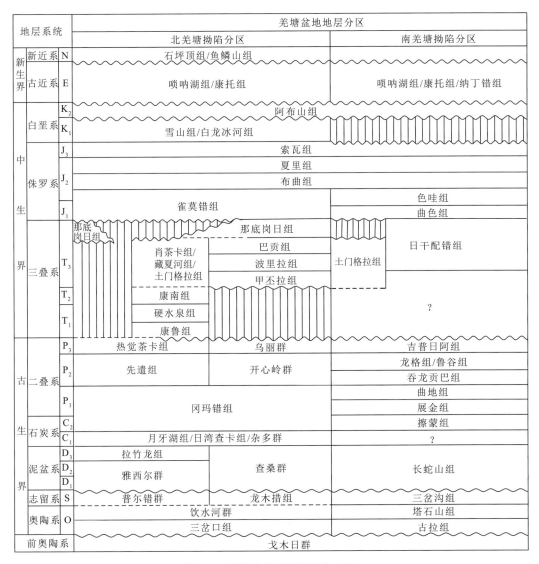

地层系统			羌塘盆地地层分区	
			北羌塘拗陷分区	南羌塘拗陷分区
新生界	新近系	N	石坪顶组/鱼鳞山组	
	古近系	E	唢呐湖组/康托组	唢呐湖组/康托组/纳丁错组
中生界	白垩系	K₂	阿布山组	
		K₁	雪山组/白龙冰河组	
	侏罗系	J₃	索瓦组	
		J₂	夏里组	
			布曲组	
		J₁	雀莫错组	色哇组
				曲色组
	三叠系	T₃	那底岗日组 / 那底岗日组 / 肖茶卡组/藏夏河组/土门格拉组 / 巴贡组 / 波里拉组 / 甲丕拉组	日干配错组 / 土门格拉组
		T₂	康南组	?
		T₁	硬水泉组	
			康鲁组	
古生界	二叠系	P₃	热觉茶卡组 / 乌丽群	吉普日阿组
		P₂	先遣组 / 开心岭群	龙格组/鲁谷组
				吞龙贡巴组
		P₁	冈玛错组	曲地组
				展金组
	石炭系	C₂		擦蒙组
		C₁	月牙湖组/日湾查卡组/杂多群	?
	泥盆系	D₃	拉竹龙组	
		D₂	雅西尔群 / 查桑群	长蛇山组
		D₁		
	志留系	S	普尔错群 / 龙木措组	三岔沟组
	奥陶系	O	饮水河群	塔石山组
			三岔口组	古拉组
	前奥陶系		戈木日群	

图 2-7　羌塘盆地地层划分与对比

　　上三叠统在羌塘—昌都地区广泛分布，但其下部可能局部缺失卡尼早期沉积地层，底部普遍发育不整合面和底部砾岩、火山岩（Wang J et al.，2008；Fu et al.，2010），向上过渡为滨、浅海相碳酸盐岩、碎屑岩沉积地层。侏罗系自昌都向北东至羌塘盆地，为海、陆过渡相-浅海相碎屑岩、碳酸盐岩地层（阴家润，1989；付孝悦和张修富，2005），南羌塘拗陷下侏罗统曲色组-色哇组发育次深海至深海相细碎屑岩地层。下白垩统在大部分地区为河、湖相碎屑岩地层、油页岩（Fu et al.，2008）及海相碳酸盐岩地层（图 2-8、图 2-9）。

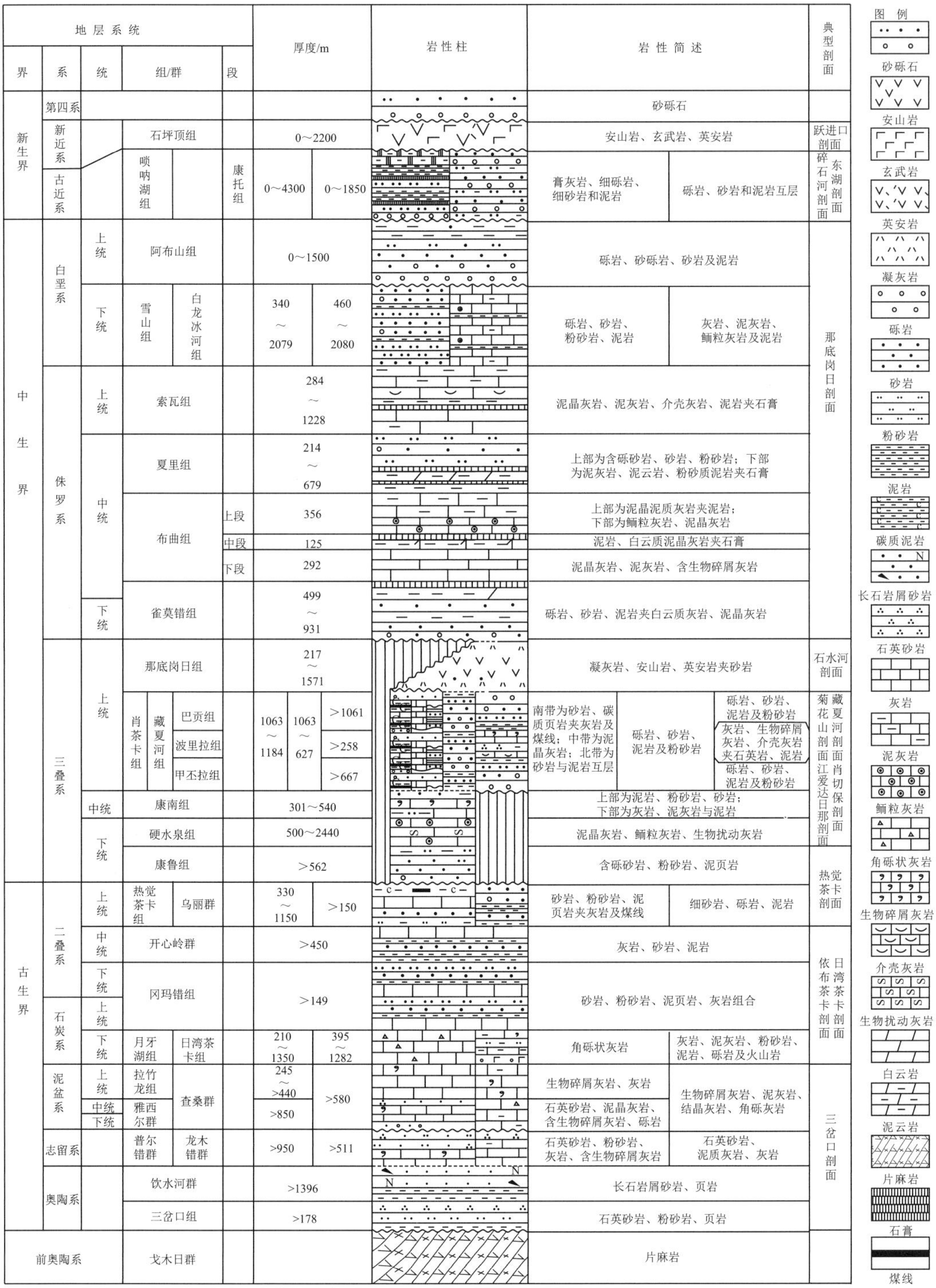

界	系	统	组/群	段	厚度/m			岩性简述		典型剖面
新生界	第四系							砂砾石		
	新近系		石坪顶组		0~2200			安山岩、玄武岩、英安岩		跃进口剖面
	古近系		唢呐湖组	康托组	0~4300	0~1850		膏灰岩、细砾岩、细砂岩和泥岩	砾岩、砂岩和泥岩互层	东湖剖面/碎石河剖面
中生界	白垩系	上统	阿布山组		0~1500			砾岩、砂砾岩、砂岩及泥岩		
		下统	雪山组 白龙冰河组		340~2079	460~2080		砾岩、砂岩、粉砂岩、泥岩	灰岩、泥灰岩、鲕粒灰岩及泥岩	那底岗日剖面
	侏罗系	上统	索瓦组		284~1228			泥晶灰岩、泥灰岩、介壳灰岩、泥岩夹石膏		
		中统	夏里组		214~679			上部为含砾砂岩、砂岩、粉砂岩；下部为泥灰岩、泥云岩、粉砂质泥岩夹石膏		
			布曲组	上段	356			上部为泥晶泥质灰岩夹泥岩；下部为鲕粒灰岩、泥晶灰岩		
				中段	125			泥岩、白云质泥晶灰岩夹石膏		
				下段	292			泥晶灰岩、泥灰岩、含生物碎屑灰岩		
		下统	雀莫错组		499~931			砾岩、砂岩、泥岩夹白云质灰岩、泥晶灰岩		
	三叠系	上统	那底岗日组		217~1571			凝灰岩、安山岩、英安岩夹砂岩		石水河剖面
			肖茶卡组（藏夏河组） 巴贡组 波里拉组 甲丕拉组		1063~1184	1063~627	>1061 >258 >667	南带为砂岩、碳质页岩夹灰岩及煤线；中带为泥晶灰岩；北带为砂岩与泥岩互层	砾岩、砂岩、泥岩及粉砂岩 / 灰岩、生物碎屑灰岩、介壳灰岩夹英安岩、泥岩 / 砾岩、砂岩、泥岩及粉砂岩	菊花山剖面/藏夏河剖面/肖爱达日那剖面/江爱达日那剖面
		中统	康南组		301~540			上部为泥岩、粉砂岩、砂岩；下部为灰岩、泥灰岩与泥岩		
		下统	硬水泉组		500~2440			泥晶灰岩、鲕粒灰岩、生物扰动灰岩		
			康鲁组		>562			含砾岩、粉砂岩、页岩		
古生界	二叠系	上统	热觉茶卡组	乌丽群	330~1150	>150		砂岩、粉砂岩、泥页岩夹灰岩及煤线	细砂岩、砾岩、泥岩	热觉茶卡剖面
		中统	开心岭群		>450			灰岩、砂岩、泥岩		
		下统	冈玛错组		>149			砂岩、粉砂岩、泥页岩、灰岩组合		依布湾茶卡剖面
	石炭系	上统 下统	月牙湖组	日湾茶卡组	210~1350	395~1282		角砾状灰岩	灰岩、泥灰岩、粉砂岩、砾岩及火山岩	
	泥盆系	上统	拉竹龙组		245~>440	>580		生物碎屑灰岩、灰岩	生物碎屑灰岩、泥灰岩、结晶灰岩、角砾状灰岩	三岔口剖面
		中统 下统	雅西尔群	查桑群	>850			石英砂岩、泥晶灰岩、含生物碎屑灰岩、砾岩		
	志留系		普尔错群	龙木错群	>950	>511		石英砂岩、粉砂岩、灰岩、含生物碎屑灰岩	石英砂岩、泥质灰岩、灰岩	
	奥陶系		饮水河群		>1396			长石岩屑砂岩、页岩		
			三岔口组		>178			石英砂岩、粉砂岩、页岩		
	前奥陶系		戈木日群					片麻岩		

图例：砂砾石、安山岩、玄武岩、英安岩、凝灰岩、砾岩、砂岩、粉砂岩、泥岩、碳质泥岩、长石岩屑砂岩、石英砂岩、灰岩、泥灰岩、鲕粒灰岩、角砾状灰岩、生物碎屑灰岩、介壳灰岩、生物扰动灰岩、白云岩、泥云岩、片麻岩、石膏、煤线

图2-8 北羌塘拗陷地层综合柱状图[据付修根等（2020）修编]

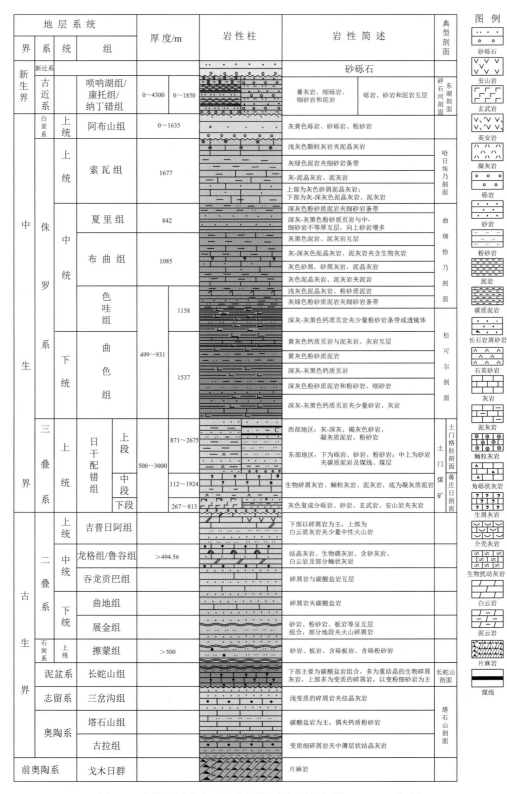

图2-9　南羌塘拗陷地层综合柱状图［据付修根等（2020）修编］

4. 上白垩统—古近系—新近系地层序列

上白垩统—古近系—新近系地层序列主要包括上白垩统阿布山组、古近系纳丁错组、康托组、唢呐湖组及新近系石坪顶组，这些地层在盆地内零星分布，均以角度不整合超覆在下伏地层之上（图2-7）。上白垩统为紫红色碎屑岩及基性-中基性火山岩地层，古近系全区以干旱气候环境下红色及杂色冲洪积相-湖相陆源碎屑岩地层为特征，局部为蒸发岩沉积；新近系除河湖相、冲积相沉积以外，以石坪顶组为代表的基性-酸性火山岩主要分布于北羌塘拗陷的黑虎岭、浩波湖北东、半岛湖、东湖等地，通常角度不整合于侏罗系或古近系唢呐湖组之上（朱同兴等，2012a）（图2-8、图2-9）。

第四节　古地理与盆地演化

羌塘中生代沉积盆地演化有"前陆盆地"（朱同兴，1999；李勇等，2001，2002；王成善等，2001；王冠民和钟建华，2002）、"裂谷盆地"（王剑等，2009；李学仁和王剑，2018）、"南羌塘增生楔沉积"（潘桂棠等，1996；曾敏等，2017）、"弧前-弧后前盆地"（周祥等，1984）、"造山的高原"（许志琴等，2006，2011）等多种模式，形成如此多模式的重要原因是对古、中特提斯洋性质、打开时间、规模及闭合方式等关键问题上的认识存在巨大差异（潘桂棠，1983；邓万明，1984；王希斌等，1987；李才，1987；尹集祥等，1990；王鸿祯等，1990；徐贵忠和常承法，1992；刘训，1992；边千韬等，1997；简平等，1999；邱瑞照等，2004；许志琴等，2011；吴福元等，2020；Wan et al.，2019）。事实上，羌塘盆地演化经历了一个长期而复杂的过程，它是一个建立在前奥陶系结晶基底之上的大型叠合盆地。

现在通常认为，古特提斯洋在晚古生代末关闭（吴福元等，2020；Wan et al.，2019；王剑等，2022）。位于可可西里-金沙江关闭大洋南侧的羌塘盆地，自早三叠世开始，开启了新一轮盆地演化历程；晚三叠世卡尼期—诺利期双模式陆相火山岩（那底岗日组）-冲洪积相陆源碎屑岩（雀莫错组）角度不整合沉积超覆在上一构造旋回地层之上，可能代表了新一轮沉积盆地的开启；至侏罗纪末，羌塘盆地总体上为一个向上变深的海侵序列，表现为冲洪积相、河湖相逐渐演化为滨海相及浅海相。因此，羌塘盆地中生代经历了汇聚—裂解—汇聚的一个完整威尔逊旋回（王剑等，2020）。

一、前陆盆地演化阶段

羌塘前陆盆地演化阶段大致发生在早三叠世初—晚三叠世诺利期，相当于康鲁组至肖茶卡组沉积期。

据现有资料分析，在这个时期，现今中央隆起带以南可能处于大陆剥蚀区。因此，盆地的范围仅限于北羌塘地区。盆地的形成是羌塘地块向北俯冲以及可可西里造山带的崛起并向南逆冲共同作用的产物。但是，目前尚无确切资料限定该盆地的形成时间，推测其可能在早三叠世已经开始发育。主要依据有二：一是金沙江洋盆在二叠纪末期已经关闭，向造山带转换；二是在可可西里造山带前缘发育巨厚的暗色深水相复理石沉积（若拉岗日群下部）。据推测属中、下三叠统；而在盆地南缘的热觉茶卡一带，下三叠统以角度不整合向南超覆于中央隆起带北缘，主要为一套滨浅海相中-粗粒碎屑沉积物，其上为中三叠统浅海碳酸盐岩沉积。可见，早、中三叠世北羌塘盆地已具备了前陆盆地的基本特征，即造山带前缘快速挠曲、下沉、接受早期复理石沉积；盆地呈南浅北深的箕状；沉降中心向前陆隆起方向（南）迁移等。晚三叠世卡尼期，盆地的沉降中心进一步向南迁移，前缘带位于藏夏河、明镜湖一带，形成深水复理石沉积；那底岗日、沃若山、土门格拉一带为隆后区，发育含煤碎屑沉积；而在盆地中部广大地区为前陆隆起带，广泛发育碳酸盐缓坡。古流向和物源分析显示，盆地具有双向物源（王剑等，2009a）。晚三叠世诺利期，是该前陆盆地萎缩阶段，盆地内广泛发育三角洲相碎屑含煤沉积。诺利晚期，羌塘地区的构造性质全面发生反转，北羌塘地区全面隆升成为剥蚀区，从而结束了前陆盆地演化阶段。

二、初始裂谷演化阶段

该阶段发生在晚三叠世诺利期—瑞替期，相当于那底岗日组沉积期。

岩浆热柱首先使羌塘盆地南侧的班公湖-怒江一带地壳破裂，产生裂谷作用，并迅速扩张成为洋盆。在色林错、次尔改塘错等地保留有裂谷早期沉积，即基性火山岩、紫红色粗碎屑岩、膏盐岩层等，在申扎县巫嘎附近也发现有基性火山岩-紫红色粗碎屑岩-泥灰岩、膏岩组合，时代为晚三叠世（赵政璋等，2001a）。在羌南肖茶卡、北雷错一带伴生有小型裂谷（陷）盆地，初期发育火山喷发-溢流相角砾状中基性火山岩。在羌北胜利河、菊花山至东部各拉丹冬一带，发育长达 300km 的双模式火山岩带。早侏罗世，羌南地区发育稳定的浅海陆棚相沉积，且在南侧形成了现今保存于班公湖-怒江缝合带中的远洋沉积，表明班公湖-怒江洋盆已经打开，南羌塘已发展成被动大陆边缘盆地。

三、被动陆缘裂陷阶段

该阶段裂陷发生在早侏罗世至中侏罗世巴柔期，相当于雀莫错组（曲色组-色哇组）沉积期。

随着中特提斯洋的进一步扩张，裂陷作用使羌塘盆地中-北部大陆剥蚀区下陷成为河湖相-滨海相沉积盆地，雀莫错组下部发育厚 0～640m 的冲洪积相砂砾岩，在中央隆起带及古隆起区角度不整合沉积超覆于前侏罗系地层之上，而在残留盆地（河湖相）区则呈整合接触关系，雀莫错组上部发育红色碎屑岩夹少量灰岩和硬石膏，厚 400～1800m。在羌塘盆地南部主裂陷带，裂陷作用使南羌塘形成了大陆边缘盆地，发育了曲色组-色哇组滨岸-浅海相砂岩、粉砂岩和页岩，沉积厚度为 600～1200m。

北拗陷以狭窄的通道经中央隆起与南侧的外海相通，形成较封闭的陆缘近海湖泊环境，其内部呈地堑-地垒结构。拗陷内部发育 3 个呈北西向展布的裂陷槽，分别位于湾湾梁、雀莫错和菊花山—那底岗日—玛威山一带，始终是该阶段的沉积和沉降中心。北拗陷沉积物具有多物源特点，主要来自可可西里造山带和中央隆起带，其次为拗陷内部相对隆起区，如乌兰乌拉山、半咸河、沃若山等地（王剑等，2009a）。在裂陷区，具有沉降速度快，沉积速率高，沉积厚度巨大的特点，最大沉积厚度达 2400m 以上。

四、被动陆缘拗陷阶段

该阶段为中侏罗世巴通期，相当于布曲组沉积期。

该时期整个羌塘地区发生了相对稳定的均匀沉降作用，盆地内发生了大规模海侵。海水淹没了中央隆起带，将南北拗陷连接成一个统一的被动大陆边缘拗陷盆地，整体上呈北浅南深的单斜结构，以碳酸盐台地沉积为主，总沉积厚度为 500～1200m。这一阶段也是班公湖-怒江洋盆扩张至最大的时期，影响了盆地内同期的海侵过程，表明了班公湖-怒江洋盆的扩张对羌塘盆地演化的控制作用。

五、被动大陆向活动大陆转化阶段

中侏罗世卡洛期，相当于夏里组至上侏罗统索瓦组沉积期。

该时期发生了一次快速的海平面下降，盆地内主要表现为陆源碎屑沉积物急剧增加。晚侏罗世牛津期-基末里期，即索瓦组下段沉积期，羌塘盆地发生了第二次海侵，海平面快速上升，剥蚀区被海水淹没，陆源碎屑迅速减少，全盆地转为碳酸盐沉积，形成北东部较高、向西南部倾斜的古地理面貌。沉积环境自北东向西南方向依次发育潮坪、潟湖、碳酸盐台地和陆棚，底部发育一明显的初始海泛面，多数地方表现为碳酸盐岩超覆在砂岩、泥岩之上。

六、盆地萎缩消亡阶段

羌塘中生代盆地萎缩消亡与中特提斯洋盆的最后关闭有关。盆地萎缩阶段发生在晚侏罗世提塘期—早白垩世贝里阿斯期，相当于雪山组—白龙冰河组沉积期。

提塘期，羌塘盆地南部迅速抬升，羌南地区和盆地的北东部分迅速隆升成陆地，海域萎缩至北羌塘拗陷的中西部。海水逐步向西北部退缩，形成一个向北西开口的海湾-潟湖环境，其内部沉积灰岩、泥岩和粉砂岩，沉积厚度为 600～1600m，向东南部的外缘地区发育河流-三角洲相紫红色碎屑沉积。

大约在中白垩世（101Ma），羌塘盆地仍然存在残留海湾的沉积（Fu et al.，2008）。之后，海水完全退出羌塘地区，结束中生代海相盆地的演化历史。

第三章 科探井实施依据

羌科 1 井科探井工程实施前开展了地震准备、井位论证、地质设计及钻井设计等大量工作。二维反射地震勘探获得了一批信噪比高、能清晰识别出地覆构造与地层层序的地震资料，在此基础上，经过多次井位论证与现场考察，最终确定在北羌塘拗陷半岛湖 6 号构造实施科学钻探，形成并完善了羌科 1 井地质设计及钻探工程设计。

值得指出的是，经羌科 1 井科学钻探证实之后，发现各地层单元之间的分界线和地层厚度与之前的地震解译有较大的出入。例如，夏里组的底界地震资料被错误解释为布曲组的底界，预测那底岗日组沉积火山岩数十米，但实际达数百米。本章在介绍地质设计与钻探工程设计时，一方面尊重原始设计方案的真实性，另一方面也根据实施科探井之后获得的新认识对原设计加以注明，第五章将对科探井钻遇地层的新发现做详细介绍。

第一节 地 震 准 备

2015～2016 年，中国地质调查局成都地质调查中心组织中国石化、中国石油等相关单位，先后对北羌塘拗陷半岛湖地区、托纳木-笙根地区、南羌塘拗陷隆鄂尼-鄂斯玛及东部的玛曲地区开展了重点区块二维反射地震勘探，完成二维反射地震勘探 1160km，获得了一批信噪比高、能清晰识别出地覆构造与地层层序的地震资料。

一、地震采集攻关

近年来，羌塘盆地二维反射地震攻关取得了重大进展，提出了高原冻土特殊地质条件下地震资料采集新方法，研发形成了藏北高原不同沉积相区二维地震激发接收新技术（李忠雄等，2013，2017a，2017b）。2015 年取得的地震资料大幅度提高了信噪比，使反射波组光滑、连续，地质现象较为清晰（李忠雄等，2019），解决地质问题的能力大幅度提高，可以清晰识别出地腹构造和上三叠统以上的地层沉积序列。

（一）激发和高密度观测技术

羌塘盆地地质条件复杂，存在冻土层（冰融层和永冻层）、膏盐层、沉积火山岩及地下岩溶层，对地震波能量传播存在屏蔽作用，导致激发条件变差，激发能量衰减过快，使得透射过该层的地震波能量弱，地面接收到目的层的能量反射信号极弱。针对这一重大难题，项目组开展了不同深度激发实验，强化观测技术，改变空间激发点密度，提出了高原冻土层、膏盐层及地下岩溶层屏蔽条件下激发（高速层下 7m）与高密度观测技术，通过增加空间激发点密度，能够明显改善屏蔽层对深部地层能量的屏蔽，从而使得地震资料的信噪比极大提高（李忠雄等，2017a）。

（二）井炮与可控震源联合激发技术

平坦区用可控震源激发，山地区用井炮激发，沼泽区因地制宜。采用 1.5~250Hz 的 EV-56 高精度可控震源（李忠雄等，2017b），增加震源台数和震次，尤其是降低驱动幅度和增加扫描长度，提高低频部分下传能量，压制干扰；同时采用非线性低频扫描，在扫描长度确定的情况下，即保证低频信号的能量，同时兼顾高频信号。可控震源激发降低了河流、沼泽等的损害影响，增加了工作区激发点密度，解决了高原上大面积障碍物密集区炮点布设的大难题。特别是通过这一技术采集到了高信噪比中浅层地震资料，解决了藏北高原岩溶、膏盐层发育条件下，次生干扰波发育、原始单炮记录信噪比低这一久攻不破的技术难题。

（三）宽线高密度高覆盖采集技术

高原隆升导致地质构造复杂，断层发育，地层褶皱严重、倾角较大，成像难度大。针对高原高复杂地质条件下地震成像难题，采用宽线高密度观测技术（李忠雄等，2017a），强化观测系统，提高压噪效果，改善目的层成像品质。该技术包括基于高陡倾角断层成像的小道距采样、基于丰富接收三叠系—侏罗系反射的长排列观测、基于提高三叠系—侏罗系成像精度的高覆盖观测、基于提高目的层有效覆盖次数的宽线技术和基于同相叠加的宽线小线距接收技术，其特点是小道距、小炮距、长排列、高覆盖次数和宽线施工。高密度采集增加地震波场的空间采样率，提升复杂构造区域地震波场的归位效果，同时避免由于空间采样不足而产生的假频干扰；宽线采集增加目的层的有效覆盖次数，增强横向压噪能力；高覆盖次数能够提高目的层的信噪比，改善成像效果；小炮距（即增加炮密度）能够提高目的层弱反射信息的能量，小道距能够改善高陡倾角地层的成像效果，长排列能够接收到深层的反射信息。宽线高密度二维观测技术把上述优点有机结合到一起，从而提高了复杂构造区成像品质。

（四）激发接收方法技术体系

针对冲洪积相砂砾岩、河湖相砂泥岩、海相碳酸盐岩及第四系河湖相松散沉积物等不同的沉积相区，制定了不同的激发深度、激发药量和检波器组合方式，建立了藏北高原不同沉积相区的二维地震激发接收方法技术体系。冲洪积相砂砾岩区，采用 2S2L，覆盖次数达到 960 次，井深不低于 12m，药量不低于 8kg。在地表-地下结构双复杂的海相碳酸盐岩区，采用井炮 4L3S 和 7185-15-30-15-7185 观测系统，道距为 30m，检波线距为 60m，中间炮线炮点距为 60m，两侧炮线炮点距为 120m，覆盖次数为 960 次。在第四系河湖相松散沉积物区，观测系统为 3S3L，道距为 30m，中间放炮 400 道接收，接收道数为 1200 道（400 道×3），接收线距为 60m，覆盖次数为 600 次，中间线炮距为 60m，两边炮线炮距为 120m。

通过上述技术创新，羌塘盆地二维地震攻关取得重大突破，首次获得较高信噪比的二维地震资料，使反射波组光滑、连续，地质现象更加清晰（图 3-1）。

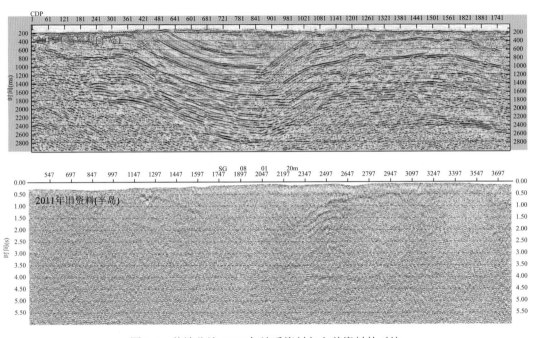

图 3-1　羌塘盆地 2015 年地质资料与之前资料的对比

二、地震数据处理

羌塘盆地二维反射地震数据处理攻关取得重要进展，形成了高寒地区永久冻土层拟三维宽线层析静校正技术、藏北高原地震处理叠前多域组合去噪技术及藏北高原地震处理的精细叠加成像技术等。

（一）高寒地区永久冻土层拟三维宽线层析静校正技术

单一静校正方法不能完全解决高寒地区永久冻土层长波长静校正问题，原因在于表层调查点密度较低或者方法假设条件不满足。项目组在地震资料处理方面提出一套拟三维宽线层析静校正技术，包括两方面：基准面静校正和剩余静校正。方法主要有高程校正、野外模型静校正、层析静校正、折射静校正。针对基准面静校正，采用拟三维宽线层析静校正解决基准面静校正问题，提高目的层成像精度。拟三维宽线层析静校正方法是指以所有二维数据套用整个区块的三维网格，宽线和纵、横向二维线均参与静校正拾取、计算，这样保证了静校正计算时的统计道数；通过大网格三维模式的计算解决了闭合问题，通过三维小网格解决了成像问题。藏北地区条件多样、低降速层厚度、速度变化剧烈，静校正问题严重，在应用基准面静校正量后，仍然存在一定的剩余静校正问题，对此通过采用地表一致性剩余静校正、综合全局寻优剩余静校正与速度分析多次迭代，解决该区的剩余静校正问题，使反射同相轴达到最佳同相叠加（图 3-2）。实际数据表明，该方法在高寒地区永久冻土层地区能够有效地解决长波长静校正问题。

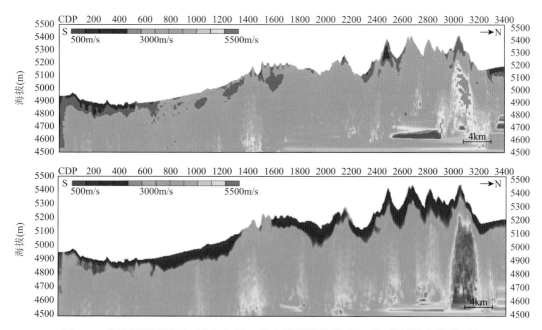

图 3-2　常规层析反演后（上）与拟三维宽线层析静校正（下）的近地表模型对比

（二）藏北高原地震处理叠前多域组合去噪技术

　　形成了藏北高原地震处理叠前多域组合去噪技术，实现了羌塘盆地部分低信噪比、复杂构造的深度域偏移成像，增强了地震剖面的可解释性。羌塘盆地"双复杂"构造系统导致地震数据具有复杂的反射波场和部分地区低的信噪比，为地震资料处理增加了时间域和深度域成像的难度，直接影响区域地质构造、地层岩性解释及油气勘探开发进程。项目组在炮域采用自适应面波衰减压制面波；分频异常振幅衰减在炮域对残留面波和异常振幅进行衰减；在炮域和检波域利用叠前线性干扰压制对线性干扰波进行压制；利用地表一致性振幅补偿和分频异常振幅衰减在炮域进行迭代，逐步压制各种残留的高能异常振幅；在共中心点（common middle point，CMP）域通过分频异常振幅衰减压制残留异常振幅；在TAUP 域对随机噪声进行压制，进一步提高资料信噪比。该技术实现了羌塘盆地低信噪比、复杂构造的深度域偏移成像，增强了地震剖面的可解释性。

（三）藏北高原地震处理的精细叠加成像技术

　　形成了藏北高原地震处理的精细叠加成像技术，取得了信噪比较高的深度域成像剖面。具体做法如下：依靠速度谱强能量团，参照 CSUM 道集及交互叠加段，进行速度谱解释；在无速度谱强能量团时，采用常速扫描与变速扫描相结合的方式，确定叠加速度场；最后考察纵、横向的速度剖面图和等时速度切片，修正速度场中的异常值来保证叠加速度场的合理、准确。另外，项目组首次在羌塘盆地地震数据上应用叠前深度偏移技术进行地震成像，针对羌塘盆地复杂构造条件，波动方程叠前深度偏移的偏移算子能够适应陡倾角成像以及剧烈的横向速度变化，在地下速度准确度一般的情况下，能够给出地下地质构造的正确图像，构造模式更为合理。特别是对复杂地区，叠前深度偏移剖面可能更接近客观情况。

三、地震解释

（一）地震资料品质评估

地震资料的原始品质制约着地震勘探成果的精度，并最终影响着区域地质认识与油气勘探的潜力与方向。根据《山地地震勘探偏移剖面地质评价准则》（Q/SYCQZ 145—2009），地震偏移剖面地质评价以偏移剖面为主要对象，根据勘探地质任务要求和主要目的层地震反射层特征、信噪比、分辨率、偏移归位成像效果、地质现象反映程度等确定，其评价标准如下。

（1）一级剖面段：偏移归位合理，回转波、绕射波、断面波等得到正确收敛，断点清晰，反映的正、负向构造关系清楚；偏移剖面背景面貌干净；目的层反射齐全，地质现象反映清晰（由特殊复杂地质原因造成的除外），主要目的层成像好，同相轴连续，信噪比、分辨率能满足地质任务要求。

（2）二级剖面段：偏移归位合理，回转波、绕射波、断面波等得到正确收敛，断点明显，成像较好，能反映正、负向构造关系；偏移剖面背景面貌较干净，与水平叠加剖面对照，波形特征保持较好，波组关系较清楚；主要目的层反射较齐全，成像较好，同相轴较连续，地质现象反映较清晰（由特殊复杂地质原因造成的除外），信噪比及分辨率基本满足地质任务要求。

纵观本次处理解释的水平叠加、叠加偏移时间剖面，这些剖面的质量具有以下特点。

纵向上获得了侏罗系索瓦组至三叠系底界的反射。其中，TJ_3s、TJ_2x、TJ_2b、$TJ_{1-2}q$ 等反射层的反射能量强、连续性好、相对易于追踪对比，TT 反射层的反射能量弱，反射品质相对较差，追踪对比相对困难。

横向上位于凹陷区及地表褶皱强度较低区域所获的资料品质较好，反射波能量强、特征明显，易于连续追踪对比解释，各目的层反射可满足构造解释的要求；位于构造褶皱强度较大、断裂发育及地表出露地层较老区域所获地震资料品质明显变差，反射波连续性变差，波组特征不明显，难以连续追踪对比解释，仅能参照相邻测线推测解释。

根据二维地震剖面地质评价行业标准，以本区具代表性的侏罗系布曲组（TJ_2b）底界反射层进行剖面品质评价（图 3-3、图 3-4），其中一级剖面为 636.95km，一级剖面率为 22.4%，二级剖面为 1407.5km，二级剖面率为 49.5%，三级剖面为 799.7km，三级剖面率为 28.1%。一级和二级剖面占 71.9%（托纳木工区 2011～2012 年测线未统计）。

总体来说，一级剖面能满足精细查清构造关系变化的解释要求，二级剖面的资料品质仅能达到基本查清构造关系变化的解释要求。

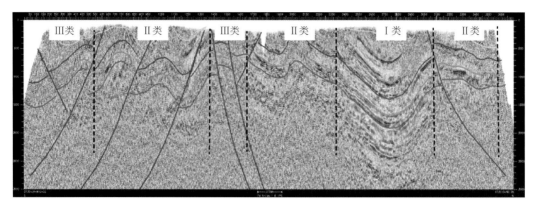

图 3-3 羌塘盆地二维地震测量剖面资料品质划分图

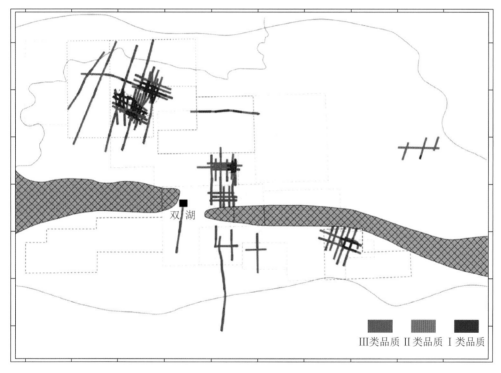

图 3-4 羌塘盆地二维地震测量资料品质平面分布图

（二）地震层位标定

地质层位标定是地震资料解释最基础、最关键的工作之一，它直接影响构造成果能否真实地反映地下的地质情况。地质层位标定通常采用的方法有地震测井垂直地震剖面（vertical seismic profiling，VSP）测井标定、声波合成地震记录标定以及以往成果的地质层位标定结果的引入。

由于客观因素的原因，目前为止羌塘地区未有探井，因此不能通过地震测井 VSP 测井进行层位的标定，同时也不能通过声波合成记录进行层位标定。但 2015 年的二维地震获取了较好的地震资料品质，与前期部署测线形成了控制测网，因此对层位进行引入是切实可行的。另外，注重对该区构造轮廓的认识，充分利用地表露头资料，结合区域地质资料、地质模式，对此次二维测线的地质层位及断裂进行合理的解释。

1. 地质"戴帽"标定

地质"戴帽"标定地震反射层的方法广泛运用于四川、新疆等高陡复杂构造区域。采用地质"戴帽"方法，将地面地质层位的顶底位置、出露断点位置及地层产状等要素标注于地震剖面地形线对应的共反射点（common depth point，CDP）处，然后利用露头剖面上的地质界线对地震剖面上的反射层的对应情况进行标定。应用该方法标定的结果能够比较直观地展示地面与地下构造和层位的对应关系。在地震资料品质较差及地表露头区域，"戴帽"能起到指导地震解释工作的作用。对于工区来说，J_2x 地层是地表所能见到的最老地层，多处出露地表，将该层出露部位的地质界线标定到地震剖面上对应位置，则可在地震剖面上标定出 J_3s 底界反射所相当的地质层位（图 3-5）。利用标定结果，完成所有测线 J_3s 底界的对比解释。

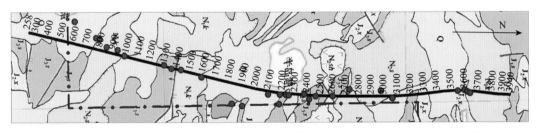

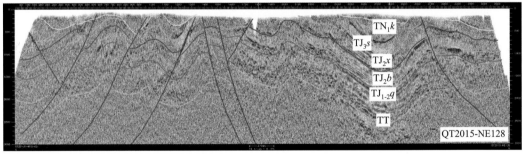

图 3-5　羌塘盆地地震反射层标定的地质"戴帽"方法示例图

（注：科探井证实图中 TJ_2b 实际为 TJ_2x，详见第五章）

2. 速度反算

依靠地质"戴帽"可以确定出露地表各层在地震剖面上所相当的地质层位，但对于地腹内部各层位，地质"戴帽"标定的方法是不能指导其标定的。因此，在地质"戴帽"的基础上，考虑进一步采用速度反算的方法来确定。

根据通过大量地面地质调查总结出的区域地层特征（表 3-1），各反射层间的大致厚度是确定的（如夏里组厚约 750m，布曲组厚约 675m，雀莫错组厚度大于 300m，布曲组至三叠系底界大于 1900m），在进行时深转换时，又对各层的速度进行了分析。因此，根据各层的层速度与各层之间的厚度，可以反算出各层之间的大致反射时间间隔。结合通过地质"戴帽"标定确定的索瓦组底界反射在地震剖面上所相当的地质层位，可以大致确定下伏各层在地震剖面上所相当的地质层位。以 QT2015-NE128 线叠后时间偏移剖面为例（图 3-6），根据速度反算，夏里组距索瓦组反射时间大约为 0.282s，结合波形特征，确定了其大概位置，采用同样的方法确定了布曲组及侏罗系底界雀莫错组大致的反射位置。这里需要特别指出的是，根据速度反算，三叠系底界距离侏罗系底界的反射时间间隔大概为 0.76s，但在实际的剖面对比中，选择了侏罗系往下大致 0.6s 位置的一套波组特征为三叠系底界，从多条测线的剖面观察分析，该套波组基本是所有测线中能够成像的最深的反射特征，考虑到结晶基底成像比较困难的实际情况，因此选取了该套波组特征为三叠系底界的反射。

表 3-1 各地层层间反射时间表

地层	地层厚度（m）	层速度（m/s）	层间（双程）反射时间（s）
J_3s	300～1200	4600	0.13～0.52
J_2x	750	4600	0.326
J_2b	675	4600	0.29
$J_{1-2}q$	>300	5000	>0.120
TT	>1900	5000	>0.76
结晶基底			

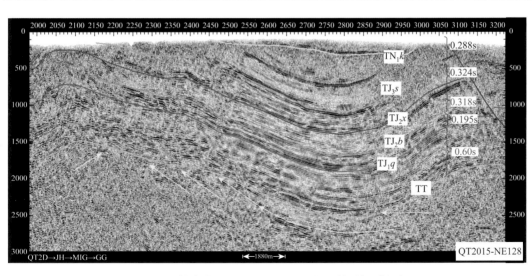

图 3-6 羌塘盆地 QT2015-NE128 叠后时间偏移剖面
（注：科探井证实图中 TJ_3s 实际为 TJ_2x）

各反射层相当的地质层位如下。

TJ_3s：上侏罗统索瓦组底界反射。

TJ$_2$x：中侏罗统夏里组底界反射。

TJ$_2$b：中侏罗统布曲组底界反射。

TJ$_{1-2}$q：中下侏罗统雀莫错组底界反射。

TT：三叠系底界的地震反射。

3. 地震相标定

利用露头的沉积学研究结果，通过地震反射特征研究，确定反射波组的地质属性（图 3-7）。

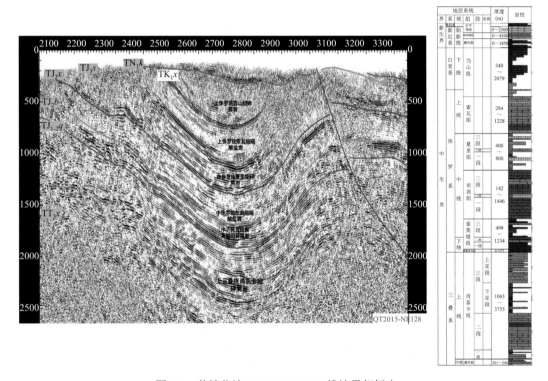

图 3-7　羌塘盆地 QT2015-NE128 线地震相标定

中生界上三叠统—侏罗统主要为一套滨、浅海沉积的碳酸盐岩和碎屑岩地层。地层具有碳酸盐岩和碎屑岩交替发育的特点，索瓦组、布曲组主要为碳酸盐沉积，肖茶卡（巴贡）组、雀莫错组、夏里组主要为碎屑岩沉积。从地震相分析来看，碳酸盐具有沉积稳定的特点，因此表现为块状反射，整体同相轴能量稳定，主要为平行-亚平行、连续、中弱振幅反射特征，而碎屑岩岩性变化频繁，主要表现为平行、丘状、中-低连续、中强振幅反射特征。

QT2015-NW91（图 3-8）时间剖面显示盆地北侧为扇三角洲沉积体，从盆地边缘向盆地中心方向以及自下而上都显示了扇三角洲冲积平原相、前缘相、前三角洲相的特点，记录了盆地从大到小，赋水由深变浅逐渐萎缩的全过程。夏里组显示为三角洲前积特征；康托组显示山间河流冲积扇特征；白垩系雪山组与新近系康托组呈明显的角度不整合接触。

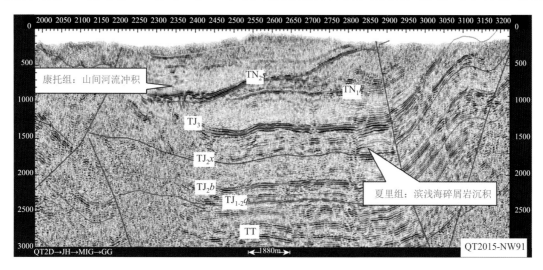

图 3-8 羌塘盆地 QT2015-NW91 线地震相标定

(注:科探井证实图中 TJ$_3$s 实际为 TJ$_2$x)

(三)构造解释与成图

1. 时深转换速度模型

由于科探井实施前区内没有深井资料,因此平均速度场的建立主要利用速度谱资料预测。在进行时深转换速度模型的制作前,首先利用工区解释的层位断层数据建立地质框架;然后对速度谱资料进行分析,选择构造相对简单、速度谱资料较好的点作为虚拟井点;然后利用建立的地质模型结合虚拟井进行空间插值,形成空间速度场;最后利用该速度场进行时深转换(图 3-9)。

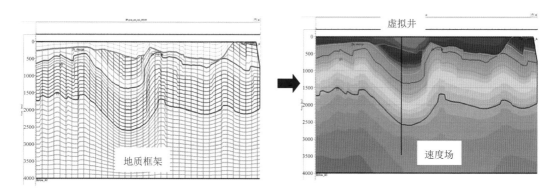

图 3-9 空间速度场建立流程图

2. 构造图件编制

为了了解羌塘地区局部构造的成因机制、圈闭类型,在完成地震剖面的解释工作后,考虑到系统解剖区块构造特征的需要,对 3 个地震测线相对集中的区块,编制了相关构造图。

其中，半岛湖工区编制肖茶卡（巴贡）组底界面、布曲组底界面及夏里组底界面的等 T0 构造图 3 张，托纳木地区编制 TJ$_2b$ 反射层等 T0 图 1 张（图 3-10）。

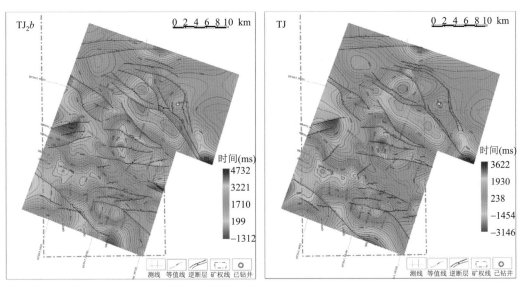

图 3-10　羌塘盆地半岛湖地区布曲组底界面及侏罗系底界面构造 T0 图

第二节　地　质　设　计

完成科探井井位论证之后，根据中国地质调查局的要求，参照石油地质参数井相关规范，编制了羌科 1 井地质设计。本节主要介绍地质设计的目标任务、基础参数、设计依据、油气水及温压预测，以及取资料要求和油气测试设计。

一、钻探目标与设计依据

（一）钻探目标任务

（1）建立羌塘盆地地层岩性（岩相）、电性、物性、地层压力及含油气性剖面；

（2）探索羌塘盆地中生界油气地质条件，取得羌塘盆地中生界的烃源岩发育情况及其生烃潜力、储盖条件及其组合特征资料，为羌塘盆地油气勘探提供依据；

（3）获取地球物理相关参数，准确标定地震层位，验证地球物理资料的准确性、地腹构造的可靠性；

（4）探索藏北高原冻土条件下的钻井、测井、完井及测试工艺技术，形成独特的石油钻井工程工艺技术；

（5）力争取得重大油气发现，实现羌塘盆地油气勘探的历史性突破。

（二）钻遇地层设计

羌科 1 井位于羌塘盆地半岛湖区块东北部。钻井工区内主要出露地层包括肖茶卡（巴贡）组、中下侏罗统雀莫错组、中侏罗统布曲组、中侏罗统夏里组、上侏罗统索瓦组、下白垩统白龙冰河组、新生界康托组和唢呐湖组等。

根据露头地层序列及地震资料初步解译（图3-11，中：钻前地震剖面解译地层），羌科 1 井设计开孔地层为上侏罗统索瓦组，预测钻穿索瓦组以后，将依次钻遇中侏罗统夏里组、布曲组、中-下侏罗统雀莫错组、上三叠统那底岗日组、肖茶卡（巴贡）组、波里拉组、甲丕拉组及中-下三叠统，终孔于不整合面之下二叠系热觉茶卡组，预计终孔深度为 5500m（图3-11，左：钻前预测钻遇地层）。羌科 1 井实际钻遇地层证实，上述设计与预测的侏罗系、三叠系地层序列是正确的，但地层单元（组）之间的界线划分及预测的地层厚度与上述设计（预测）存在较大的差距（图3-11，右：实际钻遇地层）。

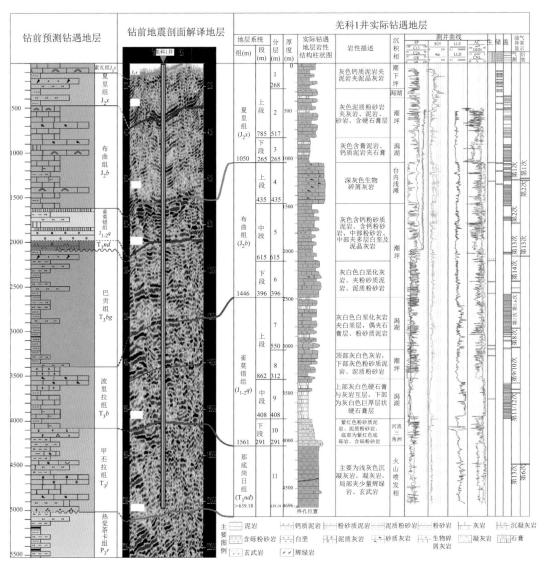

图 3-11　羌科 1 井钻前预测钻遇地层（左）、钻前地震剖面解译地层（中）、实际钻遇地层（右）对比图
[据王剑等（2020）修编]

图 3-11 中，设计预测的布曲组底界实际为夏里组底界，巴贡组底界实际为布曲组底界，雀莫错组与那底岗日组实际厚度比预测的要大得多。

（三）地质设计依据

1. 构造条件有利

1）半岛湖工区处于北羌塘拗陷构造弱变形区 - 应力避风港

羌塘盆地半岛湖工区断层划分主要依据为地震解释资料，2015 年度项目组累计进行了 260km 二维地震测量（图 3-12）。研究表明工区内构造运动、断裂活动及盆地区域应力场相对应，从 QB2015-SN03、QB2015-EW09 两条东西向、南北向平衡演化剖面来看，不同期次盆地内主应力方向分别为近东西向、近南北向交替作用，但主应力方向相近的两期在盆地内构造作用的强弱、性质有所差异。燕山期、四川期盆地内以褶皱作用为主，主要发生单向的挤压作用；华北期、喜山期以冲断作用为主，沿基底大断层伴生走滑作用。

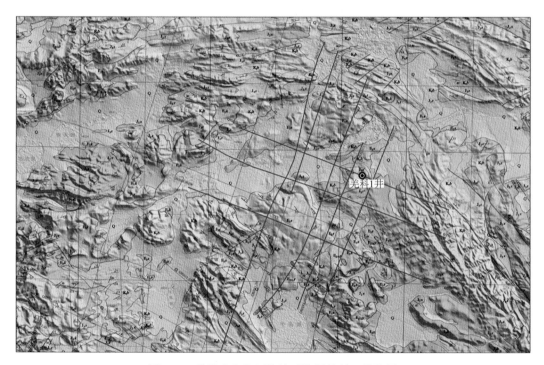

图 3-12　羌塘半岛湖区块地质简图羌科 1 井位置

根据本次地震解释成果，研究区断层类型主要有如下几种。

（1）逆断层。逆冲断层受挤压应力作用强，有些产状平缓，水平断距大；有些逆冲角度高，垂直断距大，少量断层产生长距离逆冲推覆。逆冲断层使许多老地层被冲起剥蚀，并在不同区域产生了逆掩，地层重叠，大型逆冲断层主要发育于中生代沉积盖层厚度相对较薄的半岛湖凹陷周缘斜坡带和凸起带。对于沉积盖层较厚凹陷深部位，仅发育隐伏逆断层。

（2）正断层。研究区正断层在凹陷周缘西侧、南侧零星发育。剖面上的正断层有三种形成机制。一是晚三叠世盆地裂陷期形成的正断层。在后期挤压作用中，有些正断层仍未完全反转，深层仍表现为正断层。二是盆地后改造期，早期逆冲断层在后造山阶段发生滑覆运动产生的正断层，这类断层的形成期较主逆冲断层略晚。三是与后期挤压应力方向平行或斜交的老断层在扭动作用的拉分效应中产生正断层。在地表正断层中，晚期造山后滑覆作用产生的正断层占主要地位。

总体来看，半岛湖工区处于北羌塘拗陷构造弱变形区-应力避风港。从地质图构造展布情况分析，琵琶湖-半岛湖工区主要发育4组断裂带，从南到北依次为黑尖山-牛肚湖断裂带、琵琶湖-东湖断裂带、浩波湖-半岛湖断裂带和万安湖-普若冈日断裂带。黑尖山-牛肚湖断裂带走向北西西，中央隆起带走向一致，线性展布，贯穿整个北羌塘盆地，为区域大断裂。琵琶湖-东湖断裂带走向北西，线性展布，从确旦错，经过琵琶湖向南东延伸到东湖。浩波湖-半岛湖断裂带从西部的北西西向断裂经过半岛湖转化为北西向断裂延伸到普若冈日，万安湖-普若冈日断裂带从西部映天湖北东向，到万安湖附近转为东西向，之后转为北北西向收敛到普若冈日，总体具有弧形展布的特点，断裂主体集中出露到万安湖到普若冈日之间。

2）半岛湖工区断裂构造发育程度适中，对油气破坏作用有限

结合地面地质露头，开展地震资料解释，明确了半岛湖工区断裂特征。半岛湖地区发育NNW、NW向逆断层和NE向正断层，褶皱构成排成带发育，其中共解释断层20条，断层走向以近NW为主，NE向为辅（表3-2，图3-13）。

表 3-2 半岛湖地区断裂要素表

序号	名称	断层性质	长度（km）	平均断距（m）	倾角（°）	断面倾向	断层走向
①	Fr1	逆断层	45.44	600	30	NE	NW
②	Fr2	逆断层	17.10	450	35	SW	NW
③	Fr3	逆断层	12.48	450	40	NE	NW
④	Fr4	逆断层	21.26	300	45	SW	NNW
⑤	Fr5	逆断层	7.03	300	50	S	EW
⑥	Fr6	逆断层	42.67	550	40	SW	NW
⑦	Fr7	逆断层	11.82	400	50	NE	NNW
⑧	Fr8	逆断层	15.69	400	50	SW	NW
⑨	Fr9	逆断层	26.61	450	40	NE	NW
⑩	Fr10	逆断层	19.79	450	60	NE	NWW
⑪	Fr11	逆断层	18.29	450	30	SW	NWW
⑫	Fr12	逆断层	31.49	500	30	SW	NW-SE
⑬	Fr13	逆断层	14.88	100	40	NE	SWW
⑭	Fr14	逆断层	8.22	150	40	S	SW

序号	名称	断层性质	长度（km）	平均断距（m）	倾角（°）	断面倾向	断层走向
⑮	Fr15	逆断层	25.56	500	45	SW	NW
⑯	Fr16	逆断层	6.96	400	40	S	EW
⑰	Fr17	逆断层	6.52	400	50	SW	NWW
⑱	Fr18	逆断层	10.82	300	50	SW	NWW
⑲	Fr19	逆断层	23.61	600	45	NW	SW
⑳	Fr20	逆断层	19.79	400	60	NE	NW

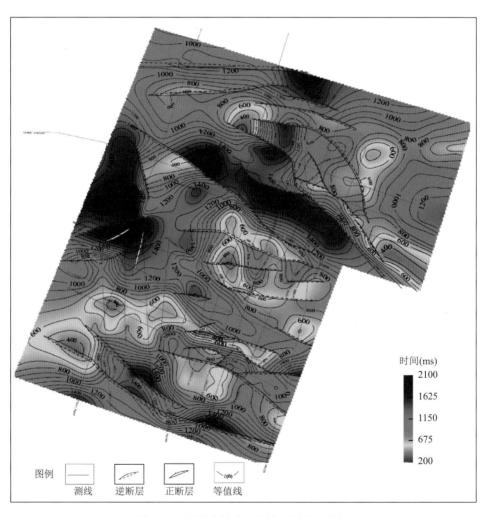

图 3-13　羌塘盆地半岛湖地区断裂系统图

总体来看，半岛湖工区内断裂规模较小，均为小型逆断层，长度为 6～45km 不等，断距为 100～600m 不等，倾角为 30°～60°不等，断裂构造发育程度适中，对油气破坏作用有限。

2. 圈闭条件优越、深度适中

1）半岛湖工区内构造圈闭比较发育

通过构造解释和时深转换，对三叠系顶界编制了构造图，开展了局部构造识别。区块范围内，可见到共计 9 个构造圈闭，以断块、断鼻、断背斜和背斜构造为主，面积为 600.93km^2（表 3-3）。由于测线为区域构造侦查线，控制程度很低，部分局部构造的详细结构无法落实。在地震资料品质评价的基础上，按照局部构造识别为"井"字或"丰"字控制要求，结合成都地质矿产研究所 2010～2011 年、2015 年测线初步处理成果，对形成 3km×4km 的控制测网的部分平面和剖面结合开展局部构造刻画，识别出可靠的局部构造显示共计 3 个。其余局部构造仅由 1 条测线控制，少数局部构造之上有两条测线通过。

表 3-3 羌塘盆地半岛湖地区构造要素简表

构造单元	圈闭名称	层位		构造形态	最低圈闭线（m）	构造高点（m）	闭合幅度（m）	圈闭面积（km^2）
		地震	地质					
万安湖凹陷	半岛湖 6 号	TJ	三叠系顶界	断块	−2600	−1920	680	144.14
	半岛湖 1 号	TJ	三叠系顶界	断块	−3000	−2070	930	62.87
	半岛湖 3 号	TJ	三叠系顶界	断块	−4200	−2750	1450	29.48
玛尔果茶卡-半岛湖凸起	半岛湖 4 号	TJ	三叠系顶界	断鼻	−2800	−1450	1350	83.85
	半岛湖 5 号	TJ	三叠系顶界	断块	−2400	−1260	1140	37.97
	半岛湖 2 号	TJ	三叠系顶界	背斜	−2000	−1320	680	85.34
	半岛湖 7 号	TJ	三叠系顶界	断鼻	−2400	−1340	1060	41.05
	半岛湖 8 号	TJ	三叠系顶界	断背斜	−2800	−1800	1000	92.46
	半岛湖 9 号	TJ	三叠系顶界	断块	−2000	−1500	500	23.77

（1）半岛湖 6 号圈闭。羌塘盆地半岛湖 6 号圈闭由 3 个断块和 1 个断鼻构造圈闭组合而成（图 3-14～图 3-15），各构造圈闭的特征如表 3-4 所示。其中，半岛湖 6-1 号和半岛湖 6-2 号圈闭面积较大，半岛湖 6-1 号圈闭面积为 72.21km^2，闭合幅度为 680m，构造高点为−1920m，地表条件良好。半岛湖 6-2 号圈闭面积为 46km^2，闭合幅度为 450m，构造高点为−2150m，地表条件良好。羌塘盆地半岛湖 6 号构造圈闭受到 QB2015-05SN、QB2015-06SN、QB2015-07SN、QB2015-09EW、QB2015-10EW、QB2015-11EW 测线控制，构造形态较为完整，地层埋藏较浅，地表出露康托组、索瓦组；地震资料品质较好，测线控制程度高，断块构造落实。

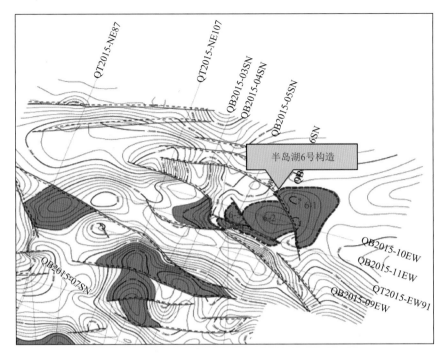

图 3-14　羌塘盆地半岛湖 6 号圈闭平面展布图

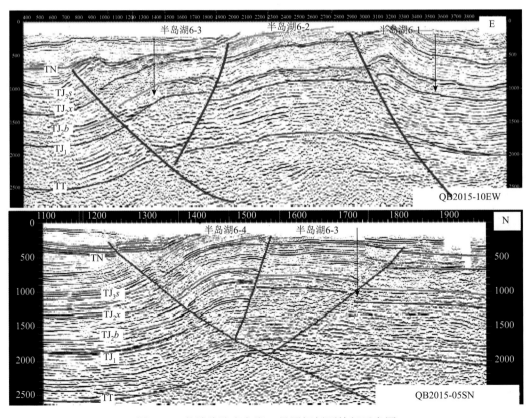

图 3-15　羌塘盆地半岛湖 6 号圈闭剖面特征示意图

表 3-4 羌塘盆地半岛湖 6 号圈闭构造要素简表

圈闭名称	层位		构造形态	最低圈闭线（m）	构造高点（m）	闭合幅度（m）	圈闭面积（km²）
	地震	地质					
半岛湖 6-1 号	TJ	三叠系顶界	断块	−2600	−1920	680	74.21
半岛湖 6-2 号	TJ	三叠系顶界	断块	−2600	−2150	450	46.00
半岛湖 6-3 号	TJ	三叠系顶界	断块	−2600	−2130	470	9.88
半岛湖 6-4 号	TJ	三叠系顶界	断鼻	−2600	−1950	650	14.06

（2）半岛湖 1 号圈闭。羌塘盆地半岛湖 1 号圈闭受到 QT2015-NW91、QT2015-NE87 测线控制（图 3-16），该构造总体上呈断块构造，面积为 62.87km²，闭合幅度为 930m。东西方向上，QT2015-NW91 线东西两侧受断层挟持，背斜形态完整，高点埋深为 900ms（时间深度）。南北方向上，QT2015-NE87 线逆断层发育，切割背斜，南北两侧地层相向倾斜形成低部位，高点埋深 900ms（时间深度）；地层埋藏适中，地表出露索瓦组和康托组；背斜构造相对落实，地震资料反射较好。

（3）半岛湖 3 号圈闭。羌塘盆地半岛湖 3 号圈闭受到 QB2015-03SN、QB2015-11EW 测线控制，该构造总体上呈断块构造，面积为 29.48km²，闭合幅度为 1450m，构造高点为 −2750m，地表条件良好。地层埋藏较浅，地表出露康托组、索瓦组；地震资料品质较好，测线控制程度高，断块构造落实。

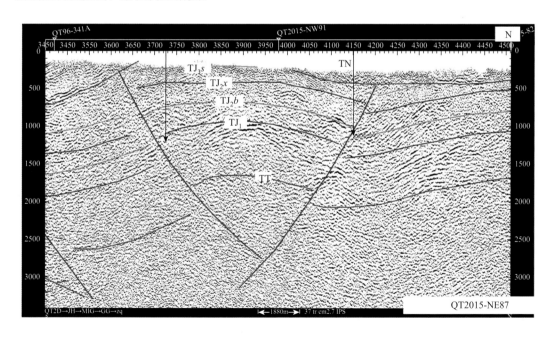

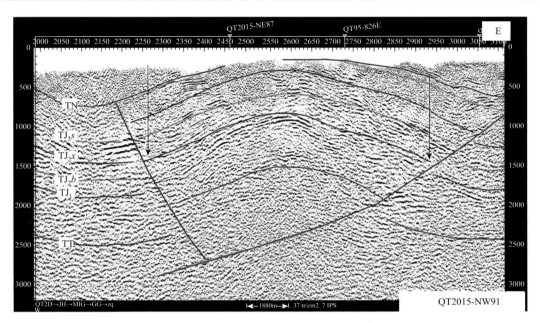

图 3-16　羌塘盆地半岛湖 1 号圈闭剖面特征

（4）半岛湖 2 号圈闭。羌塘盆地半岛湖 2 号圈闭主要受到 QB2011-02、QT2015-NE87
测线控制，该构造总体上为一个背斜构造，圈闭面积约为 85.34km^2，闭合幅度为 680m。
构造高点为–1320m，地表条件差；该构造局部地震资料较为复杂，但背斜行迹较为清晰。
地层埋藏较浅，地表出露康托组、索瓦组、夏里组；地震资料品质较好，测线控制程度高，
背斜构造基本落实。

2）半岛湖工区内圈闭构造可靠程度高

影响构造成果可靠性的因素很多，如测线布设、野外原始资料的质量、处理流程、模
块及参数的选取、地质层位的准确标定、对比解释方案以及速度模型的合理性等。下面将
从几个方面对构造成果的可靠性进行分析和阐述。

（1）半岛湖 6 号构造控制测线为 6 条，测线控制密度为 2km×3km；半岛湖 1 号构造
控制测线为 2 条，控制程度稍低；半岛湖 3 号构造控制测线为 4 条，测网控制密度为
2km×2km；半岛湖 2 号构造控制测线为 9 条，测网控制密度为 2.5km×5km。从地震资
料品质分析来看，控制区地震资料以一级和二级品质为主，总体上来说，满足局部构造识
别要求。

（2）地质层位的标定是在地表标定、地震相标定和速度反演等多种方法应用的基础上
进行的，保证了在现有资料的基础上层位标定的最大准确性。

（3）通过对各条测线叠加速度的分析，结合层位解释成果，制作了合理的时深转换速
度模型。通过对比偏移剖面与深度剖面，无论是构造平缓区还是断层发育部分均无畸变，
证明本次时深转换的层速度模型符合研究区的地质构造实际情况，证明本次所使用的时深
转换层速度模型是合理的，地质成果可靠性较高。

按照圈闭地震资料品质、测网控制程度进行圈闭可靠程度评价，半岛湖区块 9 个构造
圈闭中，2 个为可靠圈闭，2 个为较可靠圈闭（表 3-5）。

表 3-5 羌塘盆地半岛湖工区圈闭可靠程度评价表

构造名称	圈闭名称	构造形态	闭合幅度（m）	圈闭面积（km²）	可靠程度评价			
					测网控制程度	测网密度（km×km）	地震品质	可靠程度
万安湖凹陷	半岛湖 6 号	断块	680	144.14	"井"字形	2×3	一类、二类	可靠
	半岛湖 1 号	断块	930	62.87	"十"字形	—	一类、三类	较可靠
	半岛湖 3 号	断块	1450	29.48	"井"字形	2×2	一类	可靠
玛尔果茶卡-半岛湖凸起	半岛湖 4 号	断鼻	1350	83.85	八条平行线	—	二类、三类	不可靠
	半岛湖 5 号	断块	1140	37.97	三条平行线	—	二类、三类	不可靠
	半岛湖 2 号	背斜	680	85.34	"井"字形	2.5×5	一类、二类	较可靠
	半岛湖 7 号	断鼻	1060	41.05	"井"字形	1.5×5	一类、三类	不可靠
	半岛湖 8 号	断背斜	1000	92.46	六条平行线	—	二类、三类	不可靠
	半岛湖 9 号	断块	500	23.77	三条平行线	—	一类、三类	不可靠

3）半岛湖圈闭构造以 6 号构造最为有利

按照圈闭的可靠程度、圈闭面积和可提供风险钻探的情况分为Ⅰ类、Ⅱ类、Ⅲ类，Ⅰ类——落实的有利圈闭，Ⅱ类——落实或较落实的较有利圈闭，Ⅲ类——不落实或较落实的不利圈闭。应考虑主要目的层的埋深情况、圈闭面积、圈闭的可靠程度、盖层的发育情况和地表条件等情况，综合进行优选排队。资料、相带、保存、规模、圈闭综合优选后，半岛湖地区 6 号和 1 号 2 个圈闭保存和相带相对有利（表 3-6，图 3-17），建议优先实施。

表 3-6 羌塘盆地半岛湖地区圈闭优选排队表

构造名称	圈闭名称	构造形态	闭合幅度（m）	圈闭面积（km²）	可靠程度评价	综合排队
万安湖凹陷	半岛湖 6 号	断块	680	144.14	可靠	Ⅰ
	半岛湖 1 号	断块	930	62.87	较可靠	Ⅱ
	半岛湖 3 号	断块	1450	29.48	可靠	Ⅲ
玛尔果茶卡-半岛湖凸起	半岛湖 4 号	断鼻	1350	83.85	不可靠	Ⅲ
	半岛湖 5 号	断块	1140	37.97	不可靠	Ⅲ
	半岛湖 2 号	背斜	680	85.34	较可靠	Ⅲ
	半岛湖 7 号	断鼻	1060	41.05	不可靠	Ⅲ
	半岛湖 8 号	断背斜	1000	92.46	不可靠	Ⅲ
	半岛湖 9 号	断块	500	23.77	不可靠	Ⅲ

3. 地层发育齐全、厚度适中

羌塘盆地半岛湖地区地表出露地层以上侏罗统索瓦组、下白垩统白龙冰河组和新生界为主，少量出露中侏罗统夏里组和布曲组，地层总体呈北西—南东向延伸，局部受构造变形而改变方向。

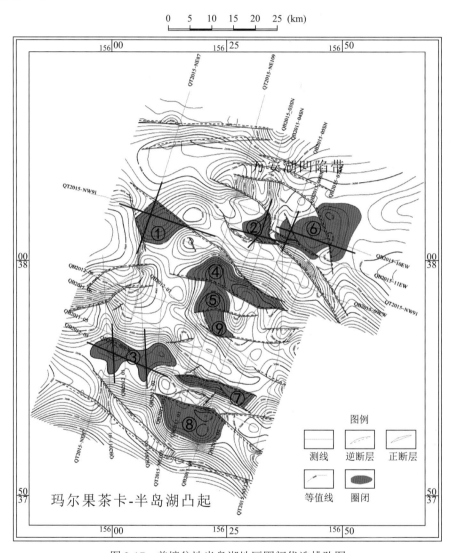

图 3-17　羌塘盆地半岛湖地区圈闭优选排队图

（1）下白垩统白龙冰河组：白龙冰河组厚约 1315m，主要为中薄层状钙质砂岩、页岩、粉砂岩和中厚层夹薄层状泥晶灰岩、泥灰岩、介壳灰岩等构成不等厚互层，与下伏侏罗系地层呈整合接触。

（2）上侏罗统索瓦组：厚 450～600m，主要为中厚层状泥灰岩、泥晶灰岩、砂屑泥晶灰岩、生物碎屑灰岩、鲕粒灰岩、珊瑚礁灰岩夹泥岩、粉砂岩等组合，细碎屑岩在上部夹层增多。

（3）中侏罗统夏里组：厚 220～600m，主要为中薄层状岩屑长石砂岩、钙质细砂岩、粉砂岩、粉砂质泥岩夹生物介壳灰岩、泥晶灰岩、泥灰岩等。

（4）中侏罗统布曲组：厚约 1104m，主要为中厚层状白云质灰岩、核形石灰岩、生物碎屑灰岩、鲕粒灰岩、泥晶灰岩、泥灰岩夹珊瑚礁灰岩和少量粉砂质泥岩。从下到上可细分为三段，上段以深灰色泥晶灰岩、泥灰岩为主夹核形石灰岩、生物碎屑灰岩和少量泥页岩；中段以浅灰色、灰白色鲕粒灰岩、砂砾屑灰岩夹核形石灰岩、白云质鲕粒灰岩及少量泥晶灰岩为主；下段以深灰色、灰黑色泥晶灰岩、泥质泥晶灰岩、含生物碎屑泥晶灰岩、核形石灰岩为主。

（5）中-下侏罗统雀莫错组：厚 499～931m，主要为一套碎屑岩夹灰岩组合。该组可细分为细碎屑岩段（上段）、灰岩段（中段）和粗碎屑岩段（下段）。上段主要为紫红色薄至极薄层泥页岩、粉砂质泥页岩夹中层状岩屑砂岩、泥质粉砂岩及膏盐岩；中段主要为中薄层状砂质灰岩、生物碎屑灰岩、鲕粒灰岩、泥灰岩与泥页岩、粉砂质泥页岩互层夹钙质砂岩、膏盐岩；下段主要为紫红色厚层状粗-中-细粒复成分砾岩、含砾粗砂岩、粗-中-细粒岩屑砂岩、粉砂岩组成下粗上细的韵律组合。

（6）上三叠统那底岗日组：厚 217～1571m，底部为古风化壳和河流相砂砾岩，其上为火山岩组合。

（7）上三叠统肖茶卡（巴贡）组：厚 1063～1184m，主要为一套泥晶灰岩、生物灰岩。底部可能为含砾砂岩、砂岩、粉砂岩及粉砂质泥岩，与下伏中三叠统康南组呈平行不整合接触；顶部可能为上三叠统盆地闭合时的中粗砂岩及含煤泥页岩。

半岛湖区内侏罗系从上到下由上侏罗统索瓦组、中侏罗统夏里组、中侏罗统布曲组、中下侏罗统雀莫错组组成，与上覆白垩系白龙冰河组呈整合接触，与下伏三叠系呈平行不整合接触，内部各组为整合接触；而三叠系主要发育上三叠统肖茶卡（巴贡）组地层、波里拉组地层。

4. 生储盖条件良好且可能发育多个油气组合

1）烃源岩条件良好，以中侏罗统布曲组和上三叠统肖茶卡（巴贡）组烃源岩为主

研究表明，羌塘盆地半岛湖区块内发育的主要烃源岩有 4 套：上三叠统肖茶卡（巴贡）组（T_3x），中侏罗统布曲组（J_2b）、夏里组（J_2x），以及上侏罗统索瓦组（J_3s）烃源岩，烃源岩类型主要为泥灰岩、泥页岩。

综合分析认为，工区烃源岩条件较好，包括泥质烃源岩和碳酸盐岩两大类。上三叠统肖茶卡（巴贡）组泥质烃源岩生烃潜力大，是羌塘盆地中生界最为优质的烃源岩（陈文彬等，2015a；解龙等，2016；宋春彦等，2018），也是工区内的最有利烃源岩之一，中侏罗统布曲组烃源岩具有厚度大、有机质丰度高的特点，是该区重要的烃源岩；上侏罗统索瓦组、中侏罗统夏里组烃源岩具有一定的生烃潜力，是该区值得进一步研究的烃源岩之一，具体参数如表 3-7 所示。

表 3-7　羌科 1 井钻前工区烃源岩综合评价表

层位	岩性	有机质丰度（%）	有机质类型	厚度（m）	非生油岩（%）	较差生油岩（%）	中等生油岩（%）	好生油岩	成熟度		烃源岩评价
									R_o（%）	T_{max}（℃）	
J_3s^2*	灰岩	$\dfrac{0.08\sim0.24}{0.09\ (21)}$	II$_1$、II$_2$	316	—	77	23	—	$\dfrac{0.58\sim3.08}{1.83\ (33)}$	$\dfrac{427\sim577}{485\ (36)}$	较差
J_3s^1*	灰岩	$\dfrac{0.08\sim0.28}{0.12\ (28)}$	II$_1$、II$_2$	244	—	88	12	—		$\dfrac{393\sim581}{482\ (44)}$	较差
J_2x	泥岩	$\dfrac{0.08\sim0.27}{0.14\ (36)}$	II$_1$、II$_2$	106	100			—	$\dfrac{1.18\sim1.86}{1.57\ (3)\ *}$	$\dfrac{315\sim576}{494\ (36)}$	非烃源岩
J_2b	灰岩	$\dfrac{0.06\sim0.37}{0.18\ (23)}$	II$_1$、II$_2$	303	30	22	26	22	$\dfrac{1.56\sim1.61}{1.59\ (5)\ *}$	$\dfrac{317\sim577}{494\ (23)}$	中等-好
T_3x	泥岩	$\dfrac{0.30\sim2.17}{0.9\ (18)}$	II$_2$、III	116	6	61	11	22	$\dfrac{1.15\sim1.40}{1.32\ (15)}$	$\dfrac{519\sim534}{527\ (15)}$	中等-好

注：*数据引自《青藏地区羌塘盆地区域石油地质调查报告（QT96YD-02）》（1996）。

2）储层条件相对较好，以中侏罗统布曲组和上三叠统肖茶卡（巴贡）组储层为主

羌塘盆地半岛湖地区储层岩石类型主要为碎屑岩和碳酸盐岩两大类，中生代碎屑岩储层主要分布于上三叠统、侏罗系雀莫错组、夏里组；岩石类型以细砂岩、粉砂岩为主，其次为中砂岩和粗砂岩，以及少量砾岩。碳酸盐岩储层主要分布于中侏罗统布曲组及上侏罗统索瓦组；岩石类型主要为"滩岩"、生物礁岩和白云岩等；其中"滩岩"包括生物碎屑灰岩、介壳灰岩、核形石灰岩、砾屑灰岩、砂屑灰岩、鲕粒或假鲕粒灰岩等。

根据岩石薄片、铸体薄片、阴极发光和扫描电镜等资料进行分析，工区主要包括孔隙和裂缝两种储集空间。工区内的空隙主要包括粒间溶孔、粒内溶孔、生物骨架孔隙、晶间孔；裂缝包括应力缝、压溶缝、溶蚀缝等。

综合研究认为，从储集参数特征来看，工区储层总体呈现中等-较好特征，以 II 类为主，从勘探意义上，中侏罗统布曲组和上三叠统藏夏河组为主要目的层，其次为夏里组、索瓦组（表 3-8）。

表 3-8　羌科 1 井钻前工区储层物性分类评价表

层位	岩性	实测 ϕ（%）范围值 均值（样品数）	实测 k（×10^{-3}μm^2）范围值 均值（样品数）	储层厚度（m）	参照青藏高原碳酸盐岩储层分类评价标准（%）		
					I 类	II 类	III 类
J_3s	碳酸盐岩	$\dfrac{1.23\sim6.47}{2.12\ (44)}$	$\dfrac{0.01\sim33.1}{1.62\ (44)}$	219	31.2	42.4	26.4
J_2x	碎屑岩	$\dfrac{0.58\sim7.68}{2.97\ (12)}$	$\dfrac{0.01\sim7.1}{0.6272\ (12)}$	225.18	—	77.7	22.3
	碳酸盐岩	$\dfrac{1.56\sim5.08}{3.20\ (9)}$	$\dfrac{0.01\sim6.08}{1.09\ (9)}$	42.14			
J_2b	碳酸盐岩	$\dfrac{0.44\sim16.91}{3.46\ (48)}$	$\dfrac{0.01\sim4.56}{0.3955\ (48)}$	373.95	14.0	63.2	22.8

续表

层位	岩性	实测 ϕ（%）范围值 均值（样品数）	实测 k（$\times 10^{-3} \mu m^2$）范围值 均值（样品数）	储层厚度（m）	参照青藏高原碳酸盐岩储层分类评价标准（%）		
					I 类	II 类	III 类
$J_{1-2}q$	碎屑岩	$\dfrac{0.36\sim8.41}{3.54（10）}$	$\dfrac{0.0023\sim7.99}{1.3537（10）}$	1363.1	—	—	—
	碳酸盐岩	—	—	115.1			
T_3x	碎屑岩	$\dfrac{1.51\sim5.56}{3.6（3）}$	$\dfrac{0.011\sim17.7}{5.9346（3）}$	505.32	9.9	71.3	18.8

3）发育多套盖层，盖层条件很好

羌塘盆地半岛湖工区内盖层分布层位多，从上三叠统肖茶卡（巴贡）组至白龙冰河组均有分布，盖层岩性主要为泥页岩、泥晶灰岩、膏岩。工区内各地层盖层条件均较好，特别是白龙冰河组盖层厚达 880.56m，而其在区内中生代油气目的层内产出位置最高，十分有利于封盖。

综合研究表明，工区内盖层发育，纵向上各个层位均互相叠置，横向上广泛分布，具有较强的微观油气封闭能力。微观封闭性研究表明，索瓦组、夏里组封盖性相对较好，能封闭高度大于 2700m 的油柱，封闭高度大于 1700m 的气柱（表 3-9）。而藏夏河组、白龙冰河组具有盖层厚度大、分布广，岩性以泥页岩为主，塑性强的特点，为该区较好的盖层。

表 3-9 羌科 1 井钻前工区不同盖层样品封油气特征表

层位	样品数（个）	孔径分布（nm）		封油能力			封气能力		
		范围	孔径平均值	排替压力范围（MPa）	排替压力平均值（MPa）	封油高度（m）	排替压力范围（MPa）	排替压力平均值（MPa）	封气高度（m）
J_3s^1*	5	$3.5\sim50$	13.67	$2.00\sim28.57$	7.32	2700	$5.60\sim80.00$	20.48	1700
J_2x*	4	$3.5\sim360$	42.25	$0.28\sim28.57$	2.37	>2700	$0.78\sim80.00$	6.63	>1700
J_2b^2*	3	$4\sim180$	25.67	$0.56\sim25.00$	3.90	870	$1.56\sim70.00$	10.91	560
J_2b^1*	2	$3.5\sim80$	17.17	$1.25\sim28.57$	5.82	1000	$3.50\sim80.00$	16.31	200

注：*数据引自《青藏地区羌塘盆地区域石油地质调查报告（QT96YD-03）》（1996）。

因此，综合分析认为羌塘盆地半岛湖地区主要发育藏夏河组、夏里组、索瓦组、白龙冰河组等四套封盖性好的盖层。

4）发育多套生储盖组合

羌塘盆地半岛湖工区内可以划分出 6 套完整的生储盖组合，即上三叠统肖茶卡（巴贡）组-中三叠统康南组组合（I）、上三叠统肖茶卡（巴贡）组-中下侏罗统雀莫错组组合（II）、中侏罗统布曲组自生自储式组合（III）、中侏罗统布曲组-夏里组组合（IV）、上侏罗统索瓦组自生自储式组合（V）、上侏罗统索瓦组-古近系唢呐湖组组合（VI）。工区大面积出露古近系唢呐湖组地层，局部出露上侏罗统索瓦组、下白垩统白龙冰河组地层，因此，从整体分析结果来看，应以Ⅱ、Ⅲ、Ⅳ套组合为主要勘探目标。

上三叠统肖茶卡（巴贡）组-中下侏罗统雀莫错组组合（Ⅱ）：该生储盖组合的主要生油岩为上三叠统肖茶卡（巴贡）组的泥岩和泥灰岩，主要储层为：下伏的上三叠统肖茶卡（巴贡）组岩屑石英砂岩、三叠统与中下侏罗统雀莫错组之间的古风化壳、雀莫错组砂砾岩和砂岩，以及上三叠统波里拉组灰岩，主要盖层为肖茶卡（巴贡）组泥岩及雀莫错组膏岩和泥岩。其中，烃源岩以测区南部的沃若山及区内北部多色梁子、藏夏河剖面测试的样品为代表，烃源岩达标率为 90%（TOC^①≥0.4%），其中 22%为好的烃源岩（TOC≥1.0%），厚度为 116～562m，证明该套烃源岩在南北三角洲-滨岸沉积部位具有较好的品质，说明处于中部斜坡-盆地相沉积带的半岛湖勘探核心区（半岛湖 1 号、6 号构造区）具有较大的厚度和较好的生烃能力。储集层以区内多色梁子剖面和石水河剖面的肖茶卡（巴贡）组和雀莫错组砂岩为代表，测试数据显示，多色梁子剖面砂岩平均孔隙度为 3.60%，平均渗透率为 $5.9346 \times 10^{-3} \mu m^2$；石水河剖面砂岩平均孔隙度为 3.54%，平均渗透率为 $1.3537 \times 10^{-3} \mu m^2$，是工区内储集性比较好的储层。雀莫错组和肖茶卡（巴贡）组的泥岩、膏岩均在区域上广泛发育，具有厚度大、分布广的特征，具备较好的油气封盖性。

中侏罗统布曲组自生自储式组合（Ⅲ）：该生储盖组合的主要生油岩为中侏罗统布曲组泥灰岩，主要储层为布曲组介屑（壳）灰岩、砂屑灰岩、核形石灰岩、鲕粒灰岩、白云质灰岩，主要盖层为布曲组致密泥晶灰岩。其中，烃源岩以测区西部长水河、中部黄山、河湾山剖面样品为代表，中等-好烃源岩（TOC≥0.15%）所占比例约为 48%，显示了较好的生烃能力，累计厚度达 303m，说明该套烃源岩具有较大的厚度和较好的生烃能力。布曲组颗粒灰岩储集层累计厚 373m，孔、渗性参数表明，中侏罗统布曲组储集岩主要为低孔低渗型储层，总体是工区较好的储层。布曲组泥晶灰岩在区域上广泛发育，具有厚度大、分布广的特征，具备较好的油气封盖性。

中侏罗统布曲组-夏里组组合（Ⅳ）：该生储盖组合以中侏罗统布曲组的泥灰岩和夏里组的泥岩为主要烃源岩，布曲组的颗粒灰岩和夏里组滨岸-三角洲相的砂体为主要储层，夏里组泥岩和泥晶灰岩为主要盖层。其中，工区内长水河、黄山剖面的中侏罗统布曲组烃源岩平均有机碳含量为 0.18%，烃源岩达标率达 70%（TOC≥0.1%）；虽然马牙山剖面的中侏罗统夏里组烃源岩平均有机碳含量仅为 0.14%，但该剖面存在大规模油气生成-运移的直接证据——沥青，证明了夏里组具有较强的生烃能力。中侏罗统布曲组储集层主要为高能环境下形成的颗粒灰岩，测试数据表明，该区布曲组储层Ⅰ类、Ⅱ类、Ⅲ类的厚度分别为 52.44m、236.35m、85.16m，总体是工区较好的储层；中侏罗统夏里组储集层主要为三角洲相砂体，平均孔隙度为 2.97%，平均渗透率为 $0.6272 \times 10^{-3} \mu m^2$，是区内较好的储层。中侏罗统夏里组泥岩和致密泥晶灰岩厚度达 280.96m，具有区域普遍分布的特征，具有较好的封闭能力。

综合分析物、化探及石油地质资料，认为羌塘盆地半岛湖地区发育三个较好的生储盖组合：上三叠统肖茶卡（巴贡）组-中下侏罗统雀莫错组组合、中侏罗统布曲组自生自储

---

① TOC: total organic carton，总有机碳。

式组合、中侏罗统布曲组-夏里组组合，主要勘探目的层为中侏罗统布曲组、上三叠统肖茶卡（巴贡）组和上三叠统波里拉组。

二、油气水及地温压力预测

（一）油气层预测

根据地表油气显示、羌塘盆地以往地质浅钻中油气显示情况，对羌科 1 井可能的油气层进行预测，见表 3-10。

表 3-10　羌科 1 井钻前预测油气显示层段数据表

系	统	组	代号	深度范围（m）	厚度（m）	油气层预测	参考资料
侏罗系	中统	布曲组	J_2b	1550～1600	50	油气层	羌资 1 井、羌资 2 井、羌资 11 井、羌资 12 井、羌资 13 井
三叠系	上统	肖茶卡（巴贡）组	T_3x	2000～2100	100	油气层	羌资 7 井、羌资 8 井、羌资 16 井
		波里拉组	T_3b	4800～4900	100	油气层	羌资 7 井、羌资 8 井、羌资 16 井

（二）地层温度预测

近几年在北羌塘盆地完成了数口井的地质浅钻，根据测井温度可以确定北羌塘盆地的冻土厚度、地温梯度。结果显示，羌塘盆地冻土厚度为 0～33m，地温梯度羌资 8 井井温测量范围为 0～501m，根据 5 次井温数据，井温起始为 0.1℃，井底 501m 位置井温为 13.1℃，0～33m 井温为 0℃，则冻土层底部深度为 33m，33.8～501m 的井温变化率为 0.046℃/m，地温梯度为 4.6℃/100m。

根据羌资 8 井井下电子压力计及测井实测地层温度数据，可得井深-温度关系为

$$T = 0.046(H-33.8) \tag{3-1}$$

式中，T 为地层温度；H 为井深。

通过羌科 1 井井深-温度关系，预测羌科 1 井（设计）钻遇地层温度见表 3-11。

表 3-11　羌科 1 井钻前地层温度预测表

系	统	组	代号	垂深（m）	预测地层温度（℃）
侏罗系	上统	索瓦组	J_3s	50	0.8
	中统	夏里组	J_2x	470	20.1
		布曲组	J_2b	1610	72.5
	中下统	雀莫错组	$J_{1-2}q$	1980	89.5

系	统	组	代号	垂深（m）	预测地层温度（℃）
三叠系	上统	肖茶卡组	T_3x	4100	204.9
		波里拉组	T_3b	5500	251.4

（三）本井压力预测

羌科 1 井压力系数预测主要依据地震资料进行。由于受到地震反演速度资料精度的限制，加之地下地层压力还受到其他多种因素的影响，本井压力系数预测结果只能反映地下地层压力变化的一种趋势，仅供参考，羌塘盆地半岛湖区块布曲组和肖茶卡（巴贡）组地层压力见图 3-18～图 3-20 所示。在实钻过程中，应加强随钻压力检测，做到近平衡钻井。根据半岛湖地区地震资料，以 QB2015-10EW 测线为基础，进行了地震压力预测，结果见图 3-20 所示。预测该地震剖面上的压力系数为 1～2.2，羌科 1 井所在位置的地震压力系数为 1～1.7（图中红框处）。其中，索瓦组和夏里组的压力系数为 1，布曲组的压力系数为 1～1.4；雀莫错组的压力系数为 1.4～1.2，上部压力大，下部压力小，构成异常压力区。肖茶卡（巴贡）组压力系数为 1.2～1，然后又增大为 1.4，压力异常复杂。波里拉组压力系数为 1.4～1.7，随深度增加，压力系数增大。

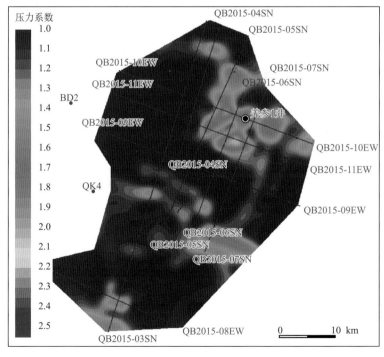

图 3-18　羌科 1 井钻前工区布曲组地层压力预测

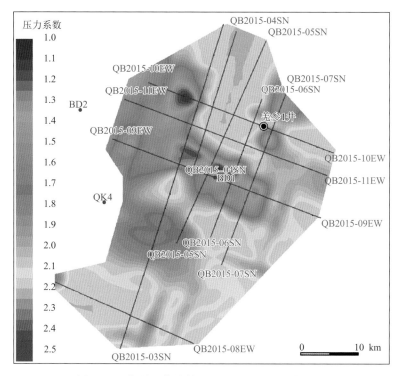

图 3-19　羌科 1 井钻前工区巴贡组地层压力预测

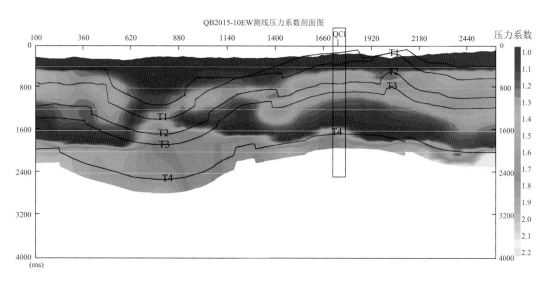

图 3-20　羌科 1 井钻前地层压力综合预测（红框处为羌科 1 井）

一般根据地震压力预测结果，建议钻井液密度 ρ 以最高地层压力系数或实测地层压力 K 为基准，再加一个附加值 ρ'，油水井附加值为 0.05~0.1g/cm^3。

$$\rho = K + \rho'$$

因此建议羌科 1 井钻井液密度为 1~1.7g/cm^3，最高钻井液密度不得大于 1.8g/cm^3，具体应根据实钻压力资料进行及时调整。

值得注意的是，剖面上布曲组和波里拉组内的地层压力系数均非常高，是否意味着这两套目的层系具有很好的油气前景；而两套地层的压力系数均为 1.4～1.7，明显属于异常高压，因此钻井过程中应该注意地层压力监测。

羌科 1 井压力预测主要依据二维地震资料预测压力系数资料，受地震预测精度及储层非均质性影响，本井压力系数预测结果可能存在一定误差，要求本井施工时井场必须按规范储备足够的高密度钻井液和加重材料，钻井过程中要加强随钻压力监测工作，根据实钻情况及时调整钻井液性能，并做好油层保护及井控工作。

三、取资料要求

按《油气探井地质资料录取项目》（SY/T 6158—1995）要求，本井设计开展以下资料录取项目。

（一）钻井取心及井壁取心

取心目的：了解储层发育情况，获取储层参数。
取心原则：目的层钻遇含气砂体或良好储层时取心。

1. 钻井取心要求

（1）设计取心进尺共 200m，取心井段设计如表 3-12 所示。

表 3-12　羌科 1 井设计取心表

设计层位	预计取心井段（m）	设计取心进尺（m）	取心目的、原则
布曲组	1550～1600	50～100	目的：查明布曲组储层参数特征、有效段分布、含油气特征 原则：取布曲组储层发育、油气显示层段
巴贡组	2000～2100	50～100	目的：查明肖茶卡（巴贡）组烃源岩、储层参数特征、有效段分布、含油气特征 原则：取肖茶卡（巴贡）组烃源岩发育、储层发育、油气显示层段
波里拉组	4800～4900	50～100	目的：查明波里拉组储层参数特征、有效段分布、含油气特征 原则：取波里拉组储层发育、油气显示层段
合计	—	200	—

（2）其余未设计取心井段若钻遇良好油气显示时是否进行取心，由现场上报勘探处临时决定。

（3）取心率大于 90%。

2. 井壁取心要求

钻井取心漏取的含油气显示段及收获率过低的油气显示段、孔渗性好的储层段、特殊岩性及电性异常层段等必须进行井壁取心，收获率不低于 95%。具体取心层位、井段由甲方、现场地质人员、地质监督与测井解释人员共同决定。

3. 与取心有关的其他要求

（1）由于目的层及含气层段难以准确预测，设计取心井段为预测整个储层段，具体取心段及取心进尺要根据实钻情况而定，以取全显示层的完整岩心为准，保证取心质量。

（2）羌塘盆地勘探程度低，设计预测难免有误差，录井中要加强地层、油气层随钻对比分析，充分利用快钻时卡层、及时冲孔进行气测、岩性观察，卡准取心层位；使用钻井液钻进时，若钻遇目的层段油气显示不明显但有快钻、见到次生矿物或井漏等情况时应及时冲孔，在钻井安全的条件下决定是否取心。

（3）每趟岩心出筒时，保证出筒时岩心不混杂。按有关规定立即进行正确归位、丈量工作，并做含油、气试验，对试验结果应做详细记录、对试验样品做详尽标识；现场砂岩按 1m 1 个样的原则采集岩心饱和度样，并及时封蜡、登记和送样。

（4）岩心出筒后 5d 内须完成岩心的整理、描述工作，着重描述其含油气、裂缝发育、特殊沉积构造特征等，并要求及时对岩心进行平扫、滚动扫描。

（5）录井分队应做好岩心的现场管理工作，严禁在烈日下暴晒和使用强水流冲洗岩心，须有存放岩心的库房，并做好防火、防盗工作。

（二）录井

1. 录井组合

录井组合选择原则如下：分别考虑各项录井技术的优势与不足，结合地质目的、油藏及地层特点和钻井工艺等具体情况，将录井项目进行合理结合、相互补充。

羌科 1 井设计的录井项目及要求如表 3-13 所示。

表 3-13 羌科 1 井设计的录井项目及要求

大类	小类	项目	井段（m）	录井要求
常规地质录井		岩心录井	待定	取心总进尺 200m，开展岩心数字化扫描
		岩屑录井	井口—井底	1m 取 3 包，油气显示段加密为 0.5m，每包大于 1000g
		荧光录井（常规＋定量）	井口—井底	逐包检、复查，对有荧光显示的加测定量荧光分析、直接荧光鉴定、点滴试验、浸泡试验
		氯离子含量测定	井口—井底	每 8m 实测一次，遇油气显示层井段加密
		碳酸盐岩含量	井口—井底	碳酸盐地层要求
		迟到时间	井口—井底	每 50～80m 实测 1 次
		槽面观察	井口—井底	系统进行观察
		采样	井口—井底	油气水、薄片、岩心饱和度样等
综合录井	钻井液录井	密度	井口—井底	进、出口连续测量
		温度	井口—井底	进、出口连续测量
		电导	井口—井底	进、出口连续测量
		池体积及差量	井口—井底	连续测量
		出口流量	井口—井底	连续测量

续表

大类	小类	项目	井段（m）	录井要求
综合录井	气测录井	全烃	井口—井底	连续测量，每整米记录 1 点，油气显示层段加密
		烃组分	井口—井底	连续测量，每整米记录 1 点
		非烃（CO_2、H_2、H_2S）	井口—井底	连续测量，遇异常每整米记录 1 点
	工程录井	钻时	井口—井底	连续测量，每 1m 记录 1 点、油气显示层段加密
		立管压力	井口—井底	连续测量
		转盘转数	井口—井底	连续测量
		转盘扭矩	井口—井底	连续测量
		大钩负荷	井口—井底	连续测量
		泵冲	井口—井底	连续测量
		套管压力	井口—井底	连续测量
		钻压	井口—井底	连续测量
		悬重	井口—井底	连续测量
		随钻地层压力监测	井口—井底	连续测量
		录井远程传输	井口—井底	连续测量
特殊录井		地化录井	井口—井底	烃源岩、储层层段
		核磁共振录井	井口—井底	储层、油气显示层段
		X 射线元素录井	井口—井底	连续测量

2. 各录井项具体要求

1）岩屑录井

全井段，每 1m 取样 3 包，每包岩屑不低于 1000g，见油气水显示后加密为 0.5m 取样 1 包。

按规范在正确位置捞取钻井岩屑，岩屑必须洗净，晾干，代表性好；若要烘烤，温度不高于 60℃，装百格盒。主要技术要求如下：

（1）注意标志层及各地层界线处岩屑的捞取，及时进行湿岩屑粗描与现场薄片鉴定判断地层，及时进行地层随钻对比预测，卡准地质层位；

（2）岩屑捞取后立即进行湿岩屑粗描，现场岩屑粗描述要求在双目镜下进行；

（3）录井队必须配备偏光显微镜，现场对岩屑磨制简易薄片，在镜下对岩屑的岩性、孔隙结构等进行描述，并结合肉眼观察、描述进行详细记录，着重于油气水、孔隙、岩性及次生矿物观察、描述和挑样；

（4）薄片控制密度为 5m 一个，在岩性复杂和分界线附近应加密进行薄片鉴定，帮助确定前方地层预测；

（5）全井及时建立 1∶500 随钻录井剖面，剖面绘制要求包括地层层位、井深、岩性剖面、分层描述、油气水显示、钻时、气测曲线、钻井液曲线等，目的层段要求标注钻井液添加剂情况及其他与油气水显示有关的资料。

2）岩心录井及岩心扫描

对取心层段进行岩心录井和岩心扫描录井。

（1）岩心筒提出井口后，应丈量岩心筒的顶、底空长度。岩心出筒后保证顺序不乱，进行入水试验（饱和度样品除外），观察油气水现象，并对储集层进行含气试验，记录油气水显示情况，并现场磨制岩石薄片，准确判定岩性，按照《油气井地质录井规范》（SY/T 5788.3—2014）进行描述，绘制 1∶100 的岩心录井草图。

（2）岩心扫描录井按照《油气井岩心扫描规范》（SY/T 6748—2008）进行，岩心图像质量不少于 24 位真彩色，分辨率不小于 150DPI，光源色温不小于 4200K，扫描方式包括圆周和平面，输出原始图像比例尺为 1∶1，并且有岩心扫描录井资料的每日需向工程项目办公室、二级项目办公室发送电子报告。

3）钻井液录井及氯离子含量滴定

钻井液录井过程及要求如下。

（1）常规钻井液钻进时，录井参数有：出、入口温度，出、入口电导，出、入口密度，池体积，出口流量及相关的计算机处理参数。

（2）利用综合录井仪对全井段进行系统监测，实时监测井口油气显示、出口流量、钻井液性能及池面变化情况，并结合油气水观察录井做好气侵、溢流、井涌（喷）、井漏、地层出水等异常预报工作。

（3）录井期间严格按《综合录井设备调试校验技术规程》要求对各传感器灵敏度进行检查，每班定时进行巡回检查，与人工测量参数仔细核对，确保各项录井参数的准确可靠性。

（4）常规钻井液钻进时，每 8m 实测一次常规性能，遇油气显示层井段加密至 2～4m 测定一次，必须取得气侵高峰时的常规性能。当 8m 钻进所需时间小于 1h 时，按每 8m 实测一次；当 8m 钻进所需时间大于 1h 时，按 1h 1 个点记录，同时记录井深；整 8m 点同样实测。

（5）全井段进行大气温度和钻井液温度测定，录井间距与钻井液性能要求同步，钻井液温度按综合录井参数记录，遇油气显示层井段加密至 2～4m 测定（记录）一次。

（6）钻井过程中，每班收集记录一次钻井液全性能，对钻井液处理情况要有记录。

（7）泥浆分队每小时测量一次常规性能，遇油气显示时按录井队通知加密至每 5～10min 测量一次，并加密对钻井液总池体积变化的测量，为录井队提供准确的测量数据。

氯离子含量滴定过程及要求如下。

（1）常规钻井液钻进井段每 8m 做一次氯离子含量测定，油气显示段或进入目的层发现厚大砂体则加密至 2～4m 测定，油气水显示层须取得气侵高峰时的氯离子含量值；进入目的层每次起下钻后效也要取背景及高峰值水样进行测定并做详细记录。

（2）要求本井钻井过程中使用统一标定的试剂，当出现氯离子含量值有异常时，应结合电导等参数及时查明原因，判别真伪，并详细记录和标注原因。

（3）钻遇水层或测试产水层，须取水样 2 个，每个不少于 1000mL，及时送实验室进行化验分析。

4）迟到时间

（1）0～500m 井段每 50m 间距进行理论计算；500m 至井底每 50～80m 实测 1 次岩屑、钻井液迟到时间。

（2）注意利用快钻时的特殊岩性及后效显示，及时进行校正。

5）工程录井

（1）工程录井参数有：井深、钻时、悬重、钻压、扭矩、转盘转数、立压、套压、泵冲等。

（2）全井进行钻时录井，钻进中要求井队尽量保持稳定的钻井参数，每 1m 记录一个钻时点，目的层段启用选择钻时（或卡层钻时），根据需要加密至每 0.1～0.5m 记录一个点。

（3）要详细记录钻时突变点及蹩钻、跳钻、放空等井段的深度（特别是目的层井段），以便卡准低钻时层的厚度；分析和记录各种钻井参数、钻头类型及钻头新旧程度对钻时的影响；除放空、井喷、井漏等因素外，目的层和油气显示井段不得有漏点。

（4）其他工程参数要求全井实时监测，按合理时间存取数据以及实时打印数据及曲线长图，随钻及时处理相关的报告、报表及图件，各开完钻后要进行整米数据回放。

（5）录井期间操作员严格按《综合录井设备调试校验技术规程》要求对传感器灵敏度进行检查，每班按录井要求定时进行巡回检查，与采集工、工程员仔细核对井深、钻具、各项工程参数数据，保证数据的正确。

6）气测录井

（1）一开开钻至井底监视全烃连续监测，每 1m 记录一个点，目的层及重点层段加密至每 0.1～0.5m 记录一个点，并要求进行后效测量、记录。

（2）现场必须确保脱气器及色谱仪工作正常，脱气器、气路管线及抽气泵必须有备用件，如钻进中录井仪器出现问题导致无法正常录井时，必须要求井队停钻，待仪器正常后方可钻进。

（3）各开前要对色谱仪进行仔细标定，并记录刻度曲线，录井过程中定时进样进行重复性校验，仪器挡位变换要合理。

（4）加强非烃气体（H_2S 和 CO_2）的检测和取样，按其分析周期连续监测，对 H_2S 和 CO_2 的检测仪器经常校验，做到及时报警。

7）荧光录井

荧光录井包括常规荧光分析和定量荧光分析。

（1）非主要目的层的砂岩样应进行逐包常规荧光检查，并记录井深，保存具有荧光的砂样。

（2）在钻遇主要目的层时，必须认真连续地进行常规荧光检查，以确保不遗漏薄层油层，并进行详细的观察记录。

（3）每包岩屑除进行荧光检查外，对有荧光显示的岩屑应进行直接荧光鉴定、点滴试验、浸泡试验以及定量荧光分析，当为油气显示时，应将油砂样挑选出来，进行封存。

对油砂样的观察，要认真分析颜色的变化、发光面积、形态及油砂占岩屑的百分比，一旦发现好的油砂荧光显示，要及时向上追踪复查，确定油气显示层段和井段。荧光录井要求按《荧光录井规范》（Q/SH1020 0377—2007）执行。

8）碳酸盐含量分析

对于碳酸盐岩地层单层厚度小于5m的每层分析1个，大于5m的每5m分析1个。

9）地化录井

（1）录井井段：全井段。

（2）分析内容：进行储层和生油层分析。

（3）分析时间：样品分析要求在岩屑捞出后、岩心出筒后应立即进行，具体要求按《岩石热裂解地球化学录井规范》（SY/T 5778—1995）执行。

（4）录井间距：储集层岩心样品取样密度不大于 0.5m，储集层岩屑样品单层厚度小于 3m 时，每层做一个岩屑样，单层厚度大于 3m 时，每 3m 做一个样。生油层岩心样品取样密度不大于 2m，岩屑样品单层厚度小于 3m 时，每层做一个样，单层厚度大于 3m时，每 3m 做一个样。

（5）热解分析：要求随钻及时分析，每个样品必须分析 S0、S1、S2、TPI、T_{max}、TOC，要有完整的谱图与棒图，并进行现场解释、评价。

10）核磁共振录井

（1）录井井段：全井段。

（2）录井目的：在现场快速取得储层的孔隙度、渗透率、自由流体指数及束缚水饱和度进行系统分析，对储层储集性能做出初步评价。

（3）录井间距：储集层岩心样品取样密度不大于 0.5m，储集层岩屑样品单层厚度小于 3m 时，每层做一个岩屑样，单层厚度大于 3m 时，每 3m 做一个样。见油气显示后逐包取样分析。

11）地质循环观察

按规范做好循环观察。

（1）系统观察井口、槽面钻井液返出情况及地面循环罐液面的变化情况，并结合综合录井，做好人工监测气侵、溢流、井涌（喷）、井漏等异常预报。关井后要记录关井立压、套压变化情况，对放喷点火时放喷口的火焰高低和颜色进行记录。

（2）钻进过程中，遇整钻、跳钻、钻时加快、油侵、气侵、水侵、溢流、井涌（喷）、井漏等情况时，须详细记录发生时间、井段、发生频率、涌（喷）高及漏失速度、现场处理等情况。对良好显示层，每次下钻到底，要循环观察后效显示情况。

（3）气测见油气异常显示，或岩屑中见油斑及以上含油级别的显示，或槽面见油气显示，要求立即停钻，循环观察 1～2 周，分析落实情况，确定下一步措施。

12）采送样品

执行《录井分析样品现场采样规范》（SY/T 6294—2008）、《探井化验项目取样及成果要求》（SY/T 6028—94）、《油气探井分析样品现场采样规范》（SYT 6294—1997）等相关标准。

取样原则：常规分析样品必须在剖面上具有代表性，并基本均匀分布，在选取多项分析的重点样品时，必须选取岩性、粒度、物性、层理构造、含油气产状等方面具有代表性的样品，大段无明显变化的同一岩性，适当放宽取样间隔。

取样要求：

（1）全井应按规范系统采集岩矿、储层物性、油气水分析等样品，由现场录井队协助研究单位完成；

（2）为及时准确地定名岩性，录井队需及时采样进行现场薄片鉴定，采样密度由现场地质人员根据实钻情况决定。

具体设计的分析样品及采集要求如表 3-14 所示。

表 3-14　羌科 1 井分析化验取样设计表

类别	分析项目	取样要求	备注
岩矿分析	岩屑薄片	1 个/5m，局部 1 个/m	取两份，录井队现场鉴定一份，另一份留送成都地质调查中心鉴定
	岩心薄片	岩心每 1m 不少于 5 块	—
	铸体薄片	视储层发育情况确定	—
	阴极发光薄片	—	
	扫描电镜	—	录井队协助成都地质调查中心采样
	碳酸盐岩化学分析	—	
	主、微量分析	满足分层、成岩演化、储层研究、成藏演化、岩石分析等需要，具体按单井评价要求采样	—
	古生物分析	—	
	X 射线衍射	—	
	包裹体	—	
物性分析	孔隙度	储层段每米不少于 5 个样，非储层段选择性送样	—
	渗透率	储层段每米不少于 5 个样，非储层段选择性送样	—
	饱和度	取心段选择性采样	录井队协助成都地质调查中心采样
	密度	岩心每 2m 取 1 个样，储层每层不少于 1 个	—
	全直径孔隙度	储层段每 1~2m 取 1 个样，对应取小岩样 1 个	—
	全直径渗透率	储层段每 1~2m 取 1 个样，对应取小岩样 1 个	—
	压汞	储层段每 1m 取 1 或 2 个样	—
地化分析	有机碳	暗色泥页岩段 1 个/m	—
	热解	暗色泥页岩段 1 个/m	—
	氯仿沥青"A"	暗色泥页岩段 1 个/m	—
	镜质体反射率	烃源岩选择性采样	录井队协助成都地质调查中心采样
	氩离子抛光扫描电镜	烃源岩选择性采样（5 块）	
	C、H、O 元素	烃源岩选择性采样	
	干酪根镜检	烃源岩选择性采样	
	饱和烃色谱	烃源岩选择性采样	
	色质谱	烃源岩选择性采样	
油、气、水分析	地层水分析	中途测试、完井测试取样	测试队负责采集油、气、水样各两份，其中一份留送成都地质调查中心
	油、气分析	中途测试、完井测试取样	

（1）古生物分析。由录井队协助甲方采样，甲方具体分析。若发现大化石，则必须取样，对于不含大化石的层段每 10m 取 1 个样，但是对于微体化石发育的岩心段应加密到每 1m 取 1 个样，样品质量不少于 200g 用于微体化石分析（包括有孔虫、介形虫、孢粉、藻类等）。

（2）岩石矿物分析。由录井队协助甲方采样，甲方具体分析。平均每 1m 取 1 个样，样品量不少于 50g。

（3）储集层物性分析。由录井队协助甲方采样，甲方具体分析。仅在取心段进行，平均每 1m 取 1 个样（直径为 2.5cm、高 3cm 的岩心柱）。

（4）有机地球化学分析。由录井队协助甲方采样，甲方具体分析。平均每 1m 取 1 个样，样品量不少于 500g。

（5）油气水分析。由录井队具体分析。油气水取样必须使用符合要求的取样器皿，按照相关要求操作，每个样不少于 1000mL；试油求产过程中，每层必须在不同的工作制度下产量稳定时取油、气、水样各两个，按照《试油资料录取规范》（SY/T 6013—2019）要求执行；地层测试层从样筒回收的流体中取样。测试队负责采两份样品，其中一份送成都地质调查中心。

（6）随钻轻烃分析和罐装气分析。由录井队具体分析。对于钻井液进行轻烃分析时，要求每 10m 取一个钻井液样品，遇油气显示段应加密到 5m 取一个样品；对于罐装气分析，应在泥浆振动筛前部泥浆槽内取带钻井液的岩屑，装入约 4/5 容积，岩屑约为 700mL，钻井液约为 100mL，非目的层每 30～50m 取一个样品，目的层 10～30m 取一个样品，遇油气显示段应加密取样。

（7）地层流体物性分析。由录井队具体分析。取样前应恢复原始地层条件，测试地层（油层）压力；常规地层流体物性分析每次应该取合格样 2 件，特殊的样品根据设计取样。

13）录井远程实时显示

在钻井过程中，要求使用录井远程实时显示系统，显示当前钻进的各项录井参数和相关图形，传输现场录井数据到成都地质调查中心工程项目办公室、项目组及其相关领导和单位，成都地质调查中心领导决策层和相关单位。

3. 录井设备配置及安装调校

（1）要求使用符合天然气工程安全规范的录井仪及相关配套设施，按规范要求对全井段进行录井。

（2）传感器包括：大钩负荷，绞车，立管压力，套管压力，转盘转速，扭矩，泵冲（2 个），硫化氢（视实际需要定数量），出、入口温度（各 1 个），出、入口电导（各 1 个），出、入口密度（各 1 个），池体积（视实际需要而定个数），出口流量（1 个）及电动脱气器（共 14 类）。

（3）综合录井仪井场摆放、各类传感器安装及各线路排放必须符合《录井设备现场安装技术规范》要求。

（4）为保证该井综合录井参数监测准确，要求钻井队必须在出口管与振动筛之间安装缓冲槽，出口管坡度角为 3°～5°，并提供适合安装出口流量、电动脱气器、出口电导、温度、密度等传感器的位置。其他传感器安装位置一定要符合安装规范要求，当设备条件不能满足安装要求时，应对井队设备进行必要的改造。

（5）录井前应对所有线路及各传感器进行严格检查、标定及调试，保证仪器系统运行正常才能进行录井。

（6）仪器工作过程中要保证正常供电（断电时间不能超过 15min），电压为 380V/220V±20V，频率为 50Hz±2Hz。

4. 录井异常检测及预报

（1）充分利用综合录井仪对钻井施工动态参数的监测、记录、报警功能，做好钻井异常事件监测及预报，为安全快速钻井提供有力保障。

（2）当参数出现异常变化时，在确认排除是由于仪器自身或人为因素影响后，应及时按以下流程进行汇报：录井当班人员→钻井队司钻→录井分队长（仪器大班）→钻井监理→地质监理→钻井队负责人。

（3）出现异常时，要对实时曲线屏幕实施抓图，并按要求填写异常预报通知单，异常预报通知单必须经井队负责人、监理签字认可，一式三份。录井人员还应与井队技术人员一起认真分析参数变化原因，判断异常类型，处理完后应注明处理过程及结果。

（4）异常事件包括：快钻时、放空、气测异常（硫化氢异常报警）、气侵、井漏、溢流、井喷、井涌、刺钻具、刺泵、溜钻、断钻、卡钻、井塌、掉水眼、水眼堵、钻头寿命终结、大绳寿命终结等。

（5）综合录井参数异常的识别标准：

①钻时突然增大或减少，或是趋势性减少增大；
②钻压大幅度波动或突然增大 100kN 以上，或钻压突然减小并伴有跳钻现象；
③除去改变钻压的影响，大钩负荷突然增大或减小 100～200kN；
④转盘扭矩呈趋势性增大 10%～20%，或大幅度波动；
⑤转盘转速无规则大幅度波动；
⑥立管压力逐渐减小 0.5～1MPa；或突然增大或减小 2MPa；
⑦钻井液总池体积相对量超过 1～2m³；
⑧钻井液出口密度突然减小 0.04g/cm³ 以上，或是趋势性减小或增大；
⑨钻井液出口温度突然升高或降低，或出、入口温度差逐渐增大；
⑩钻井液出口流量波动幅度大于 10%；
⑪钻井液出口电导率突然增大或减小。

在钻井过程中，工程异常预报显得尤为重要，现场必须采取有效措施，及时预报和发现异常，保障安全、高效钻井。

5. 录井其他技术要求

（1）取样位置固定，方法正确；岩屑要清洗干净。
（2）注意标志层及各地层界线处岩屑的捞取，及时进行湿岩屑粗描与现场薄片鉴定判断地层，及时进行地层随钻对比预测，卡准地质层位。

（3）全井及时建立1∶500随钻录井剖面，剖面绘制要求包括地层层位、井深、岩性剖面、分层描述、油气水显示、钻时、气测曲线、钻井液曲线、取心情况等，目的层段要求标注钻井液添加剂情况及其他与油、气、水显示有关的资料。

（三）测井

1. 测井组合选择原则

根据羌塘盆地内羌科1井的钻井地质目的以及钻遇地层特征，结合该井井眼尺寸及钻井开次等实际情况，设计的测井项目需要满足沉积环境、构造特征、地层岩性、储层物性和含油气性等分析评价，以及各种储集参数计算需要设计测井组合。

2. 测井组合

为满足上述要求，羌科1井测井项目设计如表3-15所示。

表 3-15　羌科 1 井测井项设计表

序号	测井段	比例尺	分类			测井项目
1			中、深感应、八侧向	三电阻率	分层、地层对比；裂缝识别；油、气、水层判别；计算含油饱和度、束缚水饱和度等
2			深、浅侧向、微球		
3			深、中、浅电阻率		
4			声波	三孔隙度	识别岩性、油气识别、裂缝识别、工程应用、地震标定计算孔隙度等
5			中子		计算孔隙度、对判别含水敏感等
6			密度		划分岩性（适用碳酸盐岩）、判断油气水、计算孔隙度等
7	全井段	1∶200	常规测井	自然电位	泥质含量指标	识别岩性、地层对比、评价渗透性等
8			自然伽马		判断岩性、地层对比、计算泥质含量、测井校深等
9			井径、井斜方位		评价井身结构、中靶情况、井壁状况、计算固井水泥浆用量
10			视电阻率	其他测井	—
11			微电极		—
12			自然伽马能谱测井		识别黏土矿物类型、计算黏土矿物含量、研究沉积相，分析沉积环境及烃源岩特征、地层对比、划分水淹层、判断地层界面等
13			声波时差测井		—
14			补测小数控		—
15		特殊测井	静态井温		分析井底温度、井温异常及地温梯度
16			交叉偶极声波测井		获取地层纵波、横波及斯通利波，进行时差提取、能量衰减分析、物性参数计算、地层各向异性分析及岩石力学参数预测，定量计算地层渗透率，确定地应力方向

续表

序号	测井段	比例尺	分类		测井项目
17				阵列感应测井	计算含油饱和度、评价地层渗透性等
18				核磁共振测井	进行多指数回波法 T2 解谱、物性参数计算、差谱及移谱烃检测等，提供地层有效孔隙度、渗透率、束缚水饱和度、可动流体及性质、孔径分布等参数
19	全井段	1：200	特殊测井	井周声波成像	幅度和传播时间成像、孔洞缝井壁成像识别与评价，在电成像的基础上进一步评价裂缝有效性。要求钻井泥浆密度小于 1.3g/cm³
20				微电阻率扫描成像	进行成像加速度校正、动静态图像增强、构造倾角拾取、地质现象拾取等处理，提供井旁构造外推（倾角/倾向/走向）、裂缝参数、古水流方向、应力场、沉积相及井壁崩落等解释成果
21				地层倾角测井	识别裂缝、分析井旁构造及沉积特征
22				VSP 测井	地层评价及构造分析等

其他主要参考标准：《石油天然气探井质量基本要求》（SY 5251—1991）、《测井解释报告编写规范-探井解释报告编写》（SY/T 5945.1—2016）、《测井原始资料质量要求》（SY/T 5132—2003）、《裸眼井测井推荐系列》（QSH 0289—2009）、《单井测井资料数字处理流程》（SY/T 5360—1995）、《探井测井处理解释技术规范》（SY/T 6451—2000）、《石油测井作业安全规程》（SY 5726—1995）。

3. 测井要求

由于羌科 1 井为新区块的科探井，因此从地质和测井的角度出发，都以尽量取能取的测井资料为目的，为后期的地震、地质研究和工程作业需要提供详尽的基础资料。

因此，要求在每开次完钻后进行全套测井，每开次固井后进行固井评价相关测井；中途测试前进行全套测井，完井后全套测井。测井控制时间按照相关要求进行。相邻两开次测井重复段不小于 50m。

四、油气测试

本井预测含硫化氢和二氧化碳酸性气体，在测试过程中必须注意有关作业人员的防毒和仪器设备的防腐。

（一）中途测试原则

（1）钻井过程中见良好油气显示，现场判断具油气流，且测试评价条件满足要求。

（2）是否进行中途测试，由成都地质调查中心组织讨论决定。

（二）完井测试原则

完井后对主要目的层段[布曲组、肖茶卡（巴贡）组、波里拉组]开展系统测试评价。

（三）中途测试、完井测试要求

（1）为及时进行中途测试，地质旬报中必须附有钻时曲线；中途测试期间录井队要注意加强地质、测试等现场资料的收集。

（2）中途测试前应进行一次标准测井（加双井径），用以确定测试井段、选择测试方式和选定座封位置。

（3）测试使用完善的先进技术、工艺、工具。

（4）及时提供现场测试报告（表格），测试结束后按资料管理要求向成都地质调查中心提交正式测试报告。

第三节　钻井设计

在完成羌科1井的地质设计之后，为了顺利开展工程造价，以及后期钻井施工方案的编制，项目组招标有相关资质的第三方对羌科1井进行了工程设计。本节主要介绍工程设计中的重点内容，包括井身结构、钻前及安装工程、钻井工程、固井工程、完井要求、周期测算、技术指标及质量要求等。

一、井身结构设计

（一）导管

采用 Φ900mm 钻头开孔，Φ720mm 导管下深为 30~60m，以有效封隔浅层水、松散黏土流砂、溶洞为原则确定中完深度，建立井口。

（二）表层套管

一开 Φ660.4mm（26"）钻头钻进，下入 Φ508mm（20"）套管中完，以有效封隔浅层水、夏里组地层为原则确定中完深度，下深为 500m 左右，水泥浆返至地面，为下一开次安全钻井创造条件（1400~1600m 有储层，夏里组、布曲组非储层段压力系数差别不大，考虑 8 月中旬可能开钻，施工到 11 月左右，尽量在冬休前把 Φ508mm 表层套管下入）。

（三）技术套管 1

二开使用 Φ444.5mm（17-1/2"）钻头钻过雀莫错组地层，钻深为 2000m 左右时下入 Φ339.7mm（13-3/8"）套管，根据实钻情况，若布曲组地层漏失严重或地层承压能力不能达到 1.4 以上，则可提前下入 Φ339.7mm（13-3/8"）套管至井深 1650m 左右，封过布曲组储层段。若井眼条件允许，则可钻过雀莫错组，下入 Φ339.7mm（13-3/8"）套管至井深2000m，水泥浆返至地面，为下一开次安全钻井创造条件。

（四）技术套管 2

三开使用 Φ311.2mm（12-1/4"）钻头钻至肖茶卡（巴贡）组地层底部，钻深为4002m 左右，下入 Φ244.5mm（9-5/8"）套管至井深4000m 左右。

（五）生产套管

四开使用 Φ215.9mm（8-1/2"）钻头钻进，钻至设计井深（5500m 左右）完钻，下入Φ139.7mm（5-1/2"）尾管完井。

备注：如果下部地层钻遇难以处理的复杂情况，则可提前下入 Φ177.8mm（7"）套管中完，五开使用 Φ149.2mm（5-7/8"）钻头钻进，钻至设计井深（5500m 左右）完钻，下入 Φ127mm（5"）尾管完井。

二、钻前及安装工程

（1）钻前开工前，承包项目的施工单位（钻井公司、钻井队）还须再落实一遍周边情况，确保井场、道路、宿舍选择合适，钻井、测试、生产无安全、环保隐患。

（2）钻前施工须考虑井场位置的特殊性，保证道路和井场基础的质量。钻井过程中，须全井连续监测主基础沉降情况，发现异常，需及时处理，以保证钻机和人员安全。若基础发生沉降导致作业安全保障能力不足，须封井，挪动井口、基础至稳固的地点重新钻井。

（3）井架基础、机泵基础、罐式循环系统基础、储备系统（油、浆、料等）、营地基础全坐落在不受洪涝影响，强度足够，不会发生滑坡、垮塌、沉降的硬土或基岩上。储备罐基础和支承架须保证在暴雨季节不会发生滑坡、垮塌。本井井架及所有井场设备的基础均应采用可拆卸式钢制木块结构，钻完井后以便于运离工区，保护当地环境。钢制木块基础须特殊设计、制造，加大承载面（与当地地表情况相适应，保证施工过程中承载能力足够），抗腐蚀能力足够，强度足够，保证在高原恶劣环境中长期安全工作。对此，施工单位须掌握场地基础承载面及浅层情况，事先系统掌握施工过程中承载能力和稳定性的可能变化，充分考虑潜在的风险，特制活动基础，精心制定钻前施工方案，在安全上把好关。

①钻前施工过程中先将地表土（含植被）集中堆放，完井后回铺，恢复原地貌。

②进场道路：高原地区雨季地貌变化大，井场道路的选择应充分考虑雨季的影响，须对进井场泥结碎石路进行维护，对草原未成型路基进行维护，并对该段道路设置道路标识。对全部设备动复员道路施工单位须负责事先落实好，做好相应的使用、维护、修补、建设工作，负责处理好相应的企地关系。

③井场：井架基础及所有设备基础均原则上采用移动式钢木基础，井架主基础地基必须保证在稳定、承载能力足够的地层上（利用环评调查等机会搞清楚浅层地层岩性）采用

级配砂砾石分层压实,并达到安全的承载力和稳定性要求,井架主基础下采用防渗膜覆盖,其上再覆盖细石土并进行表面硬化防渗处理,其他设备基础地基、后场地基采用防渗膜覆盖,其上覆盖细石土。井场基础按中标钻机的实际需求进行设计施工。施工前,项目承包单位须按规范做好施工设计报成都地质调查中心项目主管部门批准。

④放喷池:主放喷采用 60m³ 移动式放喷罐和放喷池(放喷池容积为 300m³),副放喷池采用移动式 60m³ 放喷罐。

⑤合理设置与中标钻机相适应的绷绳坑。

⑥全井整个施工期间对井架基础沉降稳定性进行不间断监测,发现异常及时处理。若基础发生沉降导致作业安全保障能力不足,则须封井,挪动井口、基础至稳固的地点重新钻井。

(4)开钻前召集全队职工认真传达贯彻地质设计、工程设计规范,切实做好一切准备工作,做到思想明确、准备充分、措施落实。

(5)严格安装质量,设备安装做到平、正、稳、全、牢、灵、通。校正天车、转盘、井口在同一铅垂线上,偏差小于 10mm。

(6)电路安装按《钻井井控技术规程》(SY/T 6426—2005)要求:钻台灯、井架灯、机房灯、泵房灯、探照灯、值班房灯、宿舍灯、动力线路、警报电铃必须九路分输,集中控制于值班房内。

(7)所有电气设备及附件必须安全防爆、性能良好、不漏电、不跳火花,发电房必须有避雷装置。录井房、录井终端监测仪主机等必须防爆。

(8)井场、储备罐、池的探照灯数量足够,确保井场施工的照明要求。

(9)岩屑池体积≥500m³,污水池体积≥2000m³,1#、2#放喷池体积均达到300m³。如果在雨季施工,则在污水池内容积达到污水池体积的 80%之前,应及时将污水运走进行净化处理,达到排放要求后进行排放,避免因突降雨水等自然原因导致污水溢出污染环境。

(10)钻台、泵房下部地表及大、小鼠洞周围必须涂抹水泥,以防渗水浸泡基础,影响基础安全。放喷口必须建防火墙、污水池与隔离带。

(11)钻台、机房、泵房下部地表高于周围地面,并有明沟排水。井场周围有深排水沟,井场排水系统做到清污分流,防雨棚流水不得进入污水池。

(12)井场平整,所有钻具要平稳地摆放在管排架上,严禁乱摆乱放,以免造成地面损坏而导致钻具事故。

(13)本井将采用气体钻井,钻前应充分考虑气体钻井的需要。井口安装时须留出能够加装一套旋转防喷器的空间,同时兼顾油管头四通顶法兰与地面持平的需求,井场布局要保证空压机离井口 30m 以上距离。

(14)开钻前所有动力、机械设备,须经 2h 满负荷试运转正常,油水气管线必须保证密封好,闸门开关灵活,无跑、冒、滴、漏现象。井场布局、设备配套和安装、人员配备、生产组织符合设计和标准规范的要求,经验收合格后方可开钻。

(15)整个施工期间(包括搬迁、作业、停等、配合等)承包方(钻井公司、钻井队)须随时监控钻前工程情况,发现隐患及时处置和汇报。钻前工程不能保障长期连续生产时,不得进行钻开产层和复杂层、测试等危险作业和有井控风险的作业。发现存在可能危及人员安全的隐患时，人员须撤离危险区域。

（16）整个施工期间（包括搬迁、作业、停等、配合等）承包方（钻井公司、钻井队）须随时监控水文情况，发现隐患及时汇报，可能出现危及人员安全的情况时，人员须撤离危险区域，并采取必要的措施防止出现污染等事故。

（17）施工前钻井承包单位须对邻近水源地进行系统的调查了解，并采取措施确保水源不受污染。全井泥浆不得使用有毒有害处理材料，导管施工宜用清水钻进，采取措施，快打快封，保证固井质量。若有离井口距离近的居民取水点，则施工期间可能对水质有影响时不得使用，钻前施工时应先为当地居民另修取水点。此项措施须在开工前落实。

（18）工作区域冬季气温低时须配备锅炉和蒸汽发生器，以满足防冻、解冻的需要。

三、钻井工程

全井采用钻井液钻井，避开产层和复杂地层，使用螺杆 + 转盘 + PDC[①]钻头的复合钻井方式。

（一）钻井主要设备、工具组合

1. 钻井主要设备参数

羌科 1 井设计钻机与主要设备配置表如表 3-16 所示。

表 3-16　羌科 1 井设计钻机与主要设备配置表

序号	名称	功率或负荷	数量	备注
1	井架、底座	450t	1 个	满立柱后负荷
2	天车	450t	1 辆	满立柱后负荷
3	游动滑车	450t	1 辆	满立柱后负荷
4	大钩	450t	1 个	满立柱后负荷
5	顶驱	450t	1 个	满立柱后负荷
6	水龙头	450t	1 个	水龙头和高压管汇耐压≥50MPa（特别是冲管必须达到本额定载荷）
7	转盘	450t	1 个	满立柱后负荷
8	绞车	1100kW	1 辆	满立柱后负荷
9	电磁刹车	—	1 两	—
10	钻井泵	1600hp[②]（单泵功率）	3 个	钻井液泵耐压 52MPa，能在高压情况下长期稳定泵送各种密度、类型的堵漏浆和压井液

---

① POC：polycrystalline diamond compact，聚晶金刚石复合片。

② 1hp = 0.746KW。

续表

序号	名称	功率或负荷	数量	备注
11	柴油机	1100kW	3 台	—
12	发电机	300kW	2 台	—
13	井控装置	—		见本设计井控设计中的内容
14	地面高压管汇、水龙带	≥50MPa	1 个	高压管汇中加装 70MPa 单流阀，杜绝高压传到泵，同时不影响放回压
15	除砂器	45kW	1 个	—
16	除泥器	45kW	1 个	—
17	振动筛	4kW	2 个	处理量≥55L/s
18	除气器	11kW	1 个	排气管线接出井场
19	离心机	69kW	1 台	—
20	液压大钳	—	1 个	—
21	搅拌机	—	7 个	—
22	灌浆装置	—	1 套	小罐计量
23	循环罐	60m³	6 个	除锥形罐外，摆在地面的所有罐（特别是灌浆罐）均带搅拌机、均配备液面自动检测记录装置，能装 3.00g/cm³ 的重泥浆
24	储备罐	60m³（按最大泵出 50m³ 计算）	17 个	带搅拌机并架高、能装 3.00g/cm³ 的重泥浆
25	加重装置	—	2 套	气动下料、龙卷风加重
26	钻井参数仪	—	1 个	钻压、扭矩、转速、泵压、泵冲、悬重、泥浆体积、钻时等八道参数以上，司钻台、监督房、工程师房内有显示屏
27	二层台逃生装置	—	1 套	—
28	测斜绞车/测斜仪	—	1 个	测量深度为 7000m
29	锅炉或蒸汽发生器	—	1 个	满足防冻保温、解冻的需要
30	卫星电话	—	1 个	应急通信用
31	防爆对讲机	—	12 个	—
32	高原吸氧房	—	1 个	满足 12 人以上同时使用
33	制氧机	—	1 个	每个宿舍 1 台

另外，现场应配备足够品种和数量的打捞工具、材料、装置，应满足可能遇到的所有复杂情况、故障处置的需要。

2. 推荐钻具组合

羌科 1 井设计各次开钻推荐钻具组合表如表 3-17 所示。

表 3-17　羌科 1 井设计各次开钻推荐钻具组合表

序号	井段 （m）		钻具组合
一开 Φ660.4mm	60～ 501	塔式钻具	Φ660.4mm 钻头 + 钻具止回阀（活页式）+ Φ279.4mm 钻铤×3 根 + Φ228.6mm 钻铤×6 根 + 旁通阀×1 只 + Φ203.2mm 钻铤×9 根 + Φ177.8mm 钻铤×3 根 + Φ139.7mm 斜坡加重钻杆×3 柱 + Φ139.7mm 斜坡钻杆 + 旋塞×1 个 + Φ139.7mm 斜坡钻杆×1 根 + 方钻杆下旋塞×1 个 + Φ152.4mm 六棱方钻杆 + 方钻杆上旋塞
		钟摆钻具	Φ660.4mm 钻头 + 钻具止回阀（活页式）+ Φ279.4mm 钻铤×2 根 + Φ650.0mm 螺扶×1 个 + Φ279.4mm 钻铤×1 根 + Φ650.0mm 螺扶×1 个 + Φ228.6mm 钻铤×6 根 + 旁通阀×1 只 + Φ203.2mm 钻铤×3 根 + Φ177.8mm 钻铤×3 根 + Φ139.7mm 斜坡加重钻杆×3 柱 + Φ139.7mm 斜坡钻杆 + 旋塞×1 个 + Φ139.7mm 斜坡钻杆×1 根 + 方钻杆下旋塞×1 个 + Φ152.4mm 六棱方钻杆 + 方钻杆上旋塞
		满眼钻具	Φ660.4mm 钻头 + 钻具止回阀（活页式）+ Φ650.0mm 螺扶 1 个 + Φ279.4mm 钻铤 1 根 + Φ650.0mm 螺扶 1 个 + Φ279.4mm 钻铤×2 根 + Φ650.0mm 螺扶 1 个 + Φ228.6mm 钻铤×6 根 + 旁通阀 1 只 + Φ203.2mm 钻铤×3 根 + Φ177.8mm 钻铤×3 根 + Φ139.7mm 斜坡加重钻杆×3 柱 + Φ139.7mm 斜坡钻杆 + 旋塞 1 个 + Φ139.7mm 斜坡钻杆 1 根 + 方钻杆下旋塞 1 个 + Φ152.4mm 六棱方钻杆 + 方钻杆上旋塞
二开 Φ444.5mm	501～ 2002	塔式钻具	Φ444.5mm 钻头 + 钻具止回阀（活页式）+ Φ228.6mm 钻铤×3 根 + Φ203.2mm 钻铤×6 根 + Φ177.8mm 钻铤×12 根 + 旁通阀×1 只 + Φ139.7mm 斜坡加重钻杆×20 柱 + Φ139.7mm 斜坡钻杆 + 旋塞×1 个 + Φ139.7mm 斜坡钻杆×1 根 + 方钻杆下旋塞×1 个 + Φ152.4mm 六棱方钻杆 + 方钻杆上旋塞
		钟摆钻具	Φ444.5mm 钻头 + 钻具止回阀（活页式）+ Φ228.6mm 钻铤×2 根 + Φ441.0mm 螺扶×1 个 + Φ228.6mm 钻铤×1 根 + Φ441.0mm 螺扶×1 个 + Φ203.2mm 钻铤×6 根 + Φ177.8mm 钻铤×9 根 + 旁通阀×1 只 + Φ139.7mm 斜坡加重钻杆×20 柱 + Φ139.7mm 斜坡钻杆 + 旋塞×1 个 + Φ139.7mm 斜坡钻杆×1 根 + 方钻杆下旋塞×1 个 + Φ152.4mm 六棱方钻杆 + 方钻杆上旋塞
		满眼钻具	Φ444.5mm 钻头 + 钻具止回阀（活页式）+ Φ441.0mm 螺扶×1 个 + Φ228.6mm 钻铤×1 根 + Φ441.0mm 螺扶×1 个 + Φ228.6mm 钻铤×2 根 + Φ441.0mm 螺扶×1 个 + Φ203.2mm 钻铤×6 根 + Φ177.8mm 钻铤×9 根 + 旁通阀×1 只 + Φ139.7mm 斜坡加重钻杆×20 柱 + Φ139.7mm 斜坡钻杆 + 旋塞×1 个 + Φ139.7mm 斜坡钻杆×1 根 + 方钻杆下旋塞×1 个 + Φ152.4mm 六棱方钻杆 + 方钻杆上旋塞
三开 Φ311.2mm	2002 ～ 4002	钟摆钻具	Φ311.2mm 钻头 + 钻具止回阀（活页式）+ Φ203.2mm 钻铤×2 根 + Φ308.0mm 螺扶×1 个 + Φ203.2mm 钻铤×1 根 + Φ308.0mm 螺扶×1 个 + Φ203.2mm 钻铤×9 根 + Φ177.8mm 钻铤×9 根 + 旁通阀×1 只 + Φ139.7mm 斜坡加重钻杆×20 柱 + Φ139.7mm 斜坡钻杆 + 旋塞×1 个 + Φ139.7mm 斜坡钻杆×1根 + 方钻杆下旋塞×1个 + Φ152.4mm 六棱方钻杆 + 方钻杆上旋塞
		满眼钻具	Φ311.2mm 钻头 + 钻具止回阀（活页式）+ Φ308.0mm 螺扶×1 个 + Φ203.2mm 钻铤×1 根 + Φ308.0mm 螺扶×1 个 + Φ203.2mm 钻铤×2 根 + Φ308.0mm 螺扶×1 个 + Φ203.2mm 钻铤×9 根 + Φ177.8mm 钻铤×9 根 + 旁通阀×1 只 + Φ139.7mm 斜坡加重钻杆×20 柱 + Φ139.7mm 斜坡钻杆 + 旋塞×1 个 + Φ139.7mm 斜坡钻杆×1 根 + 方钻杆下旋塞×1 个 + Φ152.4mm 六棱方钻杆 + 方钻杆上旋塞
		螺杆钻具	Φ311.2mm 钻头 + 钻具止回阀（活页式）+ Φ241.3mm 螺杆×1 根 + Φ203.2mm 钻铤×1 根 + Φ308.0mm 螺扶×1 个 + Φ203.2mm 钻铤×1 根 + Φ308.0mm 螺扶×1 个 + Φ203.2mm 钻铤×6 根 + Φ177.8mm 钻铤×15 根 + 旁通阀×1 只 + Φ139.7mm 斜坡加重钻杆×20 柱 + Φ139.7mm 斜坡钻杆 + 旋塞×1 个 + Φ139.7mm 斜坡钻杆×1 根 + 方钻杆下旋塞×1个 + Φ152.4mm 六棱方钻杆 + 方钻杆上旋塞

续表

序号	井段（m）	钻具组合	序号
四开 Φ215.9mm	4002 ～ 5500	螺杆钻具	Φ215.9mm 钻头＋钻具止回阀（活页式）＋Φ171.5mm 螺杆×1 根＋Φ177.8mm 钻铤×1 根＋Φ212.0mm 螺扶×1 个＋Φ177.8mm 钻铤×1 根＋Φ212.0mm 螺扶×1 个＋Φ177.8mm 钻铤×3 根＋Φ177.8mm 钻铤×15 根＋旁通阀×1 只＋Φ127mm 斜坡加重钻杆×20 柱＋Φ127mm 斜坡钻杆＋旋塞×1 个＋Φ127mm 斜坡钻杆×1 根＋方钻杆下旋塞×1 个＋Φ152.4mm 六棱方钻杆＋方钻杆上旋塞
		钟摆钻具	Φ215.9mm 钻头＋钻具止回阀（活页式）＋Φ177.8mm 钻铤×2 根＋Φ212.0mm 螺扶×1 个＋Φ177.8mm 钻铤×1 根＋Φ212.0mm 螺扶×1 个＋Φ177.8mm 钻铤×3 根＋Φ177.8mm 钻铤×15 根＋旁通阀×1 只＋Φ127mm 斜坡加重钻杆×20 柱＋Φ127mm 斜坡钻杆＋旋塞×1 个＋Φ127mm 斜坡钻杆×1 根＋方钻杆下旋塞×1 个＋Φ152.4mm 六棱方钻杆＋方钻杆上旋塞
		满眼钻具	Φ215.9mm 钻头＋钻具止回阀（活页式）＋Φ212.0mm 螺扶×1 个＋Φ177.8mm 钻铤×1 根＋Φ212.0mm 螺扶×1 个＋Φ177.8mm 钻铤×2 根＋Φ212.0mm 螺扶×1 个＋Φ177.8mm 钻铤×3 根＋Φ177.8mm 钻铤×18 根＋旁通阀×1 只＋Φ127mm 斜坡加重钻杆×20 柱＋Φ127mm 斜坡钻杆＋旋塞×1 个＋Φ127mm 斜坡钻杆×1 根＋方钻杆下旋塞×1 个＋Φ152.4mm 六棱方钻杆＋方钻杆上旋塞
取心钻具			Φ215.9mm 取心钻头＋川 7-5 取心工具＋钻具止回阀＋Φ177.8mm 钻铤×1 根＋Φ212mm 螺扶×1 个＋Φ177.8mm 钻铤×1 根＋Φ212mm 螺扶×1 个＋Φ177.8mm 钻铤×21 根＋旁通阀×1 只＋Φ127mm 斜坡加重钻杆×20 柱＋Φ127mm 斜坡钻杆＋旋塞×1 个＋Φ127mm 斜坡钻杆×1 根＋方钻杆下旋塞×1 个＋Φ152.4mm 六棱方钻杆＋方钻杆上旋塞

（二）钻井液设计

1. 钻井液体系选择

钻井期间，可能含 H_2S 的地层在白天钻开，这有利于保持井壁稳定；钻速快、对油层的损害小，特别是对水敏性的页岩地层抑制能力强，能够更有效地保护油气层。

羌科 1 井设计分段钻井液类型如表 3-18 所示。

表 3-18 羌科 1 井设计分段钻井液类型（推荐）

开钻序号	钻头尺寸（mm）	井段（m）	推荐钻井液体系
导管	900	50	清水无固相钻井液-膨润土浆
1	660.4	501	膨润土浆-低固相聚合物钻井液
2	444.5	1652 2002	聚合物封堵防塌钻井液
3	311.2	4002	抗温铝胺基封堵钻井液
4	215.9	5500	抗温铝胺基封堵钻井液

注：实钻中井身结构发生了变化，相应井段推荐钻井液体系不变。

导管段索瓦组地层岩性主要为灰岩，故选择清水无固相钻井液；地表为永冻土带，在清水温度下融化，灰岩也会破碎，加之井眼尺寸大，钻速慢，如果携岩不好，可转化为膨润土浆。

一开段夏里组地层岩性主要为砂岩，也含泥质粉砂岩和粉砂质泥岩，故选择膨润土浆-低固相聚合物钻井液。

二开段布曲组主要为灰岩，雀莫错组主要为泥岩、粉砂岩、灰岩、砂砾岩，局部发育膏岩，为主要目的层段之一，选择聚合物封堵防塌钻井液保护油气层。

三开肖茶卡（巴贡）组主要岩性为细砾岩、含砾砂岩和泥页岩，上部夹泥岩和劣质煤线，在上部可能钻遇油气层，选择铝胺基聚合物封堵防塌钻井液。

四开波里拉组岩性主要为灰岩，选择抗温铝胺基封堵钻井液。

在地质设计中，没有看到相关地温资料，但在西藏，由于裂缝、圈闭、构造、地层抬升等原因，地温变化较大。旺 1 井深为 2410m，地温为 96℃左右，地温梯度为 2～6℃/100m。三开及四开钻井中应根据钻井液出口的温度，预测井底温度，及时加入抗温材料。

2. 钻井液密度设计

地质设计中没有明确目的层是油层还是气层，只是说油气层，明确了密度附加按 0.05～0.10g/cm³ 附加，并要求钻井液密度不超过 1.80g/cm³；按照行业标准，油层按 0.05～0.10g/cm³、气层按 0.05～0.15g/cm³ 附加，是指低海拔下情况下。本井海拔 5000m，气压低，按气层 0.07～0.15g/cm³ 进行附加更合适（表 3-19）。

表 3-19　羌科 1 井设计分段钻井液密度

层位	井深（m）	压力系数	钻井液密度（g/cm³）
索瓦组	50	1.00	1.03～1.15
夏里组	470		
布曲组	1610	1.00～1.40	1.07～1.55
雀莫错组	1980	1.40～1.20	1.27～1.55
肖茶卡（巴贡）组	4100	1.00～1.40	1.27～1.55
波里拉组	5500	1.40～1.70	1.47～1.85

注：地质设计提供的本井的压力系数跟实际地层压力系数可能存在一定的差别，施工单位对此要高度重视，提前准备，钻井过程中须根据实钻情况适时调整，压稳不漏实现近平衡压力钻井。

施工中须特别注意：

（1）任何时候都必须压稳，密度须根据实际需要调整；

（2）钻井中切实注意防喷工作，加强重钻井液储备，做好高压气藏的防范；

（3）承包方应及时、全面地了解并掌握邻井钻井、测试、改造、生产情况并及时调整钻井液密度和技术方案；

（4）同一裸眼段地层上部高压下部低压时，在钻下部地层的过程中，钻井液密度要满足压稳高压层的需要，要加入合适的堵漏材料，确保地层有合格的承压能力，保证压稳上部地层内流体、下部地层不出现漏失，并保持井眼稳定。

3. 设计的钻井液量

羌科 1 井设计的钻井液量如表 3-20 所示。

表 3-20　羌科 1 井设计的钻井液量　　　　　　　　（单位：m³）

井段	地面系统	上层套管容积	裸眼段钻井液量	井眼容积	损耗量	总需要量
导管	120	—	38	38	57	215
一开	150	19	187	206	281	637
二开（按 2002m）	150	91	282	373	423	946
三开	150	156	184	340	276	766
四开（按三开尾管）	150	244	66	310	99	559

注：裸眼段井眼容积按井径扩大 10%计算，损耗量按裸眼段 1.5 倍计算（不包括漏失）。

（三）固控设备及使用

按科学打探井要求配备固控设备，强化固控管理，使用振动筛、除砂器、除泥器、离心机四级固控除砂，以使钻井液含砂量、固相含量控制在合理范围内，为安全快速钻进创造良好条件。固相含量应控制在设计范围内，含砂量小于 0.5%。振动筛的筛布目数要根据地层变化及时进行更换。具体要求，振动筛运转率为 100%，除砂器、除泥器为 60%～80%，离心机为 50%以上，除气器视情况使用（表 3-21）。

表 3-21　羌科 1 井设计固控设备及使用要求

井段 (m)	固相指标			振动筛		除砂器除泥器		离心机	
	密度 (g/cm³)	含砂量 (%)	固相含量 (%)	目数	运转率 (%)	处理量 (m³/h)	运转率 (%)	处理量 (m³/h)	运转率 (%)
一开	1.03～1.15	≤0.5	4～10	60～120	100	≥200	100	≥60	100
二开	1.07～1.55	≤0.5	6～26	100～180	100	≥200	100	≥60	≥80
三开	1.27～1.55	≤0.5	15～26	120～180	100	≥200	≥80	≥60	≥50
四开	1.47～1.85	≤0.5	23～38	120～180	100	≥200	≥80	≥60	≥50

（四）钻头选型及水力参数

1. 钻头选型

羌科 1 井设计钻头选型及钻井机械参数如表 3-22 所示。

表 3-22　羌科 1 井设计钻头选型及钻井机械参数表

序号	钻头尺寸 (mm)	推荐使用钻头型号	数量	井段 (m)	进尺 (m)	机械参数	
						钻压 (kN)	转速 (r/min)
1	900	PC2	1	～50	50		
2	660.4	PDC/HJT517	1/3	～501	451	180～280	55～90

续表

序号	钻头尺寸（mm）	推荐使用钻头型号	数量	井段（m）	进尺（m）	机械参数	
						钻压（kN）	转速（r/min）
3	444.5	PDC/HJT517	2/4	～2002	1501	220～300	55～90
4	311.2	PDC/HJT517	3/6	～4002	2000	PDC：40～90 120～220	PDC：120～300 60～80
5	215.9	PDC/HJT517	4/9	～5500	1498	PDC：40～60 120～180	PDC：120～300 60～90

注：钻头选型依据为羌科 1 井设计钻遇地层岩性分析。

根据地层情况，可选择不同的钻进方式以提高机械钻速，表 3-22 中设计机械参数为转盘钻进参数，如采用复合钻进方式，应根据动力钻具使用性能调整机械参数。钻头数量、型号、尺寸、钻进方式应按实钻情况调整。

取心钻头：10 支，推荐型号为 NMC938。

可能进行堵漏、井控作业时，钻具中不能带有井下动力装置，钻头水眼应尽量加大。

2. 钻井水力参数设计

（1）在钻进过程中应根据实钻需要，调整喷嘴大小，以保证钻进排量不低于设计排量。

（2）现场可参照本设计中喷嘴面积，选用不等径三喷嘴、双喷嘴、长喷嘴、脉冲喷嘴等组合方式，提高钻速。

（3）井径扩大率按 10%考虑计算。

（4）表 3-23 中数据为理论计算数据，钻进过程中应根据现场实际情况进行调整。

（5）目的层、复杂层作业时，不装喷嘴、不装扶正器，以便为复杂地层压井、堵漏创造较为安全的条件。

表 3-23　羌科 1 井设计钻井水力参数表

序号	井深（m）	钻头		水力参数						
		钻头尺寸（mm）	喷嘴面积（mm²）	排量（L/s）	泵压（MPa）	压耗（MPa）	压降（MPa）	返速（m/s）	比水功率（W/mm²）	冲击力（kN）
1	0～501	660.4	942.5	55～60	12.14	8.48	3.66	0.18	1.20	4.2
2	502～2002	444.5	942.5	50～54	16.36	13.71	2.65	0.47	1.21	4.4
3	2003～4002	311.2	1140.4	40～48	18.58	16.95	1.63	0.79	0.49	1.9
4	4003～5500	215.9	1140.4	28～32	21.19	19.35	1.84	1.41	0.05	1.38

（五）取心设计

如果地层、井眼及钻头条件许可，尽量多采用中长筒取心方式（即双节以上工具组合）以提高取心时效。取心钻头、工具须提前准备，取心钻头尺寸与全面钻进钻头一致。严禁用取心工具划眼。

推荐不同尺寸井眼可从表 3-24 中选用相应的取心工具。

表 3-24 羌科 1 井设计取心工具

序号	取心钻头直径（mm）	取心工具型号	外筒		内筒		岩心直径（mm）
			外径（mm）	内径（mm）	外径（mm）	内径（mm）	
1	342.90	川9-5	203	169	159	140	133
2	311.1	川9-5	203	169	159	140	133
3	266.70	川9-5	203	169	159	140	133
4	241.3	川8-5	180	144	127	112	105
5	215.9	川7-5	172	136	121	108	101
6	187.33	川6T-5	146	118	108	94	89
7	165.1	川5-5	121	93	85	72	66
8	139.70	川4-5	89	70	60	52	45
9	116	川4-5	89	70	60	52	45

注：①推荐选用取心工具为非投球式。

②井下情况复杂时，可选用比表中各种井眼推荐尺寸小一级的取心工具。

取心钻进参数：按厂家推荐值选取。

施工原则：从井下安全角度考虑，如进行中长筒取心，取心钻压应降低 10～20kN，减少工具失稳的概率和可能性。

（六）地层孔隙压力监测

（1）使用 dc 指数法进行地层孔隙压力监测，绘出 dc-H 曲线，根据回归的正常趋势线监测地层孔隙压力，结合实钻情况随时调整钻井液密度，切实满足压稳地层的实际需要，确保安全钻进。

（2）具体监测方法：按《用 dc 指数法预测监测地层孔隙压力作法》（ZB E 13006—1990）执行。

（3）地层压力监测除采用 dc 指数法外，地质录井还应做出随钻压力预告，以利于指导钻井施工。

（七）中途测试

原则上不做中途测试,若钻遇良好油气显示,则现场确定可能具有产油气能力的层段,报成都地质调查中心批准后可实施。

（1）若有好的油气显示、井眼条件合适、条件具备时方可进行中途测试。测试前施工单位应提出详细的施工设计，施工设计中应有井控要求。

（2）预测井口最大关井压力大于 45MPa 或产量超过 $50 \times 10^4 \text{m}^3/\text{d}$ 时，封隔器应坐在上层技术套管内，采用压控式测试器，井口安装采气树。

（3）预测井口最大关井压力大于 70MPa 的井不能进行中途测试。

（4）含硫油气层测试应采用抗硫封隔器、抗硫油管和抗硫采气树。

（5）中途测试时间应在规定时间内完成，原则上累计测试时间应控制在 8h 以内。

（6）必须测双井径曲线，以确定坐封井段。

（7）测试前应调整好泥浆性能，保证井壁稳定和井控安全。

（8）若可能出天然气，应先点火后放喷。

（9）测试完毕起封隔器前，如钻具内液柱已排空，应打开反循环阀，反循环压井成功后才可起钻。

（10）中途测试前，在不违反本设计和各种标准、规范、规程要求的前提下，施工单位应提出适应当时井况的施工设计，报成都地质调查中心相关部门审查批准后执行。其中含硫气井中途测试前，应进行专项安全风险评估，在符合测试条件的情况下制定专项测试施工设计和应急预案。

（八）油气层保护措施

（1）主要目的层选用铝胺基钻井液。

（2）钻进油气层井段，在考虑井壁稳定、井漏、井喷等地层因素，并保证安全的情况下，在压稳的基础上，钻井液密度尽量靠低限，开展近平衡压力钻井，尽量减少压差对气层的损害。密度附加值为 $0.07 \sim 0.15 \mathrm{g/cm^3}$。

（3）进入目的层段要求严格控制钻井液的滤失量，API 滤失量≤4mL，防止其堵塞油气层的孔隙孔道，尽量减少液相对气层的损害。

（4）在油气层井段坚持以预防为主，防堵结合的原则，发生井漏应及时处理。

（5）加强固控设备的使用和维护，控制无用固相和含砂量，含砂量不超过 0.5%。

（6）钻开目的层后起下钻和开泵操作要平稳，减少压力激动，避免井漏及井喷事故的发生。

（7）预测目的层位置与实际情况可能有差异，现场技术人员应密切与地质录井配合，根据地质实际预测提前做好保护油气层工作。

（8）储集层尽量使用可酸化解堵的防漏、堵漏剂。

（9）提高目的层的钻井速度，加快工作节奏，缩短钻井完井液对气层的浸泡时间，减少钻井液、完井液对目的层的污染。

（10）油气层井段采用加强抑制、暂堵技术及防水锁保护油气层。以获得最佳的保护效果。

（11）产层套管固井实施近平衡压力固井技术，控制水泥浆的失水，防止水泥浆漏失或水泥浆失重引起环空窜槽等而损害油气层。

（九）井控设计

严格执行《钻井井控技术规程》（SY/T 6426—2005）、《钻井井控装置组合配套、安装调试与维护》（SY/T 5964—2006）、《石油天然气钻井井控技术规范》（GB/T 31033—2014）等规定要求和技术标准，同时执行好本设计的全部要求。

1. 井控装置

根据本井预测地层压力和本井的实际需求选择井控装置压力等级（表 3-25）。

表 3-25　羌科 1 井设计井控装置选择依据表

开钻次序	设计井深（垂深）（m）	钻头直径（mm）	最高地层压力系数	最高压力（MPa）
2	2002	444.5	1.40	27.50
3	4002	311.2	1.40	54.96
4	5500	215.9	1.70	91.72

二开压力等级：闸板防喷器为 21MPa，井控管汇压力等级为 35MPa 或 70MPa，井口类型为Ⅲ类。

三开压力等级：环形防喷器为 35MPa，闸板防喷器为 70MPa，井控管汇压力等级为 105MPa 或 70MPa，井口类型为Ⅰ类。

四开压力等级：环形防喷器为 70MPa，闸板防喷器为 105MPa，井控管汇压力等级为 105MPa，井口类型为Ⅰ类。

2. 钻杆内防喷工具要求

配齐抗硫气密封 35MPa 内防喷工具：方钻杆上下旋塞、钻杆回压凡尔、抢装回压凡尔工具、钻具止回阀、箭型止回阀、旁通阀、活页式单流阀，所有内防喷工具、过渡接头、入井工具抗硫能力必须不能低于钻具，承压能力与防喷器承压能力不低于防喷器承压能力，机械性能不能差于钻具。除投入使用者之外，另在现场多备 2 套。另在现场配备各种防喷短节［旋塞 + G105 钻杆 + 转换接头（下端可直连各种钻铤或其他尺寸钻杆、起下钻铤或其他尺寸钻杆过程中遇溢流、井喷时使用）］各 1 套，配备各种尺寸钻杆死卡各 2 套（1 套拴好绳、卡）。

3. 主要井控装置选择和试压要求

羌科 1 井设计主要井挖装置与试压要求如表 3-26、图 3-21 所示。

表 3-26　羌科 1 井设计主要井控装置与试压要求

开钻次数	名称	型号	试压要求		
			试压值（MPa）	稳压时间（min）	允许压降（MPa）
二开	单闸板	FZ53-21	21	30	0.5
	套管头	20"-35×13-3/8"-70	70	30	0.5
	节流压井管汇	JG-70/YG-70	70	30	0.5
三开	环形防喷器	FH 35-35	24.5	30	0.5

续表

开钻次数	名称	型号	试压要求		
			试压值（MPa）	稳压时间（min）	允许压降（MPa）
三开	双闸板	2FZ/2FZ 35-70	70	30	0.5
	套管头	20"-35×13-3/8"-70 + 13-3/8"-70×9-5/8"-105	105	30	0.5
	节流压井管汇	JG-Y-105/YG-105	105	30	0.5
四开	环形防喷器	FH 28-70	49	30	0.5
	双闸板	2FZ/2FZ 28-105	105	30	0.5
	套管头	20"-35×13-3/8"-70 + 13-3/8"-70×9-5/8"-105	105	30	0.5
	节流压井管汇	JG-Y-105/YG-105	105	30	0.5
完井	套管头	20"-35×13-3/8"-70 + 13-3/8"-70×9-5/8"-105	105	30	0.5

备注：本井套管头压力级别≥35MPa，需要至少设置两道 BT 密封注脂结构。本井推荐采用芯轴式套管头，如采用芯轴式套管头，可以增加一道金属密封结构或设置一道金属密封代替其中一道 BT 密封注脂结构。安装完套管头后需进行注塑试压，试压值按该层套管抗外挤强度的 80% 和下法兰额定工作压力中的较小值进行，稳压时间为 30min，允许压降不超过 0.5MPa。设置泄压观察孔，用试压枪试压时打开，为密封失效时预留通道。如有必要，试压时须在套管内注平衡压，保证试压安全。

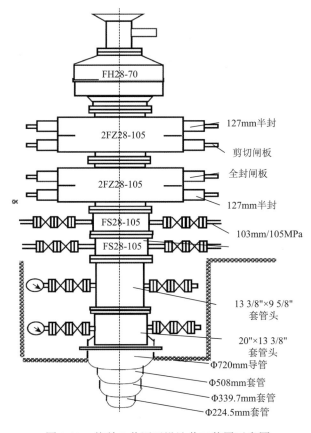

图 3-21　羌科 1 井四开设计井口装置示意图

特别应注意：

（1）安装前须进厂进行全面检验（含探伤等），气密封试验合格，现场可用清水作为试压介质试压；

（2）对放喷管线进行试压，试压≥10MPa（放喷管线本身的额定工作压力＞10MPa时推荐按额定工作压力试压），稳压10min压力不降；

（3）套管头、采气树采用分体式，具有气密封、全金属密封、丝扣悬挂的能力，环空安装压力表和引流管线；

（4）井控装置上井前必须进行串联气密封试压且试压必须合格（为达此目的，须使用能满足气密要求的进口密封件或特殊设计制造的密封件），合格证书交现场存档备查。现场应进行以下压力试验且必须合格。

四、固井工程

（一）套管柱强度校核

套管柱强度校核见表3-27和表3-28。

表3-27 套管柱强度校核数据表

外径（mm）	序号	井段（m）	段长（m）	钢级	壁厚（mm）	扣型	每米质量（kg/m）	段重（t）	累重（t）	安全系数			地层压力系数
										抗拉	抗挤	抗内压	
508	1	0～500	500	J55	12.7	气密封扣	159.45	79.73	79.73	10	1.02	0.90	1.10
339.7	1	0～2000	2000	P110TS	10.92	气密封扣	90.86	181.72	181.72	5.98	1.18	1.21	1.40
244.5回接	1	0～1800	1800	P110TS	12.57	气密封扣	73.29	131.92	131.92	6.68	1.99	1.21	1.40
244.5尾管	1	1800～4000	2200	P110TS	12.57	气密封扣	73.29	161.24	161.24	5.46	2.25	1.24	1.40
139.7	1	3800～5497	1697	P110TS	11.1	气密封扣	35.42	60.11	60.11	7.39	1.16	2.38	1.70

表3-28 套管性能数据表

外径（mm）	钢级	壁厚（mm）	扣型	每米质量（kg/m）	接箍外径（mm）	抗拉强度（kN）	抗挤强度（MPa）	抗内压强度（MPa）
508	J55	12.7	气密封扣	159.45	533.4	7500	5.31	16.62
339.7	P110TS	10.92	气密封扣	90.86	365.13	8558	17.93	42.68
244.5	P110TS	12.57	气密封扣	73.29	269.88	6939	54.61	68.2
139.7	P110TS	11.1	气密封扣	35.42	157.00	3332	115.97	105.42

注：①套管强度计算采用《套管柱结构与强度设计》（SY/T 5724—2008）。

②段重、累重均是套管在空气中的质量，安全系数考虑了浮力因素。339.7mm套管、244.5mm尾管抗挤强度按照40%掏空计算，其余套管抗挤强度按照全掏空计算。施工过程中须控制液柱高度在允许的范围内，保证井控安全。

③套管串附件、构件性能应与套管性能一致。

（二）注水泥设计

1. 水泥浆体系设计

（1）导管、一开采用常规水泥浆体系。

（2）二开采用低密度（漂珠）防窜弹韧性固井水泥浆体系或常规防气窜弹韧性水泥浆体系。

（3）三开尾管固井采用胶乳（或胶粒）防窜弹韧性水泥浆体系，三开回接采用常规防气窜水泥浆体系。

（4）四开尾管固井采用加重胶乳（或胶粒）防窜弹韧性水泥浆体系。

2. 注水泥量计算

羌科 1 井设计的注水泥与完井方式设计如表 3-29 所示。

表 3-29　羌科 1 井设计的注水泥与完井方式设计表

开钻序号	套管外径（mm）	套管下深（m）	固井时钻井液密度（g/cm³）	水泥上返深度（m）	水泥浆密度（g/cm³）	水泥型号	注水泥量（t）	固井方式
导管	720	60	1.15	地面	1.90	G 高抗	30	常规
一开	508	500	1.15	地面	1.90	G 高抗	180	常规
二开	339.7	2000	1.55	地面	1.90	G 高抗	310	常规防窜或漂珠
三开尾管	244.5	1800～4000	1.55	井底～1800	1.90	G 高抗	160	尾管
三开回接	244.5	0～1800	1.55	1800～地面	1.90	G 高抗	100	回接
四开尾管	139.7	3800～5497	1.85	3800	2.05	G 高抗	110	尾管

注：①水泥用量及上返深度为理论数据，施工中应根据实测井径进行修正；

②注水泥前，须采取堵漏方法提高裸眼承压能力，必要时结合低密度防窜水泥浆体系，确保在压稳、不漏的基础上进行固井施工。

（三）固井添加剂及部分附件材料

羌科 1 井设计的主要固井添加剂及部分附件材料如表 3-30 所示。

表 3-30　羌科 1 井设计的主要固井添加剂及部分附件材料表

材料名称		用量					备注
		一开	二开	三开尾管	三开回接	四开尾管	
水泥添加剂	消泡剂（t）	0.36	0.62	0.96	0.20	0.33	添加剂及其加量可根据实际情况进行调整，胶乳可调整为相应的胶粒，必须满足水泥浆性能要求和施工要求。压力窗口狭窄时应按需要加入纤维
	降失水剂（t）	5.40	18.60	9.60	6.00	6.60	
	膨胀剂（t）	—	9.30	4.80	3.00	3.30	

续表

材料名称		用量					备注
		一开	二开	三开尾管	三开回接	四开尾管	
水泥添加剂	增强剂（t）	—	6.20	3.20	2.00	2.20	
	防窜剂（t）	—	6.20	—	2.00	—	
	缓凝剂（t）	—	3.10	1.60	1.00	1.10	
	减阻剂（t）	1.80	3.10	1.60	1.00	1.10	
	堵漏纤维（t）	—	—	0.96	—	0.66	
	防窜胶乳或胶粒（m³）	—	—	24.00	—	11.00	
	增韧防漏剂（t）	—	9.30	4.80	—	3.30	
	加重剂（t）	—	—	—	—	33.00	添加剂及其加量可根据实际情况进行调整，胶乳可调整为相应的胶粒，必须满足水泥浆性能要求和施工要求。压力窗口狭窄时应按需要加入纤维
	硅粉（t）	—	—	48.00	—	33.00	
	隔离液（m³）	15	20	20	10	20	
	冲洗液（m³）	—	10	10	20	10	
固井附件	常规附件（套）	1	1	1	1	1	
	尾管悬挂器（套）	—	—	1	—	1	
	回接插筒（只）	—	—	1	—	1	
套管扶正器	弹性扶正器（只）	8	35	50	30	30	
	刚性扶正器（只）	—	—	10	—	10	

注：①整个井筒的所有水泥石均须具有合格的强度；

②以保证安全为原则，施工时根据实际情况对冲洗液、隔离液、扶正器的加量进行调整。

五、完井井口装置要求

（一）井口保护措施

（1）方井保持清洁。

（2）套管头必须用水平尺找平，井口装好后四角用绷绳拉紧与转盘中心对准。

（3）现场必须配备 2 套套管头防磨套，作业中安装好 1 套，使用中定期检查、更换，如果没有备用应立即补备。

（4）所有法兰、手轮等上扣到规定扭矩，戴好井口护帽。

（5）按规定进行注密封脂和试压作业，确保密封可靠。

（6）低温季节完井时油层套管内掏空 10～15m，以保护井口。

（7）各层套管头均接考克压力表、引流放压管线，固定牢靠，试压合格，实时监控，出现异常及时处置。

（二）完井要求

钻井队交给测试的井筒须磨铣、刮壁、通径、正负试压合格，达到可直接射孔测试的水平。

（1）用标准通径规和测试通径规通井至人工井底。

（2）准确丈量下入的管串，按下入顺序做好记录。

（3）完井各层套管内外不得有油、气、水窜。

（4）生产层套管头顶法兰上端面（油管四通下端面）高出地面不得超过 0.4m，如果位置过低应通过升高短节进行调整。采油树安装正直、稳固、部件齐全，符合规定要求。

（5）井场范围内平整、无油污、无钻井液、无积水。井口大小鼠洞要掩埋、夯实、填平，设立危险和警示标志。如果有对钻井液、清水、泥浆料的测试需要，钻井公司有责任将现场的存货交给测试公司，原则上测试设计内需要的物品在测试完成后由测试公司处理。除钻井、测试双方达成协议外，超出测试设计以外的物品，由钻井施工单位处理。

（6）完井资料应齐全、准确、整洁，按规定日期完成并上交。

（7）套管头安装齐全，各层均有压力表且接引出管线（固定牢靠）。固井质量合格不发生油气窜，环空没有压力。

（8）完井期间要完成以下工序。

①下完生产套管并固井合格，生产套管座挂密封顺利、合格，注密封脂、试压合格（有井队负责人、钻井监督签字确认），井内不漏不出。

②取出联顶节，井控装置安装试压合格，磨铣、通径（用测试通径规）、刮壁合格并经井队负责人、甲方监督签字确认。

③各层套管头均注密封脂、试压合格（由井队负责人、钻井监督签字确认）。

④钻具下至人工井底，全井替成清水试压合格，静止 24h 以上无溢流，循环观察无油气水浸，证实固井质量合格，套管封隔良好，全井替成能压稳所有产层的钻井液，井队负责人、甲方监督签字确认。

⑤原钻机测试的井将井交给测试公司，换钻机测试的井继续进行以下工作：

a. 起出钻具同时灌满钻井液（无溢流）；

b. 拆防喷器；

c. 生产套管从萝卜头上退出或在套管头顶法兰以上 0.30m 处切断（端口不能有变形、井内不能有落物）；

d. 清洁套管头顶法兰、萝卜头丝扣，萝卜头丝扣抹上防腐油并带上护丝，钢圈槽抹上黄油或注满机油；

e. 装简易井口或装油管头、下油管、装采气树，试压合格；

　　f. 清洁套管头、方井，装齐闸门（每层每翼双闸门）、考克、压力表，各层套管头泄压管线安装齐全并固定牢靠；

　　g. 井场搬运完成后交给测试公司，交接时提供全套反映井况的资料，当面试压合格，检查井口窜气情况，办理书面交接手续，未完成交接的井由钻井承包方（钻井公司、管理中心）负责监管并承担安全责任。

　　（9）测试完成后可以利用的井，执行有关标准，重点注意：

　　①井口安装防喷器和正规井控流程，压稳产层，在产层顶部以上 50m 注入 100～200m 合格的水泥塞，在该水泥塞上面再注入 100～200m 合格的水泥塞，在可能发生泄漏的井段注水泥塞；

　　②扫水泥面，试压、静止观察、循环证实合格；

　　③下入防硫气密封油管（管串强度应校核合格、陆相井油管可不防硫）至灰面以上 50m，全井替换成清水，静止观察 24h 以上无溢流，循环一周以上无显示，座挂、装 105MPa 采气树，注密封脂试压合格（由测试队负责人、试气监督签字确认），井内充满即使气窜也能压稳的完井液；

　　④树立标识（井号、危险提示、安全须知）；

　　⑤清洁套管头、采气树、方井；

　　⑥井场搬运完成后交给业主公司，交接时提供全套反映井况的资料，当面试压合格，办理书面交接手续，未完成交接前由测试公司监管并对安全负责。

　　（10）测试完成后无法利用的井，按照要求进行封井或弃井作业。

　　（11）现场交井由业主单位项目主管部门牵头负责，相关施工单位参加，交井时须实事求是地将井况、井口情况、存在的问题和隐患、可能对周边安全环保的影响等交接清楚，实现管控主体责任书面交接，资料存档备查。

六、周期测算

　　羌科 1 井设计的钻井周期如表 3-31 所示。

表 3-31　羌科 1 井设计的钻井周期

工作内容	钻头尺寸（mm）	井段（m）			施工时间（d）	计划依据	
		自	至	段长		机械钻速（m/h）	纯钻时效（%）
导管	900	0	60	60	2.8	3	30.00
一开钻进	660.4	60	501	441	20.4	3	30.00
二开钻进	444.5	501	2002	1501	83.4	2.5	30.00
三开钻进	311.2	2002	4002	2000	111.1	2.5	30.00
四开钻进	215.9	4002	5500	1498	104	2	30.00
取心作业		200m			30	—	—
合计天数（d）					351.7	—	—

七、技术指标及质量要求

（一）井身质量要求

执行《油气探井地质录取项目及质量基本要求》（SY/T 5251—2003）和《钻井井身质量控制规范》（SY/T 5088—2017）行业标准。

（1）全井无键槽，井底无落物。

（2）井身质量符合表 3-32 的规定。

（3）测斜要求：每钻进 150～200m，使用测斜绞车测斜一次，以掌握井斜变化情况。当井身质量超过设计要求时，要加密测斜，适当调整钻井参数。当井眼较直，井身质量良好时，可放宽测斜间距，以提高钻井时效。

表 3-32　羌科 1 井设计中水平位移和全角变化率要求

测量井深（m）	水平位移（m）	井段（m）	全角变化率（°/30m）
0～500	≤10	≤1000	≤1.25
500～1000	≤30		
1000～2000	≤50	≤2000	≤1.50
2000～3000	≤80	≤3000	≤2.00
3000～4000	≤120	≤4000	≤2.25
4000～5000	≤160	≤5000	≤2.50
5000～5500	≤200	≤5500	≤3.25

注：①当井队测斜数据与电测数据有较大差距时，以电子多点测斜数据为准。计算方法应符合《钻井井身质量控制规范》（SY/T 5088—2017）的有关规定，计算结果保留两位小数；

②全角变化率连续 3 个测点超过本表的要求为井眼轨迹控制不合格；

③井斜、方位和全角变化率的变化必须控制在能保证套管磨损安全、井口磨损安全和保证套管顺利下入、保证套管密封能力的范围内。

（二）固井质量要求

执行《油气探井地质录取项目及质量基本要求》（SY/T 5251—2003）行业标准。

执行《固井质量评价方法》（SY/T 6592—2004）标准。

水泥浆必须返到地面且全井封固良好，井口不能窜气或起压。

（三）取心质量要求

要求平均取心收获率≥90%。

（四）井口质量要求

高度合适，各构件和整套井口装置的技术参数符合本设计的要求，按标准对井口装置各段及整体分别试压合格。

第四章　钻井工程施工情况

钻井工程包括羌科 1 井及配套地质浅钻两个部分。羌科 1 井施工包括钻前、钻井、录井、测井、固井施工及钻后处理，配套地质浅钻施工主要包括羌资 7 井、羌资 8 井、羌资 16 井及羌地 17 井全取心钻探施工。本章将详细介绍羌科 1 井及其配套地质浅钻施工情况与主要成果。

第一节　概　　况

一、重要时间节点

羌科 1 井于 2016 年 12 月 6 日正式开钻，2018 年 11 月 13 日停钻冬休（实际已完钻），2019 年 3 月提前完钻终孔，钻井周期为 580 余天（表 4-1），钻机为 19.7 台/月，钻机月速为 238.02m/台，采用裸眼打水泥塞完井。

表 4-1　羌科 1 井钻井施工时间表

工序	搬迁安装	导管开钻	一开	二开	三开	四开	完钻	完井
日期	2016 年 11 月 4 日	2016 年 12 月 6 日	2017 年 4 月 6 日	2017 年 5 月 25 日	2017 年 9 月 3 日	2017 年 12 月 6 日	2018 年 11 月 13 日	2019 年 3 月 25 日

该科探井开孔地层为上侏罗统索瓦组，钻遇了从上侏罗统至上三叠统的连续地层序列。开孔海拔为 5030m，终孔井深为 4696.18m，补心高为 10.50m。常规取心进尺为 35.27m，取心长度为 33.57m，取心率为 95.2%。

二、钻井关键信息

（1）设计井深：5500m。
（2）完钻（完井）井深：4696.18m。
（3）设计目的层：中侏罗统布曲组、上三叠统肖茶卡组、上三叠统波里拉组。
（4）完钻层位：上二叠统（设计）；那底岗日组（实际）。
（5）完井方式：套管完井（设计）；裸眼完井（实际）。
（6）井身质量：合格。
（7）固井质量：合格。
（8）钻头程序：Φ900mm 钻头×59.04m + Φ660.4mm 钻头×506m（领眼：Φ444.5mm 钻头×523m）+ Φ444.5mm 钻头×1981m（领眼：Φ311.2mm 钻头×2011m）+ Φ311.2mm 钻头×3859m（领眼：Φ215.9mm 钻头×3878m）。

（9）套管程序：导管 Φ720mm×10mm×59.04m＋表层套管 Φ508mm×16.13mm×505.80m＋技术套管 Φ339.7mm×10.92mm×1980.78m＋技术套管 Φ244.5mm×12.57mm×3869.83m。

（10）取心：共取心 6 次，总进尺为 35.27m，岩心总长为 33.57m，总取心率为 95.2%。

（11）事故处理：共发生 4 次钻具断裂事故、4 次卡钻故障、1 次测井仪器落井事故，事故处理时间累计 210d；出现 23 次较大型井漏，总漏失量达 10336.79m³。

（12）冬修：冬休两次，共计 8.8 个月。

（13）提前终孔完钻及原因：施工难度及环保压力大。

第二节　钻 前 施 工

钻前施工是羌科 1 井钻井工程的先导，历时 5 个多月完成，包括 3 个基地建设、3 个营地建设、井场建设、无人区 180 多千米简易道路施工及大量设备物资运输。

一、基地建设

基地建设是钻前施工的基础，钻前先后建成了 3 个基地、3 个营地（图 4-1～图 4-3）：拉萨基地、班戈基地及双湖基地，1 号营地（80km）、2 号营地（龙尾湖）及 3 号营地（半

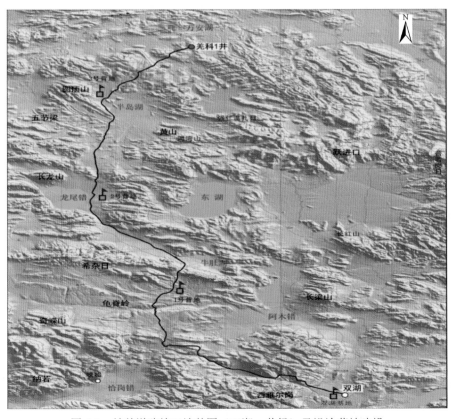

图 4-1　钻前道路施工地貌图（双湖—井场）及沿途营地建设

岛湖）。拉萨基地是整个科探井工程的后勤保障中心与后方指挥中心，同时全面负责协调处理井场与各基地及各营地的联系，重点负责钻井工程后勤物资保障、后勤服务和紧急救援工作，保障野外施工的顺利开展与完成。班戈和双湖基地是后勤物资、人员往返与安全保障的中转集结地。3 个营地除接应后勤物资、往返人员以外，其主要任务是保障分管路段道路畅通，不断加固、维护和补修被雨雪和洪水冲毁的道路。

图 4-2　羌科 1 井野外营地建设

图 4-3　羌科 1 井钻井基础建设

钻前井场基地建设包括 70 型钻机混凝土基础施工、修建 3600m³ 泥浆池 1 个、1000m³ 清水池 1 个、300m³ 放喷池 2 个及其他辅助工程；井场营地于 2016 年底正式建成，具备钻井施工人员及科研后勤人员等一百多人生产生活基本条件，能基本满足安全、环保、医疗、通信等各项要求。

二、道路工程

道路工程是钻前工程的重点，任务最重，投入最大。

道路工程主要为双湖县城（镇）至羌科 1 井基地的简易土路修建（图 4-1）。该路段全长 184km，没有现成的道路可供通行，由钻前施工单位负责修建的简易土路修通后具备了大型车辆的通行条件。其中，80km 道路路基铺垫了砂石料，36 条河流铺垫了钢制波纹管，10 余千米沼泽地换填了砂石料，2 处较陡山坡开挖了降坡便道。

道路整修及维护规格：路基宽度为 5m，路面宽度为 4m。针对沼泽地地表软化特点，对地表 60～150cm 软泥土进行清理后，铺设 1mm 厚土工膜，拉大块砂石料进行铺设，同时为防止雨水浸泡道路，沼泽地道路两边挖排水沟，宽 1m，深 1m，排水沟底部铺设土工膜。

　　道路工程设备投入包括 8 台挖掘机、9 台装载机、30 台翻斗车、11 辆大型运输车、2 台吊车、1 台压路机、1 台平地机、2 台油罐车、8 台生产指挥及后勤保障车辆；物资投入主要包括钢制波纹管各类型号 564m、吨包 800 个、16mm 厚钢板 27.62t。铺垫道路及河流用砂石料达 17 万余立方米（图 4-4）。

图 4-4　钻前道路工程建设

三、物资运输

　　设备及物资运输包括 1 套 70 型钻机从内地发运、部分生活营房从伦坡拉倒运，共计约 120 余车货物（图 4-5）。自项目招标结束后，井队将钻井设备和生产物资在河南濮阳准备完毕，然后运至中原石油工程有限公司在格尔木的基地，再组织车辆将物资从格尔木运至那曲。设计中要求格尔木至那曲的物资运输采用铁路运输，但由于 2016 年铁路部门承担军用物资运输，因而只能采用汽车运输羌科 1 井生产物资，导致运输成本增加较大。所有物资运输到那曲后，再组织车辆分批运输到双湖基地，然后从双湖基地逐渐倒运至井场。

图 4-5　羌科 1 井钻前物资运输

第三节　钻 井 施 工

　　羌科 1 井钻井施工于 2016 年 12 月 6 日开钻、2019 年 3 月 25 日完井，历时 2 年多，先后完成导眼、一开、二开、三开、四开共计进行 4696.18m 钻井施工（图 4-6）。

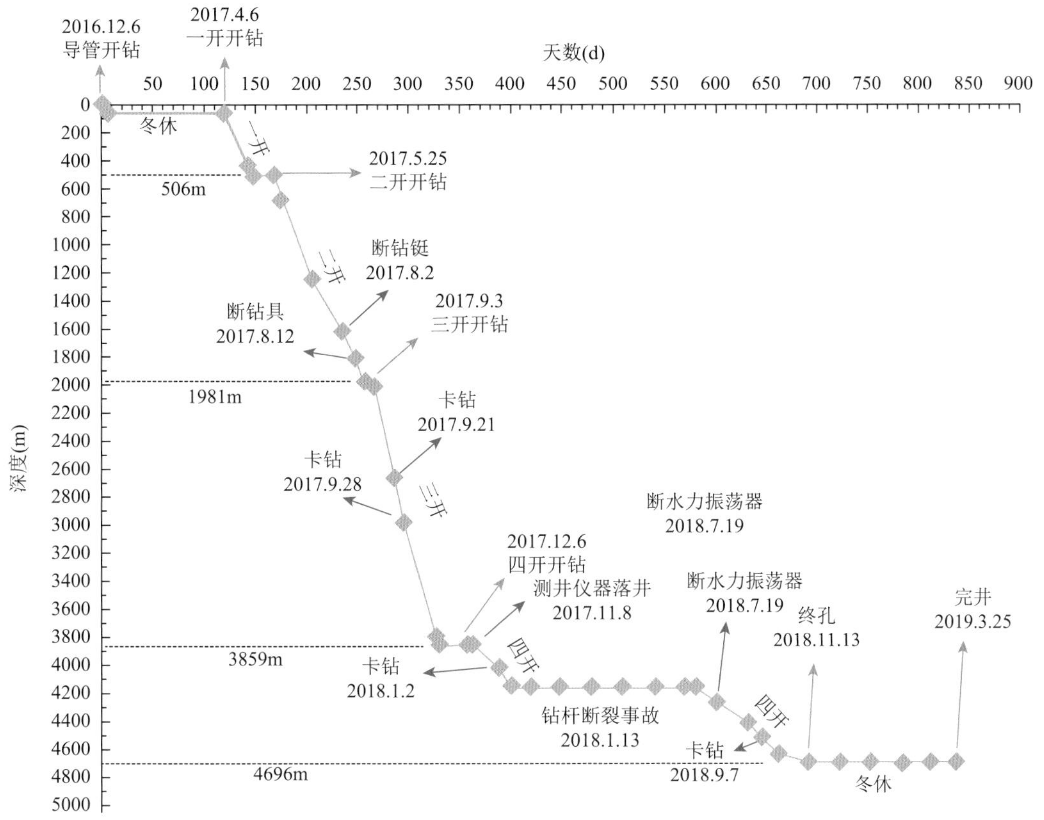

图 4-6 羌科 1 井钻井施工进度图

由于羌塘盆地复杂的地质条件，又没有可借鉴的钻井参数资料，加之高寒缺氧人极易疲劳，导致钻井施工困难重重，事故不断，钻井施工进度非常慢，但通过不断尝试新的工具和参数，也积累了高寒缺氧高海拔地区石油地质勘探钻井施工的一系列经验与教训，为今后藏北石油钻探奠定了重要基础。

一、各井段施工

1. 总体施工简况

羌科 1 井 2016 年 12 月 6 日导管开钻，采用 Φ900mm 钻头钻进至井深 59.04m；2017 年 4 月 6 日一开开钻，采用 Φ660.4mm 钻头钻进至井深 506.00m；2017 年 5 月 25 日二开开钻，采用 Φ444.5mm 钻头钻进至井深 1981.00m；2017 年 9 月 3 日三开开钻，采用 Φ311.2mm 钻头钻进至井深 3859.00m；2017 年 12 月 6 日四开开钻，至 2018 年 11 月 13 日，采用 Φ215.9mm 钻头钻进至井深 4696.18m，2019 年 3 月 25 日由于环保压力及施工难度大提前完钻（图 4-6、表 4-2）。

表 4-2　羌科 1 井钻井施工周期表

序号	设计井段（m）	实际井段（m）	施工日期	施工项目	天数（d）	累计天数（d）
1	0～50	0～59.04	2016.12.6～2016.12.12	导管施工	5.94	5.94
2	50.00～501.00	59.04～506.00	2017.4.6～2017.5.5	一开钻进	28.75	34.69
			2017.5.5～2017.5.25	通井、下套管、固井、候凝、装井口试压、扫水泥塞	19.88	54.57
3	501.00～2002.00	506.00～1981.00	2017.5.25～2017.8.21	二开钻进	87.92	144.49
			2017.8.21～2017.9.3	测井、通井、下套管、固井、候凝、装井口、试压、扫水泥塞	13.22	157.71
4	2002.00～4002.00	1981.00～3859.00	2017.09.03～2017.11.4	三开钻进	61.72	219.43
			2017.11.4～2017.12.6	测井、通井、下套管、固井、候凝、装井口、试压、扫水泥塞	32.65	252.08
5	4002.00～5500.00	3859.00～4696.18	2017.12.6～2018.10.13	四开钻进	37	289.08
				处理事故	180	469.08
				四开钻进	94	563.08
			2018.10.13－2018.11.13	测井、通井、下套管、固井、候凝、装井口、试压、扫水泥塞	29	592.08

2. 导管施工

1）导管钻进（0～59.04m）

2016 年 12 月 5 日进场，所有设备调试良好，运转正常，12 月 6 日国土资源部（现自然资源部）、成都地质调查中心等领导莅临现场指导工作，10:00 举行了羌参 1 井开钻现场会，11:30 导眼开钻；12 月 8 日 6:00 导眼完钻，完钻井深为 59.04m。

导眼钻进采用满眼钻具组合：Φ900mm 牙轮钻头＋730×830 接头＋Φ330mm 钻铤×1 根＋Φ279.4mm 钻铤×3 根＋831×730 接头＋Φ228.6mm 钻铤×1 根。

钻井参数：钻压为 40～80kN，转速为 30～70r/min，排量为 50～60L/s，泵压为 1～3MPa。

2）下导管、固井

2016 年 12 月 8 日 19:00 下导管，导管下深为 59.04m。导管外径为 720mm，壁厚为 10mm。环空注入密度为 1.89g/cm³ 的水泥浆 18m³，水泥浆返出地面，共用嘉华 G 级水泥 25t。

3. 一开施工

1）一开钻进（59.04～506.00m）

2017 年 4 月 6 日，顺利通过开钻验收后开始一开钻进，采用聚合物防塌钻井液、Φ660.4mm 型号 SKG515G 三牙轮钻头一开开钻。2017 年 5 月 5 日一开中完，层位：夏里组（J_2x）。5 月 6 日，采用 Φ444.5mm 钻头打电测领眼结束（至 523m）。2017 年 5 月 12 日测声幅结束。

钻具组合：Φ660.4mm 钻头×1 支＋730×830 接头＋Φ280mm 减震器×1 只＋Φ330.2mm 钻铤×1 根＋Φ279.4mm 钻铤×2 根＋730×831 接头＋Φ228.6mm 钻铤×4 根＋731×630 接头＋203.2mm 钻铤×1 根＋631×520 接头＋139.7mm 加重钻杆×15 根＋Φ139.7mm 钻杆×31 根。

钻井参数：钻压为 60～120kN，转速为 80r/min，排量为 60L/s。

2）下套管、固井

钻杆串结构：插入式插头＋520×411 接头＋Φ139.7mm 加重钻杆×15 根＋Φ139.7mm 钻杆×35 根（浮箍深度为 482.35m）。

套管串结构：浮鞋＋Φ508mm 套管×2 根＋浮箍＋Φ508mm 套管×42 根＋Φ508mm 短套管×1 根＋联入×14.16m（浮鞋位置：505.80～504.92m，浮箍位置：483.23～482.35m）。

固井过程：2017 年 5 月 10 日下插入管串→验插头密封→循环→固井准备→管汇试压 20MPa，合格→注前置液 115m³→替浆 5.6m³→拔插锥检查回流，无回流。水泥浆返出地面约 6m³，共消耗嘉华 G 级水泥 150t。

3）时效统计

一开井深 506.00m，进尺 446.96m，平均机械钻速为 1.00m/h；动用钻机为 1.21 台/月（井深及进尺未包含电测领眼段 17m 部分，合并统计后进尺 463.96m，纯钻时间为 464h，平均机械钻速为 1.00m/h）（表 4-3）。

表 4-3 芜科 1 井一开钻井时效统计

项目		时间（h:min）	时效（%）
生产时间（1）	纯钻进	447:15	64.4
	起下钻	54:40	7.9
	接单根	4:45	0.7
	扩划眼	—	—
	换钻头	0:30	0.1
	循环泥浆	29:05	4.2
生产时间（2）	测井	—	—
	固井	—	—
	辅助	158:45	22.8
生产时间合计		695:00	100
非生产时间	事故	—	—
	修理	—	—
	组织停工	—	—
	自然停工	—	—
	复杂情况	—	—
	其他	—	—
	合计	0:00	0
时间共计		695:00	100

4. 二开施工

1）二开钻进（523.00～1981.00m）

2017 年 5 月 25 日扫塞结束，采用聚合物封堵防塌钻井液、Φ444.5mm 三牙轮钻头二开开钻，08 月 20 日钻至井深 1981.00m，层位：布曲组（J_2b），21 日起钻至井口二开中完。2017 年 8 月 22 日采用 Φ311.2mm 钻头打电测领眼结束（至 2011m）。2017 年 8 月 30 日测声幅结束。

钻具组合：Φ444.5mm PDC 钻头×1 支＋730×730 接头＋Φ228.6mm 钻铤×2 根＋Φ440mm 扶正器×1 只＋731×630 接头＋Φ203.2mm 钻铤×5 根＋631×520 接头＋Φ139.7mm 加重钻杆×14 根＋Φ139.7mm 钻杆。

钻井参数：钻压为 80～140kN，转速为 100r/min，排量为 60L/s。

2）下套管、固井

通井钻具组合：Φ444.5mm 牙轮钻头×1 支＋730×730 接头＋Φ228.6mm 钻铤×2 根＋Φ440mm 扶正器×1 支＋731×630 接头＋Φ203.2mm 钻铤×5 根＋631×520 接头＋Φ139.7mm 加重钻杆×14 根＋Φ139.7mm 钻杆。

套管串结构：浮鞋＋Φ339.7 套管×3 根＋浮箍 1 号＋Φ339.7 套管×2 根＋浮箍 2 号＋Φ339.7 套管×178 根（共下入 Φ339.7mm 套管 183 根，套管下深为 1980.78m，阻位 1×1948.73m，阻位为 2×1926.85m，联入为 12.50m）。

固井过程：2017 年 8 月 27 日固井管线试压（试压 25MPa，合格）→注前置液 30.0m³→注水泥浆 206.0m³（250t）→注压塞液 3.0m³→替浆 150.4m³→注入嘉华 G 级水泥 250.0t（水泥浆 206.0m³）→挤水泥（挤水泥浆 7.5m³，嘉华 G 级水泥 15t，密度为 1.89g/cm³，排量为 0.2～1.1m³/min，泵压为 0～0.2MPa，水泥返出）。

3）时效统计

本井二开钻井周期为 88.04d（2113h），二开纯钻时间为 1001h（二开井深为 1981m），二开进尺为 1458m（不包含领眼进尺 30m），二开平均机械钻速为 1.46m/h。全井二开生产时效为 90.2%，其中纯钻时效为 47.4%，动用钻机为 2.93 台/月。

其间，2017 年 6 月 18～20 日由于雨雪天气导致道路冲毁，油料等物资供应不足，组织停工；7 月 2～13 日由于柴油机故障，更换、改造新高原柴油机造成大量组停、辅助、修理时效；2017 年 8 月 2～12 日发生两次断钻具事故造成复杂时效，具体情况见表 4-4。

表 4-4　羌科 1 井二开钻井时效统计

项目		时间（h:min）	时效（%）
生产时间（1）	纯钻进	1001:12	47.4
	起下钻	333:43	15.8
	接单根	4:25	0.2
	扩划眼	25:35	1.2
	换钻头	6:00	0.3
	循环泥浆	75:30	3.6

续表

项目		时间（h:min）	时效（%）
生产时间（2）	测井	—	—
	固井	—	—
	辅助	459:00	21.7
生产时间合计		1905:25	90.2
非生产时间	事故	—	—
	修理	57:35	2.7
	组织停工	74:30	3.5
	自然停工	—	—
	复杂情况	75:30	3.6
	其他	—	—
	合计	207:35	9.8
时间共计		2113	100%

5. 三开施工

1）三开钻进（2011.00～3859.00m）

2017 年 9 月 3 日采用聚磺防塌转磺钻井液（9 月 29 日 2950m 附近开始转磺）、Φ311.2mm PDC 钻头三开开钻，11 月 3 日钻至井深 3859.00m，层位：雀莫错组（$J_{1-2}q$），11 月 4 日起钻至井口三开中完，11 月 6 日采用 Φ215.9mm 钻头打电测领眼结束（至 3878.68m）。2017 年 11 月 29 日测声幅结束。

钻具组合：Φ311.2mm PDC 钻头＋Φ244mm 直螺杆×1 根＋631×730 接头＋箭型止回阀＋Φ228.6mm 钻铤×2 根＋Φ307mm 扶正器＋731×630 接头＋Φ203.2mm 无磁钻铤×1 根＋Φ203.2mm 钻铤×5 根＋631×410 接头＋Φ177.8mm 钻铤×6 根＋411×520 接头＋ Φ139.7mm 加重钻杆×14 根＋521×410 接头＋Φ127mm 钻杆×123 根＋Φ139.7mm 钻杆。

钻井参数：钻压为 60～100kN，转速为 60r/min，排量为 55L/s。

2）下套管、固井

通井钻具组合：Φ311.2mm 牙轮钻头＋630×630 接头＋Φ203.2mm 钻铤×1 根＋Φ308mm 扶正器＋Φ203.2mm 钻铤×2 根＋631×430 接头＋Φ177.8mm 钻铤×6 根＋520×411＋Φ139.7mm 加重钻杆×11 根＋410×521 接头＋Φ127mm 钻杆×248 根＋520×411 接头＋Φ139.7mm 钻杆。

尾管管串结构：引鞋×1 只+Φ244.5mm 套管×3 根＋浮箍1＋Φ244.5mm 套管×2 根＋浮箍2＋Φ244.5mm 套管×2 根＋球座＋Φ244.5mm 套管×180 根＋变扣短节＋ Φ244.5mm 尾管悬挂器＋Φ127mm 钻杆×54 根＋411×520 接头＋Φ139.7mm 钻杆。共下入 Φ244.5mm 套管 187 根。

回接套管管串结构：回接插头×1 个+转换接头×1 个＋Φ244.5 套管×3 根＋节流浮箍＋Φ244.5 套管×160 根。

尾管固井过程：固井前准备工作→试压 30MPa，试压成功→开始固井施工→注冲洗液 8m³→加重隔离液 8m³→注水泥浆 80m³→注压塞液 3m³→替加重浆 68m³→替井浆

25m³→循环→投球→整压 12MPa→悬挂器坐挂→整压 18MPa→整压通球座→建立循环→倒扣 30 圈→丢手成功→循环。

回接套管固井过程：管汇试压 15MPa→试压成功，开始固井→注前置液 20m³→注水泥浆 65m³→注压塞液 3m³→替井浆 66.4m³→回插、候凝。

3）时效统计

本井三开钻井周期 61.72d（1481h），三开纯钻时间为 851h，三开井深为 3859m，三开进尺为 1848m（不包含领眼进尺 19.68m），三开平均机械钻速为 2.17m/h（包含领眼段后：三开纯钻时间为 871:31，三开进尺为 1867.68m，三开平均机械钻速为 2.14m/h）。全井三开生产时效为 91.7%，其中纯钻时效为 57.3%，动用钻机为 2.06 台/月。

其间，2017 年 9 月 21～24 日发生两次卡钻情况，造成复杂时效；10 月 6～8 日，因泥浆材料问题组织停工（表 4-5）。

表 4-5　羌科 1 井三开钻井时效统计

项目		时间（h:min）	时效（%）
生产时间（1）	纯钻进	851:41	57.3
	起下钻	299:05	20.2
	接单根	13:20	0.9
	扩划眼	24:15	1.6
	换钻头	4:00	0.3
	循环泥浆	70:20	4.7
生产时间（2）	测井	2:05	0.1
	固井	—	—
	辅助	94:10	6.4
生产时间合计		1358:56	91.7
非生产时间	事故	—	—
	修理	97:07	6.6
	组织停工	12:00	0.8
	自然停工	—	—
	复杂情况	13:10	0.9
	其他	—	—
	合计	122:17	8.3
时间共计		1481:13	100

6. 四开施工

1）四开钻进

2017 年 12 月 6 日采用聚磺防塌钻井液、Φ215.9mm 牙轮钻头自电测领眼井深 3878.68m 开始四开开钻，至 2018 年 9 月 15 日 08:00 四开钻进至井深 4535.17m，层位：雀莫错组（$J_{1-2}q$）＋那底岗日组。

由于三开电测过程中发生电测仪器落井，磨鞋未能完全将井底落鱼磨铣干净，四开钻进过程中首先下入牙轮钻头对井底进行磨铣作业。

牙轮磨铣钻具组合：Φ215.9mm 牙轮钻头 + Φ196mm 随钻捞杯 + Φ165mm 无磁钻铤×1 根 + Φ165mm 钻铤×14 根 + 4A11×410 接头 + Φ127mm 加重钻杆×15 根 + Φ127mm 钻杆×249 根 + 520×411 接头 + Φ139.7mm 钻杆。

钻井参数：钻压为 50～100kN，转速为 60r/min，排量为 27L/s。

钻进钻具组合 1：Φ215.9mm PDC 钻头 + 螺杆（1.25°）×1 根 + 定向接头 + Φ165mm 无磁钻铤×1 根 + Φ165mm 钻铤×14 根 + 4A10×410 接头 + Φ127mm 加重钻杆×15 根 + Φ127mm 钻杆×278 根 + 520×411 接头 + Φ139.7mm 钻杆。

钻井参数：钻压为 60～80kN，转速为 60r/min，排量为 30L/s。

钻进钻具组合 2：Φ215.9mm PDC 钻头 + 随钻捞杯×1 + 减震器×1 根 + Φ165mm 无磁钻铤×1 根 + Φ165mm 钻铤×1 根 + Φ208mm 扶正器×1 只 + Φ165mm 钻铤×13 根 + 4A10×410 接头 + Φ127mm 加重钻杆×15 根 + Φ127mm 钻杆×278 根 + 520×411 接头 + Φ139.7mm 钻杆。

钻井参数：钻压为 60～80kN，转速为 60r/min，排量为 34L/s。

钻进钻具组合 3：Φ215.9mm PDC 钻头 + 随钻捞杯 + Φ165mm 无磁钻铤×1 根 + 扶正器 + Φ165mm 钻铤×14 根 + 4A11×410 接头 + Φ127mm 加重钻杆×15 根 + Φ127mm 钻杆×277 根 + 520×411 接头 + Φ139.7mm 钻杆。

钻井参数：钻压为 80～120kN，转速为 70r/min，排量为 36L/s。

2）四开时效

截至 2018 年 11 月 12 日，羌科 1 井已四开钻进至井深 4696.18m，进尺 656.49m（从三开电测领眼 3878.68m 算起，另有侧钻进尺 301.13m），纯钻时间为 611h（表 4-6）。

表 4-6　羌科 1 井四开钻井时效统计

项目		本月时间（h:min）	本月时效（%）
生产时间（1）	纯钻进	611:03	9.0
	起下钻	432:15	6.4
	接单根	4:35	0.1
	扩划眼	47:40	0.7
	换钻头	8:15	0.1
	循环泥浆	74:40	1.1
生产时间（2）	测井	0	—
	固井	0	—
	辅助	392:40	5.8
生产时间合计		1571:08	23.2
非生产时间	事故	5001:00	73.8
	修理	127:20	1.9
	组织停工	—	—

续表

项目		本月时间（h:min）	本月时效（%）
非生产时间	自然停工	3:00	0.0
	复杂情况	71:17	1.1
	其他	6:15	0.1
	合计	5208:52	76.8
时间共计		6780:00	100

二、井身结构

羌科 1 井详细井身结构数据见表 4-7，实钻井身结构与设计井身结构基本一致，在实钻过程中，依据实钻岩性情况进行了适当调整（图 4-7）。

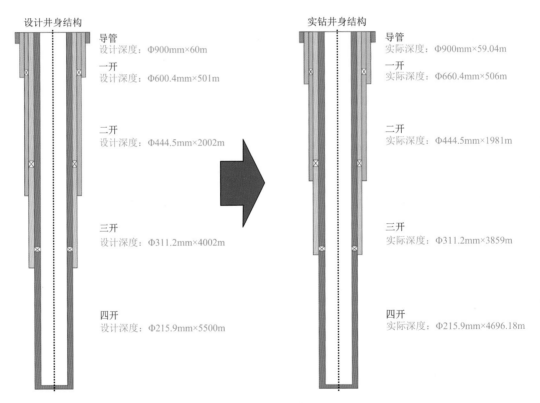

图 4-7　羌科 1 井井身结构图

表 4-7　羌科 1 井井身结构数据

开钻程序	钻头直径（mm）	井深（m）	套管外径（mm）	套管鞋深度（m）	水泥返高（m）
导管	900	59.04	720	59	地面
一开	660.4	506	508	505.8	地面

续表

开钻程序	钻头直径（mm）	井深（m）	套管外径（mm）	套管鞋深度（m）	水泥返高（m）
二开	444.5	1981	339.7	1989.78	地面
三开	311.2	3859	244.5	3869.83	地面
四开	215.9	4696.18	未下套管	未下套管	未固井

三、井身质量

井身质量是钻井质量的重要参数，反映井身质量的参数有井斜、井眼轨迹和井径扩大率。

1. 井斜

本井一开开钻采用塔式钻具组合钻进，钻进前期采用小钻压轻压吊打，开正井眼，后期逐渐优化钻井参数，并经常测斜，从而保证井斜控制在较小的范围内，钻至一开完钻时井斜为 0.55°。二开前期使用塔式钻具组合钻进，后期调整为采用钟摆钻具钻进，并每隔100m 测斜一次，钻至二开完钻时井斜为 2.55°。三开前期进尺较快，后钻遇雀莫错组膏岩层测斜发现井斜有增大趋势，采用钟摆钻具组合吊打钻进发现纠斜效果不理想，后期采用无线随钻进行定向钻进纠斜，三开完钻时井斜为 7.98°（表 4-8）。

表 4-8　羌科 1 井设计井身质量与实钻结果对比表

井段（m）	设计			实钻情况		
	井斜（°）	水平位移（m）	全角变化率（°/30m）	最大井斜（°）	最大水平位移（m）	最大全角变化率（°/30m）
0～500	≤1	≤10	≤1.25	1.51	2.72	0.62
500～1000	≤2	≤30	≤1.25	2.04	15.8	1.35
1000～2000	≤3	≤50	≤1.50	1.82	28.56	1.01
2000～3000	≤5	≤80	≤2.00	2.19	27.12	2.21
3000～4000	≤7	≤120	≤2.25	8.73	79.3	2.83
4000～5000	≤9	≤160	≤2.50	5.59	78.35	2.30

如表 4-8 所示，与设计相比，0～500m、500～1000m、3000～4000m 三个井段的井斜角超标，但最终的井斜角为 5.59°，小于设计的 9°；全角变化率方面，500～1000m、2000～3000m、3000～4000m 三个井段的数据超标；水平位移方面，各井段的最大水平位移均达标。总体而言，羌科 1 井的井斜基本符合设计要求。

2. 井眼轨迹

羌科 1 井在一开、二开、三开和四开中途均进行了井斜方位测井，最大井斜为 8.85°，对应方位角为 15.44°，对应井深为 3488.8m；最大水平位移为 86.89m，对应井斜为 0.86°，对应方位角为 289.03°，对应井深为 4236.5m；最大全角变化率为 22.65°/30m，对应井深为 3892.1m（图 4-8）。

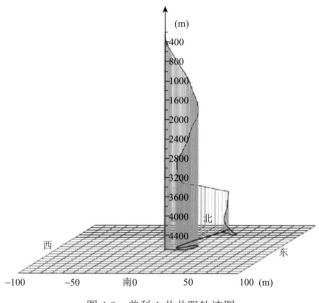

图 4-8　羌科 1 井井眼轨迹图

3. 井径扩大率

井径扩大率是指所钻井眼的直径比钻井时所用钻头的直径增大的百分比，能反映井眼的实际变化情况，是评价井身质量的一个重要参数。一般而言，井径扩大率小于 10%，反映井眼条件好。

羌科 1 井一开井径未测，二开钻头直径为 444.50mm，二开平均井径为 448.26mm，井径扩大率为 0.85%，最大井径为 467.03～575.00m，最小井径为 437.26～1725.00m。三开钻头直径为 311.15mm，三开平均井径为 312.67mm，井径扩大率为 0.49%，最大井径为 386.77mm/2681m，最小井径为 290.32mm/3831m。四开钻头直径为 215.9mm，四开平均井径为 222.05mm，井径扩大率为 2.85%，最大井径为 251.23mm/4350m，最小井径为 214.55mm/4375m。总体而言，羌科 1 井井眼条件良好。

四、钻井取心

羌科 1 井共取心 6 次，取心总进尺为 35.27m，岩心总长为 33.57m，总取心率为 95.18%（表 4-9）。

表 4-9　羌科 1 井取心数据总表

取心次数	层位	取心井段（m）	取心进尺（m）	岩心长（m）	收获率（%）	岩性
1	布曲组	1055.91～1058.61	2.70	2.56	94.81	深灰色含砂屑泥晶灰岩、泥灰岩

续表

取心次数	层位	取心井段（m）	取心进尺（m）	岩心长（m）	收获率（%）	岩性
2	布曲组	1058.61～1061.92	3.31	2.05	61.93	深灰色钙质泥岩、泥灰岩
3	布曲组	1218.85～1227.67	8.82	8.82	100	深灰色含生物碎屑泥晶灰岩夹深灰色泥灰岩、夹深灰色泥岩
4	雀莫错组	2707.00～2716.00	9	8.7	96.67	灰色微粉晶灰岩、砂屑灰岩、泥晶灰岩、亮晶鲕粒灰岩
5	雀莫错组	3658.00～3667.00	9	9	100	白色石膏，偶见灰色含膏粉晶云岩
6	那底岗日组	4693.74～4696.18	2.44	2.44	100	浅灰绿色沉凝灰岩
合计	—	—	35.27	33.57	95.18	—

（一）取心施工技术

本井钻探施工中二开、三开、四开井段均进行过取心作业，尤其二开和三开井段已钻井眼尺寸与取心钻头尺寸差异较大，需要对钻具结构进行优化，加强刚度和稳定性。通过钻具优选，本井各开次取心钻具组合如下。

二开取心：Φ215.9mm 取心钻头+ 川 7-5 取心筒+630×411 接头＋Φ203.2mm 无磁钻铤×1 根＋730×631 接头＋Φ440mm 扶正器＋731×630 接头＋Φ203.2mm 钻铤×6 根＋Φ139.7mm 加重钻杆＋旁通阀＋Φ139.7mm 加重钻杆×14 根＋Φ139.7mm 钻杆。

三开取心：Φ215.9mm 取心钻头＋川 7-5 取心筒+630×411 接头＋203mm 钻铤×1 根＋Φ307mm 扶正器＋Φ203.2mm 钻铤×5 根＋631×410 接头＋Φ177.8mm 钻铤×6 根＋411×520 接头＋Φ139.7mm 加重钻杆×14 根＋521×410 接头＋Φ127mm 钻杆×123 根＋411×520 接头＋Φ139.7mm 钻杆。

四开取心：Φ215.9mm 取心钻头+ 川 7-5 取心筒＋411×4A10 接头＋Φ165mm 钻铤×2 根＋Φ212mm 扶正器＋Φ165mm 钻铤×2 根＋随钻震击器＋165mm 钻铤×3 根＋4A11×410 接头＋Φ127mm 加重钻杆×12 根＋Φ127mm 钻杆。

（二）取心过程

实际取心 6 回次，井段：①1055.91～1058.61m；②1058.61～1061.92m；③1218.85～1227.67m；④2707.00～2716.00m；⑤3658.00～3667.00m；⑥4693.74～4696.18m，累计进尺：35.27m，累计心长：33.57m，平均收获率：95.18%。

第一回次取心。

取心时间：2017 年 6 月 11 日，出心时间：2017 年 6 月 12 日。井段：1055.91～1058.61m，进尺：2.70m，岩心长：2.56m，收获率：94.81%，层位：中侏罗统布曲组（J_2b），岩性：深灰色含砂屑泥晶灰岩、泥灰岩。

第二回次取心。

取心时间：2017 年 6 月 12 日，出心时间：2017 年 6 月 13 日。井段：1058.61～1061.92m，进尺：3.31m，岩心长：2.05m，收获率：61.93%，层位：中侏罗统布曲组（J_2b），岩性：深灰色钙质泥岩、泥灰岩。

第三回次取心。

取心时间：2017 年 6 月 24 日，出心时间：2017 年 6 月 25 日。井段：1218.85～1227.67m，进尺：8.82m，岩心长：8.82m，收获率：100.00%，层位：中侏罗统布曲组（J_2b），岩性：岩心中上部为深灰色泥晶灰岩与深灰色含砂屑泥晶灰岩略等厚互层，夹薄层深灰色含钙泥岩条带，下部为深灰色含生物碎屑泥晶灰岩。

第四回次取心。

取心时间：2017 年 9 月 24 日，出心时间：2017 年 9 月 24 日。井段：2707.00～2716.00m，进尺：9.00m，岩心长：8.70m，收获率：96.67%，层位：中-下侏罗统雀莫错组（$J_{1-2}q$），岩性：上部为灰色微粉晶灰岩、砂屑灰岩等厚互层，下部为灰色泥晶灰岩、亮晶鲕粒灰岩略等厚互层。

第五回次取心。

取心时间：2017 年 10 月 27 日，出心时间：2017 年 10 月 28 日。井段：3658.00～3667.00m，进尺：9.00m，岩心长：9.00m，收获率：100.00%，层位：中-下侏罗统雀莫错组（$J_{1-2}q$），岩性：白色石膏，偶见灰色含膏粉晶云岩，云岩不纯含膏质。

第六回次取心。

取心时间：2018 年 10 月 30 日 19:30～21:30，出心时间：2018 年 10 月 31 日 14:00～15:00。井段：4693.74～4696.18m，进尺：2.44m，岩心长：2.44m，收获率：100.00%，层位：上三叠统那底岗日组（T_3nd），岩性：浅灰绿色沉凝灰岩。

五、钻头使用情况

羌科 1 井共使用 60 支钻头，包括牙轮钻头、PDC 钻头、双级 PDC 钻头、复合钻头、取心钻头 5 类。其中，索瓦组仅使用一支 Φ900mm 的牙轮钻头。夏里组使用 6 支 Φ444.5mm 钻头。布曲组使用 17 支钻头，其中 Φ444.5mm 钻头 15 支，Φ311.2mm 钻头 2 支。雀莫错组使用 35 支钻头，其中 Φ311.2mm 钻头 9 支，Φ215.9mm 钻头 26 支。那底岗日组使用 12 支钻头，全为 Φ215.9mm 钻头（表 4-10）。

表 4-10　主要材料消耗计划表

序号	材料名称	规格型号	单位	数量	备注
		Φ900mm PC2	支	1	导管
		Φ660.4mm HJT517GK/PDC	支	3/1	一开
1	钻头及配件	Φ444.5mm HJT517GK/PDC	支	4/2	二开
		Φ311.2mm HJT517GK/PDC	支	6/3	三开
		Φ215.9mm HJT517GK/PDC	支	9/4	四开

续表

序号	材料名称	规格型号	单位	数量	备注
2	套管	Φ720mm J55×11.13	m	60	长圆扣
		Φ508mm J55×12.7	m	500	气密封扣
		Φ339.7mm P110TS×10.92	m	2000	气密封扣
		Φ244.5mm P110TS×12.57	m	4000	气密封扣
		Φ139.7mm P110TS×11.1	m	1697	气密封扣
3	套管头	20″-35×13-3/8″-70 + 13-3/8″-70× 9-5/8″-105	套	1	—
4	水泥	G 级	t	890	—

注：施工中情况有变化，还须按照变化的情况根据生产的实际需要进行调整。

六、钻井液体系

针对该区块地层特点，通过对现有钻井液体系进行评价和筛选，摸索出一套适合羌塘盆地高原高寒地区的钻井液体系，以确保携砂、防塌、防漏堵漏、润滑性能。重点是通过强包被、强抑制、强封堵、抗高温的能力，达到井眼稳定的效果，确保安全快速钻进，达到提速、减少钻井周期的目的。分段钻井液体系见表 4-11，钻井液密度情况见表 4-12。

表 4-11 羌科 1 井分段钻井液体系

序号	钻井液体系	配方
导管	聚合物钻井液	清水 + 5%～6%NV-1 + 0.3%～0.5%Na$_2$CO$_3$ + 1%～1.5%COP-HFL
一开	聚合物钻井液	清水 + 4%～5%NV-1 + 0.3%～0.5%Na$_2$CO$_3$ + 0.2%NaOH + 0.3%～0.5%HP + 0.5%～1.0%PL + 1%～1.5%COP-HFL + 2%～3%TDW-2 + 2%～4%QS-2 + 加重剂
二开	抑制性聚合物封堵防塌钻井液	4%～5%NV-1 + 0.3%～0.5%Na$_2$CO$_3$ + 0.1%～0.2%NaOH + 0.3%～0.5%HP + 0.5%～1.0%PL + 1%～1.5%COP-HFL + 0.2%～0.5%聚胺 + 2%～3%TDW + 2%～4%QS-2 + 加重剂 + 2%NH$_4$-HPAN
	抑制性聚磺封堵防塌钻井液	4%～5%NV-1 + 0.3%～0.5%Na$_2$CO$_3$ + 0.1%～0.2%NaOH + 0.3%～0.5%HP + 0.5%～1.0%PL + 1%～1.5%COP-HFL + 0.2%～0.5%聚胺 + 2%～3%TDW + 0.3%～0.5%SCL + 2%抗高温降滤失剂 + 3.0%～5.0%SMP + 3.0%～5.0%SMC + 0.5%～1.0%HT + 2%～4%QS-2 + 0.5%有机硅稳定剂 + 2%～3%PAL + 加重剂
三开	钾胺基聚磺封堵防塌钻井液	3%～4%NV-1 + 0.3%～0.5%Na$_2$CO$_3$ + 5%KCl + 0.3%～0.5%K-PAM + 0.3%～0.5%聚胺 + 1%～1.5%COP-HFL + 2%抗高温降滤失剂 + 1%～2%乳化石蜡 + 0.5%～1%MEG + 2%～3%QS-2 + 5%SCL + 2%～3%PAL + 1%聚合铝 + 2%～3%TDW + 2%～3%SMP-2 + 2%～3%SMC + 3%QS-2 + 3%FT-1 + 0.5%有机硅稳定剂 + 1%～2%非渗透处理剂
四开	抗温甲胺基聚磺钻井液	3%～4%NV-1 + 0.3%～0.5%Na$_2$CO$_3$ + 5%KCl + 1%～2%NH$_4$-HPAN + 2%抗高温降滤失剂 + 0.3%～0.5%K-PAM + 0.3%～0.5%聚胺 + 1%～2%乳化石蜡 + 0.5%～1%MEG + 1%～1.5%COP-HFL + 2%～3%QS-2 + 0.5%PL + 5%SCL + 0.5%有机硅稳定剂 + 2%～3%TDW + 3%～5%SMP-2 + 3%～5%SMC + 3%QS-2 + 1%～2%SF 硅氟防塌降滤失剂

表 4-12　羌科 1 井钻井液密度简表

层位	预测压力系数	设计钻井液密度（g/cm³）	实际钻井液密度（g/cm³）	最佳钻井液密度（g/cm³）
一开	1.00	1.03～1.15	1.04～1.08	1.05
二开	1.00～1.20	1.07～1.55	1.07～1.11	1.05
三开	1.20～1.40	1.27～1.55	1.10～1.30	1.13
四开	1.40～1.70	1.47～1.85	1.25～1.45	1.15

第四节　录 井 施 工

羌科 1 井录井工作的野外工作量非常巨大，是仅次于钻井施工的野外工作，也是油气发现、资料获取的首要工作。因此，录井是非常重要的一项工作，本节主要介绍录井概况、录井工作量等相关内容。

一、录井概况

羌科 1 井录井采用 ACE 防爆型智能录井仪进行录井，按钻井地质设计要求自地表开始分别进行钻时、岩屑、迟到时间、岩心、荧光、气测、岩屑图像、定量荧光、岩心扫描、碳酸盐岩分析、地化、氯离子滴定、钻井液参数及工程参数等项目录井。录井期间严格执行钻井地质设计，与钻井工程等单位密切配合，齐全、准确地录取了各项资料，顺利完成了各项录井任务。录井过程中严格执行 HSE（health、safety、environment，健康、安全，环境）标准，无违章操作，废物分类处理，实现了清洁生产，全井安全无事故。

羌科 1 井 ZY603 队承担现场地质录井工作，设综合录井队长 1 人、地质师 2 人、地质工 2 人、地化录井操作员 1 人、岩屑图像操作员 1 人、定量荧光操作员 1 人。录井队主要人员选派工作经验丰富、理论知识扎实，在外部长期施工的技术骨干担任，所有人员均持有井控证、HSE 培训证、上岗证。

ACE 智能录井系统由挪威船级社认证的防爆仪器房及安全控制系统、智能快速气测仪、总线采集、传感器组、计算机系统、输出设备、钻井工程事故预警专家系统等构成。运行于由多台计算机组成的网络平台上，完成实时数据采集、处理、存储和输出等功能。ACE 智能录井系统于 2011 年出厂，采集计算机处理总线上的传感器信号，智能快速气测仪处理色谱分析信号，数据由服务器汇总存储，直接录取气体、工程、钻井液和地质方面有关参数 40 余项，并由此派生出相关参数 300 多项。

二、录井工作量

羌科 1 井录井项目分为常规地质录井、综合录井、特殊录井等，具体项目见表 4-13。

表 4-13　羌科 1 井录井实物工作量统计表

次序	录井项目	设计			实际	
		井段（m）	间距	工作量	井段（m）	工作量
常规地质录井	钻时	0～5500	1 点/1m	5441 点	59～4696	4939 点
	岩屑	0～5500	1 包/1m	5441 包	59～4696	4939 包
	岩屑（百格盘）	0～5500	1 包/1m	5441 包	59～4696	4939 包
	岩心（常规）	0～5500	200m	200m	59～4696	33.57m
	荧光（常规）	0～5500	1 点/1m	5441 点	59～4696	4939 点
	地质循环观察（槽面）	0～5500	连续监测	—	59～4696	11 次
	迟到时间	0～5500	50～80m 一次	68 次	59～4696	79 次
	氯离子滴定（人工）	0～5500	1 次/8m	—	59～4696	579 点
	钻井液性能（人工）	0～5500	1 次/8m	—	59～4696	579 点
综合录井仪录井	气测（全烃、烃组分、CO_2、H_2S）	0～5500	全程监测	5441 点	59～4696	4939 点
	后效观测	0～5500	据显示情况确定	—	59～4696	22 次
	钻井液参数	0～5500	全程监测	—	59～4696	连续测量
	工程参数（立压、套压、大钩、扭矩、转盘、泵冲）	0～5500	全程监测	—	59～4696	连续测量
	地层压力	0～5500	全程监测	—	59～4696	实时监测
	硫化氢监测	0～5500	全程监测	—	59～4696	全程监测
特殊录井及新方法录井	薄片分析	0～5500	5m 一个，岩性复杂和分界线附近加密进行薄片鉴定，岩心每 1m 不少于 5 块	2200 个	59～4696	1645 个
	岩心扫描	0～5500	200m	200m	59～4696	33.57m
	碳酸盐岩分析	0～5500	碳酸盐岩地层单层厚度小于 5m 的每层分析 1 个，大于 5m 的每 5m 分析 1 个	750 点	59～4696	1637 点
	X 射线元素分析	0～5500	1m/1 点	5441 点	59～4696	4730 点
	地化录井（有机）	0～5500	储集层岩心取样密度不大于 0.5m，生油层岩心样品取样密度不大于 2m	1950 点	59～4696	2204 点
	随钻轻烃分析	0～5500	1 个/10m，油气段 1 个/5m	600 个	59～4696.18	569 个
	罐顶气分析	0～5500	非目的层每 30～50m 取一个样品，目的层 10～30m 取一个样品	220 个	59～4696.18	221 个
	核磁共振	0～5500	储集层岩心样品取样密度不大于 0.5m，储集层岩屑样品单层厚度小于 3m 时，每层做一个岩屑样，单层厚度大于 3m 时，每 3m 做一个样	1000 点	59～4696.18	1479 点

续表

次序	录井项目	设计			实际	
		井段（m）	间距	工作量	井段（m）	工作量
特殊录井及新方法录井	定量荧光	0～5500	油气显示段逐包进行分析、无油气显示井段储集层单层厚度小于 3m 时，每层做一个岩屑样，单层厚度大于 3m 时，每 3m 做一个样	1950 点	59～4696.18	2147 点
	油、气、水分析	0～5500	据显示情况确定	—	—	—
	数据远程传输	0～5500	实时传输	—	59～4696.18	实时传输

1. 岩屑录井

羌科 1 井一开至井底，采用每 1m 取 1 次样，分正样、副样及科研备用样不等分 3 包：500g×2 包 + 1000g×1 包，见油气水显示后加密为每 0.5m 取 1 次样。按规范在正确位置捞取钻井岩屑，岩屑必须代表性好，洗净、晾干或烘干，烘烤温度不高于 60℃。

2. 岩屑捞取

羌科 1 井一开至井底共计捞取正、副岩屑样及科研备用样品各 4939 包，其中填井段一 286 包，填井段二 16 包。录井中岩屑捞取准时，清洗干净、量足，代表性强，及时利用快钻时、特殊岩性及油气显示等校正迟到时间，使捞取的岩屑更具代表性及真实性，地层界线、主要砂体测录井吻合好，岩屑定名准确，分层合理，岩性及含油气性描述详细。

3. 气测录井

羌科 1 井一开即开始综合录井，钻时及气测连续测量，各项参数每 1m 记录一次，工程参数连续监测，取心井段加密为 0.5m 记录一点。

4. 岩心录井

羌科 1 井设计岩心录井井段一开至井底，全井设计取心不少于 200m，油气显示层不受取心长度限制。主要根据布曲组、肖茶卡组、波里拉组显示情况取心，其他层位见显示原则上也要取心。若良好油气显示层未取完，则实际取心进尺可不受设计 200m 的限制。羌科 1 井实际取心进尺 35.27m，实际心长 33.57m，岩心取出后进行入水试验（饱和度样品除外），详细观察描述，做好记录，特殊现象要有照片，按规范及时采送分析样品。

5. 常规荧光录井

羌科 1 井设计一开至井底，1 点/1m，常规荧光 5441 点；实钻井段一开至 4696m，1 点/1m，实际常规荧光分析 4939 点，其中填井段一 286 点，填井段二 16 点。录井过程中，小班人员对岩屑逐包进行荧光检查，大班认真复查，及时落实油气显示，荧光检查及时，记录内容齐全，详细记录了荧光照射及油气显示情况，符合规范要求。

6. 地质循环

系统观察井口、槽面钻井液返出情况及地面循环罐液面的变化情况，并结合综合录井参数，做好人工监测气侵、溢流、井涌（喷）、井漏等异常预报。关井后要记录关井立、套压变化情况，放喷点火时对放喷口的火焰高低和颜色进行记录。钻进过程中，遇整钻、跳钻、钻时加快、油侵、气侵、水侵、溢流、井涌（喷）、井漏等情况时，须详细记录发生时间、井段、发生频率、涌（喷）高及漏失速度、现场处理等情况。对良好显示层，每次下钻到底，要地质循环观察和测量后效显示。羌科1井实际一开至4696m期间共地质循环11次，详细记录每次气测值及岩性变化。

7. 异常预报

羌科1井对钻井工程异常预报做到三早，即早发现、早核实、早预报，成功预报工程异常41次，充分发挥了综合录井仪的随钻监测功能，为预防现场事故隐患、优质高效地钻井提供了良好的服务。

8. 槽面观察

羌科1井在正常钻进及后效测定中，坚持坐岗观察，槽池面显示观察及时、准确，记录详细，录井过程中，详细收集了钻井液性能、槽面显示及气测值的变化情况，为油、气、水层的判断提供了可靠的依据。

9. 无线传输

羌科1井设计自井口开始实时传输，实际打导眼开始自井深14.50m开始实时传输，共计传输381天。

10. 硫化氢监测

羌科1井在一开前安装5只硫化氢传感器，分别安装在架空槽、方井、钻台、缓冲罐、仪器房放空管线出口处，均按硫化氢规定标准浓度10μL/L、20μL/L、50μL/L气样标定。

11. 钻井液录井及氯离子测定

羌科1井各段钻井液性能均严格按照设计执行，施工过程中主要工作为增强体系抑制性、高温稳定性，改善泥饼质量，提高防塌护壁能力，保证钻井液具有良好的携带悬浮能力。羌科1井设计钻井液性能井段一开至井底，仪器钻井液性能连续测量，人工钻井液密度、黏度及氯离子每8m测量一次。羌科1井实际一开至4696m，共测量钻井液密度、黏度、氯离子含量579次，其中填井段38次。通过实测钻井液密度、黏度，不但能够及时校正传感器，同时也监测钻井液性能数据，为油气层的发现提供有利条件，在保证井壁稳定的前提下控制好钻井液密度，结合实钻情况调整密度。钻井液药品及加重材料使用符合设计要求，有效地保障了钻井施工安全，特别是钻井液密度的控制，达到既能满足现场发现油气显示，又能保护油气层的双重要求。

12. 地化录井

地化录井是利用高温热裂解分析原理，检测岩样中的烃含量（储集层）或干酪根（烃源岩）高温热裂解后的烃含量，来评价储集层含油气性、原油性质与烃源岩有机质生烃能力的一种地球化学录井方法。羌科 1 井设计地化录井井段一开至井底，要求储集层岩心样品取样密度不大于 0.5m，生油层岩心样品取样密度不大于 2m。实际井段一开至 4696m，共分析岩屑样品 2204 次，其中填井段 123 次。本井应用地化分析的 S_0、S_1、S_2、S_4 等参数（S_0 为 90℃检测的单位质量烃源岩的烃含量，S_1 为 300℃检测的单位质量烃源岩的烃含量，S_2 为>300℃～600℃或>300℃～800℃检测的单位质量烃源岩的烃含量，S_4 为单位质量烃源岩热解后残余烃的总量），随钻检测岩屑中的液态烃含量，结合气态烃、重烃的变化；强化评价含油层的含油丰度、含油饱和度、油质轻重，解释评价储集岩。根据分析的残余碳、T_{max} 等参数，计算派生参数 TOC[TOC = $(S_0+S_1+S_2+S_4)×0.083$]、C_P[有效碳，$C_P=(S_1+S_2)×0.083$]、D（降解潜率，$D= C_P/TOC$）、I_H（氢指数，$I_H = S_2*100/TOC$）等，评价烃源岩有机质丰度、类型、成熟度，评价烃源岩的生油气能力计算生烃潜量。

13. 三维定量荧光录井

三维定量荧光录井是利用石油的荧光性，检测岩样中石油在紫外光照射下所发射荧光的波长与荧光强度，获得地层中石油荧光光谱特征及石油物质含量来评价储集层含油气性与原油性质的一种荧光录井方法。羌科 1 井设计三维定量荧光录井井段一开至井底，要求油气显示段逐包进行分析、无油气显示井段储集层单层厚度小于 3m 时，每层做一个岩屑样，单层厚度大于 3m 时，每 3m 做一个样。羌科 1 井实际一开至 4696m，共分析样品 2147 次，其中填井段一 208 次，填井段二 44 次。通过定量荧光技术在本井随钻检查岩屑中的荧光强度、含油浓度，计算系列对比级别，量化含油级别，判断油质轻重，解释油气层，检查到的石油荧光更全面、更充分，更有利于发现弱油气显示和轻质油气层。三维定量荧光技术在本井随钻检测岩屑中荧光波长在 200～800nm 内的荧光，检测岩屑中的荧光强度、含油浓度，计算系列对比级别，量化含油级别，判断油质轻重，解释油气层。

14. X 射线元素录井

X 射线元素（荧光）录井是利用高能 X 射线照射岩样，检测岩样中不同元素产生的 X 射线荧光的能量及强度来确定岩样中化学元素种类及含量，根据元素组成特征进行岩性及地层识别的录井技术。羌科 1 井对夏里组、布曲组、雀莫错组、那底岗日组岩样进行了取样分析，一开至 4696.18m，共分析岩屑样品 4730 次。地层岩性主要类别有砂岩类、泥质岩类、碳酸盐岩及白垩、石膏、凝灰岩等。本井 X 射线元素分析共获取 Na、Mg、Al、Si、P、S、Cl、K、Ca、Ba、Ti、V、Mn、Fe、Co、Ni、Cu、Sr、Zr 共 19 种元素，根据 X 射线元素分析各组段元素组合特征及各元素相对含量变化，结合录井岩屑实物，选择 Si、Al、Fe、Ca、Mg、S、K、Ti 共 8 种元素进行砂岩、泥岩、灰岩、石膏、凝灰岩等岩性识别。

15. 核磁共振

核磁共振录井是利用核磁共振原理分析储层岩样流体中氢原子核在外磁场作用下发生核磁共振的信号幅度来获取岩石孔隙度、渗透率、含油饱和度、含水饱和度、可动流体饱和度等参数，能够进行储集层物性评价与储集层油气层解释评价。羌科 1 井设计核磁共振录井段一开至井底，要求储集层岩心样品取样密度不大于 0.5m，储集层岩屑样品单层厚度小于 3m 时，每层做一个岩屑样，单层厚度大于 3m 时，每 3m 做一个样。羌科 1 井实际一开至 4696m，共分析岩屑样品 1479 次。通过核磁共振分析岩屑、岩心，可得到岩性的孔隙结构等与储层物性有关的地质信息，划分和评价有效储层。本井直接测量岩心、岩屑样品总孔隙度、有效孔隙度、束缚流体饱和度、可动流体饱和度、总流体饱和度、含油饱和度、含水饱和度、可动含油饱和度、可动含水饱和度、束缚油饱和度、束缚水饱和度、渗透率等参数，以及孔隙结构等与储层物性有关的地质信息，划分和评价有效储层。

16. 随钻轻烃分析和罐装气分析录井

轻烃录井是利用气相色谱分析将轻烃中 C1～C9 的组分分离成各个单体烃。获得轻烃单体烃组分色谱图与用各烃组分含量。利用色谱图组分分布特征与各烃组分相对含量变化来评价储集层含油气性的一种气相色谱录井方法。羌科 1 井设计一开至井底，随钻轻烃分析、罐装气分析录井，要求轻烃分析每 10m 取一个钻井液样品，遇油气显示段加密到 5m 取一个样品；罐装气要求非目的层 30～50m 取一个样品，目的层 10～30m 取一个样品，遇油气显示段加密取样。羌科 1 井实际井段一开至 4696m，共分析随钻轻烃、罐装气样品 790 次。通过对样品进行随钻轻烃分析、罐装气分析轻烃相对含量，来判断轻烃的活跃程度，然后通过轻烃的活跃程度来推断油气层的活跃程度，最终达到判识油气层的目的。

17. 薄片录井

羌科 1 井设计薄片鉴定 5m 一个，岩性复杂和分界线附近加密进行薄片鉴定，岩心每 1m 不少于 5 块。实际自井段一开至 4696m，共磨制、分析鉴定岩心、岩屑薄片 1645 片。

18. 碳酸盐岩含量分析

羌科 1 井设计要求碳酸盐岩地层单层厚度小于 5m 的每层分析 1 个，大于 5m 的每 5m 分析 1 个。羌科 1 井实际井段一开至 4696m，共分析样品 1637 个。通过碳酸盐岩含量分析准确确定岩性，数据真实、可靠，为岩性的鉴别及地层界线的划分提供了依据。

19. 岩心扫描录井

岩心数字化扫描是利用高清摄像头完整采集岩心外表面、纵切面、横切面，能够体现岩心地质结构、构造的高清图像图片，提供最原始的岩心图像资料，建立岩心图册、岩心柱状图，建立数字化岩心图库。羌科 1 井设计一开至井底共计取心 200m，实钻井段一开至 4296m，共计取心 6 回次，心长 33.57m，已全部扫描建档。将实物岩心转化成数字化、图像化的岩心资料，实现岩心实物永久保存不失真。使得岩心资料能够网络共享，查看、使用更加快捷方便。通过岩心扫描图像可以直观地反映储集层的岩性、含油性、物性及层理构造等有价值的地质信息。

三、录井质量评述

1. 总体情况

羌科 1 井共进行了 4 次开工验收，时间分别是：一开 2017 年 4 月 6 日，二开 2017 年 6 月 15 日，三开 2017 年 9 月 13 日，四开 2017 年 12 月 3 日。每开次验收前，录井项目部和小队高度重视，利用中完作业期间，对小队录井环境、设备、技术、物资的准备及其他各项准备工作进行检查。综合录井仪快速色谱仪进行了标定校验，性能良好；对固定式硫化氢传感器进行了标定校验，固定式硫化氢传感器均运行正常，各项新技术设备均进行了校验，且运行正常，常规地质录井所用设备的性能良好，满足钻开油气层的要求。检查要有记录，责令整改项要有跟踪和结果。在羌科 1 井施工过程中严格遵守相关规范及甲方要求，录井质量良好。

2. 地质方面

开工前收集并了解区域、邻井资料，熟悉该区岩性组合特征及储层、含油气层的发育特征。本井需准备较多邻井资料，才能预测所有地层。组织录井队全体人员学习钻井地质设计，进行录井任务和措施交底，熟悉并掌握目的层岩性特征。

施工过程中认真履行合同，严格按地质设计和行业技术标准精心组织施工。按规定对设备进行安装校验，严格执行操作规程，并定期保养，确保仪器运行正常。现场使用的易损材料、配件有储备。专人钻具管理，建立钻具记录，同工程始终保持两对口。钻进一个单根，校正一次井深，确保井深准确。综合录井仪连续检测，色谱气测定期进行管线密封性检查；每 12h 对传感器、脱气器等巡回检查两次，发现问题及时处理。维持主要录井技术人员的稳定，确保管理的连续性。确保岩屑样品的代表性。在 PDC 钻头加螺杆复合钻进时，接样盆放置位置应合适，以能连续接到从振动筛上滤出的新鲜细小真岩屑为宜，且应根据振动筛返砂变化情况，灵活调整接样盆的位置，如果振动筛返砂太少，筛布筛眼较粗，少于 80 目，应尽快与钻井队协调，使用 80 目以上的筛布，尽量减少细小真岩屑从振动筛上的流失数量。确保岩性定名准确。对岩性的描述、定名，尤其是碳酸盐岩和细小岩屑的岩性定名充分应用薄片鉴定、碳酸盐岩化学分析方法，做到定名准确。

做好随钻对比分析和下部地层预告：岩屑描述跟上钻头，根据实钻井斜数据计算垂深，校正岩性剖面，通过钻遇地层岩性组合、沉积相特征的分析和与邻井的对比分析，提出钻遇地层层位的划分意见与下部地层的预告。发现钻遇地层与设计严重不符时，应及时向监督方、甲方汇报。加强综合录井重要参数的监视工作，发现工程参数异常及气测异常时立即向司钻报告，做好异常预报。严格执行"四不打钻"和"五个及时"规定，即岩屑返出不正常不打钻、振动筛工作不正常不打钻、井深不准不打钻、录井仪器发生故障时不打钻；在遇到油气显示或钻时异常时，要做到及时停钻，及时循环观察，及时汇报，及时取心，及时提出中途测试意见。进入目的层和复杂情况，实行录井队负责人 24h 值班制。

3. 仪器方面

仪器的正常运转是及时准确录取资料的基础，录井前及录井过程中要及时对仪器设备进行校验、检查。注样检查时，应在实时录井图和实时数据表上进行标注，校验数据记入仪器校验记录，并保留原图备查。一般在前面板注样孔注样，相对误差均应小于 5%。各开次前注样检查仪器工作情况：进行色谱重复性校验，总烃用 1%浓度的甲烷样品校准；组分用 1%的混合样品校准；测量值误差、重复性误差均要求小于 5%；硫化氢传感器分别注 20μL/L、50μL/L 的硫化氢标准样品，起始响应时间不大于 20s，90s 内达到最大值，重复性误差小于 5%FS。FS 表示满量程的相对误差：[绝对误差/（测量上限–测量下限）]×100%为相对误差。每次起下钻用 1%甲烷样品在仪器前面板注样，测量值绝对误差、重复性误差均应小于 5%，超标时重新标定工作曲线。每一个月、每开次前和钻开油气层前，要用 20μL/L、50μL/L 的硫化氢标准样品校验各个硫化氢传感器，重复性误差小于 5%FS。根据现场需要或现场地质监督的要求，随时注样检查。在井队试压时，要对套管压力传感器进行承压密封测试和校准。

4. 监督检查情况

羌科 1 井施工过程中，监督按照规范对现场施工的各个环节严格要求，并下发监督指令书 9 份，对现场施工中存在的问题及时提醒，录井队按照甲方及监督人员的要求及时整改到位。

第五节　测　井　施　工

羌科 1 井测井工作在野外的时间比较短，主要工作任务在室内。野外在每一个开次钻井结束之后均会进行裸眼测井，然后在每次固井完成后进行声幅测井等，便于固井质量评估。本节介绍测井的测井概况、测井实施情况、综合测井结果及测井原始资料质量评价等内容。

一、测井概况

羌科 1 井一开进行了裸眼常规组合测井和固井质量检查测井；二开和三开进行了裸眼常规组合测井、交叉偶极声波测井、阵列感应测井、微电阻率扫描成像测井、地层倾角测井和固井质量检查测井；四开进行了裸眼常规组合测井、交叉偶极声波测井、阵列感应测井。取得了高品质的测井资料，为开展科学研究提供了重要的地球物理依据。

二、测井实施情况

（1）一开：裸眼组合测井（59.04～506.00m），套管内（0～479.00m）固井测井。

羌科 1 井测井资料的处理严格按照《裸眼井单井测井数据处理流程》（SY/T 5360—2004）的规定执行，常规测井采用 Forward 勘探测井解释平台进行数据处理，并依据现有测井资料，对岩性相对体积、泥质含量及有机碳含量进行了计算。

固井质量测井采用 Watch 解释系统，对第一界面进行评价。一开固井质量评价为合格。

（2）二开：裸眼组合测井和特殊测井（505.80～1981.00m），套管内（0～1923.30m）固井测井。

常规测井采用 Forward 勘探测井解释平台进行测井原始数据预处理、解释模型建立、储层划分、流体性质识别分析等；地层倾角测井运用 GeoFrame 工作站处理系统进行了构造倾角处理、沉积（微）相分析、地应力分析以及裂缝检测；交叉偶极声波测井使用引进的 eXpress 平台进行处理及解释，包括地层岩性特征、储层流体性质识别、裂缝识别、各向异性分析和岩石力学参数分析；微电阻率扫描成像测井使用 GeoFrame 工作站处理系统进行裂缝识别与评价、井旁构造分析、地应力分析和岩性识别；阵列感应测井采用 Logik 解释系统进行处理和解释，计算出原状地层电阻率、冲洗带电阻率和侵入半径，并对地层的渗透性进行分析。

固井质量测井采用 Watch 解释系统，对第一、第二界面分别进行评价。二开固井质量评价为合格。

（3）三开：裸眼组合测井和特殊测井（1980.78～3859.00m），套管内（1750.00～3636.00m 尾管，0～3808.00m 尾管 + 回接）固井测井。

常规测井采用 Forward 勘探测井解释平台进行测井原始数据预处理、解释模型建立、储层划分、流体性质识别分析等；地层倾角测井运用 GeoFrame 工作站处理系统进行了构造倾角处理、沉积（微）相分析、地应力分析以及裂缝检测；交叉偶极声波测井使用引进的 eXpress 平台进行处理及解释，包括地层岩性特征、储层流体性质识别、裂缝识别、各向异性分析和岩石力学参数分析；微电阻率扫描成像测井使用 GeoFrame 工作站。

处理系统进行裂缝识别与评价、井旁构造分析、地应力分析和岩性识别；阵列感应测井采用 Logik 解释系统进行处理和解释，计算出原状地层电阻率、冲洗带电阻率和侵入半径，并对地层的渗透性进行分析。

固井质量测井采用 Watch 解释系统，对第一、第二界面分别进行评价。三开固井质量评价为合格。

（4）四开：裸眼组合测井和特殊测井（3869.83～4696.18m）。

常规测井采用 Forward 勘探测井解释平台进行测井原始数据预处理、解释模型建立、储层划分、流体性质识别分析等；交叉偶极声波测井使用引进的 eXpress 平台进行处理及解释，包括地层岩性特征、储层流体性质识别、裂缝识别、各向异性分析和岩石力学参数分析；阵列感应测井采用 Logik 解释系统进行处理和解释，计算出原状地层电阻率、冲洗带电阻率和侵入半径，并对地层的渗透性进行分析。

羌科 1 井设计测井项目见表 4-14。

表 4-14　羌科 1 井设计测井项目表

次序	测井类型	测井内容	测量井段（m）
1	一开组合	自然伽马、自然电位、4m 梯度、2.5m 梯度、井斜、方位、井温、流体电阻率、自然伽马能谱	59.04～506.00
2	一开固井	声幅、自然伽马 + 磁定位	0～479.00
3	二开组合	自然伽马、自然电位、双井径、声波时差、补偿中子、岩性密度、双感应-八侧向、双侧向、微球形聚焦、微电极、4m 梯度、2.5m 梯度、井斜、方位、井温、流体电阻率、自然伽马能谱、微电阻率扫描成像、交叉偶极声波、地层倾角、高分辨率阵列感应	505.80～1981.00

次序	测井类型	测井内容	测量井段（m）
4	二开固井	声幅、变密度、自然伽马＋磁定位	0.0～1923.30
5	三开组合	自然伽马、自然电位、双井径、声波时差、补偿中子、岩性密度、双感应-八侧向、双侧向、微球形聚焦、微电极、4m 梯度、2.5m 梯度、井斜、方位、井温、流体电阻率、自然伽马能谱、微电阻率扫描成像、交叉偶极声波、地层倾角、高分辨率阵列感应	1980.78～3859.00
6	三开尾管固井	声幅、变密度、自然伽马＋磁定位	1750.00～3636.00
7	三开尾管＋回接固井	声幅、变密度、自然伽马＋磁定位	0～3808.00
8	四开组合	自然伽马、自然电位、双井径、声波时差、补偿中子、岩性密度、双感应-八侧向、双侧向、微球形聚焦、微电极、4m 梯度、2.5m 梯度、井斜、方位、井温、流体电阻率、自然伽马能谱、交叉偶极声波、高分辨率阵列感应	3869.83～4696.18

1. 一开现场测井施工及时效

1）现场测井施工

测井施工：测时井深为 523.00m（17.00m 领眼），套管下深为 59.04m。

常规测井时间：2017 年 5 月 6～7 日。

常规测量井段：59.04～506.00m。

常规测井项目：自然伽马、自然电位、4m 梯度、2.5m 梯度、井斜方位、井温、流体电阻率、自然伽马能谱。

固井测井时间：2017 年 5 月 12 日。

固井测量井段：0～479.00m。

固井测井项目：声幅、自然伽马、磁定位。

2017 年 5 月 6 日，ZYCJ118 队接到羌科 1 井一开测井施工任务，18:00 到达井场，做好安全生产准备工作，20:30 进行井口交接，22:15 开始施工。第一趟测井项目为马笼头＋3981 井温＋3981 流体电阻率＋3514 自然伽马＋1329 自然伽马能谱＋4401 井斜方位，22:55 测完。7 日 1:00 开始第二趟测井施工，测量项目为马笼头＋DJX4m、2.5m 梯度电极系＋自然电位，2:10 测完。整个测井施工过程顺利。

2017 年 5 月 12 日 19:00 开始一开固井测井施工。井下仪器组合为自然伽马＋声幅＋磁定位，22:30 测完，测井施工过程顺利。

2）测井时效

一开进行了常规组合测井和固井质量检查测井。各次测井时效见表 4-15。

表 4-15　羌科 1 井一开测井时效统计表

测井日期	测量井段（m）	测量项目	测井目的	测井时效（h）
2017.5.6～2017.5.7	59.04～506.00	自然电位、自然伽马、2.5m/4m 电极系、井斜、方位、自然伽马能谱、井温、流体电阻率	地层评价	1.8
2017.5.12	0.0～479.00	声幅、自然伽马、磁定位	固井质量评价	3.5

2. 二开现场测井施工及时效（表 4-16）

表 4-16　羌科 1 井二开测井时效统计表

测井时间	测量井段（m）	趟次	测量项目	测井目的	测井时效（h）
2017.8.22	9:30～13:50	第一趟	自然伽马、微电阻率扫描成像		4.3
	15:00～19:00	第二趟	自然伽马、地层倾角		4.0
2017.8.22～23	20:30～23:30	第三趟	自然伽马、声波时差、双侧向、微球形聚焦		3.0
2017.8.23	1:30～7:00	第四＋五趟	自然伽马、双感应-八侧向、井温、流体电阻率、自然电位	地层评价	7.0
	8:30～12:30	第六＋七趟	微电极		4.0
	14:00～17:00	第八趟	2.5m/4m 电极系		3.0
	18:30～23:00	第九趟	自然伽马、补偿中子、岩性密度		4.5
2017.8.24	2:00～10:00	第十趟	自然伽马、井斜、方位、交叉偶极声波、高分辨率阵列感应、自然伽马能谱、双井径		8.0
	12:50～17:00	第十一趟	自然伽马能谱		4.2
2017.8.29～30	19:00～1:00	0～1923.30	—	声幅、变密度、自然伽马、磁定位	固井质量评价	6.0

1）现场测井施工

测井施工：测时井深为 2011.00m（30.00m 领眼），套管下深为 505.80m。

常规＋特殊项目测井时间：2017 年 8 月 22～24 日。

常规＋特殊项目测量井段：505.80～1981.00m。

测井项目：自然伽马、自然电位、双井径、声波时差、补偿中子、岩性密度、双感应-八侧向、双侧向、微球形聚焦、微电极、4m 梯度、2.5m 梯度、井斜、方位、井温、流体电阻率、自然伽马能谱、微电阻率扫描成像、交叉偶极声波、地层倾角、高分辨率阵列感应。

固井测井时间：2017 年 8 月 29～30 日。

固井测量井段：0～1923.30m。

固井测井项目：声幅-变密度、自然伽马、磁定位。

具体施工过程如下。

2017 年 8 月 22 日，ZYCJ118 队接到羌科 1 井二开测井施工任务，到达井场后做好安全生产准备工作，8:30 进行井口交接准备测井施工。

2017 年 8 月 29 日开始二开固井测井施工，17:00 接井口，测井项目为声幅-变密度、自然伽马和磁定位，仪器井口供电检查正常，刻度正常，19:00 下井，30 日 1:00 测完。

至此，羌科 1 井二开测井项目全部完成，整个施工过程顺利。

2）测井时效

二开进行了常规组合测井、微电阻率扫描成像测井、交叉偶极声波测井、地层倾角测井、高分辨率阵列感应测井和固井质量检查测井。

3. 三开现场测井施工及时效（表 4-17）

表 4-17 羌科 1 井三开测井时效统计表

测井时间		测量井段（m）	趟次	测量项目	测井目的	测井时效（h）
2017.11.6～7	18:30～1:00		第一趟	自然伽马、声波时差、双侧向、微球形聚焦		6.5
2017.11.7	3:00～9:00		第二趟	自然伽马、补偿中子、岩性密度		6.0
	10:30～21:00		第三趟	自然伽马、微电阻率扫描成像		10.5
2017.11.7～8	23:00～7:00		第四趟	自然伽马、井斜、方位、交叉偶极声波、高分辨率阵列感应、双井径		8.0
2017.11.8	8:00～13:00	1981.00～3859.00	第五趟	自然伽马、双感应-八侧向、自然电位、自然伽马能谱	地层评价	5.0
	14:00～19:00		第六趟	2.5m/4m 电极系		5.0
2017.11.8～9	20:00～2:00		第七趟	自然伽马、井温、流体电阻率		6.0
2017.11.9	3:00～7:00		第八趟	微电极		4.0
	8:00～13:00		第九趟	自然伽马、地层倾角		5.0
2017.11.19～20	21:00～7:00	1750.00～3636.00	尾管	声幅、变密度、自然伽马、磁定位	固井质量评价	10.0
2017.11.28～29	13:00～2:00	0～3808.00	尾管+回接	声幅、变密度、自然伽马、磁定位	固井质量评价	11.0

1）现场测井施工

测井施工：测时井深为 3878.68（19.68m 领眼），套管下深为 1980.78m。

常规＋特殊项目测井时间：2017 年 11 月 6～9 日。

常规＋特殊项目测量井段：1980.78～3859.00m。

测井项目：自然伽马、自然电位、双井径、声波时差、补偿中子、岩性密度、双感应-八侧向、双侧向、微球形聚焦、微电极、4m 梯度、2.5m 梯度、井斜、方位、井温、流体电阻率、自然伽马能谱、微电阻率扫描成像、交叉偶极声波、地层倾角、高分辨率阵列感应。

固井尾管测井时间：2017 年 11 月 19～20 日。

固井尾管测量井段：1750.00～3636.00m。

固井尾管＋回接测井时间：2017 年 11 月 28～29 日。

固井尾管＋回接测量井段：0～3808.00m。

固井测井项目：声幅-变密度、自然伽马、磁定位。

具体施工过程如下：

2017 年 11 月 6 日，ZYCJ118 队接到羌科 1 井三开测井施工任务（在 11 月 4 日已到达井场，做好了安全生产准备工作）。17:00 进行井口交接，18:30 开始施工。

2017 年 11 月 19 日开始三开尾管固井测井施工，22:00 接井口，测井项目为声幅-变密度、自然伽马和磁定位，仪器井口供电检查正常，刻度正常，23:00 下井，11 月 20 日 7:00 测完。

2017 年 11 月 28 日开始三开尾管＋回接固井第二次测井施工，13:00 接井口，测井项目为声幅-变密度、自然伽马和磁定位，仪器井口供电检查正常，刻度正常，15:00 下井，11 月 29 日 2:00 测完。

至此，羌科 1 井三开测井项目全部完成，整个施工过程顺利。

2）测井时效

三开进行了常规组合测井、微电阻率扫描成像测井、交叉偶极声波测井、地层倾角测井、高分辨率阵列感应测井和固井质量检查测井。

4. 四开现场测井施工及时效

1）现场测井施工

测井施工：四开井深为 4696.18m，套管下深为 3869.83m。

常规＋特殊项目测井时间：2018 年 11 月 8～10 日。

常规＋特殊项目测量井段：3869.83～4696.18m。

测井项目：自然伽马、自然电位、双井径、声波时差、补偿中子、岩性密度、双感应-八侧向、双侧向、微球形聚焦、微电极、4m 梯度、2.5m 梯度、井斜、方位、井温、流体电阻率、自然伽马能谱、交叉偶极声波、高分辨率阵列感应。

具体施工过程如下：

2018 年 10 月 11 日，ZYCJ118 队接到羌科 1 井四开测井施工任务，11 月 6 日到达井场，做好了安全生产准备工作。8 日 12:00 进行井口交接，13:00 开始施工。

10 日 13:00 现场验收完毕所有测井曲线，移交井口。

至此，羌科 1 井四开测井项目全部完成，整个施工过程顺利。

2）测井时效

四开测井进行了常规组合测井、交叉偶极声波测井和高分辨率阵列感应测井。详细测井时效见表 4-18。

表 4-18 羌科 1 井四开测井时效统计表

测井时间	测量井段（m）	趟次	测量项目	测井目的	测井时效（h）
2018.11.8	13:30～17:00	第一趟	井温、流体电阻率、自然伽马、双侧向、微球形聚焦		3.5
2018.11.8～9	17:45～1:00	第二趟	自然伽马、自然伽马能谱、高分辨率阵列感应		7.3
2018.11.9	2:00～8:00	第三趟	自然伽马、声波时差、井斜、方位、交叉偶极声波	地层评价	6.0
	9:30～15:40	第四趟	自然伽马、补偿中子、岩性密度		6.2
	16:35～19:50	第五趟	自然伽马、双感应-八侧向、双井径		3.2
	21:30～23:00	第六趟	自然伽马、微电阻率扫描成像		1.5
2018.11.10	00:31～3:50	第七趟	自然电位、2.5m/4m 电极系		3.3
	4:40～8:50	第八趟	微电极		4.1

注：测量井段 3869.83～4696.18 对应第三趟至第八趟。

三、综合测井结果

（1）采用 ECLIPS-5700 测井系列，对羌科 1 井一开、二开和三开井段实施了常规组合测井、交叉偶极声波测井、微电阻率扫描成像测井、地层倾角测井、高分辨率阵列感应测井和固井质量检查测井施工任务，取得了高品质的测井资料，所测资料质量全部合格，一开测井曲线优等品率为 100%，二开测井曲线优等品率为 90%，三开测井曲线优等品率为 88.9%。

（2）测井资料与地质录井、钻井取心、气测异常资料一致性较好。

（3）夏里组地层岩性主要为泥岩、含钙泥岩和泥晶灰岩，储层不发育；布曲组地层岩性主要为泥晶灰岩、含砂屑泥晶灰岩、含钙粉砂质泥岩和泥岩，储层岩性致密，物性差，测井解释干层 3 层 28.9m；雀莫错组地层岩性主要为灰岩、石膏、含钙粉砂岩、含钙泥质粉砂岩、含钙泥岩和泥岩，储层岩性致密，物性差，测井解释干层 14 层 60.6m、水层 1 层 12.8m。

（4）测遇地层黏土矿物类型主要为伊蒙混层，铀值整体低，夏里组有机碳含量集中在 0.1%～0.6%，布曲组和雀莫错组有机碳含量集中在 0.1%～0.4%。

（5）夏里组和布曲组可形成自生自储生储盖组合，也可形成下生上储生储盖组合；雀莫错组泥岩生烃能力差，但石膏和灰岩厚度大，可以作为下部地层良好的盖层。

（6）夏里组和布曲组地层为低角度的单斜构造，地层走向为北北西—南南东，倾向为北西西，倾角为 1°～13°，主频为 3°；雀莫错组地层走向为北西—南东，倾向为南西，倾角为 4°～80°，主频为 7°。

（7）钻井诱导缝和快横波方向均指示现今最大水平主应力方向为近南北向。

（8）交叉偶极声波资料显示，测遇地层有不同程度的各向异性，快横波方向为近南北向；夏里组地层破裂压力梯度峰值为 0.025MPa/m，布曲组地层破裂压力梯度峰值为 0.023MPa/m，雀莫错组地层破裂压力梯度峰值为 0.018MPa/m。

（9）电成像资料显示，典型的裂缝及孔洞不发育，多被充填，缝合线较发育。

（10）工程测井资料显示，测量井段内最大井温为 133.96℃；井径扩大率为 0.17%～3.91%；最大井斜为 8.85°，最大水平位移为 82.80m，最大全角变化率为 5.62°/30m；一开、二开固井质量合格。

四、测井原始资料质量评价

根据《石油测井原始资料质量规范》（SY/T 5132—2012）的规定，对测井原始资料进行检查评价。原始测井曲线质量评定见表 4-19。一开测井项目为 8 项，优等品率为 100%；二开测井项目为 20 项，合格为 2 项，优等品率为 90%；三开测井项目为 22 项，合格为 2 项，优等品率为 91%；四开测井项目为 16 项，优等品率为 100%（表 4-19）。

测井资料质量检查、测井合格曲线原因分析以及螺纹井眼分析如下。

表 4-19　羌科 1 井原始测井曲线质量评定表

次序	测井类型	测井内容	测量井段（m）	质量评定	曲线条数	优等品率（%）
1	一开组合	自然伽马	59.04～506.00	优	1	100
		自然电位		优	1	
		4m 梯度、2.5m 梯度		优	2	
		井斜、方位		优	2	
		井温、流体电阻率		优	2	
		自然伽马能谱		优	5	
2	一开固井	声幅	0～479.00	优	1	
		自然伽马＋磁定位		优	2	
3	二开组合	自然伽马	505.80～1981.00	优	1	90
		自然电位		优	1	
		双井径		优	2	
		声波时差		优	1	
		补偿中子		优	1	
		岩性密度		优	3	
		双感应-八侧向		合格	3	
		双侧向		优	2	
		微球形聚焦		优	1	
		微电极		合格	2	
		4m 梯度、2.5m 梯度		优	2	
		井斜、方位		优	2	
		井温、流体电阻率		优	2	
		自然伽马能谱		优	5	
		微电阻率扫描成像		优	—	
		交叉偶极声波		优	—	
		地层倾角		优	—	
		高分辨率阵列感应		优	—	
4	二开固井	声幅、变密度	0～1923.30	优	2	
		自然伽马＋磁定位		优	2	
5	三开组合	自然伽马	1980.78～3589.00	优	1	91
		自然电位		优	1	
		双井径		优	2	
		声波时差		优	1	
		补偿中子		优	1	
		岩性密度		优	3	
		双感应-八侧向		优	3	

续表

次序	测井类型	测井内容	测量井段（m）	质量评定	曲线条数	优等品率（%）
5	三开组合	双侧向	1980.78～3589.00	优	2	91
		微球形聚焦		优	1	
		微电极		合格	2	
		4m 梯度、2.5m 梯度		合格	2	
		井斜、方位		优	2	
		井温、流体电阻率		优	2	
		自然伽马能谱		优	5	
		微电阻率扫描成像		优	—	
		交叉偶极声波		优	—	
		地层倾角		优	—	
		高分辨率阵列感应		优	—	
6	三开尾管固井	声幅、变密度	1750.00～3636.00	优	2	
		自然伽马＋磁定位		优	2	
7	三开尾管＋回接固井	声幅、变密度	0～3808.00	优	2	
		自然伽马＋磁定位		优	2	
8	四开组合	自然伽马	3869.83～4696.18	优	1	100
		自然电位		优	1	
		双井径		优	2	
		声波时差		优	1	
		补偿中子		优	1	
		岩性密度		优	3	
		双感应-八侧向		优	3	
		双侧向		优	2	
		微球形聚焦		优	1	
		微电极		优	2	
		4m 梯度、2.5m 梯度		优	2	
		井斜、方位		优	2	
		井温、流体电阻率		优	2	
		自然伽马能谱		优	5	
		交叉偶极声波		优	—	
		高分辨率阵列感应		优	—	

注：①一开测井：8 项，优等 8 项，优等品率为 100%，合格率为 100%；②二开测井：20 项，优等 18 项，优等品率为 90%，合格率为 100%；③三开测井：22 项，优等 20 项，优等品率为 91%，合格率为 100%；④四开测井：16 项，优等 16 项，优等品率为 100%，合格率为 100%。

（一）常规测井资料质量控制

（1）所有测井项目的刻度齐全、准确，车间刻度、测前刻度、测后刻度的刻度误差均在各自允许的范围内。

（2）测井速度符合要求。

（3）曲线深度准确，各曲线之间对应性好。导管下深为 59.04m，测井测量套管深度为 58.70m，对套管深度误差为 0.34m，误差值在 0.50m 的规定范围内；一开套管下深为505.80m，二开测井测量套管深度为 505.50m，对套管深度误差为 0.30m，误差值在 0.1%的规定范围内；二开套管下深 1980.78m，三开测井测量套管深度为 1979.5m，对套管深度误差为 1.28m，误差值在 0.1%的规定范围内；四开测井测量套管深度为 3867.00m，对套管深度误差为 2.83m，误差值在 0.1%的规定范围内。

（4）曲线重复性符合标准要求。各测井项目的重复曲线形状与主曲线基本一致，重复误差在各自允许的误差范围之内。

（5）二开声波时差进套管数值为 59μs/ft，三开声波时差进套管数值为 58.6μs/ft，四开声波时差进套管数值为 55.5μs/ft，三次测井的实际测量值均在 57μs/ft±2μs/ft 的误差允许范围内。

（6）二开井径进套管值为 18.70in［套管内径标称值为 18.72in（1in = 2.54cm）］，对比误差为 0.02in（0.05cm），在±1.5cm 误差允许范围内；三开井径进套管值为 12.48in（套管内径标称值为 12.51in），对比误差为 0.03in（0.076cm），在±1.5cm 误差允许范围内；四开井径进套管值为 8.86in（套管内径标称值为 8.83in），对比误差为 0.03in（0.076cm），在±1.5cm 误差允许范围内。

（7）曲线一致性好。井眼规则处，非渗透性地层各条电阻率曲线基本重合；在渗透层处，孔隙度曲线变化趋势一致。

（8）各曲线数值符合一般规律和地区岩性特点。

（二）微电阻率扫描成像测井资料质量控制

（1）测前仪器偏斜、旋转、电极灵敏度检查正常。

（2）测前测后井径刻度正常，测井中三井径曲线变化无异常。

（3）二开套管标称内径为 18.72in，实测为 18.77in，三开套管标称内径为 12.51in，实测为12.58in，误差标准要求为±0.3in，符合要求。

（4）测井过程中极板压力为 68.1%～72.1%，极板压力适当。

（5）微电阻率曲线变化正常，相关性好，无负值现象。

（6）在 12m 井段内，1 号极板方位角变化不大于 360°。

（7）井斜角、方位角曲线无台阶、无负值和异常变化，井斜角重复误差在±0.4°以内，井斜角大于 0.5°时，井斜方位角重复误差在±10°以内。

（8）少量扩径井段因极板贴靠不严图像不清晰。井眼相对规则井段，电成像反映地层特征清晰，重复测井与主测井的图像特征一致。

（三）交叉偶极声波测井资料质量控制

（1）测前、测后分别在无水泥黏附的套管中测量 10m 时差曲线，二开测井对套管检查的纵波时差测量值为 55μs/ft，三开测井对套管检查的纵波时差测量值为 55.3μs/ft，四开测井对套管检查的纵波时差测量值为 55.5μs/ft，三次测井均在 57μs/ft±2μs/ft 标准误差允许范围内。

（2）连斜仪器测前测后做井斜吊零，井斜角曲线、井斜方位角曲线无负值，变化正常；在仪器串顶部加上旋转仪器，确保在 12m 井段内，相对方位曲线变化不大于 360°。

（3）波列记录齐全可辨，硬地层的纵波、横波、斯通利波界面清楚，幅度变化正常；提取的曲线能反映岩性变化，纵、横波数值在纯岩性地层与理论骨架值接近；提取的纵波时差与常规声波时差测井的曲线数值基本一致。

（4）重复测井与主测井的波列特征相似；纵波时差重复曲线与主测井曲线形状相同，二开测井重复测量误差为 1.4%，三开测井重复测量误差为 2%，四开测井重复测量误差为 2%，三次测井均在 3% 标准误差允许范围内。

（四）地层倾角测井资料质量控制

（1）测斜吊零小于 0.5°，旋转检查方位正常，电极灵敏，无干扰。

（2）曲线稳定处二开 C14、C25、C36 分别为 18.7in、18.5in、18.7in，平均为 18.63in，套管标称内径为 18.72in，误差为 0.12in；三开 C14、C25、C36 分别为 12.6in、12.5in、12.6in，平均 12.57in，套管标称内径为 12.51in，误差为 0.06in；符合标准要求。

（3）二开测井过程中，极板压力主要控制在 68.1%～72.1%，平均为 70%；三开测井极板压力主要控制在 68% 左右；极板贴靠良好。

（4）微电导率曲线变化正常，峰值明显，相关性好，无饱和、台阶和负值。

（5）井斜和井斜方位角曲线变化正常，无负值。

（6）二开测井过程中，仪器在 587.0～745.0m、1245.0～1500.0m、1780.0～2000.0m 井段共有 11 次旋转，最小旋转井段为 27m；三开测井中仪器在 2225.0～2550.0m、2925.0～3075.0m 井段内存在旋转现象；均符合标准质量要求。

（7）三条井径在套管内的测量值基本重合，二开检查 C14、C25、C36 读值分别为 18.7in、18.5in、18.7in；三开检查 C14、C25、C36 读值分别为 12.6in、12.5in、12.6in。

（8）重复曲线与主测井曲线对比，井径重复误差为 0.13in，在 0.3in 允许误差之内。井斜角重复误差分别为 0.2°（二开）和 0.3°（三开），在 0.4° 允许误差之内；在井斜角大于 0.5° 时，井斜方位重复误差为 4°（二开）和 5°（三开），在 10° 允许误差以内。

（五）阵列感应测井资料质量控制

（1）主刻度、测前校验、测后校验符合规范。测井记录前，在确保接收线圈部分的温度（Rxtemp）和发射线圈部分的温度（Txtemp）差不超过 10℃时做测前校验，且测前校验与主刻度中的刻度内零、内刻相同；测井曲线记录完成后进行了测后校验；测前校验与测后校验的相对误差小于 2%。

（2）各线圈的各频率数据无明显的跳动，由短源距到长源距，有较好的过渡，未出现剧烈变化。

（3）重复测井与主测井形状特征一致，重复误差标准要求小于 2%；二开实测重复误差为 1.4%，三开实测重复误差为 1.6%，四开实测重复误差为 1.5%，符合标准要求。

（4）在井眼规则的均质非渗透性地层，6 条不同探测深度的电阻率曲线基本重合；在渗透性地层，6 条不同探测深度的电阻率曲线反映的地层侵入剖面应合理。

（5）二开测量井段内钻头直径为 444.5mm（17.5in），三开测量井段内钻头直径为 311.1mm（12.25in），井眼尺寸均较大；R_t/R_m（R_t 为原状地层电阻率，R_m 为泥浆电阻率）在灰岩井段数值较大，大于 1000，测井井眼条件不满足，对高分辨率阵列感应测井资料有一定的影响。四开测量井段内钻头直径为 215.9mm（8.5in），地层岩性多为凝灰岩，电阻率数值较高，局部测量数值达到 2000Ω·m。

（六）测井合格曲线原因分析

（1）由于井眼尺寸大，双感应-八侧向曲线测量结果受到泥浆影响，其中浅探测电阻率曲线受泥浆影响更大，造成曲线对应性不好。

（2）受井眼尺寸大的影响，微电极仪器推靠力度不够，贴井壁效果不好，测量结果受泥浆影响大。

（3）电极和微电极仪器采用点电极供电，遇到石膏特高阻地层时，电流很难或很少进入地层中，此时泥浆对测量结果贡献很大，导致所测电阻率数值低。

（七）螺纹井眼分析

三开测井资料在 3515.0～3860.0m 井段呈周期性起伏变化，直观地反映了井眼本身具有的螺纹特征。

双井径、微电极、微球形聚焦、岩性密度、八侧向、声波时差和高分辨率阵列感应对螺纹井眼敏感。双井径曲线直观地显示了螺纹井眼状况，带极板推靠的微电极、微球形聚焦、岩性密度对螺纹井眼反应敏感，同时微电极、微球形聚焦、岩性密度和八侧向因探测深度小，受螺纹井眼影响较大；声波时差沿井壁滑行传播，因此对螺纹井眼反应也比较敏感；尽管阵列感应的探测深度较大，但其受低电阻泥浆影响较大，因此阵列感应对螺纹井眼也反应敏感。

双侧向、自然伽马、自然电位对螺纹井眼不敏感。双侧向为电流聚焦测井，且探测深度大，螺纹井眼对其测量结果影响较小；自然伽马测井的探测深度虽然不大（一般不超过20cm），但是其探测的是地层自然伽马射线的强度，受螺纹井眼影响不大；自然电位异常幅度的大小与泥浆和地层矿化度的差值有关，受螺纹井眼影响较小。

五、测井原始资料质量检验

测井数据采集在现场严格按照行业标准《石油测井作业安全规范》（SY/T 5726—2011）操作，测井监督人员依据行业标准《石油测井原始资料质量规范》（SY/T 5132—2012），认真检查了测井原图上的测井刻度与校验（车间、测前、测后）、测速、曲线深度误差和重复误差，检查了测井曲线的重复性和一致性，以及测井曲线是否符合一般规律和地区特点。解释人员在进行数字处理之前，一般利用直方图分析法、交会图分析法和重复曲线分析法来检查曲线质量。

（一）直方图分析法

直方图分析法是在井眼条件好的井段内，选择岩性已知、不含或少含泥质的致密纯地层，绘制自然伽马、声波时差、补偿中子和岩性密度直方图，若直方图符合正态分布，单一岩性直方图数值无双峰或多峰现象，则说明曲线质量可靠。

一开测井受井眼尺寸大的影响，采集的测井数据项目少，选取了130.0～140.0m岩性较纯的灰岩段作自然伽马曲线直方图（图 4-9），图中显示自然伽马曲线数据集中，峰值很明显（在20API左右），有较好的正态分布规律，说明曲线质量可靠。

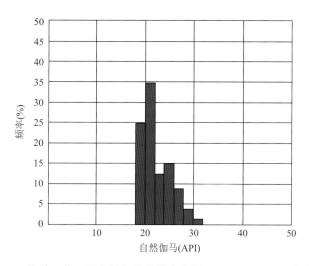

图 4-9　羌科 1 井一开自然伽马曲线直方图（130.0～140.0m 灰岩）

二开测井成功采集到了多项常规测井数据，选取了1130.0～1150.0m岩性较纯的灰岩段作补偿中子、岩性密度和补偿声波直方图（图 4-10），各曲线的直方图显示，数据集中，峰值明显，有较好的正态分布规律，说明曲线质量可靠。

三开测井选取了2776.0～2789.0m岩性较纯的灰岩段作补偿声波、补偿中子和岩性密度曲线直方图（图 4-11），各曲线的直方图显示，数据集中，峰值明显，有较好的正态分布规律，说明曲线质量可靠。

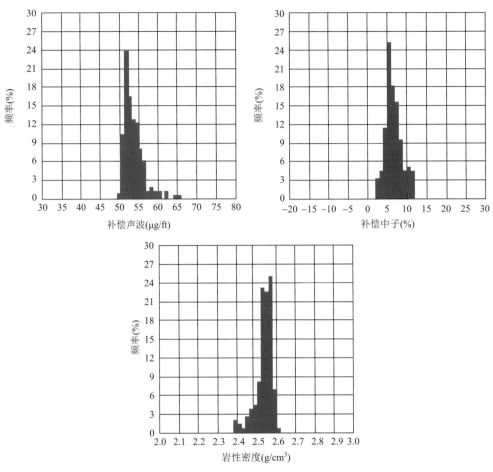

图 4-10　羌科 1 井二开补偿声波、补偿中子、岩性密度曲线直方图

（1130.0～1150.0m 灰岩）

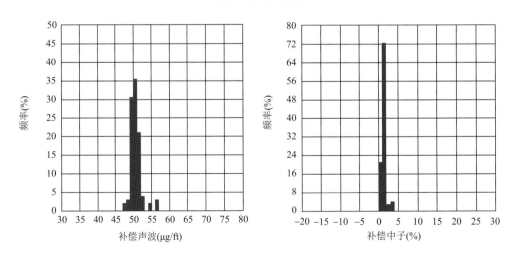

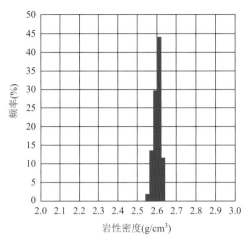

图 4-11　羌科 1 井三开补偿声波、补偿中子、岩性密度曲线直方图

（2776.0～2789.0m 灰岩）

　　四开测井选取了 4121.0～4150.0m 岩性较纯的凝灰岩段作补偿声波、补偿中子和岩性密度曲线直方图（图 4-12），各曲线的直方图显示，数据集中，峰值明显，有较好的正态分布规律，说明曲线质量可靠。

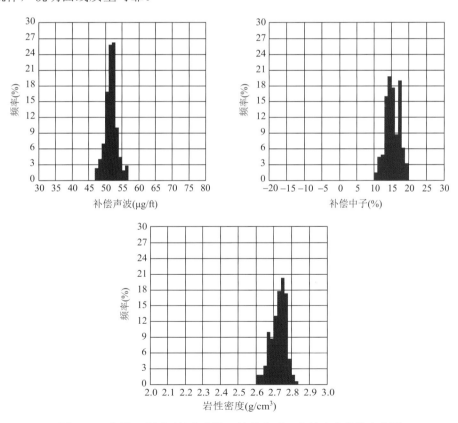

图 4-12　羌科 1 井四开补偿声波、补偿中子、岩性密度曲线直方图

（4121.0～4150.0m 凝灰岩）

（二）重复曲线分析法

重复测井曲线是检查测井仪器稳定性的重要方法之一，重复性的优劣直接反映了测井曲线的质量。重复测量应在主测井前、测量井段上部、曲线幅度变化明显、井径规则的井段测量。利用重复曲线相对误差公式计算出各条测井曲线的重复误差，并以此对测井曲线质量进行检查。计算公式如下：

$$X = \frac{|B - A|}{A} \times 100\%$$

式中，A 为主测井曲线测量值；B 为重复曲线测量值；X 为测量值相对误差。

羌科 1 井各开次的测井施工测速及回程差见表 4-20～表 4-22。羌科 1 井各开次主曲线与重复曲线对比见图 4-13～图 4-16。

表 4-20　羌科 1 井测井测速及回程差统计表（二开）

测井项目	测量井段（m）	采样间隔（m）	测速（m/h）	回程差（m）
自然伽马、微电阻率扫描成像		0.05	500	−0.7
自然伽马、地层倾角		0.05	540	−0.7
自然伽马、补偿声波、双侧向、微球形聚焦		0.0762	540	−0.7
自然伽马、双感应-八侧向、井温、流体电阻率、自然电位		0.0762	540	−0.7
双感应-八侧向		0.0762	540	−0.7
微电极	505.80～1981.00	0.1	1000	-0.7
微电极		0.1	1000	−0.7
4m/2.5m 电极系		0.1	1000	−0.7
自然伽马、补偿中子、岩性密度		0.0762	540	−0.7
自然伽马、井斜、方位、交叉偶极声波、高分辨率阵列感应、自然伽马能谱、双井径		0.0762	540	−0.7
自然伽马能谱		0.0762	540	−0.7
自然伽马、声幅、变密度、磁定位	10.50～1923.30	0.0762	540	−0.7

表 4-21　羌科 1 井测井测速及回程差统计表（三开）

测井项目	测量井段（m）	采样间隔（m）	测速（m/h）	回程差（m）
自然伽马、补偿声波、双侧向、微球形聚焦		0.0762	540	−0.9
自然伽马、补偿中子、岩性密度		0.0762	540	−0.9
自然伽马、微电阻率扫描成像	1980.78～3859.0	0.05	500	−0.9
自然伽马、井斜、方位、交叉偶极声波、高分辨率阵列感应、双井径		0.0762	540	−0.9
自然伽马、双感应-八侧向、自然电位、自然伽马能谱		0.0762	540	−0.9

续表

测井项目	测量井段（m）	采样间隔（m）	测速（m/h）	回程差（m）
2.5m/4m 电极系		0.1	1000	−0.9
自然伽马、井温、流体电阻率	1980.78～3859.00	0.0762	540	−0.9
微电极		0.1	1000	−0.9
自然伽马、地层倾角		0.05	540	−0.9
自然伽马、声幅、变密度、磁定位	1750.00～3636.00	0.0762	540	−0.9
自然伽马、声幅、变密度、磁定位	0～3808.00	0.0762	540	−0.9

表 4-22 羌科 1 井测井测速及回程差统计表（四开）

测井项目	测量井段（m）	测速（m/h）	回程差（m）
井温、流体电阻率、自然伽马、双侧向、微球形聚焦		540	−0.9
自然伽马、自然伽马能谱、高分辨率阵列感应		540	−0.9
自然伽马、补偿声波、井斜、方位、交叉偶极声波、	3869.83～4696.18	360	−0.9
自然伽马、补偿中子、岩性密度		540	−0.9
自然伽马、双感应-八侧向、双井径		540	−0.9
自然电位、2.5m/4m 电极系		1000	−1.1
微电极		540	−0.9

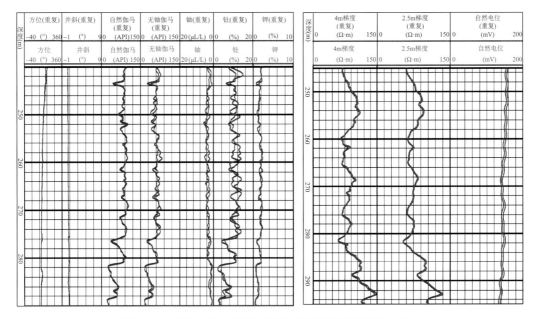

图 4-13 羌科 1 井主曲线与重复曲线对比检查图（一开）

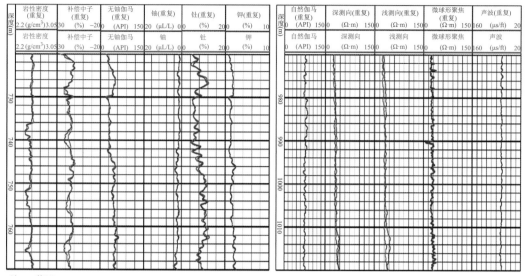

注：1英尺 = 0.3048m。

图 4-14　羌科 1 井主曲线与重复曲线对比检查图（二开）

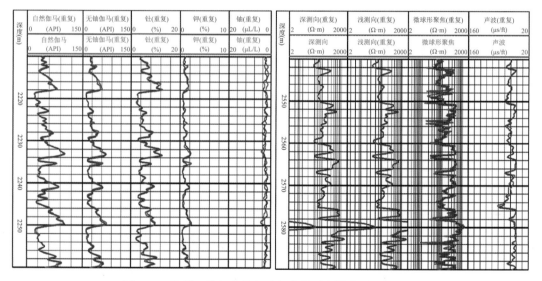

图 4-15　羌科 1 井主曲线与重复曲线对比检查图（三开）

第六节　固井施工

羌科 1 井固井是相对于钻井施工、录井施工、测井施工和钻前施工之外的一项比较重要的工作，其工作时间比较短。本节将介绍高原固井的难点、固井施工情况和固井质量评价。

一、高原固井的难点

（1）高原特殊环境下（低温、低压），对水泥浆现场施工影响很大，可能导致固井失败。

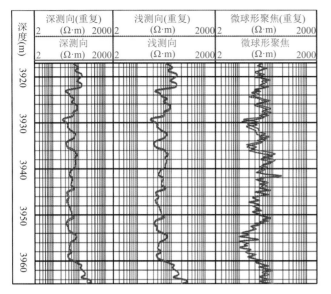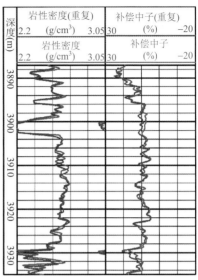

图 4-16　羌科 1 井主曲线与重复曲线对比检查图（四开）

（2）存在冻土层，冻土层固井封固质量难以保证。

（3）上部地层存在溶洞、裂缝、暗河等，固井易发生大型漏失。

（4）索瓦组、布曲组、波里拉组可能存在溶洞或裂缝发育，固井易发生漏失。

（5）井眼条件差，井径不规则，顶替效率差。

（6）上部地层存在异常高温、高压。

（7）地层地温梯度高，井底静止温度高，压力大。

（8）裸眼井段长，封固段长，水泥环柱长，上下温差大，对水泥浆性能要求高。

（9）泵压高，水泥用量大，施工时间长，地面施工工艺要求严格。

（10）气测异常层位多而分散。含气井段长，单层厚度薄，钻进过程普遍存在气窜现象。

（11）地层压力系统复杂，高低压气层共存，地层对压力非常敏感，压力过高会压漏地层，过低气层溢流引起井喷。

（12）地下流体腐蚀性强，天然气中硫化氢含量较高，且高温，对井下工具质量要求高。

（13）远距离组织施工难度大。

（14）海拔 5200m 进行固井作业（含氧量极低），正常工作困难。

二、固井实施情况

1. Φ720mm 导管施工

施工过程描述：12 月 8 日下导管，导管下深为 59.04m，导管外径为 720mm，壁厚为 10mm。前置液注入 8m³，环空注入水泥浆 18m³，替浆 19m³，水泥浆返出地面，共用嘉华 G 水泥 25t，施工正常。

导管施工基本数据、泥浆性能及固井施工数据见表 4-23～表 4-25。

表 4-23　导管施工基本数据

对比	钻头尺寸×钻深（mm×m）	套管尺寸×下深（mm×m）	口袋（m）	备注
设计	Φ900×60	Φ720×59	1	—
实际	Φ900×59.04	Φ720×59.04	0.96	插入法

表 4-24　固井前泥浆性能

密度（g/cm³）	失水（mL）	黏度①（s）	泥饼（mm）	pH	固含（%）
1.0	—	—	—	—	—

表 4-25　固井施工数据（插入式固井）

对比	前置液（m³）	水泥浆量（m³）	平均密度（g/cm³）	水泥浆返高（m）	替浆量（m³）
设计	8	18	尾浆 1.89	地面	19
实际	8	18	尾浆 1.89	地面	19

2. Φ508mm 表层施工

施工过程描述：2017 年 5 月 9 日 3:00 开始下套管；10 日 8:00 套管到位；12:30 下插入钻具；13:30 插头下压 8t，检验插头，密封良好；14:30 循环，排量为 0.6～2m³/min，压力为 0～1MPa；14:50 固井准备；15:00 试压 20MPa；15:10 注前置液 10m³，密度为 1.02g/cm³，排量为 1.2m³/min；17:30 注水泥浆 115m³，平均密度为 1.88g/cm³，排量为 1.0～0.8m³/min，压力为 0～4～1.5MPa；17:40 替浆 5.6m³，密度为 1.02g/cm³，排量为 0.8m³/min；水泥浆返出地面约 6m³；17:50 拔插锥检查回流，无回流，连续起钻至井口，候凝 48h。

表层施工基本数据、固井液性能及固井施工数据见表 4-26～表 4-28。

表 4-26　表层施工基本数据

对比	钻头尺寸×钻深（mm×m）	套管尺寸×下深（mm×m）	口袋（m）	备注
设计	Φ660.4×501	Φ508×500	1	—
实际	Φ660.4×506	Φ508×505.80	0.20	插入法

表 4-27　固井前钻井液性能

钻井液类型				膨润土浆-低固相聚合物钻井液						
密度（g/cm³）	黏度（s）	塑黏（mPa·s）	失水（mL）	高温高压失水（mL）	泥饼（mm）	动切（Pa）	pH	含砂（%）	固含（%）
1.07	55	—	5.2	—	—	—	—	—	—

表 4-28　固井施工数据（插入式固井）

参数	设计	实际
隔离液（m³）	10	10
水泥浆量（m³）	110	115

注：① 本书黏度为雷氏黏度，单位为 s。

续表

参数	设计	实际
平均密度（g/cm³）	1.89	1.88
替浆量（m³）	5.5	5.6

3. Φ339.7mm 技套施工

施工过程描述：2017 年 8 月 25 日 23:00 开始下套管；27 日 05:30 套管到位，下深为 1980.78m；13:55 灌浆，顶通水眼，顶通压力为 2MPa，循环压力为 2MPa，循环排量为 1.2～3.0m³/min；14:55 固井准备；15:00 试压 25MPa，合格；15:30 注前置液 30m³（密度为 1.05g/cm³）；18:15 注水泥浆 206m³（领浆 153m³，平均密度为 1.48g/cm³，尾浆 53m³，平均密度为 1.88g/cm³），排量为 0.8～2.2m³/min，压力为 4～0MPa；18:20 注压塞液 3m³（密度为 1.05g/cm³），排量为 1.0m³/min，压力为 0MPa；19:25 替浆 150.4m³，替浆排量为 3.0～1.2m³/min，碰压，压力为 0～4～9MPa，返出水泥混浆约 25m³，放回水正常，回压凡尔密封良好。2017 年 8 月 28 日 20:30～20:40 井口反挤水泥作业，共注入水泥浆 7.5m³，密度为 1.89g/cm³。候凝 48h 下钻探塞、扫塞。

Φ339.7mm 技套施工基本数据、钻井液性能、固井施工数据及通井数据见表 4-29～表 4-32。

表 4-29　技套施工基本数据

对比	钻头尺寸×钻深（mm×m）	套管尺寸×下深（mm×m）	口袋（m）	备注
设计	Φ444.5×2000	Φ339.7×1998	2	—
实际	Φ444.5×1981	Φ339.7×1980.78	0.22	单级固井

表 4-30　固井前钻井液性能

密度（g/cm³）	失水（mL）	黏度（s）	泥饼（mm）	pH	固含（%）
1.09	8.8	60	0.5	8.5	7

表 4-31　固井施工数据（常规单级固井）

对比	前置液（m³）	水泥浆量（m³）	平均密度（g/cm³）	水泥浆返高（m）	替浆量（m³）
设计	30	206.4	领浆 1.50 尾浆 1.88	地面	153.4
实际	30	206	领浆 1.48 尾浆 1.88	地面	153.4

表 4-32　通井数据

通井钻具组合	Φ444.5mm 牙轮钻头＋730×730 接头＋Φ228.6mm 钻铤×2 根＋Φ440mm 扶正器＋731×630 接头＋Φ203.2mm 钻铤×5 根＋631×520 接头＋Φ139.7mm 加重钻杆×14 根＋Φ139.7mm 钻杆		
循环排量 L/s	52	压力 MPa	4

4. Φ244.5mm 技套施工

施工过程描述：2017 年 11 月 15 日 12:00 开始下套管；11 月 16 日 17:00 下套管至井深 3855.3m；21:30 井队一个凡尔开泵，排量为 0.3m³/min，压力为 1MPa，逐渐提排量至 2m³/min，压力为 6MPa；17 日 3:00 循环固井准备，3:05 试压 30MPa 正常，3:25 注冲洗液 8m³，密度为 1.05g/cm³，注加重隔离液 8m³，密度为 1.40g/cm³，4:40 注水泥浆领浆 60m³，密度为 1.55g/cm³，尾浆为 20m³，密度为 1.55g/cm³，消耗嘉华 G 级水泥 160t，4:50 注压塞液 3m³；5:50 替浆 93m³，其中重浆 68m³（密度为 1.50g/cm³），井浆 25m³（密度为 1.30g/cm³）（排量为 1～2m³/min，压力为 0～10MPa），碰压为 10～12MPa，放回水正常，起钻井口反喷 5 柱。

Φ244.5mm 技套施工基本数据、固井液性能、井温井径等数据见表 4-33～表 4-39。

表 4-33　技套施工基本数据

	钻头尺寸×钻深（mm×m）	套管尺寸×下深（mm×m）	口袋（m）	备注
设计	Φ311.2×4002	Φ244.5×4000	2	—
实际	Φ311.2×3859	Φ244.5×3858.30	—	悬挂器位置：1793.50～1799.78m

表 4-34　固井前钻井液性能

密度（g/cm³）	黏度（s）	API 失水 B（mL）	泥饼厚度 K（mm）	高温高压失水（mL）	pH	静切（Pa） 10s	10min
1.29	61	4	0.5	12.4	9	4	9
塑黏（mPa·s）	动切力（Pa）	固含（%）	坂土含量（g/L）	Ga^{2+}（Mg/L）	含砂（%）	Cl^-（Mg/L）	摩阻
30	8.1	8	38	—	0.3	6390	—

表 4-35　井温数据　　　　　　　　　　　　　　　　　　　　单位（℃）

预测井底温度	130	预测井底循环温度	105
井底实测温度	134	实验温度	105

表 4-36　井径数据

裸眼井段（m）	段长（m）	平均井径（mm）	扩大率（%）
1981～3859	1878	312.6	0.5

表 4-37　地破试验情况

井深（m）	泥浆密度（g/cm³）	承压值（MPa）	地层当量密度（g/cm³）	是否破裂
2014.28	1.09	5	1.34	破裂

表 4-38　通井数据

通井钻具组合	12-1/4" 三牙轮＋630×520 接头＋Φ203.2mm 钻铤×2 根＋309mm 扶正器＋Φ203.2mm 钻铤×11 根＋Φ139.7mm 钻杆		
循环排量（L/s）	35	压力 MPa	10

表 4-39　固井施工数据

参数	设计	实际
前置液（m³）	8＋8	8＋8
水泥浆量（m³）（领浆）	55	55
平均密度（g/cm³）	1.55	1.55
水泥浆量（m³）（尾浆）	25	25
平均密度（g/cm³）	1.89	1.89
压塞量（m³）	3	3
替浆量（m³）	93	93
碰压（MPa）	—	10～12

5. Φ244.5mm 回接施工

施工过程描述：2017 年 11 月 20 日 20:00～21 日 8:00 下套管；13:00 灌浆；20:30 换短套管；21:00 试插，下压 10t；22:00 打压 5.5MPa，稳压 5min，无压降；（井队储备泥浆 1d，井队高压管汇上冻，修设备 1d）；23 日 21:00 开泵顶通循环，排量为 0.7m³/min，压力为 2MPa；24 日 2:30 循环，排量为 0.7m³/min，压力为 2MPa；24 日 2:35 地面管线试压 15MPa，合格；2:55 注前置液 20m³，密度为 1.05g/cm³；4:25 注水泥浆 70m³，其中领浆 50m³，密度为 1.55g/cm³，尾浆 20m³，密度为 1.89g/cm³，共用嘉华 G 级水泥 90t；4:35 注压塞液 4m³，密度为 1.05g/cm³；5:00 替浆 62.4m³，替浆排量为 1.6m³/min，泵压为 5～10MPa，碰压，前置液返出地面，接头插入，下压 15t，放回水正常，施工期间计量漏失 25m³。

Φ244.5mm 回接施工基本数据、钻井液性能见表 4-40 及表 4-41。

表 4-40　回接施工基本数据

次序	井眼尺寸×井深（mm×m）	套管尺寸×下深（mm×m）	环空水泥返高（m）	特殊工具位置（m）
三开	Φ311.2×3859	Φ244.5×3855.30	1778	悬挂器位置：1793.5～1799.78
回接	Φ315.32×1793.5	Φ244.5×1793.5	地面	—
备注	实测回接筒顶部位置：1793.5m			

表 4-41　固井前钻井液性能

密度（g/cm³）	黏度（s）	API 失水（mL）	泥饼厚度（mm）	高温高压失水（mL）	pH	静切（Pa）	
						10s	10min
1.29	54	5	1	17	10	5	10

塑黏（mPa·s）	动切力（Pa）	固含（%）	坂土含量（g/L）	Ga²⁺（mg/L）	含砂（%）	Cl⁻（mg/L）	摩阻
30	8.1	8	38	200	0.3	6390	—

6. 填井侧钻用水泥塞施工

施工过程描述：2018 年 5 月 2 日 14:30 下钻具至井深 3889m；19:00 循环，循环排量为 1.8m³/min，压力为 7~5.5MPa；固井准备；19:05 管线试压 25MPa，不刺不漏，合格；19:10 注前隔离液 4m³，密度为 1.05g/cm³，排量为 0.8m³/min，压力为 4MPa；19:25 注入水泥浆 9m³，平均密度为 1.87g/cm³，排量为 0.8m³/min，压力 4~0MPa；19:35 注后隔离液 1.5m³，密度为 1.05g/cm³，排量为 0.8m³/min，压力为 0MPa；19:55 顶替泥浆 32m³，密度为 1.23g/cm³，排量为 1.6m³/min，压力为 0~5~11MPa，施工期间井口返浆正常、施工连续正常；22:00 起钻 25 柱，悬重正常；14:35 起钻至井口，候凝 48h 后下钻探塞、扫塞。

填井侧钻用水泥塞施工固井前钻井液性能见表 4-42。

表 4-42　固井前钻井液性能

密度（g/cm³）	黏度（s）	API 失水（mL）	泥饼厚度（mm）	高温高压失水（120℃）（mL）	pH	静切（Pa）	
						10s	10min
1.21	52	5	0.5	—	9	2	7

塑黏（mPa·s）	动切力（Pa）	固含（%）	坂土含量（g/L）	混油（%）	含砂（%）	Cl⁻（mg/L）	摩阻（45min）
—					0.3	—	—

7. 第二次侧钻水泥塞施工

施工过程描述：2018 年 6 月 12 日 15:00 循环，循环排量为 1.0m³/min，压力为 11MPa，固井施工准备；15:05 固井管汇试压 30MPa，管线不刺不漏；15:15 注前置液 8.0m³，密度为 1.05g/cm³，排量为 1.0m³/min，泵压为 10MPa；15:30 注水泥浆 8.3m³，平均密度为 1.90g/cm³，排量为 1.0m³/min，泵压为 6MPa；15:35 注后置液 1.5m³，密度为 1.05g/cm³，排量为 0.6m³/min，泵压为 3MPa；16:10 替浆 30.6m³，密度为 1.25g/cm³，排量为 1.0m³/min，泵压为 11MPa，替浆到量停泵；起出全部钻具，候凝 48h 下钻探塞。

第二次侧钻水泥塞施工固井前钻井液性能见表 4-43。

表 4-43　固井前钻井液性能

密度（g/cm³）	黏度（s）	API 失水（mL）	泥饼厚度（mm）	高温高压失水（120℃）（mL）	pH	静切（Pa）	
						10s	10min
1.25	52	5	0.5	—	9	2	7

塑黏（mPa·s）	动切力（Pa）	固含（%）	坂土含量（g/L）	混油（%）	含砂（%）	Cl⁻（mg/L）	摩阻（45min）
—					0.3	—	—

8. 封井水泥塞施工

施工过程描述：2018 年 11 月 12 日 15:00 循环，循环排量为 1.5m³/min，压力为 5MPa，固井施工准备；15:05 固井管汇试压 20MPa，管线不刺不漏；15:15 注前置液 4.5m³，密度为 1.05g/cm³，排量为 1.0m³/min，泵压为 5MPa；15:30 注水泥浆 10m³，平均密度为 1.89g/cm³，排量为 1.0m³/min，泵压为 0～6MPa；15:35 注后置液 1.5m³，密度为 1.05g/cm³，排量为 1.0m³/min，泵压为 0MPa；15:50 替浆 13.1m³，密度为 1.44g/cm³，排量为 1.5m³/min，泵压为 5MPa，替浆到量后停泵；起出全部钻具，候凝 48h 下钻探塞。

封井水泥塞施工基本数据、钻井液性能见表 4-44、表 4-45。

表 4-44　封井水泥塞施工基本数据

开钻次序	井眼尺寸×井深（mm×m）	套管尺寸×套管下深（mm×m）	水泥浆返深（m）	固井方式
一开	Φ660.4×506	Φ508×505.80	地面	插入式
二开	Φ444.5×1981	Φ339.7×1980.78	地面	单级固井
三开	Φ311.2×3859	Φ244.5×3855.3	地面	双级固井

表 4-45　固井前钻井液性能

密度（g/cm³）	黏度（s）	API 失水（mL）	泥饼厚度（mm）	高温高压失水（120℃）（mL）	pH	静切（Pa） 10s	静切（Pa） 10min
1.44	67	4	0.5	—	9.5	3	8

塑黏（mPa·s）	动切力（Pa）	固含（%）	坂土含量（g/L）	混油（%）	含砂（%）	Cl⁻（mg/L）	摩阻（45min）
—	—	—	—	—	0.2	—	—

三、固井质量评价

声幅-变密度测井是用来检查套管与水泥、水泥与地层两个界面的水泥胶结封固情况，利用声幅-变密度测井资料能准确地评价固井质量。

（一）测量原理

声波变密度测井仪采用单发双收的声系，当发射器以固有频率发射声脉冲时，3ft 的接收器记录沿套管滑行的首播幅度，5ft 的接收器接收一个时间轴上 200～1200μs（或 1400μs）这一组 12～14 个声脉冲信号。

对于 3ft 源距接收器，声波发射器发射声脉冲，经过泥浆折射入套管，产生套管波，套管波沿最短路径传播，折射入井里泥浆，接收器接收声波波列中首波的幅度，经过电子线路转换为相应的电压值予以记录。当仪器沿井身移动时，就测出一条随井深变化的声幅曲线。通过声幅曲线值的高低来确定套管与水泥环胶结的好坏。

对于 5ft 源距接收器，接收到的是声波的全波列，即套管波、地层波、直达波（泥浆波），接收电子线路把信号转换为与其幅度成正比的点信号，经电缆传至地面，检波后只保留正半周部分。这部分电信号加到示波管或显像管上，调制其光点的亮度。波幅大、电压高，光点就亮，测井图上显示条带为黑色；光点亮度低时，测井图上显示为灰色条带；负半周电压为零，光点不亮，测井图上显示为白色条带。变密度测井图是黑（灰）白相间的条带，颜色的深浅表示接收到的信号的强弱，通过对变密度测井图上显示的套管波、地层波和直达波（泥浆波）的强弱程度进行分析，来确定套管与水泥环、水泥环与地层胶结质量的好坏。

（二）评价方法和解释标准

1. 第一界面评价方法和解释标准

第一界面为套管与水泥环之间的胶结面，评价标准以 3ft 声幅测井（cement bond logging，CBL）为主。根据声幅曲线的幅度值，参考水泥浆密度参数，采用相对幅度法评价固井质量。

$$相对幅度 = (目的层段的声幅值/自由套管井段声幅值) \times 100\%$$

对于低速地层和中速地层，固井质量按照表 4-46 中的标准评价。

对于快速地层（声波时差小于 57μs/ft），地层波早于套管波到达接收器，声幅首波记录的是地层波的幅度，造成声幅曲线高值；同时到达时，套管波与地层波相互叠加干扰，影响接收器首波幅度，此时不能用声幅曲线来判断第一界面的胶结状况，在解释时，需要参考变密度波列信息。

表 4-46　声幅相对幅度法第一界面评价指标

低密度泥浆 （水泥浆密度<1.75g/cm³）	常规密度、极高密度泥浆 （水泥浆密度≥1.75g/cm³）	第一界面 胶结结论
相对声幅值≤20%	相对声幅值≤5%	胶结好
20%<相对声幅值≤40%	15%<相对声幅值≤30%	胶结中等
相对声幅值>40%	相对声幅值>30%	胶结差

2. 第二界面评价方法和解释标准

第二界面为水泥环与地层（或外层套管）之间的胶结面，评价标准以变密度测井（variable density logging，VDL）显示特征为主，并参考第一界面的胶结情况，具体评价见表 4-47。

表 4-47　第二界面定性评价固井质量

| 序号 | 声幅相对幅度 | 变密度测井 | | 第二界面
胶结结论 |
		套管波	地层波	
1	与自由套管幅度（或模拟刻度值）相一致	强	无	自由套管
2	小于为胶结良好的上限	弱或无	强	胶结好
3	小于为胶结良好的上限	弱或无	中强	胶结中等
4	小于为胶结良好的上限	弱或无	弱或无	胶结差
5	介于胶结中等与胶结良好之间	中强	强	胶结好
6	介于胶结中等与胶结良好之间	中强	中强	胶结中等
7	介于胶结中等与胶结良好之间	中强	弱或无	胶结差
8	大于胶结差的下限	强	不要求	胶结差

对于快速地层，由于声幅受地层波的影响，要结合声幅和变密度上套管波的特征对第一界面进行评价，第二界面按表4-48的标准进行定性解释。

表 4-48 快速地层第二界面定性评价固井质量

序号	声波时差 （μs/ft）	VDL 接箍特征	VDL 左侧部位的特征	地层波特征	第二界面 胶结结论
1	≤57	接箍特征不明显	具有地层波特征	强	胶结好
2	≤57	接箍特征较明显	具有地层波特征	中等	胶结中等
3	≤57	接箍特征明显	具有套管波特征	弱或无	胶结差

（三）固井质量评价

1. 一开套管固井质量评价测井

羌科1井在一开进行了固井质量评价测井，测量项目为自然伽马、声幅和磁定位，依据测井资料只对第一界面进行评价。基础数据见表4-49。

表 4-49 羌科1井一开固井基础数据表

固井时间	2017 年 5 月 10 日 14:50		测井时间	2017 年 5 月 12 日 19:00
完钻井深	523.0m（17.0m 领眼）	短接	工程深度：—	
测量井段	0～479.0m		测井深度：—	
水泥浆密度	1.88g/cm³	水泥返高	地面	
套管程序	深度范围：0～59.04m；0～505.80m			
	内径/外径：700.00mm/720.00mm；475.00mm/508.00mm			
地面设备	ECLIPS-5700	测井小队	ZYCJ118 队	

因一开测量井段内地层岩性有碳酸盐岩，属于快速地层，当套管与水泥、水泥与地层都胶结良好时，由于地层波传播速度快，使地层波出现在套管波的位置上，致使测量的声波幅度值偏高，显示为胶结差的特征，此时的声幅曲线不能进行定量解释。在进行快速地层固井质量评价时，参考了波列信息。固井质量分析评价如下。

0～21.0m 井段，套管内无液体，声幅无信号，不评价。

21.0～30.0m 井段，声幅值较高，大于 30%，第一界面水泥胶结差。

30.0～479.0m 井段，大部分声幅值低，小于 15%，局部井段为灰岩快速地层，声幅值较高，但波列信息显示较强的地层波，缺失或弱的套管波，故第一界面水泥胶结好（图4-17）。

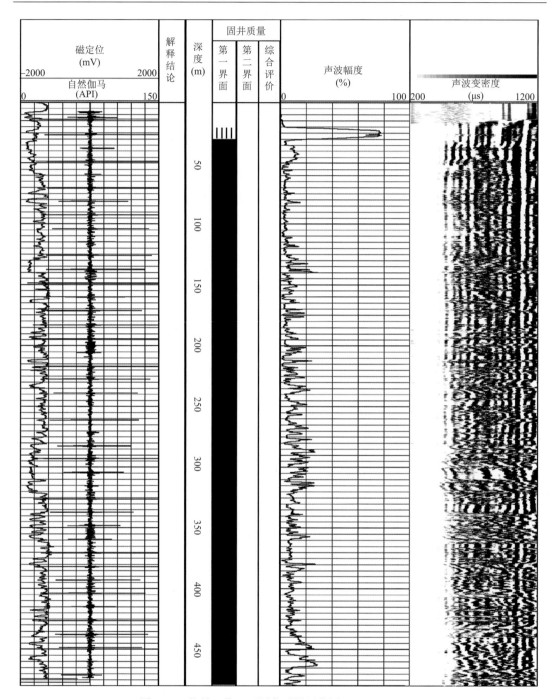

图 4-17　羌科 1 井一开固井质量测井图（0～479.0m）

综合分析认为，一开固井质量合格，解释成果见表 4-50。

表 4-50　羌科 1 井一开固井质量解释成果表

序号	井段（m）	厚度（m）	第一界面胶结结论
1	0～21.0	21.0	不评价
2	21.0～30.0	9.0	胶结差
3	30.0～479.0	449.0	胶结好

2. 二开套管固井质量评价测井

测量项目为自然伽马、磁定位、声幅和变密度，依据测井资料对第一、第二界面进行评价。基础数据见表 4-51。

表 4-51　羌科 1 井二开固井基础数据表

固井时间	2017 年 8 月 27 日 14:55	测井时间	2017 年 8 月 29 日 18:00
测时井深	2011.0m（30.0m 领眼）	短接	工程深度：—
测量井段	0～1923.3m		测井深度：—
水泥浆密度	1.46/1.86g/cm^3	水泥返高	地面
套管程序	深度范围：0～59.04m；0～505.8m；0～1980.78m 内径/外径：700.00mm/720.00mm；475.00mm/508.00mm；317.86mm/339.70mm		
地面设备	ECLIPS-5700	测井小队	ZYCJ118 队

二开测量井段内地层岩性有碳酸盐岩，属于快速地层，当套管与水泥、水泥与地层都胶结良好时，由于地层波传播速度快，使地层波出现在套管波的位置上，致使测量的声波幅度值偏高，显示为胶结差的特征，此时的声幅曲线不能进行定量解释。在进行快速地层固井质量评价时，参考了波列信息。

505.8m 以上井段为双层套管。1290.0m 以上井段为低密度水泥浆固井，密度为1.46g/cm^3，1290.0m 以下井段为常规密度水泥浆固井，密度为 1.86g/cm^3，固井质量分析评价如下。

0～38.0m 井段，套管内无液体，声幅-变密度无信号，不评价。

38.0～135.4m 井段，声幅值较低，小于 40%，变密度显示相对较弱的套管波，说明第一界面水泥胶结以中等为主，局部胶结好；第二界面水泥胶结为中等。综合评价为中等。

135.4～423.8m 井段，声幅值较低，小于 40%，变密度显示较强的套管波，说明第一界面水泥胶结以中等为主，局部胶结好；第二界面水泥胶结以差为主，局部胶结中等。综合评价为差。

423.8～505.8m 井段，声幅值较低，小于 40%，变密度显示相对较弱的套管波，说明第一界面水泥胶结为中等和好；第二界面水泥胶结以中等为主，少量胶结差。综合评价为中等。

505.8～782.2m 井段，大部分声幅值较低，小于 40%，变密度显示相对较强的套管波，中强或弱的地层波，说明第一界面水泥胶结以中等为主，局部胶结好；第二界面水泥胶结以中等为主，局部胶结差。综合评价为中等。

782.2～1117.0m 井段，大部分声幅值较低，小于 40%，变密度显示较强的套管波，缺失或弱的地层波，说明第一界面水泥胶结以中等为主，少量胶结差；第二界面水泥胶结以差为主，局部胶结中等。综合评价为差。

1117.0～1290.0m 井段，大部分声幅值较低，小于 40%，变密度显示相对较弱的套管波，中强或弱的地层波，说明第一界面水泥胶结以中等为主，局部胶结好；第二界面水泥胶结以中等为主，局部胶结好和少量胶结差。综合评价为中等。

1290.0～1502.9m 井段，大部分声幅值低，小于 15%，变密度显示较强的地层波信号，缺失或弱的套管波信号，说明第一界面水泥胶结以好为主，少量胶结中等；第二界面水泥胶结以好为主，局部胶结中等。综合评价为好。

1502.9～1923.3m 井段，大部分声幅值低，小于 15%，局部井段为灰岩快速地层，声幅值较高，但波列信息显示强的地层波信号，缺失套管波信号，故第一界面、第二界面水泥胶结均为好。综合评价为好。

二开固井质量层间封隔中等和好，综合分析认为，二开固井质量合格，固井质量测井及解释成果见图 4-18 及表 4-52。

3. 三开套管固井质量评价测井

1）三开尾管固井质量评价

测量项目为自然伽马、磁定位、声幅和变密度，依据测井资料对第一、第二界面进行评价。由于测井过程中遇阻，本次资料未测到底。基础数据见表 4-53。

三开测量井段内地层岩性有碳酸盐岩，属于快速地层，当套管与水泥、水泥与地层都胶结良好时，由于地层波传播速度快，使地层波出现在套管波的位置上，致使测量的声波幅度值偏高，显示为胶结差的特征，此时的声幅曲线不能进行定量解释。在进行快速地层固井质量评价时，参考了波列信息。

1793.0～1980.78m 井段为双层套管。3200.0m 以上井段为低密度水泥浆固井，密度为 1.55g/cm³；3200.0m 以下井段为常规密度水泥浆固井，密度为 1.89g/cm³。固井质量分析评价如下：

1750.0～1793.0m 井段，悬挂器以上井段，不做评价。

1793.0～2236.5m 井段，大部分声幅高值，大于 40%，变密度显示强的套管波，并可见清晰的套管接箍，说明第一、二界面水泥胶结以差为主，局部胶结中等和少量胶结好。综合评价为差。

2236.5～2755.9 井段，大部分声幅值小于 40%，变密度显示较强的地层波，说明第一界面水泥胶结以中等为主，局部胶结好和少量胶结差；第二界面水泥胶结以中等为主，局部胶结好和胶结差。综合评价为中等。

2755.9～3200.0m 井段，大部分声幅低值，小于 20%，变密度显示较弱的套管波，强的地层波，说明第一、二界面水泥胶结以好为主，局部胶结中等。综合评价为好。

3200.0～3636.0m 井段，大部分声幅低值，小于 15%，变密度显示较弱的套管波，强的地层波，说明第一、二界面水泥胶结以好为主，局部胶结中等。综合评价为好。

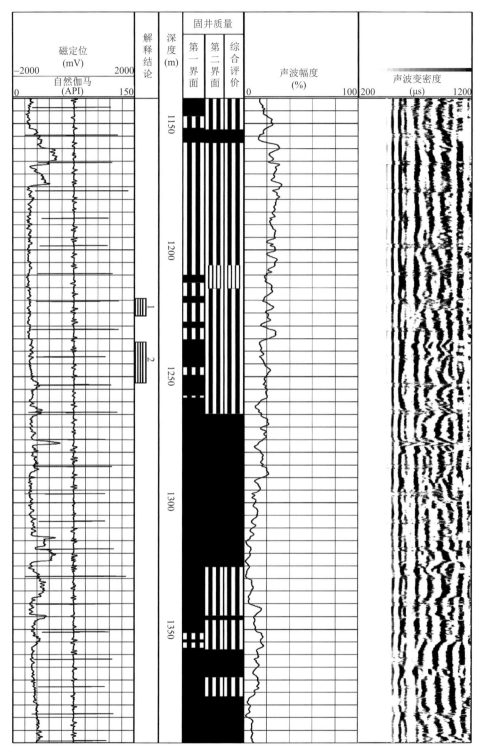

图 4-18　羌科 1 井二开固井质量测井图（1140.0～1395.0m）

表 4-52　羌科 1 井二开固井质量解释成果表

序号	井段 (m)	厚度 (m)	第一界面 解释结论	第二界面 解释结论	综合评价	组合 解释层号
1	0～38.0	38.0		不评价		—
2	38.0～65.4	27.4	胶结好	胶结中等	胶结中等	—
3	65.4～135.4	70.0	胶结中等—好	胶结中等	胶结中等	—
4	135.4～167.7	31.3	胶结好—中等	胶结差	胶结差	—
5	167.7～236.7	69.0	胶结好	胶结中等—差	胶结中等	—
6	236.7～423.8	187.1	胶结中等—好	胶结差—中等	胶结差	—
7	423.8～469.5	45.7	胶结中等—好	胶结中等—差	胶结中等	—
8	469.5～505.8	36.3	胶结好—中等	胶结中等	胶结中等	—
9	505.8～553.6	47.8	胶结中等—好	胶结中等—差	胶结中等	—
10	553.6～574.9	21.3	胶结中等	胶结差	胶结差	—
11	574.9～631.5	56.6	胶结好—中等	胶结中等	胶结中等	—
12	631.5～651.8	20.3	胶结中等	胶结差	胶结差	—
13	651.8～782.2	130.4	胶结中等	胶结中等—差	胶结中等	—
14	782.2～819.6	37.4	胶结中等	胶结差	胶结差	—
15	819.6～839.5	19.9	胶结中等—差	胶结中等—差	胶结中等	—
16	839.5～866.3	26.8	胶结中等	胶结差	胶结差	—
17	866.3～909.6	43.3	胶结中等	胶结中等—差	胶结中等	—
18	909.6～1039.4	129.8	胶结中等	胶结差—中等	胶结差	—
19	1039.4～1070.2	30.8	胶结中等	胶结中等—差	胶结中等	—
20	1070.2～1117.0	46.8	胶结中等	胶结差—中等	胶结差	—
21	1117.0～1206.0	89.0	胶结中等—好	胶结中等—好	胶结中等	—
22	1206.0～1215.4	9.4	胶结中等—好	胶结差	胶结差	—
23	1215.4～1264.7	49.3	胶结好—中等	胶结中等	胶结中等	1～2
24	1264.7～1325.4	60.7	胶结好	胶结好	胶结好	—
25	1325.4～1357.9	32.5	胶结好—中等	胶结中等—好	胶结中等	—
26	1357.9～1398.5	40.6	胶结好	胶结好—中等	胶结好	—
27	1398.5～1462.0	63.5	胶结好	胶结中等—好	胶结中等	—
28	1462.0～1502.9	40.9	胶结好	胶结好—中等	胶结好	—
29	1502.9～1923.3	420.4	胶结好	胶结好	胶结好	3

表 4-53 羌科 1 井三开尾管固井基础数据表

固井时间	2017 年 11 月 17 日 5:50	测井时间	2017 年 11 月 19 日 21:00
测时井深	3878.68m（19.68m 领眼）	短接	工程深度：—
测量井段	1750.0～3636.0m		测井深度：—
水泥浆密度	1.55/1.89g/cm³	水泥返高	悬挂器（顶部）：1793.0m
套管程序	深度范围：0～59.04m；0～505.80m；0～1980.78m；1793.00～3869.83m 内径/外径：700.00mm/720.00mm；475.74mm/508.00mm；317.86mm/339.70mm；219.36mm/244.50mm		
地面设备	ECLIPS-5700	测井小队	ZYCJ118 队

三开尾管固井质量层间封隔中等和好（图 4-19～图 4-21）。

综合分析认为，三开尾管固井质量合格，解释成果见表 4-54 所示。

表 4-54 羌科 1 井三开尾管固井质量解释成果表

序号	井段（m）	厚度（m）	第一界面解释结论	第二界面解释结论	综合评价	组合解释层号
1	1750.0～1793.0	43.0	—	不评价	—	—
2	1793.0～1798.2	5.2	胶结好	胶结好	胶结好	—
3	1798.2～1979.6	181.4	胶结差—中等	胶结差—中等	胶结差	—
4	1979.6～2026.7	47.1	胶结中等—差	胶结中等—差	胶结中等	—
5	2026.7～2236.5	209.8	胶结差—中等	胶结差—中等	胶结差	4
6	2236.5～2258.5	22.0	胶结中等	胶结中等	胶结中等	—
7	2258.5～2294.6	36.1	胶结中等—差	胶结差	胶结差	—
8	2294.6～2362.0	67.4	胶结中等—差	胶结中等—差	胶结中等	5～6
9	2362.0～2581.2	219.2	胶结中等—好	胶结中等—差	胶结中等	7～9
10	2581.2～2613.7	32.5	胶结好	胶结好	胶结好	—
11	2613.7～2639.0	25.3	胶结中等—好	胶结中等—好	胶结中等	—
12	2639.0～2649.5	10.5	胶结差—中等	胶结差—中等	胶结差	—
13	2649.5～2755.9	106.4	胶结好—中等	胶结中等	胶结中等	10
14	2755.9～2844.0	88.1	胶结好	胶结好	胶结好	—
15	2844.0～2978.0	134.0	胶结好—中等	胶结中等—好	胶结中等	—
16	2978.0～3211.2	233.2	胶结好—中等	胶结好—中等	胶结好	11
17	3211.2～3299.9	88.7	胶结好	胶结中等—好	胶结中等	12～14
18	3299.9～3396.2	96.3	胶结中等—好	胶结中等—好	胶结中等	15
19	3396.2～3451.1	54.9	胶结好	胶结好	胶结好	16
20	3451.1～3475.6	24.5	胶结中等—好	胶结中等	胶结中等	17
21	3475.6～3636.0	160.4	胶结好	胶结好	胶结好	18

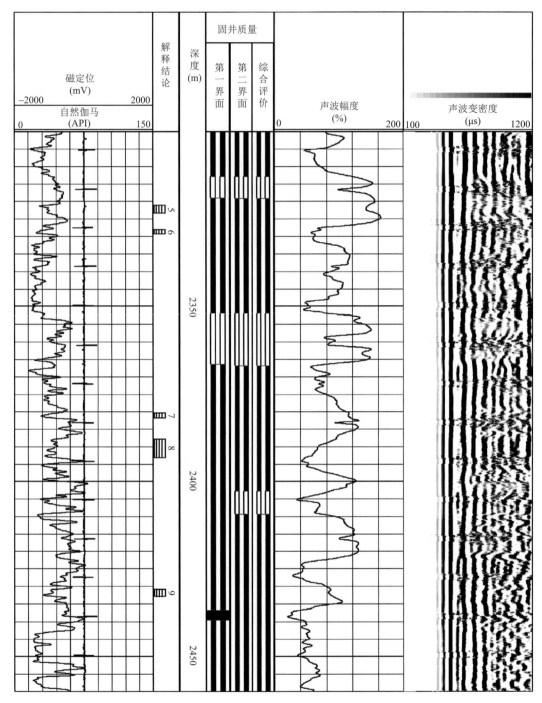

图 4-19 羌科 1 井三开固井质量测井图（2300～2480m）

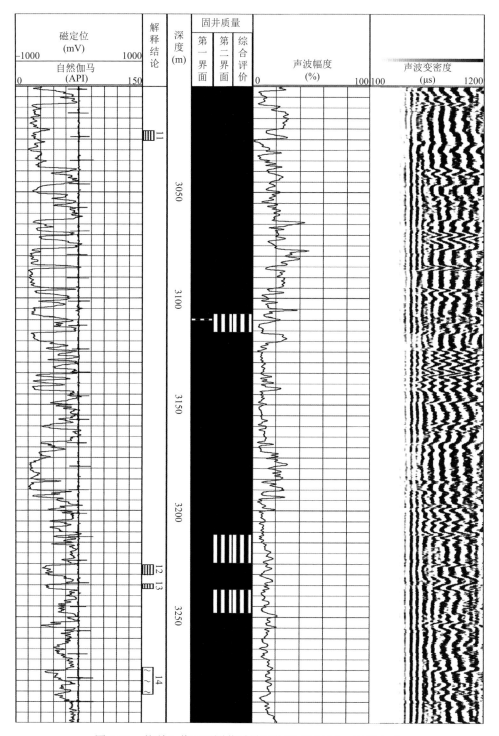

图 4-20　羌科 1 井三开固井质量测井图（3000.0～3300.0m）

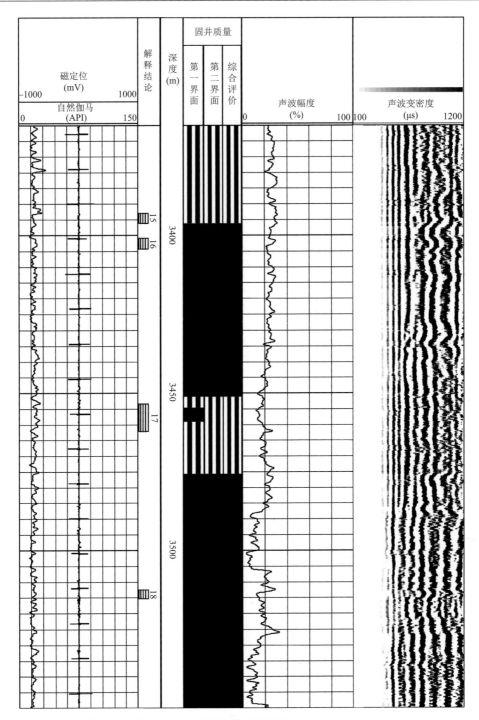

图 4-21　羌科 1 井三开固井质量测井图（3365.0～3550.0m）

2）三开尾管＋回接固井质量评价

测量项目为自然伽马、磁定位、声幅和变密度，依据测井资料对第一、二界面进行评价。基础数据见表 4-55。

表 4-55　芜科 1 井三开尾管 + 回接固井基础数据表

固井时间	尾管：2017 年 11 月 17 日 5:50 回接：2017 年 11 月 24 日 5:00	测井时间	2017 年 11 月 28 日 13:00
测时井深	3878.68m	短接	工程深度：—
测量井段	0.0~3808.0m		测井深度：—
水泥浆密度	1.55/1.90g/cm³	水泥返高	—
套管程序	深度范围：0~59.04m；0~505.80m；0~1980.78m；0~3869.83m 内径/外径：700.00mm/720.00mm；475.74mm/508.00mm；317.86mm/339.70mm；219.36mm/244.50mm		
地面设备	ECLIPS-5700	测井小队	ZYCJ118 队

本测量井段内地层岩性有碳酸盐岩，属于快速地层，当套管与水泥、水泥与地层都胶结良好时，由于地层波传播速度快，使地层波出现在套管波的位置上，致使测量的声波幅度值偏高，显示为胶结差的特征，此时的声幅曲线不能进行定量解释。在进行快速地层固井质量评价时，参考了波列信息。

505.8m 以上井段为三层套管，505.8~1980.78m 以上井段为双层套管。3200.0m 以上井段为低密度水泥浆固井，密度为 1.55g/cm³；3200.0m 以下井段为常规密度水泥浆固井，密度为 1.90g/cm³。依据解释标准进行了固井质量评价，固井质量分析评价如下。

0.0~65.0m 井段，套管内无液体，声幅-变密度无信号，不评价。

65.0~91.7m 井段，大部分声幅值较低，小于 40%，变密度显示相对较弱的套管波，说明第一、二界面水泥胶结均为中等。综合评价为中等。

91.7~857.1m 井段，大部分声幅高值，大于 40%，变密度显示强的套管波，并可见清晰的套管接箍，说明第一界面水泥胶结以差为主，局部胶结中等；第二界面水泥胶结以差为主，少量胶结中等。综合评价为差。

857.1~1827.9m 井段，大部分声幅值低，小于 20%，变密度显示较弱的套管波，说明第一、二界面水泥胶结以好为主，局部胶结中等。综合评价为好。

1827.9~2036.1m 井段，大部分声幅值较低，小于 40%，变密度显示相对较弱的套管波，说明第一界面、第二界面水泥胶结以中等为主，局部胶结好。综合评价为中等。

2036.1~2514.1m 井段，大部分声幅值较低，小于 40%，变密度显示较强的套管波，较弱的地层波，说明第一界面水泥胶结以中等为主，局部胶结好和差；第二界面水泥胶结以差为主，局部胶结中等。综合评价为差。

2514.1~2637.4m 井段，大部分声幅值较低，小于 40%，变密度显示较弱的套管波，中强的地层波，说明第一界面水泥胶结以中等为主，局部胶结好，少量胶结差；第二界面水泥胶结以中等为主，局部胶结差。综合评价为中等。

2637.4~2768.0m 井段，大部分声幅值较低，小于 40%，变密度显示较强的套管波，较弱的地层波，说明第一界面水泥胶结以中等为主，局部胶结好和差；第二界面水泥胶结以差为主，局部胶结中等，少量胶结好。综合评价为差。

2768.0~3063.1m 井段，大部分声幅值较低，小于 20%，变密度显示较弱的套管波，中强的地层波，说明第一界面水泥胶结以好为主，局部胶结中等，少量胶结差；第二界面水泥胶结以中等为主，局部胶结好，少量胶结差。综合评价为中等。

3063.1～3200.0m 井段，大部分声幅值低，小于 20%，变密度显示弱的套管波，较强的地层波，说明第一界面水泥胶结以好为主，少量胶结中等；第二界面水泥胶结以好为主，局部胶结中等。综合评价为好。

3200.0～3210.0m 井段，大部分声幅值低，小于 15%，变密度显示弱的套管波，较强的地层波，说明第一、二界面水泥胶结为好。综合评价为好。

3210.0～3808.0m 井段，大部分声幅值低，小于 30%，变密度显示较弱的套管波，较强或弱的地层波，说明第一、二界面水泥胶结以中等为主，局部胶结好和差。综合评价为中等。

三开尾管＋回接固井质量层间封隔中等（图 4-22～图 4-26）。

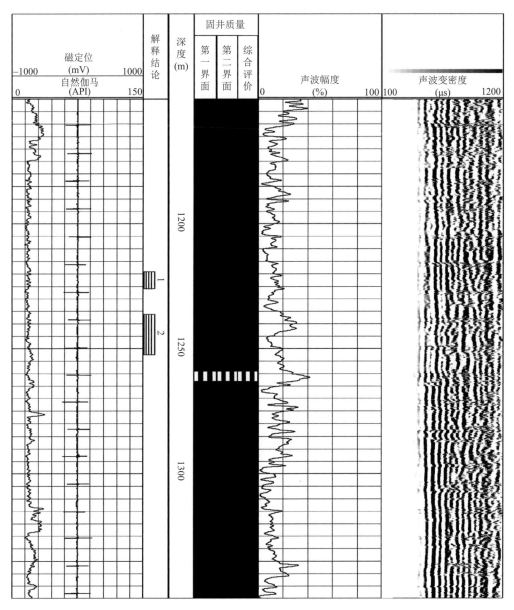

图 4-22　羌科 1 井三开固井质量测井图（1150.0～1350.0m）

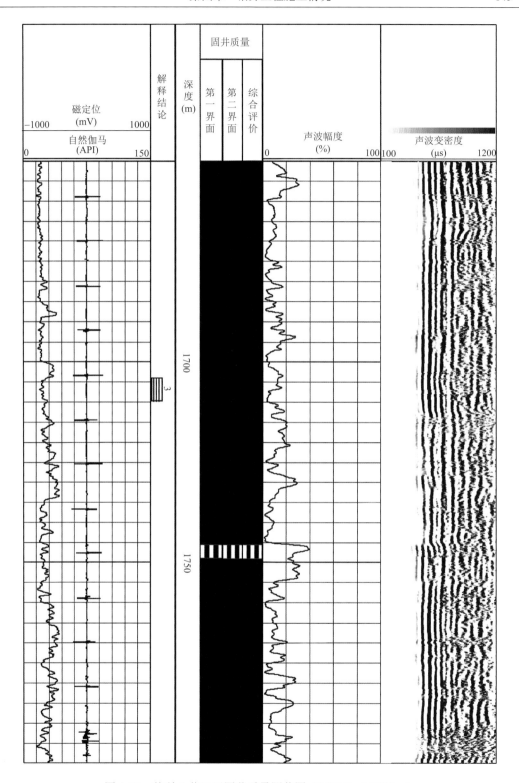

图 4-23　羌科 1 井三开固井质量测井图（1650.0～1800.0m）

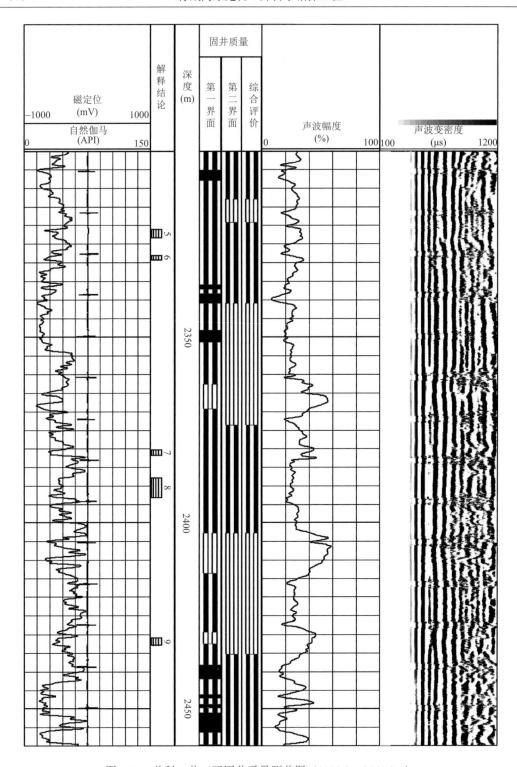

图 4-24 羌科 1 井三开固井质量测井图 （2300.0～2460.0m）

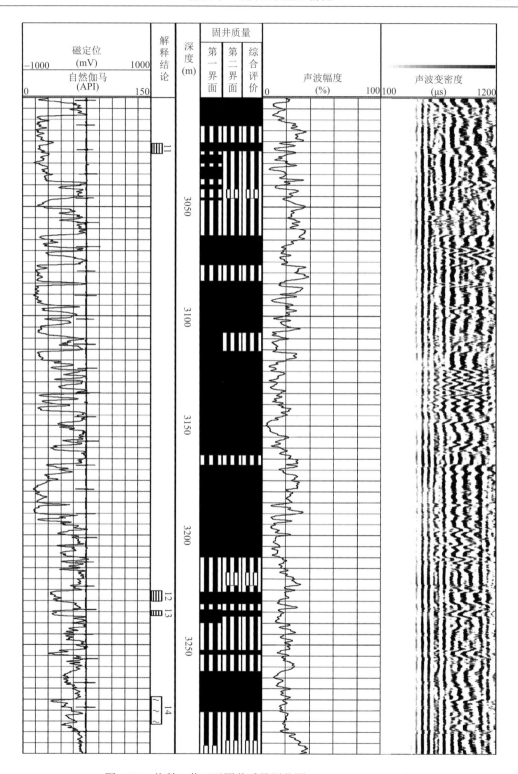

图 4-25　羌科 1 井三开固井质量测井图（3000.0～3300.0m）

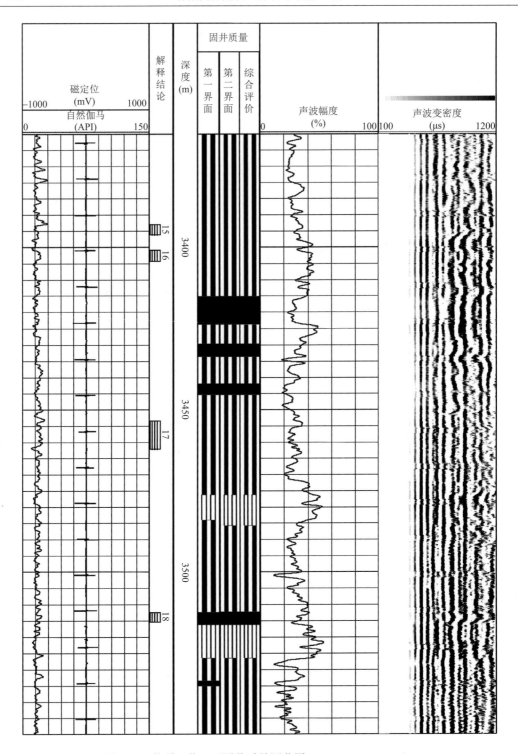

图 4-26　羌科 1 井三开固井质量测井图（3365.0～3550.0m）

综合分析认为，三开尾管＋回接固井质量合格，解释成果见表 4-56。

表 4-56　羌科 1 井三开固井质量解释成果表

序号	井段 （m）	厚度 （m）	第一界面 解释结论	第二界面 解释结论	综合评价	组合 解释层号
1	0～65.0	65.0		不评价		—
2	65.0～91.8	26.8	胶结中等	胶结中等	胶结中等	—
3	91.8～221.0	129.2	胶结差—中等	胶结差	胶结差	—
4	221.0～475.0	254.0	胶结中等—差	胶结差—中等	胶结差	—
5	475.0～857.1	382.1	胶结差—中等	胶结差	胶结差	—
6	857.1～899.2	42.1	胶结中等—好	胶结中等—好	胶结中等	—
7	899.2～1096.4	197.2	胶结好	胶结好	胶结好	—
8	1096.4～1117.2	20.8	胶结中等—好	胶结中等—好	胶结中等	—
9	1117.2～1384.7	267.5	胶结好—中等	胶结好—中等	胶结好	1～2
10	1384.7～1401.8	17.1	胶结中等—好	胶结中等—好	胶结中等	—
11	1401.8～1450.1	48.3	胶结好	胶结好	胶结好	—
12	1450.1～1455.9	5.8	胶结中等	胶结中等	胶结中等	—
13	1455.9～1460.9	5.0	胶结好	胶结好	胶结好	—
14	1460.9～1463.9	3.0	胶结中等	胶结中等	胶结中等	—
15	1463.9～1474.9	11.0	胶结好	胶结好	胶结好	—
16	1474.9～1486.1	11.2	胶结中等	胶结中等	胶结中等	—
17	1486.1～1493.4	7.3	胶结好	胶结好	胶结好	—
18	1493.4～1497.9	4.5	胶结中等	胶结中等	胶结中等	—
19	1497.9～1504.5	6.6	胶结好	胶结好	胶结好	—
20	1504.5～1513.6	9.1	胶结中等	胶结中等	胶结中等	—
21	1513.6～1521.3	7.7	胶结好	胶结好	胶结好	—
22	1521.3～1532.5	11.2	胶结中等—好	胶结中等—好	胶结中等	—
23	1532.5～1827.9	295.4	胶结好—中等	胶结好—中等	胶结好	3
24	1827.9～1870.3	42.4	胶结中等—好	胶结中等—好	胶结中等	—
25	1870.3～1879.8	9.5	胶结好	胶结好	胶结好	—
26	1879.8～1897.2	17.4	胶结中等	胶结中等	胶结中等	—
27	1897.2～1908.8	11.6	胶结好	胶结好	胶结好	—
28	1908.8～2036.1	127.3	胶结中等—好	胶结中等	胶结中等	—
29	2036.1～2058.5	22.4	胶结中等—好	胶结差	胶结差	—
30	2058.5～2066.5	8.0	胶结中等—好	胶结中等	胶结中等	4
31	2066.5～2084.7	18.2	胶结中等—差	胶结差	胶结差	—
32	2084.7～2116.0	31.3	胶结中等	胶结中等	胶结中等	—
33	2116.0～2242.1	126.1	胶结中等—差	胶结差	胶结差	—
34	2242.1～2258.5	16.4	胶结中等—好	胶结中等	胶结中等	—
35	2258.5～2294.6	36.1	胶结中等—好	胶结差	胶结差	—
36	2294.6～2341.0	46.4	胶结中等—好	胶结中等—差	胶结中等	5～6
37	2341.0～2362.7	21.7	胶结中等—好	胶结差	胶结差	—
38	2362.7～2402.7	40.0	胶结中等—差	胶结中等—差	胶结中等	7～8
39	2402.7～2435.3	32.6	胶结中等—差	胶结差	胶结差	9

序号	井段 （m）	厚度 （m）	第一界面 解释结论	第二界面 解释结论	综合评价	组合 解释层号
40	2435.3～2463.5	28.2	胶结中等—好	胶结中等	胶结中等	—
41	2463.5～2514.1	50.6	胶结中等—差	胶结差—中等	胶结差	—
42	2514.1～2522.4	8.3	胶结中等—好	胶结中等	胶结中等	—
43	2522.4～2526.6	4.2	胶结中等—差	胶结差	胶结差	—
44	2526.6～2617.3	90.7	胶结中等—好	胶结中等—差	胶结中等	—
45	2617.3～2673.3	56.0	胶结中等—差	胶结差—中等	胶结差	—
46	2673.3～2718.7	45.4	胶结中等—好	胶结中等—差	胶结中等	10
47	2718.7～2721.3	2.6	胶结好	胶结好	胶结好	—
48	2721.3～2768.0	46.7	胶结中等—差	胶结差—中等	胶结差	—
49	2768.0～2782.1	14.1	胶结中等—好	胶结中等—好	胶结中等	—
50	2782.1～2788.5	6.4	胶结好	胶结好	胶结好	—
51	2788.5～2795.4	6.9	胶结中等—好	胶结中等—好	胶结中等	—
52	2795.4～2797.5	2.1	胶结差	胶结差	胶结差	—
53	2797.5～2807.0	9.5	胶结好	胶结好	胶结好	—
54	2807.0～2830.5	23.5	胶结中等—差	胶结中等—差	胶结中等	—
55	2830.5～2852.0	21.5	胶结好—中等	胶结中等—好	胶结中等	—
56	2852.0～2862.7	10.7	胶结好	胶结好	胶结好	—
57	2862.7～2937.2	74.5	胶结好—中等	胶结中等—好	胶结中等	—
58	2937.2～2956.2	19.0	胶结好	胶结好—中等	胶结好	—
59	2956.2～2981.7	25.5	胶结好—中等	胶结中等—差	胶结中等	—
60	2981.7～3012.9	31.2	胶结好	胶结好	胶结好	—
61	3012.9～3041.8	28.9	胶结好—中等	胶结中等—好	胶结中等	11
62	3041.8～3063.1	21.3	胶结中等—好	胶结中等—差	胶结中等	—
63	3063.1～3210.0	146.9	胶结好—中等	胶结好—中等	胶结好	—
64	3210.0～3225.9	15.9	胶结中等	胶结中等—差	胶结中等	—
65	3225.9～3262.0	36.1	胶结中等—好	胶结中等—好	胶结中等	12～13
66	3262.0～3280.7	18.7	胶结好	胶结好	胶结好	14
67	3280.7～3293.7	13.0	胶结中等	胶结中等	胶结中等	14
68	3293.7～3309.4	15.7	胶结中等—差	胶结差	胶结差	—
69	3309.4～3326.4	17.0	胶结中等—好	胶结中等	胶结中等	—
70	3326.4～3344.2	17.8	胶结差—中等	胶结差	胶结差	—
71	3344.2～3415.1	70.9	胶结中等	胶结中等—差	胶结中等	15～16
72	3415.1～3476.2	61.1	胶结中等—好	胶结中等—好	胶结中等	17
73	3476.2～3485.7	9.5	胶结差—中等	胶结差	胶结差	—
74	3485.7～3512.4	26.7	胶结中等	胶结中等	胶结中等	—
75	3512.4～3516.2	3.8	胶结好	胶结好	胶结好	18
76	3516.2～3526.5	10.3	胶结差	胶结差	胶结差	—
77	3526.5～3562.7	36.2	胶结中等—好	胶结中等	胶结中等	—
78	3562.7～3569.7	7.0	胶结好	胶结好	胶结好	—

续表

序号	井段 （m）	厚度 （m）	第一界面 解释结论	第二界面 解释结论	综合评价	组合 解释层号
79	3569.7～3593.3	23.6	胶结中等—好	胶结中等	胶结中等	—
80	3593.3～3609.3	16.0	胶结差	胶结差	胶结差	—
81	3609.3～3648.2	38.9	胶结中等	胶结中等	胶结中等	—
82	3648.2～3663.0	14.8	胶结差	胶结差	胶结差	—
83	3663.0～3678.1	15.1	胶结中等	胶结中等	胶结中等	—
84	3678.1～3717.7	39.6	胶结差—中等	胶结差	胶结差	—
85	3717.7～3730.7	13.0	胶结中等	胶结中等	胶结中等	—
86	3730.7～3772.3	41.6	胶结好	胶结好	胶结好	—
87	3772.3～3777.8	5.5	胶结中等	胶结中等	胶结中等	—
88	3777.8～3781.8	4.0	胶结好	胶结好	胶结好	—
89	3781.8～3808.0	26.2	胶结中等—好	胶结中等	胶结中等	—

（四）固井复杂情况及对策

该井有参考价值的邻井资料较少，钻遇地层较古老，地层夹层多，岩性复杂，加之构造断裂带的存在，钻进中极易出现坍塌掉块、缩径、漏失等复杂情况，加上裸眼段长、地温梯度高，严重影响了下套管及固井施工安全，施工质量难以保证。鉴于这种情况，我们进行了专项研究分析，羌科 1 井主要有井漏和高温、大温差两项主要难点，我们分别采取了针对性的措施。

1. 冻土层固井技术

冻土层是指 0℃ 以下，并含有冰的各种岩石和土壤。它是一种对温度极为敏感的土体介质，含有丰富的地下冰，冻土中有一定数量的未冻水存在，因此，冻土具有流变性。我国冻土分布最多地区为青藏高原和南祁连山脉，藏北羌塘盆地区块正处于我国冻土带上，其冻土属多年冻土，厚度达到几百米。冻土层为冰与砂砾、黏土的混合物，以砂砾、黏土为主体，以冰为胶结物，地层稳定性较差。

由于常规水泥浆体系在低温下强度发展极为缓慢，在环境温度低于 0℃ 时，由于水泥浆体系中水组分凝固结冰，而不参与水泥水化反应，甚至导致水泥浆不凝固无强度，难以满足固井的需要，为此，对于冻土层固井而言，主要是优选适合低温条件的外加剂及调配 0℃ 性能优良的水泥浆配方。水泥浆体系性能方面，既要保证水泥浆在 0℃ 时有较好的搅动流变性，又要有较好的沉降稳定性；既要有较强的触变性并在短期有效稠化，也要保证井场的混拌安全；既要求水泥浆有最小的失水，有要求其强度能满足后期作业的需要。

根据冻土层的性质特点，配套的固井技术措施主要有如下几种：

（1）尽量减少裸眼口袋的长度，套管鞋距井底的长度控制在 0.5m 以内；

（2）严格控制注水泥浆及替浆的排量，采用层流顶替，防止在高速流冲蚀下冻土层坍塌；

（3）降低配浆水的温度，将配浆水的温度控制在 0～10℃，防止温差大增大冻土层的溶蚀；

（4）水泥浆体系上，除满足 0℃以下低温凝固及早期强度高等特点外，还要保证其有较小的游离液以及较强的触变性，减少水泥浆体系中自由水的含量，减少水泥浆液态时间，减少对冻土的溶解；

（5）延长测井时间，根据化验时间的强度发展情况，确定测井时间为 72h。

2. 井漏及采取的措施

本井地层压力低，同时地层裂缝发育，裂缝和很低的地层压力联合作用，导致钻井过程中钻井液漏失频繁，在整个钻井过程中漏失是一个普遍存在的问题。固井时由于水泥浆密度大于钻井液密度，因此很容易发生注水泥漏失，使水泥返深达不到设计要求。整井漏失情况如下。

一开漏失情况：2017 年 4 月 6 日一开开钻，4 月 7 日钻进至井深 82.86m 时发生漏失，至 17 日起钻静堵，堵漏成功，共计漏失钻井液 1487.0m³；至 5 月 6 日一开完钻，完钻井深为 506m，钻进过程中一直存在渗漏漏失情况。

二开漏失情况：2017 年 6 月 14 日钻进至井深 1068.60m 时发生漏失，至 8 月 6 日钻进至井深 1722.00m，一共发生 5 次大的漏失，共计漏失钻井液 1049.5m³。

三开漏失情况：2017 年 9 月 13 日钻进至井深 2329.88m 时发生漏失，至 9 月 27 日钻进至井深 2869.72m，一共发生 6 次大的漏失。本井累计漏失钻井液 4308.0m³。

面对漏失复杂情况可以从钻井和固井工艺两个方面采取措施进行处理，在羌科 1 井我们主要在以下几个方面采取了相应的措施，同时采用了控制排量、采用复合顶替等常规治漏措施。

1）地层承压试验

基于平衡压力固井原则，固井前需进行地层承压试验，获取准确的地层漏失压力，为制定固井施工方案及设计水泥浆体系提供参考依据。具体步骤如下。

（1）根据各种注入流体的流变性能（水泥浆、前置液、后置液等取室内小样测流变性能）及井径、井斜、方位等实测数据，利用固井工程设计软件模拟固井施工过程，得出施工时的最大环空动态当量密度。

（2）根据模拟得出的最大环空动态当量密度，采用提高钻井液密度后大排量循环的方法检验地层的承压能力。运用软件模拟这一过程，确保环空动态当量密度不小于施工时所需的最大环空当量密度。若地层不能满足要求，则堵漏提高地层承压能力。

2）钻井液性能调整

因环空循环压耗和钻井液的黏度、切力成正比，因此，固井前合理降低钻井液的黏度和切力，可以降低环空循环压耗，从而有效预防井漏。对于井内无油气显示且无复杂情况的井，固井前适当降低钻井液密度或黏切，可以有效减小环空液柱压力。

3）前置低密度先导浆固井技术

对于漏失不十分严重的尾管固井，施工前先注入一定量的低密度钻井液，可确保整个施工过程中环空液柱压力增加很少甚至不增加，从而有效避免井漏。

确定低密度先导浆的使用量，是前置低密度先导浆固井技术的关键。首先，当低密度先导浆全部进入环空后，这时环空动态压力必须大于地层压力；其次，当固井顶替结束时，低密度先导浆引起的环空液柱压力降低值应等于或接近水泥浆在低压易漏层以上引起的环空液柱压力增加值，从而确保整个固井施工过程中易漏失层位处的环空液柱压力始终控制在地层漏失压力之下，有效预防井漏的发生。

4）防漏、堵漏水泥浆体系

为避免固井施工过程中发生漏失，在技术套管或生产尾管固井干灰中掺入高强有机聚合物纤维，其原理是利用不同尺寸纤维自身所具有的搭桥成网特性，达到堵漏和提高地层承压能力的目的。实验结果表明，纤维水泥浆体系具有良好的防漏、堵漏能力。同时，为有效降低顶替后期的环空液柱压力，施工采用低密度或双密度水泥浆体系，避免环空液柱压力过高压漏薄弱地层。

通过对漏失进行专项治理，采用了行之有效的手段，尽管每开次都存在漏失风险，但我们都顺利地完成了固井施工任务，质量达到了施工要求。

3. 高温、大温差解决方法

羌科 1 井地温梯度高，温度高，造成井底和顶部温差大，各开次温度数据见表 4-57。

表 4-57　各开次温度数据

开次	井深（m）	静止温度（℃）	循环温度（℃）	顶部温度（℃）	地温梯度（℃/100m）
一开	506	27	25	0	5.336
二开	1981	60	48	0	3.029
三开	3859	134	105	60	3.472

从表 4-57 可以看出，Φ244.5mm 尾管固井温差达到了 74℃，这给固井施工带来更大的难度。

1）水泥的固有性能对水泥浆性能产生不利影响

水泥在 110～120℃存在晶相转化点，常规缓凝剂适应能力差，实验过程中易出现"鼓包""包心"等问题，且水泥浆在高温下沉降严重，固井施工存在安全隐患。而羌科 1 井的循环温度和静止温度正好跨越了这个区间性能难以调节。

2）高温对水泥配套外加剂的选用提出了更高的要求

井底静止温度高，为了保证安全泵送（稠化时间设计符合要求），固井水泥用缓凝剂需要具备一定的抗高温性能。常见的降失水剂在高温条件下由于发生降解作用易导致控失水能力大大降低，严重影响固井水泥的失水性能，因此针对大温差固井用降失水剂也提出了抗高温的性能要求。由于缓凝剂对温度波动很敏感，缓凝剂的加量也随温度升高而剧增，现场作业难以精确控制。

3）大温差固井水泥浆体系综合性能难以调和

在本井的固井施工中，采用的低密度水泥浆可有效解决固井中井漏等复杂问题，但随着大量轻质材料掺入，水泥浆密度降低的同时，流变性和稳定性变差，失水也变得难以控制，尤其是水泥石强度会大幅度降低。由于封固段上下温差大，在井底高温条件下水泥浆试验加入了足够的高温缓凝剂，在上部井段低温条件下，水泥浆会超缓凝，长时间不凝固。国内外研究表明，水泥浆试验温度相差 5～10℃，水泥浆稠化时间可相差 60min 以上，中原油田曾做过将 130℃条件下水泥浆的稠化试验放在 65℃条件下重新测试，结果 130℃条件下的稠化时间为 290min，而 65℃条件下的稠化时间长达 1400min，加之在井筒中受钻井液污染的因素，情形将会更糟。这给水泥浆设计带来困难，满足了下部条件要求，会导致上部水泥浆长时间不凝，影响顶部水泥石强度发展和胶结质量。

我们通过对水泥浆体系进行调整，在低密度领浆中加入早强剂提高水泥石的早期强度，在常规尾浆中加入高温稳定剂，防止水泥石在高温下强度衰退，在水泥浆体系中加入沉降稳定剂，提高水泥浆的稳定性，最主要是对降失水剂和缓凝剂进行研究优化，达到现场施工要求。

降失水剂优化研究主要从两方面入手：一方面提高分子链的刚性、耐热性能；另一方面提高降失水剂分子链对水泥粒子的吸附能力，使得在高温条件下降失水剂分子链热运动加剧时仍能够对水泥粒子进行有效吸附，从而使降失水剂在高温条件下能够控制水泥浆的失水量。研究中发现在降失水剂主链上引入磺酸基，磺酸基具有良好的耐盐性、水溶性、热稳定性和很强的水化能力，使生成的共聚物降失水剂具有良好的抗高温、抗盐能力。我们通过优选比对多种降失水剂，得到具有最佳分子量和分子量分布的降失水剂，经过大量的化验调配配伍和加量，使降失水剂性能达到最佳，满足了施工的要求。

优选抗高温、适应大温差固井的缓凝剂。缓凝剂可以通过在分子链中引入抗温、抗盐及宽温带缓凝控制等基团，来适应大温差固井的需要，克服常规缓凝剂适应温差范围窄、超缓凝的难题。通过设计缓凝剂分子功能基团，使缓凝剂分子具有良好的耐温性能和缓凝能力；通过对缓凝剂分子中的功能基团相对位置进行设计，使缓凝剂在水泥浆中优先吸附在 C3A 成分表面，解决高温、大温差条件下低温水泥浆超缓凝难题。对缓凝剂生产工艺进行调研，挑选达标的高温缓凝剂，再检验它在大温差情况下水泥石强度的发展状况，防止超缓凝现象的发生。通过多方对比，确定了高温缓凝剂的品种和合适的加量。

针对羌科 1 井高温、大温差的实际情况，通过优选水泥浆外加剂、添加专用的外掺料并进行严格的配伍实验，调配出了适合本井尤其是尾管固井的低密度和常规密度配方，安全顺利地完成了施工，顶部强度发展也达到了设计要求。

第七节　钻后处理

羌科 1 井钻后处理是在 2019 年完成的，在中国地质调查局批准提前终孔之后，施工方提交了钻后处理方案，经过甲方审批同意后开始施工。该项工作于 2019 年 5 月 30 日完成，并得到了双湖县自然资源局和生态环境局的验收通过。

一、完钻及封井

井内采用打水泥段塞，井口采用钢板盖封的方式封井，井内分别在 1800～2000m、0～100m，共打水泥段塞 300m，地面井口采用厚度为 10mm 的钢板盖封，井口标识：羌科 1 井（井口盖封和标识效果如图 4-27 所示）。

图 4-27　羌科 1 井封井及井口特征

二、钻后废弃物处置

1. 废弃物治理技术方案

钻井采用的钻井液体系为低固相聚合物钻井液体系和聚磺钾盐钻井液，钻屑和废浆具有稳定性强、不易破稳等特点。针对该类废弃钻井液、钻屑，拟采取固结稳定化技术处理。钻井废弃物钻后治理流程如图 4-28 所示。

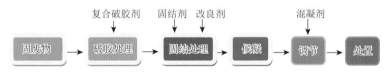

图 4-28　羌科 1 井钻井废弃物治理流程图

（1）首先丈量泥浆池中固废物的体积，将泥浆池依照每 200～300m³ 的体积分 4～6 个区块，每个区块按照钻井废弃物处理配方依次加入复合破胶剂 ZJYHJ-I，每次添加 5～8t，使用挖掘机进行搅拌 1～2h，静置 24h。

第二天若钻屑和废钻井液分离出的废水清澈透亮则说明破稳效果良好，可继续下步工作流程。若分离出的废水浑浊或未分离出废水，则说明破胶效果差，应增加 0.5%～1%的复合破胶剂 ZJYHJ-I，再次用挖掘机搅拌破胶，直至分离出的废水清澈透亮。

（2）钻屑和废液破胶处理符合要求后，按区块依次加入固结剂、改良剂 TG-03。每次添加药剂 5～8t，每次使用挖掘机搅拌 1～2h。固结剂、改良剂 TG-03 添加完毕搅拌充分后候凝 3～7d。依照《固体废物浸出毒性浸出方法》（HJ 577—2009）和《污水综合排放标准》（GB 8978—1996）对固废物的强度和浸出液水质情况进行监测。

（3）根据固化物浸出液水质指标监测结果，超出《污水综合排放标准》（GB 8978—1996）相关规定的固废物，按处理配方加入混凝剂 ZJYHJ-I，用挖掘机搅拌 2～4h，静置 24h。对固废物的强度和浸出液水质情况进行监测；直至各项监测数据均符合相应要求。

固化处理结束后，参照《土壤环境监测技术规范》（HJ/T 166—2004）和《土壤环境质量标准（修订）》（GB 15618—2008）样品采集、分析检测程序、检测项目及招标等要求，取样自检，测定其浸出液的污染指标，若不符合要求，则补充相应的药剂调整处理，直至检测结果完全合格。详细流程图见图 4-29。

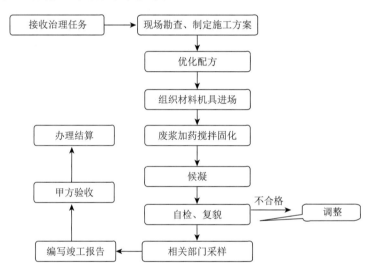

图 4-29　羌科 1 井钻后治理施工流程图

2. 废弃物治理施工流程

接到甲方的施工指令后，现场勘查井场位置，测量废弃物类别、数量，取样分析实验，确定优化施工方案，组织材料到场，将泥浆坑污水按照处理工艺处理，处理沉降后，净化水经检测合格后达标外排或回注。絮体及固废物按照复合固化处理配方要求加药固化、候凝、取样自检，自检合格后，取钻前预留土或新鲜沙土对泥浆池进行掩埋，生活区除预留修井作业场地和道路平整外其余场地铺垫 25cm 沙土，完工后编制竣工报告，申请甲方对现场、资料进行验收。

3. 废弃物处理配方和药剂

羌科 1 井废弃物总量按 1300m^3 计算，处理药剂为：复合破胶剂 ZJYHJ-Ⅰ + 固结剂 + 改良剂 TG-03 + 混凝剂 ZJYHJ-Ⅰ（表 4-58）。

表 4-58　羌科 1 井废弃物处理药剂数量清单

名称	规格（kg/包）	质量（t）
复合破胶剂 ZJYHJ-I	25	25
改良剂 TG-03	25	28
固结剂	50	105
混凝剂 ZJYHJ-I	25	32

处理药剂功能简介如下。

复合破胶剂：使废弃物破胶脱稳，促进游离水析出，增加固废物固结强度。

固结剂：水化胶凝后和废弃物形成固化体，从而嵌闭、封固废弃物中的有害成分。

改良剂：促使固化快速形成晶型结构，增加破胶剂、固结剂处理效果，提高固废物强度，缩短固化周期。

混凝剂：使废弃物破胶脱稳分离，螯合沉淀有毒有害成分，兼具调整 pH 功能。

4. 废弃物治理技术要求

（1）现场施工时，操作者严格按设计的废弃物治理措施进行治理。

（2）处理前先用挖掘机将泥浆和钻屑翻搅混合均匀，废弃物总量不超过泥浆池总容积的 80%，向泥浆池中依序加入复合破胶剂 ZJYHJ-I、固结剂、改良剂 TG-03 和混凝剂 ZJYHJ-I。边加药边搅拌，搅拌过程要求横向到边，纵向到底，保证药剂与钻屑和废液混合均匀，保证固化效果。

（3）药剂投加时，药剂投加速度要缓慢，分批多次投加，严格禁止将药剂大批量、一次性加入废液池中。每一批药剂投加后，用挖掘机搅拌混合 1～2h，然后进行第二批药剂投加，以此类推。

（4）固化处理结束后，按米字法对处理后的固化物采样，首先必须按相关环保检测标准进行自检，记录数据后出具监测报告。

5. 钻井废弃物数量

羌科 1 井产生的钻井废弃物主要是钻井污水和水基钻屑，约分别为 500m³、1400m³。

6. 废弃物治理过程

（1）2019 年 3 月 17 日对 1 号排污坑面积进行测量 $30 \times 20 = 600$（m²），估算排污坑中废泥浆约为 600m³。

（2）2019 年 3 月 18 日将 1 号排污坑按照每 300m³ 的体积分 2 个区块，每个区块按照钻井废弃物处理配方依次加入复合破胶剂 ZJYHJ-I，每次添加 5t，共计加入 10t，使用挖掘机搅拌 1～2h，静置 24h。

（3）2019 年 3 月 19 日按区块依次加入固结剂、改良剂 TG-03。每次添加药剂 5t，每次使用挖掘机搅拌 1～2h，共计加入改良剂 12t，固结剂 25t。固结剂、改良剂 TG-03 添加完毕搅拌充分后候凝 3 天。

（4）2019 年 3 月 22 日分区块加入混凝剂 ZJYHJ-I，共计加入 12t，用挖掘机搅拌 2～4h，静置 24h。

（5）2019 年 3 月 23 日对固废物的强度和浸出液水质情况进行检测，检测达标，对 1 号排污坑进行覆土回填，回填厚度为 30cm，回填方量约为 300m³。

1 号排污坑钻后治理及土地复耕前后对比如图 4-30 所示。

图 4-30　1 号排污坑钻后治理及土地复耕前后对比

三、土地复耕

1. 土地复耕技术方案

（1）井场、泥浆池平整、压实，平整度为 ±10cm，回填土厚度在 30cm 以上。泥浆固化强度为 0.5～0.8MPa，固化物浸出液达到标准：pH 依据《危险废物鉴别标准腐蚀性鉴别》（GB 5085.1—2007）；石油类依据《污水综合排放标准》（GB 8978—1996）；CODcr 指标依据《农用污泥中污染物控制标准》（GB 4284—2018）；Cr^{6+} 和总铬依据《危险废物鉴别标准　浸出毒性鉴别》（GB 5085.3—2007），其他重金属满足区域环境评价排放指标。

（2）清理施工现场，确保场地平整与清洁。井场地表要求：井场内残余岩屑、散落的泥浆材料以及被油污染的土壤应清理回收到泥浆池中，确保井场表面整洁、无杂物、地表土壤无污染；固化药剂包装袋统一收集回用或填埋入固废物中；除征用地外回填废弃的沟、池、坑等恢复井场用地自然排水通道。合格后即取钻前预留土或新鲜沙土对泥浆池进行掩埋，生活区除预留修井作业场地和道路平整外其余场地铺垫 25cm 沙土。

2. 土地复耕施工情况

1）主放喷坑土地复耕

2019 年 3 月 24 日对主放喷坑体积进行测量 25×25×6 = 3750（m³），3 月西藏地区正值冬季，冻土层厚，取土困难，采取挖掘机装备破碎锤破碎取土，由于回填方量大，复耕工期较长，3 月 29 日完成主放喷坑复耕，工期为 6 天，回填方量约为 3950m³，回填厚度为 30cm。主放喷坑土地复耕前后对比图如图 4-31 所示。

图 4-31 主放喷坑土地复耕前后对比

2）2 号排污坑钻后治理及土地复耕

2019 年 3 月 29 日对 2 号排污坑进行面积测量 35×12 = 420（m²），估算排污坑中废泥浆约为 800m³。

2019 年 3 月 29 日将 2 号排污坑按照每 300m³ 的体积分 3 个区块，每个区块按照钻井废弃物处理配方依次加入复合破胶剂 ZJYHJ-I，每次添加 5t，共计加入 15t，使用挖掘机搅拌 1～2h，静置 24h。

2019 年 3 月 30 日按区块依次加入固结剂、改良剂 TG-03。每次添加药剂 5t，每次使用挖掘机搅拌 1～2h，共计加入改良剂 16t，固结剂 35t，固结剂、改良剂 TG-03 添加完毕搅拌充分后候凝 3d。

2019 年 4 月 1 日对固废物的强度和浸出液水质情况进行检测，检测达标，对 2 号排污坑进行覆土回填，回填厚度为 30cm，回填方量约为 400m³。2 号排污坑钻后治理及土地复耕前后对比如图 4-32 所示。

图 4-32 2 号排污坑钻后治理及土地复耕前后对比

3）副放喷坑土地复耕

2019 年 4 月 2 日对副放喷坑体积进行测量 25×20×6 = 3000（m³），3 月份西藏地区正处冬季，冻土层厚，取土困难，采取挖掘机装备破碎锤破碎取土，由于回填方量大，复耕工期较长，4 月 5 日完成副放喷坑复耕，工期为 4d，回填方量约为 3200m³，回填厚度为 30cm。

4）清水坑钻后治理及土地复耕

2019 年 4 月 6 日对清水坑面积进行测量 $25 \times 25 = 625$（m^2），估算清水坑中废水约为 500m^3。副放喷坑土地复耕前后对比如图 4-33 所示。

图 4-33　副放喷坑土地复耕前后对比

2019 年 4 月 6 日在清水坑中加入混凝剂 ZJYHJ-I，共计加入 20t，用挖掘机搅拌 2～4h，静置 24h。

2019 年 4 月 7 日在清水坑中加入固结剂，每次添加药剂 5t，每次使用挖掘机搅拌 1～2h，共计加入固结剂 45t，固结剂添加完毕搅拌充分后候凝 2d。

2019 年 4 月 9 日对固废物的强度和浸出液水质情况进行检测，检测达标，对清水坑进行覆土回填，回填厚度为 30cm，回填方量约为 300m^3。

清水坑钻后治理及土地复耕前后对比如图 4-34 所示。

图 4-34　清水坑钻后治理及土地复耕前后对比

5）井场及泥浆坑土地复耕

2019 年 4 月 9 日对井场面积进行测量 $100 \times 90 = 9000$（m^2），对泥浆坑面积进行测量 $45 \times 25 = 1125$（m^2）。

对井场内残余岩屑、散落的泥浆材料以及被油污染的土壤，清理回收到泥浆坑中，对井场垃圾回收至生活区垃圾坑进行焚烧。

2019 年 4 月 13 日完成井场及泥浆坑土地复耕，工期为 5d，井场回填方量约为 900m^3，回填厚度为 10cm，泥浆坑回填方量约为 400m^3，回填厚度为 30cm。泥浆坑土地复耕前后对比如图 4-35 所示。

图 4-35　泥浆坑土地复耕前后对比

6）宿舍区及垃圾坑土地复耕

2019 年 4 月 14 日对宿舍区面积进行测量 $60 \times 50 = 3000$（m^2），对垃圾坑体积进行测量 $4 \times 4 \times 2 = 32$（m^3）。

2019 年 4 月 14 日将宿舍区残余垃圾清理回收至垃圾坑中进行焚烧处理，垃圾坑填土复耕，回填方量约为 $40m^3$，回填厚度为 30cm。

2019 年 4 月 15 日对宿舍区进行填土复耕，回填方量约为 $300m^3$，回填厚度为 10cm，4 月 16 日完成井场、宿舍区所有土地复耕任务。

第八节　配套浅钻工程施工

羌科 1 井以岩屑录井为主，全井取心仅 33.6m，与羌科 1 井配套的全取心地质浅钻包括：羌资 7 井、羌资 8 井、羌资 16 井及羌地 17 井（表 4-59）。

表 4-59　羌科 1 井及配套地质浅钻取心层位

地质浅钻		羌地 17 井（m）	羌资 16 井（m）	羌资 8 井（m）	羌资 7 井（m）	羌科 1 井（m）	
开孔地层		Q	$J_{1-2}q$	Q	Q	J_3s	
终孔地层		J_2b	T_3j	T_3b	T_3b	T_3nd	
岩心地层时代	第四系（Q）	4.4	无	3.2	3.7	未见顶	岩屑录井
	唢呐湖组（E_2s）	466.4	缺失	缺失	缺失		
	索瓦组（J_3s）	缺失				59.0	
	夏里组（J_2x）	673.3				991.0	
	布曲组（J_2b）	857.7				1446.0	
	雀莫错组（$J_{1-2}q$）	未见底	869.90			1561.0	
	那底岗日组（T_3nd）		33.17			639.2	
	巴贡组（T_3bg）		467.89	166.44	241.2	未见底	
	波里拉组（T_3b）		178.99	332.06	157.6		
	甲丕拉组（T_3j）		90.77	未见底	未见底		
累计厚度（m）		2001.80	1593.25	501.70	402.50	4696.18	

一、羌资 7 井、羌资 8 井

（一）基本情况

羌资 7 井及羌资 8 井井深分别为 402.5m 和 501.7m，两个地质浅钻均位于北羌塘东部各拉丹东北部的雀莫错地区，彼此相距仅数百米，其钻探目的是获取羌科 1 井下部同层位地层巴贡组及波里拉组烃源岩足够多的岩心样品。羌资 7 井从上到下全取心层位包括第四系（Q，3.7m）、上三叠统巴贡组（T_3bg，241.2m）和上三叠统波里拉组（T_3b，157.6m，未见底）。羌资 8 井钻探全取心层位包括第四系（Q，3.2m）、上三叠统巴贡组（T_3bg，166.4m）和上三叠统波里拉组（T_3b，332.1m，未见底）。

（二）施工过程

羌资 7 井于 2014 年 6 月初至 6 月 24 日，进行现场踏勘，办理相关手续，定测孔位，设备、人员进场，实施物资转运工作。2014 年 7 月 6 日设备、人员进场到位，7 月 6～9 日完成设备安装及调试，7 月 10 日至 8 月 3 日完成钻探施工，8 月 5 日完成物探测井工作。

羌资 8 井于 2014 年 8 月 10 日完成设备、人员进场，8 月 11～14 日完成设备安装、调试，8 月 15～29 日完成钻探施工，8 月 31 日完成物探测井工作。

2014 年 9 月 1～12 日，所有人员、设备、岩心撤离至拉萨。

（三）钻井情况

1. 羌资 7 井

一开：Φ168mm 套管，下入深度 0～3m，做表土、冻土层技术套管。

二开：原定用 Φ146mm 套管，由于丝扣与接头丝扣不匹配，不能使用，故直接采用 PQ 绳索取心钻进。从 3m 开始到 68.97m 都是钙质泥岩，地层较为完整，在 68.97m 处下 PQ 钻杆做套管。

三开：HQ 绳索取心钻进至 402.5m，终孔［图 4-36（a）］。

2. 羌资 8 井

一开：0～3.2m，Φ170mm 开孔，下 Φ168mm 套管，做封隔表土、冻土层技术套管。

二开：3.2～78m 为钙质泥岩，地层较为完整，采用 PQ 绳索取心钻进。在 78m 后遇到一段破碎带，直到 95m 处，岩层变得完整，为了封隔破碎带，同时减少取心次数，提高钻进效率，决定在 95.75m 处下 PQ 钻杆做套管，变径 HQ。

三开：HQ 绳索取心钻进至 501.75m，终孔［图 4-36（b）］。

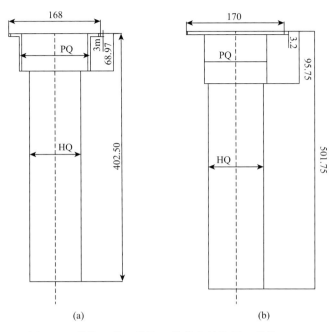

图 4-36　羌资 7 井、羌资 8 井井身结构图（单位：m）

二、羌资 16 井

（一）基本情况

该地质浅钻井深 1592.7m，井位邻近羌资 7 井，相距羌资 1 井 200 余千米。其钻探目的是获取羌科 1 井中下部同层位地层雀莫错组、那底岗日组、巴贡组及波里拉组岩心样品（表 4-59）。从上到下，钻探全取心层位包括中-下侏罗统雀莫错组（$J_{1-2}q$，855.7m）、上三叠统那底岗日组（T_3nd，22.6m）、上三叠统巴贡组（T_3bg，445.3m）、上三叠统波里拉组（T_3b，185.0m）及上三叠统甲丕拉组（T_3j，84.1m，未见底）。

（二）施工过程

羌资 16 井于 2016 年 6 月 4 日进场，由于工区交通条件恶劣，故于 2016 年 6 月 15 日才完成所有设备人员进场工作。2016 年 6 月 18 日开始安装工作，于 2016 年 7 月 6 日开钻，2016 年 11 月 20 日终孔（计 137d），2016 年 11 月 30 日出场。

（三）钻井情况

羌资 16 井实际井身结构根据实际钻遇地层情况，结合各级套管下入目的，设计基本要求，可能钻遇的岩性组合特征，结合钻探效果，其实际参数和井身结构如表 4-60 和图 4-37 所示。

表 4-60　羌资 16 井完井实际参数表

井号	羌资 16 井（QZ-16）
井型	直井
实际井斜	3.5°
地理位置	玛曲地区
构造位置	北羌塘盆地
实际完钻井深	1593.25m
完钻原则	达到地质目的
岩心总长度	1566.80m
总取心率	98.34%

一开：Φ170mm 单管金刚石复合片钻进至 3.90m 下入 Φ168mm 井口管隔离浮土层。

二开：Φ150mm 单管金刚石钻进至 60.19m 下入 Φ146mm 套管隔离冻土层。

三开：PQ（Φ122mm）金刚石绳索钻进，由于上部地层破碎且有掉块现象发生，并且在 255.32m 处钻遇溶洞导致孔内不返水，影响钻进效率。在钻至完整地层 468.93m 后下入 PQ 钻杆做套管隔离上部破碎地层。

四开：HQ（Φ96mm）金刚石绳索钻进至 1367.07m 处下入 HQ 钻杆做套管。

五开：NQ（Φ75mm）金刚石绳索钻进至终孔。

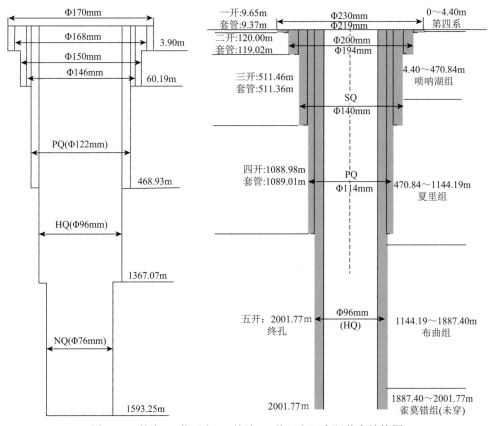

图 4-37　羌资 16 井（左）、羌地 17 井（右）实际井身结构图

三、羌地 17 井

（一）基本情况

羌地 17 井井深为 2001.8m，该地质浅钻位于羌科 1 井西侧 6.25km，其钻探目的是获取与羌科 1 井上部同层位地层夏里组及布曲组岩心，同时获取侏罗纪—早白垩世燕山晚期褶皱系之上上白垩统—新生界岩石地层信息。从上到下全取心层位包括第四系（Q，4.4m）、始新统唢呐湖组（E_2s，466.5m）、中侏罗统夏里组（J_2x，673.3m）及布曲组中-上部地层（J_2b，857.6m，未见底），同时还获得了唢呐湖组中部同沉积凝灰岩锆石 U-Pb 年龄 46.57±0.30Ma（王剑等，2019），属始新世中期。

（二）施工过程

羌地 17 井于 2017 年 4 月 19 日开始室内的设备检修、材料准备、人员培训，4 月 25 日设备、人员陆续出队。在进场过程中，采用能够装载 30t 物资的大型卡车以及所有的 6 轮驱动牵引车 2 辆进行物资运输，保证生产生活物资的正常运输，共计 11 车次将生产、生活物资运输至井场。5 月 5～7 日完成钻塔基座灌注、槽钢铺设，5 月 20 日完成钻井设备安装，甲方代表人员进行设备安装验收。5 月 21 日开孔。施工中根据工作方案和现场具体情况对钻孔结构、钻进参数、泥浆配方进行调整，经过项目组成员以及甲方现场负责人 112d 的努力，羌地 17 井于 2017 年 9 月 9 日顺利终孔，终孔孔深为 2001.77m。

（三）钻井情况

羌资 17 井开孔直径为 230mm，终孔直径为 96mm，由五开构成，井身结构见表 4-61。

表 4-61　羌地 17 井井身结构数据表

开次	钻头尺寸（mm）	钻深（m）	套管外径（mm）	套管下深（m）	备注
一开	230	0～9.65	219	9.37	下孔口管隔离冻土层固井
二开	200	9.65～120.00	194	119.02	Φ194mm 套管封松散不稳定地层
三开	150	120.00～511.46	140	511.36	封破碎、掉块、漏失段地层
四开	122	511.46～1088.98	114	1089.01	封漏失段地层，加快施工进度换径 HQ 钻进
五开	96	1088.98～2001.77	—	裸孔	—

一开：0～9.65m，Φ230mm 开孔，下入 Φ219mm 孔口管 9.37m、水泥固井，目的：封闭 0～9.65m 表土层，防止井口溢流。

二开：9.65～120.00m，Φ200mm 钻穿第四系进入唢呐湖组，为一套山间盆地建造，岩性为紫红色砾岩、含砾砂岩、砂岩、粉砂岩、泥岩夹多层石膏组合，该地层组常以含大量石膏或石膏质泥岩（或灰岩）为特征，该段地层为松散不稳定地层，极易发生掉块、垮塌情况，需要用套管封隔来维护孔壁稳定，这样可以保证后续施工不受影响。但是该孔段采用的是 Φ200mm 提钻取心钻进，这样的钻进施工方法大大地降低了施工效率，影响了工期进度。

根据地层情况，在钻至 80.75m 后，换径 Φ150mm 钻进，钻至 120m 时钻遇 10 余米完整地层，用 Φ200mm 扩至 120.00m，下入 Φ194mm 套管 119.02m，封隔不稳定地层。

三开：120.00～511.46m，采用 Φ150mm 绳索取心钻进，主要地层仍为唢呐湖组，钻进至 511.46m 地层完整，结合孔内掉块、轻微漏失的情况，为提高钻进效率、缩短工期，决定换径 PQ。下入 Φ150mm 钻具 511.36m 作为技术套管。

四开：511.46～1088.98m，采用 PQ 钻进（Φ122mm），地层为夏里组，为一套三角洲-三角洲前缘相碎屑岩建造。下部为一套细碎屑岩夹灰岩组合；上部为一套细-中粗碎屑岩组合。

在 511.46～555.25m 采用国内常用的内管为 1.5m 的 PQ 钻具，单筒进尺仅为 1.5m，钻进效率低，随钻孔不断加深、打捞内管所需辅助时间不断增加，羌塘盆地冰冻期长，每年施工期仅 5 个月左右，无法确保在预定工期内完成施工任务，并且频繁取心造成抽吸作用增加，不利于孔壁的稳定性。在地层较为完整的情况下，为了提高钻进效率、减小抽吸作用，更换内管为 3m 的 PQ 钻具钻进。更换钻具后，每回次可钻进 3m，平均日进尺 24.68m，相比于内管为 1.5m 时 13.36m 的平均日进尺，钻进速度提高了 84.73%，显著提高了钻进效率。

钻进至 1088.98m 时，因 PQ 钻进负荷较大，钻进效率低，换径 HQ 钻进，下入 PQ 钻杆 1089.01m 作为技术套管。

五开：1088.98～2001.77m，采用 HQ 钻进，于 1144.19m 钻遇布曲组，上部岩性组合为深灰色薄-中层状泥晶灰岩、上部夹燧石灰岩；下部岩性组合为深灰色薄-中层状泥晶灰岩、生物碎屑灰岩。布曲组主要为泥岩、灰岩，地层完整，可钻性高，施工顺利。

钻进至 1887.40m，穿过布曲组，进入雀莫错组，钻遇大量硬度为 3～4 级的泥岩，钻进速度高，但泥岩存在软硬互层的情况，出现岩心磨损、卡簧不能卡紧岩心，有大量残留岩心的情况。若换用内径较小的卡簧，由于软硬互层的存在，在钻进软地层时若突然进入相对较硬的地层，硬地层岩心将无法进入卡簧，内管受到上顶力，出现岩心堵塞的情况；也可能出现卡簧被硬地层岩心顶坏，进入软地层后仍无法卡紧岩心。针对这种软硬互层泥岩层，通过现场对软硬岩心的观察、研究并进行多次试验，采用卡簧焊块卡紧岩心的方法，岩心采取率达到 98.25%，顺利完成了雀莫错组的钻探施工。

第五章 钻遇地层特征

羌科 1 井从上侏罗统索瓦组开始开钻，分别钻遇了上侏罗统索瓦组、中侏罗统夏里组和布曲组、中-下侏罗统雀莫错组及上三叠统那底岗日组等地层，从而建立了羌塘盆地覆盖区首个从上侏罗统到上三叠统的地质-钻井综合地层柱。本章将对羌科 1 井钻遇地层的录井特征、矿物学特征、测井特征及单井地震标定做详细介绍。

第一节 录 井 特 征

羌科 1 井以岩屑录井每米取样 1 个，见油气水显示后加密为每 0.5m 取 1 次样，全井共取岩屑样品 4939 个（每个样品分为正样、副样及科学研究备用样共 3 袋）。根据岩屑录井，羌科 1 井钻遇地层系统介绍如下。

一、羌科 1 井钻遇地层

羌科 1 井钻遇地层如图 5-1 所示。

（一）上侏罗统索瓦组

索瓦组由青海省区调综合地质大队 1987 年创名于测区内雀莫错东索瓦山，以灰岩大量出现、碎屑岩消失为划分标志（姚华舟等，2011）。羌科 1 井索瓦组（J_3s）井深为 0～59m，视厚度为 59m，由于这一段刚好是导管，因此没有进行录井。根据羌科 1 井井口附近地表岩石露头、导眼岩屑及测井低伽马值特征，确定 0～59m 为索瓦组，岩性为深灰色薄层状泥晶灰岩。

（二）中侏罗统夏里组

夏里组由青海省区调综合地质大队 1987 年创名于测区内雀莫错东夏里山，底部以紫红色、灰绿色碎屑岩大量出现为开始标志，顶部以砂岩消失、灰岩大量出现为结束标志（朱同兴等，2010a；姚华舟等，2011）。羌科 1 井夏里组（J_2x）井深为 59～1050m，视厚度为 1050m。根据岩性差异，进一步将夏里组细分为上、下两段。

1. 夏里组上段

夏里组上段井深为 59～785m，视厚度为 726m，岩屑录井为 1～143 小层（图 5-2，表 5-1）。岩性主要为灰色钙质泥岩夹泥晶灰岩、泥岩、砂岩及粉砂岩，夹硬石膏层。

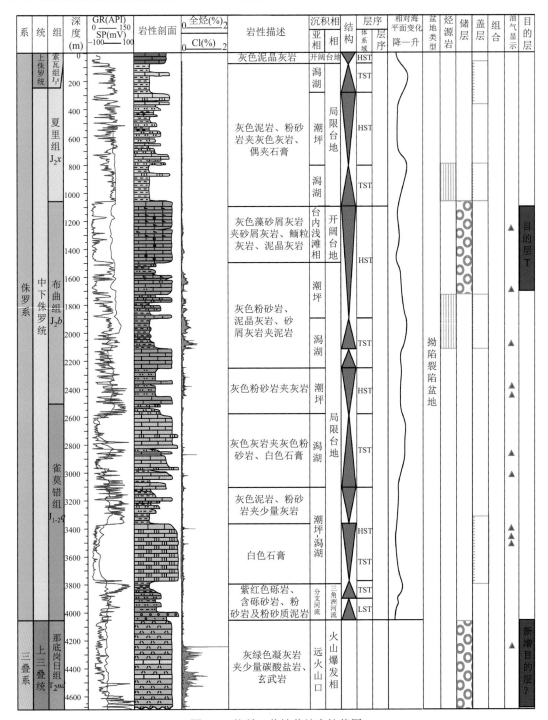

图 5-1　羌科 1 井钻井综合柱状图

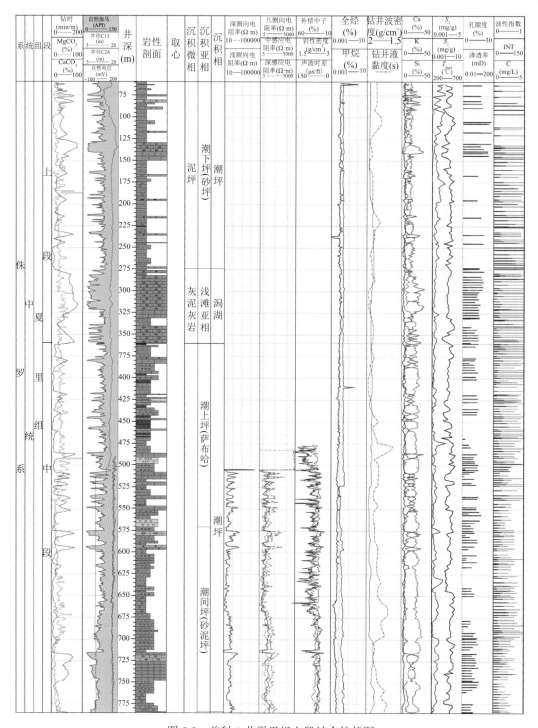

图 5-2　羌科 1 井夏里组上段综合柱状图

表 5-1　羌科 1 井夏里组上段小层划分及岩性特征

小层	井段（m）	厚度（m）	岩性
1	59～62	3	灰色泥岩
2	62～63	1	浅灰色泥质粉砂岩
3	63～67	4	灰色泥岩
4	67～69	2	灰色钙质泥岩
5	69～74	5	灰色泥岩
6	74～76	2	灰色泥灰岩
7	76～80	4	灰色泥岩
8	80～83	3	黄灰色泥晶灰岩
9	83～85	2	灰色泥质粉砂岩
10	85～88	3	灰色泥岩
11	88～91	3	浅灰色含钙细砂岩
12	91～104	13	灰色泥岩
13	104～108	4	灰色含钙泥质粉砂岩
14	108～116	8	灰色泥岩
15	116～118	2	灰色含石英砂屑灰岩
16	118～129	11	灰色泥岩
17	129～140	11	灰色泥晶灰岩
18	140～150	10	灰色泥灰岩
19	150～166	16	灰色泥岩
20	166～168	2	灰色泥质灰岩
21	168～171	3	灰色泥岩
22	171～174	3	灰色钙质泥岩
23	174～181	7	灰色含钙泥岩
24	181～187	6	灰色泥岩
25	187～191	4	灰色含钙泥岩
26	191～194	3	灰色钙质泥岩
27	194～196	2	深灰色泥晶砂屑灰岩
28	196～214	18	灰色泥岩
29	214～216	2	灰色泥晶灰岩
30	216～222	6	灰色泥岩
31	222～225	3	灰色含钙泥岩
32	225～226	1	棕褐色含粉砂质泥岩
33	226～232	6	灰色泥岩
34	232～234	2	灰色含钙泥岩
35	234～236	2	深灰色泥晶灰岩

小层	井段（m）	厚度（m）	岩性
36	236～244	8	灰色泥岩
37	244～245	1	深灰色泥灰岩
38	245～247	2	灰色泥岩
39	247～252	5	灰色粉砂质泥岩
40	252～262	10	灰色泥岩
41	262～267	5	灰色钙质泥岩
42	267～269	2	灰色粉砂质泥岩
43	269～272	3	灰色泥岩
44	272～274	2	浅灰色泥灰岩
45	274～276	2	灰色泥岩
46	276～279	3	灰色泥晶灰岩
47	279～281	2	灰色含钙泥岩
48	281～282	1	灰色钙质泥岩
49	282～286	4	深灰色泥晶灰岩
50	286～289	3	深灰色泥灰岩
51	289～303	14	深灰色泥晶灰岩
52	303～322	19	深灰色泥晶灰岩
53	322～331	9	深灰色泥灰岩
54	331～332	1	灰色粉砂质泥岩
55	332～340	8	灰色含钙粉砂质泥岩
56	340～343	3	灰色含泥灰岩
57	343～360	17	深灰色泥晶灰岩
58	360～362	2	棕褐色含粉砂泥岩
59	362～364	2	浅灰色粉砂岩
60	364～368	4	灰色含钙粉砂泥岩
61	368～376	8	灰色粉砂质泥岩
62	376～378	2	深灰色泥晶灰岩
63	378～383	5	深灰色泥灰岩
64	383～387	4	灰色泥质粉砂岩
65	387～392	5	灰色泥质粉砂岩
66	392～395	3	浅灰色粉砂岩
67	395～397	2	棕褐色泥岩
68	397～402	5	浅灰色粉砂岩
69	402～406	4	棕褐色粉砂质泥岩
70	406～410	4	灰色粉砂质泥岩

续表

小层	井段（m）	厚度（m）	岩性
71	410～418	8	灰色钙质粉砂质泥岩
72	418～419	1	深灰色泥晶灰岩
73	419～422	3	灰色钙质泥岩
74	422～424	2	深灰色泥灰岩
75	424～426	2	灰色钙质粉砂质泥岩
76	426～428	2	深灰色泥灰岩
77	428～431	3	灰色含钙粉砂质泥岩
78	431～434	3	棕褐色泥岩
79	434～437	3	灰色泥质粉砂岩
80	437～443	6	浅灰色钙质粉砂岩
81	443～445	2	棕褐色含钙粉砂质泥岩
82	445～446	1	灰色含钙粉砂质泥岩
83	446～448	2	白色石膏岩
84	448～458	10	棕褐色粉砂质泥岩
85	458～460	2	白色石膏岩
86	460～463	3	灰色含钙粉砂质泥岩
87	463～465	2	棕褐色含钙粉砂质泥岩
88	465～467	2	灰色含钙粉砂质泥岩
89	467～468	1	棕褐色粉砂质泥岩
90	468～472	4	灰色粉砂质泥岩
91	472～478	6	灰色泥岩
92	478～486	8	灰色粉砂质泥岩
93	486～489	3	深灰色泥晶灰岩
94	489～491	2	灰色泥灰岩
95	491～498	7	灰白色含钙粉砂岩
96	498～508	10	灰色含钙泥质粉砂岩
97	508～516	8	深灰色泥质灰岩
98	516～519	3	灰色泥岩
99	519～523	4	深灰色泥灰岩
100	523～526	3	灰色泥岩
101	526～528	2	灰色含灰泥岩
102	528～535	7	灰色粉砂质泥岩
103	535～539	4	深灰色泥灰岩
104	539～545	6	灰色钙质泥岩
105	545～547	2	灰色含钙泥岩

小层	井段（m）	厚度（m）	岩性
106	547～552	5	灰色泥灰岩
107	552～558	6	浅灰色钙质粉砂岩
108	558～562	4	灰色含钙粉砂质泥岩
109	562～571	9	灰白色粉砂岩
110	571～576	5	灰色泥质粉砂岩
111	576～581	5	黄灰色泥晶灰岩
112	581～587	6	灰绿色含钙泥质粉砂岩
113	587～590	3	灰色钙质粉砂岩
114	590～592	2	灰色含钙泥岩
115	592～595	3	黄灰色泥晶灰岩
116	595～597	2	深灰色泥晶灰岩
117	597～602	5	灰色含钙泥岩
118	602～607	5	灰色含钙泥质粉砂岩
119	607～613	6	灰色泥质粉砂岩
120	613～616	3	灰色含钙粉砂质泥岩
121	616～619	3	灰色含钙泥质粉砂岩
122	619～629	10	灰色含钙粉砂质泥岩
123	629～638	9	灰色泥岩
124	638～640	2	灰色含钙泥岩
125	640～644	4	灰色泥质粉砂岩
126	644～646	2	灰色含钙泥岩
127	646～651	5	灰色泥质粉砂岩
128	651～657	6	灰色含钙泥岩
129	657～670	13	灰色含钙泥岩
130	670～677	7	灰色含钙粉砂质泥岩
131	677～689	12	灰色泥质粉砂岩
132	689～691	2	灰色粉砂岩
133	691～698	7	灰色泥质粉砂岩
134	698～712	14	灰色含钙泥质粉砂岩
135	712～715	3	灰色泥岩
136	715～717	2	深灰色泥灰岩
137	717～718	1	深灰泥晶灰岩
138	718～725	7	黄灰色泥晶灰岩
139	725～748	23	灰色泥灰岩
140	748～763	15	灰色含钙泥质粉砂岩

小层	井段（m）	厚度（m）	岩性
141	763～774	11	灰色含钙泥岩
142	774～777	3	灰色含钙泥质粉砂岩
143	777～785	8	浅灰色含钙粉砂岩

2. 夏里组下段

夏里组下段井深为 785～1050m，视厚为 265m，岩屑录井为 144～159 小层，共 16 个小层（图 5-3，表 5-2）。岩性主要为灰色含膏泥岩、钙质泥岩夹硬石膏层，其中 230 余米含膏泥质岩是良好的盖层。

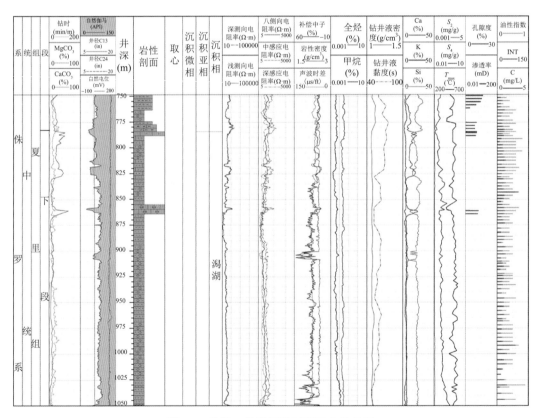

图 5-3　羌科 1 井夏里组下段综合柱状图

表 5-2　羌科 1 井夏里组下段小层划分及岩性特征

小层	井段（m）	厚度（m）	岩性
144	785～788	3	灰色泥灰岩
145	788～797	9	灰色钙质泥岩
146	797～811	14	灰色含钙泥岩
147	811～830	19	灰色钙质泥岩

小层	井段（m）	厚度（m）	岩性
148	830~837	7	灰色泥岩
149	837~847	10	灰色含钙泥岩
150	847~855	8	灰色泥岩
151	855~864	9	灰色泥晶灰岩
152	864~894	30	灰色泥岩
153	894~950	56	灰色含钙泥岩
154	950~969	19	灰色泥岩
155	969~1025	56	灰色含钙泥岩
156	1025~1030	5	深灰色泥岩
157	1030~1032	2	灰色泥岩
158	1032~1049	17	深灰色泥岩
159	1049~1050	1	灰色泥岩

（三）中侏罗统布曲组

中侏罗统布曲组由白生海 1989 年创建于青海省唐古拉山乡布曲，底部以灰岩的大量出现为开始标志，顶部以灰岩消失、紫红色碎屑岩出现为结束标志（朱同兴等，2010b；姚华舟等，2011）。羌科 1 井布曲组（J_2b）井深为 1050~2496m，厚度为 1446m，根据岩性差异可以分为上、中、下三段。

1. 布曲组上段

布曲组上段井深为 1050~1485m，视厚为 435m，岩屑录井为 160~239 小层，共 80 个小层（图 5-4，表 5-3）。布曲组上段岩性主要为深灰色生物碎屑灰岩，在其顶部生物碎屑灰岩中见到了该井第一次气显示，且含高浓度硫化氢，可能是重要的油气目标层段。

2. 布曲组中段

羌科 1 井布曲组中段井深为 1485~2100m，视厚为 615m，岩屑录井为 240~316 小层，共 77 个小层（表 5-4，图 5-5）。岩性主要为灰色含钙粉砂质泥岩、含钙粉砂岩，中部夹多层白垩及泥晶灰岩。中段泥岩及粉砂质泥岩具一定的生烃潜力，其底部含钙粉砂岩第 3 次气异常出现了 13 次后效显示。

3. 布曲组下段

羌科 1 井布曲组下段井深为 2100~2496m，视厚为 396m，岩屑录井为 317~374 小层，共 58 个小层（图 5-6，表 5-5）。岩性主要为灰白色白垩化灰岩，夹粉砂质泥岩、泥质粉砂岩。

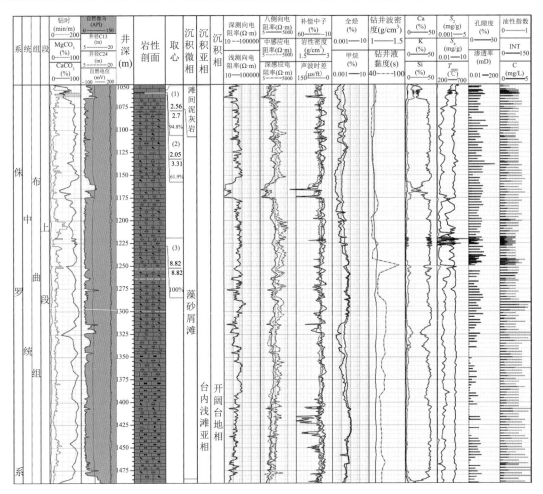

图 5-4　羌科 1 井布曲组上段综合柱状图

表 5-3　羌科 1 井布曲组上段小层划分及岩性特征

小层	井段（m）	厚度（m）	岩性
160	1050～1051	1	灰色泥岩
161	1051～1052	1	深灰色含砂屑泥晶灰岩
162	1052～1056	4	深灰色含砂屑泥晶灰岩
163	1056～1057.21	1.21	深灰色含砂屑泥晶灰岩
164	1057.21～1057.41	0.20	深灰色泥灰岩
165	1057.41～1057.96	0.55	深灰色含砂屑泥晶灰岩
166	1057.96～1058.47	0.51	深灰色泥灰岩
167	1058.47～1060.01	1.54	深灰色钙质泥岩
168	1060.01～1061.92	1.91	深灰色泥灰岩
169	1061.92～1065	3.08	深灰色泥灰岩
170	1065～1071	6	灰色泥晶灰岩

续表

小层	井段（m）	厚度（m）	岩性
171	1071～1077	6	灰色含砂屑泥晶灰岩
172	1077～1083	6	深灰色含陆源碎屑藻灰岩
173	1083～1102	19	深灰色含陆源碎屑藻砂屑灰岩
174	1102～1107	5	深灰色含生物碎屑砂屑泥晶灰岩
175	1107～1112	5	深灰色含生物碎屑藻砂屑灰岩
176	1112～1117	5	深灰色含陆源碎屑藻砂屑灰岩
177	1117～1122	5	深灰色含陆源碎屑生物碎屑泥晶灰岩
178	1122～1127	5	深灰色含陆源碎屑藻灰岩
179	1127～1132	5	深灰色含陆源碎屑生物碎屑泥晶灰岩
180	1132～1137	5	深灰色含陆源碎屑藻砂屑灰岩
181	1137～1144	7	深灰色含陆源碎屑生物碎屑砂屑灰岩
182	1144～1150	6	深灰色含陆源碎屑藻砂屑灰岩
183	1150～1153	3	灰色含陆源碎屑藻砂屑泥晶灰岩
184	1153～1158	5	深灰色含陆源碎屑藻砂屑灰岩
185	1158～1163	5	深灰色生物碎屑泥晶灰岩
186	1163～1171	8	灰色亮晶砂屑灰岩
187	1171～1175	4	灰色含生物碎屑砂屑灰岩
188	1175～1178	3	灰白色含膏灰岩
189	1178～1184	6	深灰色含砂屑泥晶灰岩
190	1184～1191	7	深灰色生物碎屑砂屑灰岩
191	1191～1195	4	深灰色藻砂屑灰岩
192	1195～1200	5	深灰色亮晶藻砂屑灰岩
193	1200～1205	5	深灰色生物碎屑泥晶灰岩
194	1205～1211	6	深灰色含生物碎屑藻团块灰岩
195	1211～1218	7	深灰色含生物碎屑藻砂屑灰岩
196	1218～1219	1	深灰色泥晶灰岩
197	1219～1221	2	灰色含砂屑泥晶灰岩
198	1221～1222	1	深灰色泥晶灰岩
199	1222～1225	3	深灰色含砂屑泥晶灰岩
200	1225～1227	2	深灰色泥晶灰岩
201	1227～1233	6	深灰色含生物碎屑亮晶砂屑灰岩
202	1233～1238	5	深灰色砂屑泥晶灰岩
203	1238～1243	5	深灰色含生物碎屑亮晶藻砂屑灰岩
204	1243～1251	8	深灰色含生物碎屑藻砂屑泥晶灰岩
205	1251～1255	4	灰白色白垩

小层	井段（m）	厚度（m）	岩性
206	1255～1262	7	深灰色亮晶藻砂屑灰岩
207	1262～1266	4	灰白色白垩
208	1266～1271	5	深灰色含生物碎屑亮晶藻砂屑灰岩
209	1271～1276	5	深灰色亮晶藻砂屑灰岩
210	1276～1281	5	深灰色亮晶藻球粒灰岩
211	1281～1285	4	深灰色亮晶藻砂屑灰岩
212	1285～1290	5	深灰色亮晶生物碎屑粒屑灰岩
213	1290～1301	11	深灰色含生物碎屑亮晶藻砂屑灰岩
214	1301～1306	5	深灰色含生物碎屑藻砂屑灰岩
215	1306～1312	6	深灰色亮晶藻砂屑灰岩
216	1312～1317	5	深灰色亮晶藻团块灰岩
217	1317～1322	5	深灰色含生物碎屑亮晶藻砂屑灰岩
218	1322～1331	9	深灰色含陆源碎屑生物碎屑泥晶灰岩
219	1331～1336	5	深灰色含生物碎屑藻砂屑泥晶灰岩
220	1336～1340	4	深灰色亮晶藻砂屑灰岩
221	1340～1346	6	深灰色含生物碎屑微亮晶砂屑灰岩
222	1346～1351	5	深灰色含砂屑粉屑灰岩
223	1351～1361	10	深灰色含生物碎屑亮晶藻砂屑灰岩
224	1361～1371	10	深灰色含生物碎屑砂屑泥晶灰岩
225	1371～1381	10	深灰色含生物碎屑微亮晶粉屑灰岩
226	1381～1388	7	深灰色含生物碎屑微亮晶粉屑灰岩
227	1388～1399	11	深灰色含陆源碎屑粉屑灰岩
228	1399～1404	5	深灰色含生物碎屑微亮晶藻砂屑灰岩
229	1404～1409	5	深灰色砂屑灰岩
230	1409～1413	4	深灰色含砂屑泥晶灰岩
231	1413～1424	11	深灰色含生物碎屑微亮晶粉屑灰岩
232	1424～1429	5	深灰色含生物碎屑微亮晶藻球粒灰岩
233	1429～1440	11	深灰色含生物碎屑微亮晶粉屑灰岩
234	1440～1449	9	深灰色含生物碎屑微-亮晶粉屑灰岩
235	1449～1454	5	深灰色含生物碎屑微亮晶粉屑灰岩
236	1454～1459	5	深灰色含生物碎屑微-亮晶粉屑灰岩
237	1459～1467	8	深灰色含生物碎屑亮晶藻团块灰岩
238	1467～1474	7	深灰色含砂屑泥晶灰岩
239	1474～1485	11	深灰色含生物碎屑微亮晶藻团块灰岩

表 5-4 羌科 1 井布曲组中段小层划分及岩性特征

小层	井段（m）	厚度（m）	岩性
240	1485～1489	4	深灰色泥灰岩
241	1489～1500	11	灰色粉砂质泥岩
242	1500～1506	6	深灰色含生物碎屑砂屑灰岩
243	1506～1516	10	灰色含钙泥质粉砂岩
244	1516～1535	19	灰色含粉砂质泥岩
245	1535～1543	8	灰色泥质粉砂岩
246	1543～1563	20	灰色粉砂质泥岩
247	1563～1568	5	灰色泥岩
248	1568～1573	5	灰色粉砂质泥岩
249	1573～1578	5	灰色含钙粉砂质泥岩
250	1578～1595	17	深灰色微亮晶藻砂屑灰岩
251	1595～1600	5	灰色含粉砂质泥岩
252	1600～1606	6	灰色泥晶灰岩
253	1606～1614	8	灰黑色泥岩
254	1614～1629	15	深灰色泥灰岩
255	1629～1635	6	深灰色含生物碎屑泥晶灰岩
256	1635～1641	6	深灰色亮晶生物碎屑砂屑灰岩
257	1641～1646	5	深灰色含生物碎屑亮晶粉屑灰岩
258	1646～1650	4	深灰色含生物碎屑亮晶粉屑灰岩
259	1650～1655	5	深灰色含生物碎屑泥晶灰岩
260	1655～1657	2	深灰色含生物碎屑泥晶粉屑灰岩
261	1657～1665	8	深灰色亮晶砂屑泥晶灰岩
262	1665～1671	6	深灰色微亮晶粉屑泥晶灰岩
263	1671～1677	6	深灰色亮晶粉屑灰岩
264	1677～1682	5	深灰色含生物碎屑粉屑泥晶灰岩
265	1682～1686	4	深灰色含生物碎屑微亮晶粉屑灰岩
266	1686～1691	5	深灰色含粉屑泥晶灰岩
267	1691～1700	9	深灰色泥晶灰岩
268	1700～1702	2	深灰色亮晶粉屑灰岩
269	1702～1706	4	深灰色泥灰岩
270	1706～1708	2	深灰色泥晶鲕粒灰岩
271	1708～1718	10	灰白色白垩
272	1718～1724	6	深灰色亮晶藻砂屑灰岩
273	1724～1729	5	浅灰色含钙粉砂岩
274	1729～1734	5	浅灰色含泥粉砂岩
275	1734～1738	4	浅灰色钙质粉砂岩
276	1738～1743	5	深灰色亮晶鲕粒灰岩

小层	井段（m）	厚度（m）	岩性
277	1743～1748	5	深灰色含亮晶粉屑灰岩
278	1748～1754	6	深灰色泥晶鲕粒灰岩
279	1754～1759	5	深灰色泥晶灰岩
280	1759～1764	5	深灰色泥晶灰岩
281	1764～1771	7	深灰色亮晶藻砂屑灰岩
282	1771～1794	23	灰色泥岩
283	1794～1800	6	浅灰色含泥钙质粉砂岩
284	1800～1812	12	浅灰色粉砂岩
285	1812～1826	14	浅灰色含泥粉砂岩
286	1826～1834	8	浅灰色含钙泥质粉砂岩
287	1834～1863	29	深灰色泥岩
288	1863～1875	12	灰色亮晶粒屑灰岩
289	1875～1882	7	灰色泥质粉砂岩
290	1882～1884	2	深灰色泥岩
291	1884～1891	7	灰色含钙泥质粉砂岩
292	1891～1901	10	深灰色含粉砂泥岩
293	1901～1912	11	深灰色含钙泥岩
294	1912～1915	3	深灰色粉砂质泥岩
295	1915～1954	39	深灰色含粉砂泥岩
296	1954～1968	14	深灰色含钙粉砂质泥岩
297	1968～1981	13	深灰色泥岩
298	1981～1986	5	深灰色含粉砂泥岩
299	1986～1991	5	深灰色泥岩
300	1991～2005	14	深灰色含粉砂泥岩
301	2005～2019	14	深灰色粉砂质泥岩
302	2019～2024	5	深灰色含粉砂泥岩
303	2024～2029	5	深灰色含钙泥岩
304	2029～2031	2	深灰色泥岩
305	2031～2038	7	灰色亮晶白垩化砂屑灰岩
306	2038～2044	6	深灰色含粉砂泥岩
307	2044～2050	6	深灰色含钙泥岩
308	2050～2055	5	深灰色含钙粉砂质泥岩
309	2055～2060	5	深灰色含钙泥质粉砂岩
310	2060～2063	3	灰色白垩化泥晶灰岩
311	2063～2068	5	深灰色含粉砂质泥岩
312	2068～2070	2	灰色白垩化泥晶灰岩

小层	井段（m）	厚度（m）	岩性
313	2070~2081	11	深灰色含钙粉砂质泥岩
314	2081~2088	7	深灰色含粉砂泥岩
315	2088~2099	11	深灰色含钙粉砂质泥岩
316	2099~2100	1	灰色含泥灰岩

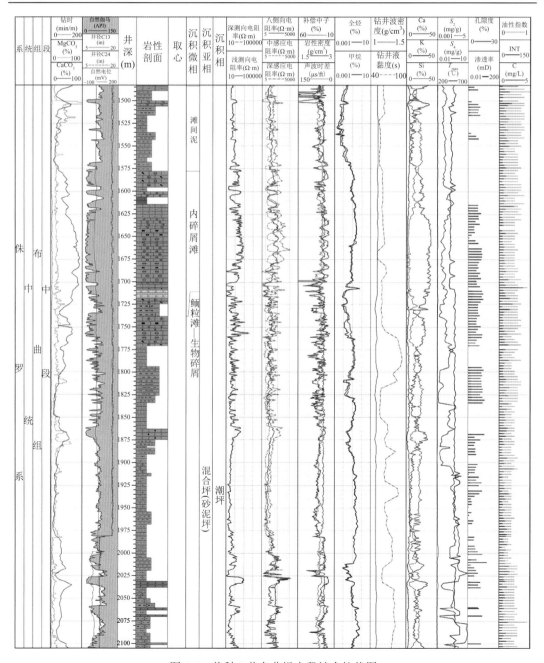

图 5-5 羌科 1 井布曲组中段综合柱状图

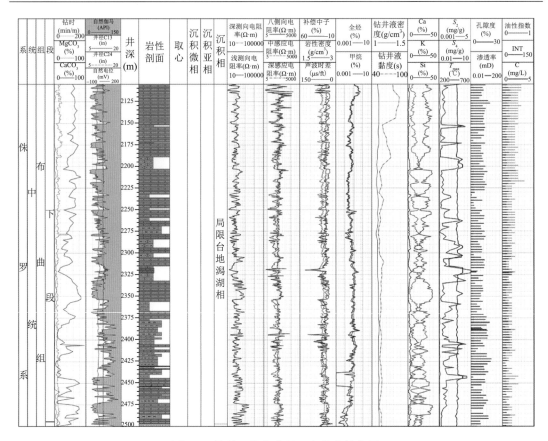

图 5-6　羌科 1 井布曲组下段综合柱状图

表 5-5　羌科 1 井布曲组下段小层划分及岩性特征

小层	井段（m）	厚度（m）	岩性
317	2100～2105	5	深灰色含钙粉砂质泥岩
318	2105～2152	47	灰色白垩化碳酸盐岩
319	2152～2154	2	深灰色粉砂质泥岩
320	2154～2172	18	灰色白垩化碳酸盐岩
321	2172～2173	1	深灰色粉砂质泥岩
322	2173～2189	16	灰色白垩化碳酸盐岩
323	2189～2203	14	深灰色含钙粉砂质泥岩
324	2203～2209	6	灰色白垩化碳酸盐岩
325	2209～2216	7	灰色白垩化碳酸盐岩
326	2216～2224	8	灰色白垩化碳酸盐岩
327	2224～2232	8	灰色白垩化碳酸盐岩

小层	井段（m）	厚度（m）	岩性
328	2232～2236	4	深灰色粉砂质泥岩
329	2236～2242	6	灰色白垩化碳酸盐岩
330	2242～2248	6	灰色白垩化碳酸盐岩
331	2248～2250	2	深灰色含粉砂泥岩
332	2250～2259	9	灰色白垩化碳酸盐岩
333	2259～2263	4	深灰色含粉砂泥岩
334	2263～2269	6	灰色白垩化碳酸盐岩
335	2269～2276	7	灰色钙质粉砂岩
336	2276～2278	2	灰色亮晶砂屑灰岩
337	2278～2284	6	灰色白垩化碳酸盐岩
338	2284～2294	10	深灰色含钙粉砂质泥岩
339	2294～2300	6	灰色白垩化碳酸盐岩
340	2300～2305	5	深灰色含钙粉砂质泥岩
341	2305～2315	10	灰色白垩化碳酸盐岩
342	2315～2317	2	深灰色含钙粉砂质泥岩
343	2317～2323	6	灰黑色粉砂质泥岩
344	2323～2332	9	灰色含钙粉砂质泥岩
345	2332～2356	24	灰色白垩化碳酸盐岩
346	2356～2367	11	深灰色含钙粉砂质泥岩
347	2367～2376	9	灰色白垩化碳酸盐岩
348	2376～2378	2	深灰色含粉砂质泥岩
349	2378～2385	7	浅灰色粉砂岩
350	2385～2391	6	灰色泥质粉砂岩
351	2391～2395	4	浅灰色粉砂岩
352	2395～2397	2	深灰色粉砂泥岩
353	2397～2399	2	浅灰色粉砂岩
354	2399～2402	3	灰色粉砂质泥岩
355	2402～2405	3	深灰色粉砂质泥岩
356	2405～2408	3	灰色白垩化碳酸盐岩

小层	井段（m）	厚度（m）	岩性
357	2408～2412	4	深灰色粉砂质泥岩
358	2412～2414	2	灰色白垩化碳酸盐岩
359	2414～2416	2	深灰色粉砂质泥岩
360	2416～2419	3	浅灰色粉砂岩
361	2419～2430	11	灰色泥质粉砂岩
362	2430～2434	4	灰色白垩化碳酸盐岩
363	2434～2440	6	浅灰色粉砂岩
364	2440～2444	4	深灰色泥岩
365	2444～2455	11	灰色白垩化碳酸盐岩
366	2455～2456	1	浅灰色粉砂岩
367	2456～2463	7	灰色白垩化碳酸盐岩
368	2463～2465	2	浅灰色粉砂岩
369	2465～2468	3	灰色白垩化碳酸盐岩
370	2468～2473	5	灰色泥质粉砂岩
371	2473～2480	7	灰色白垩化碳酸盐岩
372	2480～2486	6	灰色白垩化碳酸盐岩
373	2486～2491	5	浅灰色粉砂岩
374	2491～2496	5	浅灰色白垩化碳酸盐岩

（四）中-下侏罗统雀莫错组

该组由青海省区调综合地质大队 1987 年在羌塘盆地东部雀莫错东南 7km 处创建，将该地原雁石坪群下砂岩组一分为二，下部称为雀莫错组，上部称为玛托组（姚华舟等，2011）；1991 年青海省地质矿产局将二者合并为一个岩石地层单位，统称雀莫错组，后人一直沿用这一方案，底部以紫红色砾岩出现为开始标志，顶部则以碎屑岩消失及灰岩大量出现为结束标志（朱同兴等，2012a，2012b）。羌科 1 井雀莫错组（$J_{1-2}q$）井深为 2496～4057m，厚度为 1561m，分为上、中、下三段。

1. 雀莫错组上段

羌科 1 井雀莫错组上段井深为 2496～3358m，厚度为 862m，岩屑录井为 375～537 小层，共 163 个小层（图 5-7，表 5-6），主要为灰白色白垩化灰岩夹白垩层及硬石膏、灰色含钙粉砂质泥岩。

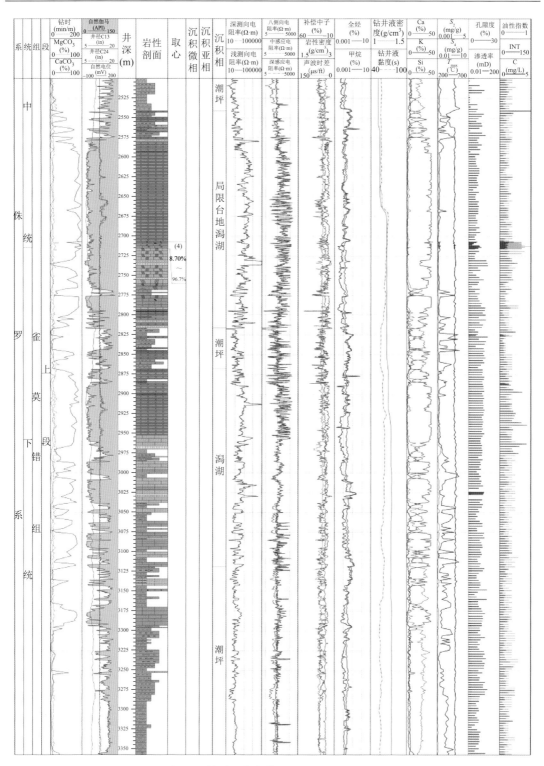

图 5-7　羌科 1 井雀莫错组上段综合柱状图

表 5-6　羌科 1 井雀莫错组上段小层划分及岩性特征

小层	井段（m）	厚度（m）	岩性
375	2496~2506	10	棕红色泥岩
376	2506~2532	26	灰绿色泥质粉砂岩
377	2532~2541	9	灰绿色粉砂质泥岩
378	2541~2543	2	灰色白垩化碳酸盐岩
379	2543~2547	4	灰色泥质粉砂岩
380	2547~2549	2	灰色粉砂质泥岩
381	2549~2555	6	灰色白垩化碳酸盐岩
382	2555~2559	4	灰色泥质粉砂岩
383	2559~2561	2	浅灰色粉粒石英砂岩
384	2561~2562	1	灰色粉砂质泥岩
385	2562~2565	3	灰色白垩化碳酸盐岩
386	2565~2566	1	灰色泥岩
387	2566~2568	2	灰色白垩化碳酸盐岩
388	2568~2572	4	灰色泥质粉砂岩
389	2572~2574	2	灰色粉砂质泥岩
390	2574~2577	3	灰色白垩化碳酸盐岩
391	2577~2580	3	白色石膏
392	2580~2593	13	灰色白垩化碳酸盐岩
393	2593~2594	1	白色石膏
394	2594~2666	72	灰色白垩化碳酸盐岩
395	2666~2668	2	深灰色泥灰岩
396	2668~2679	11	灰色白垩化碳酸盐岩
397	2679~2707	28	浅灰色白垩化碳酸盐岩
398	2707~2708	1	灰色微粉晶灰岩
399	2708~2710	2	灰色亮晶砂屑灰岩
400	2710~2712	2	灰色泥晶灰岩
401	2712~2713	1	灰色亮晶鲕粒灰岩
402	2713~2714	1	灰色泥晶灰岩
403	2714~2715	1	灰色亮晶鲕粒灰岩
404	2715~2716	1	灰色泥晶灰岩
405	2716~2730	14	灰色泥晶灰岩
406	2730~2737	7	白色石膏
407	2737~2752	15	灰色泥晶灰岩

小层	井段（m）	厚度（m）	岩性
408	2752～2755	3	白色石膏
409	2755～2760	5	灰色微粉晶灰岩
410	2760～2763	3	深灰色微粉晶灰岩
411	2763～2768	5	深灰色藻微粉晶灰岩
412	2768～2771	3	深灰色粉砂质泥岩
413	2771～2772	1	深灰色泥晶灰岩
414	2772～2775	3	深灰色粉砂质泥岩
415	2775～2779	4	灰色微粉晶灰岩
416	2779～2783	4	灰色亮晶砂屑灰岩
417	2783～2790	7	灰色粉晶灰岩
418	2790～2793	3	灰白色白垩
419	2793～2795	2	灰色白垩
420	2795～2796	1	浅灰色白垩
421	2796～2802	6	深灰色白垩
422	2802～2803	1	深灰色粉砂质泥岩
423	2803～2806	3	灰色白垩
424	2806～2809	3	白色石膏
425	2809～2813	4	深灰色白垩
426	2813～2816	3	白色石膏
427	2816～2817	1	灰色泥岩
428	2817～2822	5	浅灰色含泥粉砂岩
429	2822～2826	4	深灰色含粉砂泥岩
430	2826～2829	3	深灰色白垩
431	2829～2830	1	深灰色含粉砂泥岩
432	2830～2837	7	灰色泥质粉砂岩
433	2837～2841	4	深灰色粉砂质泥岩
434	2841～2842	1	深灰色白垩
435	2842～2844	2	深灰色泥岩
436	2844～2846	2	深灰色白垩
437	2846～2848	2	浅灰色白垩
438	2848～2856	8	深灰色白垩
439	2856～2859	3	灰色泥质粉砂岩
440	2859～2862	3	灰色粉砂岩

小层	井段（m）	厚度（m）	岩性
441	2862～2868	6	深灰色粉砂质泥岩
442	2868～2870	2	深灰色白垩
443	2870～2871	1	白色石膏
444	2871～2873	2	灰色白垩夹白色石膏（9：1）
445	2873～2874	1	浅灰色白垩
446	2874～2876	2	灰色白垩
447	2876～2878	2	浅灰色白垩
448	2878～2881	3	深灰色白垩
449	2881～2884	3	深灰色泥岩
450	2884～2885	1	深灰色白垩
451	2885～2886	1	深灰色含粉砂泥岩
452	2886～2889	3	深灰色白垩
453	2889～2899	10	灰色白垩
454	2899～2890	−9	深灰色白垩
455	2890～2901	11	深灰色泥灰岩
456	2901～2912	11	灰色白垩
457	2912～2921	9	灰色白垩夹白色石膏（9：1）
458	2921～2933	12	浅灰色白垩，偶见深灰色亮晶砂屑灰岩
459	2933～2940	7	灰色白垩
460	2940～2952	12	深灰色白垩
461	2952～2965	13	黄灰色灰岩
462	2965～2971	6	黄白色石膏
463	2971～2975	4	浅灰绿色泥岩
464	2975～2979	4	灰色泥质粉砂岩
465	2979～2980	1	黄灰色灰岩
466	2980～2981	1	深灰色粉砂质泥岩
467	2981～2984	3	灰色含钙粉砂岩
468	2984～2985	1	深灰色含粉砂质泥岩
469	2985～2996	11	黄灰色灰岩
470	2996～2998	2	灰色灰岩
471	2998～3006	8	灰色泥岩
472	3006～3018	12	黄灰色灰岩
473	3018～3021	3	灰色灰岩

小层	井段（m）	厚度（m）	岩性
474	3021～3022	1	黄灰色灰岩
475	3022～3027	5	黄灰色灰岩
476	3027～3031	4	黄灰色石膏
477	3031～3039	8	黄灰色灰岩
478	3039～3041	2	灰色含泥粉砂岩
479	3041～3045	4	灰色含粉砂质泥岩
480	3045～3050	5	黄灰色灰岩
481	3050～3053	3	灰色粉砂质泥岩
482	3053～3061	8	灰色含粉砂泥岩
483	3061～3068	7	灰色灰岩
484	3068～3070	2	灰色含粉砂质泥岩
485	3070～3072	2	黄灰色灰岩
486	3072～3075	3	灰色泥岩
487	3075～3076	1	黄灰色灰岩
488	3076～3078	2	灰色灰岩
489	3078～3083	5	灰色灰岩
490	3083～3084	1	灰色泥岩
491	3084～3087	3	灰色灰岩
492	3087～3089	2	黄灰色灰岩
493	3089～3100	11	灰色灰岩
494	3100～3107	7	黄灰色灰岩
495	3107～3113	6	灰色含粉砂泥岩
496	3113～3119	6	灰色灰岩
497	3119～3121	2	灰色泥质粉砂岩
498	3121～3126	5	浅灰色含钙粉砂岩
499	3126～3130	4	灰色泥岩
500	3130～3132	2	浅灰色含泥粉砂岩
501	3132～3134	2	灰色泥岩
502	3134～3136	2	黄灰色灰岩
503	3136～3137	1	灰色泥岩
504	3137～3143	6	黄灰色灰岩
505	3143～3147	4	灰色泥岩
506	3147～3150	3	浅灰色含泥粉砂岩

小层	井段（m）	厚度（m）	岩性
507	3150~3157	7	灰色粉砂质泥岩
508	3157~3160	3	浅灰色含泥粉砂岩
509	3160~3170	10	灰色泥岩
510	3170~3174	4	灰色灰岩
511	3174~3184	10	浅灰褐色灰岩
512	3184~3186	2	灰色灰岩
513	3186~3188	2	黄灰色灰岩
514	3188~3193	5	灰色灰岩
515	3193~3195	2	浅灰色含泥粉砂岩
516	3195~3196	1	灰色灰岩
517	3196~3204	8	灰色粉砂质泥岩
518	3204~3209	5	浅灰色粉砂岩
519	3209~3211	2	灰色泥岩
520	3211~3212	1	灰色粉砂质泥岩
521	3212~3214	2	灰色泥岩
522	3214~3216	2	浅灰色粉砂质泥岩
523	3216~3224	8	灰色泥岩
524	3224~3247	23	浅灰色含泥粉砂岩
525	3247~3251	4	灰色含粉砂泥岩
526	3251~3253	2	黄灰色灰岩
527	3253~3262	9	灰色粉砂质泥岩
528	3262~3265	3	浅灰色含泥粉砂岩
529	3265~3274	9	灰色泥质粉砂岩
530	3274~3281	7	浅灰色泥质粉砂岩
531	3281~3289	8	灰色粉砂质泥岩
532	3289~3294	5	灰色泥岩
533	3294~3319	25	灰色含粉砂泥岩
534	3319~3323	4	灰色粉砂质泥岩
535	3323~3329	6	灰色含粉砂泥岩
536	3329~3331	2	灰色泥岩
537	3331~3358	27	灰色含粉砂泥岩

2. 雀莫错组中段

羌科 1 井雀莫错组中段井深为 3358～3766m，厚度为 408m，岩屑录井为 538～581 小层，共 44 个小层（图 5-8，表 5-7）。上部为灰白色硬石膏层与灰岩互层，下部为巨厚层状硬石膏层，其中 365m 硬石膏层是良好的区域性封盖层。

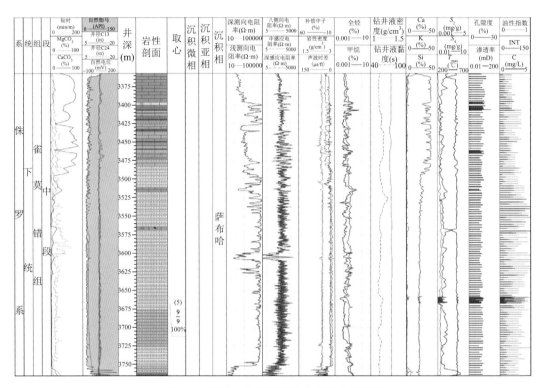

图 5-8 羌科 1 井雀莫错组中段综合柱状图

表 5-7 羌科 1 井雀莫错组中段小层划分及岩性特征

小层	井段（m）	厚度（m）	岩性
538	3358～3377	19	灰色灰岩
539	3377～3386	9	灰色灰岩
540	3386～3396	10	灰色灰岩
541	3396～3400	4	灰白色石膏
542	3400～3403	3	灰色灰岩
543	3403～3407	4	灰白色石膏
544	3407～3410	3	黄灰色灰岩
545	3410～3411	1	灰色灰岩
546	3411～3414	3	黄灰色灰岩

小层	井段（m）	厚度（m）	岩性
547	3414～3415	1	灰白色石膏
548	3415～3416	1	灰色灰岩
549	3416～3418	2	灰白色石膏
550	3418～3419	1	灰色灰岩
551	3419～3420	1	灰白色石膏
552	3420～3422	2	灰色灰岩
553	3422～3426	4	灰白色石膏
554	3426～3432	6	黄灰色灰岩
555	3432～3433	1	灰色灰岩
556	3433～3434	1	灰白色石膏
557	3434～3437	3	灰色灰岩
558	3437～3445	8	黄灰色灰岩
559	3445～3449	4	灰色灰岩
560	3449～3450	1	灰白色石膏
561	3450～3455	5	灰色灰岩
562	3455～3459	4	黄灰色灰岩
563	3459～3460	1	灰白色石膏
564	3460～3465	5	黄灰色灰岩
565	3465～3467	2	灰色灰岩
566	3467～3470	3	黄灰色灰岩
567	3470～3472	2	灰白色石膏
568	3472～3473	1	黄灰色灰岩
569	3473～3478	5	灰白色石膏
570	3478～3482	4	黄灰色灰岩
571	3482～3511	29	白色石膏
572	3511～3517	6	灰色灰岩
573	3517～3563	46	白色石膏
574	3563～3568	5	深灰色灰岩
575	3568～3577	9	白色石膏

续表

小层	井段（m）	厚度（m）	岩性
576	3577～3590	13	白色石膏
577	3590～3676	86	白色石膏
578	3676～3726	50	灰白色石膏
579	3726～3751	25	白色石膏
580	3751～3761	10	灰白色石膏
581	3761～3766	5	灰色石膏

3. 雀莫错组下段

羌科 1 井雀莫错组下段井深为 3766～4057m，厚度为 291m，岩屑录井为 582～609 小层，共 28 个小层（图 5-9，表 5-8）。主要为紫红色粉砂质泥岩、泥质粉砂岩、含砾粉砂岩、紫红色底砾岩。

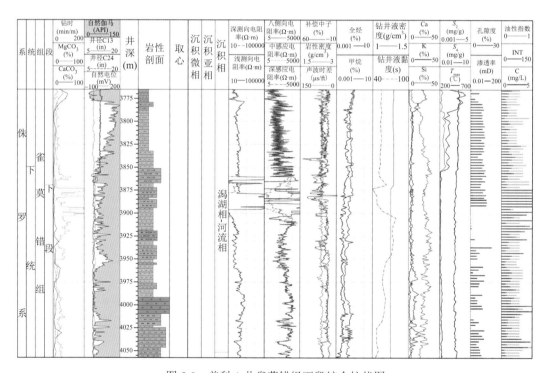

图 5-9　羌科 1 井雀莫错组下段综合柱状图

表 5-8　羌科 1 井雀莫错组下段小层划分及岩性特征

小层	井段（m）	厚度（m）	岩性
582	3766～3779	13	深灰色泥岩
583	3779～3784	5	灰色粉砂质泥岩

小层	井段（m）	厚度（m）	岩性
584	3784～3788	4	浅灰色含粉砂泥岩
585	3788～3794	6	棕红色泥岩
586	3794～3832	38	棕红色含粉砂泥岩
587	3832～3851	19	棕红色粉砂质泥岩
588	3851～3867	16	浅红棕色含泥粉砂岩
589	3867～3872	5	棕红色粉砂质泥岩
590	3872～3883	11	红棕色泥质粉砂岩
591	3883～3885	2	棕红色泥岩
592	3885～3894	9	红棕色泥质粉砂岩
593	3894～3896	2	棕红色粉砂质泥岩
594	3896～3918	22	棕红色粉砂质泥岩
595	3918～3919	1	棕红色粉砂质泥岩
596	3919～3930	11	灰色含砾泥质粉砂岩
597	3930～3935	5	棕红色粉砂质泥岩
598	3935～3942	7	红棕色泥质粉砂岩
599	3942～3950	8	红棕色泥质粉砂岩
600	3950～3954	4	棕红色粉砂质泥岩
601	3954～3956	2	红棕色泥质粉砂岩
602	3956～3976	20	棕红色粉砂质泥岩
603	3976～3982	6	红棕色泥质粉砂岩
604	3982～3991	9	棕红色粉砂质泥岩
605	3991～4009	18	紫红色砾岩
606	4009～4022	13	红棕色粉砂岩
607	4022～4024	2	棕红色粉砂质泥岩
608	4024～4046	22	红棕色含砾粉砂岩
609	4046～4057	11	浅灰绿色凝灰质粉砂岩

（五）上三叠统那底岗日组

那底岗日组是西藏区域地质调查队进行 1∶100 万改则幅地质调查时建立的，姚华舟等（2011）采用鄂尔陇巴组代指雀莫错一带的那底岗日组火山岩、火山碎屑岩，局部为暗紫红色中层状含海绿石凝灰质细砂岩与暗紫红色薄层状层凝灰岩互层夹暗紫红色薄层状粉砂质泥岩。羌科 1 井那底岗日组（T_3nd）井深为 4057～4696.18m，厚度为639.18m，未见底，岩屑录井为 610～666 小层，共 57 个小层（图 5-10，表 5-9）。岩性主要为沉凝灰岩、凝灰岩夹少量辉绿岩、玄武岩、灰白色碳酸盐岩。该段气显示活跃，第 13 次气异常共出现了 6 次后效显示。

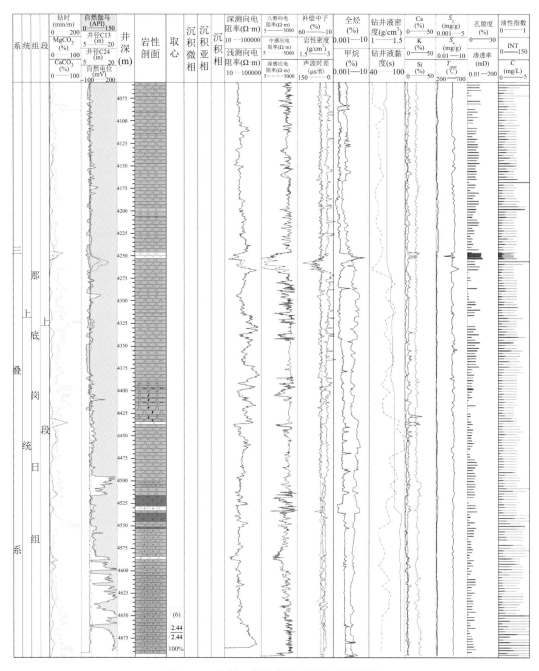

图 5-10　羌科 1 井那底岗日组综合柱状图

表 5-9　羌科 1 井那底岗日组小层划分及岩性特征

小层	井段（m）	厚度（m）	岩性
610	4057~4089	32	灰绿色凝灰岩
611	4089~4091	2	浅灰绿色凝灰岩
612	4091~4114	23	灰绿色凝灰岩

小层	井段（m）	厚度（m）	岩性
613	4114～4116	2	杂色凝灰岩
614	4116～4155	39	灰绿色凝灰岩
615	4155～4159	4	灰绿色凝灰岩
616	4159～4197	38	灰绿色凝灰岩
617	4197～4201	4	杂色凝灰岩
618	4201～4206	5	灰绿色凝灰岩
619	4206～4207	1	杂色凝灰岩
620	4207～4215	8	灰绿色凝灰岩
621	4215～4227	12	浅灰绿色凝灰岩
622	4227～4246	19	灰绿色凝灰岩
623	4246～4253	7	灰白色碳酸盐化凝灰岩
624	4253～4290	37	灰绿色凝灰岩
625	4290～4294	4	浅灰绿色玄武岩
626	4294～4329	35	灰绿色凝灰岩
627	4329～4354	25	浅灰绿色凝灰岩
628	4354～4355	1	浅黄灰色碳酸盐化凝灰岩
629	4355～4360	5	浅灰绿色凝灰岩
630	4360～4361	1	浅黄灰色碳酸盐化凝灰岩
631	4361～4378	17	浅灰绿色凝灰岩
632	4378～4389	11	灰绿色凝灰岩
633	4389～4394	5	浅灰色辉长辉绿岩
634	4394～4396	2	灰绿色拉斑玄武岩
635	4396～4398	2	浅灰绿色玻屑凝灰岩
636	4398～4403	5	灰色辉长辉绿岩
637	4403～4407	4	灰绿色晶屑凝灰岩
638	4407～4408	1	灰绿色拉斑玄武岩
639	4408～4412	4	灰绿色晶屑凝灰岩
640	4412～4413	1	浅黄灰色辉长辉绿岩
641	4413～4416	3	灰绿色拉斑玄武岩
642	4416～4426	10	浅灰绿色晶屑凝灰岩
643	4426～4428	2	灰绿色拉斑玄武岩
644	4428～4434	6	浅灰绿色晶屑凝灰岩
645	4434～4437	3	灰白色灰岩
646	4437～4444	7	灰绿色含灰质凝灰岩
647	4444～4500	56	灰绿色凝灰岩

续表

小层	井段（m）	厚度（m）	岩性
648	4500～4507	7	浅灰色沉凝灰岩
649	4507～4512	5	灰绿色凝灰岩
650	4512～4516	4	浅灰绿色凝灰岩
651	4516～4528	12	灰黑色玄武岩
652	4528～4533	5	灰白色沉凝灰岩
653	4533～4536	3	深灰色凝灰岩
654	4536～4545	9	灰黑色玄武岩
655	4545～4551	6	灰绿色凝灰岩
656	4551～4553	2	灰黑色玄武岩
657	4553～4576	23	浅灰绿色沉凝灰岩
658	4576～4581	5	浅灰绿色沉凝灰岩
659	4581～4584	3	浅灰绿色沉凝灰岩
660	4584～4587	3	灰白色玻屑凝灰岩
661	4587～4601	14	浅灰绿色沉凝灰岩
662	4601～4621	20	浅灰色沉凝灰岩
663	4621～4638	17	浅灰色沉凝灰岩
664	4638～4682	44	浅灰色沉凝灰岩
665	4682～4685	3	浅灰色沉凝灰岩
666	4685～4696.18	7	浅灰色沉凝灰岩

二、地质浅钻钻遇地层

为了全面获取羌塘盆地岩心录井对比资料，在羌科 1 井西侧 6250m 处实施了全取心羌地 17 井地质浅钻，获取了始新统唢呐湖组、中侏罗统夏里组及布曲组上部地层岩心样品；在羌塘盆地东部各拉丹东南玛曲地区分别实施了羌资 7 井、羌资 8 井及羌资 16 井地质浅钻，获得了那底岗日组、巴贡组及波里拉组地层岩心样品。上述各地质浅钻钻遇地层描述如下。

（一）羌地 17 井

羌地 17 井位于羌科 1 井西侧 6.25km，其钻探目的是获取与羌科 1 井上部同层位地层夏里组及布曲组岩心，同时获取燕山褶皱系之上新生界岩石地层信息。该地质浅钻井深为 2001.8m，从上到下，全取心层位包括第四系（Q，4.4m）、始新统唢呐湖组（E_2s，466.5m）、中侏罗统夏里组（J_2x，673.3m）及布曲组中-上部地层（J_2b，857.6m，未见底）（图 5-11）。同时，获得了唢呐湖组中部同沉积凝灰岩锆石 U-Pb 年龄为 46.57±0.30Ma（王剑等，2019），属始新世中期。

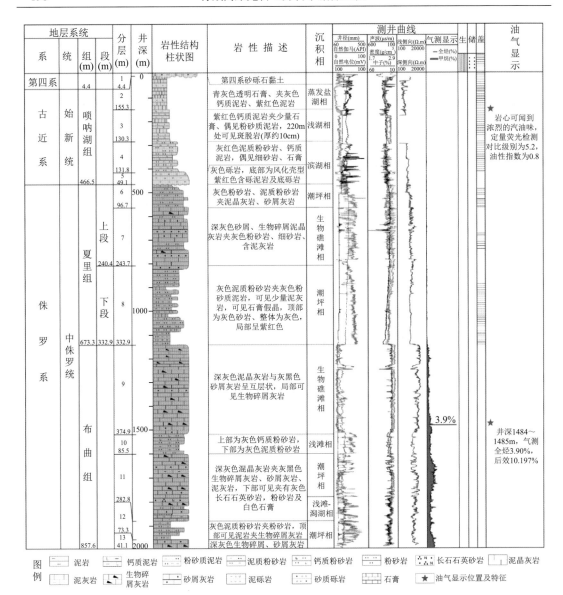

图 5-11　羌地 17 井钻井、录井及测井综合地层柱状图［据王剑等（2020）修编］

羌地 17 井唢呐湖组为一套紫灰色钙质泥岩、含膏泥质岩及硬石膏层，而夏里组及布曲组岩性与羌科 1 井非常相似。夏里组上段：厚 340.4m，上部为陆源碎屑岩夹少量泥晶灰岩及砂屑灰岩，中-下部为砂屑、生物碎屑泥晶灰岩夹粉砂岩、细砂岩及泥灰岩；夏里组下段：厚 332.9m，主要为灰色泥质粉砂岩夹粉砂质泥岩、含膏泥质岩。布曲组未见底，暂未分段，厚 857.6m，为深灰色泥晶灰岩、灰黑色砂屑灰岩、灰色生物碎屑灰岩及泥灰岩，夹钙质、泥质粉砂岩。

羌地 17 井详细分层见表 5-10。

表 5-10 羌地 17 井小层划分及岩性特征

分层	顶深（m）	底深（m）	视厚度（m）	岩性描述
第四系（Q）				
1	0	4.4	4.4	棕褐色砂砾石层
唢呐湖组（E₂s）				
2	4.4	11.6	7.2	灰白色块状、薄板状石膏夹土黄色块状石膏
3	11.6	12.5	0.9	灰色-灰绿色块状泥岩
4	12.5	162.94	150.44	透明板状及块状石膏夹少量泥岩
5	162.94	248.31	85.37	紫红色钙质泥岩夹石膏
6	248.31	360.32	112.01	紫红色钙质泥岩夹石英细砂岩
7	360.32	368.37	8.05	灰色钙质岩屑石英细砂岩
8	368.37	396.13	27.76	紫红色钙质泥岩
9	396.13	419.44	23.31	青灰色含钙泥岩
10	419.44	420.51	1.07	灰色砾岩
11	420.51	421.79	1.28	深灰色生物碎屑灰岩
12	421.79	428.24	6.45	灰色角砾岩
13	428.24	435.19	6.95	紫红色断层破碎带
14	435.19	470.84	35.65	紫红色泥岩夹细砂岩
夏里组（J₂x）				
15	470.84	488.44	17.6	灰色泥岩夹泥晶灰岩
16	488.44	575.73	87.29	灰-灰绿色粉砂岩夹泥岩、少量泥晶灰岩
17	575.73	646.88	71.15	灰色-深灰色中层状细砂岩夹泥岩
18	646.88	652.64	5.76	灰-深灰色泥晶灰岩夹生物碎屑灰岩和鲕粒灰岩
19	652.64	773.93	121.29	灰-浅灰色细砂岩夹泥岩
20	773.93	811.6	37.67	灰-灰绿色泥晶灰岩夹砂砾屑灰岩
21	811.6	888.34	76.74	灰色-浅灰色钙质泥质粉砂岩夹钙质细砂岩
22	888.34	1144.16	255.82	深灰色泥质粉砂岩与粉砂质泥岩互层
布曲组（J₂b）				
23	1144.16	1158.26	14.1	深灰色-灰黑色砂屑灰岩
24	1158.26	1202.17	43.91	深灰色泥晶灰岩
25	1202.17	1318.8	116.63	灰黑色泥晶灰岩夹砂屑灰岩
26	1318.8	1338.8	20	深灰色砂屑灰岩
27	1338.8	1510.81	172.01	深灰色泥晶灰岩夹少量砂屑灰岩
28	1510.81	1684.7	173.89	灰黑色含生物碎屑砂屑灰岩夹少量泥晶灰岩、粉砂岩
29	1684.7	1793.47	108.77	灰-深灰色泥晶灰岩夹少量砂屑灰岩
30	1793.47	1838.45	44.98	灰色长石石英砂岩、砂屑灰岩，偶见鲕粒灰岩
31	1838.45	1859.2	20.75	灰白色-白色石膏夹鲕粒灰岩
32	1859.2	1907.2	48	深灰色含生物碎屑砂屑灰岩夹泥岩、粉砂岩
33	1907.2	1960.7	53.5	浅灰-灰色长石石英砂岩夹粉砂岩
34	1960.7	2001.8	41.1	灰-深灰色含生物碎屑灰岩夹砂屑灰岩、粉砂岩
未见底				

（二）羌资 16 井

羌资 16 井紧邻羌资 7 井，相距羌科 1 井 200 余千米，其钻探目的是获取羌科 1 井中下部同层位地层雀莫错组、那底岗日组、巴贡组及波里拉组岩心样品（图 5-12）。该井是在羌资 7 井和羌资 8 井取得良好烃源岩和油气显示之后部署的一口调查井，所揭示的地层相对于羌资 7 井和羌资 8 井更加全面，能够解决后两口井没有完整揭露巴贡组和波里拉组所带来的地层对比问题；通过该井，可对于羌塘盆地东部地层沉积序列有全面的认识。

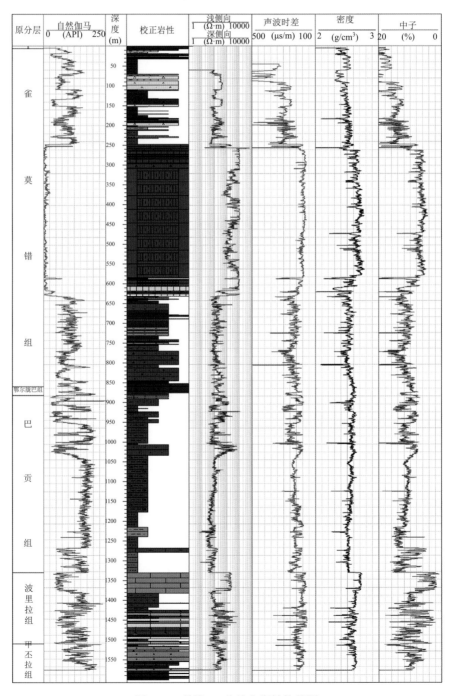

图 5-12　羌资 16 井综合岩性柱状图

　　该地质浅钻井深为 1592.70m，从上到下，钻探全取心层位包括中-下侏罗统雀莫错组（$J_{1-2}q$，855.7m）、上三叠统那底岗日组（T_3nd，22.6m）、上三叠统巴贡组（T_3bg，445.3m）、上三叠统波里拉组（T_3b，185.0m）及上三叠统甲丕拉组（T_3j，84.1m，未见底）（图 5-12）。

　　羌资 16 井地层分层及详细描述见表 5-11。

表 5-11　羌资 16 井小层划分及岩性特征

分层	顶深（m）	底深（m）	视厚度（m）	岩性描述
雀莫错组（$J_{1-2}q$）				
1	0.00	6.34	6.34	灰白色砂质黏土层
2	6.34	14.22	7.88	紫红色岩屑细砂岩
3	14.22	23.94	9.72	浅黄色粉砂质泥岩
4	23.94	31.82	7.88	浅黄色岩屑细砂岩
5	31.82	70.01	38.19	深灰色泥岩
6	70.01	72.45	2.44	灰白色岩屑岩屑石英细砂岩
7	72.45	74.99	2.54	紫红色泥岩
8	74.99	111.16	36.17	灰白色岩屑岩屑石英细砂岩
9	111.16	132.00	20.84	紫红色粉砂质泥岩
10	132.00	151.34	19.34	灰色岩屑细砂岩
11	151.34	185.58	34.24	紫红色粉砂质泥岩
12	185.58	199.48	13.90	暗红色岩屑细砂岩
13	199.48	224.21	24.73	紫红色泥岩
14	224.21	227.35	3.14	灰色粉砂岩
15	227.35	246.59	19.24	灰黑色泥岩
16	246.59	256.12	9.53	黑色泥晶灰岩
17	256.12	306.25	50.13	白色石膏夹角砾灰岩
18	306.25	582.47	276.22	黑色膏岩
19	582.47	586.07	3.60	黑色碳质泥岩
20	586.07	628.28	42.21	黑色石膏
21	628.28	640.38	12.10	灰黑色含碳质粉砂岩夹泥岩
22	640.38	674.36	33.98	紫红色泥质粉砂岩
23	674.36	675.63	1.27	灰白色石英岩屑细砂岩
24	675.63	678.86	3.23	紫红色砾岩
25	678.86	737.64	58.78	紫红色粉砂岩
26	737.64	749.14	11.50	灰色岩屑石英细砂岩
27	749.14	766.66	17.52	灰色泥质粉砂岩
28	766.66	800.37	33.71	灰黑色岩屑石英细砂岩
29	800.37	808.79	8.42	深灰色泥质粉砂岩

续表

分层	顶深（m）	底深（m）	视厚度（m）	岩性描述
30	808.79	841.09	32.30	深灰色岩屑石英砂岩
31	841.09	847.59	6.50	紫红色粉砂岩
32	847.59	855.77	8.18	紫红色砾岩
那底岗日组（T$_3$nd）				
33	855.77	878.30	22.53	紫红色凝灰质泥质粉砂岩、火山角砾岩
巴贡组（T$_3$bg）				
34	878.30	1040.45	162.15	灰色粉砂岩夹泥岩
35	1040.45	1169.82	129.37	灰黑色钙质泥岩
36	1169.82	1305.00	135.18	灰黑色泥岩
37	1305.00	1323.60	18.60	灰-灰黑色泥质粉砂岩
波里拉组（T$_3$b）				
38	1323.60	1370.96	47.36	灰黑色泥岩夹少量钙质粉砂岩
39	1370.96	1399.82	28.86	灰黑色泥质粉砂岩夹泥岩
40	1399.82	1417.02	17.20	灰黑色泥晶灰岩夹砂屑灰岩
41	1417.02	1459.64	42.62	灰黑色砂屑灰岩
42	1459.64	1478.86	19.22	灰黑色钙质砂岩夹砾岩
43	1478.86	1483.78	4.92	灰白色泥晶灰岩夹泥岩
44	1483.78	1494.84	11.06	灰黑色粉砂质泥岩夹泥岩
45	1494.84	1508.00	13.16	灰黑色粉砂质泥岩夹泥岩、泥晶灰岩
甲丕拉组（T$_3$j）				
46	1508.00	1549.95	41.95	灰色岩屑石英砂岩夹泥岩
47	1549.95	1556.52	6.57	灰色砾岩
48	1556.52	1563.64	7.12	紫红色含砾砂岩
49	1563.64	1592.70	29.06	灰色砾岩
未见底				

（三）羌资 8 井

羌资 8 井位于羌塘盆地东部，与羌资 7 井相邻，两井都是为了揭示盆地上三叠统优质烃源岩而实施的调查井。羌资 8 井井深为 501.7m，钻探全取心层位包括第四系（Q，3.2m）、上三叠统巴贡组（T$_3$bg，166.4m）和上三叠统波里拉组（T$_3$b，332.1m，未见底）（图 5-13）。羌资 8 井和羌资 7 井均位于羌塘盆地波尔藏陇巴背斜，开孔层位均是上三叠统巴贡组，但羌资 8 井相对于羌资 7 井更靠下部，钻遇波里拉组的厚度大于羌资 7 井。

羌资 8 井地层详细分层及描述见表 5-12。

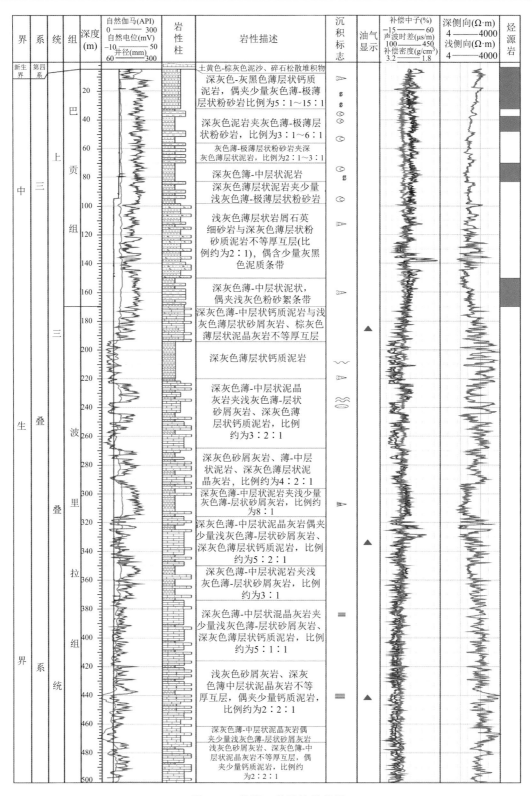

图 5-13　羌资 8 井岩性柱状图

表 5-12　羌资 8 井小层划分及岩性特征

分层	顶深（m）	底深(m)	视厚度（m）	岩性描述
第四系（Q）				
1	0	3.2	3.2	土黄色砂泥、碎石堆积物
巴贡组（T₃bg）				
2	3.2	11.85	8.65	深灰色薄层状钙质泥岩
3	11.85	16.45	4.6	灰黑色块状泥岩夹浅灰色薄层状钙质粉砂岩（15∶1）
4	16.45	19.05	2.6	深灰色块状钙质泥岩
5	19.05	22.25	3.2	灰黑色薄层状钙质泥岩夹浅灰色薄-极薄层状钙质粉砂岩（10∶1）
6	22.25	32.25	10	深灰色薄层状钙质泥岩
7	32.25	41.05	8.8	深灰色薄层状钙质泥岩夹浅灰色薄-极薄层状钙质粉砂岩（3∶1）
8	41.05	54.65	13.6	深灰色薄层状钙质泥岩夹浅灰色极薄层状钙质粉砂岩（6∶1）
9	54.65	67.85	13.2	灰色薄-极薄层状粉砂岩与深灰色薄层状钙质泥岩互层
10	67.85	83.05	15.2	灰黑色薄层状含钙泥岩
11	83.05	107.38	24.33	灰黑色薄层状粉砂质泥岩
12	107.38	110.48	3.1	灰黑色薄层状粉砂质泥岩夹少量浅灰色薄层状泥质粉砂岩条带
13	110.48	122.71	12.23	上部为灰黑色薄层状粉砂质泥岩，下部为浅灰色薄层状泥质粉砂岩夹深灰色薄层状泥岩
14	122.71	144.83	22.12	浅灰色薄层状泥质细砂岩与深灰色薄层状粉砂质泥岩互层
15	144.83	169.64	24.81	深灰色薄-中层状粉砂质泥岩夹浅灰色泥质粉砂岩条带
波里拉组（T₃b）				
16	169.64	191.36	21.72	深灰色薄层状粉砂质泥岩夹浅灰色薄层状砂屑灰岩（3∶1）偶夹粉砂岩条带
17	191.36	194.46	3.1	深灰色薄层状钙质泥岩夹棕灰色薄层状砂屑灰岩、砾屑灰岩（3∶1∶1）
18	194.46	220.09	25.63	棕灰色薄层状泥晶灰岩夹深灰色薄层状钙质泥岩，偶夹棕灰色极薄层状砂屑灰岩
19	220.09	253.03	32.94	棕灰色薄层状泥晶灰岩夹深灰色薄层状钙质泥岩及棕灰色极薄层状砂屑灰岩
20	253.03	268.54	15.51	棕灰色薄层状泥晶灰岩夹深灰色极薄层状钙质泥岩、棕灰色薄层状砂屑灰岩（3∶2∶1）
21	268.54	290.65	22.11	棕灰色薄层状砂屑灰岩夹灰黑色薄层状钙质泥岩（3∶1）夹少量棕灰色薄层状泥晶灰岩
22	290.65	293.75	3.1	深灰色薄层状钙质泥岩夹少量棕灰色薄层状砂屑灰岩、泥晶灰岩
23	293.75	312.15	18.4	深灰色薄层状钙质泥岩夹少量棕灰色薄层状泥晶灰岩、砂屑灰岩（4∶1∶1）
24	312.15	349.6	37.45	深灰色薄层状钙质泥岩夹棕灰色薄层状泥晶灰岩、浅灰色薄层状粉砂岩（4∶2∶1）
25	349.6	362	12.4	灰黑色薄层状钙质泥岩夹浅灰色薄层状岩屑石英细砂岩
26	362	426.25	64.25	棕灰色薄层状泥晶灰岩夹深灰色薄层状钙质泥岩（2∶1）
27	426.25	436.46	10.21	棕灰色薄层状砂屑灰岩、含砾砂屑灰岩夹棕灰色薄层状泥晶灰岩，夹少量深灰色薄层状钙质泥岩
28	436.46	479.29	42.83	棕灰色薄层状泥晶灰岩、纹层状泥晶灰岩夹棕灰色薄层状砂屑灰岩
29	479.29	491.7	12.41	棕灰色薄层状砂屑灰岩夹棕灰色薄层状泥晶灰岩、灰黑色薄层状钙质泥岩（2∶1∶1）
30	491.7	501.7	10	棕灰色薄层状泥晶灰岩，含少量棕灰色薄层状砂屑灰岩
未见底				

（四）羌资 7 井

羌资 7 井井深 402.5m，钻探目的是获取盆地边缘巴贡组（包括波里拉组顶部）露头区滨岸-三角洲相烃源岩样品。羌资 7 井深 402.5m，从上到下，钻探全取心层位包括第四系（Q，3.7m）、上三叠统巴贡组（T_3bg，241.2m）和上三叠统波里拉组（T_3b，157.6m，未见底）（图 5-14）。

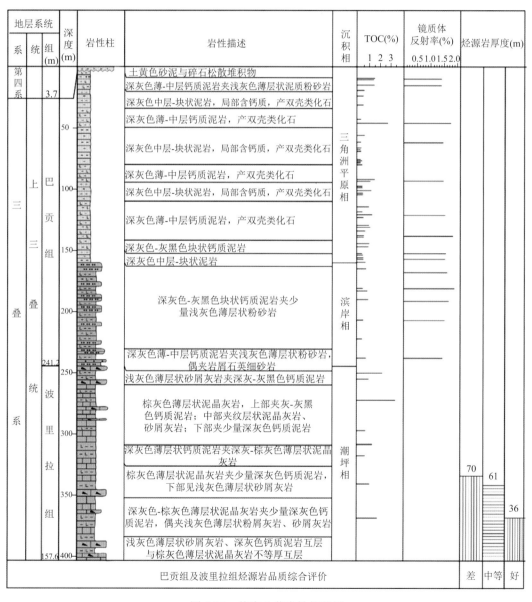

图 5-14 羌资 7 井岩性柱状图

巴贡组（T_3bg）最早由西藏地质大队 1966～1967 年在西藏贡觉县测制夺盖拉剖面时所创建，称为巴贡群；四川第三区测队将巴贡群改为巴贡组，指整合于波里拉组石灰岩之上的一套含煤碎屑岩（谭富荣等，2020）。羌资 7 井巴贡组岩性以灰黑色块状钙质泥岩为主，底部夹少量粉砂岩。钙质泥岩硬度大于指甲，小于小刀，断口多呈贝壳状，断面比较光滑，偶见小型双壳类化石。粉砂岩呈浅灰色、薄层状夹于钙质泥岩之中。

波里拉组（T_3b）最早由四川省第三区测队 1974 年在西藏察雅县测制波里拉剖面时创建，主要是指一套碳酸盐岩沉积。羌资 7 井波里拉组未见底，岩性以棕灰色-深灰色薄层-中层状泥晶灰岩为主，夹少量灰黑色薄层状钙质泥岩、浅灰色薄层-中层状泥晶含生物碎屑砂屑灰岩、粉屑灰岩、纹层状灰岩，顶部为灰黑色薄层状钙质泥岩。

羌资 7 井地层详细分层及岩性描述见表 5-13。

表 5-13　羌资 7 井小层划分及岩性特征

分层	顶深（m）	底深（m）	视厚度（m）	岩性描述
第四系（Q）				
1	0	3.67	3.67	土黄色砂泥与碎石松散堆积物
巴贡组（T_3bg）				
2	3.67	6.87	3.2	深灰色-灰黑色块状钙质泥岩
3	6.87	9.87	3	深灰色-灰黑色块状钙质泥岩夹少量浅灰色薄层状钙质粉砂岩
4	9.87	18.77	8.9	灰黑色块状钙质泥岩
5	18.77	33.77	15	深灰色-灰黑色块状含钙泥岩
6	33.77	56.27	22.5	深灰色-灰黑色块状钙质泥岩
7	56.27	66.77	10.5	深灰色-灰黑色块状含钙泥岩
8	66.77	69.8	3.03	深灰色-灰黑色块状钙质泥岩
9	69.8	85.64	15.84	深灰色-灰黑色块状含钙泥岩
10	85.64	141.7	56.06	深灰色-灰黑色块状钙质泥岩
11	141.7	151.3	9.6	深灰色-灰黑色块状钙质泥岩夹少量浅灰色薄层状钙质粉砂岩
12	151.3	160.61	9.31	深灰色-灰黑色块状钙质泥岩
13	160.61	230.84	70.23	深灰色-灰黑色块状钙质泥岩夹少量浅灰色薄层状钙质粉砂岩
14	230.84	244.85	14.01	深灰色-灰黑色薄层状钙质泥岩与浅灰色薄层状钙质粉砂岩不等厚韵律互层
波里拉组（T_3b）				
15	244.85	248.55	3.7	深灰色-灰黑色薄层状钙质泥岩夹浅灰色薄层状含生物碎屑砂屑灰岩
16	248.55	251.55	3	深灰色-灰黑色薄层状钙质泥岩与深灰色薄层状泥晶灰岩不等厚互层
17	251.55	258	6.45	浅灰色薄层状泥晶砂屑灰岩夹深灰色-灰黑色薄层状钙质泥岩
18	258	269.7	11.7	棕灰色-深灰色薄层状泥晶灰岩

续表

分层	顶深（m）	底深（m）	视厚度（m）	岩性描述
19	269.7	273.81	4.11	深灰色-灰黑色薄层状钙质泥岩与深灰色薄层状泥晶灰岩不等厚互层
20	273.81	282.52	8.71	棕灰色-深灰色薄层状泥晶灰岩
21	282.52	289.02	6.5	深灰色-灰黑色薄层状钙质泥岩夹深灰色薄层状泥晶灰岩
22	289.02	308.87	19.85	棕灰色-深灰色薄层状泥晶灰岩
23	308.87	323.37	14.5	深灰色-灰黑色薄层状钙质泥岩夹泥晶灰岩、浅灰色薄层状砂屑灰岩
24	323.37	337.37	14	深灰色薄层状泥晶灰岩夹钙质泥岩、浅灰色薄层状砂屑灰岩
25	337.37	340.47	3.1	深灰色-灰黑色薄层状钙质泥岩夹泥晶灰岩，少量砂屑灰岩
26	340.47	377.67	37.2	深灰色薄层状泥晶灰岩夹钙质泥岩、砂屑灰岩
27	377.67	383.87	6.2	深灰色-灰黑色薄层状钙质泥岩夹泥晶灰岩、砂屑灰岩
28	383.87	386.97	3.1	浅灰色薄层状砂屑灰岩夹深灰色-灰黑色薄层状钙质泥岩、深灰色薄层状泥晶灰岩
29	386.97	402.5	15.53	深灰色薄层状泥晶灰岩夹钙质泥岩、浅灰色薄层状砂屑灰岩

未见底

三、地层划分对比

羌科 1 井地层自上而下可划分为上侏罗统索瓦组、中侏罗统夏里组、中侏罗统布曲组、中-下侏罗统雀莫错组及下侏罗统那底岗日组（未穿）。

索瓦组、夏里组底界面分界明显，布曲组底界面有待探讨。由于地层中岩相和厚度变化较大（表 5-14），同一岩性横向连续性较差，因此单一靠岩性地层对比很难实现全区地层的可对比追踪，因此，利用地震地层学地震反射界面为一等时界面的特征，结合标志层识别，开展全区域地层格架建立及追踪。

表 5-14　羌科 1 井及羌地 17 井、羌资 16 井、羌资 7 井地层厚度对比表　（单位：m）

井号	羌科 1 井		羌地 17 井		羌资 16 井		羌资 7 井	
	井深	视厚	井深	视厚	井深	视厚	井深	视厚
索瓦组	0～59	59.0	缺失		—	—	—	—
夏里组	59～1050	991.0	470.9～1144.2	673.3	—	—	—	—
布曲组	1050～2496	1446.0	1144.2～2001.8	857.6	—	—	—	—
雀莫错组	2496～4057	1561.0	—	—	0～855.7	855.7	—	—
那底岗日组	4057～4696.2	639.2	—	—	855.7～878.3	22.6	—	—
巴贡组	—	—	—	—	878.3～1323.6	445.3	3.7～244.9	241.2
波里拉组	—	—	—	—	1323.6～1508.6	185.0	244.9～402.5	157.7
甲丕拉组	—	—	—	—	1508.6～1592.7	84.1	—	—

（一）侏罗系地层横向对比

1. 夏里组地层横向对比

羌科 1 井钻遇夏里组底界可以很好地与邻井羌地 17 井钻遇夏里组地层对比（图 5-15）。岩石组合方面，羌地 17 井夏里组岩性以灰-深灰色粉砂质泥岩、泥质粉砂岩、粉砂岩和紫红、土黄色、灰绿色泥质粉砂岩、泥岩为主，夹灰色-灰黑色生物碎屑灰岩、灰色砂屑灰岩和灰-深灰色泥晶灰岩，总体表现为碎屑岩夹碳酸盐岩的沉积组合。羌科 1 井夏里组岩性主要为灰色钙质泥岩夹泥晶灰岩、泥岩、砂岩及粉砂岩，夹硬石膏层，同样呈现碎屑岩夹部分碳酸盐岩的沉积组合。因此，两者在岩石组合方面非常相似。

从地层厚度来看，羌地 17 井夏里组地层厚 673m，未见顶；羌科 1 井夏里组地层厚约 991m，地层完整。虽然羌科 1 井夏里组比羌地 17 井夏里组厚约 317m，但这是后期构造抬升使羌地 17 井夏里组被部分剥蚀，地层不完整造成的；羌地 17 井夏里组原始的沉积厚度应该与羌科 1 井很相近。

从测井曲线特征（图 5-15）看，羌科 1 井与羌地 17 井夏里组也非常相似，底部均为一段泥岩，呈现平直的高自然伽马、低视电阻率特征，向上自然伽马值逐渐降低，并演变为锯齿状。

从地震反射特征（图 5-16）看，羌科 1 井与羌地 17 井夏里组也很相近，虽然两者之间的地震同相轴被多个断裂错断，但是两者底部均呈现空白反射、微弱断续同相轴特征，向上演变为中强振幅波组特征。

2. 布曲组地层横向对比

羌科 1 井钻遇布曲组地层与邻井羌地 17 井钻遇布曲组也具有很好的可比性。在岩石组合（图 5-17）方面，羌科 1 井上段岩性以深灰色泥晶灰岩、生物碎屑灰岩、藻砂屑灰岩为主，与羌地 17 井上段岩性相类似；中段岩性以灰色粉砂质泥岩、泥质粉砂岩为主夹少量砂屑灰岩；下段岩性为灰色白垩化碳酸盐岩为主夹深灰色粉砂质泥岩、灰色泥质粉砂岩。羌地 17 井布曲组岩性为深灰色泥晶灰岩、灰黑色砂屑灰岩、灰色生物碎屑灰岩及泥灰岩，夹钙质泥岩、泥质粉砂岩。因此，羌科 1 井岩石组合与羌地 17 井非常相近。

从地层厚度来看，羌科 1 井钻遇了完整的布曲组，地层厚约 1446m；而羌地 17 井未将布曲组钻穿，钻遇布曲组厚度为 857.6m，比羌科 1 井布曲组厚度小了 588.4m，仅钻遇了大部分布曲组地层。

从测井曲线特征（图 5-17）看，羌科 1 井与羌地 17 井布曲组测井曲线特征总体类似，两者都以碳酸盐岩为主。特别是布曲组上段较纯碳酸盐岩段，都具有低自然伽马、高视电阻率特征，曲线近于平直，仅在中部发育两个小的锯齿段，显示出相似的沉积旋回特征。

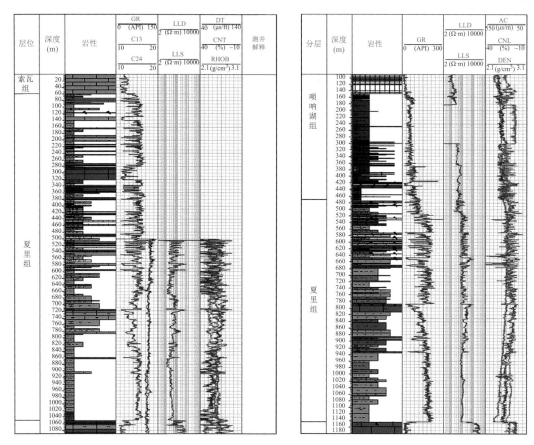

图 5-15　羌科 1 井（左）与羌地 17 井（右）夏里组地层对比图

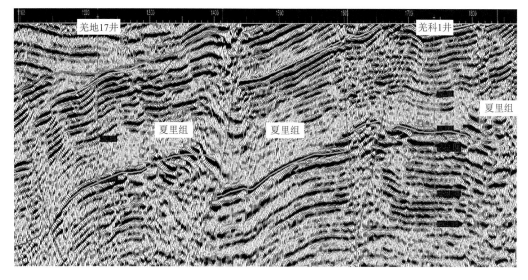

图 5-16　羌科 1 井与羌地 17 井夏里组地震反射结构

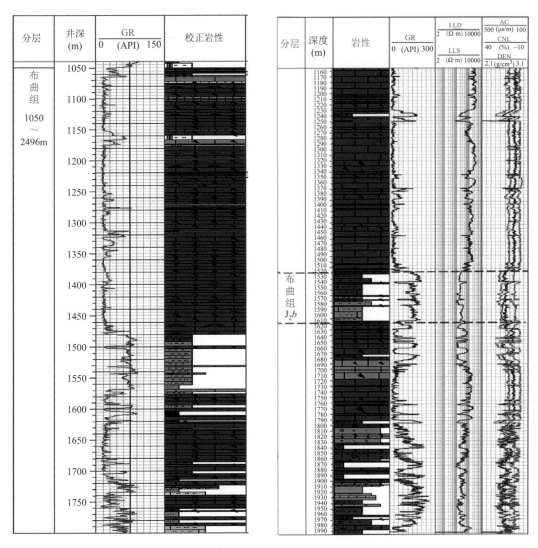

图 5-17　羌科 1 井（左）与羌地 17 井（右）布曲组地层对比图

　　从地震反射特征（图 5-18）看，羌科 1 井与羌地 17 井布曲组的地震反射特征总体相近。首先，布曲组与夏里组的分解面表现为双强结构，连续性较好，内部为一系列中-强振幅、具有丘形和亚平行反射结构的同向轴。这一特征可能具有区域特征，并且可以作为羌塘盆地今后地震层位解释的标志反射界面。内部的丘形反射结构可能是布曲组上段礁滩相沉积。布曲组中下部，碎屑岩逐渐增多，碳酸盐岩逐渐减少；地震反射特征表现为振幅变弱，连续性变差。

3. 雀莫错组地层横向对比

　　北羌塘拗陷内仅有羌科 1 井和羌资 16 井钻遇了雀莫错组，因此只能将这两口井的雀莫错组地层进行对比分析。

　　从岩性组合来（图 5-19）看，羌科 1 井位于羌北拗陷中部，根据岩性差异可以分为

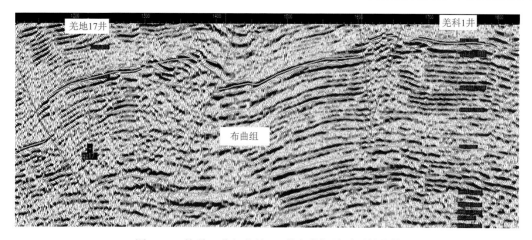

图 5-18 羌科 1 井与羌地 17 井布曲组地震反射结构

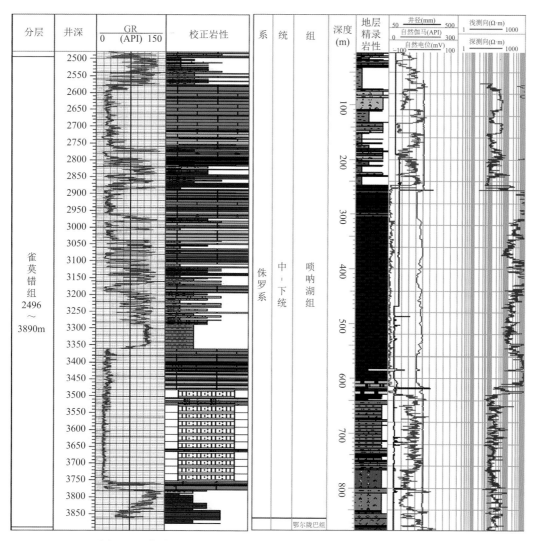

图 5-19 羌科 1 井（左）与羌资 16 井（右）雀莫错组地层对比图

三段，上段为灰白色白垩化灰岩夹白垩层及硬石膏、灰色含钙粉砂质泥岩，中段为巨厚层状硬石膏层夹少量灰岩，下段为紫红色粉砂质泥岩、泥质粉砂岩、含砾粉砂岩、紫红色底砾岩。羌资 16 井位于羌北拗陷东部，雀莫错组也可以分为明显的三段，上段以浅黄色岩屑细砂岩、深灰色泥岩、岩屑石英细砂岩为主，中段为白色石膏夹少量灰岩，下段为深灰色泥质粉砂岩、岩屑石英砂岩、紫红色粉砂岩，底部紫红色砾岩增多。从两口井的岩性组合来看，比较相似，最显著的特征是两口井雀莫错组中段均发育巨厚的石膏层，羌科 1 井雀莫错组石膏厚达 296m，羌资 16 井雀莫错组石膏厚达 381m。羌科 1 井雀莫错组下段的砂砾岩沉积厚度远小于羌资 16 井，可能是由于前者更加靠近盆地中心的缘故。

从地层厚度看，羌科 1 井雀莫错组总厚度为 1561m，而羌资 16 井雀莫错组的厚度为 857m，比羌科 1 井小了 704m，这是由于羌资 16 井没有从雀莫错组的顶部开钻，没有钻遇完整的雀莫错组造成的。羌科 1 井的石膏和下段砂砾岩厚度均小于羌资 16 井，可能是由于羌资 16 井更加靠近盆地边缘相的缘故。

从测井曲线特征看，雀莫错组上段均以锯齿状自然伽马曲线为主，反映了砂泥互层夹少量灰岩的特征，中段石膏层均为稳定的低自然伽马及高视电阻率特征，而且自然伽马曲线近于平直，表明夹层很少，近于纯石膏沉积。在石膏底部与泥岩的分界面上，自然伽马曲线表现为一突变面，由低自然伽马增至高自然伽马。

（二）三叠系地层横向对比

羌塘盆地东部玛曲地区羌资 16 井和雀莫错地区羌资 7 井、羌资 8 井、羌科 8 井从地理位置上来看，4 口井相距不远，均位于波尔藏陇巴背斜上，且均钻遇了三叠系地层（图 5-20）。从地层年代来看，4 口井均钻遇了上三叠统巴贡组和波里拉组，因此，可将这 4 口井的巴贡组和波里拉组地层进行对比分析。

1. 巴贡组

羌资 7 井巴贡组深度范围为 3.7~244.9m，厚度为 241.2m；羌科 8 井巴贡组深度范围为 88.0~520.0m，厚度为 432.0m；羌资 8 井巴贡组深度范围为 3.2~166.4m，厚度为 163.2m；羌资 16 井巴贡组深度范围为 878.3~1323.6m，厚度为 445.3m；岩性均以泥岩、灰质泥岩为主，部分夹细砂岩，自然伽马曲线整体表现为高值，各地层视电阻率曲线相似度较高，且整体表现为低值。

从钻遇的巴贡组厚度来看，羌科 8 井与羌资 16 井是最厚的，其次是羌资 7 井和羌资 8 井。从地层的完整性来看，仅羌资 16 井钻遇了完整的巴贡组地层，因此最能反映巴贡组的真实厚度，巴贡组真实厚度约为 445m；当然钻井中是视厚度，地层的真实厚度会更小一些。

从自然伽马曲线特征看（图 5-20），羌资 7 井与羌科 8 井的自然伽马值总体偏高，且比较近平直，是泥岩的典型特征；而羌资 16 井的自然伽马值略低一些，且呈锯齿状，

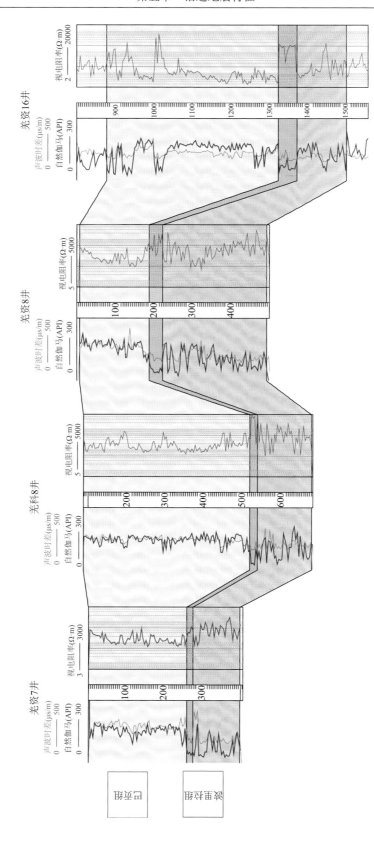

图 5-20　羌资 7 井、羌资 8 井、羌科 8 井和羌资 16 井地层对比图（据羌资 16 井测录井报告）

表明泥岩中夹有大量粉砂岩，这与岩心编录资料基本一致，且羌资 7 井与羌科 8 井的泥岩有机碳含量远高于羌资 16 井。

2. 波里拉组

羌资 7 井波里拉组深度为 244.9～402.5m，厚度为 157.6m；羌科 8 井波里拉组深度为 520.0～680.0m，厚度为 160.0m；羌资 8 井波里拉组深度为 169.6～501.7m，厚度为 332.1m；羌资 16 井波里拉组深度为 1323.6～1508.6m，厚度为 185.0m；羌资 7 井和羌资 8 井波里拉组岩性主要为泥晶灰岩夹钙质粉砂岩，羌科 8 井岩性主要为泥晶灰岩，羌资 16 井波里拉组岩性主要为泥晶灰岩夹泥质粉砂岩，由于岩性复杂，自然伽马曲线值有高有低，但波里拉组顶部泥晶灰岩曲线特征明显，为重要的标志层位。

从厚度（图 5-20）上看，羌资 8 井波里拉组的厚度最大，视厚度达 332.1m，而羌资 16 井虽然揭露了完整的波里拉组，但波里拉组的厚度却小于羌资 8 井。因此地层的划分可能需要进一步确认。从自然伽马曲线特征看，所有井的波里拉组自然伽马曲线均呈锯齿状，但以低自然伽马为主，夹高自然伽马，这一特征与地层总体为薄层状泥晶灰岩夹少量黑色泥页岩的特征是一致的。

四、实钻与预测结果对比

1. 实钻地层层序与预测一致

羌科 1 井从上至下钻遇上侏罗统索瓦组、中侏罗统夏里组、中侏罗统布曲组、下侏罗统雀莫错组及上三叠统那底岗日组，地层序列与预测相一致。其中，索瓦组、夏里组及雀莫错组的岩性底界面分界明显：索瓦组底部灰岩与夏里组顶部泥岩分界（图 5-21）、夏里组底部厚层泥岩与布曲组顶部厚层灰岩分界、雀莫错组底部洪积或河流的碎屑岩与那底岗日组的火山岩分界（图 5-22）。布曲组底与雀莫错组的分界是以红色沉积物出现作为雀莫错组来划定的。

2. 实钻与预测地层的深度和厚度差异较大

羌科 1 井实钻与设计地层见表 5-15。

差异较大的主要原因有两点。

（1）地震波组对应的地质含义钻前认识存在较大误差。羌科 1 井为北羌塘拗陷第一口深井，由于缺乏深井资料参考，钻前地层设计主要依据北羌塘地表出露地层与刚好通过或相邻不远通过的地震测线来研究地震波组对应的地层关系，而更深层的地震波组由于无地表露头地层对应，其地质含义归属主要是参考北羌塘的野外地层岩性组合及厚度情况，并参考四川盆地的岩性特征与地震相的对应关系来综合判断，导致对过井地震剖面上夏里组及布曲组的内幕反射特征及底界认定出现了较大误差。

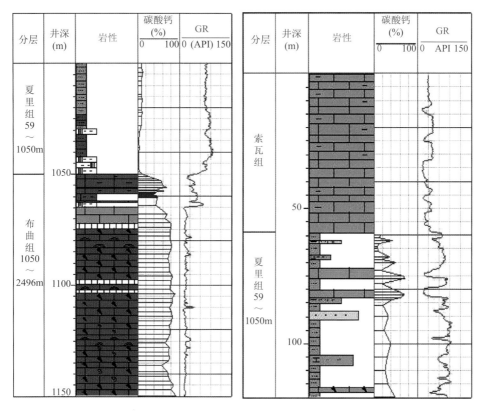

图 5-21 羌科 1 井索瓦组及夏里组底界岩性分界图

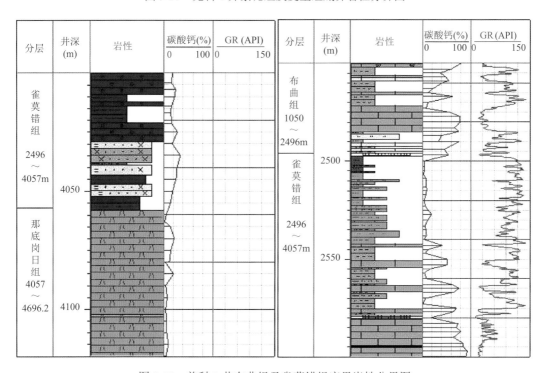

图 5-22 羌科 1 井布曲组及雀莫错组底界岩性分界图

表 5-15　羌科 1 井设计与实钻地层分层表　　　　　　　（单位：m）

地层名称			设计地层		实钻地层	
系	统	组	底界深度	厚度	底界深度	厚度
侏罗系	上统	索瓦组	50	50	59.0	59.0
	中统	夏里组	470	420	1050.0	991.0
		布曲组	1610	1140	2496.0	1446.0
	中-下统	雀莫错组	1980	370	4057.0	1561.0
三叠系	上统	那底岗日组	—	—	4696.2	639.2（未穿）

（2）区域上缺少各区块的地层铁柱子，各地层在平面上的展布及变化情况不清楚，加上无深层可靠的地层速度参考，导致各地层的岩性组合设计及厚度设计出现误差。

第二节　矿物学特征

羌科 1 井开展了野外现场透射光薄片研究以及室内全井段扫描电镜研究，因此获取了大量矿物学信息，本节将介绍羌科 1 井钻遇各套地层的矿物学特征。

一、夏里组各岩性矿物学特征

（一）夏里组上段主要岩类矿物学特征

羌科 1 井夏里组上段（59～785m），岩性主要为灰色钙质泥岩夹泥晶灰岩、泥岩、砂岩及粉砂岩，夹石膏。泥岩类型主要为灰色泥岩、含钙质泥岩、含粉砂泥岩、粉砂质泥岩、含灰含粉砂泥岩、云质泥岩；灰岩类型主要为泥晶灰岩、泥晶粒屑灰岩、泥灰岩。粉砂岩以泥云质粉砂岩、泥云质极细砂岩为主。

详细特征如下。

灰色泥岩（图 5-23）：泥质成分主要为伊利石、云母等黏土矿物。含少量陆源碎屑石英、白云母、钠长石矿物。矿物略呈定向排列，见碳化植物碎片。副矿物主要有磷灰石、金红石、锆石等。铁矿物主要为黄铁矿，呈星点状或集合体形式分布，单颗粒粒径一般小于 10μm，少数黄铁矿边缘部分被氧化为赤铁矿。偶见莓球状黄铁矿，莓球粒径略大于 5μm。推测泥岩形成于弱还原环境。

钙质泥岩（图 5-24）：含钙泥岩钙质占 15%、泥质占 85%；钙质分布不均，部分黏土矿物以团块状产出形成集合体，见少量碳化植物碎片。碎屑以石英为主，其次为钠长石，碎屑粒径为 5～10μm，铁白云石发育，黏土矿物为伊利石，方解石胶结物发育。自生黄铁矿发育，少数黄铁矿结晶好，大量黄铁矿为细微颗粒呈星点状分布，莓球状黄铁矿的直径为 5～10μm。重矿物主要有磷灰石、钙铝榴石。推测泥岩形成于弱还原-弱氧化环境。

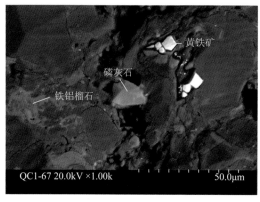

(a) 磷灰石、黄铁矿及铁铝榴石泥质胶结

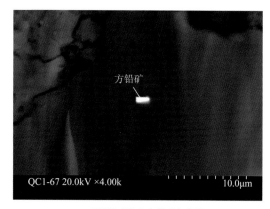

(b) 石英单矿物中方铅矿包裹体

图 5-23　羌科 1 井夏里组灰色泥岩（QC1-67，扫描电镜照片）

(a) 100μm黄铁矿嵌布在泥岩中

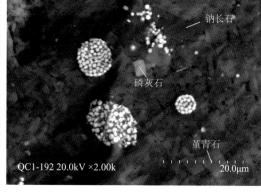

(b) 莓球状黄铁矿及集合体呈粒状黄铁矿嵌布在泥岩中

图 5-24　羌科 1 井夏里组含钙泥岩

　　粉砂质泥岩（图 5-25）：砂质成分主要为石英，见少量钠长石。胶结物主要为方解石，其次有少量黏土矿物，局部见白云石化现象。重矿物有金红石、铁铝榴石，锆石。见少量微米级金属矿物刚玉、黄铜矿。铁矿物主要为赤铁矿。

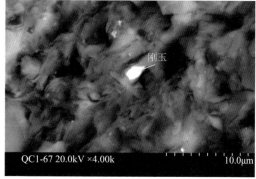

图 5-25　羌科 1 井夏里组粉砂质泥岩

泥质粉砂岩（图 5-26）：成分以石英为主，岩屑次之，泥质分布较均匀，含灰质，较致密，加稀 HCl，岩屑呈块状；灰色，局部浅灰色；泥质为 30%，分布较均匀。砂质成分石英为 95%，偶见岩屑，分布不均。泥质粉砂结构：中粒为 5%，细粒为 20%，粉粒为 75%，分选好，颗粒呈磨圆-次圆状。泥质胶结为主，其次为方解石胶结，较疏松。碎屑矿物除石英外，还有钠长石，重矿物有铁铝榴石、金红石、锆石、独居石等。莓球状黄铁矿直径略大于 10μm。据碎屑磨圆度和重矿物特征推测其源区可能为中央隆起带。

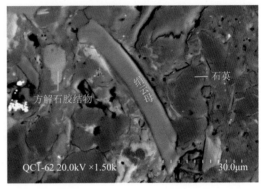

(a) 砂质成分石英与钠长石、钾长石等共生　　　　　(b) 方解石胶结石英、绢云母

图 5-26　羌科 1 井夏里组泥质粉砂岩

粗粉砂岩（图 5-27、图 5-28）：碎屑颗粒粒径为 0.0625～0.0313mm，碎屑物质主要为石英，其次为钠长石。胶结物以硅质为主，其次为泥质。泥质成分主要为伊利石黏土矿物。局部见白云石化现象。铁矿物有赤铁矿和黄铁矿，它们呈星点状分布。有的黄铁矿呈莓球状集合体分布，单颗粒莓球粒径为 10～15μm。重矿物有铁铝榴石、独居石、金红石等。

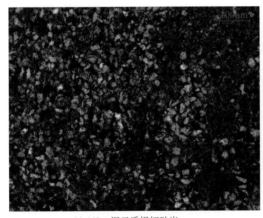
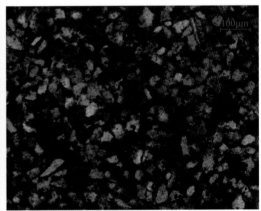

(a) 443m 泥云质极细砂岩　　　　　　　　　(b) 563m 浅灰色含铁泥云质粗粉砂岩

图 5-27　羌科 1 井夏里组上段极细砂岩、粉砂岩

(a) 石英粉砂为主　　　　　　　　　　　　　　　　(b) 钠长石碎屑颗粒

图 5-28　羌科 1 井夏里组粗粉砂岩（QC1-111）

含粉砂泥晶灰岩（图 5-29）：主要由方解石组成，晶粒粒径细小，多小于 0.01mm，少量呈方解石亮晶，主要是以方解石脉体形式分布在岩石中，少量介形虫碎片，零散分布在泥晶方解石之中。偶见少量黄铁矿，呈黑色粒状零散分布，或莓球状分布，莓球的粒径为 10～15μm。偶见少量碎屑颗粒，包括石英和部分长石，大小在 0.02mm 左右，零散分布在泥晶方解石中，并可见部分被方解石交代。泥晶灰岩有时见方解石脉体，宽为 0.01～0.05mm。长石岩屑经过黏土化作用形成绿泥石、伊利石、黄铁矿，黄铁矿部分氧化为赤铁矿。

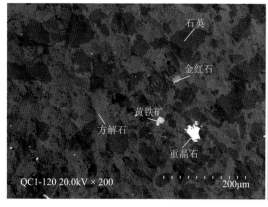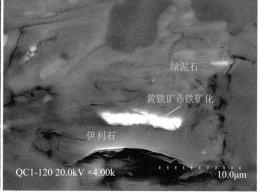

(a) 泥晶灰岩全貌，方解石为主，含石英碎屑　　　　(b) 长石岩屑经过黏土化作用形成绿泥石、伊利石

图 5-29　羌科 1 井夏里组含粉砂泥晶灰岩

灰色泥岩（图 5-30、图 5-31）：灰色，质较纯，含灰质，较硬，性脆，加稀 HCl，岩屑呈片状、块状；镜下特征：几乎全部由泥质组成（约占 99%），主要是微晶/隐晶的黏土矿物集合体（包括微晶的伊利石、高岭石等），其中混有部分的微晶硅质组分；少量有机质（约占 1%），主要是黑色的炭粒或炭屑，零散分布在泥质中。少量黄铁矿呈细小的

黑色粒状零散分布在泥质中，或以集合体形式呈团块状分布。部分岩屑中可见少量碎屑颗粒，主要是石英及部分长石，大小在 0.02mm 左右，零散分布在泥质中。副矿物主要为粒径为微米级的堇青石、金红石、磷灰石。大部分莓球状黄铁矿在 5μm 左右，结合零星分布的赤铁矿，综合判断泥岩形成于弱还原-弱氧化环境。

 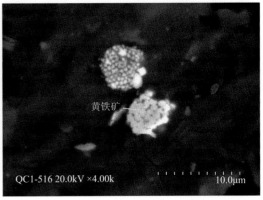

(a) 石英碎屑、堇青石重矿物碎屑　　　　　　　　(b) 莓球状黄铁矿

图 5-30　羌科 1 井夏里组灰色泥岩矿物（扫描电镜图片）

粉砂质泥岩（图 5-31）：主要由水云母等黏土矿物及粉砂组成，粉砂含量均在 25%以上。黄铁矿呈星点状分布，有时以集合体形式呈团块状分布。

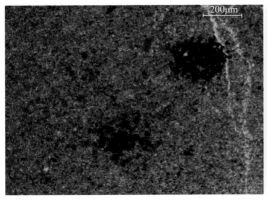 

(a) 475m 灰色泥岩(+)　　　　　　　　　(b) 476m 粉砂质泥岩(+)

图 5-31　羌科 1 井夏里组泥岩镜下特征

含粉砂泥岩（图 5-32）：主要由水云母等黏土矿物组成，方解石及粉砂含量在 10%以上。

云质泥岩（图 5-32）：主要由云母等黏土矿物及白云石组成，白云石含量在 25%以上。铁矿物及炭屑呈星点状分布。

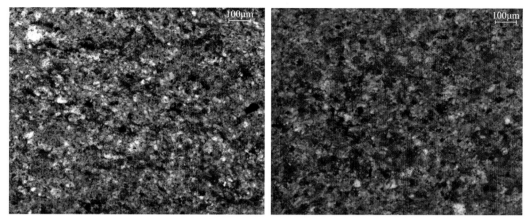

(a) 465m 含灰含粉砂泥岩　　　　　　　　　　(b) 431m 云质泥岩

图 5-32　羌科 1 井夏里组泥岩镜下特征

　　含云灰质粗粉砂岩[图 5-33（a）]：碎屑颗粒粒径为 0.0625～0.0313mm，胶结物以方解石为主，含量在 25%以上，白云石含量在 10%以上。胶结类型为孔隙式胶结。

　　含灰极细砂岩[图 5-33（b）]：碎屑颗粒粒径以 0.125～0.0625mm 为主，胶结物为方解石，含量在 10%以上，其次是硅质，碎屑颗粒呈镶嵌状。

(a) 765m 含云灰质粗粉砂岩(+)　　　　　　　(b) 759m 含灰极细砂岩(−)

图 5-33　羌科 1 井夏里组粉砂岩、极细砂岩镜下特征

　　含云泥晶灰岩[图 5-34（a）]：主要由泥晶方解石组成，白云石含量在 10%以上，少量粉砂。

　　云质泥晶灰岩[图 5-34（b）]：主要由泥晶白云石及方解石组成，以泥晶方解石为主，少量泥质及黄铁矿等。

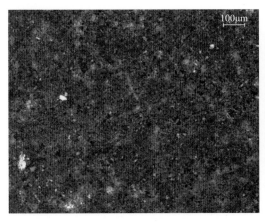

(a) 721m 含云泥晶灰岩(+)   (b) 730m 云质泥晶灰岩(+)

图 5-34　夏里组泥晶灰岩镜下特征

泥云质粗粉砂岩（图 5-35）：碎屑颗粒粒径为 0.0625～0.0313mm，胶结物以泥云质为主，含量在 25%以上，其次为硅质、方解石。见微米级钠长石颗粒，黏土矿物主要为伊利石、白云母，铁矿物为赤铁矿呈片状、星点状分布，含重晶石、独居石、金红石、锆石。

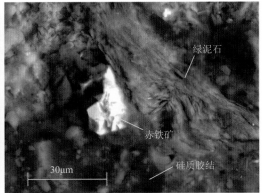

(a) 片状赤铁矿   (b) 黏土矿物绿泥石

图 5-35　羌科 1 井夏里组泥云质粗粉砂岩矿物（扫描电镜图片）

泥云质极细砂岩（图 5-36）：碎屑颗粒为石英，粒径以 0.125～0.0625mm 为主，胶结物主要为泥云质，含量在 25%以上，其次是硅质及亮晶方解石。见少量钠长石颗粒，粒径在 30μm 左右，铁矿物主要为赤铁矿菱铁矿。盐类矿物为重晶石，粒径为 10～20μm。结晶白云石粒径小于 50μm。重矿物有金红石、磷灰石、锆石、独居石。

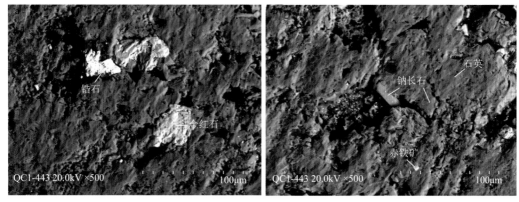

(a) 重矿物锆石、金红石

(b) 石英磨圆度为圆-次圆

图 5-36　羌科 1 井夏里组泥云质极细砂岩

　　浅灰色含铁泥云质粗粉砂岩（图 5-37）：碎屑颗粒粒径为 0.0625～0.0313mm，胶结物以泥云质为主（含量在 25%以上），其次为硅质。砂屑颗粒呈镶嵌状接触。黄铁矿含量在 10%以上。见极少量变质岩岩屑，白云石胶结物为铁白云石，呈自形晶或他形产出。见极少白云母、钠长石细碎屑，粒径均小于 20μm。黏土矿物主要为伊利石，呈细颗粒状或丝绢状分布。副矿物有金红石、锆石。盐类矿物为重晶石。莓球状黄铁矿粒径为 5～10μm。

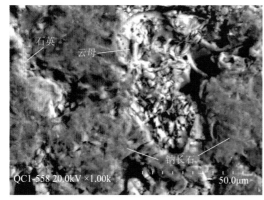

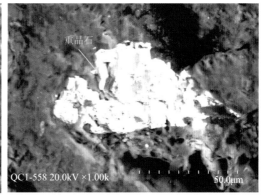

(a) 钠长石碎屑与钾长石蚀变而来的云母共生，硅质胶结

(b) 盐类矿物重晶石

图 5-37　羌科 1 井夏里组含铁泥云质粗粉砂岩（扫描电镜照片）

　　深灰色泥晶粒屑灰岩（图 5-38、图 5-39）：具粒屑结构，粒屑粒径为 0.1～1.5mm，粒屑有球粒、杆状粒。粒屑以泥晶方解石为主，胶结物部分主要为石膏、亮晶及泥晶方解石，少量白云石胶结。少量硬石膏晶体。黄铁矿主要呈集合体形式大面积分布，且大部分氧化为赤铁矿，有的呈极细小星点状分布。粒屑主要由方解石组成。见少量微米级钠长石、石英嵌布在方解石中。盐类矿物为微米级的重晶石。

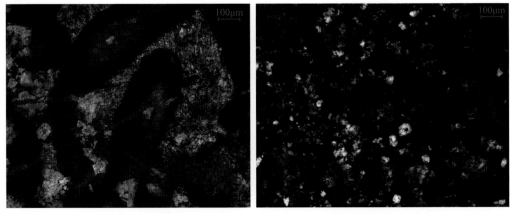

(a) 384m 泥晶粒屑灰岩　　　　　　　　　　　　(b) 489m 含粉砂泥晶灰岩

图 5-38　羌科 1 井夏里组粒屑灰岩、泥晶灰岩

(a) 由方解石组成的粒屑颗粒　　　　　　　　　　(b) 钠长石嵌布在灰岩中

图 5-39　羌科 1 井夏里组深灰色泥晶粒屑灰岩（扫描电镜图片）

含粉砂泥晶灰岩（图 5-40）：主要由泥晶方解石组成，粉砂约占 10%，含少量白云石及黄铁矿等。方解石主要为泥晶结构，粒径一般小于 10μm；有的方解石呈片状、放射状产出；少数方解石粒径大于 50μm；铁矿物以黄铁矿为主，呈块状、浸染状分布，黄铁矿氧化成赤铁矿，黄铁矿呈集合体产出，单个黄铁矿颗粒小于 2μm。偶见钠长石颗粒，粒径一般小于 50μm。

云质泥晶灰岩（图 5-41、图 5-42）：主要由方解石组成，白云石的含量约为 30%。含极少量石英和钾长石碎屑，见团块状白云石，局部见方解石白云石化，铁矿物主要呈团块状集合体形式分布，或呈浸染状分布。偶见见少量微米级黄铜矿、白钨矿。灰岩中含石膏矿物。

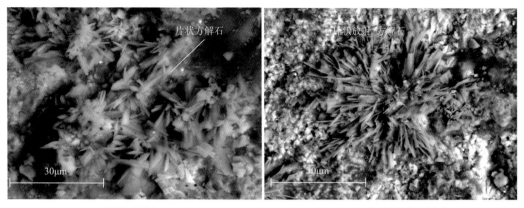

(a) 片状方解石　　　　　　　　　　　　　　　(b) 片状放射状方解石

图 5-40　羌科 1 井夏里组含粉砂泥晶灰岩（扫描电镜照片）

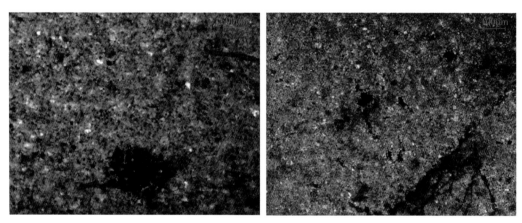

(a) 492m 云质泥晶灰岩　　　　　　　　　　　(b) 568m 云质泥晶灰岩

图 5-41　羌科 1 井夏里组云质泥晶灰岩

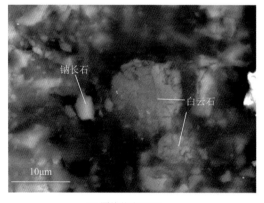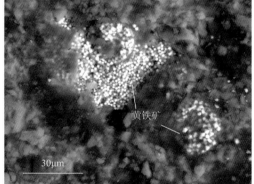

(a) 团块状白云石　　　　　　　　　　　　　(b) 团块状黄铁矿集合体

图 5-42　羌科 1 井夏里组云质泥晶灰岩（扫描电镜照片）

（二）夏里组下段主要岩类矿物学特征

夏里组下段（785～1050m）：主要为泥岩，其次是泥岩夹粉砂岩、泥岩夹含灰极细砂岩、泥岩夹云岩、含云泥晶灰岩、云质泥晶灰岩。泥岩包括含灰泥岩、含粉砂含云泥岩、云质泥岩；粉砂岩主要为云质细粉砂岩、泥云质粗粉砂岩、含云灰质粗粉砂岩。

泥岩[图 5-43（a）]：由水云母等黏土矿物组成，含少量方解石及粉砂。

含灰泥岩[图 5-43（b）]：主要由水云母等黏土矿物组成，方解石含量在 10%以上。

(a) 1025m 泥岩(+)　　　　　　　　　　　　　(b) 1026m 含灰泥岩(+)

图 5-43　羌科 1 井夏里组下段岩性泥岩、云岩特征

含粉砂含云泥岩[图 5-44（a）]：由水云母等黏土矿物组成，白云石及粉砂含量均在 10%以上。

云质泥岩[图 5-44（b）]：主要由水云母等黏土矿物及泥晶白云石组成，以泥质为主。含少量方解石、粉砂及黄铁矿等。

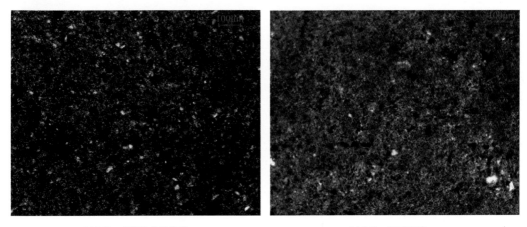

(a) 940m 含粉砂含云泥岩　　　　　　　　　　(b) 965m 云质泥岩

图 5-44　羌科 1 井夏里组下段岩性泥岩、云岩特征

　　云质细粉砂岩[图 5-45（a）]：碎屑颗粒粒径小于 0.0313mm，胶结物为白云石，含量在 25%以上。含少量方解石。

　　泥云质粗粉砂岩[图 5-45（b）]：碎屑颗粒粒径为 0.0625～0.0313mm，胶结物以泥云质为主，含量在 25%以上，其次为硅质。碎屑颗粒呈嵌合状接触。

(a) 863m 云质细粉砂岩(+) 　　　　　　　 (b) 838m 泥云质粗粉砂岩(+)

图 5-45　羌科 1 井夏里组下段砂岩、灰岩岩性特征

二、布曲组各岩性矿物学特征

（一）布曲组上段主要岩性特征

　　布曲组上段（1050～1485m）：以深灰色生物碎屑砂屑泥晶灰岩、深灰色亮晶藻团块灰岩、深灰色含砂屑粉屑灰岩、深灰色亮晶藻球粒灰岩、云质泥晶灰岩为主，中-上部夹薄层白色膏岩。

　　深灰色含生物碎屑砂屑泥晶灰岩[图 5-46（a）]：部分灰岩夹少量石膏，泥质占5%，灰质占 95%。性硬、脆、致密，断口呈贝壳状、参差状。与 5%HCl 反应，剧烈冒泡，溶解液较清澈，残留物为泥质，滴镁试剂试验无蓝色沉淀。薄片镜下泥晶结构：泥晶占60%、砂屑占 30%，成分为藻团粒、生物碎屑（10%）、陆源碎屑（5%）。

　　深灰色亮晶藻团块灰岩[图 5-46（b）]：泥质占 25%，灰质占 75%（图 5-46）。性硬、脆、致密，断口呈贝壳状。与 5%HCl 反应，剧烈冒泡，溶解液较浑浊，残留物为泥质，滴镁试剂试验无蓝色沉淀。薄片镜下粒屑结构：藻团块占 100%。局部发生白云石化。见缝合线被黑色有机质填充，岩屑滴照、湿照及浸泡无显示。

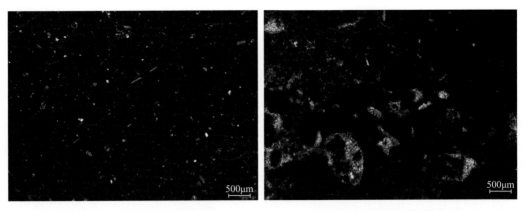

(a) 1107m深灰色含生物碎屑砂屑泥晶灰岩(−)　　　　　(b) 1314m深灰色亮晶藻团块灰岩(+)

图 5-46　羌科 1 井布曲组砂岩、灰岩岩性特征

深灰色含砂屑粉屑灰岩［图 5-47（a）］：泥质占 10%，灰质占 90%。性硬、脆、致密，断口呈贝壳状。与 5%HCl 反应，剧烈冒泡，溶解液较清澈，滴镁试剂试验无蓝色沉淀。薄片镜下特征为含砂屑粉屑结构：生物碎屑占 5%，主要为颗粒状或纤维状介壳类；藻砂屑占 50%；泥晶占 45%；发育少量微裂隙被亮晶方解石充填。

深灰色亮晶藻球粒灰岩［图 5-47（b）］：泥质占 20%，灰质占 80%。性硬、脆、致密，断口呈贝壳状。与 5%HCl 反应，剧烈冒泡，溶解液较浑浊，残留物为泥质，滴镁试剂试验无蓝色沉淀。薄片镜下特征为亮晶藻球粒结构：藻屑占 95%，生物碎屑占 5%；发育少量微裂缝被亮晶方解石全充填。

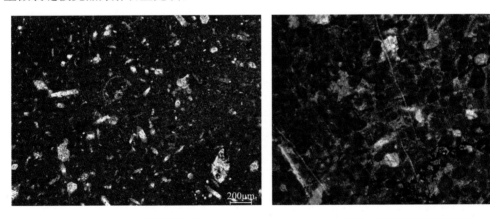

(a) 1347m 深灰色含砂屑粉屑灰岩(−)　　　　　(b) 1278m 深灰色亮晶藻球粒灰岩

图 5-47　羌科 1 井布曲组砂岩、灰岩岩性特征

（二）布曲组中段岩性特征

布曲组中段（1485～2100m）：岩性上部为灰色粉砂质泥岩夹薄层灰色灰岩。中部为深灰色粉-砂屑灰岩、生物碎屑灰岩、鲕粒灰岩为主夹薄层灰色粉砂岩及深灰黑色泥岩。下部以深灰色泥岩为主夹灰色泥质粉砂岩、粉砂岩、细砂岩、钙质粉砂岩及灰色灰岩和粒屑灰岩。

灰色粉砂质泥岩图[5-48（a）]：岩性较硬，吸水-可塑性中等，断口平整，岩屑呈片状。薄片镜下特征：粉砂质占35%，成分以石英为主，分布均匀。泥质占70%～75%，分布均匀。见少量纤维状白云母。略含钙质，分布不均匀，呈斑点状分布。偶见斑点状黄铁矿及炭化植物碎片。

深灰色泥灰岩[图5-48（b）]：泥质占40%；灰质占60%，成分为方解石。性硬、脆、致密，岩屑呈片状，断口平整，少量呈贝壳状。完全反应后溶液混浊，沉淀物为泥质，镁试剂试验无蓝色沉淀。薄片镜下特征：局部略含纤维状及晶粒状生物碎屑碎片；泥质分布均匀，偶见炭化植物碎片、黄铁矿及干沥青，岩屑干、湿照及浸泡无显示。与5% HCl反应，有明显气泡。

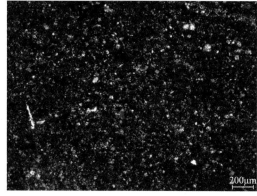

(a) 1527m灰色粉砂质泥岩(–)   (b) 1623m深灰色泥灰岩(+)

图 5-48　羌科 1 井布曲组灰岩、泥岩、泥灰岩岩性特征

灰黑色泥岩[图5-49（a）]：质纯、性较硬、吸水性-可塑性差。断口平整状，岩屑呈块状。与5%HCl微弱反应。薄片镜下特征：发育纹层，局部略含钙质，呈斑点状分布，偶见炭化植物碎片及黄铁矿。

亮晶鲕粒灰岩[图5-49（b）]：性硬、脆、致密，断口呈贝壳状。与5%HCl反应，冒泡剧烈，溶解液较浑浊，滴镁试剂试验见少量蓝色沉淀。薄片镜下特征为粒屑结构：

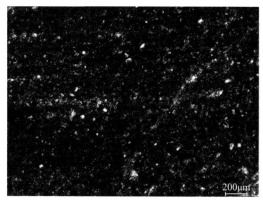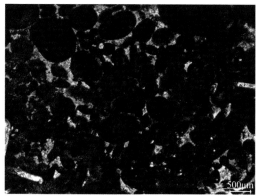

(a) 1607m 灰黑色泥岩(–)   (b) 1750m 亮晶鲕粒灰岩

图 5-49　羌科 1 井布曲组泥岩、鲕粒灰岩特征

鲕粒占 80%，鲕粒为藻鲕，泥晶占 20%。部分鲕粒间充填白云石，颗粒大小不一，发育微裂隙，被亮晶方解石全充填。局部白云石化。偶见斑点状黄铁矿。

深灰色泥岩[图 5-50（a）]：岩性较硬，吸水-可塑性中等，断口平整，岩屑呈片状。局部略含极细粉砂，呈团块状分布，局部泥质略呈定向排列。与 5%HCl 反应，无气泡产生。

灰色泥质粉砂岩[图 5-50（b）]：岩性较硬，断口呈参差状。与 5%HCl 反应，不起泡。薄片镜下特征：粉砂成分为石英，偶见长石；泥质粉砂结构：泥质占 40%，粉砂占 60%，分布均匀。粉粒占 100%，分选好，颗粒呈次棱角状-次圆状，泥质胶结。

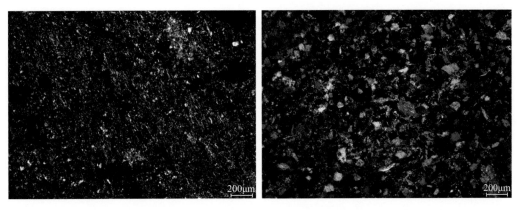

(a) 1851m 深灰色泥岩(+) 　　　　　　　　(b) 1876m 灰色泥质粉砂岩(+)

图 5-50　羌科 1 井布曲组灰岩、泥岩岩性特征

粉砂岩[图 5-51（a）]：浅灰色，略含泥质，粉砂占 95%。岩性较硬，断口呈参差状。与 5%HCl 微弱反应。薄片镜下特征：粉砂成分以石英为主，偶见长石及岩屑；颗粒呈镶嵌接触，边缘压溶。粉砂结构：粉粒占 50%，极细粉粒占 50%，分选中等，颗粒呈次棱角状-次圆状，泥质胶结。

细砂岩[图 5-51（b）]：碎屑颗粒粒径以小于 0.25～0.125mm 为主，胶结物以亮晶方解石为主，含量在 10%以上，其次铁泥质沿碎屑颗粒边缘分布。

(a) 1802m 粉砂岩(−) 　　　　　　　　　　(b) 1904m 细砂岩(−)

图 5-51　羌科 1 井布曲组粉砂岩、细砂岩岩性特征

灰色灰岩[图 5-52（a）]：泥质占 15%，钙质占 85%。性硬、脆、致密，断口呈贝壳状。与 5%HCl 反应，剧烈气泡，溶解液清澈，滴镁试剂试验见少量天蓝色沉淀。

亮晶粒屑灰岩[图 5-52（b）]：泥质占 5%，灰质占 95%。性硬、脆、致密，断口呈贝壳状。与 5%HCl 反应，剧烈起泡，溶解液较清澈，滴镁试剂试验无蓝色沉淀。薄片镜下特征为粒屑结构：粒屑占 70%，主要为角砾状陆源碎屑石英、鲕粒、藻球粒，鲕粒核心主要为陆源碎屑石英；泥晶占 30%。

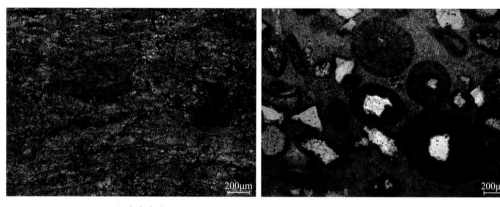

(a) 2036m 灰色灰岩(+)　　　　　　　　　(b) 1871m 亮晶粒屑灰岩(−)

图 5-52　羌科 1 井布曲组灰岩岩性特征

（三）布曲组下段

布曲组下段（2100～2496m）：以灰色泥晶灰岩为主与深灰色泥岩和钙质泥岩、灰-浅灰色泥质粉砂岩及粉砂岩不等厚互层。

灰色泥晶灰岩[图 5-53（a）]：泥质占 20%，灰质占 80%。性较硬、脆、不致密，断口呈参差状，岩屑呈片状。与 5%HCl 反应剧烈，溶解液较清澈，滴镁试剂试验无蓝色沉淀。

含钙粉砂质泥岩[图 5-53（b）]：深灰色；钙质占 10%，泥质占 90%。岩性较硬，吸水-可塑性中等，断口平整，岩屑呈片状。与 5%HCl 轻微反应。

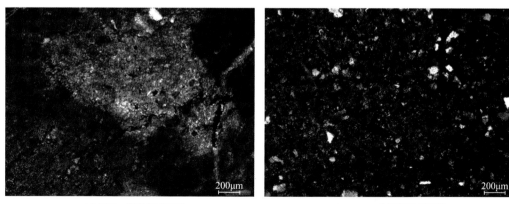

(a) 2353m 灰色泥晶灰岩　　　　　　　　(b) 2101m 含钙粉砂质泥岩

图 5-53　羌科 1 井布曲组灰岩、泥岩岩性特征

灰色钙质粉砂岩[图 5-54（a）]：钙质占 50%，分布较均匀。砂质占 50%，成分以石英为主，分布较均匀。薄片镜下特征为钙质粉砂结构：粉粒占 95%，分选好，颗粒次圆状。钙质胶结，较硬。与 5%HCl 反应，起泡明显。

浅灰色粉砂岩[图 5-54（b）]：泥质占 5%、砂质占 95%。泥质胶结，胶结程度中等，岩性较疏松。粉粒结构：细粒占 15%，粉粒占 85%，分选好，颗粒呈次棱角-次圆状。成分石英占 95%，分布均匀，偶见长石及岩屑（5%）。局部略含钙质。与 5%HCl 轻微反应。

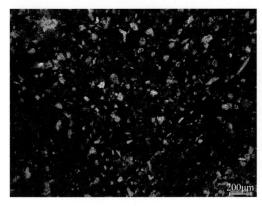 

(a) 2270m 灰色钙质粉砂岩　　　　　　　　　　　　(b) 2383m 浅灰色粉砂岩

图 5-54　羌科 1 井布曲组粉砂岩岩性特征

三、雀莫错组各岩性矿物学特征

羌科 1 井钻遇雀莫错组可分为三段：上段为棕褐色和灰绿色碎屑岩以及灰-灰黄色灰岩与灰色碎屑岩不等厚互层夹薄层白色石膏，中段以大套白色石膏岩为主，石膏段的顶部及底部发育有灰色灰岩，下段为棕红色（夹少量紫红色及灰色）碎屑岩。

（一）雀莫错组上段

雀莫错组上段（2496～3358m），为棕红色及灰绿色碎屑岩，主要包括棕红色泥岩、灰绿色泥质粉砂岩、灰绿色泥岩、灰绿色粉砂质泥岩。泥晶灰岩、含膏泥晶灰岩、粒屑灰岩与碎屑岩不等厚互层，局部夹有薄层白色石膏。

棕红色泥岩[图 5-55（a）]：岩性较硬，吸水-可塑性中等，断口平整，岩屑呈片状。与 5%HCl 轻微反应。薄片镜下特征：泥质分布较均匀，略含极细粉砂岩。

灰绿色泥质粉砂岩[图 5-55（b）]：泥质占 35%，砂质占 65%，分布较均匀。泥质胶结，胶结程度好，岩性较硬。薄片镜下特征为泥质粉砂结构：粉砂为极细粉砂，粉粒占 100%，分选好，颗粒呈次棱角-次圆状，成分石英占 100%，分布均匀。与 5%HCl 轻微反应。

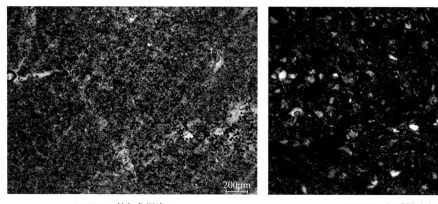

(a) 2502m 棕红色泥岩(−)　　　　　　　　(b) 2507m 泥质粉砂岩(+)

图 5-55　羌科 1 井布曲组灰岩、碎屑岩、膏岩岩性特征

　　灰绿色泥岩[图 5-56（a）]：岩性较硬，吸水-可塑性中等，断口呈参差状，岩屑呈团块状。薄片镜下特征：泥质分布较均匀，略含极细粉砂岩。与 5%HCl 轻微反应。

　　灰绿色粉砂质泥岩[图 5-56（b）]：岩性较硬，吸水-可塑性中等，断口平整，岩屑呈片状。薄片镜下特征：粉砂占 30%，成分为石英，分布不均匀。泥质占 70%。偶见炭化植物碎片及黄铁矿。与 5%HCl 轻微反应。

(a)2528m 灰绿色泥岩(+)　　　　　　　　(b) 2538m 灰绿色粉砂质泥岩(+)

图 5-56　羌科 1 井布曲组碎屑岩岩性特征

　　含云泥晶灰岩[图 5-57（a）]：性较硬、脆、不致密，断口呈参差状，岩屑呈条状。与 5%HCl 反应剧烈，溶解液较清澈，滴镁试剂试验无蓝色沉淀。由泥晶方解石组成，白云石含量在 10%以上，少量粉砂及泥质团粒。

　　云质泥晶粒屑灰岩[图 5-57（b）]：具粒屑结构。粒屑以泥晶方解石为主，泥晶白云石含量在 25%以上，胶结物以亮晶方解石为主。见一组方解石充填微裂缝，微裂缝切割粒屑颗粒。

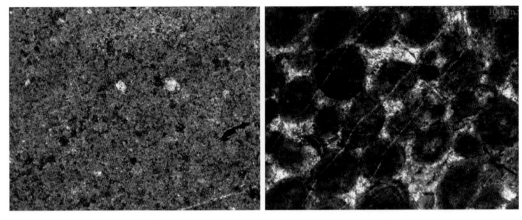

(a) 2903m 含云泥晶灰岩(-)　　　　　　　　　(b) 2922m 云质泥晶粒屑灰岩

图 5-57　羌科 1 井布曲组泥晶灰岩岩性特征

含膏云质泥晶灰岩[图 5-58（a）]：由泥晶方解石及白云石组成，以方解石为主。硬石膏含量在 10%以上。

泥质膏岩[图 5-58（b）]：由硬石膏及水云母等黏土矿物混合组成，以硬石膏为主，含少量铁泥质团粒。

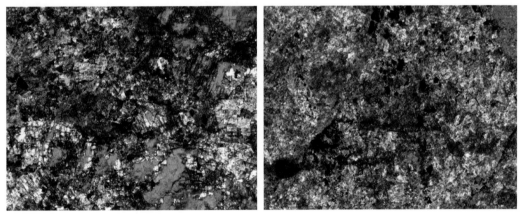

(a) 2927m 含膏云质泥晶灰岩　　　　　　　　　(b) 3033m 泥质膏岩

图 5-58　羌科 1 井布曲组泥晶灰岩和泥质膏岩岩性特征

灰质极细砂岩[图 5-59（a）]：碎屑颗粒粒径以 0.125～0.0625mm 为主，胶结物以亮晶方解石为主，含量在 25%以上，含少量白云石及硅质。以孔隙式胶结为主。

含灰泥云质粉砂岩[图 5-59（b）]：碎屑颗粒粒径小于 0.0625mm，胶结物以泥云质为主，含量在 25%以上，方解石含量在 10%以上，含少量铁泥质。

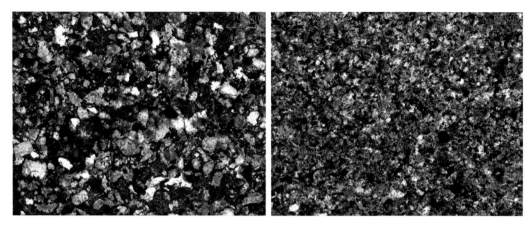

　　(a) 3070m 灰质极细砂岩　　　　　　　　　　　　　(b) 3099m 含灰泥云质粉砂岩

图 5-59　羌科 1 井布曲组极细砂岩、粉砂岩岩性特征

（二）雀莫错组中段

　　雀莫错组中段（3358～3766m）：以大套白色石膏岩为主，石膏段的顶部及底部发育有灰色灰岩。膏岩中石膏的含量达到 90% 以上，其次为白云石，其含量为 5% 左右，还含有少于 2% 的方解石、石英、磷灰石、重金属等矿物（图 5-60）。

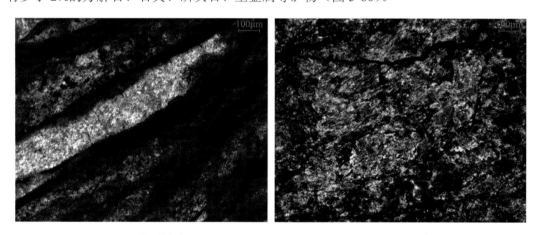

　　(a) 3496m 云质泥晶灰岩　　　　　　　　　　　　　(b) 3744m 泥质膏岩

图 5-60　羌科 1 井雀莫错组灰岩、膏岩特征

（三）雀莫错组下段

　　雀莫错组下段（3766～4057m）：岩性为紫红色、棕红色、棕褐色（局部有灰色）砾岩、细砂岩及粉砂岩和泥质粉砂岩与棕红色粉砂质泥岩略等厚互层。

　　棕褐色含粉砂泥岩［图 5-61（a）］：主要由棕褐色铁泥质等黏土矿物组成，粉砂含量在 10% 以上，局部夹碳酸盐岩条带。粉砂为极细粉砂，分布较均匀，局部呈条带状。与 5%HCl 轻微反应。

棕褐色泥岩[图 5-61（b）]：由棕褐色铁泥质等黏土矿物组成，含少量泥晶方解石及白云石。

浅红棕色含泥粉砂岩：泥质占 15%，砂质占 85%。含泥粉砂结构：细粒占 5%，粉粒占 95%，分选好。成分石英占 95%，岩屑占 5%。砂质呈条带状分布。颗粒呈次圆状。泥质胶结。与 5%HCl 轻微反应。

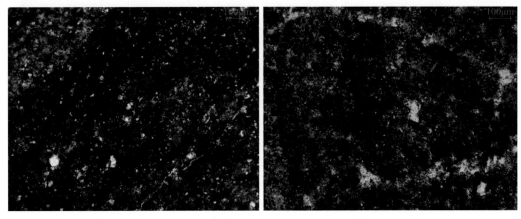

(a) 3800m 棕褐色含粉砂泥岩   (b) 3815m 棕褐色泥岩

图 5-61　羌科 1 井雀莫错组泥岩特征

紫红色砾岩：细砾占 30%，粗粒占 50%，中粒占 20%，成分以硅质砾为主，石英岩次之，偶见火成岩，颗粒呈次圆状，颗粒最大（1.0mm×1.5mm）。硅质胶结，致密，岩性硬。分选差，呈次棱角状。岩屑中见自形晶白云石颗粒，推测源岩中见半充填微裂隙，填充物为自形晶白云石。与 5%HCl 轻微反应。

四、那底岗日组各岩性矿物学特征

羌科 1 井钻遇那底岗日组地层井深为 4057.00～4696.18m（未穿），岩性为火山岩或含火山灰沉积，局部为灰色凝灰岩、凝灰质粉砂岩、深灰色玄武岩。

浅灰绿色凝灰岩：凝灰岩成分以玻屑、晶屑为主。蜡状光泽，多孔疏松，有粗糙感，性软，断面参差，岩屑呈块状。薄片镜下特征为凝灰结构：斑晶多为斜长石，部分玻屑发生绢云母化，晶屑多呈半自形晶，表面见少量微裂缝，见少量暗色矿物。

灰绿色凝灰岩：成分以玻屑、晶屑为主。蜡状光泽，多孔疏松，有粗糙感，性软，断面参差，岩屑呈块状。薄片镜下为凝灰结构，斑晶多为斜长石，部分玻屑发生绢云母化或碳酸盐岩化作用，晶屑多呈次棱角状，表面见少量微裂缝，见少量暗色矿物。偶见微量灰褐色火山角砾。

沉凝灰岩[图 5-62（a）]：浅灰色；沉凝灰岩成分以凝灰质为主。蜡状光泽，有滑腻感，性较硬，较均质，断面平整，岩屑呈片状。薄片镜下特征：凝灰结构，陆源碎屑占 10%～15%，分布均匀；晶屑占 5%，晶屑成分主要为斜长石，晶屑多呈半自形。与 5%HCl 轻微反应。

灰黑色玄武岩[图5-62（b）]：均质，玄武岩成分以拉长石为主。岩性硬、脆，断面平整，岩屑呈片状。薄片镜下特征：细粒结构，基质为褐色的火山玻璃，长石以细小的基性斜长石为主，晶型大小较均一，局部呈定向排列，局部斑晶绿泥石化，见流动构造。与5%HCl轻微反应。

(a) 4506m 沉凝灰岩　　　　　　　　　　　(b) 4526m 灰黑色玄武岩

图 5-62　那底岗日组凝灰岩、玄武岩岩性特征

第三节　测井特征

羌科1井钻遇地层岩性主要为灰岩、石膏、粉砂岩、凝灰岩、沉凝灰岩、辉绿岩和泥岩。不同的岩性由于形成环境不同，因此其测井响应特征也有所不同，本节将分别介绍每套地层典型岩石的测井特征。

一、夏里组地层岩性的测井特征

根据测井曲线特征，结合岩屑录井资料，夏里组地层岩性主要为泥岩、含钙泥岩、泥晶灰岩，夹石膏和砂岩，主要岩石测井特征见图5-63。

夏里组各岩性典型特征分析如下。

1. 泥岩

泥岩是一种主要由粒径小于 0.0039mm 的细颗粒物质组成的含有大量黏土矿物的沉积岩。疏松未固结者称为黏土，固结成岩者称为泥岩和页岩。大多数黏土岩是母岩风化产物中的细碎屑物质呈悬浮状态被搬运到沉积场所，以机械方式沉积而成的。泥岩的矿物成分复杂，主要由黏土矿物（如伊利石、蒙脱石、高岭石等）组成，其次为碎屑矿物（石英、长石、云母等）、后生矿物（如绿帘石、绿泥石等）以及铁锰质和有机质。

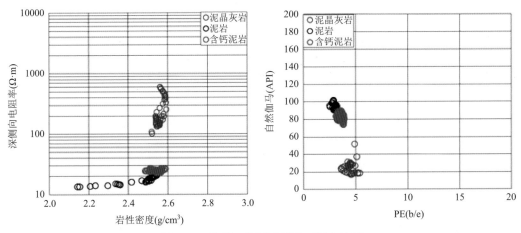

图 5-63　羌科 1 井夏里组岩石测井特征

　　由于泥岩中含有大量的微孔隙和束缚水，以及钍和钾等放射性元素，泥岩的测井曲线特征表现为"三高两低一平直"，即高自然伽马、高声波时差、高中子值、低电阻率、低密度值、自然电位曲线平直（图 5-64）。

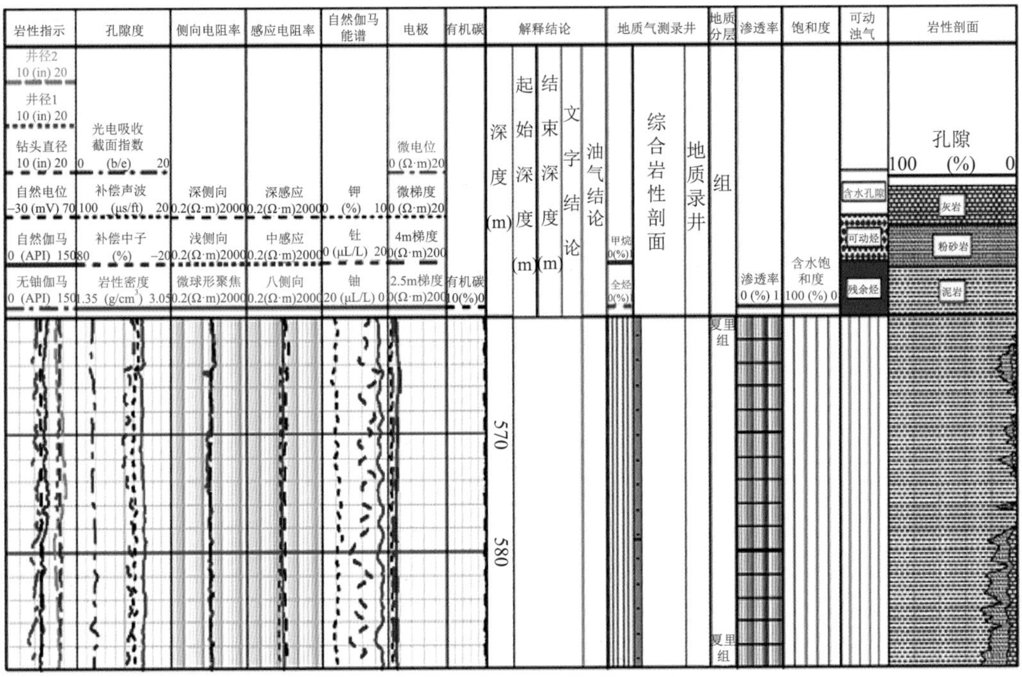

图 5-64　羌科 1 井夏里组泥岩测井特征

　　常规测井响应特征（587.5～597.5m）：自然伽马能谱资料显示具有较高的放射性（即高的钍值和钾值），自然伽马为 90API 左右，三孔隙度曲线在互容刻度下呈现平行分开，声波时差为 82～97μs/ft，中子为 23%～49%，密度为 1.82～2.48g/cm³，光电吸收截面指数较灰岩明显下降，为 2.26～3.16b/e，三条电阻率曲线基本重合，且数值较低，为 18～20Ω·m，自然电位曲线平直。

电成像测井响应特征：静态图像呈暗褐色，层理发育。

交叉偶极声波测井响应特征：纵波、横波和斯通利波波形位置滞后，纵波时差为80～100μs/ft，横波时差为180～200μs/ft，斯通利波时差为225～245μs/ft，纵横波速度比为2.1。

2. 含钙泥岩

泥岩中含有适量碳酸钙，常见于大陆红色岩系和海洋、潟湖相的沉积岩层。由于含钙，其测井响应特征与泥岩略有不同。

常规测井响应特征（950.0～980.0m）：自然伽马和自然伽马能谱资料均显示高放射性（钍和钾值较高），自然伽马为72～89API，三孔隙度曲线在互容刻度下分开，声波时差为68.5～75.1μs/ft，中子为18%～28%，密度为2.49～2.58g/cm³，光电吸收截面指数和泥岩相比有所上升，为2.92～4.35b/e，深侧向电阻率曲线数值相比泥岩有所增大，为20～30Ω·m，自然电位曲线平直（图5-65）。

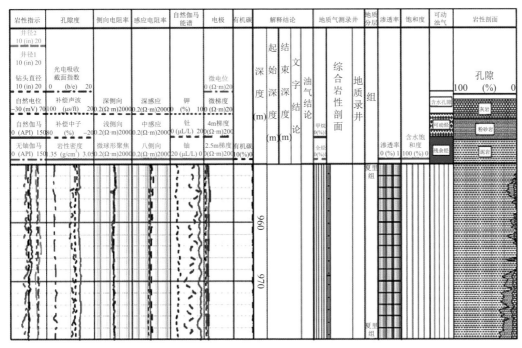

图5-65　羌科1井夏里组含钙泥岩测井特征

电成像测井响应特征：发育水平层理，见亮色条带或不规则团块和不规则的垂直缝。

交叉偶极声波测井响应特征：纵波、横波和斯通利波波列清晰，和泥岩相比，位置略靠前，纵波时差为70～76μs/ft，横波时差为140～152μs/ft，斯通利波时差为210～216μs/ft，纵横波速度比为1.94～2.04。

3. 泥晶灰岩

泥晶灰岩一般呈灰色至深灰色，厚度以薄至中层为主。岩石主要由泥晶方解石构成，其中颗粒含量小于10%或不含颗粒。这类石灰岩中时常发育水平纹理，常形成于低能环境，如潟湖、潮上带、浪基面以下的深水区。

常规测井响应特征（575.5～581.5m）：自然伽马较低，为 15～30API，自然伽马能谱资料呈现"三低"的低放射性特征，即低钾、低钍和低铀，钾为 0.49%～0.75%，钍为 2.1～4.5μL/L，铀为 1.1～1.7μL/L，声波时差为 51.5～55μs/ft，中子为 2.6%～10.1%，密度为 2.54～2.59g/cm³，光电吸收截面指数为 4.2～5.2b/e，深侧向电阻率曲线呈现明显的高值特征，多在 500～600Ω·m，自然电位曲线平直（图 5-66）。

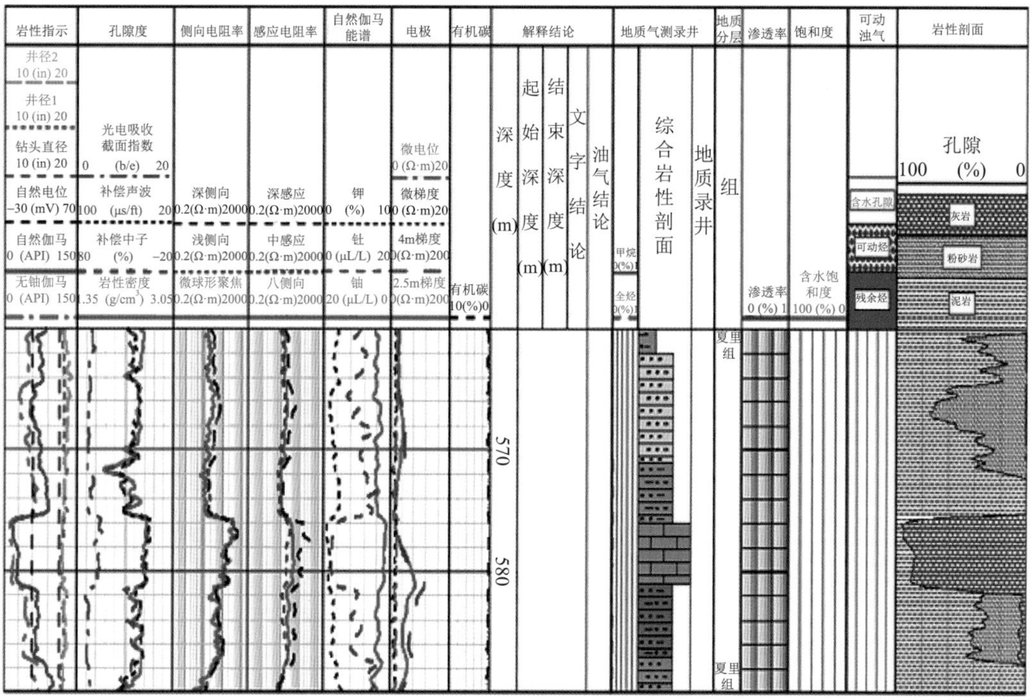

图 5-66　羌科 1 井夏里组泥晶灰岩测井特征

电成像测井响应特征：图像为橘黄色，发育缝合线。

交叉偶极声波测井响应特征：纵波、横波和斯通利波波列清晰，纵波时差为 48～56μs/ft，横波时差为 96～118μs/ft，斯通利波时差为 198～207μs/ft，纵横波速度比为1.96～2.14。

4. 砂岩

砂岩是石英、长石等碎屑成分占 50%以上的沉积碎屑岩，是源区岩石经风化、剥蚀、搬运在盆地中堆积形成的岩石，主要由碎屑和填隙物两部分构成。碎屑常见矿物为石英、长石、白云母、方解石、黏土矿物、白云石、鲕绿泥石、绿泥石等。填隙物包括胶结物和碎屑杂基两种组分。常见胶结物有硅质和碳酸盐质胶结；杂基成分主要指与碎屑同时沉积的颗粒更细的黏土或粉砂质物。

夏里组局部发育薄层砂岩，自然伽马能谱资料显示岩性不纯，含有泥质，较低放射性，钾为 0.41%～1.25%，钍为 4.44～7.27μL/L，铀为 1.35～2.49μL/L，自然伽马在 37～53API，电阻率数值相对较低。

5. 石膏

单矿物的硬石膏岩、石膏岩广泛产于蒸发岩层系中，常以层状、透镜状产出。石膏岩和硬石膏岩关系密切，主要见于地表附近，常表现为硬石膏经过水化和重结晶作用而形成石膏的形式。石膏岩常见的混入物有黏土、氧化铁、砂质、碳酸盐（白云石）、石盐、天青石、黄铁矿和各种硅质矿物，可以和碳酸盐岩、石盐岩等呈过渡型岩类。

硬石膏在测井曲线上表现为：自然伽马低-很低，深、浅侧向电阻率很高（图5-67），密度接近 2.98g/cm^3，光电吸收截面指数（PE）高，声波时差接近于 50μs/ft，中子孔隙度接近于 –1.0%，各种孔隙度测井的视孔隙度值均接近于 0。

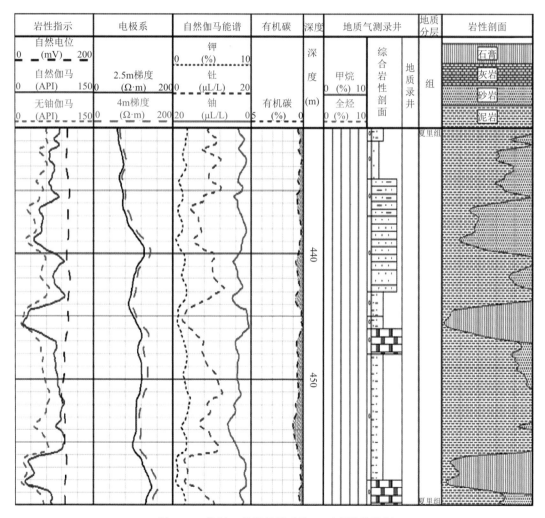

图 5-67　羌科 1 井夏里组砂岩、石膏测井特征

二、布曲组地层岩性的测井特征

根据测井曲线特征，结合岩屑录井资料，布曲组地层岩性主要为含砂屑灰岩、含钙粉砂岩、含钙粉砂质泥岩、含钙泥岩和泥岩，各岩性测井曲线特征见表 5-16，主要岩石测井特征见图 5-68。

表 5-16　　羌科 1 井布曲组岩石测井曲线特征（布曲组）

岩石类别	自然伽马（API）	自然电位（mV）	井径	声波时差（μs/ft）	中子（%）	密度（g/cm³）	PE（b/e）	电阻率（Ω·m）	自然伽马能谱		
									钍（μL/L）	钾（%）	铀（μL/L）
含砂屑灰岩	12～20	平直	规则	48～54	0.5～10	2.54～2.63	3.8～5.2	200～900	低值	低值	低值
泥岩	85	平直	规则	70～75	25～30	2.53～2.55	2.1～2.8	20～30	高值	高值	略高
含钙泥岩	75～85	平直	规则	61～70	18～30	2.52～2.57	2.7～3.6	20～30	高值	高值	略高
含钙粉砂岩	15～28	接近平直	微扩	47～53	5～8	2.57～2.61	4.2	85～300	低值	低值	低值
含钙粉砂质泥岩	60～70	接近平直	规则	61～64	17～22	2.55～2.58	2.7～3.5	30	高值	中等	中等

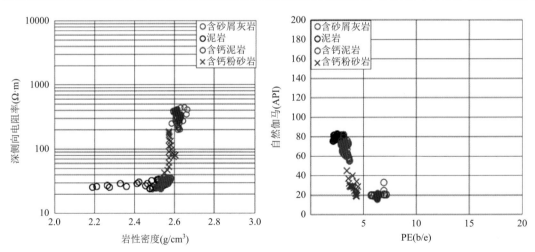

图 5-68　　羌科 1 井布曲组岩石测井特征

布曲组泥岩和含钙泥岩测井响应特征与夏里组相似，这里不再赘述。其他岩性典型特征分析如下。

1. 含砂屑灰岩

含砂屑灰岩属于内碎屑灰岩的一种，按内碎屑大小分为砾屑灰岩、砂屑灰岩、粉屑灰岩、泥屑灰岩等。它是水盆地中已固结的或弱固结的碳酸盐沉积物，遭受波浪、水流冲刷、破碎、磨蚀后再次沉积而成的具有碎屑结构的石灰岩。砂屑含量为 5%～25%，其测井响应特征和灰岩略有不同。

常规测井响应特征（1065.0～1078.0m）：自然伽马曲线数值较低，为 10～22API，自然伽马能谱资料呈现"三低"的低放射性特征，声波时差值为 48～54μs/ft，中子值为 2%～13%，密度为 2.53～2.58g/cm³，光电吸收截面指数为 4.2～5.2b/e，深侧向电阻率曲线呈现明显的高值特征，为 300～500Ω·m，自然电位曲线平直（图 5-69）。

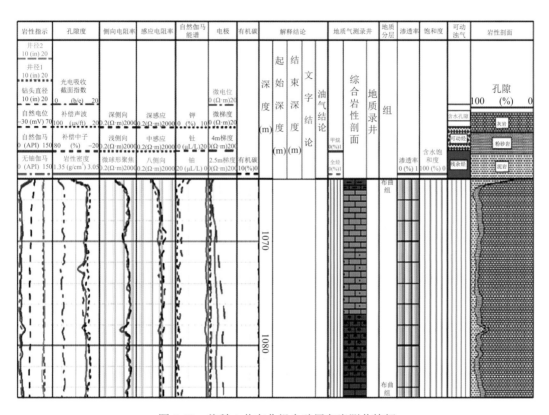

图 5-69 羌科 1 井布曲组含砂屑灰岩测井特征

电成像测井响应特征：图像上有细小的针尖状和斑点状的暗色点，缝合线发育，见少量裂缝。

交叉偶极声波测井响应特征：纵波、横波和斯通利波波列清晰，和灰岩相比，波形位置略靠前，纵波时差为 47～54μs/ft，横波时差为 90～102μs/ft，斯通利波时差为 201～213μs/ft，纵横波速度比为 1.86～2.08。

2. 含钙粉砂岩

含钙粉砂岩是混入物为钙质（含量为 5%～25%）的粉砂岩。

常规测井响应特征（1774.0～1776.5m、1784.5～1788.5m）：自然伽马中低值，

为 15～28API，自然伽马能谱资料呈现"三低"的低放射性特征，声波时差为 47～53μs/ft，中子为 5%～8%，密度为 2.57～2.61g/cm³，光电吸收截面指数为 4.2b/e，深侧向电阻率曲线数值和灰岩相比明显降低，为 85～300Ω·m，自然电位曲线微弱异常（图 5-70）。

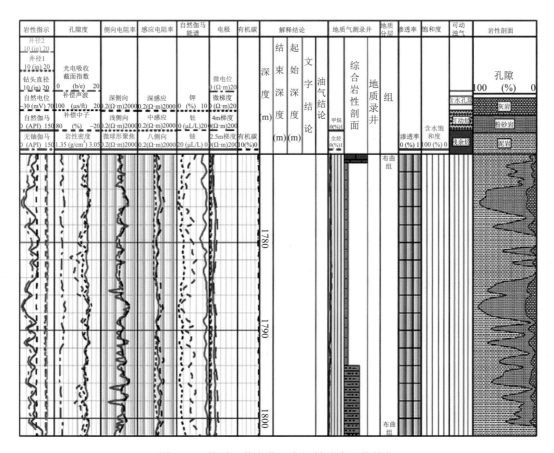

图 5-70　羌科 1 井布曲组含钙粉砂岩测井特征

电成像测井响应特征：图像上显示粒度较细，可见亮色斑点。

交叉偶极声波测井响应特征：纵波、横波和斯通利波波列清晰，纵波时差值为 50～65μs/ft，横波时差值为 97.5～120μs/ft，斯通利波时差值为 200μs/ft，纵横波速度比为 1.87～2.1。

3. 钙粉砂质泥岩

常规测井响应特征（1910.0～1932.0m）：自然伽马较高，为 60～70API，自然伽马能谱资料呈现较高放射性特征，声波时差为 61～64μs/ft，中子为 17%～22%，密度为 2.55～2.58g/cm³，光电吸收截面指数为 2.7～3.5b/e，深侧向电阻率曲线数值和含钙泥岩相比略有升高，在 30Ω·m 左右，自然电位曲线平直（图 5-71）。

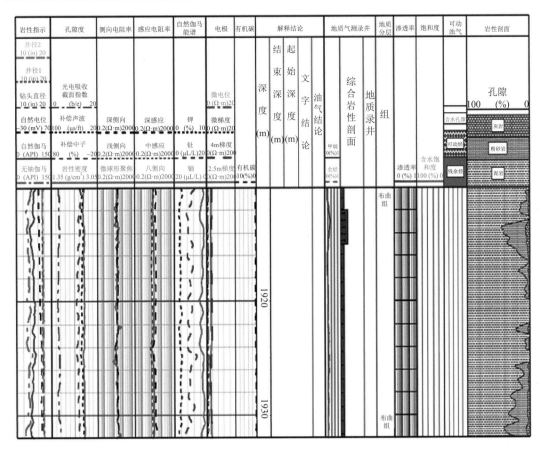

图 5-71　羌科 1 井布曲组含钙粉砂质泥岩测井特征

　　电成像测井响应特征：静态图像显示为暗色，动态图像见亮色条带，有暗色的斑点，水平层理发育，多见钻井诱导缝。

　　交叉偶极声波测井响应特征：纵波、横波和斯通利波波列清晰且位置靠后，纵波时差为 60～68μs/ft，横波时差为 114～126μs/ft，斯通利波时差为 198～207μs/ft，纵横波速度比为 1.78～1.94。

三、雀莫错组地层岩性的测井特征

　　根据测井曲线特征，结合岩屑录井资料，雀莫错组地层岩性主要为灰岩、石膏、含钙粉砂岩、含钙泥质粉砂岩、含钙泥岩和泥岩，少量泥质粉砂岩、砾岩和含砾砂岩，各岩性测井曲线特征见表 5-17、图 5-72（受井眼扩径以及钻井液中重晶石的影响，部分井段 PE 曲线数值不能真实地反映曲线特征）。

表 5-17　羌科 1 井岩石测井曲线特征（雀莫错组）

岩石类别	自然伽马（API）	自然电位（mV）	井径	声波时差（μs/ft）	中子（%）	密度（g/cm³）	PE	电阻率（Ω·m）	自然伽马能谱		
									钍（μL/L）	钾（%）	铀（μL/L）
灰岩	12～30	接近平直	规则或微扩	48.5～53	0.4～5	2.61～2.69	较高	100～1000	低值	低值	低值
石膏	12～15	平直	缩径	49～53.5	-2～0	2.85～2.9	较高	25258～68443	低值	低值	低值
泥岩	90～120	平直	规则或扩径	65～80	15～30	2.35～2.63	低值	15～75	高值	高值	略高
含钙粉砂岩	35～55	接近平直	接近钻头直径	53～60	5～10	2.55～2.64	低值	120～350	低值	低值	低值
含钙泥质粉砂岩	60～75	接近平直	规则	56.5～62	8～13	2.55～2.58	低值	40～200	高值	中等	较低
含钙泥岩	105～115	平直	规则	61.5～64	16～20	2.62～2.66	低值	65～175	较高	高值	略高
泥质粉砂岩	60～80	平直	规则	55～58	7～14	2.57～2.68	低值	45～275	中等	中等	较低
砾岩	36～40	平直	规则或微扩	53.6～66.6	5	2.62～2.68	低值	228～672	低值	低值	低值
含砾砂岩	43～48	平直	规则或扩径	54.8～63.1	4～6	2.61～2.67	低值	179～428	低值	低值	低值

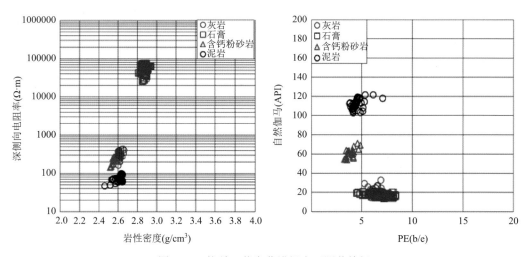

图 5-72　羌科 1 井雀莫错组岩石测井特征

　　雀莫错组泥岩、含钙泥岩、含钙粉砂岩的测井响应特征与布曲组相似，这里不再赘述。其他岩性典型特征分析如下。

1. 灰岩

灰岩是以方解石为主要成分的碳酸盐岩，主要是在浅海的环境下形成的。灰岩结构较为复杂，有碎屑结构和晶粒结构两种。碎屑结构多由颗粒、泥晶基质和亮晶胶结物构成。颗粒又称粒屑，主要有内碎屑、生物碎屑和鲕粒等，泥晶基质是由碳酸钙细屑或晶体组成的灰泥，质点大多小于0.05mm，亮晶胶结物是充填于岩石颗粒之间孔隙中的化学沉淀物，是直径大于0.01mm的方解石晶体颗粒；晶粒结构是由化学及生物化学作用沉淀而成的晶体颗粒。

常规测井响应特征（3085.0～3100.0m）：自然伽马较低，为18～21API，自然伽马能谱资料呈现"三低"的低放射性特征，即低钾、低钍和低铀，钾为0.37%～0.63%，钍值为1.7～3.6μL/L，铀为1.2～2.3μL/L，声波时差为48.3～52.4μs/ft，中子为2.6%～4.8%，密度为2.60～2.66g/cm³，深侧向电阻率曲线呈现明显的高值特征，多为300～750Ω·m，自然电位曲线平直（图5-73）。

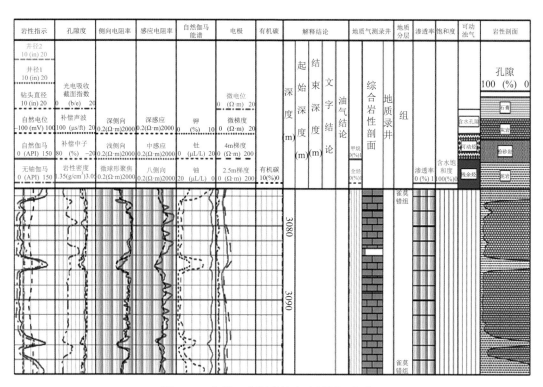

图5-73　羌科1井测井综合成果图（灰岩）

电成像测井响应特征：图像为橘黄色，发育缝合线，见钻井诱导缝，偶见（半）充填缝。

交叉偶极声波测井响应特征：纵波、横波和斯通利波波列清晰，纵波时差主要为47～52μs/ft，横波时差主要为84～98μs/ft，斯通利波时差主要为196～206μs/ft，纵横波速度比值主要为1.74～2.02。

2. 石膏

单矿物的硬石膏岩、石膏岩广泛产于蒸发岩层系中，常以层状、透镜状产出。石膏岩和硬石膏岩关系密切，主要见于地表附近，常表现为硬石膏经过水化和重结晶作用而形成石膏的形式。石膏岩常见的混入物有黏土、氧化铁、砂质、碳酸盐（白云石）、石盐、天青石、黄铁矿和各种硅质矿物，可以和碳酸盐岩、石盐岩等呈过渡型岩类。

常规测井响应特征（3570.0～3599.0m）：自然伽马低值，数值为 12～15API，自然伽马能谱资料呈现明显的低放射性特征，声波时差为 48.3～52.4μs/ft，中子为 2.6%～4.8%，密度为 2.91g/cm^3，深侧向电阻率曲线呈现明显的高值特征，多为 41000～63000Ω·m，自然电位曲线平直（图 5-74）。

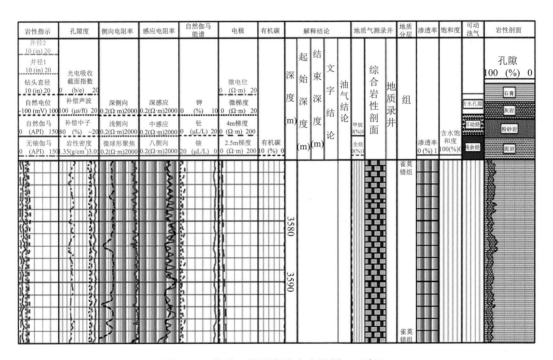

图 5-74　羌科 1 井测井综合成果图（石膏）

电成像测井响应特征：图像为亮橘黄色，与灰岩相比，电阻率值更高，块状结构，偶见泥质条带或（半）充填缝。

交叉偶极声波测井响应特征：纵波、横波和斯通利波波列清晰，纵波时差主要为 48～52μs/ft，横波时差主要为 84～94μs/ft，斯通利波时差主要为 198～204μs/ft，纵横波速度比主要为 1.70～1.88。

3. 钙泥质粉砂岩

常规测井响应特征（3120.0～3134.0m）：自然伽马和自然伽马能谱资料均显示泥质含量较高，自然伽马为 60～80API，声波时差为 59～63μs/ft，中子为 11%～15%，密度为 2.56～

$2.61g/cm^3$，深侧向电阻率和含钙粉砂岩相比有所降低，为 $150\sim300\Omega\cdot m$，自然电位曲线平直（图 5-75）。

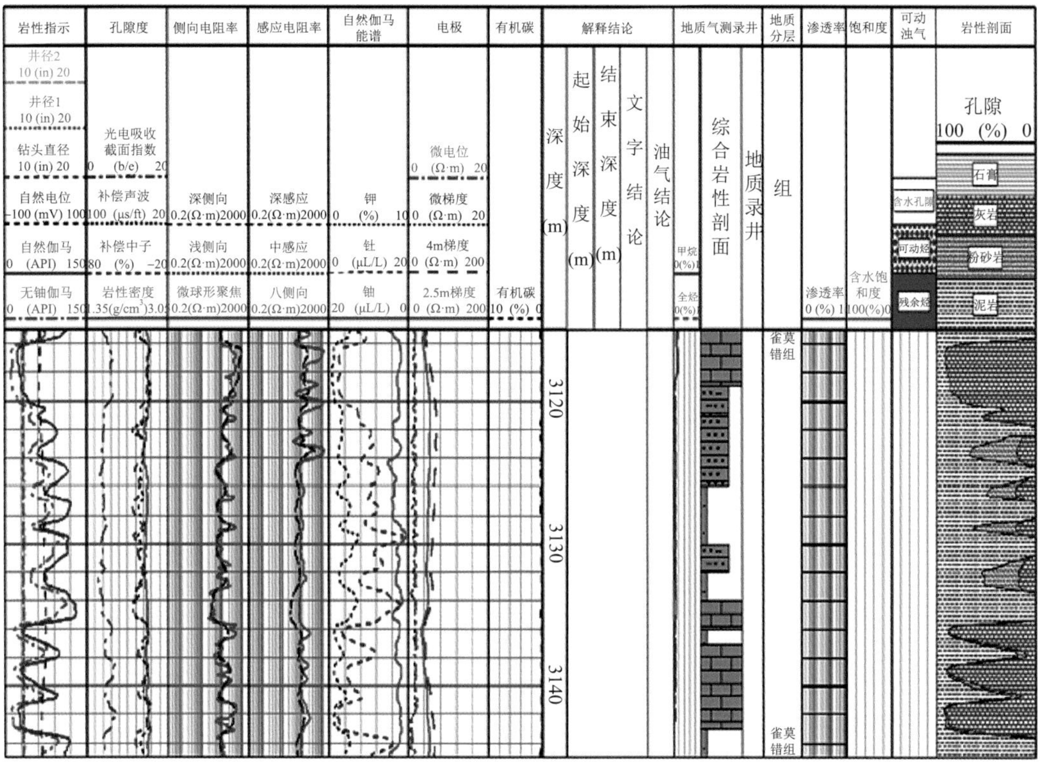

图 5-75　羌科 1 井测井综合成果图（含钙泥质粉砂岩）

电成像测井响应特征：静态图像显示为自然伽马较低处呈暗黄色，较高处呈暗色，动态图像见亮色条带，有暗色的斑点，水平层理发育，多见钻井诱导缝。

交叉偶极声波测井响应特征：纵波、横波和斯通利波波列清晰且位置略靠后，纵波时差主要为 $51\sim64\mu s/ft$，横波时差主要为 $92\sim110\mu s/ft$，斯通利波时差主要为 $200\sim210\mu s/ft$，纵横波速度比值主要为 $1.68\sim1.86$。

4. 砾岩

砾岩是粒径大于 2mm 的圆状和次圆状的砾石占岩石总量 30%以上的碎屑岩。砾岩中碎屑组分主要是岩屑，只有少量矿物碎屑，填隙物为砂、粉砂、黏土物质和化学沉淀物质。

常规测井响应特征（3985.0～4009.5m）：自然伽马和自然伽马能谱资料均显示泥质含量低，自然伽马为 36～40API，声波时差 $53.6\sim66.6\mu s/ft$，中子为 5%左右，密度为 $2.62\sim2.68g/cm^3$，深侧向电阻率和粉砂岩相比升高，为 228～672Ω·m，自然电位曲线平直（图 5-76）。

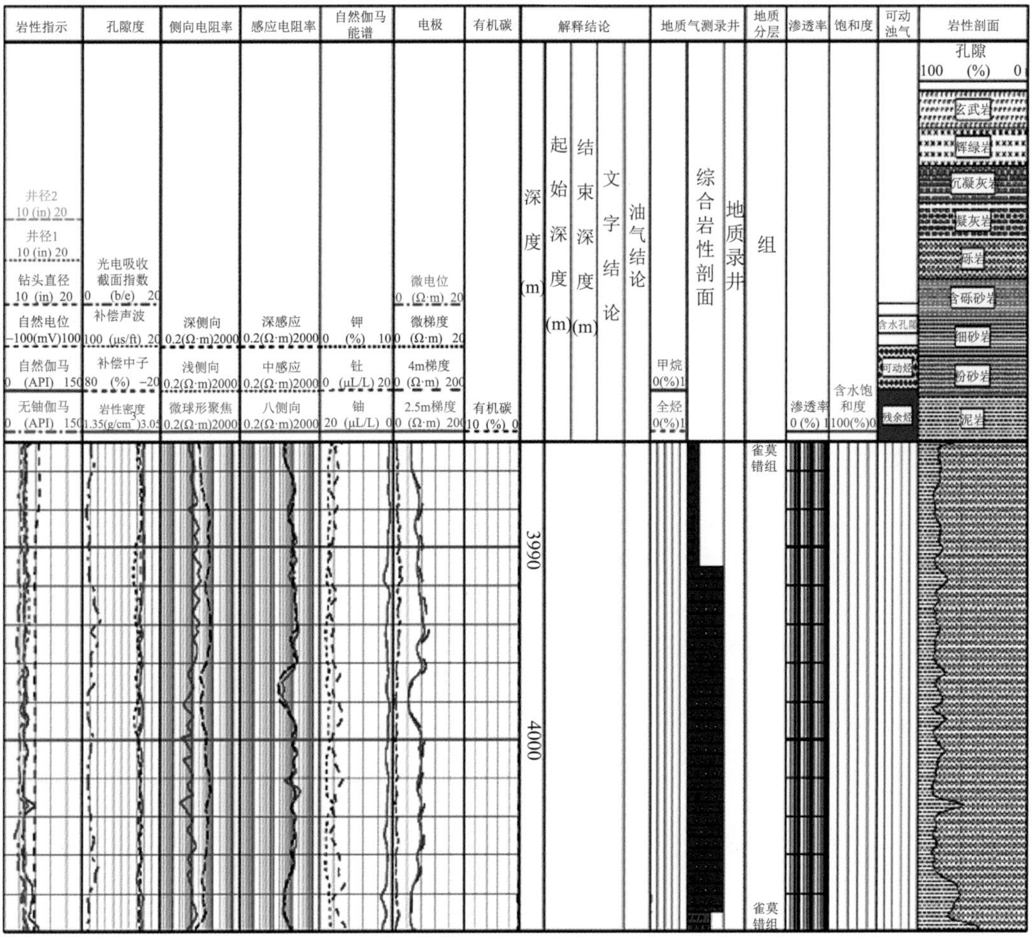

图 5-76　羌科 1 井测井综合成果图（砾岩）

交叉偶极声波测井响应特征：纵波、横波和斯通利波波列清晰，纵波时差主要为 51～59μs/ft，横波时差主要为 80～98μs/ft，斯通利波时差主要为 206～221μs/ft，纵横波速度比主要为 1.51～1.67。

5. 含砾砂岩

细粒结构，碎屑粒度（0.1～0.2mm），大小均匀，砂粒分选性好，磨圆度中等。矿物碎屑主要为石英、长石、白云母，少量绿泥石。

常规测井响应特征（4017.0～4039.0m）：自然伽马和自然伽马能谱资料均显示岩性纯，自然伽马为 43～48API，声波时差为 54.8～63.1μs/ft，中子为 4%～6%，密度为 2.61～2.67g/cm³，深侧向电阻率和砾岩相比有所降低，为 179～428Ω·m，自然电位曲线平直（图 5-77）。

交叉偶极声波测井响应特征：纵波、横波和斯通利波波列清晰，纵波时差主要为 52～63μs/ft，横波时差主要为 83～104μs/ft，斯通利波时差主要为 209～224μs/ft，纵横波速度比主要为 1.58～1.91。

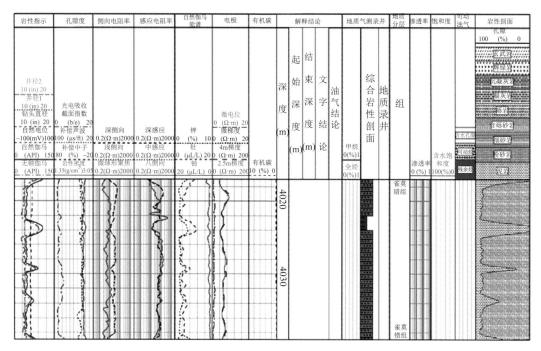

图 5-77　羌科 1 井测井综合成果图（含砾砂岩）

四、那底岗日组地层岩性的测井特征

根据测井曲线特征，结合岩屑录井资料，那底岗日组地层岩性主要为凝灰岩、沉凝灰岩，少量沉凝灰岩和玄武岩的混合物，各岩性测井曲线特征见表 5-18（受井眼扩径以及钻井液中重晶石的影响，部分井段 PE 曲线数值不能真实地反映曲线特征）。

表 5-18　羌科 1 井岩石测井曲线特征（那底岗日组）

岩石类别	自然伽马（API）	自然电位（mV）	井径	声波时差（μs/ft）	中子（%）	密度（g/cm³）	PE（b/e）	电阻率（Ω·m）	自然伽马能谱		
									钍（μL/L）	钾（%）	铀（μL/L）
凝灰岩	20～50	接近平直	规则或扩径	50～54	10～18	2.71～2.83	低值	270～1500	低值	低值	低值
沉凝灰岩	30～170	平直	规则或微扩	51～54.5	4～15	2.62～2.68	低值	112～1200	低值或高值	低值或中高值	低值

各岩性典型特征分析如下。

1. 凝灰岩

凝灰岩是一种压实固结的火山碎屑岩，主要由粒径小于 2mm 的晶屑、岩屑及玻屑组成，其组成的火山碎屑物质有 50%以上的颗粒直径小于 2mm，成分主要是火山灰，质软多孔隙或致密。成分不同导致颜色多样，有紫红色、灰白色、灰绿色等。按火山碎屑物的成分可细分为玻屑凝灰岩、晶屑凝灰岩、岩屑凝灰岩及混合型凝灰岩。

常规测井响应特征（4120.0～4150.0m）：自然伽马曲线数值较低或中等，为 26～50API，自然伽马能谱资料呈现"三低"的低放射性特征，即低钾、低钍和低铀，钾值为 0.48%～1.58%，钍值为 2.0～4.3μL/L，铀值为 0.7～2.1μL/L，声波时差值为 47.9～56.8μs/ft，中子值为 11.4%～18.4%，密度值整体为 2.72～2.77g/cm³，个别井段受其他矿物成分的影响，数值明显增大，深侧向电阻率曲线多为 178～805Ω·m，自然电位曲线平直（图 5-78）。

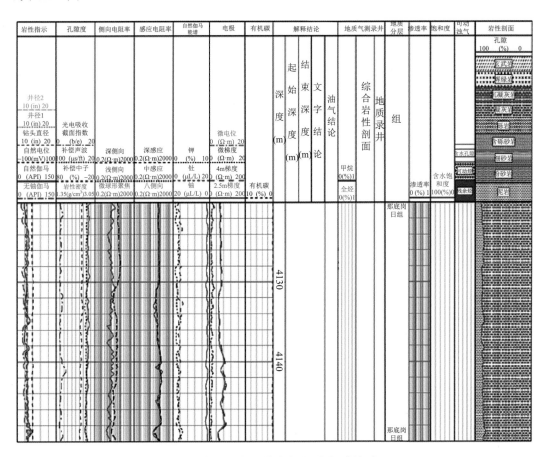

图 5-78　羌科 1 井测井综合成果图（凝灰岩）

交叉偶极声波测井响应特征：纵波、横波和斯通利波波列清晰，纵波时差主要为 47～55μs/ft，横波时差主要为 80～100μs/ft，斯通利波时差主要为 206～217μs/ft，纵横波速度比主要为 1.69～1.91。

2. 沉凝灰岩

沉凝灰岩是一种由正常火山碎屑岩向正常沉积岩过渡的岩石类型。这类岩石中火山碎屑物的含量大于正常沉积物，多形成于离喷发中心有一定距离的地方，特别是在有水下火山活动的海湖盆地。正常沉积混入物包括陆源、生物和化学沉淀三种成因类型，它们主要通过风的搬运、水流或拍岸浪的搬运、水底滑动等形式同正常的火山碎屑物相掺杂，再由压结和水化学沉淀物胶结成岩。在自然界中常与正常火山碎屑岩、正常沉积岩等共生，成层比较明显。

常规测井响应特征（4585.0～4630.0m）：自然伽马曲线受矿物成分的影响数值变化较大，为 40～170API，自然伽马能谱资料显示，和凝灰岩相比，铀、钍和钾整体有增大趋势，声波时差为 50.3～53.9μs/ft，中子为 8.9%～14.7%，密度为 2.62～2.71g/cm^3，深侧向电阻率为 155～524Ω·m，自然电位曲线平直（图 5-79）。

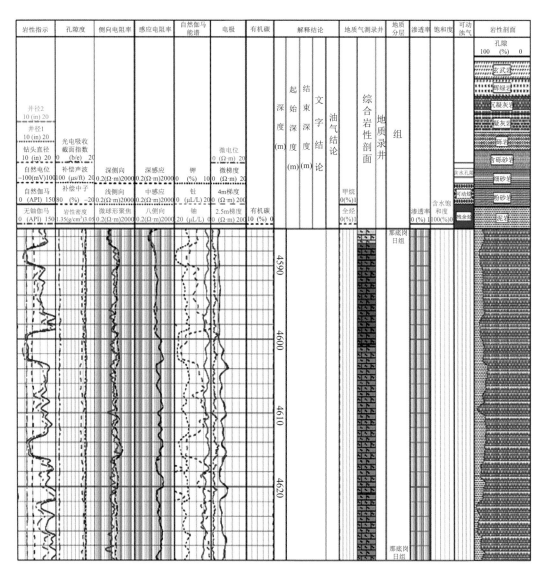

图 5-79　羌科 1 井测井综合成果图（沉凝灰岩）

交叉偶极声波测井响应特征：纵波、横波和斯通利波波列清晰，纵波时差主要为 49～61μs/ft，横波时差主要为 87～103μs/ft，斯通利波时差主要为 209～223μs/ft，纵横波速度比主要为 1.63～1.78。

第四节　单井地震标定

地质层位标定是地震资料解释最基础、最关键的工作之一，是将对比解释的反射波同相轴赋予具体而明确的地质意义（沉积相、岩性、流体性质等），并把这些已知地质含义向地震剖面或地震数据体延伸的过程，地震层位标定是连接地质、测井和地震资料的有效方法。地质层位标定通常采用的方法有地质"戴帽"、波组特征分析法、地震相标定等。

一、地质剖面"戴帽"

地质"戴帽"是在建立构造地质模式之时，收集地面地质资料，包括出露地层的构造特征、岩性特征，绘制与地震剖面相同比例尺的岩性剖面，并与地震剖面融为一体，便于解释人员对构造地质模式做进一步的理解与认识。

依据地震反射特征及波组特征，结合构造成因模式，进行相位对比及波组对比，对地震剖面进行地质"戴帽"。例如，不对称的高陡构造逆掩断层下盘的逆掩带及断褶带凹凸构造，都与地面褶皱有一定的关系。在地震反射波场复杂、资料信噪比低、速度估计及偏移归位不准确时，其地下构造形态解释可能出现偏差。因此，我们将地面地质露头剖面按相同比例尺"戴帽"到偏移剖面上（图 5-80），指导地震剖面对比方案的确定，使地面真实构造情况与地下构造的地质解释协调一致，并符合地质规律。

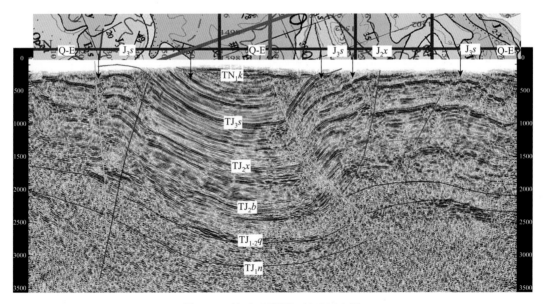

图 5-80　地质"戴帽"辅助标定图

地质"戴帽"标定地震反射层的方法运用广泛，采用地质"戴帽"方法，将地面地质层位的顶底位置、出露断点位置及地层产状等要素标注于地震剖面地形线对应的 CDP 处，然后利用露头剖面上的地质界线对地震剖面上的反射层的对应情况进行标定。应用该方法标定的结果能够比较直观地展示地面与地下构造和层位的对应关系。在地震资料品质较差及地表露头区域，"戴帽"能起到指导地震解释工作的作用。对于羌塘工区来说，J_2x 地层是地表所能见到的最老地层，多处出露地表，将该层出露部位的地质界线标定到地震剖面上的对应位置，则可在地震剖面上标定出 J_3s 底界反射所相当的地质层位。利用标定结果，完成所有测线 J_3s 底界的对比解释。

二、波组特征分析法

通过地震速度谱资料的解释，结合以往资料，对速度变化规律进行深入研究，分析它们之间的系统差异，做好速度标定工作，从而建立符合研究区地质规律的平均速度场，为深度转换提供准确可靠的速度模型。

地震资料解释的最终结果是构造成图，目的是用于描述盆地区域构造形态和构造圈闭，为盆地油气评价和寻找有利勘探目标提供必要的依据。在地震解释中，速度的准确与否也直接影响构造图的精度。速度场的建立主要依赖地震处理获得的叠加速度场。为了获得更准确的地震解释成果，本次地震解释采用处理、解释一体化的方法获取和建立空变速度模型用于时深转换，速度谱点间隔 50CDP，通过与叠加剖面相结合对叠加速度谱进行优选，筛选信噪比较高的剖面段反射波速度谱点，剔除低信噪比部位的不可靠速度谱点，增加速度谱的可信度和准确性，把速度谱资料统一从处理基准面校正到最终基准面后输入解释系统建立可靠的空变速度体，提高了成图精度（图 5-81、图 5-82）。

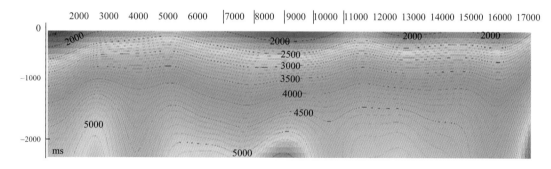

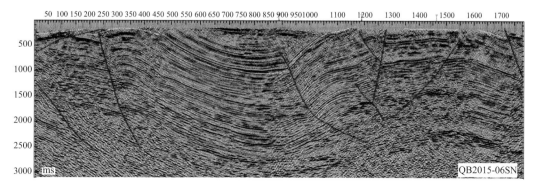

图 5-81　QB2015-06SN 线速度剖面图及对应解释剖面

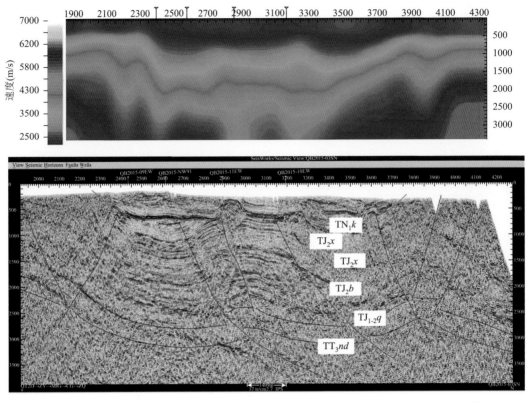

图 5-82　QB2015-03SN 线平均速度剖面图及对应解释剖面

三、地震相标定

在岩性油气藏勘探过程中，地震资料层位标定非常重要，因为它是岩性油气藏勘探中储层预测研究的前提条件，是高精度勘探系统工程的上游工程。地震剖面的层位标定的结果直接影响着地震反射层的地质年代标定、井旁地震相和沉积相的划定。目前，常用的层位标定方法有两种：一种是用声波合成地震记录与井旁地震道做相关对比，进行层位标定；另一种是用 VSP 记录仪直接进行层位标定。然而在解决复杂的实际问题时，往往存在多解性和局限性。如果把各种资料进行综合分析和解释，则可提高最终成果的可靠性和精度。利用露头的沉积学研究结果，通过地震反射特征研究，确定反射波组的地质属性。

（一）无声波资料时层位标定

在无测井声波资料时，羌科 1 井层位标定面临的主要难点是地层真实速度难以确定，进而影响标定的准确性。项目组通过研究最终形成了以井-震资料匹配为核心的"岩性组合与地震波组特征匹配、关键岩性界面卡准、速度合理"的野猫井层位标定方法（图 5-83）：在研究和初步明确了已钻层位岩性及岩性组合地震响应特征的基础上，根据收集到的羌塘盆地浅井速度资料及地震速度资料，在合理的可能速度范围内分岩性、分层段试探性地给定速度，直到岩性组合及关键岩性界面井-震匹配合理。标定结果根据实时钻揭岩性及岩性组合动态调整。

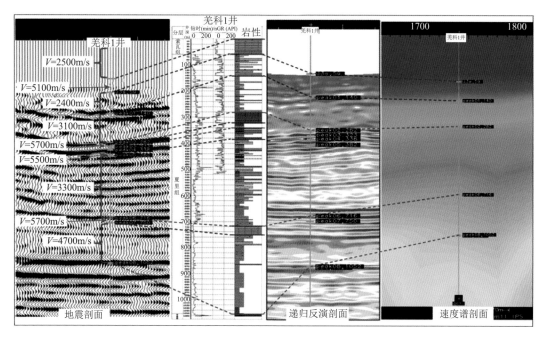

图 5-83　羌科 1 井无声波资料时井-震标定

（二）有声波资料时层位标定

在获得了羌科 1 井及羌地 17 井声波测井资料后，及时制作声波合成地震记录，对合成记录进行匹配性或相关性研究，在确保井-震波组匹配关系良好的基础上完成了羌科 1 井和羌地 17 井层位标定（图 5-84～图 5-86）。

标定结果显示，区内各目标层波形特征较明显、波组关系较清楚，主要反射层波形特征如下。

TN_1k：相当于新近系康托组底界反射，为一区域性角度不整合，底部为两至三个中-强相位，连续性好，与下伏地层表现为地层超覆的角度不整合接触，内部为中-弱振幅的平行、亚平行结构，局部为杂乱反射。

TJ_3s：相当于上侏罗统索瓦组底界反射，底部由两个中强同向轴组成，能量较稳定，特征清楚，连续性较好，基本能连续追踪对比，内部为高频弱振幅。

TJ_2x：相当于中侏罗统夏里组底界反射，底部为双强结构，连续性较好，内部为一系列中-强振幅、具有丘形和亚平行反射结构的同向轴。

TJ_2b：相当于中侏罗统布曲组底界反射，底部由两个相对强相位组成，内部为弱振幅、高频、断续-亚平行反射结构。

$TJ_{1-2}q$：相当于下侏罗统雀莫错组底界反射，由 5 个或 6 个强相位组成，能量较稳定，特征较清楚，连续性较好，基本能连续追踪对比。

TT_3nd：相当于上三叠统那底岗日组底界的地震反射，与下伏地层的强反射波组呈不整合状接触。因下伏地层的强反射波组横向上变化大，该界面横向可追踪性较差。

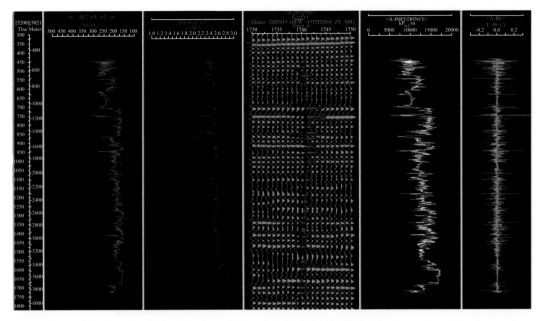

图 5-84　羌科 1 井声波合成记录标定

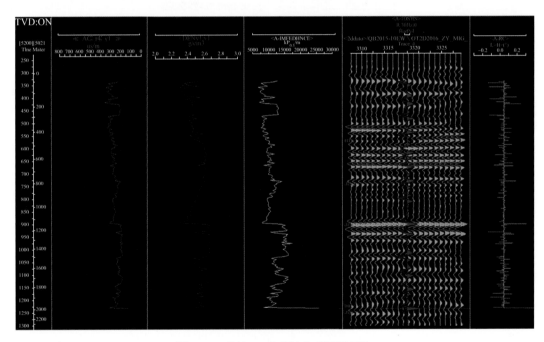

图 5-85　羌地 17 井声波合成记录标定

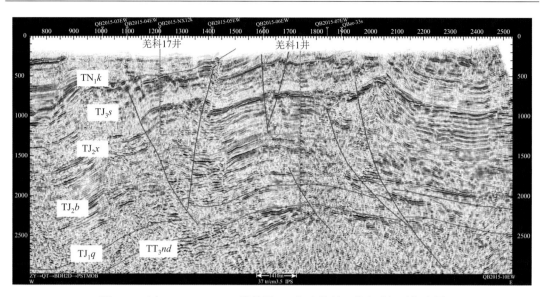

图 5-86 过 QB2015-10EW 线羌地 17 井及羌科 1 井合成记录标定图

第六章 单井沉积相特征

钻井沉积相分析是了解盆地（特别是覆盖区）岩相古地理特征的重要窗口与依据。本章将重点分析羌科1井剖面沉积相及其沉积充填演化特征，同时结合地质浅钻及典型露头剖面开展冲积相横向对比分析，最后简要分析盆地岩相古地理及演化规律。

第一节 羌科1井钻井沉积相特征

羌科1井钻遇地层岩性、成分、结构及钻井测录井资料分析表明，北羌塘半岛湖地区索瓦组为潮坪-碳酸盐台地相、夏里组为潮坪-潟湖相、布曲组为局限台地相，雀莫错组从下至上经历了一个从河流冲洪积相到潮坪-潟湖相的演化过程。

一、索瓦组

索瓦组广泛发育于羌塘盆地，盆地东部主要为一套潮坪-碳酸盐台地相组合（胡明毅等，2001；王兴涛等，2005；汪正江等，2007；张玉修等，2007；王剑等，2010），夹少量细碎屑岩，西部以碳酸盐台地相组合为主。岩性包括砂屑灰岩、生物碎屑灰岩、鲕粒灰岩、礁灰岩、核形石灰岩等典型台地相沉积，富含双壳类、腕足类、菊石等生物化石（沙金庚等，2005）。羌科1井根据井口导眼取样分析，其岩性为深灰色薄层状泥晶灰岩，生物碎屑不发育，判断为低能环境沉积。从区域上看，索瓦组相对于夏里组沉积期其海平面上升、沉积环境水体变深，属于羌塘盆地侏罗纪最后一次大规模海侵的开始。

二、夏里组

夏里组广泛发育于羌塘盆地南、北拗陷内，区域上以潮坪相、潟湖相为主，局部发育三角洲相沉积（白生海，1989；张忠民等，1998；陈兰等，2002；付孝悦，2004）。羌科1井夏里组自下而上发育了一个"潟湖-潮坪-潟湖"沉积相演化旋回（图6-1）。

羌科1井夏里组上段上部（59～276m）和下段（785～1050m）岩性主要为一套灰色含钙、钙质、粉砂质泥岩，灰色泥岩夹少量泥质灰岩，其沉积环境为有陆源碎屑注入的陆缘近海潟湖体系，水动力能量较低、水体循环受限、还原环境。羌科1井夏里组上段下部（276～785m）主要发育潮坪亚相沉积，岩性上以灰色粉砂岩、含泥质粉砂岩、钙质粉砂岩为主夹泥质灰岩、石膏层及灰绿色、红褐色泥质粉砂岩。

夏里组沉积时期发生了明显的相对海平面下降，在雀莫错和折巴扎索玛等地发育了无障壁海及三角洲沉积，而在西北则出现含石膏的潟湖沉积。夏里组羌科 1 井区整体处于地貌相对低的局限台地相潮坪-潟湖亚相沉积环境（图 6-1）。

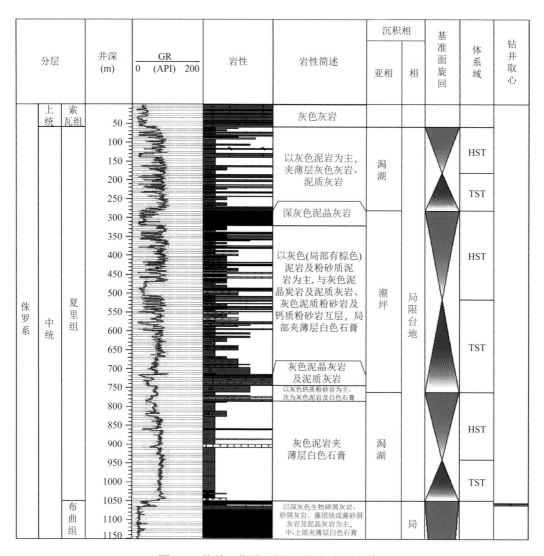

图 6-1　羌科 1 井夏里组沉积相纵向展布特征

三、布曲组

布曲组属于羌塘盆地侏罗纪最大规模海侵沉积，区域上以局限台地相、开阔台地相为主，并形成了南羌塘拗陷隆鄂尼-鄂斯玛地区规模巨大的台地边缘礁滩带（谭富文等，2004；伍新和等，2005；熊兴国等，2009；陈明等，2020），为古油藏的形成奠定了重要基础（王成善等，2004；付修根等，2007；夏国清等，2009；彭清华等，2016）。

羌科 1 井布曲组整体为局限台地相潮坪亚相沉积环境（图 6-2），岩性主要为深灰色的含陆源碎屑、含砂屑、粉屑、含生物碎屑、含膏、泥晶、（微）亮晶灰岩、藻灰岩、藻球粒灰岩、深灰色泥岩、含粉砂泥岩、（含钙）粉砂质泥岩、浅灰色粉砂岩、含泥粉砂岩。布曲组一段发育潮坪亚相沉积，以灰色白垩化碳酸盐岩为主，夹深灰色粉砂质泥岩、灰色泥质粉砂岩；二段发育混积潮坪亚相沉积，以深灰色泥岩、含钙粉砂质泥岩为主，夹灰色含泥质粉砂岩、泥晶灰岩；一段发育潮坪亚相沉积，岩性以深灰色生物碎屑砂屑灰岩、藻灰岩、鲕粒灰岩为主夹少量灰绿色粉砂质泥岩、白色石膏，局部粉砂质泥岩、泥质粉砂岩与深灰色粉-砂屑灰岩、泥灰岩互层。

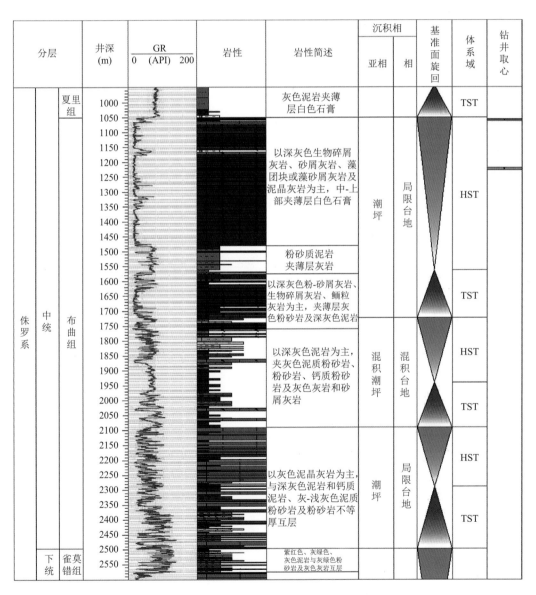

图 6-2　羌科 1 井布曲组沉积相纵向展布特征

布曲组沉积期（巴通期）是北羌塘盆地在中晚侏罗世最重要的海侵时期，由于陆地面积的缩小和陆源碎屑供应的缺乏，区域上均形成了以碳酸盐台地（缓坡）沉积体系为主（包括局限海台地相、开阔海台地相、台地边缘滩相、台前缓坡相和陆棚相等类型）的沉积。相对海平面的升降变化，沉积相类型在纵向上交替出现，在相对海平面较高时期以陆棚泥岩、泥晶灰岩或泥晶粉屑灰岩沉积为主（文世宣，1979；吴瑞忠等，1985），而在相对海平面较低时期则为局限海台地、台地边缘滩或台地浅滩沉积（朱井全和李永铁，2000），有时还能见到暴露构造。布曲组中段由于相对海平面下降和陆源碎屑供应的增加，出现了近滨相砂岩沉积。区域上临近中央隆起带的那底岗日还出现含石膏岩的潟湖相沉积。

四、雀莫错组

羌科 1 井雀莫错组自下而上发育三角洲平原亚相-潟湖亚相-潮坪亚相，一段发育河流-三角洲相沉积，岩性主要为棕红色粉砂质泥岩、浅红棕色含泥粉砂岩、紫红色砾岩、紫红色细-粉粒砂岩夹灰白色细粒岩屑石英砂岩、紫红色粉砂岩；二段发育潟湖亚相沉积，岩性以白色石膏岩为主，偶夹灰色灰岩、白云质灰岩；三段为潮坪亚相沉积，岩性为灰色、黄灰色灰岩、白垩化灰岩与灰色泥岩及泥质粉砂岩不等厚互层（碳酸盐岩多于碎屑岩）；雀莫错组羌科 1 井区整体处于三角洲-局限台地相沉积（图 6-3）。

雀莫错组底界面是本区及整个北羌塘盆地的一个重要沉积界面，由于全球性的海侵，中侏罗世本区由剥蚀区转化为沉积区，区域上出现了以河流相为主要类型的沉积。随后，在雀莫错等地出现以前滨相、近滨相和三角洲沉积体系为主的沉积类型，伴随海平面的变化，上述沉积相交替出现，在相对海平面最高或滨线最大时期，形成了碳酸盐台地相及陆棚相，沉积了碳酸盐岩或钙质泥岩。区域上北部的巴格日玛，西南部的抱布德等地均出现以有障壁海潟湖-障壁岛沉积体系占较重要位置的沉积类型，在抱布德潟湖成因的石膏岩局部可达数百米。雀莫错组中段的一些砂岩及粉砂岩中含少量的菱铁矿，反映其可能是一种淡化潟湖沉积。

五、那底岗日组

羌科 1 井钻遇那底岗日组岩性以灰绿色凝灰岩为主，夹灰色薄层状凝灰质粉砂岩，局部夹深灰色玄武岩。从岩石组合特征分析，那底岗日组总体属于火山喷出相和火山沉积相，前者形成灰绿色凝灰岩、玄武岩，后者形成凝灰质粉砂岩，如图 6-4 所示。

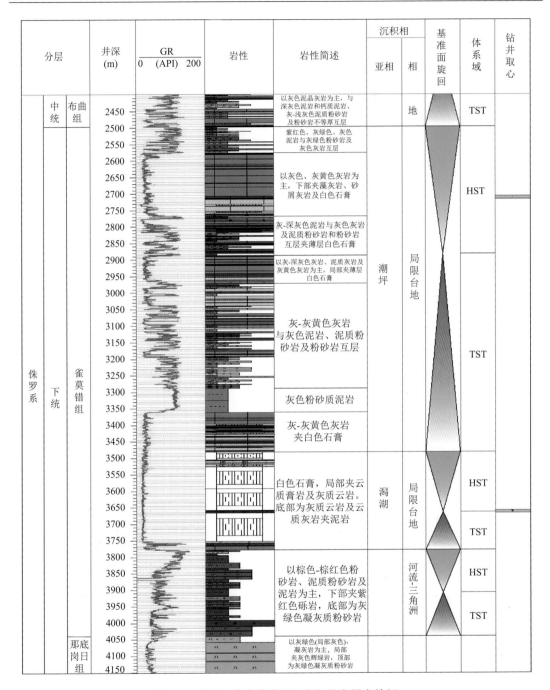

图 6-3 羌科 1 井雀莫错组沉积相纵向展布特征

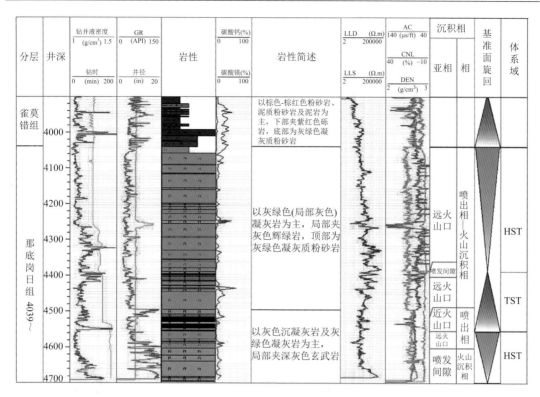

图 6-4 羌科 1 井那底岗日组沉积相纵向展布特征

第二节 地质浅钻纵向沉积相特征

羌科 1 井附属工程，包括羌资 7 井、羌资 8 井、羌资 16 井以及羌地 17 井开展单井沉积相分析，由于这些井均为全取心钻井，因此主要通过观察岩心的岩石组合、特殊岩类、沉积构造、生物化石等方面判断沉积相。

一、唢呐湖组

羌地 17 井唢呐湖组主要发育浅湖相和蒸发盐湖相两类沉积环境（图 6-5、图 6-6）。浅湖相主要岩性为灰红色含钙泥质粉砂岩夹钙质泥岩，发育水平层理。蒸发盐湖相发育于羌地 17 井唢呐湖组上段，主要岩性为灰黄色、白色透明块状石膏夹少量青灰色薄层泥岩、钙质泥岩和泥质粉砂岩，见有水平层理发育。

年代地层			岩石地层			深度	累计厚度(m)	岩性结构柱	岩性描述	标志层	沉积构造	古生物	沉积相
界	系	统	组	段	小层								

图 6-5　羌地 17 井唢呐湖组岩性综合柱状图

图 6-6　羌地 17 井唢呐湖组石膏夹泥岩

二、夏里组

羌地 17 井夏里组发育于 470～1144m，岩性为灰色含钙泥岩、泥质粉砂岩，夹泥晶灰岩，局部夹生物碎屑灰岩、砂屑，总体以泥岩、粉砂岩等碎屑岩沉积为主，局部发育泥晶灰岩、砂屑灰岩、石膏，见透镜状层理、脉状层理、波状层理、鸟眼构造、完整双壳化石，局部泥岩段炭屑平行层面发育，因此沉积水动力总体较弱，属于三角洲相-潮坪相沉积（图 6-7）。

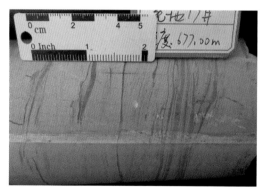
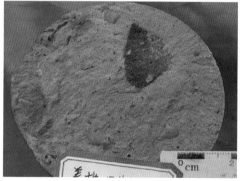

图 6-7　羌地 17 井夏里组脉状层理、完整双壳化石和炭屑

三、布曲组

羌地 17 井布曲组发育于 1144～2001m，岩性为深灰色泥晶灰岩、砂屑灰岩、生物碎屑灰岩，夹钙质粉砂岩、钙质泥岩，偶夹鲕粒灰岩、砾屑灰岩，总体属于局限台地潮坪相、潟湖相沉积。其中浅滩微相主要为深灰色-灰黑色含生物碎屑砂屑灰岩（图 6-8），生物碎屑含量分布不均匀，为 10%～15%，成分为介壳、双壳类，大小为 3～12mm。浅滩相沉积总体不发育，占比很小，属于台内浅滩。潮渠微相砾屑灰岩，呈弱定向排列，上下均为泥晶灰岩，底冲刷构造发育。潮间带微相泥岩中透镜状层理发育（图 6-9），从

生物碎屑灰岩、砂屑灰岩以泥晶为主，少见亮晶胶结，同时夹少量石膏（图 6-10），可见羌地 17 井布曲组沉积水动力总体较弱、盐度较高，是局限台地相沉积的典型特征。

图 6-8　羌塘盆地羌地 17 井布曲组生物碎屑灰岩、砂屑灰岩

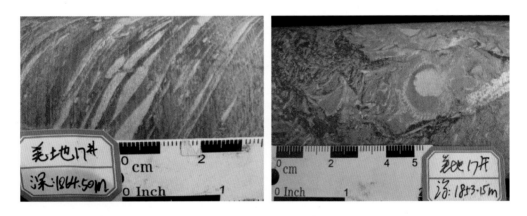

图 6-9　羌塘盆地羌地 17 井布曲组透镜状层理、泥晶生物碎屑灰岩

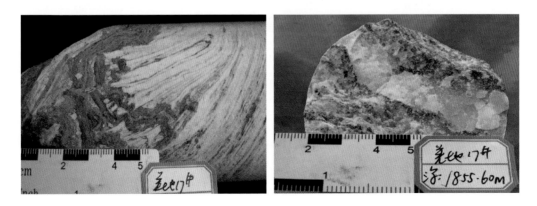

图 6-10　羌塘盆地羌地 17 井布曲组 1853～1856m 石膏

四、雀莫错组

羌资 16 井雀莫错组沉积可以分为三部分（图 6-11），最上部 0～245m 为紫红色、灰白色石英细砂岩、粉砂岩夹紫红色泥岩、灰色粉砂质泥岩，偶夹石膏。总体属于潮坪相沉积。

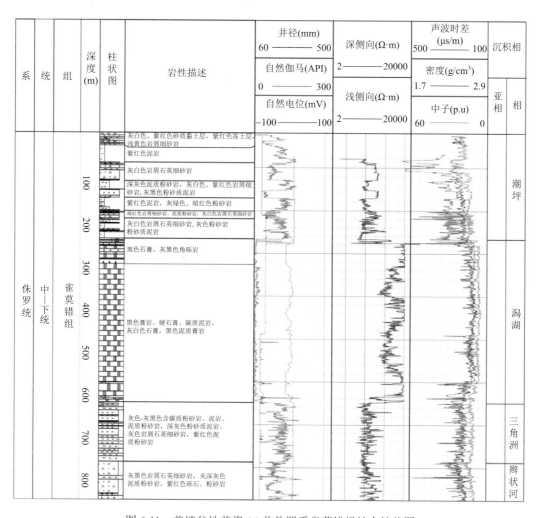

图 6-11 羌塘盆地羌资 16 井侏罗系雀莫错组综合柱状图

羌资 16 井雀莫错组中部 245～628m 为灰白色石膏，夹深灰色泥岩、少量泥晶灰岩，石膏中发育大量膏溶角砾岩，角砾成分为深灰色泥晶灰岩，总体属于潟湖相沉积。

羌资 16 井雀莫错组下部 628～855.6m 为灰黑色岩屑石英细砂岩、粉砂岩夹泥岩，向底部粒度逐渐变粗，以复成分中砾岩为主，砾石含量为 50%～70%，砾径一般为 2～6mm，最大达 2cm，分选中等-差，次圆-圆状；填隙物含量约占 35%，以中、粗砂为主，次为细砂，少量粉砂及泥质；砾岩分选较差，磨圆中等，成分较复杂，见火山岩砾石、碳酸盐岩砾石等；正粒序、交错层理、平行层理等沉积构造发育，总体属河流相-三角洲相沉积。

五、那底岗日组

羌资 16 井那底岗日组（鄂尔陇巴组）发育于 855.6～878.2m 井段（图 6-12），厚度为 22.6m，总体厚度不大，岩性为紫红色流纹岩、火山角砾岩、灰绿-暗红色凝灰岩，属于火山喷溢相和火山-沉积岩相。

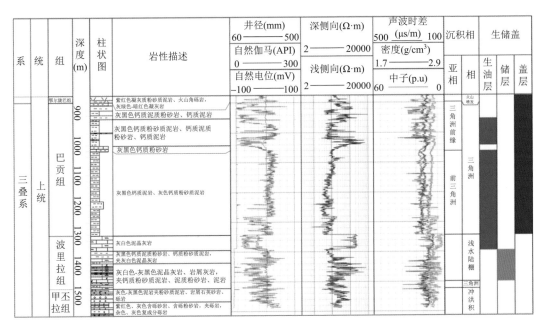

图 6-12　羌塘盆地羌资 16 井上三叠统岩性综合柱状图

六、巴贡组

羌塘盆地东部羌资 7 井、羌资 8 井和羌资 16 井钻遇巴贡组地层。其中，羌资 7 井巴贡组发育于 3.67～244.85m 井段，厚度为 241.18m（图 6-13）；羌资 8 井巴贡组发育于 3.20～169.64m 井段，厚度为 166.44m（图 6-14）；羌资 16 井巴贡组发育于 878.20～1347.00m 井段，厚度为 468.80m（图 6-12）。

对于羌塘盆地东部巴贡组的沉积环境，前人提出了不同看法。姚华舟等（2011）指出雀莫错一带巴贡组岩性主要为深灰色薄层状含碳质粉砂质泥岩、钙质泥岩夹薄-中层状含生物碎屑泥晶灰岩、石英粉砂岩，属于前三角洲相沉积，而牛志军等（2003）则认为属于陆棚相沉积，汤朝阳等（2007）通过古生物、地球化学认为雀莫错一带巴贡组属于浅海陆棚-潮坪相沉积。陈浩等（2018）根据雀莫错东边的冬曲剖面巴贡组岩石组合及结构、沉

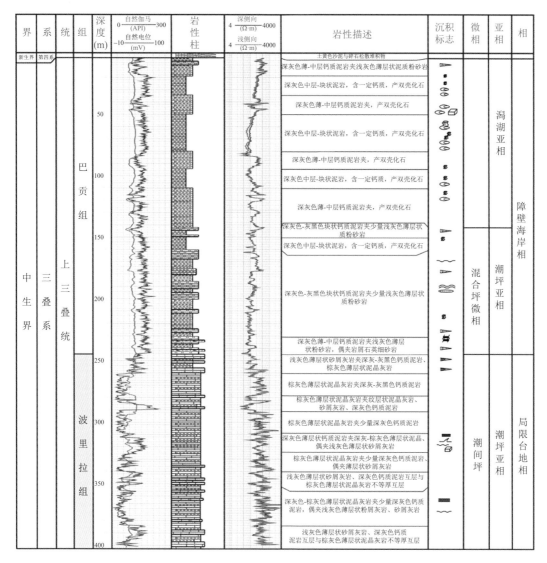

图 6-13　羌塘盆地羌资 7 井地层柱状图

积构造及流体性质等沉积特征，认为属于扇三角洲相沉积，但占王忠等（2019）认为冬曲剖面巴贡组属于深海复理石相沉积。谭富荣等（2020）对巴青地区巴贡组的古生物、沉积构造、岩石组合分析后，认为主要属于障壁岛沉积体系下的潟湖相、潮坪相、三角洲相沉积相。由此可见，不仅对于雀莫错一带巴贡组沉积相分歧较大，而且对于沉积水深的认识也分歧极大。

羌资 7 井巴贡组上部（3.67～142.00m）和羌资 8 井巴贡组上部（3.20～34.00m）均为灰黑色钙质泥岩，发育单一的双壳化石（图 6-15），大小为 1～2cm 不等，壳薄，完整，为低能沉积，黄铁矿发育，具还原环境特征。羌资 7 井巴贡组下部（142.00～244.85m）和羌资 8 井巴贡组下部（34.00～169.64m）均为钙质泥岩夹粉砂岩、粉砂岩夹钙质泥岩，透镜状层理、脉状层理发育（图 6-16），以及垂直层面的生物钻孔构造，显示出浅水、

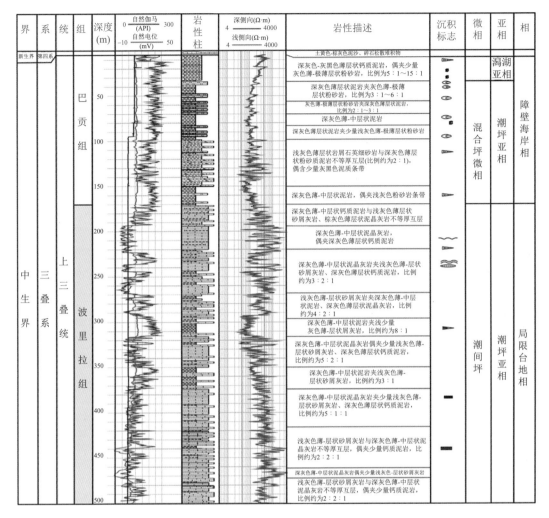

图 6-14　羌塘盆地羌资 8 井地层柱状图

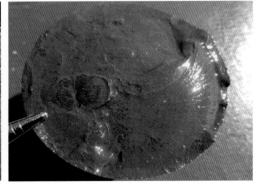

图 6-15　羌资 7 井巴贡组上部潟湖亚相泥岩中双壳化石

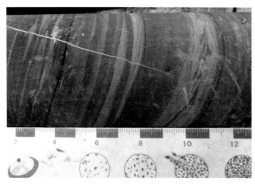

图 6-16 羌资 7 井、羌资 8 井巴贡组下部混合坪微相中透镜状层理发育

中低能、受潮汐作用影响的沉积环境。羌资 16 井巴贡组上部（878.2～1040.45m）为灰黑色钙质泥岩、灰色粉砂岩、泥质粉砂岩、粉砂质泥岩不等厚互层，透镜状层理发育，具有典型的潮汐作用特征。羌资 16 井巴贡组下部（1040.45～1347.00m）灰黑色钙质泥岩，偶夹泥质粉砂岩。

　　从岩石组合看，羌资 7 井、羌资 8 井和羌资 16 井的巴贡组均以黑色泥岩、钙质泥岩为主，局部层段为粉砂岩，且未见平行层理、中-大型交错层理，显示出典型的低能沉积特征。沉积构造以透镜状、脉状层理为主，局部见垂直层面的生物钻孔，显示出潮汐作用为主且沉积水体较浅。生物化石为小型双壳化石，化石完整，未见窄盐度的海相化石，表明沉积水体可能是偏局限高盐度或者偏淡水性质。综合以上因素认为雀莫错地区羌资 7 井、羌资 8 井和羌资 16 井的巴贡组属于障壁海岸相潟湖亚相-潮坪亚相沉积。

七、波里拉组

　　对于波里拉组沉积相，姚华舟等（2011）根据雀莫错一带波里拉组岩性主要为薄层状泥晶灰岩夹钙质泥岩，产双壳化石，认为属浅水陆棚相。李尚林等（2008）根据聂荣以东玛双布剖面，认为其属于滨浅海相碳酸盐台地沉积。

　　羌资 7 井波里拉组发育于 244.85～402.50m 井段（图 6-13），以棕灰色-深灰色薄层为主，夹藻纹层灰岩，局部夹少量灰黑色薄层状钙质泥岩、含生物碎屑砂屑灰岩、石英砂岩；羌资 8 井波里拉组发育于 169.64～501.70m 井段（图 6-14），以棕灰色-深灰色薄层泥晶灰岩、藻纹层灰岩为主（图 6-17），夹状钙质泥岩、含生屑砂屑灰岩、粉屑灰岩。藻灰岩的广泛发育，表明沉积环境为近岸温暖水域或浅水环境。羌资 16 井波里拉组发育于 1347.00～1502.00m 井段，岩性主要为一套灰黑色、浅灰色薄-中层状泥晶灰岩，局部夹薄层状、透镜状岩屑石英砂岩，顶部为灰色中层状泥晶灰岩夹砂屑灰岩，且在 1323.49～1327.85m 井段发育 4.36m 的含膏泥岩。由此可见，波里拉组总体以局限台地相潮坪亚相为主，局部发育台内浅滩与滩后低能沉积物互层沉积。

图 6-17　羌资 7 井、羌资 8 井波里拉组潮坪相藻灰岩

波里拉组除潮间坪微相外，还发育潮沟、潮道微相（图 6-18）的粒屑灰岩、粉砂岩、泥岩薄互层组合，冲刷充填构造、小型正粒序构造等发育，同时发育火焰构造、包卷层理等沉积构造。

图 6-18　羌资 7 井、羌资 8 井波里拉组潮沟微相沉积

八、甲丕拉组

甲丕拉组是由四川省第三区域地质测量队 1974 年在西藏昌都城东甲丕拉山测制普果弄剖面时所创建的，岩性为红色碎屑岩夹火山岩的沉积。羌塘盆地目前仅有羌资 16 井钻遇到上三叠统下部的甲丕拉组。羌资 16 井甲丕拉组发育于 1508.60～1592.70m 井段，仅钻遇 84m，未钻穿；其岩性主要为一套紫红色含砾砂岩、砾岩，灰绿色复成分砾岩（图 6-12），其中上部分以灰绿色复成分砾岩为主，底部逐渐过渡为紫红色复成分砾岩和含砾砂岩。砾岩的粒径大小不一，最大者可以达到 4～6cm，砾石分选、磨圆较差，为棱角-次棱角状，砾石为基地式接触，泥质胶结，砾石成分较为复杂，见火山岩砾石、硅质岩砾石及碳酸盐岩砾石，成分成熟度和结构成熟度偏低。根据岩石组合和沉积特征，综合判断甲丕拉组属于冲洪积相-三角洲相平原亚相沉积。

第三节　连井及露头剖面横向对比分析

为了对区域沉积相特征进行分析，本节将羌科 1 井与典型剖面进行对比分析，研究沉积相的横向变化，为岩相古地理编图奠定重要基础。

一、夏里组沉积相横向变化

通过连井相层序对比分析，半岛湖地区夏里组自北往南具有三角洲砂体发育的沉积背景，自北往南逐渐减薄。盆地最北缘的弯弯梁剖面夏里组砂岩比较发育，以三角洲平原亚相和三角洲前缘亚相为主；盆地中北部的马牙山剖面砂泥比有所降低，同时下部灰岩增多，显示出混积特征。自东向西，砂质含量逐渐增加，碎屑岩的沉积厚度也明显增大；西北部地区发育三角洲前缘砂体；羌科 1 井处于北羌塘盆地中部，夏里组处于地貌相对低的潮坪-潟湖相沉积（图 6-19），砂岩不发育，以泥岩、粉砂岩、灰岩为主，夹少量石膏，显示出典型的障壁型海岸沉积特征。

二、布曲组沉积相横向变化

通过羌科 1 井布曲组与长水河西、尖头山等剖面对比其岩性组合、颜色、粒度，羌科 1 井所处环境沉积水体较深，沉积地层泥质含量较多，整体处于局限台地的沉积背景；通过连井相层序对比分析，半岛湖地区布曲组具备台内浅滩叠置发育的背景（图 6-20）。

区域上看，北羌塘盆地中部长水河西、波陇日等剖面布曲组亮晶鲕粒灰岩、生物碎屑灰岩较发育，浅滩规模较大，主要发育于布曲组上段和下段，但是羌科 1 井布曲组上段亮晶颗粒灰岩并不发育，仅发育 156m 亮晶粉屑灰岩、藻砂屑灰岩，布曲组下段仅发育 3 段亮晶鲕粒灰岩，累计厚度仅为 7m。由此可见，羌科 1 井布曲组台内浅滩并不发育，总体以泥晶灰岩、藻砂屑灰岩、藻团粒灰岩为主。

三、雀莫错组沉积相横向变化

雀莫错组钻遇地层岩性为灰色粉砂质泥岩、粉砂岩及灰色白垩化灰岩、灰黄色灰岩夹灰白色石膏，顶部仅有 6m 红色沉积物，而邻区露头雀莫错组地层为大套红色、杂色碎屑岩，说明羌科 1 井所处环境水体明显较深；羌科 1 井区雀莫错组为潮坪-潟湖-洪积河流沉积（图 6-21）。从区域上看，盆地边缘的方湖剖面和羌资 16 井中雀莫错组一段粗碎屑岩较发育，方湖、沃若山、西雅尔岗等剖面中雀莫错组一段河流相砂砾岩非常发育，厚度较大；而盆地中部的羌科 1 井雀莫错组一段砾岩不发育，砾岩仅 18m 厚，以泥岩、粉砂岩为主，表明沉积水体较深。从羌科 1 井、羌资 16 井和方湖剖面中雀莫错组二段均发育 200m 以上的石膏来看，当时雀莫错组可能在区域上属于炎热干燥气候条件下潟湖相沉积，并且盆地沉降与沉积处于相对平衡状态，才能不断加积形成厚度巨大的膏岩。

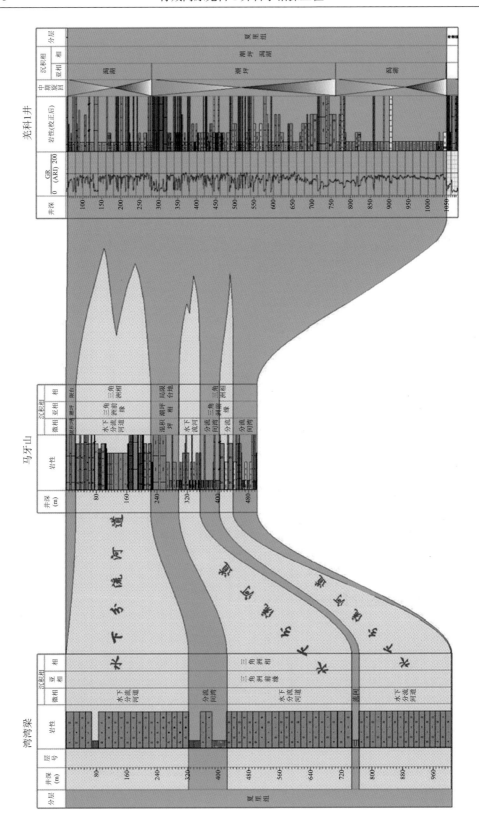

图6-19 羌科 1 井实钻夏里组地层与邻区露头地层对比图

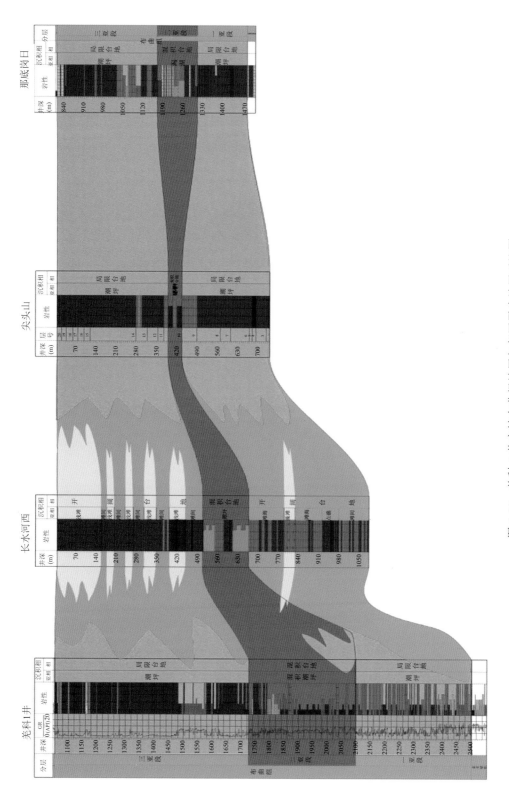

图 6-20 羌科 1 井实钻布曲组地层与邻区露头地层对比图

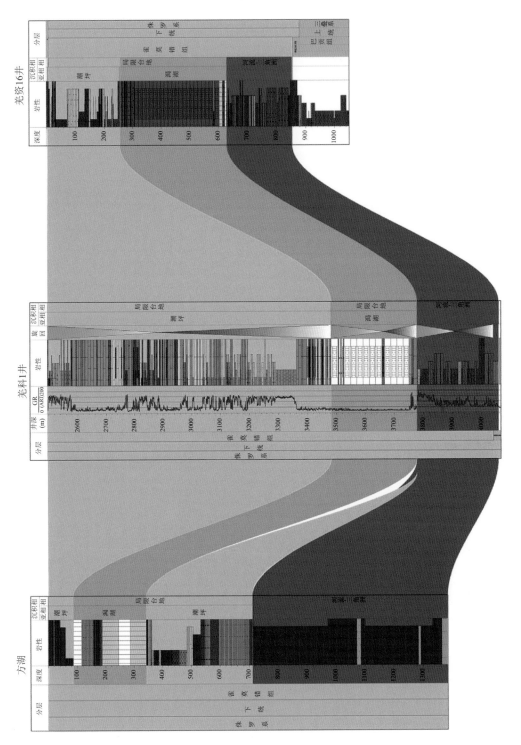

图 6-21　羌科 1 井实钻雀莫错组地层与邻区露头地层对比图

第四节　岩相古地理特征

羌塘盆地岩相古地理演化受二叠纪末可可西里-金沙江古特提斯洋关闭的深刻影响与制约。据王剑等（2009）岩相古地理研究成果（图6-22～图6-28），二叠纪—三叠纪中期羌塘南部已隆升为古陆剥蚀区，缺失早-中三叠世沉积，羌塘北部则为南浅北深的箕状前陆盆地；晚三叠世羌塘北部以陆相沉积地貌为特征，而羌塘南部则是与新特提斯洋相连的滨浅海；侏罗纪随着班公湖-怒江洋盆进一步扩张，中央隆起带已基本被海水淹没成为碳酸盐台地或滨浅海，从北向南羌塘盆地以滨浅海-次深海为特征。

一、晚三叠世卡尼期-诺利期早期

1. 古陆剥蚀区

晚三叠世卡尼期-诺利期早期时期有三个古陆剥蚀区（图6-22）：北部可可西里造山带、东部岛链状隆起带和盆地中央隆起带。北部可可西里造山带是北羌塘北部前陆拗陷区巨厚复理石沉积物的主要物源区；东部上三叠统巴贡组含煤沼泽相沉积，说明其邻近隆起剥蚀区；中央隆起带大部分地区直到侏罗纪才开始接受沉积超覆。

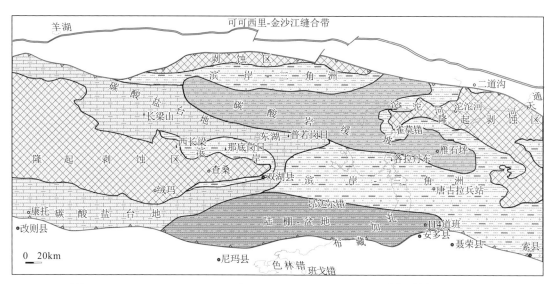

图 6-22　羌塘盆地晚三叠卡尼期-诺利早期岩相古地理图

2. 滨岸、三角洲沉积

滨岸、三角洲沉积分布于盆地北中央隆起带东部边缘和盆地中、东部地区，主要发育滨岸和三角洲平原沉积，局部发育沼泽相沉积，可形成多个煤层或煤线。

3. 碳酸盐岩缓坡沉积

碳酸盐岩缓坡沉积分布于羌北拗陷中西部的温泉湖—拉雄错—半岛湖—乌拉乌拉湖一带，近东西向展布，主要沉积一套较纯碳酸盐岩，岩性单一，横向分布较稳定。

4. 浅海-斜坡沉积

浅海-斜坡沉积位于羌北拗陷的北部，主要为一套灰色深水复理石沉积，向上过渡为三角洲相沉积，总体反映前陆盆地逐步萎缩演化过程。下部沉积以藏夏河一带沉积的藏夏河组为代表，由细粒长石岩屑砂岩、粉砂岩、粉砂质泥岩页岩和泥页岩组成多种互层状韵律式复理石沉积，具有浊流沉积特征；上部沉积主要出现在北部，近造山带前缘，沉积物粒度较粗，以中-细粒长石砂岩为主，夹透镜状含砾粗砂岩，上部夹含碳质泥岩。

二、晚三叠世诺利晚期-瑞替期

1. 古陆剥蚀区

晚三叠世诺利晚期-瑞替期北羌塘地区仅在中部地区发育河流-湖泊沉积，周缘大部地区仍处于隆起剥蚀区。此外，半岛湖以北、半咸河以西中-下侏罗统雀莫错组不整合在肖茶卡组或二叠系地层之上，其间缺失那底岗日组，表明这些地区该时期为古陆剥蚀区。

2. 火山碎屑-河流-湖泊沉积

火山碎屑-河流-湖泊沉积主要分布于北羌塘局部地区，其古地理概貌总体上表现为河流湖泊纵横交错、隆-拗格局彼此相间。火山岩链近东西向条带状展布，分别位于北部的湾湾梁、东部的雀莫错和南部的菊花山—那底岗日—玛威山一带（图6-23）。

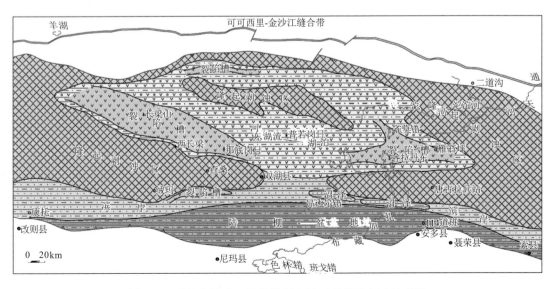

图 6-23　羌塘盆地晚三叠世诺利晚期-瑞替期岩相古地理图

3. 滨岸带

滨岸带沿中央隆起南缘发育，其间河流、三角洲、沼泽（含煤沉积）相间。

4. 陆棚-盆地沉积

陆棚-盆地沉积发育于南羌塘南部，向南与新特提斯洋相连。

三、早侏罗世托尔期-中侏罗世巴柔期

1. 古陆剥蚀区

古陆剥蚀区主要位于盆地北侧的可可西里造山带和中央隆起带西段，中央隆起东段大部分地区为河流-三角洲平原，向东至沱沱河以东隆升为剥蚀区（图6-24）。

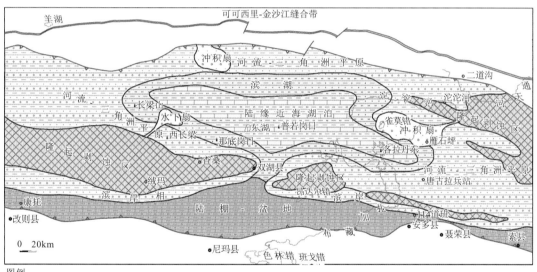

图6-24 羌塘盆地早侏罗世-中侏罗世巴柔期岩相古地理图

2. 河流-陆源近海湖泊

河流-陆源近海湖泊主要分布于北羌塘地区，湖盆中心靠近石水河、那底岗日—雀莫错一带；南羌塘滨岸带与班公湖-怒江新特提斯洋相连。

3. 滨岸-陆棚

滨岸-陆棚主要发育于南羌塘，滨岸带沿中央隆起带南侧分布。

四、中侏罗世巴通期

1. 古陆剥蚀区

中侏罗世巴通期古陆剥蚀区分布非常局限，中央隆起带仅局部露出水面成为剥蚀区（图 6-25）。

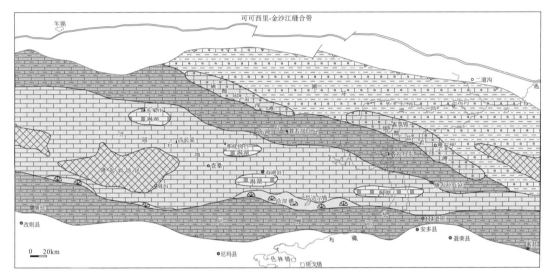

图 6-25　羌塘盆地中侏罗世巴通期岩相古地理图（据王剑等，2009）

2. 局限台地

由潟湖和潮坪构成的碳酸盐局限台地（障壁海）主要分布于盆地东北缘玉盘湖、乌兰乌拉湖、沱沱河一带。

3. 开阔台地

碳酸盐开阔台地（广海）主要分布于盆地西南地区，分布范围极广，大致沿吐坡错、半岛湖、吐错、雁石坪一带，呈北东向带状展布。可进一步分为台盆和台内浅滩亚相。

4. 台缘浅滩

台缘浅滩位于盆地中部，大致沿现今划分的中央隆起带呈东西向分布。

5. 台缘生物礁

台缘生物礁沿中央隆起带南侧断续分布，沿扎美仍、日干配错、隆鄂尼、昂达尔错至鄂斯玛等一带，主要为珊瑚礁和藻礁。

6. 台缘斜坡-盆地

台缘斜坡-盆地发育于中央隆起带以南的盆地南部，向南过渡为深盆-远洋沉积环境。

五、中侏罗世卡洛期

1. 古陆剥蚀区

古陆剥蚀区主要分布于盆地北侧、北东侧以及中央隆起带西段冈玛错、玛依岗日、肖茶卡一带，中央隆起带东段可能为岛状剥蚀区（图 6-26）。

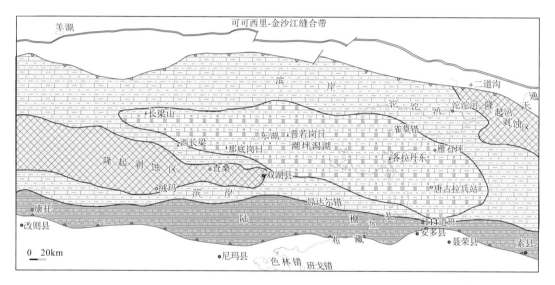

图 6-26　羌塘盆地中侏罗世卡洛期岩相古地理图

2. 河流-三角洲

河流-三角洲主要位于盆地北缘以及中部隆起带北侧，共有 5 个河流-三角洲古地理单元，分别位于尖头山、拉雄错、金泉湖、浩波湖和长湖等地。

3. 潟湖-潮坪

潟湖-潮坪位于沉降中心拉雄错、吐坡错、半岛湖、各拉丹东一带。

4. 滨岸

滨岸分布于北羌塘拗陷周缘，分布范围宽阔，地形较平坦。受干热气候影响，带内发育大量膏盐萨布哈。

5. 陆棚

陆棚位于南羌塘拗陷中部地区，与新特提斯班怒洋相连。

六、晚侏罗世牛津期-基末里期

1. 古陆剥蚀区

晚侏罗世牛津期-基末里期广海-局限海古地理概貌为特征，古陆剥蚀区分布局限，仅分布于盆地东部及中央隆起带西段局部地区（图 6-27）。

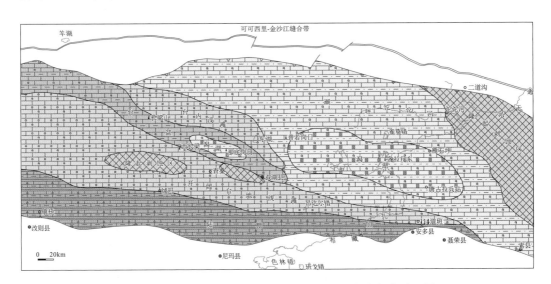

图 6-27　羌塘盆地晚侏罗世牛津期-基末里期岩相古地理图

2. 局限台地

盆地东北部广大地区以潮坪和潟湖构成的局限台地为特征。

3. 开阔台地

开阔台地位于盆地中西部，沿布若岗日、黑尖山、尖头山一带呈 NW-SE 向带状展布，北西部较宽，向 SE 方向在双湖—尖头山一带尖灭。这一古地理单元中发育了台盆和台内浅滩次一级古地理单元。

4. 台缘浅滩

台缘浅滩大致沿中央隆起带分布，向东逐渐尖灭。

5. 台缘生物礁

珊瑚礁沿磨盘山、扎美仍—北雷错一带发育于台源浅滩的南缘。

6. 台缘斜坡-陆棚

台缘斜坡-陆棚位于南羌塘盆地南部。

七、早白垩世

1. 古陆剥蚀区

这一时期古陆剥蚀区扩大，发育于盆地北缘可可西里造山带、盆地东缘及中央隆起带（图 6-28）。

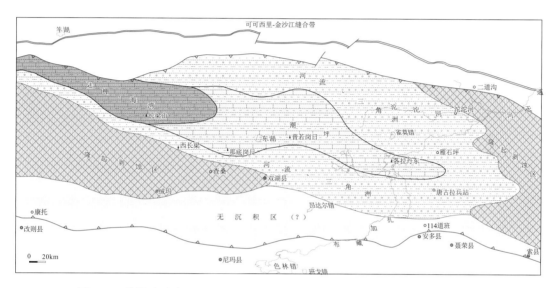

图 6-28　羌塘盆地晚侏罗世提塘期-早白垩世岩相古地理图（据王剑等，2009）

2. 河流-三角洲

河流—三角洲主要发育于北羌塘盆地，沿隆起区外缘分布。

3. 潮坪-潟湖

潮坪—潟湖呈狭长状位于盆地中部，沉积了索瓦组上段，分布于半岛湖北、祖尔肯乌拉山、温泉、依仓玛、巴斯康根一带。

4. 陆棚

陆棚位于盆地的西北部，呈狭长状展布，沉积地层为白龙冰河组。

第七章 单井构造分析

羌塘盆地构造演化与古特提斯洋关闭、中特提斯洋和新特提斯洋开启及消亡过程密切相关（潘桂棠等，1990；刘增乾和李兴振，1993；边千韬等，1997；孙鸿烈和郑度，1998）。通常认为，羌塘叠合盆地强烈遭受了多期构造作用（沈显杰，1992），因此油气保存条件较差（赵政璋等，2001b）。然而，科探井工程的实施，除发现了良好的区域性盖层以外，单井构造分析也有助于对盆地保存条件、构造演化及其特征的客观认识（王剑等，2020）。本章将从半岛湖地区构造概述、地层倾角分析、构造裂缝特征、断层特征及应力分析等几个方面作简单介绍。

第一节 地区构造概述

羌科 1 井（QK-1）位于北羌塘拗陷半岛湖凸起与白滩湖凹陷之间，区内构造地质条件比较复杂。通过地面地质调查、二维地震及非震地球物理调查，基本查明了研究区的构造地质条件。本节重点介绍研究区断裂特征及构造单元划分情况。

一、断裂特征

（一）主要断层类型

从对研究区大量东西向、南北向平衡演化剖面（如 QB2015-EW09、QB2015-EW10、QB2015-SN03、QB2015-SN07、QB2015-SN08 等）的分析来看，盆地内不同期次主压应力方向分别为近南北向、近东西向交替出现。燕山晚期羌塘盆地主要发生单向的挤压作用，基本确立了现今羌塘盆地褶皱系的基本格局，而喜山期羌塘盆地以整体隆升、伸展-挤压-冲断-逆冲作用为主（胡素云等，2021）。

根据本次地震解释成果，研究区断层类型主要有逆断层和正断层。

（1）逆断层：逆断层受挤压应力作用强，部分产状平缓，水平断距大；部分逆冲角度高，垂直断距大，少量断层产生长距离逆冲推覆。逆断层使许多老地层被冲起剥蚀，并在不同区域产生了逆掩，地层重叠，大型逆断层主要发育于中生代沉积盖层厚度相对较薄的半岛湖凹陷周缘斜坡带和凸起带。对于沉积盖层较厚凹陷深部位，仅发育隐伏逆断层，断层活动强度较小。

（2）正断层：研究区正断层在凹陷周缘西、南侧零星发育。剖面上的正断层有三种形成机制：一是晚三叠世盆地裂陷期形成的正断层，在后期挤压作用中，有些正断层仍未完全反转，深层仍表现为正断层；二是盆地后改造期，早期逆冲断层在后造山阶段发生滑覆运动产生的正断层，这类断层的形成期比主逆冲断层略晚；三是与后期挤压应力方向平行或斜交的老断层在扭动作用的拉分效应中产生正断层，在地表正断层中，晚期造山后滑覆作用产生的正断层占主要地位，它们呈近南北向展布，形成时代为 14Ma 左右（Blisniuk et al.，2001），南征兵等（2008）认为这类断裂分布局限，对油气影响作用有限。对于新生代正断层的形成机制，存在不同认识，主要包括重力垮塌（张进江和丁林，2003；申添毅和王国灿，2013）和非重力垮塌两类（李亚林等，2006；吴中海等，2005；雍永源，2012）。

（二）主要断层特征

1. 区域断裂

半岛湖地区处于北羌塘拗陷构造弱变形区（应力避风港）。从地质图构造展布情况分析来看（图 7-1），琵琶湖半岛湖地区主要发育 4 组断裂带，从南到北依次为黑尖山-牛肚湖断裂带、琵琶湖-东湖断裂带、浩波湖-半岛湖断裂带和万安湖-普若冈日断裂带。黑尖山-牛肚湖断裂带走向北西西，与中央隆起带走向一致，线性展布，贯穿整个北羌塘盆地，为区域大断裂。琵琶湖-东湖断裂带走向北西，线性展布，从确旦错，经过琵琶湖向南东延伸到东湖。浩波湖-半岛湖断裂带从西部的北西西向断裂经过半岛湖转化为北西向

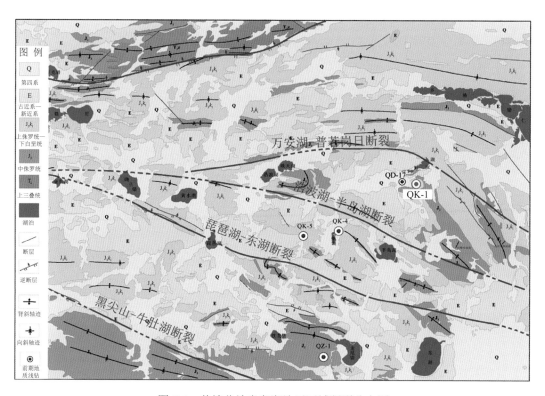

图 7-1 羌塘盆地半岛湖地区区域断裂分布图

断裂延伸到普若冈日。万安湖-普若冈日断裂带从西部映天湖北东向，到万安湖附近转为东西向，之后转为北北西向收敛到普若冈日，总体具有弧形展布的特点，断裂主体集中出露到万安湖到普若冈日之间。

2. 研究区内断裂

通过地面露头调查，结合地震资料解释，证实半岛湖地区共发育断层 30 余条，以 NNW、NW 向逆断层和 NZ 向正断层为特征，断层走向为近 NW 为主，NZ 向为辅，其中 F8、F26、F22 三条 NW 向断层的规模较大，平面延伸距离在 40km 左右，总体上控制半岛湖地区展现出 NW 向展布的隆拗相间格局（表 7-1，图 7-2）。

表 7-1 羌塘盆地半岛湖地区断裂要素表

序号	断裂名称	断层性质	延伸长度（km）	平均断距（m）	倾角（℃）	断面倾向	断层走向
1	F1	逆断层	30.431	150	45	N	EW
2	F2	逆断层	27.937	600	30	N	EW
3	F3	逆断层	10.588	450	45	S	EW
4	F4	逆断层	22.105	880	60	S	EW
5	F5	逆断层	34.258	500	60	NE	NW
6	F6	逆断层	9.611	360	60	NE	NW
7	F7	逆断层	6.396	350	45	NE	EW
8	F8	逆断层	44.963	950	45	NE	NW
9	F9	逆断层	14.089	600	60	NE	NW
10	F10	逆断层	12.589	450	45	NE	NW
11	F11	逆断层	15.158	1450	45	NW	NE
12	F12	逆断层	8.843	120	30	NW	NE
13	F13	逆断层	16.132	65	30	NW	NE
14	F14	逆断层	16.180	320	30	N	EW
15	F15	逆断层	26.774	460	45	N	EW
16	F16	逆断层	6.043	220	60	NW	NE
17	F17	逆断层	4.336	440	45	NW	NE
18	F18	逆断层	19.570	650	45	S	EW
19	F19	逆断层	7.990	130	45	S	EW
20	F20	逆断层	12.193	550	60	NW	NE
21	F21	逆断层	15.323	800	60	NE	NW
22	F22	逆断层	35.618	970	60	NE	NW
23	F23	逆断层	6.191	35	45	NE	NW
24	F24	逆断层	14.089	500	60	N	EW

续表

序号	断裂名称	断层性质	延伸长度（km）	平均断距（m）	倾角（℃）	断面倾向	断层走向
25	F25	逆断层	7.089	850	60	N	EW
26	F26	逆断层	42.749	1500	30	NE	NW
27	F27	逆断层	12.754	360	45	NE	NW
28	F28	逆断层	3.191	70	60	NE	NW
29	F29	逆断层	28.789	780	45	N	EW
30	F30	逆断层	3.008	160	45	NW	NE

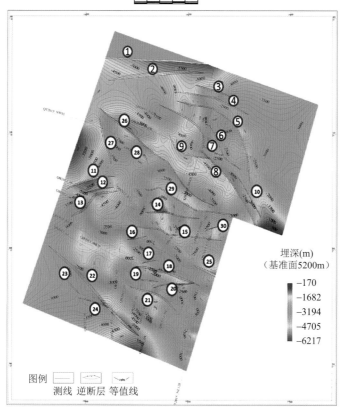

图 7-2　羌塘盆地半岛湖地区断裂系统图

二、次级构造单元

对于北羌塘拗陷半岛湖地区，以上三叠统肖茶卡组底界构造图作为划分构造单元的依据（图 7-3），参考构造组合特征，在研究区内划分出 5 个次级构造单元，由北往南分别为桌子山凸起、万安湖凹陷、玛尔果茶卡-半岛湖凸起、龙尾湖-托纳木凹陷和达尔沃玛湖凸起，总体具有"三凸两凹"特征。

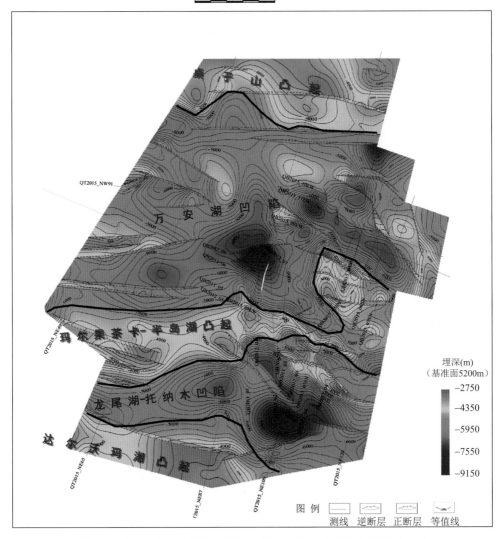

图 7-3　羌塘盆地半岛湖地区肖茶卡组底界构造单元划分平面示意图

三、主要构造样式

　　构造样式是指同一期构造变形或同一应力作用下所产生的构造的总和。构造样式的分类有多种方式，有的以断层的层位（基底、盖层）来划分、有的以形成机制来划分、有的以构造环境来划分。

　　地球动力学环境对构造样式的演化和区域沉积具有控制作用，因此新的构造样式分类方案是以地球动力学背景和应力场为基础。其前提是构造样式与形成盆地的应变场、地球动力学环境具有一致性。

　　依据地震剖面的特征，地区内总体表现为由北向南逆冲的构造面貌，逆冲断层和水平收缩构造是其主要变形形式（图 7-4）。主要构造样式为伸展构造样式、挤压构造样式、走滑构造样式、反转构造样式、重力与热力构造样式。而各类构造样式又可根据盆地类型及其构造部位、岩石性质、变形层次，特别是受力性质、大小、方向和时间等因素，划分出次一级构造样式。根据地震剖面上的构造特征，研究区内主要发育受挤压和拉张及其复合作用共同控制的 4 种构造样式（图 7-5）。

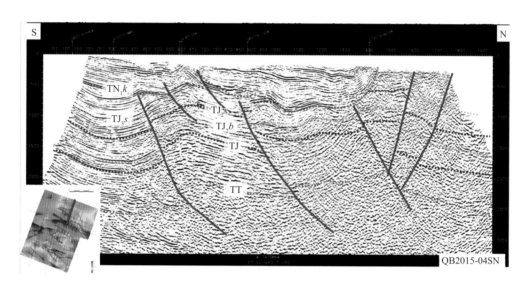

图 7-4　羌塘盆地 QB2015-04SN 线剖面

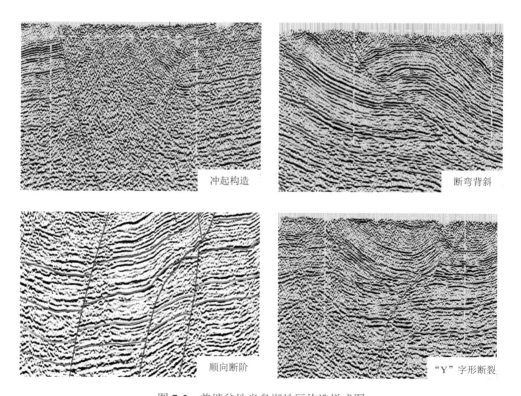

图 7-5　羌塘盆地半岛湖地区构造样式图

挤压构造样式以冲起构造和断弯背斜为主；拉张构造样式以顺向断阶展布为主，断距在空间上大小差异较大；叠加作用主要形成"Y"字形构造样式，下部表现为正断层，上部转换为逆断层控制的向斜，反映出晚期表层受挤压改造可能由于局部滑脱作用的影响而变形更强烈的特点。

第二节　地层倾角分析

羌科 1 井是羌塘盆地唯一开展过地层倾角测井的钻井，通过地层倾角测井，可以获取大量沉积和构造信息。本节重点介绍羌科 1 井所钻遇的主要地层的地层倾角特征及相关结论认识。

一、夏里组地层倾角

采用羌科 1 井地层倾角和微电阻率扫描成像两种测井方法综合可分析井旁构造。在地层倾角构造矢量及电成像资料上，夏里组地层表现为单斜构造，为一个北东高南西低的平缓斜坡，地层走向北北西-南南东，倾向南西西（方位为 250°左右），倾角为 2°～11°，主频为 4°。夏里组地层倾向玫瑰花图、倾角直方图及构造倾角矢量图如图 7-6、图 7-7 所示。

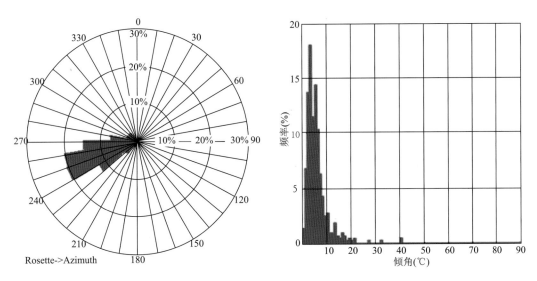

图 7-6　羌科 1 井夏里组地层倾向玫瑰花图及倾角直方图

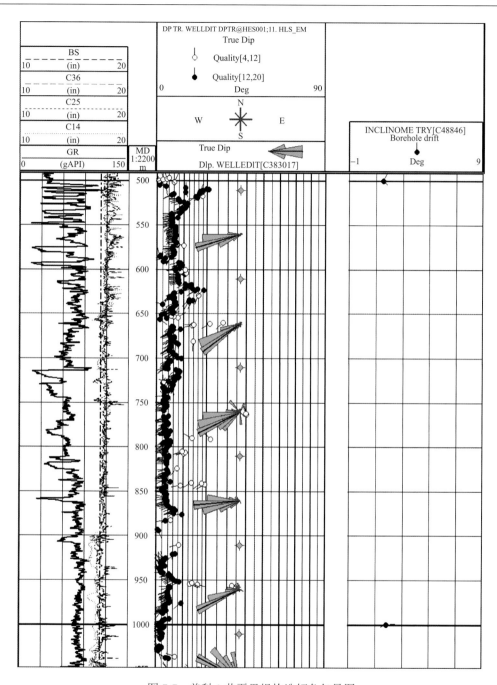

图 7-7　羌科 1 井夏里组构造倾角矢量图

二、布曲组地层倾角

羌科 1 井布曲组地层也表现为平缓的单斜构造，北东高南西低，走向北北西-南南东，倾向南西西，倾角为 1°～13°，主频为 3°（图 7-8、图 7-9）。

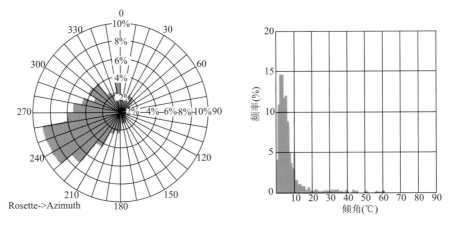

图 7-8　羌科 1 井布曲组地层倾向玫瑰花图及倾角直方图

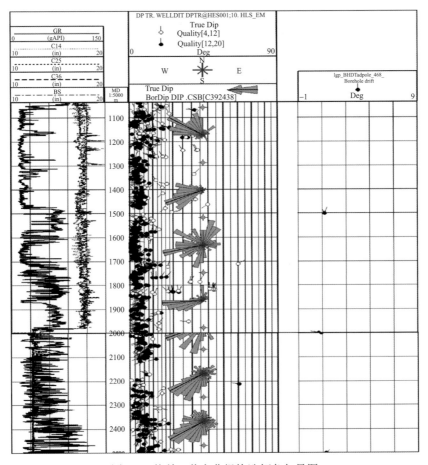

图 7-9　羌科 1 井布曲组构造倾角矢量图

三、雀莫错组地层倾角

　　羌科 1 井雀莫错组地层，走向北西-南东，倾向南西，方位为 220°左右，倾角为 4°～

80°，主频为7°；受断层影响，局部地层倾向南东、北东东（图7-10、图7-11）。

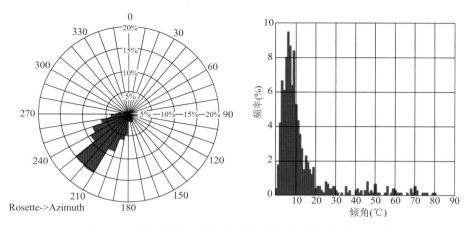

图7-10　羌科1井雀莫错组地层倾向玫瑰花图及倾角直方图

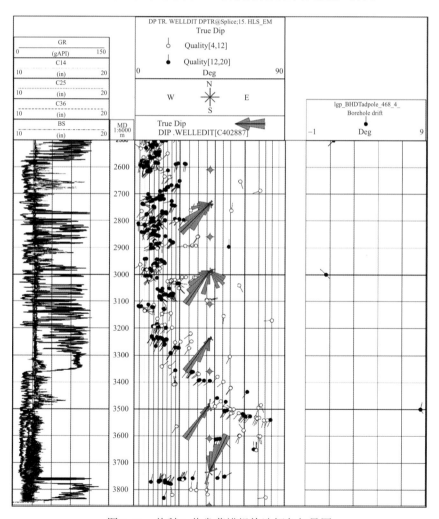

图7-11　羌科1井雀莫错组构造倾角矢量图

第三节　构造裂缝特征

构造裂缝是影响油气保存条件和储层物性特征的重要因素（曹竣锋等，2014；胡俊杰等，2014），且大部分裂缝填充脉中均发现油气运移现象（宋春彦等，2012，2014；占王忠和格桑旺堆，2018）。因此有必要对其开展深入研究。本节通过成像测井、倾角测井等手段，分析深部不同层系的裂缝发育程度。

一、裂缝测井识别依据

主要依据羌科 1 井钻井取心、电成像测井等资料对裂缝产状进行判别。羌科 1 井全井实际取心 6 回次，布曲组 3 回次，进尺 14.83m，心长 13.43m；雀莫错组取心 2 回次，进尺 18.0m，心长 17.7m；那底岗日组取心 1 回次，进尺 2.44m，心长 2.44m。

地层裂缝类型按不同的标准可划分为不同类型的裂缝，按电阻率可分为高导缝与高阻缝；按充填程度可分为张开缝与（半）充填缝；按成因可分为天然裂缝与钻井诱导缝；按构造又可分为缝合线、（微）断层等。

羌科 1 井典型的高导缝在电成图像上表现为暗色或黑色的正弦曲线，为低阻泥浆、泥质或导电矿物充填所致。其中，将连续性好、颜色较暗的解释为张开缝；将连续性略差、颜色略浅的解释为（半）充填缝。典型的高阻缝在电成像图像上表现为浅色或白色正弦曲线，多为云质、钙质等高阻物质充填；缝合线在碳酸盐岩中常见，主要由压溶作用形成，成像图上表现为深色（黑色）的锯齿状。

（1）双侧向曲线在致密层高值背景下出现明显的低电阻率异常。

（2）密度值降低，可能为裂缝充填泥浆的结果。

（3）中子曲线出现反常增大。

（4）井眼垮塌处，可能为裂缝发育段。

（5）交叉偶极声波测井见"V"字形或斜干涉条纹图形，波形有衰减现象。

二、裂缝测井分析结果

1. 夏里组裂缝特征

夏里组拾取高导缝（张开缝）12 条，以中高角度为主，倾向较杂；（半）充填缝 12 条，以中高角度为主，倾向以北东向为主；高阻缝 41 条，中高角度为主，倾向以北北西向为主；缝合线角度低，与层理角度相近，倾向以北西西向为主，如图 7-12 所示。总体而言，夏里组地层典型裂缝不发育。

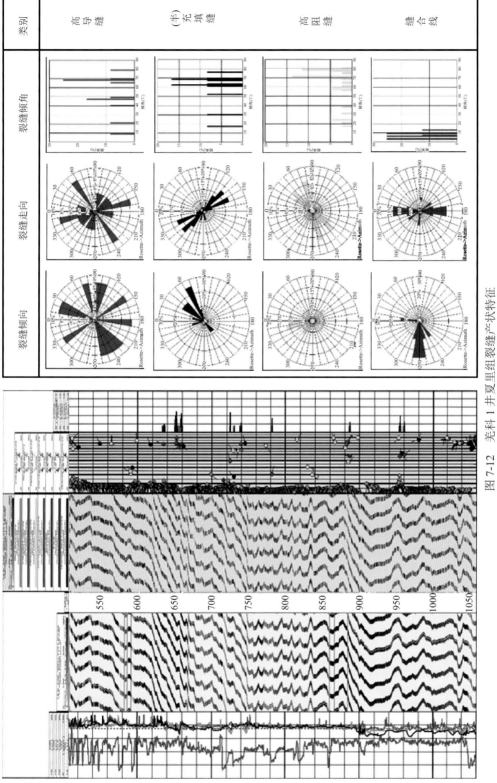

图 7-12 羌科 1 井夏里组裂缝产状特征

　　羌科 1 井夏里组高导缝（张开缝）呈零星分布，轨迹较为清晰、完整，且多为高角度缝；泥晶灰岩地层中有少量的高导缝（张开缝）单条分布。裂缝倾角为 9.1°～79.1°，方位为 10.8°～329.6°，裂缝平均开度为 0.0081～0.0238mm。

　　羌科 1 井夏里组（半）充填缝多在含钙泥岩地层中呈单条零星分布，轨迹较为清晰但不完整，多为高角度缝，如井段 744.40～746.00m。泥晶灰岩地层中也有零星分布，轨迹较清晰，但连续性差，如井段 548.00～550.00m。

　　羌科 1 井夏里组高阻缝在 1018.00m 以上井段，高阻缝零星分布，多在含钙泥岩地层中，泥晶灰岩和泥质粉砂岩地层少量分布；在 1018.00～1043.00m 井段高阻缝较为集中，排列较规律，呈亮色高阻充填缝特征。1034.00m 以上裂缝倾向基本为北西西向，1034.00m 以下裂缝倾向基本为北北西向。

2. 布曲组裂缝特征

　　羌科 1 井布曲组拾取高导缝 7 条，以中低角度为主，倾向以北倾为主；（半）充填缝 81 条，以中高角度为主，倾向以南东东向为主；高阻缝 23 条，以中高角度为主，倾向以南东东向为主；缝合线角度低，与层理角度相近，倾向以北西西向为主，如图 7-13 所示。

　　羌科 1 井布曲组高导缝（张开缝）多呈零星分布，共拾取 7 条张开缝，在电成像图像上见单条较清晰的暗色正弦波状的裂缝，倾角为 6.3°～36.2°，裂缝方位为 2.2°～354.2°，裂缝平均开度为 0.0104～0.0229mm。

　　羌科 1 井布曲组（半）充填缝在该段共拾取了 81 条，多分布在含钙粉砂质泥岩中，角度较高。上部 1049.00～1063.40m 井段含砂屑灰岩中，发育一套倾向相对一致、大致平行的高角度缝，裂缝轨迹不连续，暗色特征，解释为（半）充填缝。在 1217.80～1228.00m 井段分布多条低角度缝，岩性为含砂屑灰岩，自然伽马低值，岩性纯，裂缝倾向与层理（层界面）方向不同，为高导缝特征，钻井取心资料显示该段水平缝发育，均被黑色碳质泥岩全充填，结合钻井取心资料解释为充填缝。在 1482.00～1486.00m 和 1503.00～1561.00m 井段，岩性为含钙粉砂质泥岩和含钙泥质粉砂岩，裂缝角度高，轨迹不连续，裂缝倾向与应力释放缝方向基本一致，考虑泥质因素，解释为（半）充填缝。其余井段（半）充填缝零星分布。

　　羌科 1 井布曲组高阻缝主要集中在 1056.00～1059.00m 含砂屑灰岩和 1161.00～1165.00m 含砂屑泥质灰岩井段。在含砂屑灰岩井段，电成像图像上见到明显的亮色条带状分布，为高阻物质充填特征；钻井取心资料显示该段高角度缝发育，均被白色亮晶方解石脉充填。其余井段高阻缝零星分布，特征相似。

3. 雀莫错组裂缝特征

　　羌科 1 井雀莫错组拾取高导缝 25 条，以中高角度为主，倾向以北西倾或东倾为主；（半）充填缝 59 条，以中高角度为主，倾向以南东向为主；高阻缝 14 条，以中高角度为主，倾向以北东向为主；缝合线角度低，与层理角度相近，倾向以南西向为主，如图 7-14 所示。

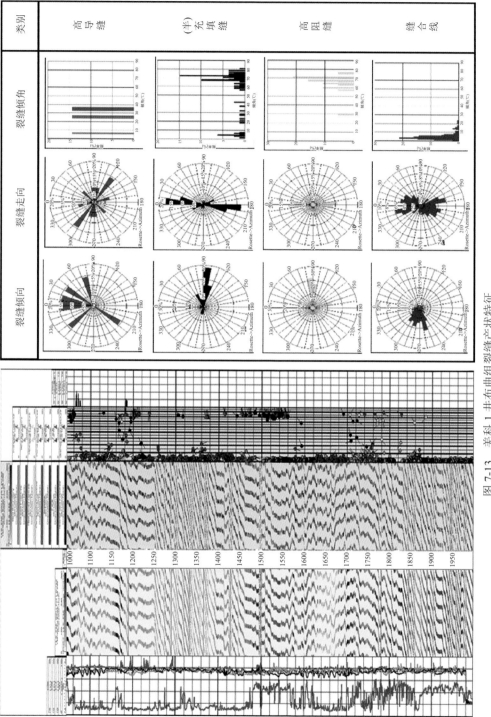

图 7-13　羌科 1 井布曲组裂缝产状特征

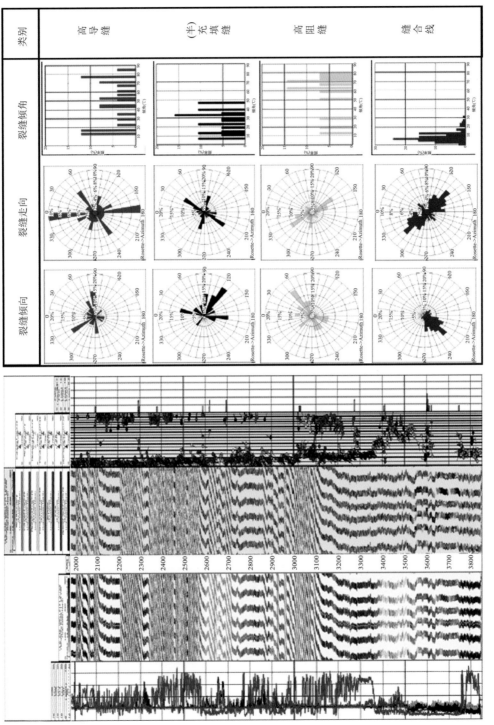

图 7-14　羌科 1 井雀莫错组裂缝产状特征

羌科 1 井雀莫错组高导缝共拾取 25 条张开缝，电成像图像上见单条较清晰的暗色正弦波状的裂缝，在灰岩、含钙泥岩和灰质膏岩地层中零星分布；在 3602.00～3623.00m 井段裂缝相对集中，在亮色背景下呈暗色正弦曲线，轨迹多不连续，中低角度，且与层理解释明显不同。高导缝（张开缝）倾角为 12.5°～85.7°，裂缝方位为 15.0°～355.5°，裂缝平均开度为 0.0018～0.0137mm。

羌科 1 井雀莫错组（半）充填缝在该段共拾取了 59 条，呈零星分布，多分布在含钙粉砂质泥岩和含钙泥质粉砂岩中，裂缝角度较高，轨迹不连续，裂缝倾向与应力释放缝方向整体基本一致，略有夹角，考虑泥质因素，解释为（半）充填缝。底部 3804.00～3812.00m 岩性以泥岩为主，动态图上裂缝轨迹清晰、连续，与层理轨迹明显不同，考虑泥质因素，解释为（半）充填缝。

羌科 1 井雀莫错组高阻缝在该段共拾取 14 条，主要集中在 3045.00～3057.00m 和 3070.00～3077.00m 的泥岩井段。在电成像图像上见到暗色背景下明显的亮色条带状分布，为高阻物质充填特征。其余井段高阻缝零星分布，特征相似。

三、岩心中裂缝特征

（一）羌科 1 井布曲组岩心裂缝特征

羌科 1 井布曲组取心 3 回次：①1055.91～1058.61m；②1058.61～1061.92m；③1218.85～1227.67m。

第一回次取心（1055.91～1058.61m）

取心进尺 2.70m，岩心长 2.56m，收获率为 94.80%，岩心直径为 101mm。取心过程中无油气显示。钻井液性能：密度为 1.08～1.09g/cm³，黏度为 53s。取心岩性：深灰色泥晶灰岩、泥灰岩互层。岩心出筒较顺利，岩心整体完整，局部破碎严重。距顶 2.30m 见磨光面，未见缝合线。湿干照、滴照、氯仿浸泡液均无油气显示。

本回次岩心（图 7-15）发育 58 条白色亮晶方解石脉，密度为 22.65 条/m，脉宽为 0.1～0.5mm，倾角为 75°～78°，且大部分近似平行，垂直间距为 1～9cm，少数脉体呈"X"形，2 期次形成，夹角为 60°～80°。

第二回次取心（1058.61～1061.92m）

取心进尺 3.31m，岩心长 2.05m，收获率为 61.93%，岩心直径为 101mm。本回次岩心（图 7-16）发育 10 条白色亮晶方解石脉，密度为 2.95 条/m，脉宽为 0.1～1.0mm，倾角为 60°～82°，且大部分近似平行，间距为 1.2～4.6cm，未见呈"X"形脉体。

图 7-15　羌科 1 井第一回次岩心照片（长度为 2.56m，布曲组，泥晶灰岩）

图 7-16　羌科 1 井第二回次岩心照片（长度为 2.05m，布曲组，钙质泥岩）

第三回次取心（1218.85～1227.67m）

取心进尺 8.82m，岩心长 8.82m，收获率为 100%，岩心直径为 101mm。本回次岩心（图 7-17）发育 94 条白色亮晶方解石脉发育，整体密度为 10.65 条/m，倾角为 27°～

图 7-17　羌科 1 井第三回次岩心照片（长度为 8.82m，布曲组，泥晶灰岩）

88°，大部分脉体倾角大，倾向相差较大，脉体间相互斜角。第 1～33 块脉体较发育。脉体平均密度为 6.72 条/m，主要发育有"X"形、"Y"形、雁列形及伴生脉体，少量水平或近似水平裂缝被黑色泥质充填。相对上部，下部岩心脉体更加发育，密度达到 22.68 条/m，且发育大量伴生脉体。地下构造作用强烈，如第 33 块岩心，发育 3 期次方解石脉。

（二）雀莫错组岩心裂缝特征

羌科 1 井雀莫错组取心 2 回次：①2707.00～2716.00m；②3658.00～3667.00m。

第四回次取心（2707.00～2716.00m）

取心进尺 9.00m，岩心长 8.70m，收获率为 96.67%，岩心直径为 101mm（图 7-18）。上部为灰色微粉晶灰岩、砂屑灰岩等厚互层，下部位灰色泥晶灰岩、亮晶鲕粒灰岩略等厚互层。岩心整体颜色均为灰色，岩性较致密，垂直层理发育，偶见介壳类生物化石及少量生物碎片，自下而上水体基本稳定，推断沉积环境为生物礁滩-开阔台地。

图 7-18　羌科 1 井第四回次岩心照片（长度为 8.70m，雀莫错组，灰岩）

第五回次取心（3658.00～3667.00m）

取心进尺 9.00m，岩心长 9.00m，收获率为 100%，岩心直径为 101mm。中-下侏罗统雀莫错组（$J_{1-2}q$），岩性：白色石膏，偶见灰色含膏粉晶云岩，白云岩不纯含膏质。第 1～4 块岩心见差异压实作用形成的网状微裂隙（图 7-19），被灰色白云岩充填。第 5 块岩心见 2mm×2mm 灰色云岩角砾。第 6、7 块岩心距顶 0.95m、1.63m 见岩性界面，近似水平。

图7-19　羌科1井第五回次岩心照片（长度为9.00m，雀莫错组，石膏夹粉晶白云岩）

第8块岩心见灰色含膏粉晶砂屑云岩团块，贯穿岩心。第9块岩心见灰色白云岩角砾，最大为6mm×7mm。岩心整体未发育孔洞。第10块岩心见灰色白云岩角砾，最大为6mm×6mm。第11块岩心见交错层理及大量角砾状灰色白云岩。第12块、第14块、第17块岩心见大量网状微裂隙，充填灰色白云岩。第15块、第16块、第18块岩心见20%～40%灰色白云岩角砾。

（三）那底岗日组岩心裂缝特征

羌科1井那底岗日组取心一个回次：4693.74～4696.18m。

第六回次取心（4693.74～4696.18m）

取心进尺2.44m，岩心长2.44m，收获率为100%，岩心直径为101mm。上三叠统那底岗日组（T$_3$nd），岩性：浅灰绿色沉凝灰岩。本次岩心整体见2条大裂缝，倾角为86°，相互平行，裂隙未充填，缝宽为0.3mm，密度为1.3条/m。2条大立缝伴生10条微裂隙，倾角为65°～70°，未充填，缝宽为0.1mm。第1条立缝贯穿1～4块岩心，倾角为86°。第4块岩心见伴生微裂隙4条，倾角为68°，未充填，相距3.0～3.5cm。第2条立缝贯穿5～8块岩心，倾角为85°，伴生微裂隙6条（图7-20）。由于岩心底破碎严重，第9块岩心中的

图7-20　羌科1井第六回次岩心照片（长度为2.44m，那底岗日组，凝灰岩）

立缝应该与前两条立缝类似，且相互平行。整筒岩心裂缝发育，孔洞不发育，构造应力形成大量立缝，未充填。

第四节　断层特征及应力分析

断层构造是决定油气保存条件的重要因素之一，本节借助成像测井和倾角测井等资料，对羌科 1 井钻遇的断裂构造进行分析。

一、断层特征

在羌科 1 井雀莫错组地层 3750.00m 附近测遇断层（图 7-21），解释依据：①可能受断层牵引的影响，地层倾角矢量在 3350.00～3540.00m 井段呈红模式，在 3750.00～3770.00m 井段呈蓝模式；②在 3540.00～3750.00m 井段地层倾角矢量少，可能为断层破碎带。将断点放在断层带的下界面 3750.00m，红模式的末端 3540.00m 附近可能为断层带的上界面。

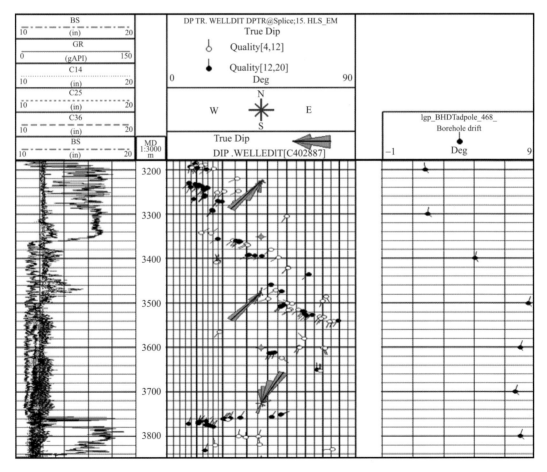

图 7-21　羌科 1 井雀莫错组 3750.00m 断层附近构造倾角矢量

二、地应力分析

地应力方位与井眼崩落及诱导缝的方位关系密切，从电成像图像（图 7-22、图 7-23）上分析井眼崩落及钻井诱导缝的方位，便可确定现今地层最大或最小水平主应力方向。井壁崩落的方位即为现今地层最小水平主应力方位，泥浆压裂缝或应力释放缝的走向即为现今最大水平主应力的方向。

羌科 1 井夏里组诱导缝不发育，井壁崩落井段短，无法对地应力进行评价。布曲组上部含砂屑灰岩及下部含钙泥岩中分别见到明显的应力释放缝和泥浆压裂缝，与现今最大水平主应力方向平行，为近南北走向。雀莫错组多处见明显的应力释放缝和泥浆压裂缝，走向与布曲组一致。

羌科 1 井二开、三开测量井段现今最大水平主应力方向为近南北向。

总体而言，羌科 1 井地层较平缓，夏里组和布曲组表现为向西倾的单斜，地层走向北北西-南南东向，倾向南西西向，倾角多在10°以下，主频为3°左右。雀莫错组地层整体上

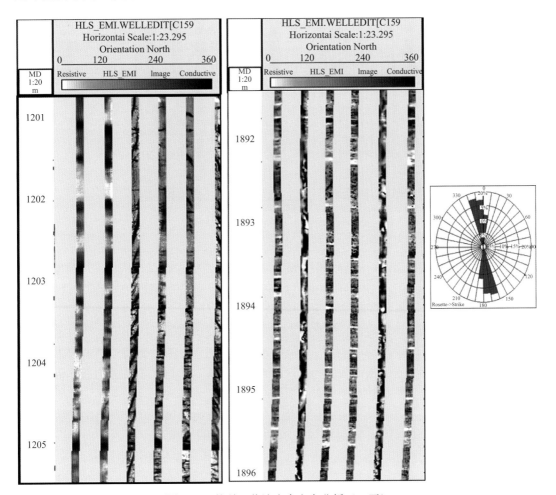

图 7-22　羌科 1 井地应力方向分析（二开）

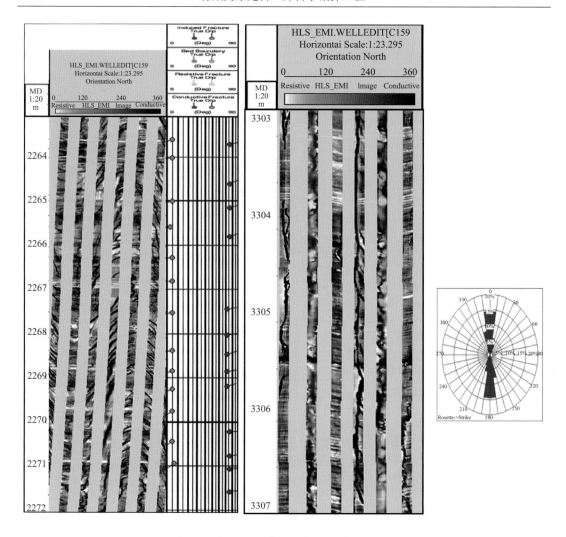

图 7-23　羌科 1 井地应力方向分析（三开）

呈北西-南东走向，倾向南西，倾角为 0°～60°，主频为 5°～8°。依据电成像图上拾取的层理（层界面）及地层接触关系，在 3041.00m、3750.00m 附近解释两个断层，断层产状不确定。

羌科 1 井的裂缝及孔洞不发育，灰岩中缝合线较发育，钻井诱导缝较为发育。不同地层的裂缝基本上均为近南北走向，反映最大主应力可能为近南北向。另外，高阻缝中多充填有矿物，导致导电性差。不同地层的高阻缝走向均为近南北向，表明该区古应力主要是燕山期和喜马拉雅期产生的构造古应力，方向为近南北向，这与地表通过构造解析得到的构造主应力是一致的（黄继钧和李亚林，2006）。

羌科 1 井的断裂不发育，在雀莫错组地层 3750.00m 附近可能发育一小型断层，并导致上下地层产状有一定差异。通过井眼崩落法确定现今最大水平主应力方向为近南北向（图 7-22、图 7-23），推断可能是印度板块板块与青藏高原发生碰撞产生的远程挤压效应，这对于研究现今高原构造运动具有重要意义。

第八章 油 气 显 示

羌塘盆地地表地质调查目前已发现油气显示 250 多处，其类型包括：沥青与液（气）态油苗、含油白云岩（油砂）、油页岩及含气泥火山，其中液态油苗 6 处、古油藏带 1 条、油页岩带 2 条、喷气（甲烷气体）泥火山群多个（陈文彬等，2017；付修根等，2020）。

羌科 1 井及其配套地质浅钻测录井过程中发现多层气显示异常，但整体来说均为弱的气测异常，其中布曲组、波里拉组及巴贡组 3 层相对较强，羌地 17 井气测录井全烃值（后效）达 10%以上。本章将按照由新到老的顺序，系统介绍羌科 1 井及其配套地质浅钻钻探过程中在始新统唢呐湖组，侏罗系布曲组、雀莫错组，三叠系那底岗日组、巴贡（肖茶卡）组及波里拉组等地层中发现的油气显示特征。

第一节 羌科 1 井油气显示

羌科 1 井钻井过程中油气显示数据总表见表 8-1，羌科 1 井后效显示数据汇总表见表 8-2。

一、钻气显异常

1. 1#油气显示

显示井段：井深为 1237.00～1249.26m，视厚为 12.26m。岩性：深灰色含生物碎屑泥晶灰岩。层位：布曲组（J_2b）。

油气显示过程：2017 年 6 月 29 日 14:17 钻至井深 1237.00m，气测值上升，钻时 51↑58↓42↑73min/m。23:03 全烃值达到最高，气测全烃：0.028↑0.074%；C1：0.0210↑0.0675%；C2：0.0013↑0.0018%；C3～nC5：0；CO_2：0.45%；H_2：0.18%；H_2S：0μL/L。23:45 全烃值下降。钻井液出口密度为 1.10～1.14g/cm³，黏度为 48～52s，出口温度为 29.3℃，电导率为 7.2mS/cm。氯离子：2840mg/L。槽面无显示。岩屑无荧光显示。为含弱气层。

2. 2#油气显示

显示井段：井深为 1705.50～1706.96m，视厚为 1.46m。岩性：深灰色含生物碎屑泥晶灰岩。层位：布曲组（J_2b）。

油气显示过程：2017 年 8 月 6 日 13:10 钻至井深 1706.96m，因井漏起钻堵漏，气测返至井深 1704.65m；1705.00m、1706.00m、1706.96m 钻时分别为 30min/m、35min/m、25min/m。8 日 16:30 下钻到底，16:36 开泵循环钻井液，17:01 气测值上升，迟到井深为

表 8-1　羌科 1 井钻井过程中油气显示数据总表

层号	层位	井段 (m)	钻厚 (m)	岩性	钻时 (min/m)	全烃 (%)	C1	C2	C3	iC4	nC4	H2S (μL/L)	CO2 (%)	相对密度	黏度 (s)	Cl⁻ (mg/L)	温度 (℃)	电导率 (mS/cm)	体积 (m³)	槽面显示情况	录井评价
								烃组分 (%)				非烃气体		钻井液料数							
1	J₂b	1237.00~1249.26	12.26	深灰色含生物碎屑泥晶灰岩	51↑58↓42↑73	0.028↑0.074	0.0210↑0.0675	0.0013↑0.0018	0	0	0	0	0.45	1.10~1.14	48~52	2840	29.3	7.2		无	弱含气层
2	J₂b	1705.50~1706.96	1.46	深灰色亮晶粉屑灰岩	30↑35↓25	0.245↑0.621	0.2204↑0.5123	0	0	0	0	0	0.41	1.09	58	1420	34.7	15.5		无	弱含气层
3	J₂b	2059.00~2061.00	2.00	深灰色泥质粉砂岩	10↑16↓20	0.161↑0.541	0.1434↑0.5273	0↑0.0015	0↑0.0010	0↑0.0007	0↑0.0005	0	0.53	1.09	75	2840	35.7	9.6		无	弱含气层
4	J₂b	2320.00~2322.00	2.00	灰黑色粉砂质泥岩	13↑15	0.145↑0.328	0.1066↑0.2775	0.0008↑0.0011	0	0	0	0	0.19	1.1	57	3550	44.5	7.1		无	弱含气层
5	J₂b	2386.00~2389.00	3.00	灰色泥质粉砂岩	19↑16↑20↑29	0.143↑0.425	0.1001↑0.3527	0.0002↑0.0006	0	0	0	0	0.19	1.1	56	3550	46.1	7.4		无	弱含气层
6	J₂b	2440.00~2442.00	2.00	深灰色泥岩	14↑21↓18	0.025↑0.147	0.0082↑0.1037	0↑0.0004	0	0	0	0	0.16	1.1	57	3550	44.5	8.1		无	弱含气层
7	J₁₋₂q	2823.00~2825.00	2.00	深灰色含粉砂泥岩	18↑11↓9	0.024↑0.124	0.0153↑0.1163	0	0	0	0	0	0.37	1.22	58	4260	37.5	18.1		无	弱含气层
8	J₁₋₂q	3023.00~3027.00	4.00	黄灰色灰岩	17↑13↓14	0.055↑0.263	0.0283↑0.2296	0↑0.0004	0↑0.0002	0	0	0	0.09	1.29	58	6390	39.6	18.5		无	弱含气层
9	J₁₋₂q	3395.00~3398.00	3.00	灰色灰岩、灰白色石膏	19↑18↓22	0.036↑0.125	0.0124↑0.0917	0	0	0	0	0	1.92	1.29	58	6390	47.6	20.3		无	弱含气层
10	J₁₋₂q	3401.00~3407.00	6.00	灰色灰岩、灰白色石膏	19↑18↓20	0.036↑0.576	0.0133↑0.5282	0↑0.0002	0↑0.0048	0	0	0	2.07	1.29	58	6390	48.7	20.6		无	弱含气层
11	J₁₋₂q	3461.00~3465.00	4.00	黄灰色灰岩	32↓29↑50	0.018↑0.112	0.0060↑0.0987	0↑0.0014	0	0	0	0	0.81	1.27	55	5680	46.1	19.4		无	弱含气层
12	J₁₋₂q	3513.00~3515.00	2.00	灰色灰岩	10↑14↓16	0.056↑0.269	0.0203↑0.2010	0↑0.0005	0↑0.0016	0	0	0	6.8	1.29	60	6390	57.7	20.8		无	弱含气层
13	T₃nd	4246.00~4253.68	7.68	灰白色碳酸盐化凝灰岩	27↓25↑16↑25	0.044↑3.544	0.0046↑3.3593	0	0.0092↑0.0485	0↑0.0049	0↑0.0023	0	44.53	1.25↓1.23	52↑55	7810	49.7	28.4		无	弱含气层

表 8-2 芜科 1 井后效显示数据汇总表

序号	测量日期	层位	钻达井深 (m)	钻头位置 (m)	油气层位置 (m)	开泵时间	见显示时间	高峰时间	落峰时间	静止时间 (h)	迟到时间 (min)	油气上窜速度 (m/h)	油气上窜高度 (m)	全烃 (%)	烃组分 (%)					钻井液科数		备注
															C1	C2	C3	iC4	nC4	相对密度	黏度 (s)	
1	2017.7.1	J_2b	1249.26	625.25	1237.00~1249.26	4:20	20:29	21:00	21:18	49.9	40			0.049↑ 4.467	0.0118↑ 3.5771	0.0006↑ 0.0020	0.0006↑ 0.0020	0	0	1.11	90	
2	2017.9.10	J_2b	2176.11	2176.00	2059.00~2061.00	6:15	7:30	7:42	8:04	20.8	47	0.91	18.9	0.021↑ 0.110	0.0160↑ 0.0927					1.10	63	
3	2017.9.18	J_2b	2538.73	2538.00	2059.00~2061.00	15:30	16:42	17:18	17:49	30	33	0.19	5.79	0.021↑ 0.581	0.0054↑ 0.5308					1.10	57	
4	2017.9.23	J_2b	2707.00	2705.00	2059.00~2061.00	9:00	9:46	10:00	10:39	20	58	0.96	19.16	0.011↑ 0.479	0.0089↑ 0.4342					1.23	63	
5	2017.9.24	J_2b	2716.00	2714.00	2059.00~2061.00	13:00	13:55	14:05	14:37	26	70	0.71	14.2	0.010↑ 0.190	0.0026↑ 0.1525					1.22	63	
6	2017.10.6	J_2b	3203.52	3203.52	2059.00~2061.00	20:44	21:44	21:50	22:13	2.4	79	14.88	35.72	0.018↑ 0.201	0.0073↑ 0.1999					1.29	55	
7	2017.10.13	J_2b	3472.46	3472.00	2059.00~2061.00	8:15	9:01	9:10	9:42	5.9	78	1.93	11.41	0.012↑ 0.318	0.0068↑ 0.2834					1.28	55	
8	2017.10.15	J_2b	3482.50	2840.99	2059.00~2061.00	8:21	8:59	9:18	9:41	32.52	54	1.78	59.78	0.024↑ 2.894	0.0013↑ 2.7855					1.28	57	
9	2017.10.19	J_2b	3562.97	3562.00	2059.00~2061.00	9:13	10:02	10:20	10:44	27.72	86	1.06	29.49	0.053↑ 2.711	0.0137↑ 2.5285					1.29	57	
10	2017.10.22	J_2b	3599.13	3584.49	2059.00~2061.00	23:02	23:52	0:06	0:26	26.33	88	0.85	22.36	0.023↑ 0.391	0.0061↑ 0.3105	0↑ 0.0006				1.3	57	
11	2017.10.27	J_2b	3658.00	3656.00	2059.00~2061.00	8:17	9:02	9:08	9:35	40.78	80	0.06	2.5	0.023↑ 0.271	0.0065↑ 0.2574					1.29	61	
12	2017.10.28	J_2b	3667.00	3666.00	2059.00~2061.00	23:25	0:14	0:35	1:00	30.42	88	0.58	17.7	0.015↑ 0.353	0.0023↑ 0.2946	0↑ 0.0004	0↑ 0.0041			1.29	58	
13	2017.11.4	J_2b	3859.00	3858.00	2059.00~2061.00	22:25	23:29	23:33	23:58	33.58	105	2.23	74.88	0.163↑ 0.555	0.1422↑ 0.4923					1.29	53	
14	2017.11.12	J_2b	3878.68	3841.7	2059.00~2061.00	16:10	17:21	18:28	17:47	158.7	133	0.05	8.17	0.122↑ 1.189	0.0741↑ 0.5194	0↑ 0.0045	0↑ 0.0595	0↑ 0.0047	0↑ 0.0155	1.29	67	

续表

| 序号 | 测量日期 | 层位 | 钻达井深（m） | 钻头位置（m） | 油气层位置（m） | 开泵时间 | 见显示时间 | 高峰时间 | 落峰时间 | 静止时间（h） | 迟到时间（min） | 油气上窜速度（m/h） | 油气上窜高度（m） | 全烃（%） | 烃组分（%） | | | | | 钻井液参数 | | 备注 |
															C1	C2	C3	iC4	nC4	相对密度	黏度（s）	
15	2018.7.21	T₃nd	4266.51	4248.53	4246.00~4253.68	16:13	20:47	20:54	21:20	52.2	56			0.120↑ 0.427	0.0051↑ 0.2460	0↑ 0.0460				1.27	53	
16	2018.8.03	T₃nd	4266.51	4258.05	4246.00~4253.68	7:44	10:04	10:07	10:10	25.73	56			0.230↑ 0.355	0.0051↑ 0.2460	0.0022↑ 0.0848				1.28	57	
17	2018.8.07	T₃nd	4266.51	4253.79	4246.00~4253.68	10:13	11:08	11:17	12:32	57	56			0.041↑ 0.297	0.0021↑ 0.2199	0				1.29	54	
18	2018.8.09	T₃nd	4266.51	4263.98	4246.00~4253.68	3:00	4:16	4:18	4:35	24	77			0.024↑ 0.242	0.0022↑ 0.2000	0				1.29	54	
19	2018.8.11	T₃nd	4266.51	4260.64	4246.00~4253.68	16:00	17:02	17:07	17:20	28.7	77			0.098↑ 0.325	0.0070↑ 0.1755	0				1.30	67	
20	2018.8.21	T₃nd	4318.00	4317.55	4246.00~4253.68	16:05	18:05	18:15	18:34	25.08	60			0.431↑ 0.559	0.0048↑ 0.0680	0				1.32	80	
21	2018.9.30	T₃nd	4624.92	4624.92	4246.00~4253.68	17:30	18:16	18:28	18:35	13.2	77			0.133↑ 0.457	0.0170↑ 0.1352	0↑ 0.0089	0↑ 0.0118			1.44	73	
22	2018.10.5	T₃nd	4677.88	4677.88	4246.00~4253.68	13:10	14:17	14:35	14:40	19	75	0.56	10.62	0.094↑ 0.502	0.0182↑ 0.0673	0↑ 0.0584	0↑ 0.0272			1.44	60	

1705.61m，17:40 全烃值达到最高。气测全烃：0.245↑0.621%；C1：0.2204↑0.5123%；C2～nC5：均为 0；CO$_2$：0.41%；H$_2$：0.6623%；H$_2$S：0μL/L。17:45 全烃值下降。钻井液出口密度为 1.09g/cm^3，黏度为 58s，出口温度为 34.7℃，电导率为 15.5mS/cm。氯离子为 1420mg/L。槽面无显示。岩屑无荧光显示。现场解释为弱含气层。

3. 3#油气显示

显示井段：井深为 2059.00～2061.00m，视厚为 2.00m。岩性：深灰色泥质粉砂岩。层位：布曲组（J$_2$b）。钻开时间：2017 年 9 月 6 日 08:25。井段 2059.00～2061.00m，钻时分别为 10min/m、16min/m、20min/m，08:25 气测值上升，迟到井深为 2060.00m，08:45 全烃值达到最高。气测全烃：0.161↑0.541%；C1：0.1434↑0.5273%；C2：0↑0.0015%；C3：0↑0.0010%；iC4：0↑0.0007%；nC4：0↑0.0005%；iC5～nC5：0；CO$_2$：0.53%；H$_2$：0.49%；H$_2$S：0μL/L。09:05 全烃值下降（图 8-1）。钻井液出口相对密度为 1.09 g/cm^3，黏度为 75s，出口温度为 35.7℃，电导率为 9.6mS/cm。氯离子：2840mg/L。槽面无显示。岩屑无荧光显示。现场解释为弱含气层。

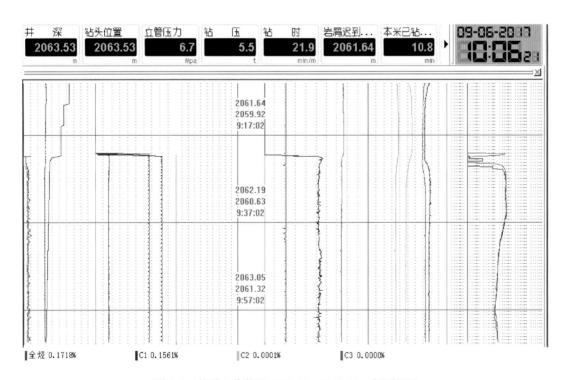

图 8-1 羌科 1 井井深 2059.00～2061.00m 气测显示

4. 4#油气显示

显示井段：井深为 2320.00～2322.00m，视厚为 2.00m。岩性：灰黑色粉砂质泥岩。层位：雀莫错组（J$_{1-2}$q）。钻开时间：2017 年 9 月 13 日 12:03。井段 2320.00～2322.00m，

钻时分别为 13min/m、15min/m，12:30 气测值上升，迟到井深为 2321.00m，12:37 全烃值达到最高，气测全烃：0.145↑0.328%；C1：0.1066↑0.2775%；C2：0.0008↑0.0011%；C3～nC5：0；CO_2：0.19%；H_2：0.23%；H_2S：0μL/L。12:41 全烃值下降（图 8-2）。钻井液出口相对密度为 1.1 g/cm³，黏度为 57s，出口温度为 44.5℃，电导率为 7.1mS/cm。氯离子：3550mg/L。槽面无显示。岩屑无荧光显示。现场解释为弱含气层。

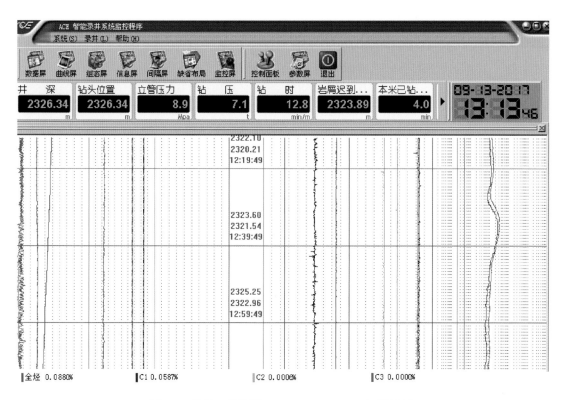

图 8-2　羌科 1 井井深 2320.00～2322.00m 气测显示

5. 5#油气显示

　　显示井段：井深为 2386.00～2389.00m，视厚为 3.00m。岩性：灰色泥质粉砂岩。层位：雀莫错组（$J_{1-2}q$）。钻开时间：2017 年 9 月 13 日 12:03。井段 2386.00～2389.00m，钻时分别为 19min/m、16min/m、20min/m、29min/m，11:42 气测值上升，迟到井深为 2386.88m，11:53 全烃值达到最高，气测全烃：0.143↑0.425%；C1：0.1001↑0.3527%；C2：0.0002↑0.0006%；C3～nC5：0；CO_2：0.19%；H_2：0.23%；H_2S：0μL/L。12:06 全烃值下降（图 8-3）。钻井液出口密度为 1.1g/cm³，黏度为 56s，出口温度为 46.1℃，电导率为 7.4mS/cm。氯离子：3550mg/L。槽面无显示。岩屑无荧光显示。现场解释为弱含气层。

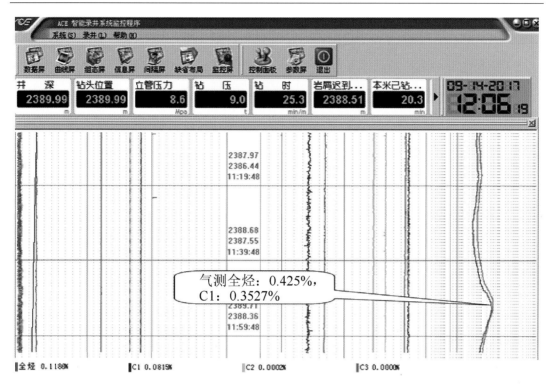

图 8-3　羌科 1 井井深 2386.00～2389.00m 气测显示

6. 6#油气显示

显示井段：井深 2440.00～2442.00m，视厚 2.00m。岩性：深灰色泥岩。层位：雀莫错组（$J_{1-2}q$）。钻开时间：2017 年 9 月 15 日 13:46。井段 2440.00～2442.00m，钻时分别为 14min/m、21min/m、18min/m。14:22 气测值上升，迟到井深为 2440.36m，14:36 全烃值达到最高，气测全烃：0.025 ↑ 0.147%；C1：0.0082 ↑ 0.1037%；C2：0 ↑ 0.0004%；C3～nC5：0；CO_2：0.16%；H_2：0.196%；H_2S：0μL/L。15:02 全烃值下降（图 8-4）。钻井液出口相对密度为 1.1 g/cm³，黏度为 57s，出口温度为 44.5℃，电导率为 8.1mS/cm。氯离子：3550mg/L。槽面无显示。岩屑无荧光显示。现场解释为弱含气层。

7. 7#油气显示

显示井段：井深 2823.00～2825.00m，视厚 2.00m。岩性：深灰色含粉砂泥岩。层位：雀莫错组（$J_{1-2}q$）。钻开时间：2017 年 9 月 26 日 08:22。井段 2823.00～2825.00m，钻时分别为 18min/m、11min/m、9min/m。09:19 气测值上升，迟到井深为 2823.06m，09:50 全烃值达到最高。气测全烃：0.024 ↑ 0.124%；C1：0.0153 ↑ 0.1163%；C2～nC5：0；CO_2：0.37%；H_2：0.1756%；H_2S：0μL/L。09:59 全烃值下降（图 8-5）。钻井液出口相对密度为 1.22g/cm³，黏度为 58s 无变化，出口温度为 37.5℃，电导率为 18.1mS/cm。氯离子：4260mg/L。槽面无显示。岩屑湿照、干照、滴照无荧光显示。现场解释为弱含气层。

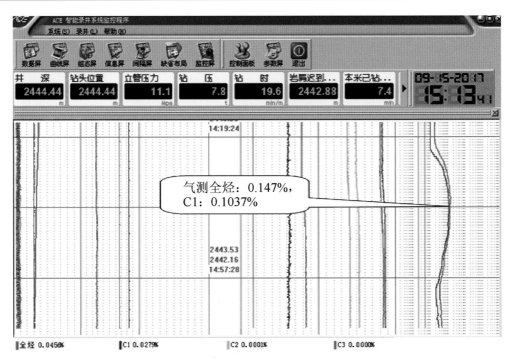

图 8-4　羌科 1 井井深 2440.00～2442.00m 气测显示

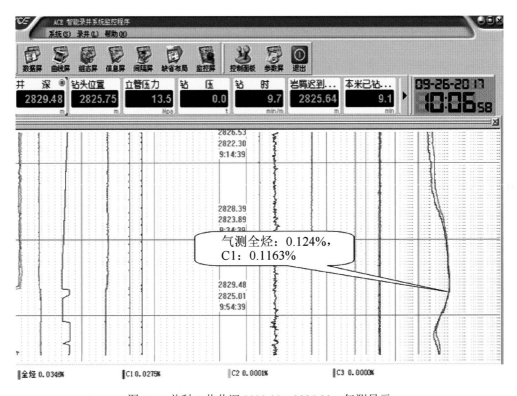

图 8-5　羌科 1 井井深 2823.00～2825.00m 气测显示

8. 8#油气显示

显示井段：3023.00～3027.00m，视厚 4.00m。岩性：黄灰色灰岩。层位：雀莫错组（$J_{1-2}q$）。钻开时间：2017 年 10 月 4 日 22:51。井段 3023.00～3027.00m，钻时分别为 17min/m、13min/m、15min/m、16min/m。0:10 气测值上升，迟到井深为 3023.87m，00:38 全烃值达到最高。气测全烃：0.055↑0.263%；C1：0.0283↑0.2296%；C2：0↑0.0004；C3：0↑0.0002；iC4～nC5：0；CO_2：0.09%；H_2：0.2054%；H_2S：0μL/L。01:02 全烃回到基值（图 8-6）。钻井液出口相对密度为 1.29g/cm³，黏度为 58s，出口温度为 39.6℃，电导率 18.5mS/cm。氯离子：6390mg/L。槽面无显示。岩屑干湿照、滴照无荧光显示。现场解释为弱含气层。

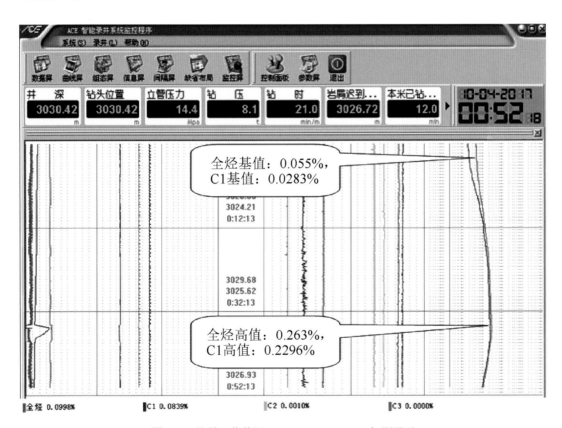

图 8-6　羌科 1 井井深 3023.00～3027.00m 气测显示

9. 9#油气显示

显示井段：井深 3395.00～3398.00m，视厚 3.00m。岩性：灰色灰岩、灰白色石膏。层位：雀莫错组（$J_{1-2}q$）。钻开时间：2017 年 10 月 10 日 11:39。井段 3395.00～3398.00m，钻时分别为 19min/m、18min/m、22min/m、19min/m。12:52 气测值上升，迟到井深为 3395.06m，13:21 全烃值达到最高。气测全烃：0.036↑0.125%；对比系数 3.5；C1：0.0124↑

0.0917%；C2～nC5：0；CO_2：1.92%；H_2：0.2518%；H_2S：0μL/L，13:53 全烃回到基值（图 8-7）。钻井液出口相对密度为 1.29g/cm^3，黏度为 58s，出口温度为 47.6℃，电导率为 20.3mS/cm。氯离子：6390mg/L。槽面无显示。岩屑干湿照、滴照无荧光显示。现场解释为弱含气层。

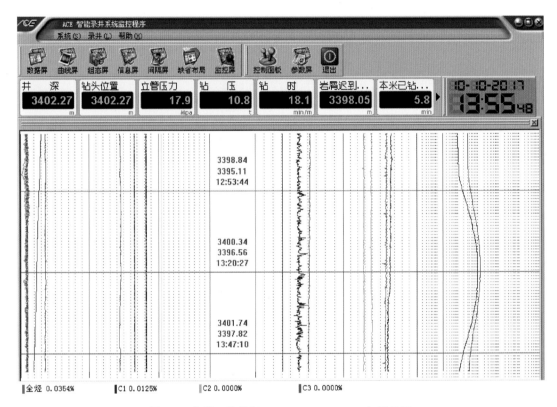

图 8-7　羌科 1 井井深 3395.00～3398.00m 气测显示

10. 10#油气显示

显示井段：3401.00～3407.00m，视厚 6.00m。岩性：灰色灰岩、灰白色石膏。层位：雀莫错组（$J_{1-2}q$）。钻开时间：2017 年 10 月 10 日 13:12。井段 3401.00～3407.00m，钻时分别为 19min/m、18min/m、20min/m、19min/m、21min/m、21min/m、23min/m。14:50 气测值上升，迟到井深为 3401.16m（16:37 停泵，17:54 开泵，中间停泵 77min），18:45 全烃值达到最高。气测全烃：0.036↑0.576%；对比系数 16.0；C1：0.0133↑0.5282%；C2：0↑0.0002%；C3：0↑0.0048%；iC4～nC5：0；CO_2：2.07%；H_2：0.3009%；H_2S：0μL/L。19:20 全烃回到基值（图 8-8）。钻井液出口相对密度为 1.29g/cm^3，黏度为 58s，出口温度为 48.7℃，电导率为 20.6mS/cm。氯离子：6390mg/L。槽面无显示。岩屑干湿照、滴照无荧光显示。现场解释为弱含气层。

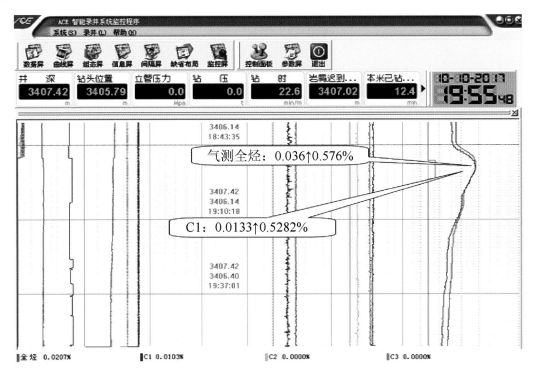

图 8-8　羌科 1 井井深 3401.00～3407.00m 气测显示

11. 11#油气显示

显示井段：井深 3461.00～3465.00m，视厚 4.00m。岩性：黄灰色灰岩。层位：雀莫错组（$J_{1-2}q$）。钻开时间：2017 年 10 月 12 日 18:13。井段 3461.00～3465.00m，钻时分别为 32min/m、29min/m、32min/m、50min/m、43min/m。19:40 气测值上升，迟到井深为 3461.31m，20:12 全烃值达到最高。气测全烃：0.018↑0.112%；对比系数 6.22；C1：0.0060↑0.0987%；C2：0↑0.0014%；C3～nC5：0；CO_2：0.81%；H_2：0.2642%；H_2S：0μL/L，20:47 全烃回到基值（图 8-9）。钻井液出口相对密度为 1.27g/cm³，黏度为 55s，出口温度为 46.1℃，电导率为 19.4mS/cm。氯离子：5680mg/L。槽面无显示。岩屑干湿照、滴照无荧光显示。现场解释为弱含气层。

12. 12#油气显示

显示井段：井深 3513.00～3515.00m，视厚 2.00m。岩性：灰色灰岩。层位：雀莫错组（$J_{1-2}q$）。钻开时间：2017 年 10 月 16 日 12:14。井段 3513.00～3515.00m，钻时分别为 10min/m、14min/m、16min/m。13:29 气测值上升，迟到井深为 3512.71m，13:47 全烃值达到最高。气测全烃：0.056↑0.269%；对比系数 4.81；C1：0.0203↑0.2010%；C2：0↑0.0005%；C3：0↑0.0016%；iC4～nC5：0；CO_2：6.8%；H_2：0.3946%；H_2S：0μL/L，14:16 全烃回到基值（图 8-10）。钻井液出口相对密度为 1.29g/cm³，黏度为 60s，出口温度为 57.7℃，电导率为 20.8mS/cm。氯离子：6390mg/L。槽面无显示。岩屑干湿照、滴照无荧光显示。现场解释为弱含气层。

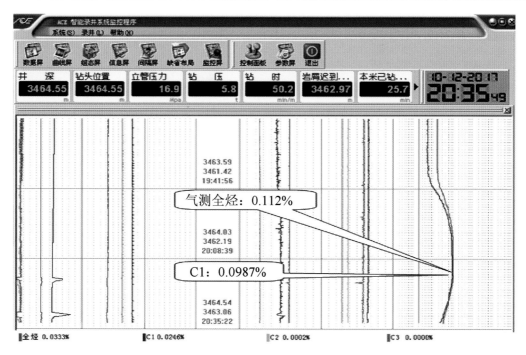

图 8-9　羌科 1 井井深 3461.00～3465.00m 气测显示

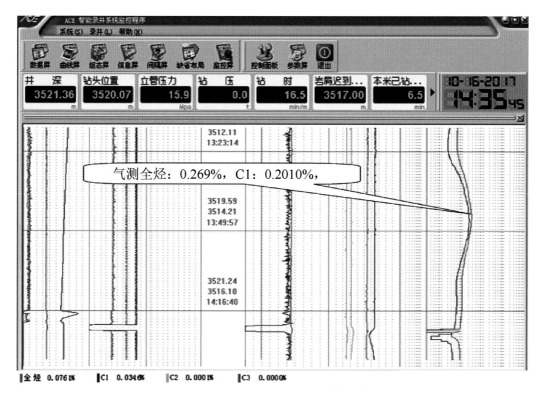

图 8-10　羌科 1 井井深 3513.00～3515.00m 气测显示

13. 13#油气显示

显示井段：井深 4246.00～4253.68m，视厚 7.68m。岩性：灰白色碳酸盐化凝灰岩。层位：那底岗日组（T_3nd）。钻开时间：2018 年 7 月 18 日 01:08。02:26 气测值上升，迟到井深为 4246.79m，04:04 全烃值达到最高。气测全烃：0.044↑3.544%；对比系数 80.5；C1：0.0046↑3.3593%；C2：0%；C3：0.0092↑0.0485%；iC4：0↑0.0049%；nC4：0↑0.0023%；iC5～nC5：0；CO_2：44.53%；H_2：0.1896%；H_2S：0μL/L，04:10 全烃回到基值（图8-11）。钻井液出口相对密度为 1.25↓1.23g/cm³，黏度为 52↑55s，出口温度为 49.7℃，电导率 28.4mS/cm。氯离子：7810mg/L。槽面见针孔状气泡，约占 5%。岩屑干湿照、滴照无荧光显示。现场解释为弱含气层。

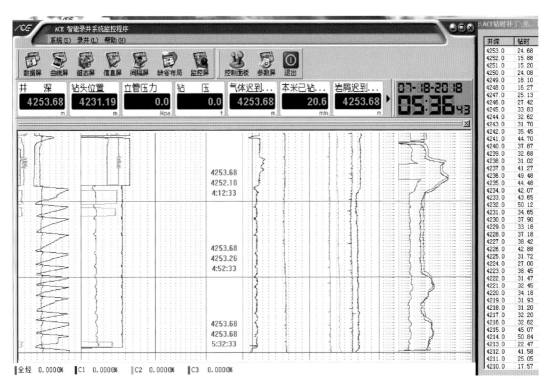

图 8-11 羌科 1 井井深 4246.00～4253.68m 气测显示

二、后效显示

1. 1#后效显示

2017 年 7 月 1 日，井深：1249.26m；钻头位置：625.85m；04:20 开泵，20:29 气测值开始上升，21:00 达到最高值（图 8-12）。气测全烃：0.049↑4.467%；组分 C1：0.0118↑3.5771%；C2：0.0006↑0.0020%；C3：0.0006↑0.0020%；iC4～nC5：0；气测值达到最高点时，槽

面未见显示；钻井液出口相对密度为 1.11g/cm³，黏度为 90s，无变化。21:18 显示结束，持续时间为 49min。钻井液静止时间为 49.9h，钻井液排量为 60.0L/s，迟到时间为 40min，油气显示归位井段 1237.00～1249.26m。显示层位：布曲组。岩性：深灰色含生物碎屑泥晶灰岩。油气上窜速度：因长时间静止堵漏并多次停开泵，上窜速度无法计算。

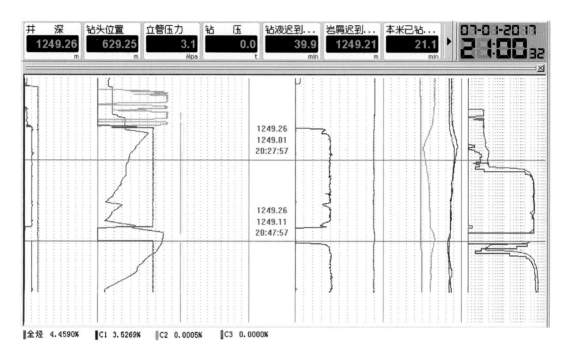

图 8-12　羌科 1 井井深 1249.26m 后效显示图谱

2. 2#后效显示

2017 年 9 月 10 日，井深：2176.11m；钻头位置：2176.00m；06:15 开泵，07:30 气测值开始上升，07:42 达到最高值；气测全烃：0.021↑0.110%；组分 C1：0.0160↑0.0927%；C2～nC5：0；气测值达到最高点时，槽面未见显示；钻井液出口相对密度为 1.10g/cm³，黏度为 63s，无变化。08:04 显示结束，持续时间为 47min。钻井液静止时间为 20.8h，钻井液排量为 60.0L/s，迟到时间 47min，暂将油气显示归位于井段 2059.00～2061.00m。显示层位：布曲组。岩性：深灰色泥质粉砂岩。油气上窜高度为 18.9m，油气上窜速度为0.91m/h。

3. 3#后效显示

2017 年 9 月 18 日，井深：2538.73m；钻头位置：2538.00m；15:30 开泵，16:42 气测值开始上升（中间停泵时间累计 44min），17:18 达到最高值。气测全烃：0.021↑0.581%；组分 C1：0.0054↑0.5308%；C2～nC5：0。气测值达到最高点时，槽面未见显示；钻井液出口相对密度为 1.10g/cm³，黏度为 57s，无变化。17:49 显示结束，持续时间为 67min。钻井液静止时间为 30.0h，钻井液排量为 65.0L/s，迟到时间为 33min，油气显示归位于井段 2059.00～2061.00m。显示层位：布曲组。岩性：深灰色泥质粉砂岩。油气上窜高度为 5.79m，油气上窜速度为 0.19m/h。

4. 4#后效显示

2017 年 9 月 23 日，井深：2707.00m；钻头位置：2705.00m；09:00 开泵，09:46 气测值开始上升，10:00 达到最高值。气测全烃：0.011↑0.479%；组分 C1：0.0089↑0.4342%；C2～nC5：0；气测值达到最高点时，槽面未见显示；钻井液出口相对密度为 1.23g/cm^3，黏度为 63s，无变化。10:39 显示结束，持续时间为 53min。钻井液静止时间为 20.0h，钻井液排量为 30.0L/s，迟到时间为 58min，油气显示归位于井段 2059.00～2061.00m。显示层位：布曲组。岩性：深灰色泥质粉砂岩。油气上窜高度为 19.16m，油气上窜速度为 0.96m/h。

5. 5#后效显示

2017 年 9 月 24 日，井深：2716.00m；钻头位置：2714.00m，13:00 开泵，13:55 气测值开始上升，14:05 达到最高值。气测全烃：0.010↑0.190%；组分 C1：0.0026↑0.1525%；C2～nC5：0；气测值达到最高点时，槽面未见显示；钻井液出口相对密度为 1.22g/cm^3，黏度为 63s，无变化。14:37 显示结束，持续时间为 42min。钻井液静止时间为 26.0h，钻井液排量为 33.5L/s，迟到时间为 70min，油气显示归位于井段 2059.00～2061.00m。显示层位：布曲组。岩性：深灰色泥质粉砂岩。油气上窜高度为 14.2m，油气上窜速度为 0.71m/h。

6. 6#后效显示

2017 年 10 月 6 日，井深：3203.52m；钻头位置：3203.52m；20:44 开泵，21:44 气测值开始上升，21:50 达到最高值（图 8-13）。气测全烃：0.018↑0.201%；组分 C1：0.0073↑0.1999%；C2～nC5：0；气测值达到最高点时，槽面未见显示；钻井液出口相对密度为 1.29g/cm^3，黏度为 55s，无变化。22:13 显示结束，持续时间为 29min。钻井液静止时间为 2.4h，钻井液排量为 42.2L/s，迟到时间为 79min，油气显示归位于井段 2059.00～2061.00m。显示层位：布曲组。岩性：深灰色泥岩。油气上窜高度为 35.72m，油气上窜速度为 14.88m/h。

7. 7#后效显示

2017 年 10 月 13 日，井深：3472.46m；钻头位置：3472.00m；08:15 开泵，09:01 气测值开始上升，09:10 达到最高值（图 8-14）。气测全烃：0.012↑0.318%；对比系数：26.5；组分 C1：0.0068↑0.2834%；C2～nC5：0；气测值达到最高点时，槽面未见显示；钻井液出口相对密度为 1.28g/cm^3，黏度为 55s，无变化。09:42 显示结束，持续时间为 41min。钻井液静止时间为 5.9h，钻井液排量为 42.3L/s，迟到时间为 78min，油气显示归位于井段 2059.00～2061.00m。显示层位：布曲组。岩性：深灰色泥岩。油气上窜高度为 11.41m，油气上窜速度为 1.93m/h。

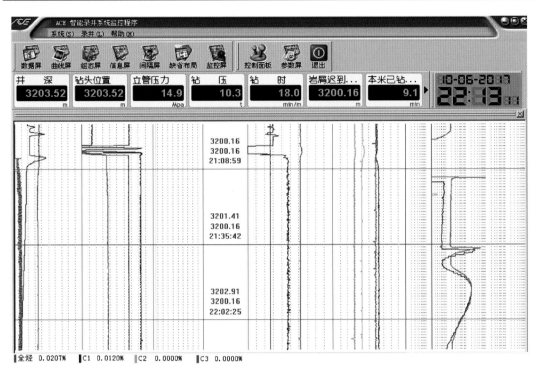

图 8-13　羌科 1 井井深 3203.52m 后效显示图谱

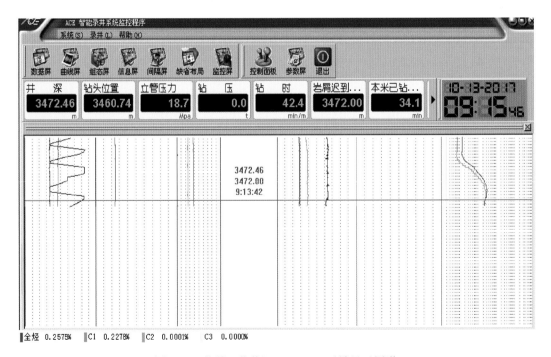

图 8-14　羌科 1 井井深 3472.46m 后效显示图谱

8. 8#后效显示

2017 年 10 月 15 日，井深：3482.50m；钻头位置：2840.99m；08:21 开泵，08:59 气测值开始上升，09:18 达到最高值（图 8-15）。气测全烃：0.024↑2.894%；组分 C1：0.0013↑2.7855%；C2～nC5：0；气测值达到最高点时，槽面未见显示；钻井液出口相对密度为1.28g/cm^3，黏度为 57s，无变化。09:41 显示结束（井队停泵），持续时间为 42min。钻井液静止时间为 32.52h，钻井液排量为 42.3L/s，迟到时间为 54min，油气显示归位于井段2059.00～2061.00m。显示层位：布曲组。岩性：深灰色泥岩。油气上窜高度为 59.78m，油气上窜速度为 1.78m/h。

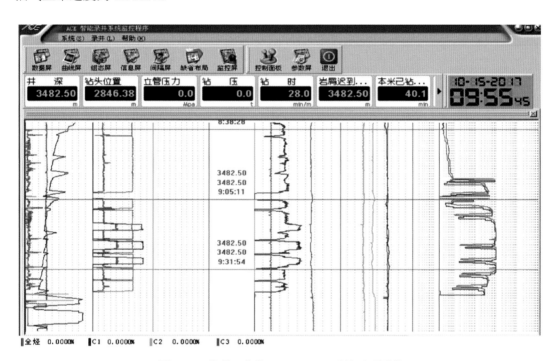

图 8-15　羌科 1 井井深 3482.50m 后效显示图谱

9. 9#后效显示

2017 年 10 月 19 日，井深：3562.97m；钻头位置：3562.00m；09:13 开泵，10:02气测值开始上升，10:20 达到最高值（图 8-16）。气测全烃：0.053↑2.711%；组分 C1：0.0137↑2.5285%；C2～nC5：0；气测值达到最高点时，槽面未见显示；钻井液出口相对密度为 1.29g/cm^3，黏度为 57s。10:44 显示结束，持续时间为 39min（中间停泵 3min）。钻井液静止时间为 27.72h，钻井液排量为 42.2L/s，迟到时间为 86min，油气显示归位于井段 2059.00～2061.00m。显示层位：布曲组。岩性：深灰色泥岩。油气上窜高度为29.49m，油气上窜速度为 1.06m/h。

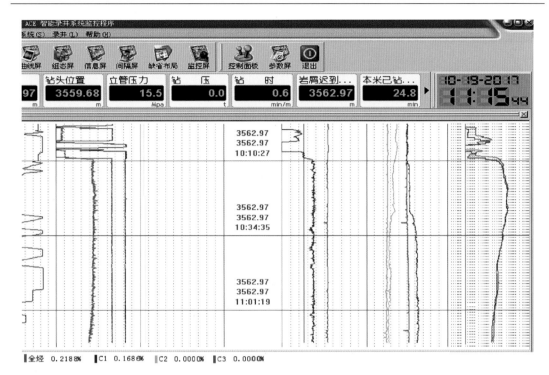

图 8-16　羌科 1 井井深 3562.97m 后效显示图谱

10. 10#后效显示

2017 年 10 月 22 日，井深：3599.13m；钻头位置：3584.49m；23:02 开泵，23:52 气测值开始上升，23 日 00:06 达到最高值（图 8-17）。气测全烃：0.023↑0.391%；组分 C1：0.0061↑0.3105%；C2：0↑0.0006%；C3～nC5：0；气测值达到最高点时，槽面未见显示；钻井液出口相对密度为 1.30g/cm^3，黏度为 57s。00:26 显示结束，持续时间为 34min（中间停泵 3min）。钻井液静止时间为 26.33h，钻井液排量为 42.3L/s，迟到时间为 88min，油气显示归位于井段 2059.00～2061.00m。显示层位：布曲组。岩性：深灰色泥岩。油气上窜高度为 22.36m，油气上窜速度为 0.85m/h。

11. 11#后效显示

2017 年 10 月 27 日，井深：3658.00m；钻头位置：3656.00m；08:17 开泵，09:02 气测值开始上升，09:08 达到最高值（图 8-18）。气测全烃：0.023↑0.271%；组分 C1：0.0065↑0.2574%；C2～nC5：0；气测值达到最高点时，槽面未见显示；钻井液出口相对密度为 1.29g/cm^3，黏度为 61s。09:35 显示结束，持续时间为 29min（中间停泵 3min）。钻井液静止时间为 40.78h，钻井液排量为 41.3L/s，迟到时间为 80min，油气显示归位于井段 2059.00～2061.00m。显示层位：布曲组。岩性：深灰色泥岩。油气上窜高度为 2.5m，油气上窜速度为 0.06m/h。

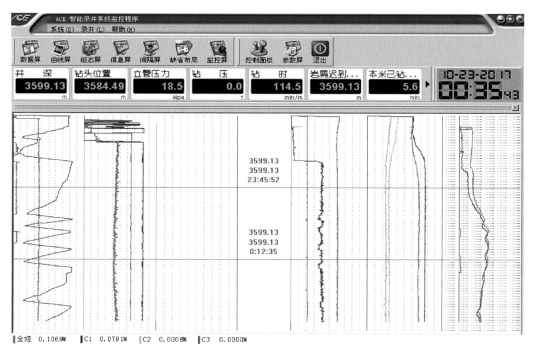

图 8-17　羌科 1 井井深 3599.13m 后效显示图谱

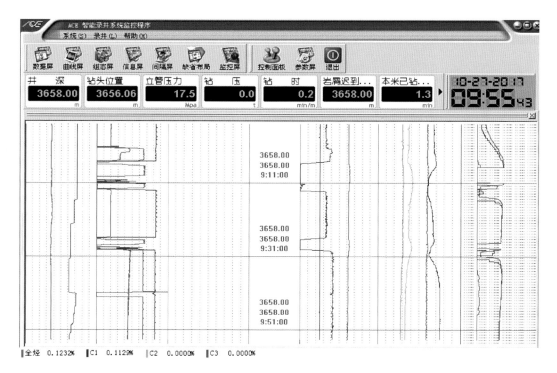

图 8-18　羌科 1 井井深 3658.00m 后效显示图谱

12. 12#后效显示

2017 年 10 月 28 日，井深：3667.00m；钻头位置：3666.00m；23:25 开泵，29 日 00:14 气测值开始上升，00:35 达到最高值（图 8-19）。气测值：全烃由 0.015↑0.353%；组分 C1：0.0023↑0.2946%；C2：0↑0.0004；C3：0↑0.0041；iC4～nC5：0；气测值达到最高点时，槽面未见显示；钻井液出口相对密度为 1.29g/cm^3，黏度为 58s。01:00 显示结束，持续时间为 46min。钻井液静止时间为 30.42h，钻井液排量为 40.2L/s，迟到时间为 88min，油气显示归位于井段 2059.00～2061.00m。显示层位：布曲组。岩性：深灰色泥岩。油气上窜高度为 17.70m，油气上窜速度为 0.58m/h。

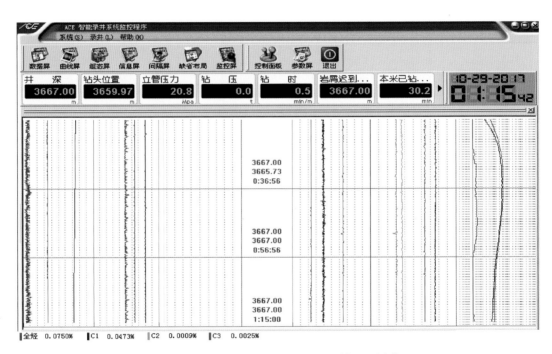

图 8-19　羌科 1 井井深 3667.00m 后效显示图谱

13. 13#后效显示

2017 年 11 月 4 日，井深：3859.00m；钻头位置：3858.00m；22:25 开泵，23:29 气测值开始上升，23:33 达到最高值（图 8-20）。气测全烃：0.163↑0.555%；组分 C1：0.1422↑0.4923%；C2～nC5：0；气测值达到最高点时，槽面未见显示；钻井液出口相对密度为 1.29g/cm^3，黏度为 53s 无变化。23:58 显示结束，持续时间为 29min。钻井液静止时间为 33.58h，钻井液排量为 32.9L/s，迟到时间为 105min，油气显示归位于井段 2059.00～2061.00m。显示层位：布曲组。岩性：深灰色泥岩。油气上窜高度为 74.88m，油气上窜速度为 2.23m/h。

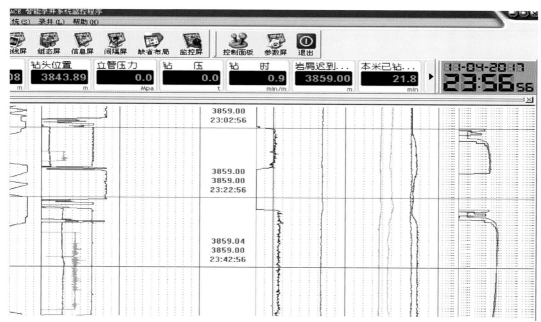

图 8-20 羌科 1 井井深 3859.00m 后效显示图谱（原始图片不完整不影响图谱使用）

14. 14#后效显示

2017 年 11 月 12 日，井深：3878.68m；钻头位置：3841.70m；16:10 开泵，17:21 气测值开始上升，18:28 达到最高值（图 8-21）。气测全烃：0.122 ↑ 1.189%；组分 C1：0.0741 ↑ 0.5194%；C2：0 ↑ 0.0045%；C3：0 ↑ 0.0595%；iC4：0 ↑ 0.0047%；nC4：0 ↑ 0.0155%；iC5～nC5：0；气测值达到最高点时，槽面未见显示；钻井液出口相对密度为 1.29g/cm³，黏度为 67s。17:47 显示结束，持续时间为 70min（中间停泵 16min）。钻井液静止时间为 158.7h，钻井液排量为 27.7L/s，迟到时间为 133min，油气显示归位于井段 2059.00～2061.00m。显示层位：布曲组。岩性：深灰色泥岩。油气上窜高度为 8.17m，油气上窜速度为 0.05m/h。

15. 15#后效显示

2018 年 07 月 21 日，井深：4266.51m；钻头位置：4248.53m；16:13 开泵，20:47 气测值开始上升，20:54 达到最高值（图 8-22）。气测全烃：0.120 ↑ 0.427%；组分 C1：0.0051 ↑ 0.2460%；C2：0 ↑ 0.0460%；C3～nC5：0；气测值达到最高点时，槽面未见显示；钻井液出口相对密度为 1.27g/cm³，黏度为 53s。21:10 显示结束，持续时间为 33min（中间停泵 16min）。钻井液静止时间为 52.2h，钻井液排量为 31.8L/s，迟到时间为 56min，油气显示归位于井段 4246.00～4253.68m。显示层位：那底岗日组。岩性：灰白色碳酸盐化凝灰岩。油气上窜高度、速度均无法计算。

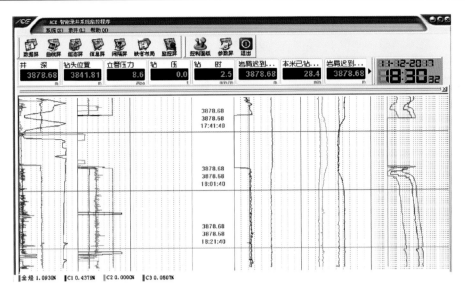

图 8-21　羌科 1 井井深 3878.68m 后效显示图谱

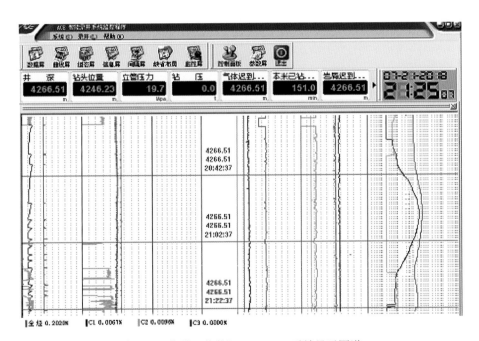

图 8-22　羌科 1 井井深 4266.51m 后效显示图谱

16. 16#后效显示

2018 年 8 月 3 日，井深：4266.51m；钻头位置：4258.05m；07:44 开泵，10:04 气测值开始上升，10:07 达到最高值（图 8-23）。气测全烃：0.230↑0.355%；组分 C1：0.051↑0.2460%；C2：0.0022↑0.0848%；C2～nC5：0；气测值达到最高点时，槽面未见显示；钻井液出口相对密度为 1.28g/cm^3，黏度为 57s。10:10 显示结束，持续时间为 6min。钻井液静止时间为

25.73h，钻井液排量为31.8L/s，迟到时间为56min，油气显示归位于井段4246.00～4253.68m。显示层位：那底岗日组。岩性：灰白色碳酸盐化凝灰岩。油气上窜高度、速度均无法计算。

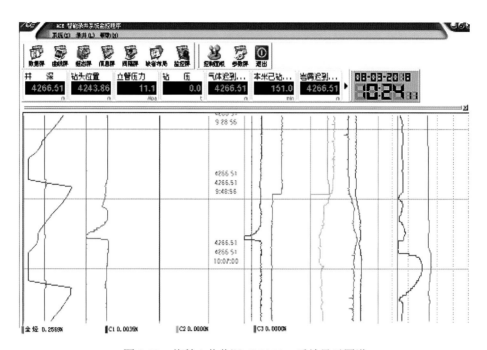

图8-23 羌科1井井深4266.51m后效显示图谱

17. 17#后效显示

2018年8月7日，井深：4266.51m；钻头位置：4253.79m；10:13开泵，11:08气测值开始上升，11:17达到最高值（图8-24）。气测全烃：0.041↑0.297%；组分C1：0.0021↑0.2199%；C2～nC5：0；气测值达到最高点时，槽面未见显示；钻井液出口相对密度为1.29g/cm³，黏度为54s。12:32显示结束，持续时间为80min（中间停泵20min）。钻井液静止时间为57.00h，钻井液排量为 31.8L/s，迟到时间为 56min，油气显示归位于井段 4246.00～4253.68m。显示层位：那底岗日组。岩性：灰白色碳酸盐化凝灰岩。油气上窜高度68.17m，油气上窜速度1.15m/h。

18. 18#后效显示

2018年8月9日，井深：4266.51m；钻头位置：4263.98m；03:00开泵，04:16气测值开始上升，04:18达到最高值（图8-25）。气测全烃：0.024↑0.242%；组分C1：0.0022↑0.2000%；C2～nC5：0；气测值达到最高点时，槽面未见显示；钻井液出口相对密度为1.29g/cm³，黏度为54s。04:35显示结束，持续时间为19min。钻井液静止时间为24.00h，钻井液排量为27.8L/s，迟到时间为77min，油气显示归位于井段4246.00～4253.68m。显示层位：那底岗日组。岩性：灰白色碳酸盐化凝灰岩。油气上窜高度为 47.26m，油气上窜速度为1.96m/h。

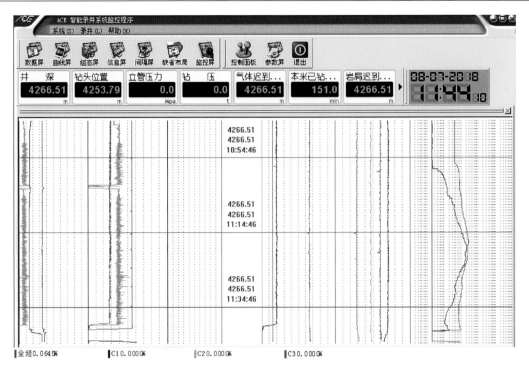

图 8-24　羌科 1 井井深 4266.51m 后效显示图谱（一）

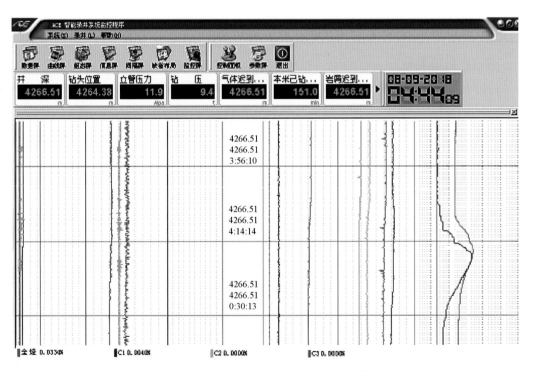

图 8-25　羌科 1 井井深 4266.51m 后效显示图谱（二）

19. 19#后效显示

2018 年 8 月 11 日，井深：4266.51m；钻头位置：4260.64m；16:00 开泵，17:02 气测值开始上升，17:07 达到最高值（图 8-26）。气测全烃：0.098 ↑ 0.325%；组分 C1：0.0070 ↑ 0.1755%；C2～nC5：0；气测值达到最高点时，槽面未见显示；钻井液出口相对密度为 1.30g/cm³，黏度为 67s。17:20 显示结束，持续时间为 18min。钻井液静止时间为 28.7h，钻井液排量为 27.8L/s，迟到时间为 77min，油气显示归位于井段 4246.00～4253.68m。显示层位：那底岗日组。岩性：灰白色碳酸盐化凝灰岩。由于多次停开泵油气上窜高度、速度无法计算。

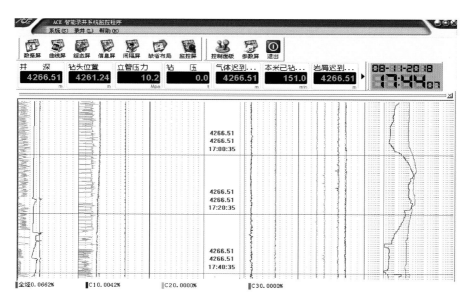

图 8-26　羌科 1 井井深 4266.51m 后效显示图谱（三）

20. 20#后效显示

2018 年 8 月 21 日，井深：4318.00m，钻头位置：4317.55m，16:05 开泵，18:05 气测值开始上升，18:15 达到最高值（图 8-27）。气测全烃：0.431 ↑ 0.559%；组分 C1：0.0048 ↑ 0.0680%；C2～nC5：0；气测值达到最高点时，槽面未见显示；钻井液出口相对密度为 1.32g/cm³，黏度为 80s。18:34 显示结束，持续时间为 29min。钻井液静止时间为 25.08h，钻井液排量为 30.8L/s，迟到时间为 60min，油气显示归位于井段 4246.00～4253.68m。显示层位：那底岗日组。岩性：灰白色碳酸盐化凝灰岩。中间停泵累计 64min。油气上窜速度为 0.17m/h，油气上窜高度为 4.20m。

21. 21#后效显示

2018 年 9 月 30 日，井深：4625.26m；钻头位置：4624.92m；17:30 开泵，18:16 气测值开始上升，18:28 达到最高值（图 8-28）。气测全烃：0.133 ↑ 0.457%；组分 C1：0.0170 ↑ 0.1352%；

C2：0↑0.0089%；C3：0↑0.0118%；iC4～nC5：0；气测值达到最高点时，槽面未见显示；钻井液出口相对密度为 1.44g/cm^3，黏度为 73s。18:35 显示结束，持续时间为 29min。钻井液静止时间为 13.2h，钻井液排量为 30.8L/s，迟到时间为 77min，油气显示归位于井段 4246.00～4253.68m。显示层位：布曲组。岩性：灰白色碳酸盐化凝灰岩。由于堵漏，油气上窜速度、高度无法计算。

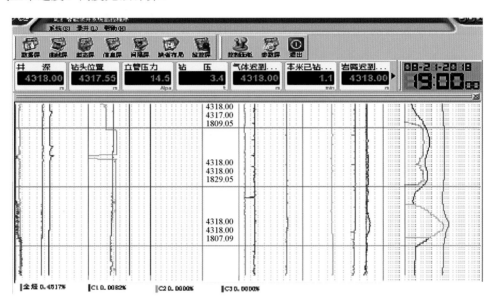

图 8-27　羌科 1 井井深 4318.00m 后效显示图谱

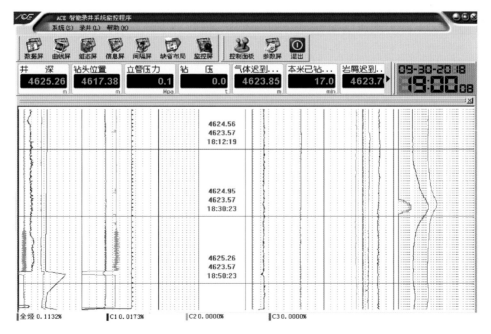

图 8-28　羌科 1 井井深 4624.56m 后效显示图谱

22. 22#后效显示

2018 年 10 月 5 日，井深：4677.88m；钻头位置：4677.88m；13:10 开泵，14:17 气测值开始上升，14:35 达到最高值(图 8-29)；气测全烃：0.094 ↑ 0.502%；组分 C1：0.0182 ↑ 0.0673%；C2：0 ↑ 0.0584%；C3：0 ↑ 0.0272%；iC4～nC5：0；气测值达到最高点时，槽面未见显示；钻井液出口相对密度为 1.44g/cm³，黏度 60。14:40 显示结束，持续时间为 23min。钻井液静止时间为 19h，钻井液排量为 31.5L/s，迟到时间为 75min，油气显示归位于井段4246.00～4253.68m。显示层位：布曲组。岩性：灰白色碳酸盐化凝灰岩。油气上窜高度为 10.62m，油气上窜速度为 0.56m/h。

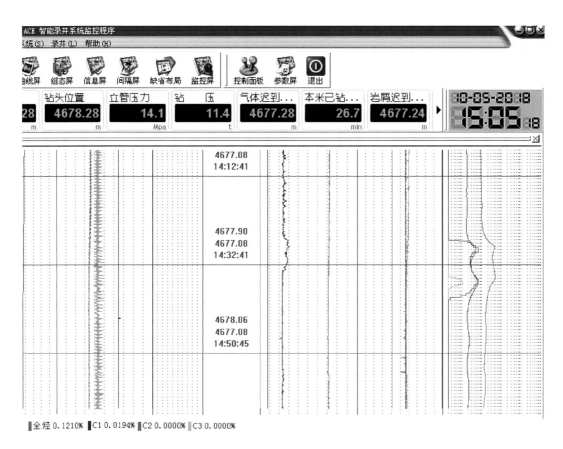

图 8-29 羌科 1 井井深 4677.88m 后效显示图谱

三、地化录井解释

羌科 1 井地化录井对夏里组、布曲组、雀莫错组进行了储集层取样分析。砂岩储集层地化分析总含烃量 P_g 值小于 0.9032mg/g，均值为 0.1157mg/g；碳酸盐岩储集层地化分析总含烃量 P_g 值小于 0.6311mg/g，均值为 0.1323mg/g，P_g 值整体偏低（图 8-30、图 8-31）。

现场地质及气测录井未发现荧光及以上级别油气显示，仅为弱含气级别，根据地化录井解释标准（表 8-3、表 8-4），羌科 1 井地化录井共解释干层 21 层共 113.98m（表 8-5）。

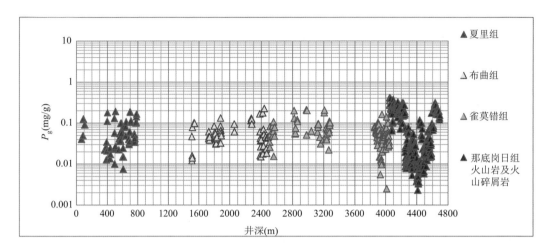

图 8-30　羌科 1 井地化录井储集层总含烃量分布图（碎屑岩类）

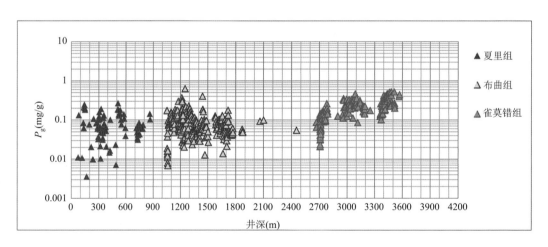

图 8-31　羌科 1 井地化录井储集层含烃量分布图（碳酸盐岩）

（1）夏里组 59.00～1050.00m 井段，总含烃量 P_g 砂岩储集层为 0.0075～0.1915mg/g，碳酸盐岩储集层为 0.0036～0.2685mg/g，地化录井未发现油气显示。

（2）布曲组 1050.00～2500.00m 井段，总含烃量 P_g 砂岩储集层为 0.0607～0.2255mg/g，碳酸盐岩储集层为 0.0068～0.6311mg/g，地化解释干层 51.20m/10 层。

（3）雀莫错组 2500.00～4057.00mm 井段，总含烃量 P_g 砂岩储集层为 0.0154～0.9032mg/g，碳酸盐岩储集层为 0.0208～0.5250mg/g，地化解释干层 55.10m/10 层。

（4）那底岗日组 4057.00～4696.18m 井段，储集层岩性为火山岩及火山碎屑岩，总含烃量 P_g 为 0.0023～0.397mg/g，地化解释干层 7.68m/1 层。

表 8-3　地化录井油气层解释标准

地化参数储层流体性质	热解烃量 P_g（mg/g）	含油饱和度 S_{oil}（%）	孔隙度 φ（%）
油层	>12	>40	>10
油水同层	4～12	15～40	>10
低产油层	4～12	15～40	<10
干层	<4	<12	<10

表 8-4　地化录井原油性解释标准

地化参数原油性质	轻重比 S_1/S_2	油产率指数 OPI	地化参数原油性质	轻重比 S_1/S_2	油产率指数 OPI
凝析油	>5	>0.8	重质油	0.5～1	0.35～0.5
轻质油	3～5	0.75～0.8	稠油	<0.5	<0.35
中质油	1～3	0.5～0.75			

注：$OPI = S_1/(S_0 + S_1 + S_2)$。
S_0 为 20～90℃检测的单位质量储集层中的烃含量，mg/g；
S_1 为 90～300℃检测的单位质量储集层中的烃含量，mg/g；
S_2 为 300～600℃检测的单位质量储集层中的烃含量，mg/g。

表 8-5　羌科 1 井地化录井解释成果统计表

层位	井段（m）	干层（m/层）	合计（m/层）
布曲组	1219.30～2442.00	51.2/10	51.2/10
雀莫错组	2704.80～3515.40	55.1/10	55.1/10
那底岗日组	4246.00～4253.68	7.68/1	7.68/1
合计		113.98/21	113.98/21

　　羌科 1 井油气显示综述：本井在夏里组及目的层布曲组、雀莫错组、那底岗日组，储集层地化录井各参数指标较低，未发现良好油气显示，仅在布曲组、雀莫错组、那底岗日组地化解释干层 21 层共 113.98m，各显示层简述如下：

　　第一层。井段：1219.3～1226.1m，层厚：6.8m。岩性：深灰色含砂屑泥晶灰岩。S_0：0.014mg/g；S_1：0.050mg/g；S_2：0.134mg/g；T_{max}：445.5℃；P_g：0.198mg/g；S_1/S_2：0.374；OPI：0.253；φ：2.8%；S_{oil}：3.0%。地化解释：干层。

　　第二层。井段：1236.3～1252.5m，层厚：16.2m。岩性：深灰色含生物碎屑泥晶灰岩。S_0：0.007mg/g；S_1：0.026mg/g；S_2：0.182mg/g；T_{max}：454.8℃；P_g：0.216mg/g；S_1/S_2：0.144；OPI：0.212；φ：2.9%；S_{oil}：3.2%。地化解释：干层。

　　第三层。井段：1704.0～1709.9m，层厚：5.9m。岩性：深灰色含生物碎屑泥晶灰岩。S_0：0.003mg/g；S_1：0.008mg/g；S_2：0.043mg/g；T_{max}：483.3℃；P_g：0.054mg/g；S_1/S_2：0.195；OPI：0.153；φ：3.7%；S_{oil}：0.6%。地化解释：干层。

　　第四层。井段：2058.1～2065.9m，层厚：7.8m。岩性：深灰色泥质粉砂岩。S_0：0.002mg/g；S_1：0.011mg/g；S_2：0.109mg/g；T_{max}：483.5℃；P_g：0.122mg/g；S_1/S_2：0.097；OPI：0.087；

φ：5.5%；S_{oi1}：0.9%。地化解释：干层。

第五层。井段：2321.1～2323.4m，层厚：2.3m。岩性：灰黑色粉砂质泥岩。S_0：0.003mg/g；S_1：0.024mg/g；S_2：0.101mg/g；T_{max}：571.3℃；P_g：0.129mg/g；S_1/S_2：0.240；OPI：0.188；φ：6.5%；S_{oi1}：0.8%。地化解释：干层。

第六层。井段：2328.1～2329.4m，层厚：1.3m。岩性：灰色含钙粉砂质泥岩。S_0：0.006mg/g；S_1：0.016mg/g；S_2：0.060mg/g；T_{max}：488.8℃；P_g：0.082mg/g；S_1/S_2：0.264；OPI：0.193；φ：6.6%；S_{oi1}：0.5%。地化解释：干层。

第七层。井段：2380.4～2381.9m，层厚：1.5m。岩性：浅灰色粉砂岩。S_0：0.003mg/g；S_1：0.033mg/g；S_2：0.229mg/g；T_{max}：478.6℃；P_g：0.265mg/g；S_1/S_2：0.144；OPI：0.125；φ：3.6%；S_{oi1}：3.2%。地化解释：干层。

第八层。井段：2387.9～2393.3m，层厚：5.4m。岩性：灰色泥质粉砂岩。S_0：0.002mg/g；S_1：0.014mg/g；S_2：0.048mg/g；T_{max}：478.3℃；P_g：0.065mg/g；S_1/S_2：0.295；OPI：0.219；φ：4.3%；S_{oi1}：0.6%。地化解释：干层。

第九层。井段：2431.0～2433.0m，层厚：2.0m。岩性：灰色泥质粉砂岩。S_0：0.001mg/g；S_1：0.009mg/g；S_2：0.034mg/g；T_{max}：483.4℃；P_g：0.045mg/g；S_1/S_2：0.268；OPI：0.206；φ：5.7%；S_{oi1}：0.3%。地化解释：干层。

第十层。井段：2440.0～2442.0m，层厚：2.0m。岩性：深灰色泥岩。S_0：0.004mg/g；S_1：0.022mg/g；S_2：0.112mg/g；T_{max}：571.9℃；P_g：0.138mg/g；S_1/S_2：0.194；OPI：0.157；φ：8.3%；S_{oi1}：0.7%。地化解释：干层。

第十一层。井段：2704.8～2715.0m，层厚：10.2m。岩性：灰色泥晶灰岩。S_0：0.004mg/g；S_1：0.066mg/g；S_2：0.108mg/g；T_{max}：474.0℃；P_g：0.179mg/g；S_1/S_2：0.613；OPI：0.372；φ：2.6%；S_{oi1}：3.0%。地化解释：干层。

第十二层。井段：2823.00～2825.00m，层厚：2.00m。岩性：深灰色含粉砂泥岩。S_0：0.003mg/g；S_1：0.027mg/g；S_2：0.095mg/g；T_{max}：473.3℃；P_g：0.125mg/g；S_1/S_2：0.288；OPI：0.219；φ：4.4%；S_{oi1}：1.2%。地化解释：干层。

第十三层。井段：3021.0～3025.6m，层厚：4.6m。岩性：黄灰色灰岩。S_0：0.002mg/g；S_1：0.069mg/g；S_2：0.362mg/g；T_{max}：485.7℃；P_g：0.432mg/g；S_1/S_2：0.190；OPI：0.159；φ：2.8%；S_{oi1}：6.6%。地化解释：干层。

第十四层。井段：3225.5～3230.4m，层厚：4.9m。岩性：浅灰色含泥粉砂岩。S_0：0.002mg/g；S_1：0.021mg/g；S_2：0.072mg/g；T_{max}：491.4℃；P_g：0.095mg/g；S_1/S_2：0.294；OPI：0.223；φ：5.3%；S_{oi1}：0.8%。地化解释：干层。

第十五层。井段：3234.6～3236.9m，层厚：2.3m。岩性：浅灰色含泥粉砂岩。S_0：0.002mg/g；S_1：0.012mg/g；S_2：0.063mg/g；T_{max}：493.1℃；P_g：0.076mg/g；S_1/S_2：0.191；OPI：0.156；φ：4.9%；S_{oi1}：0.7%。地化解释：干层。

第十六层。井段：3273.8～3286.6m，层厚：12.8m。岩性：浅灰色含泥粉砂岩。S_0：0.005mg/g；S_1：0.031mg/g；S_2：0.123mg/g；T_{max}：493.3℃；P_g：0.159mg/g；S_1/S_2：0.253；OPI：0.195；φ：7.5%；S_{oi1}：0.9%。地化解释：干层。

第十七层。井段：3393.0～3396.3m，层厚：3.3m。岩性：灰色灰岩。S_0：0.002mg/g；

S_1：0.069mg/g；S_2：0.347mg/g；T_{max}：506.5℃；P_g：0.418mg/g；S_1/S_2：0.200；OPI：0.166；φ：2.5%；S_{oi1}：7.1%。地化解释：干层。

第十八层。井段：3401.0～3404.4m，层厚：3.4m。岩性：灰色灰岩。S_0：0.005mg/g；S_1：0.089mg/g；S_2：0.580mg/g；T_{max}：513.7℃；P_g：0.674mg/g；S_1/S_2：0.154；OPI：0.132；φ：3.3%；S_{oi1}：8.7%。地化解释：干层。

第十九层。井段：3453.5～3462.3m，层厚：8.8m。岩性：黄灰色灰岩。S_0：0.003mg/g；S_1：0.092mg/g；S_2：0.583mg/g；T_{max}：474.3℃；P_g：0.678mg/g；S_1/S_2：0.158；OPI：0.136；φ：3.5%；S_{oi1}：8.2%。地化解释：干层。

第二十层。井段：3512.6～3515.4m，层厚：2.8m。岩性：灰色灰岩。S_0：0.003mg/g；S_1：0.040mg/g；S_2：0.571mg/g；T_{max}：511.9℃；P_g：0.615mg/g；S_1/S_2：0.070；OPI：0.065；φ：3.9%；S_{oi1}：6.8%。地化解释：干层。

第二十一层。井段：4246.0～4253.68m，层厚：7.68m，岩性：灰白色碳酸盐化凝灰岩。S_0：0.001mg/g；S_1：0.005mg/g；S_2：0.019mg/g；T_{max}：448.1℃；P_g：0.041mg/g；S_1/S_2：0.320；OPI：0.231；φ：2.8%；S_{oil}：0.62%；地化解释：干层。

四、三维定量荧光录井解释

三维定量荧光录井根据分析得到的含油浓度、对比级别、油性指数等参数变化特征，依据东濮凹陷与白音查干凹陷、拐子湖凹陷三维定量荧光油气水层显示特征，结合综合录井、测井资料建立原油性质判别标准及三维定量荧光解释标准进行本井三维定量荧光录井油气层解释（表 8-6、表 8-7，图 8-32）。羌科 1 井三维定量荧光录井在布曲组、雀莫错组、那底岗日组解释干层共 113.98m/21 层（图 8-33、图 8-34，表 8-8）。

表 8-6 三维定量荧光原油性质判别标准

原油性质	密度范围（g/cm^3）	最佳激发波长（nm）	最佳发射波长（nm）	油性指数范围 R
轻质原油	<0.86	310～330	360～380	<1.6
中质原油	0.86～0.93	320～340	370～390	1.6～2.1
重质原油	0.93～1.00	330～350	380～400	2.1～2.6
特重（稠）原油	>1.00	350～370	390～420	>2.6

表 8-7 三维定量荧光录井油气层解释标准

定量荧光参数储层流体性质	最佳波长范围		相当油含量（mg/L）	对比级别	油性指数	备注
	Ex/(nm)	Em/(nm)				
油层	290～330	320～340、350～370	>312.5	>10	1～3	φ>10%
低产油层	290～330	320～340、350～370	78～312.5	8～10	1～3	8%<φ<10%
干层	290～330	320～340、350～370	<78	<8		φ<9%

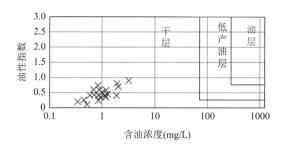

图 8-32　羌科 1 井三维定量荧光录井油气层解释

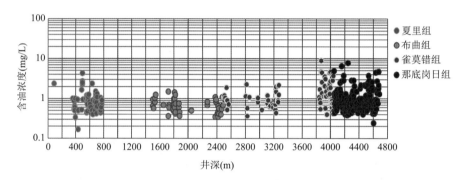

图 8-33　羌科 1 井三维定量荧光录井储集层（砂岩）含油浓度分布图

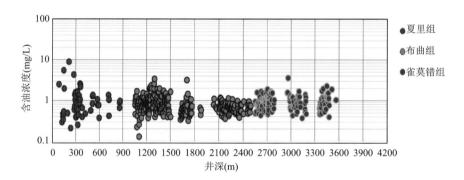

图 8-34　羌科 1 井三维定量荧光录井储集层（碳酸盐岩）含油浓度分布图

表 8-8　羌科 1 井三维定量荧光录井解释成果统计表

层位	井段 m	油层（m/层）	低产油层（m/层）	干层（m/层）	合计（m/层）
布曲组	1050.00～2500.00	—	—	51.20/10	51.20/10
雀莫错组	2500.00～4057.00	—	—	55.10/10	55.10/10
那底岗日组	4246.00～4253.68	—	—	7.68/1	7.68/1
合计		—	—	113.98/21	113.98/21

羌科 1 井夏里组、布曲组、雀莫错组和那底岗日组三维定量荧光录井分组介绍如下。

1. 夏里组

夏里组 59.00～1050.00m 井段，含油浓度为 0.32～9.06mg/L，对比级别为 0.1～4.9，三维定量荧光录井在该井段未发现油气显示，未解释。

2. 布曲组

布曲组 1050.00～2500.00m 井段，含油浓度为 0.32～3.39mg/L，对比级别为 0.1～3.5，气测录井发现22.72m/6层弱含气显示，定量荧光解释干层51.20m/10层（图8-35～图8-39）。

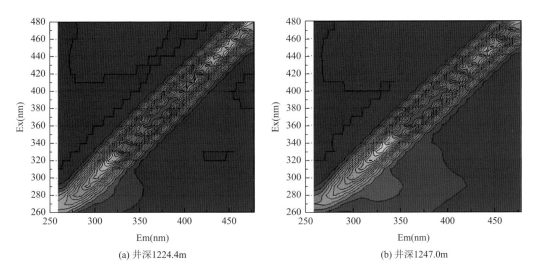

(a) 井深1224.4m (b) 井深1247.0m

图 8-35 羌科 1 井井深 1224.4m 和 1247.0m 三维定量荧光等值图

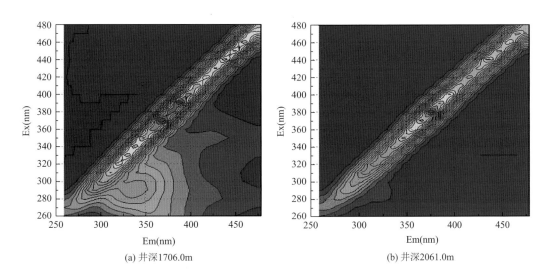

(a) 井深1706.0m (b) 井深2061.0m

图 8-36 羌科 1 井井深 1706.0m 和 2061.0m 三维定量荧光等值图

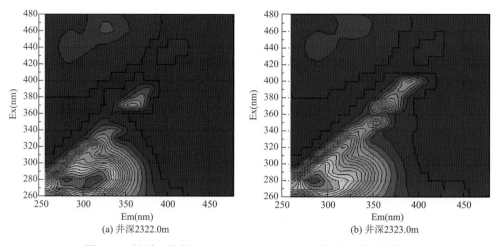

(a) 井深2322.0m (b) 井深2323.0m

图 8-37　羌科 1 井井深 2322.0m 和 2323.0m 三维定量荧光等值图

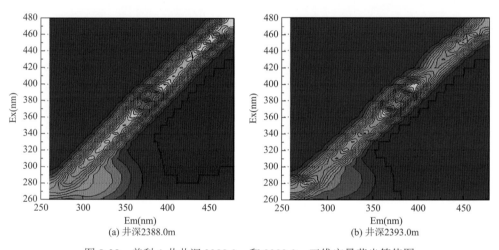

(a) 井深2388.0m (b) 井深2393.0m

图 8-38　羌科 1 井井深 2388.0m 和 2393.0m 三维定量荧光等值图

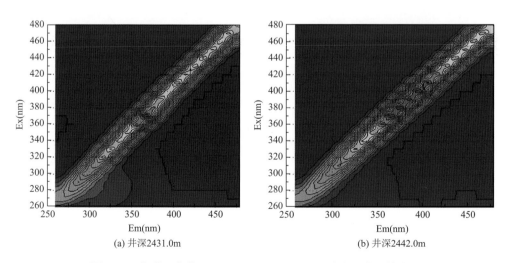

(a) 井深2431.0m (b) 井深2442.0m

图 8-39　羌科 1 井井深 2431.0m 和 2442.0m 三维定量荧光等值图

第一层。井段：1219.3~1226.1m，层厚：6.8m。岩性：深灰色含砂屑泥晶灰岩。三维定量荧光录井含油浓度平均为0.71mg/L，对比级别为1.2，三维定量荧光解释为干层。

第二层。井段：1236.3~1252.5m，层厚：16.2m。岩性：深灰色含生屑泥晶灰岩。三维定量荧光录井含油浓度平均为1.18mg/L，对比级别为1.9，三维定量荧光解释为干层。

第三层。井段：1704.0~1709.9m，层厚：5.9m。岩性：深灰色含生物碎屑泥晶灰岩。三维定量荧光录井含油浓度为3.16mg/L，对比级别为3.4，三维定量荧光解释为干层。

第四层。井段：2058.1~2065.9m，层厚：7.8m。岩性：深灰色泥质粉砂岩。三维定量荧光录井含油浓度为0.69mg/L，对比级别为1.2，三维定量荧光解释为干层。

第五层。井段：2321.1~2323.4m，层厚：2.3m。岩性：灰黑色粉砂质泥岩。三维定量荧光录井含油浓度平均为1.17mg/L，对比级别为1.9，三维定量荧光解释为干层。

第六层。井段：2328.1~2329.4m，层厚：1.3m。岩性：灰色含钙粉砂质泥岩。三维定量荧光录井含油浓度平均为0.86mg/L，对比级别为1.4，三维定量荧光解释为干层。

第七层。井段：2380.4~2381.9m，层厚：1.5m。岩性：浅灰色粉砂岩。三维定量荧光录井含油浓度为0.34mg/L，对比级别为0.1，三维定量荧光解释为干层。

第八层。井段：2387.9~2393.3m，层厚：5.4m。岩性：灰色泥质粉砂岩。三维定量荧光录井含油浓度平均为0.94mg/L，对比级别为1.6，三维定量荧光解释为干层。

第九层。井段：2431.0~2433.0m，层厚：2.0m。岩性：灰色泥质粉砂岩。三维定量荧光录井含油浓度为0.52mg/L，对比级别为0.8，三维定量荧光解释为干层。

第十层。井段：2440.0~2442.0m，层厚：2.0m。岩性：深灰色泥岩。三维定量荧光录井含油浓度为0.86mg/L，对比级别为1.5，三维定量荧光解释为干层。

3. 雀莫错组

雀莫错组2500.00~4057.00m井段，含油浓度为0.32~7.45mg/L，对比级别为0.1~4.6，气测录井发现21.00m/6层弱含气显示，三维定量荧光解释干层55.10m/10层（图8-40~图8-44）。

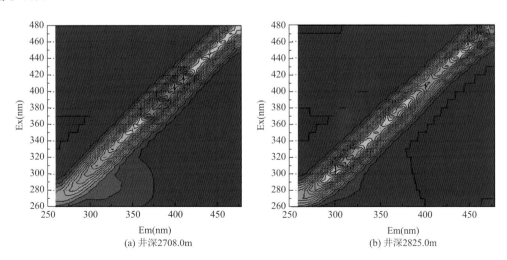

(a) 井深2708.0m　　　　　　　　　(b) 井深2825.0m

图8-40　羌科1井井深2708.0m和2825.0m三维定量荧光等值图

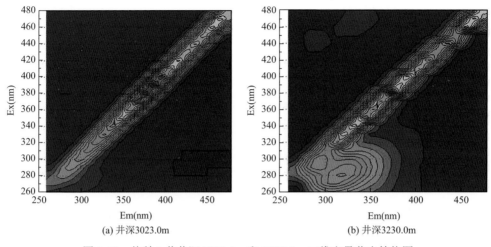

(a) 井深3023.0m   (b) 井深3230.0m

图 8-41   羌科 1 井井深 3023.0m 和 3230.0m 三维定量荧光等值图

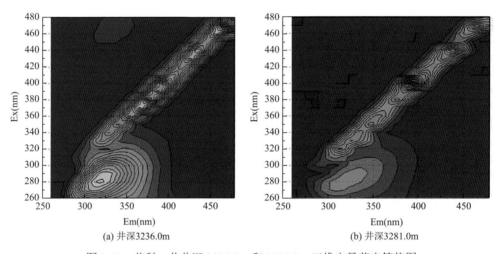

(a) 井深3236.0m   (b) 井深3281.0m

图 8-42   羌科 1 井井深 3236.0m 和 3281.0m 三维定量荧光等值图

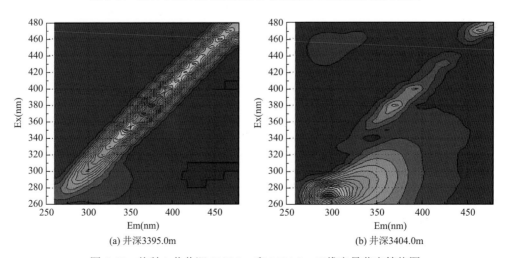

(a) 井深3395.0m   (b) 井深3404.0m

图 8-43   羌科 1 井井深 3395.0m 和 3404.0m 三维定量荧光等值图

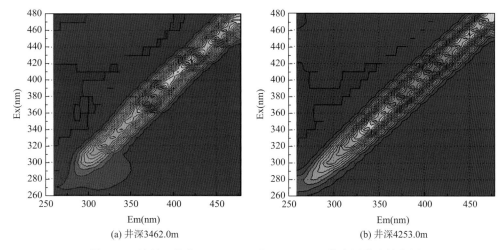

图 8-44　羌科 1 井井深 3462.0m 和 4253.0m 三维定量荧光等值图

(a) 井深3462.0m　　(b) 井深4253.0m

第一层。井段：2704.8～2715.0m；层厚：10.2m。岩性：灰色泥晶灰岩。三维定量荧光录井含油浓度平均为 0.83mg/L，对比级别为 1.4，三维定量荧光解释为干层。

第二层。井段：2823.0～2825.0m；层厚 2.00m。岩性：深灰色含粉砂泥岩。三维定量荧光录井含油浓度平均为 0.45mg/L，对比级别为 0.6，三维定量荧光解释为干层。

第三层。井段：3021.0～3025.6m；层厚：4.6m。岩性：黄灰色灰岩。三维定量荧光录井含油浓度平均为 0.99mg/L，对比级别为 1.7，三维定量荧光解释为干层。

第四层。井段：3225.5～3230.4m；层厚：4.9m。岩性：浅灰色含泥粉砂岩。三维定量荧光录井含油浓度平均为 0.59mg/L，对比级别为 0.9，三维定量荧光解释为干层。

第五层。井段：3234.6～3236.9m；层厚：2.3m。岩性：浅灰色含泥粉砂岩。三维定量荧光录井含油浓度为 0.88mg/L，对比级别为 1.5，三维定量荧光解释为干层。

第六层。井段：3273.8～3286.6m；层厚：12.8m。岩性：浅灰色含泥粉砂岩。三维定量荧光录井含油浓度平均为 1.12mg/L，对比级别为 1.7，三维定量荧光解释为干层。

第七层。井段：3393.0～3396.3m；层厚：3.3m。岩性：灰色灰岩。三维定量荧光录井含油浓度平均为 1.84mg/L，对比级别为 2.6，三维定量荧光解释为干层。

第八层。井段：3401.0～3404.4m；层厚：3.4m。岩性：灰色灰岩。三维定量荧光录井含油浓度为 2.00mg/L，对比级别为 2.7，三维定量荧光解释为干层。

第九层。井段：3453.5～3462.3m；层厚：8.8m。岩性：黄灰色灰岩。三维定量荧光录井含油浓度平均为 1.25mg/L，对比级别为 2.0，三维定量荧光解释为干层。

第十层。井段：3512.6～3515.4m；层厚：2.8m。岩性：灰色灰岩。三维定量荧光录井含油浓度为 1.90mg/L，对比级别为 2.6，三维定量荧光解释为干层。

4. 那底岗日组

那底岗日组 4246.00～4253.68m 井段，含油浓度为 0.23～7.42mg/L，对比级别为 0.1～4.6，气测录井发现 7.68m/1 层含气显示，三维定量荧光解释干层 7.68/1 层。

第一层。井段：4246.00～4253.68m；层厚：7.68m。岩性：灰白色碳酸盐化凝灰岩。

三维定量荧光录井含油浓度平均为 0.65mg/L，对比级别为 1.0，三维定量荧光解释为干层。

五、核磁共振录井解释

核磁共振可以获取的物性参数有孔隙度、渗透率、含油（含气）饱和度、含水饱和度、束缚水饱和度、可动水饱和度、可动流体饱和度等，利用核磁共振含油饱和度、孔隙度、可动流体饱和度参数，依据《油气井核磁共振录井规范》（SY/T　6747—2014）进行油气层解释评价。核磁共振油气水层解释标准见表 8-9。

表 8-9　核磁共振油气水层解释标准

核磁共振参数 储层流体性质	可动流体饱和度（%）	含油（气）饱和度（%）	孔隙度（%）
油层	＞50	＞35	＞8
油水同层	＞50	15～35	＞8
水层	＞50	＜15	＞8
干层	＜50	＜15	＜8

羌科 1 井核磁共振录井对夏里组、布曲组、雀莫错组、那底岗日组储集层进行取样分析，砂岩、碳酸盐岩储集层以核磁共振孔隙度为 0.5%～4.0%、含油（气）饱和度为 1.0%～10.0%、可动流体饱和度为 10.0%～50.0%为主，全井含油（气）性差，核磁共振未发现较好油气显示，未解释油气层。现场地质及气测录井发现弱含气级别显示，根据核磁共振录井解释标准（表 8-9），在布曲组、雀莫错组 1219.3～3515.4m 井段共解释干层106.3m/20 层（图 8-45、图 8-46，表 8-10）。

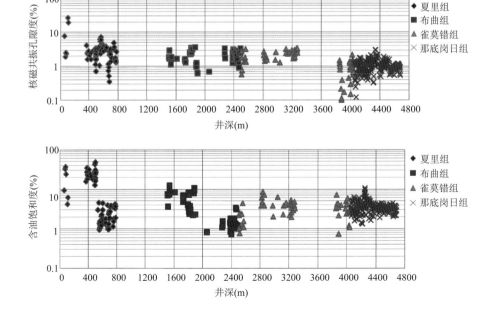

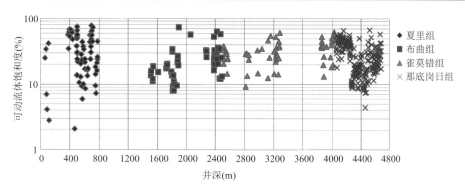

图 8-45 羌科 1 井核磁共振录井储集层（砂岩）分布图

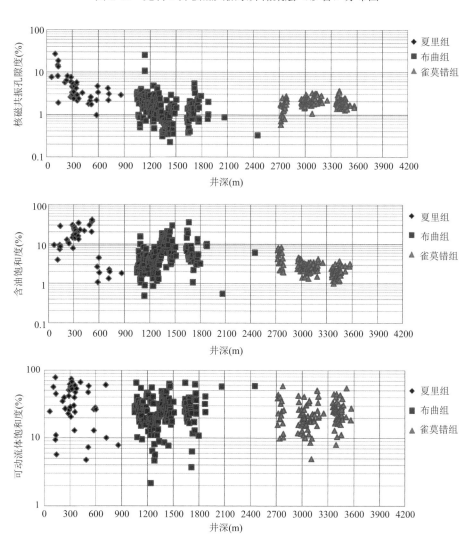

图 8-46 羌科 1 井核磁共振录井储集层（碳酸盐岩）分布图

表 8-10　羌科 1 井核磁共振录井解释成果统计表

层位	井段（m）	干层（m/层）	合计（m/层）
布曲组	1219.30～2442.00	51.2/10	51.2/10
雀莫错组	2704.80～3515.40	55.1/10	55.1/10
那底岗日组	4246.00～4253.68	7.68/1	7.68/1
合计		113.98/21	113.98/21

夏里组 59.00～1050.00m 井段，砂岩储集层以核磁共振孔隙度为 1.0%～4.0%、含油（气）饱和度为 1.0%～4.0%、可动流体饱和度为 10.0%～50.0%为主，碳酸盐岩储集层以核磁共振孔隙度为 2.0%～5.0%、含油（气）饱和度为 1.0%～5.0%、可动流体饱和度为 20.0%～50.0%为主，核磁共振录井未发现油气显示，未解释。

布曲组 1050.00～2500.00m 井段，砂岩储集层以核磁共振孔隙度为 1.0%～3.0%、含油（气）饱和度为 1.0%～8.0%、可动流体饱和度为 10.0%～40.0%为主，碳酸盐岩储集层以核磁共振孔隙度为 0.5%～4.0%、含油（气）饱和度为 1.0%～5.0%、可动流体饱和度为 20.0%～50.0%为主，核磁共振录井未发现较好油气显示，未解释油气层。核磁共振解释干层 51.2m/10 层。

雀莫错组 2500.00～4057.00mm 井段，砂岩储集层以核磁共振孔隙度为 0.6%～3.0%、含油（气）饱和度为 1.0%～5.0%、可动流体饱和度为 20.0%～50.0%为主，碳酸盐岩储集层以核磁共振孔隙度为 0.5%～3.0%、含油（气）饱和度为 1.0%～5.0%、可动流体饱和度为 10.0%～50.0%为主，核磁共振录井未发现较好油气显示，未解释油气层。核磁共振解释干层 55.1m/10 层。

那底岗日组 4057.00～4158.60m 井段，凝灰岩火山岩类型储集层，以核磁共振孔隙度为 0.7%～1.0%、含油（气）饱和度为 4.0%～9.0%、可动流体饱和度为 30.0%～50.0%为主，核磁共振录井未发现油气显示，未解释。

羌科 1 井油气显示综述：核磁共振录井在夏里组及目的层布曲组、雀莫错组、那底岗日组储集层核磁共振含油（气）性差，未发现良好油气显示，在布曲组、雀莫错组、那底岗日组 1219.3～4253.68m 解释干层 113.98m/21 层，各显示层简述如下：

1. 第一层

井段：井深 1219.3～1226.1m；层厚：6.8m。岩性：深灰色含砂屑泥晶灰岩。层位：布曲组（J_2b）。

核磁共振孔隙度为 0.38%～2.22%，平均为 0.93%，渗透率为（0.0022～0.8570）×$10^{-3}\mu m^2$，含油（气）饱和度为 1.58%～5.19%，平均为 3.53%，可动流体饱和度为 6.69%～57.88%，平均为 32.10%，可动水饱和度为 3.80%～82.41%，束缚水饱和度为 12.01%～96.22%，含水饱和度为 94.09%～98.32%，可动油饱和度为 0.26%～2.95%，核磁共振解释：干层。

2. 第二层

井段：井深 1236.3～1252.5m；层厚：16.2m。岩性：深灰色含生物碎屑泥晶灰岩。层位：布曲组（J_2b）。

核磁共振孔隙度为 0.47%～2.53%，平均为 1.25%，渗透率为（0.0230～2.3070）× $10^{-3}\mu m^2$，含油（气）饱和度为 1.76%～8.05%，平均为 4.19%，可动流体饱和度为 10.95%～55.45%，平均为 30.21%，可动水饱和度为 6.80%～38.67%，束缚水饱和度为 53.28%～90.62%，含水饱和度为 91.95%～98.24%，可动油饱和度为 0.57%～5.69%，核磁共振解释：干层。

3. 第三层

井段：井深 1704.0～1709.9m；层厚：5.9m。岩性：深灰色含生物碎屑泥晶灰岩。层位：布曲组（J_2b）。

核磁共振孔隙度为 1.38%，渗透率为 0.4179×$10^{-3}\mu m^2$，含油（气）饱和度为 5.26%，可动流体饱和度为 25.27%，可动水饱和度为 14.75%，束缚水饱和度为 79.99%，含水饱和度为 94.74%，可动油饱和度为 2.25%，核磁共振解释：干层。

4. 第四层

井段：井深 2058.1～2065.9m；层厚：7.8m。岩性：深灰色泥质粉砂岩。层位：布曲组（J_2b）。

核磁共振孔隙度为 2.48%，渗透率为 0.2460×$10^{-3}\mu m^2$，含油（气）饱和度为 1.16%，可动流体饱和度为 42.09%，可动水饱和度为 41.97%，束缚水饱和度为 56.87%，含水饱和度为 98.84%，可动油饱和度为 0.45%，核磁共振解释：干层。

5. 第五层

井段：井深 2321.1～2323.4m；层厚：2.3m。岩性：灰黑色粉砂质泥岩。岩性：布曲组（J_2b）。

核磁共振孔隙度为 1.16%～1.52%，平均为 1.34%，渗透率为（0.0552～0.0808）× $10^{-3}\mu m^2$，含油（气）饱和度为 1.39%～1.48%，平均为 1.44%，可动流体饱和度为 17.47%～28.87%，平均为 23.17%，可动水饱和度为 9.54%～22.65%，束缚水饱和度为 75.96%～88.98%，含水饱和度为 98.52%～98.61%，可动油饱和度为 0.98%～1.03%，核磁共振解释：干层。

6. 第六层

井段：井深 2328.1～2329.4m；层厚：1.3m。岩性：灰色含钙粉砂质泥岩。层位：布曲组（J_2b）。

核磁共振孔隙度为 0.91%～2.28%，平均为 1.49%，渗透率为（0.1052～0.4639）×

$10^{-3}\,\mu m^2$，含油（气）饱和度为 1.01%～4.58%，平均为 3.13%，可动流体饱和度为 28.35%～37.55%，平均为 32.91%，可动水饱和度为 18.56%～28.79%，束缚水饱和度为 67.14%～77.00%，含水饱和度为 95.42%～98.99%，可动油饱和度为 0.69%～2.47%，核磁共振解释：干层。

7. 第七层

井段：井深 2380.4～2381.9m；层厚：1.5m。岩性：浅灰色粉砂岩。层位：布曲组（J_2b）。

核磁共振孔隙度为 1.55%～2.87%，平均为 2.21%，渗透率为（1.3750～3.5104）×$10^{-3}\,\mu m^2$，含油（气）饱和度为 0.75%～1.37%，平均为 1.06%，可动流体饱和度为 18.54%～52.20%，平均为 35.37%，可动水饱和度为 14.85%～48.27%，束缚水饱和度为 50.36%～84.40%，含水饱和度为 98.63%～99.25%，可动油饱和度为 0.49%～1.04%，核磁共振解释：干层。

8. 第八层

井段：井深 2387.9～2393.3m；层厚：5.4m。岩性：灰色泥质粉砂岩。层位：布曲组（J_2b）。

核磁共振孔隙度为 1.22%～2.44%，平均为 1.75%，渗透率为（0.2389～1.8587）×$10^{-3}\,\mu m^2$，含油（气）饱和度为 0.99%～1.74%，平均为 1.44%，可动流体饱和度为 16.28%～32.13%，平均为 23.69%，可动水饱和度为 13.33%～26.02%，束缚水饱和度为 72.44%～85.68%，含水饱和度为 98.35%～99.01%，可动油饱和度为 0.44%～1.06%，核磁共振解释：干层。

9. 第九层

井段：井深 2431.0～2433.0m；层厚：2.0m。岩性：灰色泥质粉砂岩。层位：布曲组（J_2b）。

核磁共振孔隙度为 0.75%～2.61%，平均为 2.22%，渗透率为（1.7269～6.1940）×$10^{-3}\,\mu m^2$，含油（气）饱和度为 1.03%～1.31%，平均为 1.19%，可动流体饱和度为 24.48%～63.18%，平均为 41.17%，可动水饱和度为 21.21%～57.52%，束缚水饱和度为 41.17%～77.76%，含水饱和度为 98.69%～98.97%，可动油饱和度为 0.55%～1.31%，核磁共振解释：干层。

10. 第十层

井段：井深 2440.0～2442.0m；层厚：2.0m。岩性：深灰色泥岩。层位：布曲组（J_2b）。

核磁共振孔隙度为 1.52%，渗透率为 $0.0201\times10^{-3}\,\mu m^2$，含油（气）饱和度为 1.78%，可动流体饱和度为 35.62%，可动水饱和度为 25.27%，束缚水饱和度为 72.95%，含水饱和度为 98.22%，可动油饱和度为 1.61%，核磁共振解释：干层。

11. 第十一层

井段：井深 2704.8～2715.0m；层厚：10.2m。岩性：灰色泥晶灰岩。层位：雀莫错组（$J_{1-2}q$）。

核磁共振孔隙度为 0.43%～1.69%，平均为 0.78%，渗透率为（0.0124～0.5761）× 10^{-3} μm^2，含油（气）饱和度为 3.93%～9.75%，平均为 7.21%，可动流体饱和度为 26.84%～67.33%，平均为 33.96%，可动水饱和度为 5.34%～66.44%，束缚水饱和度为 23.81%～85.48%，含水饱和度为 90.25%～96.07%，可动油饱和度为 2.21%～6.32%，核磁共振解释：干层。

12. 第十二层

井段：井深 2823.00～2825.00m；层厚：2.00m。岩性：深灰色含粉砂泥岩。层位：雀莫错组（$J_{1-2}q$）。

核磁共振孔隙度为 1.81%～2.07%，平均为 1.94%，渗透率为（0.1086～0.1895）× 10^{-3} μm^2，含油（气）饱和度为 3.74%～6.02%，平均为 4.88%，可动流体饱和度为 28.71%～28.92%，平均为 28.82%，可动水饱和度为 21.32%～22.48%，束缚水饱和度为 72.66%～73.77%，含水饱和度为 93.98%～96.26%，可动油饱和度为 1.59%～2.33%，核磁共振解释：干层。

13. 第十三层

井段：井深 3021.0～3025.6m；层厚：4.6m。岩性：黄灰色灰岩。层位：雀莫错组（$J_{1-2}q$）。

核磁共振孔隙度为 2.11%～2.67%，平均为 2.33%，渗透率为（1.0928～1.5038）× 10^{-3} μm^2，含油（气）饱和度为 2.15%～3.02%，平均为 2.48%，可动流体饱和度为 19.03%～40.83%，平均为 27.75%，可动水饱和度为 14.20%～43.99%，束缚水饱和度为 53.00%～83.61%，含水饱和度为 96.08%～97.85%，可动油饱和度为 0.79%～1.04%，核磁共振解释：干层。

14. 第十四层

井段：井深 3225.5～3230.4m；层厚：4.9m。岩性：浅灰色含泥粉砂岩。层位：雀莫错组（$J_{1-2}q$）。

核磁共振孔隙度为 1.66%～2.33%，平均为 1.98%，渗透率为（1.1343～1.8069）× 10^{-3} μm^2，含油（气）饱和度为 3.29%～4.37%，平均为 4.29%，可动流体饱和度为 22.00%～52.45%，平均为 39.16%，可动水饱和度为 19.52%～51.18%，束缚水饱和度为 43.57%～76.11%，含水饱和度为 94.75%～96.71%，可动油饱和度为 1.11%～2.60%，核磁共振解释：干层。

15. 第十五层

井段：井深 3234.6～3236.9m；层厚：2.3m。岩性：浅灰色含泥粉砂岩。层位：雀莫错组（$J_{1-2}q$）。

核磁共振孔隙度为 1.70%～2.93%，平均为 2.27%，渗透率为（0.8169～0.7481）× $10^{-3}\mu m^2$，含油（气）饱和度为 1.95%～3.33%，平均为 2.62%，可动流体饱和度为 23.77%～35.89%，平均为 29.21%，可动水饱和度为 21.29%～35.18%，束缚水饱和度为 62.27%～75.38%，含水饱和度为 96.67%～98.05%，可动油饱和度为 0.86%～0.96%，核磁共振解释：干层。

16. 第十六层

井段：井深 3273.8～3286.6m；层厚：12.8m。岩性：浅灰色含泥粉砂岩。层位：雀莫错组（$J_{1-2}q$）。

核磁共振孔隙度为 2.44%～3.39%，平均为 2.83%，渗透率为（0.3049～4.2984）× $10^{-3}\mu m^2$，含油（气）饱和度为 2.82%～4.72%，平均为 3.58%，可动流体饱和度为 13.98%～60.12%，平均为 34.86%，可动水饱和度为 11.70%～59.99%，束缚水饱和度为 36.74%～85.47%，含水饱和度为 95.28%～97.18%，可动油饱和度为 0.58%～1.78%，核磁共振解释：干层。

17. 第十七层

井段：井深 3393.0～3396.3m；层厚：3.3m。岩性：灰色灰岩。层位：雀莫错组（$J_{1-2}q$）。

核磁共振孔隙度为 1.84%～3.58%，平均为 2.55%，渗透率为（0.7660～1.8073）× $10^{-3}\mu m^2$，含油（气）饱和度为 1.13%～1.99%，平均为 1.60%，可动流体饱和度为 19.06%～27.20%，平均为 23.25%，可动水饱和度为 17.35%～22.89%，束缚水饱和度为 75.13%～81.52%，含水饱和度为 98.01%～98.87%，可动油饱和度为 0.37%～0.92%，核磁共振解释：干层。

18. 第十八层

井段：井深 3401.0～3404.4m；层厚：3.4m。岩性：灰色灰岩。层位：雀莫错组（$J_{1-2}q$）。

核磁共振孔隙度为 1.35%～1.47%，平均为 1.41%，渗透率为（0.7843～2.0419）× $10^{-3}\mu m^2$，含油（气）饱和度为 1.47%～3.13%，平均为 2.26%，可动流体饱和度为 32.72%～39.81%，平均为 35.81%，可动水饱和度为 32.78%～40.75%，束缚水饱和度为 56.12%～65.15%，含水饱和度为 96.87%～98.53%，可动油饱和度为 0.49%～1.03%，核磁共振解释：干层。

19. 第十九层

井段：井深 3453.5～3462.3m；层厚：8.8m。岩性：黄灰色灰岩。层位：雀莫错组（$J_{1-2}q$）。

核磁共振孔隙度为 1.24%～2.41%，平均为 1.82%，渗透率为（0.3811～1.3038）× $10^{-3}\mu m^2$，含油（气）饱和度为 1.59%～3.05%，平均为 2.03%，可动流体饱和度为 11.16%～29.02%，平均为 22.28%，可动水饱和度为 9.75%～21.95%，束缚水饱和度为 76.18%～88.64%，含水饱和度为 96.95%～98.41%，可动油饱和度为 0.30%～1.56%，核磁共振解释：干层。

20. 第二十层

井段：井深 3512.6～3515.4m；层厚：2.8m。岩性：灰色灰岩。层位：雀莫错组（$J_{1-2}q$）。

核磁共振孔隙度为 1.13%～1.66%，平均为 1.39%，渗透率为（0.2680～0.5140）$\times 10^{-3}$ μm^2，含油（气）饱和度为 2.78%～3.87%，平均为 3.32%，可动流体饱和度为 20.66%～28.94%，平均为 24.80%，可动水饱和度为 15.59%～23.22%，束缚水饱和度为 72.92%～81.36%，含水饱和度 96.13%～97.22%，可动油饱和度为 1.03%～1.58%，核磁共振解释：干层。

21. 第二十一层

井段：井深 4246.0～4253.68m；视厚：7.68m。岩性：灰白色碳酸盐化凝灰岩。层位：那底岗日组（T_3nd）。

核磁共振孔隙度为 1.26%～1.79%，平均为 1.51%，渗透率为（0.6326～1.3706）$\times 10^{-3}\mu m^2$，含油（气）饱和度为 6.45%～10.45%，平均为 8.19%，可动流体饱和度为 22.61%～37.62%，平均为 30.30%，可动水饱和度为 16.18%～31.42%，束缚水饱和度为 60.86%～76.41%，含水饱和度为 89.55%～93.55%，可动油饱和度为 3.86%～8.68%。

六、轻烃录井解释

（1）全井轻烃未解释。

（2）地球物理测井解释。

测井解释 18 层，累计视厚度为 102.3m，其中干层 17 层，累计视厚度为 89.5m，水层 1 层，累计视厚度为 12.8m。

层号：1。

井段：井深 1219.3～1226.1m；层厚：6.8m；自然伽马：14.8API；声波时差：56.5μs/ft；岩性密度：2.52g/cm³；补偿中子：6.4%；深侧向电阻率：617.8Ω·m；浅侧向电阻率：586.9Ω·m；孔隙度：1.51%；渗透率：0.0105$\times 10^{-3}\mu m^2$；含油气饱和度：0.0%；有机碳含量：0.21%；泥质含量：6.6%。解释结论：干层。

层号：2。

井段：井深 1236.3～1252.5m；层厚：16.2m；自然伽马：16.6API；声波时差：52.9μs/ft；岩性密度：2.48g/cm³；补偿中子：11.1%；深侧向电阻率：477.5Ω·m；浅侧向电阻率：453.6Ω·m；孔隙度：1.70%；渗透率：0.0200$\times 10^{-3}\mu m^2$；含油气饱和度：0.0%；有机碳含量：0.20%；泥质含量：8.0%。解释结论：干层。

层号：3。

井段：井深 1704.0～1709.9m；层厚：5.9m；自然伽马：23.1API；声波时差：64.9μs/ft；岩性密度：2.43g/cm³，补偿中子：21.4%，深侧向电阻率：43.2Ω·m，浅侧向电阻率：41.9Ω·m，孔隙度：1.33%；渗透率：0.0031$\times 10^{-3}\mu m^2$；含油气饱和度：0.0%；有机碳含量：0.21%；泥质含量：13.5%。解释结论：干层。

层号：4。

井段：井深 2058.1～2065.9m；层厚：7.8m；自然伽马：41.5API；声波时差：56.2μs/ft；岩性密度：2.58g/cm³；补偿中子：3.9%；深侧向电阻率：212.3Ω·m；浅侧向电阻率：214.3Ω·m；孔隙度：1.51%；渗透率：0.0073×10⁻³μm²；含油气饱和度：0.0%；有机碳含量：0.20%；泥质含量：26.7%。解释结论：干层。

层号：5。

井段：井深 2321.1～2323.4m；层厚：2.3m；自然伽马：55.1API；声波时差：55.7μs/ft；岩性密度：2.52g/cm³；补偿中子：10.6%；深侧向电阻率：114.6Ω·m；浅侧向电阻率：123.7Ω·m；孔隙度：3.00%；渗透率：0.1282×10⁻³μm²；含油气饱和度：0.0%；有机碳含量：0.24%；泥质含量：37.9%。解释结论：干层。

层号：6。

井段：井深 2328.1～2329.4m；层厚：1.3m；自然伽马：40.6API；声波时差：59.2μs/ft；岩性密度：2.45g/cm³；补偿中子：10.7%；深侧向电阻率：133.3Ω·m；浅侧向电阻率：139.0Ω·m；孔隙度：4.51%；渗透率：0.0547×10⁻³μm²；含油气饱和度：0.0%；有机碳含量：0.20%；泥质含量：18.8%。解释结论：干层。

层号：7。

井段：井深 2380.4～2381.9m；层厚：1.5m；自然伽马：54.6API；声波时差：56.8μs/ft；岩性密度：2.54g/cm³；补偿中子：6.6%；深侧向电阻率：257.0Ω·m；浅侧向电阻率：270.4Ω·m；孔隙度：3.54%；渗透率：0.1996×10⁻³μm²；含油气饱和度：0.0%；有机碳含量：0.21%；泥质含量：18.4%。解释结论：干层。

层号：8。

井段：井深 2387.9～2393.3m；层厚：5.4m；自然伽马：66.5API；声波时差：56.7μs/ft；岩性密度：2.54g/cm³；补偿中子：10.2%；深侧向电阻率：264.2Ω·m；浅侧向电阻率：236.7Ω·m；孔隙度：3.64%；渗透率：0.2667×10⁻³μm²；含油气饱和度：0.0%；有机碳含量：0.21%；泥质含量：29.9%。解释结论：干层。

层号：9。

井段：井深 2431.0～2433.0m；层厚：2.0m；自然伽马：58.6API；声波时差：55.2μs/ft；岩性密度：2.57g/cm³；补偿中子：8.1%；深侧向电阻率：170.7Ω·m；浅侧向电阻率：168.2Ω·m；孔隙度：3.15%；渗透率：0.1284×10⁻³μm²；含油气饱和度：0.0%；有机碳含量：0.21%；泥质含量：21.5%。解释结论：干层。

层号：10。

井段：井深 2704.8～2715.0m；层厚：10.2m；自然伽马：32.8API；声波时差：56.9μs/ft；岩性密度：2.49g/cm³；补偿中子：4.6%；深侧向电阻率：1729.9Ω·m；浅侧向电阻率：1833.2Ω·m；孔隙度：1.18%；渗透率：0.0040×10⁻³μm²；含油气饱和度：0.0%；有机碳含量：0.23%；泥质含量：16.7%。解释结论：干层。

层号：11。

井段：井深 3021.0～3025.6m；层厚：4.6m；自然伽马：29.0API；声波时差：50.6μs/ft；岩性密度：2.61g/cm³；补偿中子：4.9%；深侧向电阻率：518.9Ω·m；浅侧向电阻率：559.0Ω·m；

孔隙度：1.65%；渗透率：0.0116×10^{-3}μm^2；含油气饱和度：0.0%；有机碳含量：0.18%；泥质含量：13.2%。解释结论：干层。

层号：12。

井段：井深 3225.5～3230.4m；层厚：4.9m；自然伽马：61.6API；声波时差：58.6μs/ft；岩性密度：2.56g/cm^3；补偿中子：8.0%；深侧向电阻率：216.3Ω·m；浅侧向电阻率：216.3Ω·m；孔隙度：3.72%；渗透率：0.2456×10^{-3}μm^2；含油气饱和度：0.0%；有机碳含量：0.18%；泥质含量：22.8%。解释结论：干层。

层号：13。

井段：井深 3234.6～3236.9m；层厚：2.3m；自然伽马：60.5API；声波时差：56.1μs/ft；岩性密度：2.63g/cm^3；补偿中子：8.9%；深侧向电阻率：2690Ω·m；浅侧向电阻率：295.0Ω·m；孔隙度：3.15%；渗透率：0.1148×10^{-3}μm^2；含油气饱和度：0.0%；有机碳含量：0.19%；泥质含量：21.8%。解释结论：干层。

层号：14。

井段：井深 3273.8～3286.6m；层厚：12.8m；自然伽马：91.7API；声波时差：63.3μs/ft；岩性密度：2.63g/cm^3；补偿中子：13.2%；深侧向电阻率：35.9Ω·m；浅侧向电阻率：36.4Ω·m；孔隙度：4.46%；渗透率：0.5043×10^{-3}μm^2；含油气饱和度：0.0%；有机碳含量：0.24%；泥质含量：39.1%。解释结论：水层。

层号：15。

井段：井深 3393.0～3396.3m；层厚：3.3m；自然伽马：22.9API；声波时差：51.8μs/ft；岩性密度：2.6g/cm^3；补偿中子：0.2%；深侧向电阻率：865.2Ω·m；浅侧向电阻率：865.7Ω·m；孔隙度：1.15%；渗透率：0.0034×10^{-3}μm^2；含油气饱和度：0.0%；有机碳含量：0.18%；泥质含量：11.3%。解释结论：干层。

层号：16。

井段：井深 3401.0～3404.4m；层厚：3.4m；自然伽马：29.0API；声波时差：54.6μs/ft；岩性密度：2.65g/cm^3；补偿中子：0.1%；深侧向电阻率：3871.9Ω·m；浅侧向电阻率：4638.4Ω·m；孔隙度：0.75%；渗透率：0.0012×10^{-3}μm^2；含油气饱和度：0.0%；有机碳含量：0.23%；泥质含量：16.0%。解释结论：干层。

层号：17。

井段：井深 3453.5～3462.3m；层厚：8.8m；自然伽马：28.7API；声波时差：58.3μs/ft；岩性密度：2.59g/cm^3；补偿中子：1.0%；深侧向电阻率：1689.4Ω·m；浅侧向电阻率：1528.8Ω·m；孔隙度：1.87%；渗透率：0.0235×10^{-3}μm^2；含油气饱和度：0.0%；有机碳含量：0.19%；泥质含量：15.9%。解释结论：干层。

层号：18。

井段：井深 3512.6～3515.4m；层厚：2.8m；自然伽马：25.8API；声波时差：55.4μs/ft；岩性密度：2.87g/cm^3；补偿中子：−1.1%；深侧向电阻率：332.0Ω·m；浅侧向电阻率：331.5Ω·m；孔隙度：1.68%；渗透率：0.0121×10^{-3}μm^2；含油气饱和度：0.0%；有机碳含量：0.20%；泥质含量：13.6%。解释结论：干层。

羌科 1 井雀莫错组只发现气测异常显示，未发现后效显示。雀莫错组共发现 6 层气测异常层，井段分别为：2823.00～2825.00m、3023.00～3027.00m、3395.00～3398.00m、3401.00～3407.00m、3461.00～3465.00m 和 3513.00～3515.00m。主要表现为气测全烃升高，第一层全烃由 0.024%升至 0.124%，提高了 4.17 倍；第二次全烃由 0.055%升至 0.263%，提高了 3.78 倍；第三层全烃由 0.036%升至 0.125%，提高了 2.47 倍；第四层全烃由 0.036%升至 0.576%，提高了 15 倍；第五层全烃由 0.018%升高至 0.112%，提高了 5.2 倍；第六层全烃由 0.056%升高至 0.269%，提高了 3.8 倍。总体看来第四层的油气显示较好，但均属于弱含气层，岩性均为灰色灰岩，气体成分主要为甲烷。

羌科 1 井钻进至 4246.79m，录井气测全烃值由 0.044%的基值开始迅速上升，在 4252m 增大至基值的 80.5 倍，达到 3.544%的峰值；钻时由 27.42min/m 加快至 15.20min/m，泥浆密度由 1.25g/cm³ 下降至 1.23g/cm³，槽面见针孔状气泡，约占 5%，岩屑干湿照、滴照均无荧光显示。综合判断该天然气层的主要成分为甲烷，C1 值由 0.0046%上升至 3.3593%，而 C3 和 C4 值仅有微弱上升。

该天然气层所在井段为 4246.00～4253.68m，厚度达 7.68m，其岩性为灰白色碳酸盐化凝灰岩（表 8-11），层位为上三叠统那底岗日组（T_3nd）。这是首次在羌塘盆地那底岗日组发现重要油气层，也是目前羌科 1 井内发现的规模最大的天然气气显示，预示着羌塘盆地具有很好的油气勘探潜力。

表 8-11   羌科 1 井 4246.00～4253.68m 井段天然气层详细数据表

井深（m）	岩性	钻时（min/m）	全烃（%）	C1（%）	C2（%）	C3（%）	iC4（%）	nC4（%）	iC5（%）	nC5（%）
4244.00	灰绿色凝灰岩	33	0.092	0.0060	0.0000	0.0447	0.0000	0.0000	0.0000	0.0000
4245.00	灰绿色凝灰岩	34	0.066	0.0049	0.0000	0.0092	0.0000	0.0000	0.0000	0.0000
4246.00	灰绿色凝灰岩	27	0.044	0.0046	0.0000	0.0092	0.0000	0.0000	0.0000	0.0000
4247.00	灰白色碳酸盐化凝灰岩	25	0.074	0.0072	0.0000	0.0092	0.0000	0.0000	0.0000	0.0000
4248.00	灰白色碳酸盐化凝灰岩	16	0.141	0.0665	0.0000	0.0308	0.0000	0.0000	0.0000	0.0000
4249.00	灰白色碳酸盐化凝灰岩	18	0.127	0.0806	0.0000	0.0137	0.0000	0.0000	0.0000	0.0000
4250.00	灰白色碳酸盐化凝灰岩	24	0.148	0.1107	0.0000	0.0137	0.0000	0.0000	0.0000	0.0000
4251.00	灰白色碳酸盐化凝灰岩	15	0.194	0.1183	0.0000	0.0137	0.0000	0.0000	0.0000	0.0000
4252.00	灰白色碳酸盐化凝灰岩	16	3.544	3.3593	0.0000	0.0485	0.0049	0.0023	0.0000	0.0000
4253.00	灰白色碳酸盐化凝灰岩	25	0.384	0.3622	0.0000	0.0237	0.0000	0.0000	0.0000	0.0000

第二节 地质浅钻油气显示

一、羌地 17 井油气显示

（一）唢呐湖组油气显示

羌地 17 井全取心地质浅钻位于羌科 1 井西侧 6250m 处的唢呐湖盆地，井深 2001.8m。地震资料显示，唢呐湖盆地为一个始新世中期形成的伸展型断陷盆地，唢呐湖组中部同沉积凝灰岩（斑脱岩）年龄为 46.57±0.30Ma（王剑等，2019），属始新世中期。

唢呐湖组为一套紫灰色钙质泥岩、含膏泥质岩、膏灰岩及硬石膏层，地层产状平缓，基本上没有变形，与下伏燕山晚期褶皱变形的侏罗系夏里组、索瓦组地层形成清晰的角度不整合沉积超覆接触关系，角度不整合面之上唢呐湖组底部发育有底砾岩和紫红色古风化壳型松散含砾泥质岩（图 8-47）。

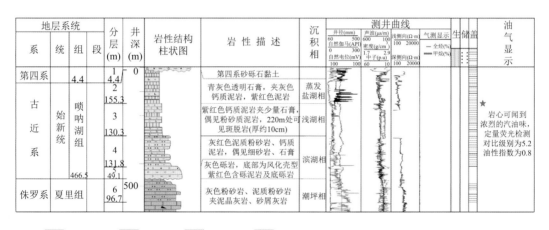

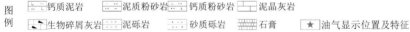

图 8-47 羌地 17 井唢呐湖组钻井油气显示测井综合地层柱状图

羌地 17 井第一次油气显示出现在井深 64.25～147.89m 的唢呐湖组膏盐岩中（图 8-47）。该段钻井岩心可闻到十分浓烈的油气味（且久置仍然长期保留此气味），岩心中的硬石膏被油浸后呈黑色状（图 8-48），荧光检测对比级别为 5.2，油性指数为 0.8，判断为轻质原油油苗。

图 8-48　羌地 17 井唢呐湖组膏岩层中的液态油显示

布曲组是油气显示最为丰富的地层之一，羌科 1 井、羌地 17 井、羌资 1 井等均见到了油气显示，以沥青显示最为常见。羌科 1 井和羌地 17 井首次在北羌塘拗陷覆盖区布曲组发现了重要气测异常（表 8-1、表 8-2）。

（二）布曲组油气显示

羌地 17 井钻井钻至 1144.16m 后钻遇到布曲组地层，其岩性总体上为砂屑泥晶灰岩、生物碎屑泥晶灰岩等，岩性较为致密，但岩心中多处可见顺层或顺缝合线分布的炭质干沥青（图 8-49）。钻井实时录井显示，泥浆的气测录井背景值较上伏的夏里组地层明显偏高，为 0.1%～0.3%。当钻至 1484.00～1485.00m 井段时，气测值上升达高峰值，全烃从 0.186%上升至 3.901%，C1 从 0.154%上升至 3.781%，高峰持续 10min（图 8-50）。

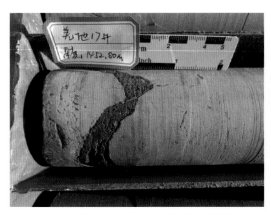

图 8-49　羌地 17 井布曲组灰岩层中的干沥青

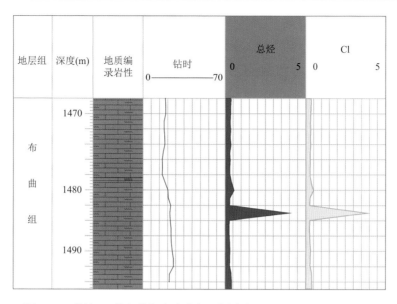

图 8-50　羌地 17 井布曲组灰岩中气测异常段（1470.00～1495.00m）

　　8 月 12 日至 8 月 14 日经过近 2 天的停钻之后，开泵进行后效测量：8 月 14 日 10:08 开泵，10:36 见后效显示，10:43 达到高峰（图 8-51）。气测全烃：0.253↑10.587%；C1：0.238↑10.197%，C2：0.000↑0.010%，C3：0.000↑0.003%，其他组分无，持续时间约为 7min。10:55 后效结束。钻井液性能：密度为 1.02g/cm^3，黏度为 25s，其他性能无变化，槽面见气泡。

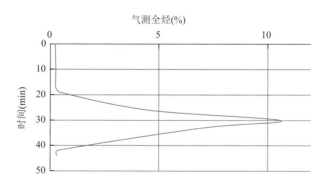

图 8-51　羌地 17 井布曲组灰岩中后效气测全烃变化图

　　此外，气测值下降并逐步趋于背景值后，每次提钻结束下次开钻时，都会有一次 1% 左右的峰值出现，随着钻井加深，这个峰值逐渐减小。对该段岩心进行浸水实验时，可看到岩心裂缝中出现少量的气泡。

　　归位井段：1484.00～1485.00m，静止时间：2519min。上窜高度：170.18m，上窜速度：4.05m/h。

　　这也是目前在羌参 1 井和羌地 17 井中测到的最大值。通过羌地 17 井与羌参 1 井布曲组地层中的油气显示对比，认为两口钻井布曲组气测异常应在同一层位，表明万安湖地区布曲组地层存在一层广泛分布的含气层。

三叠系是羌科 1 井的主要目的层系，是北羌塘盆地最有可能取得重大油气突破的层系。在东部羌资 7 井、羌资 8 井和羌资 16 井中均发现大量油气显示，同时首次在北羌塘中部羌科 1 井那底岗日组中发现重要气测异常。

二、羌资 7 井及羌资 8 井油气显示

羌资 7 井和羌资 8 井行政区划属于西藏自治区那曲地区安多县雁石坪镇玛曲乡境内。井位坐标分别为 N33°45′36″、E91°16′12″以及 N33°45′11″、E91°17′51″，井口海拔为 5074m。羌资 7 完钻深度为 402.5m，捞取巴贡组及波里拉组岩心 393.89m，测井深度为 401m。羌资 8 完钻深度为 501.7m，捞取巴贡组及波里拉组岩心 496.28m，测井深度为 501m。

（一）沥青显示特征

羌资 7 井和羌资 8 井地质浅钻不仅发现了巴贡组优质烃源岩（图 8-52），而且发现了多层油气显示，主要包括以下 4 类。

图 8-52　羌塘盆地东部羌资 7 井沥青显示

（1）层间缝中充填的沥青脉，层理缝是沉积岩中最发育、最常见的一种裂缝，也是非构造成因缝，又被称为层间缝（图 8-53）。羌资 7 井和羌资 8 井岩心中主要呈薄-中层状，其层理缝非常发育。层理缝中发育大量沥青脉，沥青脉中常伴生方解石脉。

（2）缝合线中充填的沥青脉缝合线是在静岩压力作用下，通过长时间的压溶作用形成的。它是碳酸盐岩中常见的裂缝，形成于地层埋藏早期，常平行于层理面。羌资 7 井和羌资 8 井岩心中发育大量缝合线，其中均充填有黑色沥青脉（图 8-54）。

（3）构造裂缝中充填的沥青脉，羌资 7 井和羌资 8 井岩心中构造裂缝也比较发育。岩心中至少发育 5 期较典型的构造裂缝，其中大部充填有黑色沥青脉（图 8-54、图 8-55）。

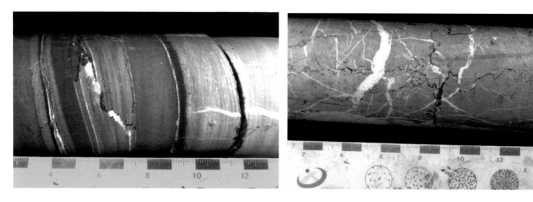

图 8-53 羌塘盆地羌资 8 井巴贡组灰岩层间缝和缝合线中充填沥青

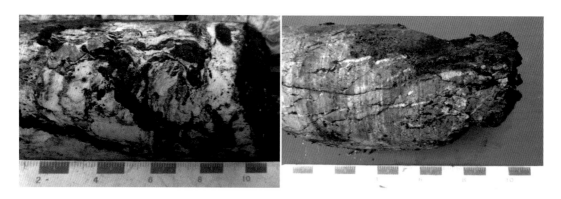

图 8-54 羌塘盆地羌资 7 井断层破碎带和构造裂缝中充填沥青和方解石

图 8-55 羌塘盆地羌资 8 井断层破碎带和中角度裂缝中充填沥青和方解石

　　（4）后期溶蚀缝中充填的沥青脉由于地下流体的化学溶蚀作用，碳酸盐岩中常形成大小不均的不规则孔、洞、缝。羌资 7 井岩心中发育大量溶蚀成因的孔、洞、缝，其中均充填有黑色沥青脉，与沥青一起还常伴生有白色方解石石脉（图 8-56）。

图 8-56　羌塘盆地羌资 8 井溶蚀缝中充填沥青和方解石

（二）气体显示特征

在羌资 7 井 250m 处波里拉组顶部出现烃类气体泄漏现象，井口出现浓烈的油气味。从 240m 至 400m 均有沥青显示，沥青主要为炭质干沥青，充填于构造裂缝以及层理缝中（图 8-57 左）。另外，还有少量砂屑灰岩中也有沥青显示，以及薄板状的油砂（图 8-57 右）。测井资料数据分析表明，羌资 7 井存在两个含油气储层，分别是 249.10～251.20m 的含气水层，含气饱和度为 10.08%，278.50～281.60m 的含油水层，含油饱和度为 28.41%，其余储层为水层。

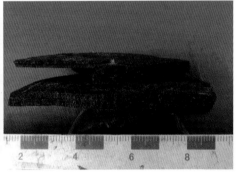

图 8-57　羌资 7 井 250m 处冒气段岩心及 360m 处薄板状油砂

（三）测井响应

通过测井资料含水饱和度的计算，以及结合岩心观察与其对应深度段录井显示的对比，分析羌资 7 井的含油气性（表 8-12，图 8-58）。

羌资 7 井 249.10～251.20m 井段含水饱和度为 89.92%，根据录井显示，该段岩心冒气，则含气饱和度为 10.08%，判定为含气水层。271.25～271.90m 井段含水饱和度为 97.17%，岩性为泥晶灰岩，岩心充填有沥青，含油饱和度为 2.83%，判定为含油水层。278.50～281.60m 井段含水饱和度为 71.59%，岩性为含泥质白云质泥晶灰岩，根据录井显示，该段岩心充填有丰富的沥青颗粒，则含油饱和度为 28.41%，判定为含油水层。292.30～

293.15m 井段含水饱和度为 96.87%，岩心充填有沥青，含水饱和度为 96.87%，则含油饱和度为 3.13%，判定为含油水层。359.40～359.80m 井段为泥晶灰岩，含水饱和度为 97.89%，表明该段泥晶灰岩只有裂缝中有沥青充填，岩石基块孔隙中基本不含沥青。

表 8-12　羌资 7 井波里拉组含油气性测井分析成果表

序号	深度范围（m）	储层岩性	流体性质	含水饱和度（%）
1	249.10～251.20	钙质泥岩与泥晶灰岩互层	含气水层	89.92
2	271.25～271.90	泥晶灰岩	含油水层	97.17
3	278.50～281.60	白云质泥晶灰岩	含油水层	71.59
4	292.30～293.15	白云岩	含油水层	96.87
5	359.40～359.80	泥晶灰岩	沥青	97.89

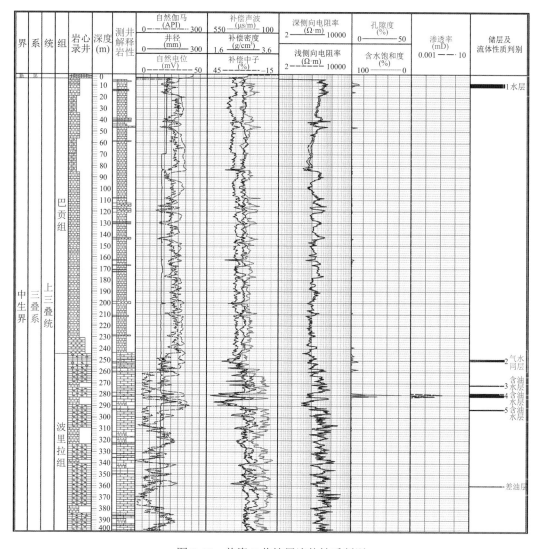

图 8-58　羌资 7 井储层流体性质判别

三、羌资 16 井油气显示

（一）异常显示

羌资 16 井气测录井井段为 0～1593.22m，包括全烃、组分的连续测量，采样间距为 1 点/m。该井漏浆失返严重，导致大部分层未采集到相应的气测录井参数。在录井过程中，共发现 5 处气测异常显示点，分别描述如下。

1. 异常显示 1

层位：巴贡组（T_3bg）。

井深：1262.56～1264.48m；钻厚：1.92m。

岩性：黑色碳质泥岩，灰黑色粉砂质泥岩，裂缝发育。

钻时：24～25min/m。

气测值变化：全烃为 0.024↑0.165%，C1 为 0.016↑0.141%，C2 为 0↑0.004%。

钻井液性能变化：密度为 1.02↓1.00g/cm³，黏度为 17↑18s。

槽面显示：槽面无显示。

荧光：岩心干照、湿照无显示。

录井显示过程（图 8-59）：2016 年 10 月 1 日 03:30 钻进至井深 1263.62m，迟深 1262.56m，气测值上升达高峰值，全烃为 0.024↑0.165%，C1 为 0.016↑0.141%，C2 为 0↑0.004%，C30↑0.004%，钻井液密度为 1.02↓1.00g/cm³，黏度为 17↑18s，槽面无显示。高峰持续 1min。04:36 钻进至井深 1265.58m，迟深 1264.48m，气测值下降并逐步趋于背景值，显示结束，显示持续 66min。

录井解释：气测异常。

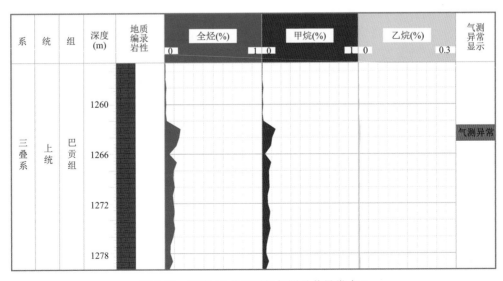

图 8-59　羌资 16 井巴贡组气测录井异常点 1

2. 异常显示 2

层位：波里拉组（T_3b）。

井深：1328.35～1330.87m；钻厚：2.52m。

岩性：灰黑色泥岩，泥岩较破碎，成层明显，薄层状，泥岩中水平层理发育。

钻时：45～46min/m。

气测值变化：全烃为 0.021%～0.126%，C1 为 0.010%～0.109%。

钻井液性能变化：密度为 1.01↓1.00g/cm³，黏度为 19↑20s。

槽面显示：槽面无显示。

荧光：岩心干照、湿照无显示。

录井显示过程（图 8-60）：2016 年 10 月 5 日 11:31 钻进至井深 1329.63m，迟深 1328.35m，气测值上升，全烃为 0.021↑0.074%，C1 为 0.010↑0.065%，钻井液密度为 1.01g/cm³，黏度为 18s，槽面无显示。12:03 钻进至井深 1330.60m，迟深 1329.85m，气测值上升达高峰值，全烃为 0.074↑0.126%，C1 为 0.065↑0.109%；钻井液密度为 1.01↓1.00g/cm³，黏度为 19↑20s，槽面无显示，高峰持续 1min。12:05 钻进至井深 1330.87m，迟深 1330.87m（循环至井深），气测值下降并逐步趋于背景值，显示结束，显示持续 34min。

录井解释：气测异常。

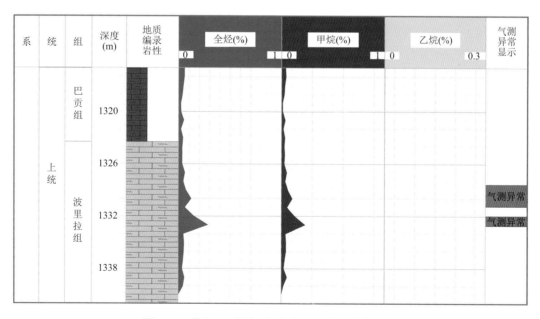

图 8-60　羌资 16 井波里拉组气测录井异常点 2、3

3. 异常显示 3

层位：巴贡组（T_3b）。

井深：1331.94～1333.08m；钻厚：1.14m。

岩性：灰黑色泥岩，岩心较为破碎。主要岩性为灰黑色薄层状泥岩。泥岩中见有大量角砾。

钻时：$32 \sim 34$min/m。

气测值变化：全烃为 $0.046\% \sim 0.290\%$，C1 为 $0.036\% \sim 0.234\%$。

钻井液性能变化：密度为 $1.01 \downarrow 1.00$g/cm^3，黏度为 $18 \uparrow 19$s。

槽面显示：槽面无显示。

荧光：岩心干照、湿照无显示。

录井显示过程（图 8-60）：2016 年 10 月 5 日 14:20 钻进至井深 1332.70m，迟深 1331.94m，气测值上升，全烃为 $0.046 \uparrow 0.152\%$，C1 为 $0.036 \uparrow 0.132\%$，钻井液密度为 1.02g/cm^3，黏度为 18s，槽面无显示。14:37 钻进至井深 1333.26m，迟深 1332.50m，气测值上升达高峰值，全烃为 $0.152 \uparrow 0.290\%$，C1 为 $0.132 \uparrow 0.234\%$，钻井液密度为 $1.02 \downarrow 1.00$g/cm^3，黏度为 $18 \uparrow 20$s，槽面无显示，高峰持续 1min。15:02 钻进至井深 1333.89m，迟深 1333.08m，气测值下降并逐步趋于背景值，显示结束，显示持续 42min。

录井解释：气测异常。

4. 异常显示 4

层位：波里拉组（T$_3$b）。

井深：$1355.91 \sim 1357.72$m；钻厚：1.81m。

岩性：灰白色泥晶灰岩，方解石脉充填。

钻时：$24 \sim 25$min/m。

气测值变化：全烃为 $0.032\% \sim 0.215\%$，C1 为 $0.025\% \sim 0.192\%$。

钻井液性能变化：密度为 $1.01 \downarrow 1.00$g/cm^3，黏度为 $19 \uparrow 20$s。

槽面显示：槽面无显示。

荧光：岩心干照、湿照无显示。

录井显示过程（图 8-61）：2016 年 10 月 6 日 17:50 钻进至井深 1356.86m，迟深 1355.91m，气测值上升，全烃为 $0.032 \uparrow 0.124\%$，C1 为 $0.025 \uparrow 0.067\%$，钻井液密度为 1.01g/cm^3，黏度为 18s，槽面无显示。18:18 钻进至井深 1358.11m，迟深 1357.12m，气测值上升达高峰值，全烃为 $0.124 \uparrow 0.215\%$，C1 为 $0.067 \uparrow 0.192\%$；钻井液密度为 $1.01 \downarrow 1.00$g/cm^3，黏度为 $18 \uparrow 20$s，槽面无显示，高峰持续 2min。18:28 钻井至井深 1358.69m，迟深 1357.72m，气测值下降并逐步趋于背景值，显示结束，显示持续 38min。

录井解释：气测异常。

5. 异常显示 5

层位：甲丕拉组（T$_3$j）。

井深：$1539.03 \sim 1542.81$m，钻厚：3.78m。

岩性：灰色砾岩，砾石棱角明显。

钻时：$29 \sim 32$min/m。

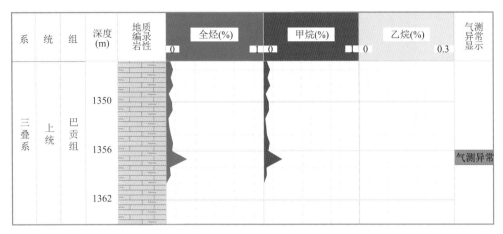

图 8-61　羌资 16 井波里拉组气测录井异常点 4

气测值变化：全烃为 0.189%～0.718%，C1 为 0.155%～0.681%。

钻井液性能变化：密度为 1.02↓1.00g/cm³，黏度为 18↑21s。

槽面显示：槽面无显示。

荧光：岩心干照、湿照无显示。

录井显示过程（图 8-62）：2016 年 10 月 27 日 11:00 钻进至井深 1539.79m，迟深 1538.60m，气测值上升，全烃为 0.189↑0.462%，C1 为 0.155↑0.435%，钻井液密度为 1.02g/cm³，黏度为 18s，槽面无显示。12:11 钻进至井深 1541.68m，迟深 1540.49m，气测值上升达高峰值，全烃为 0.462↑0.718%，C1 为 0.435↑0.681%，钻井液密度为 1.02↓1.00g/cm³，黏度为 18↑21s，槽面无显示，高峰持续 1min。12:50 钻进至井深 1542.81m，迟深 1541.61m，气测值下降并逐步趋于背景值，显示结束，显示持续 110min。

录井解释：气测异常。

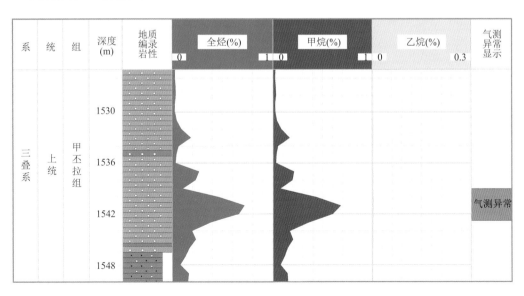

图 8-62　羌资 16 井甲丕拉组气测录井异常点 5

（二）含气层分析

气测录井在油气勘探过程中起着重要的、不可替代的作用，是直接寻找油气的一种地球化学方法。应用气体检测仪自动连续地检测钻井液中所含气体成分的含量，它是综合录井的重要组成部分。

羌资 16 井利用 SK-3Q02 氢焰色谱仪对全井段的返浆井段进行了自动连续气测录井，在上三叠统巴贡组底部（1262m 及以下）至井底甲丕拉组发现了近 311m 气测异常（图 8-63）。该层段（1262～1573m）全烃为 0.0%～0.718%，平均为 0.089%；甲烷为 0.0%～0.681%，平均为 0.075%；乙烷较低，为 0.0%～0.005%，平均为 0.001%。

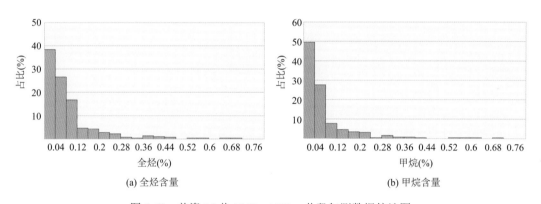

图 8-63　羌资 16 井 1262～1573m 井段气测数据统计图

统计分析全井段气测录井数据，按照返浆层段和地层，共划分出 4 段含气层段，包括雀莫错组（642.40～659.85m，690.35～739.60m）、巴贡组（1248.50～1323.50m）、波里拉组（1323.50～1502.48m）、甲丕拉组（1502.48～1593.22m）。

1. 含气层段 1

井深：642.40～659.85m，690.35～739.60m，共 66.70m。

层位：雀莫错组（$J_{1-2}q$）。

岩性：紫红色、灰色泥质粉砂岩、粉砂岩、粉砂质泥岩。

气测值：全烃为 0.0%～0.065%，平均为 0.015；C1 为 0.0%～0.055%，平均为 0.006%；C2 为 0.0%～0.003%，平均为 0.001%（图 8-64）。

钻井液性能变化：泥浆密度为 1.02～1.03g/cm³，pH 为 8，黏度为 20～21s，含砂量为 0.23%。

因该层气测值极低，整段无荧光显示，为非产层。

2. 含气层段 2

井深：1248.50～1323.50m，共 75.00m。

层位：巴贡组（T_3bg）。

岩性：灰黑色钙质泥岩。

气测值：全烃为 0.009%～0.166%，平均为 0.045%；C1 为 0.004%～0.142%，平均为 0.033%；C2 为 0.0%～0.005%，平均为 0.001%（图 8-65）。

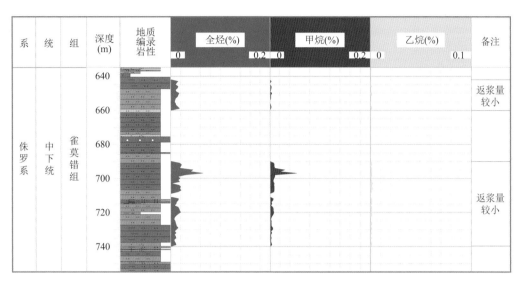

图 8-64　羌资 16 井雀莫错组（642.40～659.85m，690.35～739.60m 井段）含气层段

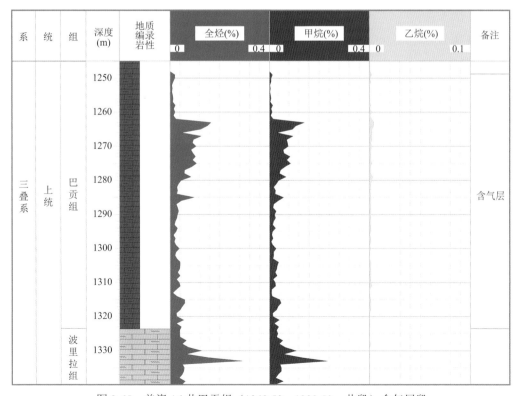

图 8-65　羌资 16 井巴贡组（1248.50～1323.50m 井段）含气层段

钻井液性能变化：泥浆密度为 $1.01\sim1.02g/cm^3$，pH 为 8，黏度为 $17\sim18s$，含砂量为 $0.20\%\sim0.23\%$。

选取该含气层段最大气测值进行气测分析。井深 1263.00m，气测值显示：全烃为 0.165%，C1 为 0.141%，C2 为 0.002%，C3 为 0.0002%，iC4 为 0.0001%。

（1）三角图版法。井深 1263.00m 处 C2/SUM 为 0.014，C3/SUM 为 0.007，C4/SUM 为 0.001。三角形内形成的 M 点落入价值区域外，为非产层（图 8-66）。

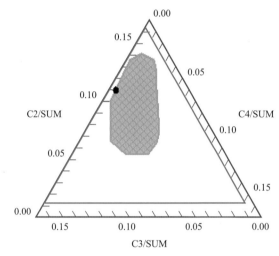

图 8-66　羌资 16 井井深 1263.00m 处三角图版法气测解释

（2）皮克斯勒比值法。井深 1263.00m 处 C1/C2：70.50＞65，C1/C3：705.00＞100，C1/C4：1410.00＞200，C1/C5：0。根据皮克斯勒比值法解释原则，解释结论点超出油气层边界。

（3）3H 比值法。1263.00m 处烃的湿度值 WH 为 1.6，烃的平衡值 BH 为 6.7，烃的特性值 CH 为 0.5。$0.5＜WH＜17.5$，$WH＜BH＜100.00$，根据 3H 图版解释原则，该点解释为含气层（图 8-67）。

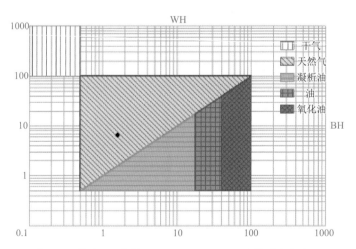

图 8-67　羌资 16 井井深 1263.00m 处 3H 比值法气测解释

（4）轻烃比值法。井深 1263.00m 处 C2/C1（×1000）：14，C3/C1（×1000）：1，轻烃比值法解释该点超越油气层边界（图 8-68）。

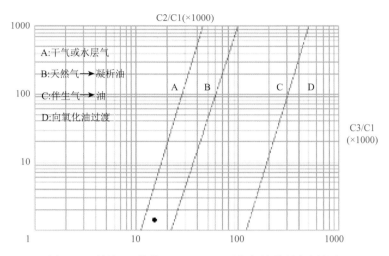

图 8-68　羌资 16 井井深 1263.00m 处轻烃比值法气测解释

综合以上分析，1248.50～1323.50m 井段全烃曲线、组分曲线均表现为较为明显的正异常特征，全烃异常值为基值的 6.8 倍，异常段气测值较高，持续性较好，曲线形态饱满，整段无荧光显示记录。因此该层为含气层，非产层。

3. 含气层段 3

井深：1323.50～1502.48m，共 178.98m。

层位：波里拉组（T_3b），岩性：灰色、灰黑色泥晶灰岩、泥灰岩、砂屑灰岩、粉砂岩等。

气测值：全烃为 0.0%～0.290%，平均为 0.057%；C1 为 0.0%～0.234%，平均为 0.047%；C2 为 0.0%～0.002%，平均为 0.001%（图 8-69）。

钻井液性能变化：泥浆密度为 $1.01g/cm^3$，pH 为 8，黏度为 18～21s，含砂量为 0.20%～0.21%。

选取该含气层段最大气测值进行气测分析。井深 1357.00m，气测值显示：全烃为 0.216%，C1 为 0.192%，C2 为 0.002%，C3 为 0.0002%，iC4：0.0001%。

（1）三角图版法。井深 1357.00m 处 C2/SUM 为 0.010，C3/SUM 为 0.001，C4/SUM 为 0.001。三角形内形成的 M 点落入价值区域外，为非产层（图 8-70）。

（2）皮克斯勒比值法。井深 1357.00m 处 C1/C2：96.00＞65；C1/C3：960.00＞100；C1/C4：1920.00＞200；C1/C5：0。根据皮克斯勒比值法解释原则，解释结论点超出油气层边界。

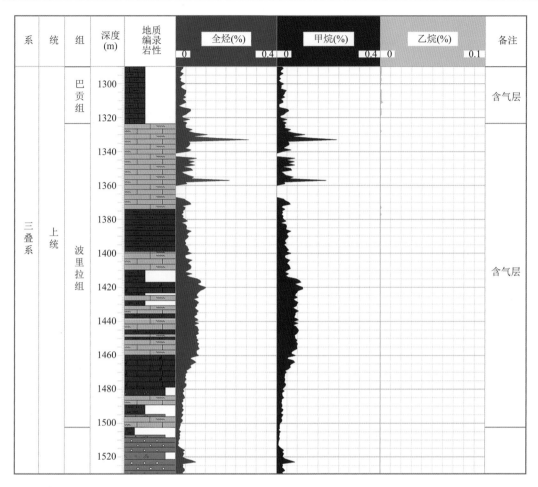

图 8-69　羌资 16 井波里拉组（1323.50～1502.48m 井段）含气层段

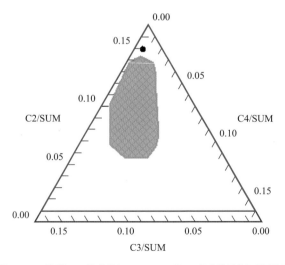

图 8-70　羌资 16 井井深 1357.00m 处三角图版法气测解释

（3）3H 比值法。井深 1357.00m 处 WH 为 1.2，BH 为 6.7，CH 为 0.5。0.5＜WH＜17.5，WH＜BH＜100.00，根据 3H 图版解释原则，该点解释为含气层（图 8-71）。

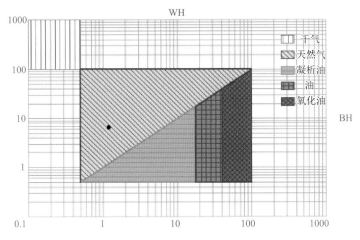

图 8-71　羌资 16 井井深 1357.00m 处 3H 比值法气测解释

（4）轻烃比值法。井深 1357.00m 处 C2/C1（×1000）：10；C3/C1（×1000）：1，轻烃比值法解释该点超越油气层边界（图 8-72）。

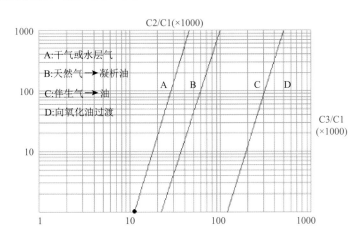

图 8-72　羌资 16 井井深 1357.00m 轻烃比值法气测解释

综合以上分析，1323.50～1502.48m 井段全烃曲线、组分曲线均表现为较为明显的正异常特征，全烃异常值为基值的 6.7 倍，异常段气测值较高，持续性不强，整段无荧光显示记录。因此该层为含气层，非产层。

4. 含气层段 4

井深：1502.48～1593.22m，共 90.74m。

层位：甲丕拉组（T_3j），岩性：灰色岩屑石英细砂岩、砾岩、含砾粉砂岩。

气测值：全烃为 0.009%～0.718%，平均为 0.176%；C1 为 0.008%～0.681%，平均为 0.153%；C2 为 0.0%～0.005%，平均为 0.002%（图 8-73）。

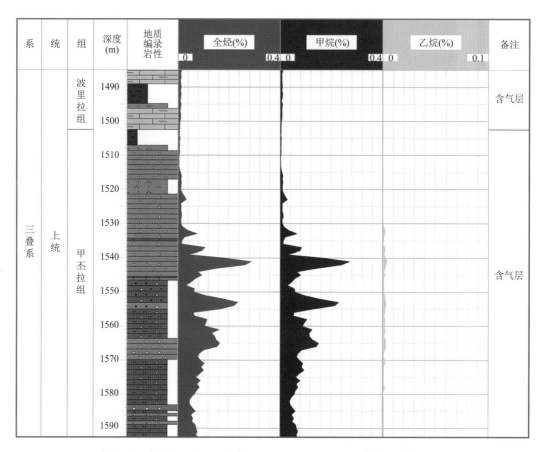

图 8-73　羌资 16 井甲丕拉组（1502.48～1593.22m 井段）含气层段

钻井液性能变化：泥浆密度为 1.01～1.02g/cm³，pH 为 8，黏度为 18～21s，含砂量为 0.20%～0.22%。

选取该含气层段最大气测值进行气测分析。井深 1541.00m，气测值显示：全烃为 0.718%，C1 为 0.681%，C2 为 0.004%，C3 为 0.0002%，iC4 为 0.0001%。

（1）三角图版法。1541.00m 处 C2/SUM 为 0.006，C3/SUM 为 0.000，C4/SUM 为 0.000。三角形内形成的 M 点落入价值区域外，为非产层（图 8-74）。

（2）皮克斯勒比值法。1541.00m 处 C1/C2：170.30＞65；C1/C3：3405.00＞100；C1/C4：6810.00＞200；C1/C5：0。根据皮克斯勒比值法解释原则，解释结论点超出油气层边界。

（3）3H 比值法。1541.00m 处 WH 为 0.6，BH 为 13.3，CH 为 0.5。0.5＜WH＜17.5，WH＜BH＜100.00，根据 3H 图版解释原则，该点解释为含气层（图 8-75）。

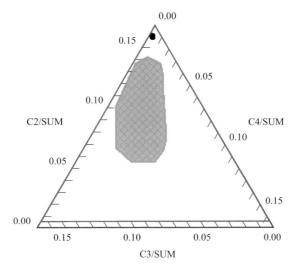

图 8-74 羌资 16 井井深 1541.00m 处三角图版法气测解释

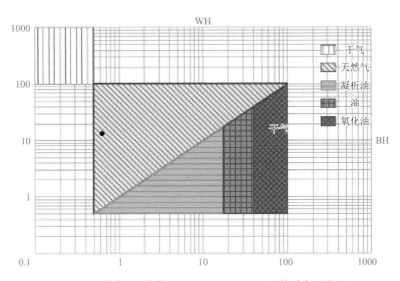

图 8-75 羌资 16 井井深 1541.00m 处 3H 比值法气测解释

（4）轻烃比值法。井深 1541.00m 处 C2/C1（×1000）：6；C3/C1（×1000）：0；轻烃比值法解释该点超越油气层边界。

综合以上分析，1502.48～1593.22m 井段全烃曲线、组分曲线均表现为较为明显的正异常特征，全烃异常值为基值的 3.7 倍，异常段气测值较高，持续性不强，整段无荧光显示记录。因此该层为含气层，非产层。

（三）含气量解吸结果

羌资 16 井共控制了 3 件样品的现场含气量解吸工作，分别描述如下。

（1）井深 1058.28m 处为巴贡组灰黑色钙质泥岩，质量为 1.116kg，解析体积为 79mL，损失气量为 13.7mL，总含气量为 0.070m³/t（图 8-76）。

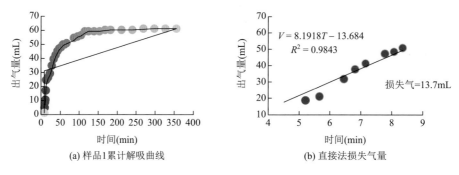

（a）样品1累计解吸曲线　　　　　　　（b）直接法损失气量

图 8-76　羌资 16 井巴贡组（井深 1058.28m 处）含气量解吸曲线图

（2）井深 1332.25m 处为巴贡组灰黑色泥岩，质量为 1.028kg，解析体积为 80mL，损失气量为 26.9mL，总的含气量为 0.077m³/t（图 8-77）。

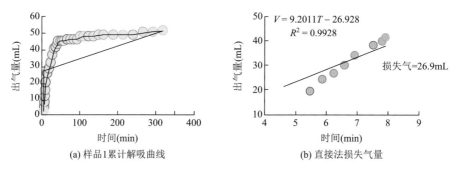

（a）样品1累计解吸曲线　　　　　　　（b）直接法损失气量

图 8-77　羌资 16 井巴贡组（井深 1332.25m）含气量解吸曲线图

（3）井深 1514.93m 处为甲丕拉组灰色砾岩，质量为 1.125kg，解析体积为 89mL，损失气量为 42.5mL，总的含气量为 0.079m³/t（图 8-78）。

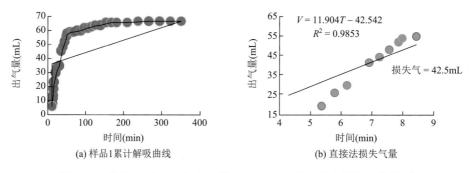

（a）样品1累计解吸曲线　　　　　　　（b）直接法损失气量

图 8-78　羌资 16 井甲丕拉组（井深 1514.93m 处）含气量解吸曲线图

总体来看，3 件样品含气量解吸结果值均不高，最大为 0.079m³/t，含气量解吸结果见表 8-13。

表 8-13　羌资 16 井含气量解吸成果表

样品编号	层位	岩性	取样深度（m）	质量（kg）	解析体积（mL）	含气量（m³/t）	损失气量（mL）	备注
1	巴贡组	灰黑色钙质泥岩	1058.28	1.116	79	0.070	13.7	未集气
2	巴贡组	灰黑色泥岩	1332.25	1.028	80	0.077	26.9	未集气
3	甲丕拉组	灰色砾岩	1514.93	1.125	89	0.079	42.5	未集气

（四）小结

从羌资 16 井地质浅钻油气显示特征分析来看，上三叠统巴贡组（1248.50～1323.50m 井段）、波里拉组（1323.50～1502.48m 井段）、甲丕拉组（1502.48～1593.22m 井段）的含气性好于中上侏罗统雀莫错组（642.40～659.85m、690.35～739.60m 井段），而甲丕拉组含气性又好于巴贡组（1248.50～1323.50m 井段）、波里拉组（1323.50～1502.48m 井段）。

第九章　单井石油地质条件

通过实施羌科 1 井科探井工程，在羌塘盆地油气封盖条件、优质烃源岩及油气显示等方面获得了一系列新发现：钻探发现了雀莫错组及夏里组两套区域性优质盖层，与羌科 1 井配套的地质浅钻揭示北羌塘盆地边缘带发育了较好的烃源岩，羌科 1 井发现多次气测异常显示等。本章将重点介绍羌科 1 井及其配套的地质浅钻钻遇烃源岩、储层及盖层的录井测井特征。

第一节　烃源岩录井测井特征

烃源岩录井测井特征主要包括有机质丰度、成熟度及有机质类型等三个方面。羌科 1 井及配套地质浅钻烃源岩评价依据主要来源于录井测井资料、岩屑（岩心）样品分析化验数据及现场 TOC 热解数据等，同时综合考虑了油气显示信息。

一、烃源岩评价标准

烃源岩是油气评价的第一要素，也是盆地油气勘查初期的重点工作。不同学者对烃源岩评价标准存在较大差异，因此，本节有必要就烃源岩评价标准做简单讨论与限定。

（一）有机质丰度

烃源岩中的有机质是油气形成的物质基础，表征有机质丰度的参数通常有残余有机碳含量（TOC）、氯仿沥青"A"、总烃、生烃潜量（$S_1 + S_2$）等（陈丕济，1978；秦建中等，2004，2005）（表 9-1）。由于羌塘盆地目前烃源岩样品热演化程度较高，考虑到衡量有机质丰度的可溶有机质指标如氯仿沥青"A"、生烃潜量（$S_1 + S_2$）等受有机质热演化影响较大（秦建中，2006c），因此，本次评价羌塘盆地烃源岩有机质丰度主要采用残余有机碳含量指标，其他指标作为辅助指标供参考。

对于泥岩样品，国内外的评价标准基本一致，下限为 0.4% 或者 0.5%，本次羌塘盆地烃源岩评价采用了这一标准（表 9-1）。

表 9-1　泥质烃源岩分级评价标准

参数	非生油岩	较差生油岩	中等生油岩	好生油岩
TOC（%）	<0.4	0.4~0.6	0.6~1	>1
氯仿沥青"A"（μL/L）	<100	100~500	500~1000	>1000
总烃（μL/L）	<100	100~200	200~500	>500
生烃潜量（S_1+S_2）（mg/g）	<1	1~2	2~6	>6

对于碳酸盐岩烃源岩样品各类评价标准不一，有机质丰度下限取值为 0.05%~0.5%。近年来，国内外许多学者对碳酸盐岩烃源岩的评价进行了广泛的调研（秦建中等，2004；成海燕，2007；薛海涛等，2007），认为碳酸盐岩和泥岩作为有效烃源岩的有机质丰度下限没有本质区别，其有机碳含量必须大于 0.5%，低丰度的碳酸盐岩不能作为有效烃源岩（Bjoroy M，1994；张水昌，2002；陈建平，2012；柳广弟，2012）。然而，羌塘盆地碳酸盐烃源岩有机质丰度普遍较低，若以 0.5% 的 TOC 下限标准来衡量，则基本否定了本区碳酸盐烃源岩存在的可能性，这显然与油源对比资料不一致，许多液态油苗或沥青其油源有来自布曲组碳酸盐烃源岩的烃源贡献。考虑到碳酸盐烃源岩生排烃能力优于同等泥质烃源岩，其下限值标准理应略低于泥质烃源岩下限值标准。因此，羌塘盆地碳酸盐烃源岩评价采用 0.2%~0.3% 作为 TOC 下限（秦建中等，2005），针对不同类型、不同成熟度的碳酸盐烃源岩则采用不同的分级评价标准（表 9-2）。

表 9-2　碳酸盐岩烃源岩评价标准（据秦建中等，2005）

演化阶段	有机质类型	指标	烃源岩类别				烃源岩 IH	干酪根 H/C 原子比
			很好	好	中等	差-非烃源岩		
未成熟-成熟	I-II₁	TOC（%）	>2	1~2	0.3~1	<0.3	>400	1.25
		S_1+S_2（mg/g）	>10	5~10	2~5	<2		
		氯仿沥青"A"（%）	>0.25	0.15~0.25	0.05~0.25	<0.05		
		总烃（×10⁻⁶）	>1000	500~1000	150~500	<150		
	II	TOC（%）	>3	1.5~3	0.5~1.5	<0.5	<400	<1.25
		S_1+S_2（mg/g）	>10	5~10	2~5	<2		
		氯仿沥青"A"（%）	>0.25	0.15~0.25	0.05~0.15	<0.05		
		总烃（×10⁻⁶）	>1000	500~1000	150~500	<150		
高成熟-过成熟	I-II₁	TOC（%）	>1.5	0.7~1.5	0.2~0.7	<0.2	—	
	II		>2.5	1.2~2.5	0.4~1.2	<0.4		

表 9-2 碳酸盐岩烃源岩的划分标准将碳酸盐岩烃源岩有机质分为很好烃源岩、好烃源岩、中等烃源岩、差-非烃源岩 4 种类型；为消除成熟度对评价标准的影响，又分为未成熟-成熟烃源岩、高成熟-过成熟烃源岩两种评价标准；通过对碳酸盐岩有机质丰度、干酪

根类型、沉积相、有机相的研究，说明碳酸盐岩有机质并非都是Ⅰ型和Ⅱ$_1$型，在无障壁的浅水陆表海沉积环境下形成的碳酸盐岩具有Ⅱ型有机质的较多，所以修正了过去碳酸盐岩只按Ⅰ型有机质的评价方法，而将碳酸盐岩按Ⅰ-Ⅱ$_1$型、Ⅱ型有机质分别进行评价。

（二）有机质类型

　　油（气）源岩中有机质的类型是其质量指标，不同类型的原始有机质具有不同的油（气）生成潜能，形成不同的产物。有机质类型受控于早期的生源组合和沉积环境，后期的演化也有不同程度的影响。有机质成熟度越高，影响越大，这给有机质类型的判别带来了困难。因此，在演化程度高的地区判断有机质类型，必须从干酪根类型、正构烷烃特征及甾烷的组分特征等方面研究（表 9-3）。

表 9-3　烃源岩有机质类型评价指标

项目	指标	类型		
		Ⅰ	Ⅱ	Ⅲ
干酪根分析	生源组合	藻类、细菌微生物再造有机质	水生生物为主中高含硫	陆源生物为主
	干酪根镜检特征	无明显的外形轮廓和结构，呈云雾状不规则状	其形状特征介于Ⅰ型和Ⅲ型之间	有规则的边缘，外形轮廓清晰，呈长条状、片状、棱角状
	镜检类型指数	>80	0～80	<0
	扫描电镜分析特征	无定型、团絮状	少量片块状	柱状、片块状
族组分	饱和烃（%）	40～60	20～40	5～20
	芳烃（%）	15～25	5～25	10～30
	非烃＋沥青质（%）	20～40	40～60	60～80
	饱和烃/芳烃	>3	1～3	<1
饱和烃	峰型特征	前高单峰型	可有双峰	后高单峰型
	$(C_{21}+C_{22})/(C_{28}+C_{29})$	>2.0	1.0～2.0	<1.0
甾烷	—	C_{27} 含量高或 C_{28}、C_{29} 同时含量高	C_{27}、C_{29} 含量差异不大或 C_{28} 含量大于 C_{27}	C_{29} 含量高同时 C_{28} 低

（三）有机质成熟度

　　有机质热演化是衡量烃源岩中有机质的油气生成和评价一个地区油气性质及资源前景的重要指标（秦建中和刘宝泉，2005）。判别有机质成熟度的指标非常多，但部分方法受有机质丰度、有机质类型及本身的热演化程度影响，应用效果不是十分理想。

从羌塘盆地中生代烃源岩尤其是碳酸盐岩烃源岩自身特点出发，筛选出如下几种行之有效的判别指标：镜质体/反射率法（R_o）、岩石热解峰温法（T_{max}）、干酪根 H/C 原子比法，并结合赵政璋、秦建中等的成熟度判识标准进行划分（赵政璋等，2001b；秦建中等，2006a）（表 9-4）。

表 9-4 羌塘盆地烃源岩成熟度划分标准（赵政璋等，2001）

主要指标		未成熟	低成熟	成熟	高成熟	过成熟
R_o/%		<0.5	0.5~<0.7	0.7~<1.3	1.3~<2.0	≥2.0
热解 T_{max}/℃		<430	430~<437	437~<470	470~<500	≥500
干酪根 H/C 原子比	I		>1.5			
	II₁		1.5~1.2	—	0.6~0.4	<0.4~0.45
	II₂		<1.2~0.85			

二、烃源岩录井特征

（一）羌科 1 井烃源岩

依据上述评价标准，利用已返回的 292 项次分析化验资料，开展了羌科 1 井烃源岩录井特征分析，结果表明，夏里组下部泥质岩及布曲组中下部泥质岩具有一定生烃潜力。

1. 夏里组下部泥质岩烃源岩

1）有机质丰度

夏里组下部泥质岩厚 263m，烃源岩（TOC>0.3%）厚约 24m（表 9-5），主要为灰色、深灰色泥岩夹灰色含钙泥岩。从有机质丰度来看，该层段有 10 件样品，有机碳含量最小值为 0.19%，最大值为 0.36%，平均为 0.26%，但是大于 0.3% 的样品只有 3 件，为灰色-深灰色泥岩；该层段氯仿沥青"A"最小值为 0.0026%，最大值为 0.0126%，平均为 0.00665%；该层段的生烃潜力 S_1+S_2 最小值为 0.03mg/g，最大值为 0.09mg/g，平均为 0.054mg/g。结合该层段 TOC、氯仿沥青"A"含量以及生烃潜力 S_1+S_2，该层段烃源岩均属差烃源岩级别。

表 9-5 羌科 1 井夏里组泥质烃源岩透射光-荧光干酪根显微组分及类型测试鉴定表

测试编号	井段/井深（m）	层位	腐泥组（%）	壳质组（%）	镜质组（%）	惰质组（%）	类型指数 TI
H20174199	880	夏里组	1.00	20.00	8.67	70.33	−59.33
H20174201	920	夏里组	3.33	12.00	14.00	70.67	−61.33
H20174203	960	夏里组	0.33	9.33	7.67	82.67	−77.67
H20174205	1000	夏里组	0.67	11.00	10.00	78.33	−72.17
H20174207	1040	夏里组	0.00	31.33	13.00	55.67	−40.00
H20174242	1523	布曲组	1.00	45.00	2.00	52.00	−28.50

测试编号	井段/井深（m）	层位	腐泥组（%）	壳质组（%）	镜质组（%）	惰质组（%）	类型指数 TI
H20174243	1565	布曲组	0.00	35.67	3.00	61.33	−43.50
H20174244	1607	布曲组	1.67	44.33	2.00	52.00	−28.17
H20174245	1625	布曲组	2.00	55.00	2.33	40.67	−12.92
H20174246	1850	布曲组	0.00	30.00	2.67	67.33	−54.33
H20174247	1975	布曲组	1.00	26.67	3.00	69.33	−57.25

2）有机质类型

夏里组下部泥质岩烃源岩干酪根镜检结果表明，干酪根显微组分以惰质组为主，TI（类型指数）为−77.67～−40.00，平均为−62.1，干酪根镜检资料分析认为干酪根类型为Ⅲ型（表 9-5，图 9-1）。

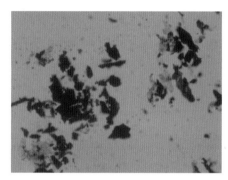 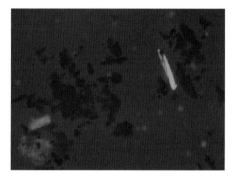

夏里组(960m)　H20174203-透射光　　　　　夏里组(960m)　H20174203-荧光

图 9-1　羌科 1 井透射光-荧光干酪根显微组分

正构烷烃系列化合物在数量上常常是烃源岩中烃类的主要部分，占饱和烃族组分的绝大部分。沉积有机质中正构烷烃的主要来源是生命体中含有的以偶数碳原子为主的脂肪酸、蜡和以奇数碳原子为主的正构烷烃。这些分子中含有高键能的碳-碳键，结构较稳定，所以在一定程度上能保留它原有的结构特征，具有较为明确的生源意义。其中高分子量奇碳数正构烷烃（nC_{25}～nC_{33}）一般认为来自高等植物中的蜡，蜡可以水解为含偶数碳的高分子量酸和醇，在还原环境下通过脱羧基和脱羟基转化为长链奇碳数正构烷烃。中分子量奇碳数正构烷烃（nC_{15}～nC_{21}）一般出现在海相、深湖相沉积有机质中，生物来源主要是藻类等水生浮游生物（表 9-6）。

表 9-6　羌科 1 井烃源岩饱和烃色谱参数表

试编号	井深（m）	层位	主峰碳数	碳数范围	C_{21}^-/C_{22}^+	Pr/Ph	Pr/nC_{17}	Ph/nC_{18}	CPI	OEP
H20174199	880	夏里组	C_{23}	C_{16}～C_{33}	0.46	1.3	1.57	0.6	0.95	1.19
H20174201	920	夏里组	C_{22}	C_{17}～C_{34}	0.31	1.96	1.04	0.3	1.08	0.91

续表

试编号	井深（m）	层位	主峰碳数	碳数范围	C_{21}^-/C_{22}^+	Pr/Ph	Pr/nC$_{17}$	Ph/nC$_{18}$	CPI	OEP
H20174203	960	夏里组	C_{22}	$C_{15}\sim C_{35}$	0.61	0.48	1	1.09	1.30	0.98
H20174205	1000	夏里组	C_{22}	$C_{15}\sim C_{33}$	1.54	0.32	0.57	0.71	1.17	1.03
H20174207	1040	夏里组	C_{23}	$C_{16}\sim C_{35}$	0.3	1.29	2.73	0.55	0.99	1.24
H20174242	1523	布曲组	C_{17}	$C_{15}\sim C_{36}$	1.45	0.54	0.6	1.24	1.03	1.28
H20174243	1565	布曲组	C_{29}	$C_{15}\sim C_{37}$	0.27	0.59	0.67	1.18	1.05	1.06
H20174244	1607	布曲组	C_{27}	$C_{16}\sim C_{35}$	0.25	0.46	0.64	1.12	1.26	1.40
H20174245	1625	布曲组	C_{17}	$C_{15}\sim C_{34}$	1.63	0.55	0.65	1.23	1.09	1.24
H20174246	1850	布曲组	C_{27}	$C_{16}\sim C_{33}$	0.22	0.29	0.81	1.03	1.05	1.02
H20174247	1975	布曲组	C_{27}	$C_{16}\sim C_{37}$	0.19	0.31	1.07	1.05	1.05	1.03

注：CPI 为碳优势指数，OEP 为奇偶优势指数。

从表 9-6 中的数据可以看出，羌科 1 井夏里组烃源岩正构烷烃碳数范围在 $C_{15}\sim C_{35}$ 之间，主峰碳为 $C_{22}\sim C_{23}$，C_{21}^-/C_{22}^+ 为 0.46～1.54（绝大多数小于 1），饱和烃色谱图表现为后高单峰型（图 9-2），表明夏里组烃源岩主要来自陆源高等植物，且有少量海相低等生物和藻类混入。同时烃源岩饱和烃色谱参数表明，夏里组烃源岩 Pr/Ph 值分布在 0.32～1.96 之间，均小于 2.8，具有一定的 Ph 优势，表明夏里组烃源岩为强还原-还原条件，具有良好的生烃潜力。

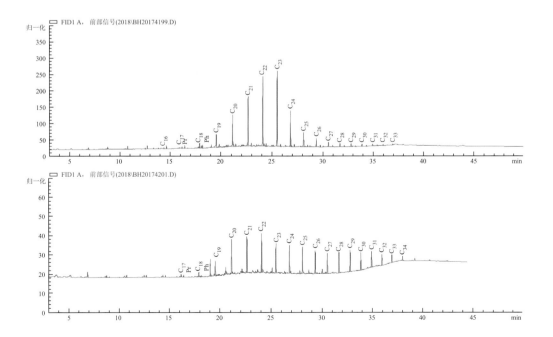

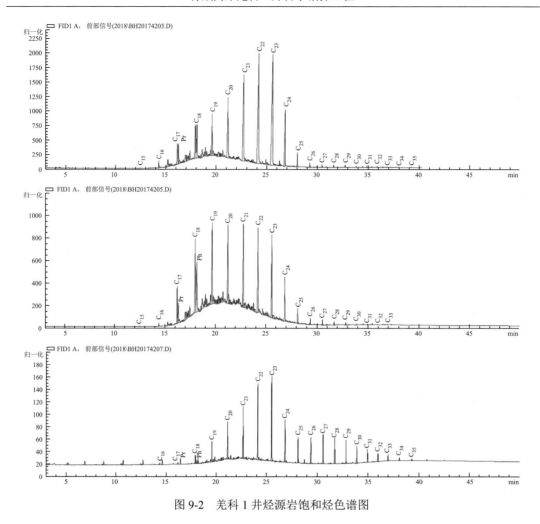

图 9-2　羌科 1 井烃源岩饱和烃色谱图

甾烷的组分特征（表 9-7）：甾烷和芳香甾族化合物是生物体中的甾醇在沉积圈中经历了一系列成岩改造最终转化而成的，不同的物质来源提供不同的甾烷。5α、14α 和 17α（20R）构型的 C_{27}、C_{28} 及 C_{29} 甾烷与有机质母源性质关系最为密切。目前许多国内外研究者认为：C_{27}、C_{28} 和 C_{29} 甾烷的相对含量可以较好地反映不同生物贡献的比例，从而确定生油岩中有机质的类型。一般认为，C_{29} 甾烷来自陆源高等植物，C_{27} 甾烷来自水生浮游生物。但也有人认为蓝绿藻的生源也能提供 C_{29} 甾烷。由于这两种甾烷难以区分，人们往往根据 C_{28} 甾烷的多少来判断。如果 C_{29} 甾烷多由藻类提供，则同时应有较丰富的 C_{28} 甾烷；如果主要由高等植物提供，则缺乏 C_{28} 甾烷。由于甾烷的相对含量受热演化的影响较小，确定类型具有较高的可信度。从饱和烃色质分析结果看（表 9-7），羌科 1 井夏里组所有样品 C_{27}、C_{28} 和 C_{29} 甾烷含量比较接近，绝大多数样品 C_{27} 甾烷含量稍大于 C_{29} 甾烷，而且每个样品均含一定量的 C_{28} 甾烷，说明 C_{29} 甾烷可能主要由藻类提供，即有机质母源中水生浮游生物的贡献较大，但是陆源高等植物混入的可能性也较大，从甾烷的组分特征分析认为夏里组有机质类型为 II_2 型（表 9-7）。

表 9-7　羌科 1 井甾烷相对含量统计表

测试编号	井深（m）	层位	C₂₇、C₂₈、C₂₉ 甾烷组成（%）			C₂₇/C₂₉
			C_{27}	C_{28}	C_{29}	
H20174199	880	夏里组	41.71	32.04	26.25	1.59
H20174201	920	夏里组	32.06	33.05	34.89	0.92
H20174203	960	夏里组	43.01	30.14	26.85	1.60
H20174205	1000	夏里组	46.43	31.00	22.57	2.06
H20174207	1040	夏里组	37.42	32.60	29.97	1.25
H20174242	1523	布曲组	33.96	33.10	32.94	1.03
H20174243	1565	布曲组	32.70	32.96	34.34	0.95
H20174244	1607	布曲组	40.18	27.88	31.94	1.26
H20174245	1625	布曲组	41.64	31.95	26.41	1.58
H20174246	1850	布曲组	33.74	33.34	32.92	1.02
H20174247	1975	布曲组	35.50	33.78	30.72	1.16

因此，综合干酪根镜检、正构烷烃特征以及甾烷的组分特征，认为夏里组烃源岩有机质类型为 II$_2$-III 型。

3）有机质成熟度

夏里组烃源岩有机质成熟度主要从 R_o、T_{max} 来综合判断。

实测该层段烃源岩 R_o 为 1.13%～1.59%，平均为 1.30；T_{max} 平均为 457.8℃，结合 OEP 以及 CPI 等指标，该层段烃源岩处于成熟阶段-生油高峰期（表 9-8）。

表 9-8　羌科 1 井夏里组-布曲组烃源岩镜质体反射率数值统计表

分析编号	井号	井深（m）	层位	样品类型	R_o（%）	测点数（个）	标准离差	备注
H20174199	羌科 1	880	夏里组	干酪根	1.135	20	0.037	—
H20174201	羌科 1	920	夏里组	干酪根	1.236	9	0.043	测点少供参考
H20174203	羌科 1	960	夏里组	干酪根	1.592	11	0.047	测点较少
H20174205	羌科 1	1000	夏里组	干酪根	1.265	20	0.038	—
H20174207	羌科 1	1040	夏里组	干酪根	1.283	16	0.078	—
H20174242	羌科 1	1523	布曲组	干酪根	1.357	9	0.069	测点少供参考
H20174243	羌科 1	1565	布曲组	干酪根	1.378	11	0.048	测点较少
H20174244	羌科 1	1607	布曲组	干酪根	1.569	7	0.053	测点少供参考
H20174245	羌科 1	1625	布曲组	干酪根	1.337	6	0.108	测点少供参考
H20174246	羌科 1	1850	布曲组	干酪根	1.367	12	0.059	测点较少
H20174247	羌科 1	1975	布曲组	干酪根	1.388	16	0.044	—

综合有机质丰度、类型以及成熟度来看，羌科 1 井夏里组下段烃源岩厚度约为 24m，有机质丰度较低，类型为 II$_2$-III 型，处于成熟阶段，为一套中等-差烃源岩，具备一定的生烃潜力（图 9-3）。

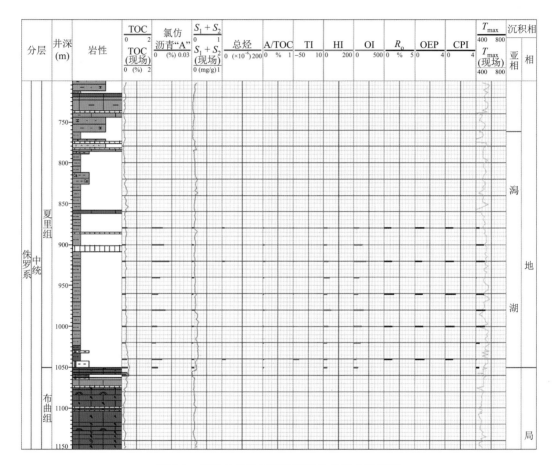

图 9-3　羌科 1 井夏里组烃源岩地化综合柱状图

2. 布曲组中部泥质岩烃源岩

1）有机质丰度

布曲组中部、下部-底部发育有累计厚 70m 的深灰色泥岩烃源岩，TOC＞0.3%。从有机质丰度来看，该层段有 6 件样品，有机碳含量最小值为 0.31%，最大值为 0.51%，平均为 0.38%；烃源岩氯仿沥青 "A" 最小值为 0.0029%，最大值为 0.0120%，平均为 0.008%；烃源岩生烃潜力 $S_1 + S_2$ 最小值为 0.04mg/g，最大值为 0.23mg/g，平均为 0.113mg/g。

2）有机质类型

布曲组下部泥质岩烃源岩干酪根镜检结果表明，干酪根显微组分以惰质组为主，TI（类型指数）为 -57.5～-12.92，平均为 -37.45，干酪根镜检资料分析认为干酪根类型为 III 型（图 9-4）。

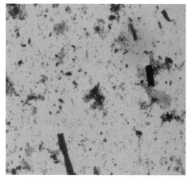
布曲组(1625m) H20174245-透射光

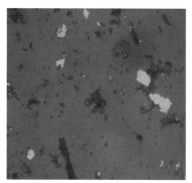
布曲组(1625m) H20174245-荧光

图 9-4 羌科 1 井透射光-荧光干酪根显微组分

羌科 1 井布曲组烃源岩正构烷烃碳数范围为 C_{15}～C_{37}，主峰碳为 C_{17}～C_{29}，C_{21}^-/C_{22}^+ 为 0.19～1.63（2 件样品大于 1、4 件样品小于 1），饱和烃色谱图从前高单峰型-前高后高双峰型-后高单峰型均有分布（图 9-5），表明布曲组烃源岩为陆源高等植物与海相低等生物和藻类混源为主，推测有机质类型为 II$_2$-III 型，以 II$_2$ 型为主。同时烃源岩饱和烃色谱参数表明，布曲组烃源岩 Pr/Ph 值分布在 0.29～0.59，Ph 优势明显，表明布曲组烃源岩为强还原条件，具有良好的生烃潜力。

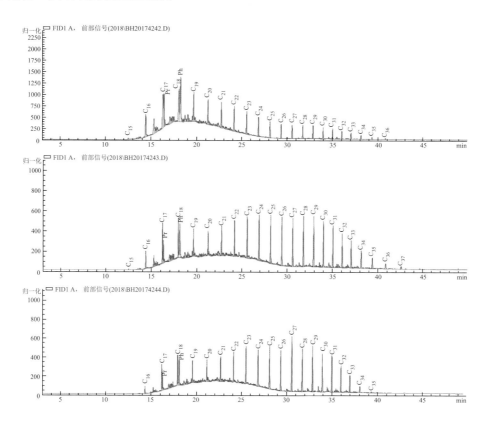

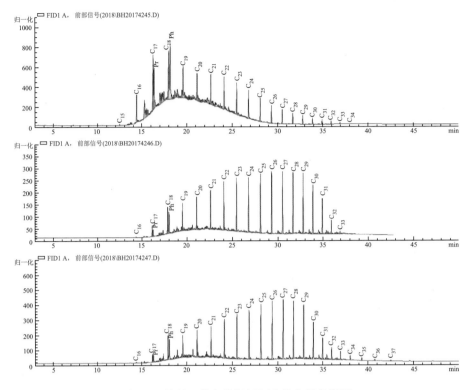

图 9-5　羌科 1 井布曲组烃源岩饱和烃色谱图

从饱和烃色谱分析结果看，羌科 1 井布曲组所有样品 C_{27}、C_{28} 和 C_{29} 甾烷含量比较接近，绝大多数样品 C_{27} 甾烷含量稍大于 C_{29} 甾烷，而且每个样品均含一定量的 C_{28} 甾烷，说明 C_{29} 甾烷可能主要由藻类提供，即有机质母源中水生浮游生物的贡献较大，但是陆源高等植物混入的可能性也较大，从甾烷的组分特征分析认为布曲组有机质类型为 II_2 型。

因此，综合干酪根镜检、正构烷烃特征以及甾烷的组分特征，认为布曲组烃源岩有机质类型为 II_2-III 型。

3）有机质成熟度

布曲组烃源岩有机质成熟度主要从 R_o、T_{max} 来综合判断。

实测该层段烃源岩 R_o 为 1.337%～1.569%，平均为 1.39；T_{max} 平均为 409.5℃，结合 OEP 以及 CPI 等指标，该层段烃源岩处于成熟阶段-高成熟阶段，对应热催化生油气-热裂解生凝析气阶段。

综合有机质丰度、类型以及成熟度来看，羌科 1 井布曲组亚段烃源岩厚度约为 165m，有机质丰度较低，类型为 II_1-III 型，处于成熟阶段-高成熟阶段，为一套中等-差烃源岩，具备一定的生烃潜力且要优于夏里组泥岩（图 9-6）。

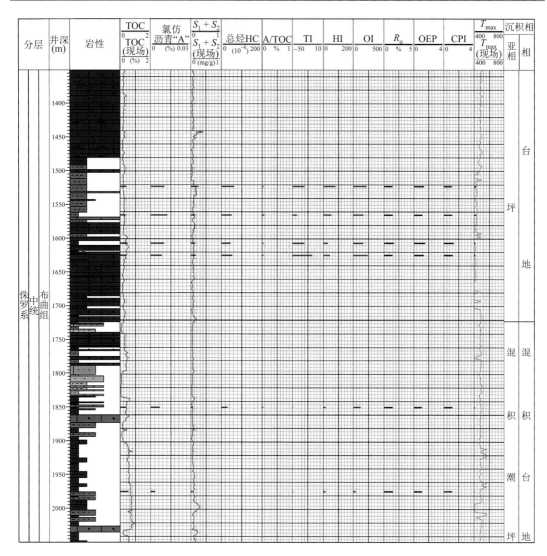

图 9-6　羌科 1 井布曲组烃源岩地化综合柱状图

（二）地质浅钻烃源岩

1. 羌资 7 井巴贡组烃源岩

羌资 7 井、羌资 8 井位于北羌塘拗陷东部格拉丹东北部雀莫错地区，相距仅数百米，钻遇的巴贡组烃源岩非常相似，以羌资 7 井钻遇烃源岩特征为例介绍如下。

羌资 7 井地质浅钻（井深为 402.5m）钻探取心的目的是获取盆地边缘区巴贡组（包括波里拉组顶部）滨岸-三角洲相烃源岩样品，并对其邻区（盆地中心覆盖区）前三角洲-陆棚相区的烃源岩进行对比研究与预测。

巴贡组（波里拉组顶部）烃源岩有机碳含量为 0.53%～3.56%，均值为 1.20%，其中好烃源岩厚度为 36m，中等烃源岩厚度为 61m，差烃源岩厚度为 70m（图 9-7）。巴贡组泥岩中腐泥组含量较高，为 25%~48%，平均为 39.5%，以棕褐色无定形体为主，中间厚边缘薄，呈透明-半透明状；惰质组和壳质组的含量相对较低，分别为 20%~36% 和 18%~42%，平均分别为 27.3% 和 27.6%，主要呈板状、棱角状，颜色较深，为深棕色-黑色；壳质组的含量最低，为 2%~8%，平均为 5.6%。

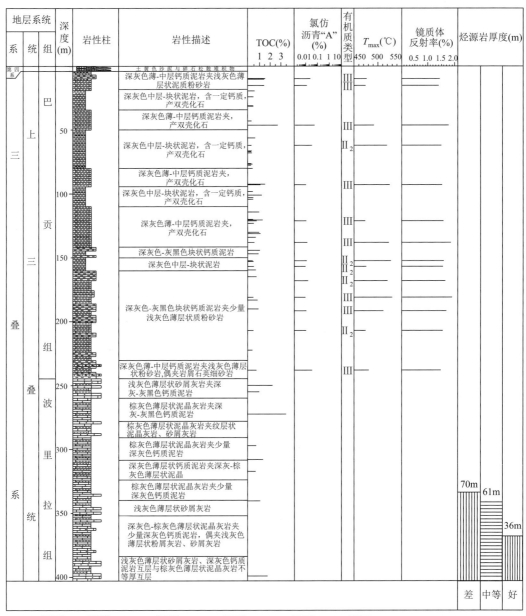

图 9-7　羌塘盆地上三叠统巴贡组羌资 7 井烃源岩综合评价图

总体而言，巴贡组泥岩呈灰黑色，薄片状（图 9-8）。显微组分以腐泥组、镜质组和惰质组为主，壳质组含量非常低。显微组分的三角图投点显示，巴贡组烃源岩干酪根具有明显的混合来源特征（宋春彦等，2018）（图 9-9）。干酪根类型指数（TI）是确定有机质类型的常用方法之一，TI ＝（腐泥组×100＋壳质组×50　镜质组×75　惰质组×100）/100。根据《油气藏流体取样方法》（SY/T　5125—2014），TI 小于 0 的属于Ⅲ型干酪根，TI 为 0～40 的属于Ⅱ$_2$型干酪根，TI 为 40～80 的属于Ⅱ$_1$型干酪根，TI 大于 80 的属于Ⅰ型干酪根。羌资 7 井中巴贡组泥岩的干酪根类型指数 TI 为–33.5～11.25，均小于 40。14 件样品中有 9 件样品的 TI 值小于 0，表明羌资 7 井中巴贡组泥岩有机质类型为Ⅱ$_2$-Ⅲ型，且以Ⅲ型为主（图 9-9）。

图 9-8　羌资 7 井巴贡组泥岩特征

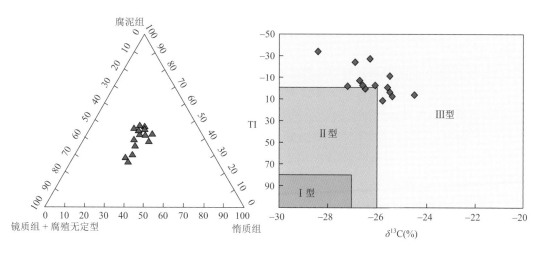

图 9-9　羌资 7 井巴贡组泥岩干酪根显微组成三角图及 TI-δ^{13}C 图解

羌资 7 井中巴贡组泥岩样品成熟度指标 R_o 为 1.46%～1.90%，平均为 1.62%，T_{max} 为 470～551℃，平均为 504℃，表明处于高成熟-过成熟阶段（宋春彦等，2018）（图 9-10）。除此之外，Ts/（Tm＋Ts）值也是反映烃源岩成熟度的敏感参数，它会随着成熟度的增加而逐渐增大，这一特征可以持续到较高的成熟阶段，最后在烃源岩的生油晚期，Ts/（Tm＋Ts）值会增大到 0.5 左右。羌资 7 井泥岩的 Ts/（Tm＋Ts）值为 0.53～0.57，明显大于 0.5，因此反映了高成熟-过成熟的热演化程度，这一结论与 T_{max} 和 R_o 反映的结果基本一致（图 9-10）。总体而言，羌资 7 井巴贡组泥岩的热演化程度较高，达到高成熟-过成熟级别，主体处于生凝析油-湿气的阶段。

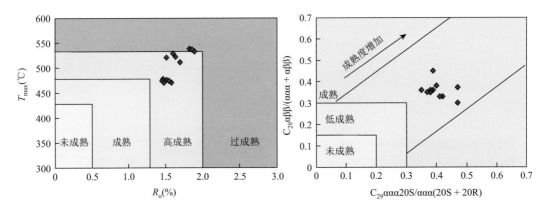

图 9-10　羌资 7 井巴贡组泥岩成熟度特征

综上所述，羌塘盆地发育有较好的烃源岩，特别是北羌塘拗陷中生界上三叠统巴贡组（包括波里拉组顶部）前三角洲相优质烃源岩、南羌塘下侏罗统曲色组黑色泥页岩等可作为羌塘盆地的主力烃源岩。

2. 羌资 16 井烃源岩

羌资 16 井有机碳测试结果见图 9-11，全井段有机碳含量为 0.09%～2.15%，平均为 0.57%。

（1）雀莫错组有机碳测试数据 8 件，含量为 0.11%～1.05%，平均为 0.28%。

（2）巴贡组有机碳测试数据 1 件，含量为 0.23%。

（3）波里拉组主要为碳酸盐岩地层，共采集了 22 件地化样品，有机碳含量为 0.17%～2.15%，平均为 0.74%。其中，有机碳含量为 0.15%～0.25%的占 4 件，平均为 0.20%，为中等烃源岩；有机碳含量大于 0.25%（18 件），平均为 0.86%，为好烃源岩。岩石热解峰值平均为 377℃，达到成熟阶段。生烃量平均为 0.1367mg/g，达到烃源岩标准。

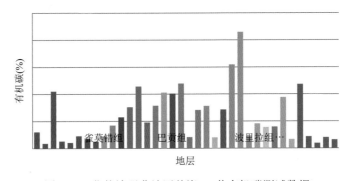

图 9-11　北羌塘玛曲地区羌资 16 井有机碳测试数据

（4）甲丕拉组有机碳测试数据 7 件，含量为 0.10%～1.19%，平均为 0.37%。

羌资 16 井共采集了 36 件烃源岩测试分析样品,岩石热解分析与有机碳测试分析表明,波里拉组 22 件碳酸盐岩烃源岩有机质含量较高,生烃能力较强,达到中等-好烃源岩评价标准（图 9-12）。

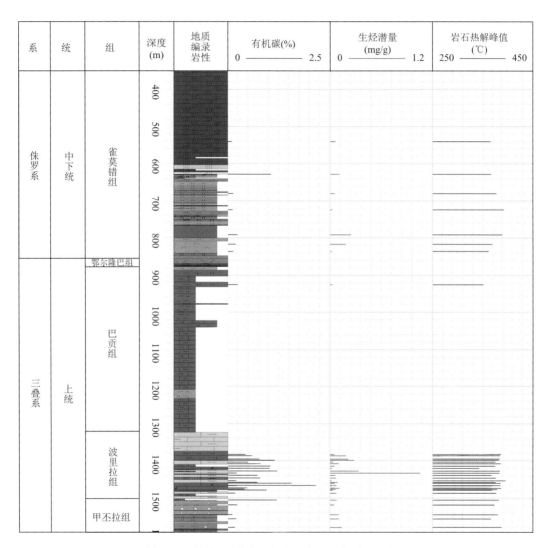

图 9-12　羌资 16 井岩石热解分析及有机碳测试数据

（三）烃源岩综合评价

根据羌科 1 井及其配套地质浅钻获取的新资料,结合野外露头剖面资料及已有石油地质研究成果,证实羌塘盆地发育了多套烃源岩,主要烃源岩发育层位包括:上三叠统巴贡（肖茶卡）组黑色泥页岩及泥灰岩,下侏罗统曲色组灰黑色泥页岩及泥灰岩;次要烃源岩包括中-下侏罗统雀莫错（色哇）组暗色泥灰岩和深灰色泥岩、中侏罗统布曲组泥灰岩、夏里组泥岩及碳质页岩等。

1. 主要烃源岩

1）上三叠统巴贡（肖茶卡）组

除中央隆起带缺失外，上三叠统肖茶卡组及其同期异相巴贡组、土门格拉组在盆地广泛分布，沉积厚度为 1500～2500m，烃源岩以暗色泥（页）岩、含煤泥（页）岩及暗色泥灰岩为主。烃源岩主要受沉积环境控制：藏夏河至各拉丹东玛曲一带前三角洲相泥质烃源岩、中央隆起带两侧到盆地东部前三角洲-浅海陆棚相泥质烃源岩，以及南羌塘拗陷陆棚-滨岸沼泽相碳酸盐岩及煤系地层烃源岩。

（1）烃源岩分布。上三叠统巴贡组前三角洲相黑色泥岩是羌塘盆地最重要的烃源岩（陈文彬等，2015；Wang et al.，2017；宋春彦等，2018；Yu et al.，2019；付修根，2020；王剑等，2020），羌资 7 井巴贡组黑色泥岩 TOC 最高达 3.56%，大于 2%和大于 1%的烃源岩厚度达 36m 和 70m。土门格拉组泥质烃源岩广泛分布，厚度为 38～420m。

巴贡（肖茶卡）组泥质烃源岩主要分布于盆地土门—色哇一带、藏夏河—岗盖日和沃若山东—格拉丹东地区，厚度为 42～645.8m。在北羌塘拗陷北部藏夏河和中西部沃若山东剖面地区形成两个烃源岩分布中心，前者暗色泥（页）岩厚度大于 304.9m，后者含煤系泥质烃源岩厚度为 562.7m。肖茶卡组碳酸盐岩烃源岩主要分布在南羌塘拗陷内，烃源岩厚度为 29～404m，日阿莎剖面陆棚相沉积的暗色泥灰岩，厚度为 404m，向北逐渐减薄。

（2）有机质丰度。20 世纪 90 年代，原中国石油天然气总公司（现中国石油）通过组织开展的羌塘盆地石油地质普查与评价工作，先后分析了 2400 余件烃源岩样品，其中上三叠统肖茶卡组碳酸盐岩烃源岩各剖面平均有机碳含量为 0.14%～0.24%，泥质烃源岩各剖面平均有机碳含量为 0.45%～4.29%；泥质烃源岩各剖面生烃潜量平均值为 0.023～0.5mg/g，碳酸盐岩烃源岩各剖面生烃潜量平均值为 0.027～0.039mg/g。泥质烃源岩各剖面氯仿沥青 "A" 平均值为 0.0005%～0.01529%，大部分低于 0.001%。

科探井及近年来地质调查发现，上三叠统肖茶卡组或同期异相巴贡组、土门格拉组黑色泥页岩及泥灰岩烃源岩有机质丰度及品质优于上述数据。雀莫错剖面上三叠统巴贡组黑色泥质岩样品有机碳含量为 0.53%～1.66%，平均为 1.03%，均属于中等-好烃源岩。羌资 7 井有机碳含量为 0.53%～3.56%，平均为 1.20%，其中好烃源岩厚度为 36m，中等烃源岩厚度为 61m，差烃源岩厚度为 70m。沃若山剖面获得的 9 件含煤泥质岩样品中，有机碳含量为 0.64%～3.29%，平均为 1.6%，属于中等-好烃源岩。多色梁子-藏夏河地区，暗色泥（页）岩有机碳含量最大值达到 2.43%，多色梁子地区烃源岩有机碳含量平均值为 1.84%，属于好烃源岩；藏夏河剖面有机碳含量为 0.42%～1.85%，平均为 0.7%，均属于中等烃源岩。此外，南羌塘拗陷东部、中部均发育较差-中等-好烃源岩，有机碳含量为 0.45%～2.51%，特别是土门地区碳质泥岩有机碳含量为 0.23%～24.45%，平均为 4.29%，为南羌塘拗陷有机碳丰度高值区，属于好烃源岩。

上三叠统肖茶卡组碳酸盐岩烃源岩有机碳含量普遍较低（青藏油气区石油地质志编写

组，1990），且分布较为局限，主要见于南羌塘拗陷，在北羌塘拗陷区基本不发育，南羌塘拗陷肖茶卡组碳酸盐岩烃源岩有机碳含量一般为 0.10%～0.15%，属于较差烃源岩；中等-好烃源岩仅分布在索布查和日阿莎地区，剖面上有机碳含量分别为 0.1%～0.31%和 0.14%～0.58%，平均为 0.18%和 0.24%；在土门格拉剖面有机碳含量为 0.1%～0.31%，平均为 0.21%。

（3）有机质类型。上三叠统巴贡（肖茶卡）组烃源岩干酪根显微组分以腐泥组为主，含量为 36%～90%，各剖面腐泥组平均含量为 38%～85%，惰质组含量为 11%～45%，各剖面平均含量为 14.9%～43.3%，沃若山剖面煤的惰质组含量高达 95%。镜质组含量普遍偏低，仅为 1%～2%，但扎那拢巴剖面镜质组含量为 30%～33%，平均为 31.5%。各剖面类型指数为-11.5～80，说明该组烃源岩有机质类型 I 型、II_1 型、II_2 型和III型均有不同程度分布，它们占样品数的比例分别为 8%、46%、23%和 23%。

从岩性上看，该组碳酸盐岩烃源岩有机质类型要优于泥质烃源岩有机质类型。碳酸盐岩烃源岩有机质类型以 II_1 型为主，个别为 I 型；泥质岩烃源岩有机质类型则以 II_2 型和III型为主，少量为 II_1 型。

（4）有机质热演化程度。上三叠统巴贡（肖茶卡）组烃源岩热演化程度较高，各剖面有机质镜质组反射率（R_o）平均值为 0.94%～3.0%，多数样品 R_o 值大于 1.3%；岩石最高热解峰温各剖面均值为 447～562℃；干酪根颜色也以棕褐色、褐黑色为主，反映有机质热演化程度为高成熟-过成熟阶段。

2）下侏罗统曲色组

（1）烃源岩分布。下侏罗统曲色组烃源岩分布范围仅限于南羌塘拗陷，烃源岩主要为一套潟湖-陆棚相黑色泥（页）岩、深灰色泥灰岩（陈明等，2007；刘家铎等，2007）。毕洛错地区为厚约 170m 的泥（页）岩烃源岩，其中含有 30 多米灰黑色薄层状含油气味页岩，称为"毕洛错油页岩"；同时，该地区还发育了灰黑色、深灰色碳酸盐岩烃源岩。南羌塘木苟日王—扎加藏布地区泥质烃源岩厚约 900m，碳酸盐岩烃源岩厚度为 50～150m；松可尔地区黑色泥（页）岩烃源岩厚度达 625m。

（2）有机质丰度。曲色组烃源岩有机质含量变化大（王剑等，2009；Fu et al.，2014，2016）。毕洛错地区泥（页）岩厚度为 171.89m，有机碳含量为 1.87%～26.12%，平均值为 8.34%；残余生烃潜量为 1.79～91.45mg/g，平均为 29.93mg/g；残余氯仿沥青"A"含量为 0.0608%～1.8707%，平均为 0.6614%，属好烃源岩。南羌塘灰黑色、深灰色碳酸盐岩烃源岩有机碳含量平均为 0.35%，残余生烃潜量为 0.122～0.195mg/g，平均为 0.158mg/g，属中等烃源岩；木苟日王—扎加藏布地区泥质烃源岩有机碳含量为 0.4%～0.51%，属较差烃源岩；碳酸盐岩烃源岩有机碳含量为 0.1%～0.35%，属较差烃源岩。

（3）有机质类型。曲色组泥岩干酪根镜检检测出的显微组分主要有腐泥组、壳质组、镜质组及惰质组。其中，腐泥组含量为 36%；壳质组含量为 33%；镜质组含量为 8%～40%，平均为 29%；惰质组含量为 0.30%～3.56%，平均为 2.0%。通过干酪根显微组分含量计算它们的类型指数发现，类型指数为 15～81，说明该地区有机质存在 I 型、II_1 型和 II_2 型，但总体以 II_1 型为主，其次为 II_2 型，还有少量 I 型。

（4）有机质热演化程度。毕洛错地区含油页岩段 R_o 为 0.4%～1.3%，岩石热解峰温数值为 430～446℃，平均为 437℃，总体含油页岩处于成熟阶段。嘎尔敖包剖面及木苟日王剖面泥岩 R_o 为 1.78%～2.15%，平均为 1.94%，处于高成熟-过成熟阶段；岩石热解峰温为 527～609℃，平均为 589℃，反映出演化程度较高的特点。

2. 次要烃源岩

1）中-下侏罗统雀莫错（色哇）组

（1）烃源岩分布。中-下侏罗统雀莫错组沉积厚度一般为 1000～2000m。北羌塘拗陷以潟湖相或三角洲相沉积为主，烃源岩岩性以暗色泥灰岩和深灰色泥岩为主，分布范围较为局限（王剑等 2004）。北羌塘拗陷石水河地区发育 200 余米的深灰色泥岩和 30 多米的暗色泥灰岩。羌科 1 井揭示雀莫错组烃源岩厚约 60 余米。与雀莫错组同期异相的南羌塘拗陷色哇组烃源岩主要是一套陆棚相-盆地相沉积，烃源岩主要分布于拗陷中部地区，如改拉、嘎尔敖包和松可尔剖面分别发育了 200～300m 的暗色泥岩、页岩。

（2）有机质丰度。雀莫错组泥岩烃源岩有机碳含量不高，野外露头剖面采样分析其 TOC 均值为 0.4%～0.83%。北羌塘拗陷泥质烃源岩有机碳含量为 0.58%～1.07%，平均达到 0.83%，属中等烃源岩；南羌塘拗陷有机碳含量多数小于 0.6%，属于较差烃源岩。碳酸盐岩烃源岩各剖面平均有机碳含量为 0.11%～0.40%，大部分属较差烃源岩，少量达到中等烃源岩标准。

（3）有机质类型。中—下侏罗统雀莫错组（色哇组）烃源岩有机质类型总体为 II_2 型，部分为 II_1 型、I 型和 III 型。色哇组泥岩干酪根显微组分主要有腐泥组、惰质组和镜质组。其中，腐泥组含量为 63%～69%，惰质组含量为 31%～37%，平均为 34%；镜质组含量为 0～2%；干酪根显微组分类型指数为 26～38，有机质类型为 II_2 型。

（4）有机质热演化程度。中-下侏罗统雀莫错组（色哇组）烃源岩热演化程度高，R_o 通常为 1.32%～2.61%，处于高成熟-过成熟阶段。

2）中侏罗统布曲组

（1）烃源岩分布。中侏罗统布曲组在羌塘盆地内分布最广泛，该时期羌塘地区发生了一次侏罗纪最大规模的海侵，前期大部分物源区被海水淹没，为一套十分稳定的碳酸盐岩沉积，以潮坪、潟湖、开阔台地及台盆相为主，沉积厚度一般为 400～1600m，烃源岩岩性以泥灰岩及含泥灰岩为主，厚度为 67～631m。羌科 1 井揭示，布曲组中部、下部-底部发育有累计厚 70m 的深灰色泥岩烃源岩，TOC>0.3%，平均为 0.38%，烃源岩氯仿沥青 "A" 平均为 0.008%，烃源岩生烃潜力 $S_1 + S_2$ 平均为 0.113mg/g。

平面上碳酸盐岩烃源岩广泛分布在南、北羌塘拗陷内，累计厚度最厚位于北羌塘拗陷中部，其次是北羌塘拗陷西部。北羌塘拗陷中部地区暗色泥灰岩累计厚度达 621.5m，向周缘呈逐渐减薄趋势。北羌塘拗陷西部烃源岩厚度为 67～501m，烃源岩厚度中心在野牛沟地区。南羌塘拗陷中东部烃源岩厚度大，烃源岩厚度中心一般大于 400m，向四周减薄。

布曲组泥（页）岩烃源岩多呈分散状分布于南、北羌塘拗陷内，北羌塘拗陷依仓玛地区、独雪山—分水岭地区以及那底岗日地区的泥（页）岩烃源岩厚度为 35～220m，洞错—祖尔肯乌拉山地区厚 61～438m。南羌塘拗陷见于破岁抗巴地区，烃源岩厚度为 54～291m。

（2）有机质丰度。布曲组碳酸盐岩烃源岩各剖面平均有机碳含量为 0.117%～0.68%，氯仿沥青"A"平均为 0.0005%～0.0233%，部分达到中等烃源岩标准；泥质烃源岩各剖面平均有机碳含量为 0.44%～4.64%，氯仿沥青"A"平均为 0.0008%～0.2773%，以中等-好烃源岩为主，少数为差烃源岩。

（3）有机质类型。布曲组烃源岩干酪根显微组分大部分以腐泥组为主，各剖面腐泥组平均含量为 62%～88%；次为惰质组，含量为 8%～40%，平均为 11.4%～25%；镜质组含量为 0～55%，平均为 0%～18.75%；几乎不含壳质组。依据烃源岩各剖面样品干酪根显微组分计算的类型指数为 3.8～84，平均为 28.7～77.2，其中碳酸盐岩烃源岩有机质类型以 II_1 型为主，部分 I 型和少量 II_2 型；泥质烃源岩以 II_2 型为主，少量 II_1 型。因此仅从有机质类型上看，布曲组碳酸盐岩生烃能力好于泥质烃源岩。

（4）有机质热演化程度。布曲组烃源岩 R_o 平均为 0.98%～2.39%，有机质处于成熟-过成熟阶段。从分布来看，由盆地中部向边缘呈环带状逐步增高的趋势。R_o 小于 1.3% 的区域主要分布在中央潜伏隆起带、北羌塘拗陷东部中-南部、东北缘斜坡西部；R_o 为 1.3%～2.0% 的高成熟区域主要分布在上述成熟区之外的大部分地区，如南、北羌塘拗陷的西、东端和南、北断裂带附近 R_o 大于 2%，达到过成熟阶段。

3）中侏罗统夏里组

（1）烃源岩分布。夏里组沉积期，盆地内发生了大规模海退，夏里组沉积厚度一般为 600～1000m，最厚可达 2000m，烃源岩分布受沉积相控制，以潟湖相和浅海陆棚为主，烃源岩岩性以泥岩、碳质页岩等为主，次为泥灰岩，厚度从十几米到几百米不等。北羌塘拗陷泥质烃源岩主要发育在西部和中部靠近中央隆起带地区，西部烃源岩累计厚度为 493m，向南、向东逐渐减薄。靠近中央隆起带那底岗日—长蛇山南—龙尾湖南西地区发育一套深灰色、灰色泥岩、碳质泥岩，厚度为 3.7～53.9m。南羌塘拗陷多为剥蚀残留块体，仅在南羌塘拗陷南部存在一个大面积的陆棚相覆盖区可能发育了厚度较大、有机质丰度较高的泥质烃源岩。

夏里组碳酸盐岩烃源岩出露范围局限，北羌塘拗陷主要分布在马牙山、长水河西支沟、龙尾湖南西和兄弟泉西、赤布张错等地区。羌科 1 井揭示北羌塘拗陷夏里组下部泥质岩厚 263m，烃源岩（TOC>0.3%）约厚 24m，主要为灰色、深灰色泥岩夹灰色含钙泥岩。南羌塘拗陷碳酸盐岩烃源岩多呈残块状分布，达卓玛剖面深灰色泥灰岩厚度为 144.29m；107 道班至休冬日地区深灰、灰色泥灰岩厚度为几十米。

（2）有机质丰度。夏里组泥质烃源岩平均有机碳含量在 0.55%～7.3%，碳酸盐岩烃源岩平均有机碳含量为 0.1%～0.68%。生烃潜量普遍偏低，泥质烃源岩生烃潜量平均为 0.079～1.62mg/g，碳酸盐岩烃源岩生烃潜量平均为 0.006～0.68mg/g。

泥质烃源岩有机碳含量的分布与其厚度的分布基本保持一致，中心区域为 0.55%～1.58%，平均为 1.05%，呈向南、向东逐渐减小的趋势。碳酸盐岩烃源岩有机碳高值主要集中在北羌塘拗陷中部长水河—河湾山剖面地区，有机碳含量为 0.15%～1.63%，平均为 0.75%，在北羌塘拗陷其余地区，碳酸盐岩烃源岩有机碳含量为 0.1%～0.15%，属于较差烃源岩，如马牙山、龙尾湖南剖面地区。南羌塘拗陷碳酸盐岩烃源岩有机碳含量较低，分布范围分散，主要分布在达卓玛剖面地区和 107 道班剖面地区，前者有机碳含量平均为 0.62%，后者有机碳含量平均为 0.49%，而其他地区有机碳含量为 0.1%～0.145%，为较差烃源岩。

（3）有机质类型。该组烃源岩干酪根显微组分分析结果显示：干酪根显微组分以腐泥组为主，含量为 36%～87%，平均为 50%～82%；次为惰质组，含量为 5%～30%，平均为 15%～25%；镜质组含量为 3%～27%，平均为 3.7%～22.5%；而壳质组含量较低，仅为 1%～5%，平均为 2%～2.5%。夏里组烃源岩类型指数为–9.75～74，平均类型指数为 10.9～64，烃源岩有机质类型存在 II_1 型、II_2 型和III型，因此，夏里组烃源岩有机质类型以 II_1 型为主，部分 II_2 型和少量III型，有机质类型较好。

（4）有机质热演化程度。中侏罗统夏里组和布曲组 R_o 在平面上的展布非常相似，总体均由盆地中部向边缘呈环带状逐步增高的趋势。但夏里组 R_o 比布曲组 R_o 低一些，R_o 小于 1.3% 的成熟油分布区比布曲组成熟油分布区广，R_o 为 1.06%～1.28%，属成熟热演化阶段。

此外，古生界下二叠统展金组、上二叠统那益雄组也有一定的生烃潜力。二叠系泥质烃源岩有机碳含量较高，羌资 5 井钻遇展金组烃源岩，有机碳含量为 0.62%～1.42%，平均为 1.15%，以好烃源岩为主。烃源岩样品干酪根显微组成以腐泥组为主，其次是惰质组和镜质组，不含壳质组和沥青组，有机质类型以 II_1、II_2 为主，其次为III型；从 R_o 和 T_{max} 分析来看，二叠系烃源岩热演化程度较高，处在成熟-高成熟-过成熟阶段。

三、烃源岩测井特征

（一）测井定性评价依据

由于干酪根通常形成于放射性较高的还原环境，密度明显低于岩石骨架、声波时差明显大于岩石骨架，它的存在使得富含有机质的烃源岩表现为自然伽马高值、电阻率高值、密度低值以及声波时差高值。利用 ΔlgR 法可以对烃源岩层段进行定性识别。

ΔlgR 法即声波时差-电阻率组合法，是将声波时差（算术坐标）和电阻率（对数坐标）曲线进行重叠，通过对 R 基线及 Δt 基线的合理选取，使得在"饱和水、乏有机质"的岩石中，电阻率和声波时差曲线基本重叠；在富含有机质的烃源岩中，存在幅度差 ΔlgR。

$$\Delta \lg R = \lg \frac{R}{R_{基线}} + k(\Delta t - \Delta t_{基线}) \tag{9-1}$$

式中，ΔlgR 为经一定刻度的声波时差与电阻率曲线的幅度差，无量纲；R 为电阻率测井值，$\Omega \cdot m$；$R_{基线}$ 为非源岩的电阻率基线值，$\Omega \cdot m$；Δt 为声波时差测井值，$\mu s/ft$；$\Delta t_{基线}$ 为非源岩的声波时差基线值，$\mu s/ft$；k 为刻度系数。

ΔlgR 法定性识别烃源岩的基础是依赖于孔隙度曲线（尤其是声波时差曲线）和深侧向电阻率曲线的质量，因此当孔隙度曲线、电阻率曲线受井眼尺寸、井内泥浆、地层水矿化度以及井身结构等因素影响时，难免会给定性识别烃源岩带来诸多的不确定性。因此要更准确定性定量分析烃源岩的特征，需要对烃源岩的地化参数进行分析，以提高烃源岩评价的精度。

另外，由于富含有机质，会使铀曲线异常增大，还可以利用声波时差和铀曲线反向刻度摆放对烃源岩进行定性识别。

（二）羌科 1 井烃源岩测井评价

1. 夏里组烃源岩定性评价

羌科 1 井在 506.0～1049.0m 井段夏里组地层中测井定性识别出烃源岩（图 9-13）。图中显示上部和下部地层声波时差和深侧向电阻率曲线出现一定的幅度差，参考铀曲线，综合分析认为是地层欠压实造成声波时差增大。整体来看，夏里组含钙泥岩地层属于非烃源岩，仅把 712.0～715.0m 井段灰色泥岩评价为烃源岩（图 9-13）。

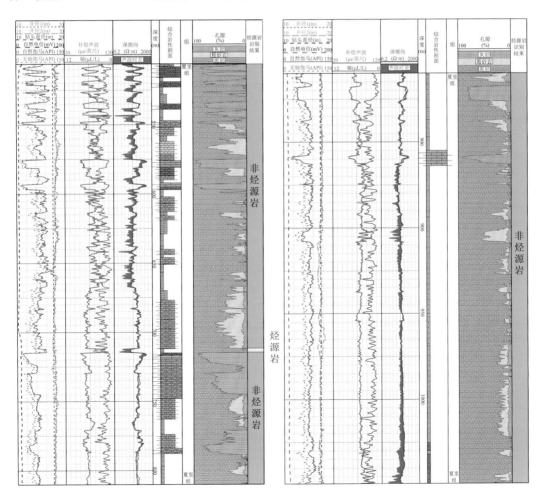

图 9-13　羌科 1 井夏里组烃源岩定性识别成果图

2. 布曲组烃源岩定性评价

羌科 1 井在 1049.0～1974.0m 井段布曲组地层中测井定性识别出烃源岩（图 9-14）。图中显示碳酸盐岩地层声波时差和深侧向电阻率曲线普遍出现一定的幅度差，参考铀曲线，综合分析认为是由于岩性的影响使得电阻率升高。整体分析，把布曲组底部深灰色泥岩评价为烃源岩。

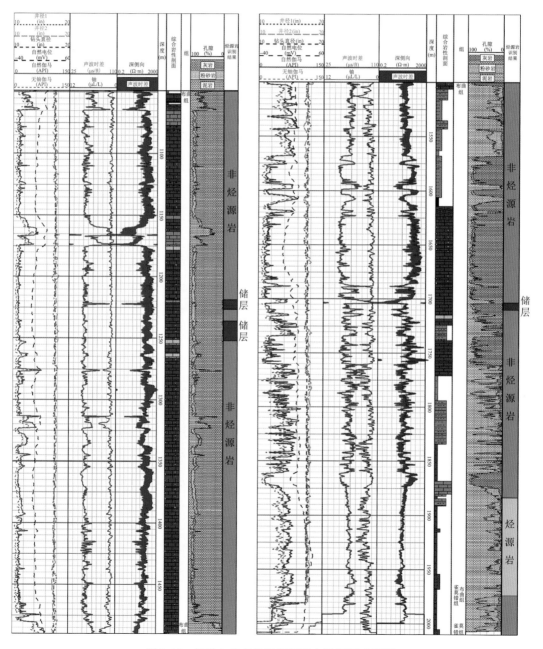

图 9-14　羌科 1 井布曲组烃源岩定性识别成果图

3. 雀莫错组烃源岩定性评价

图 9-15 为雀莫错组 1974.0～3865.0m 井段测井定性识别烃源岩的成果图。图中显示石膏地层声波时差和深侧向电阻率曲线普遍出现一定的幅度差，参考铀曲线，综合分析认为是由于岩性的影响使得电阻率明显升高。整体分析，雀莫错组烃源岩不发育。

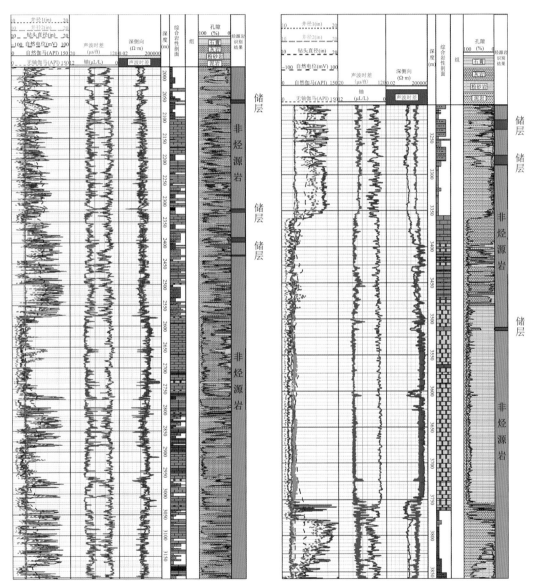

图 9-15　羌科 1 井雀莫错组烃源岩定性识别成果图

（三）烃源岩测井有机碳评价

评价有机质丰度的主要指标包括有机碳、氯仿沥青"A"及岩石热解生烃潜力 $S_1 + S_2$

等。有机碳含量是一种简便而有效的评价有机质丰度的办法，是评价生油岩有机质丰度最重要的指标，它可表明烃源岩中含有机质的丰富程度，判断生油气效率以及计算生油（气）量等，有机碳含量越高，生烃能力越强。国内外目前主要有五种有机碳测井评价方法，即 $\Delta \lg R$ 法、密度拟合法、地层元素测井评价法、核磁共振评价法以及多参数拟合法。

烃源岩相对于非烃源岩而言，最显著的特征为富含有机质。理论上，由于富含有机质及黏土矿物的烃源岩通常含有较高的放射性元素，因此自然伽马测井（探测伽马射线强度）、自然伽马能谱测井（探测放射性元素含量）可用于烃源岩识别及其有机碳含量预测。

自然伽马能谱测井中铀曲线代表地层中铀的含量。有关研究资料表明，在还原环境和有机质富集的条件下，泥质沉积时会吸附大量的铀离子，有机碳含量与铀含量密切相关，有机碳含量越高，铀含量也越高，因此可以用铀值来计算有机碳含量。

基于上述理论，利用羌科 1 井铀曲线建立有机碳含量的计算模型。

$$TOC = a \times U + b \qquad\qquad (9\text{-}2)$$

式中，TOC 为有机碳含量，%；U 为铀曲线测井值，$\mu L/L$；a、b 为经验常数。

羌塘盆地残余有机碳下限值取 0.10%（陈文彬，2012），对羌科 1 井夏里组和布曲组地层计算的有机碳含量进行统计分析。

（1）夏里组地层有机碳含量为 0.07%～0.98%，其中有机碳含量为 0.1%～0.6% 的最多，占 91.71%，泥岩地层有机碳含量为 0.2%～0.5% 的最多，占 90.97%，说明夏里组地层整体生烃能力较差（图 9-16）。

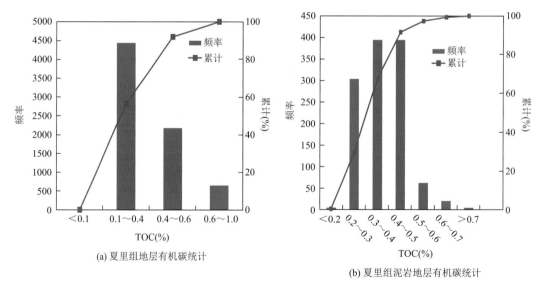

(a) 夏里组地层有机碳统计

(b) 夏里组泥岩地层有机碳统计

图 9-16　羌科 1 井夏里组有机碳含量统计图

（2）布曲组地层有机碳含量为 0.13%～0.75%，其中有机碳含量为 0.1%～0.4% 的最多，占 90.3%，泥岩地层有机碳含量为 0.2%～0.6% 的最多，占 94.87%，说明布曲组底部深灰色泥岩具有一定的生烃能力（图 9-17）。

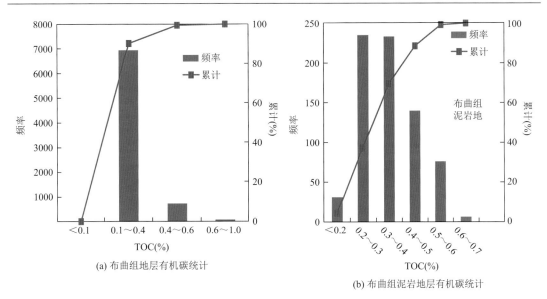

(a) 布曲组地层有机碳统计　　　　(b) 布曲组泥岩地层有机碳统计

图 9-17　羌科 1 井布曲组有机碳含量统计图

（3）雀莫错组地层有机碳含量为 0.05%～0.54%，其中有机碳含量为 0.1%～0.4%的最多，占 97.72%，泥岩地层有机碳含量为 0.2%～0.4%的最多，占 75.66%，说明雀莫错组地层整体生烃能力较差（图 9-18）。

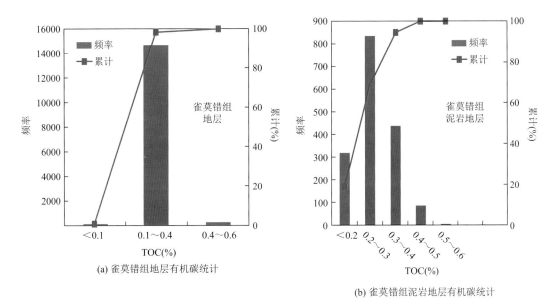

(a) 雀莫错组地层有机碳统计　　　　(b) 雀莫错组泥岩地层有机碳统计

图 9-18　羌科 1 井雀莫错组有机碳含量统计图

四、烃源岩录井测井综合评价

主要依据烃源岩分析化验资料评价结果，同时结合测井评级成果来开展羌科 1 井烃源岩综合评价。

　　评价结果认为，已钻地层中夏里组底部泥岩以及布曲组中下部泥岩段具有一定的生烃潜力，其中布曲组中下部泥岩相对最优，雀莫错组地层不具备生烃潜力。羌科 1 井布曲组中-下段达标烃源岩厚度约为 165m，有机质丰度较低（TOC 平均约为 0.38%），类型为 II_1-III 型，处于成熟阶段-高成熟阶段，为一套中等-差烃源岩，具备一定的生烃潜力。夏里组下段达标烃源岩厚度约为 24m，有机质丰度较低（TOC 平均约为 0.26%），类型为 II_2-III 型，处于成熟阶段，为一套中等-差烃源岩，具备一定的生烃潜力。

　　根据声波合成记录对泥质岩进行标定后，在地震波阻抗反演剖面上，夏里组泥岩及布曲组泥岩均表现为低波阻抗特征。提取泥质岩的阻抗值，用二维地震剖面组网进行横向泥质岩厚度变化预测，编制泥质岩厚度平面图。

　　从羌科 1 井地震标定图（图 9-19）中可以看出，由于埋深压实作用，步曲组地层阻抗要明显高于夏里组，地震上夏里组底界面为一强波峰，横向连续性较好，容易追踪。夏里组泥岩累计厚度近 700m，特别是底部（780～1050m）泥岩段横向分布稳定，纵向连续分布，厚度较大约为 260m，可以作为储层的区域盖层，且整套泥岩层内夹层较少，阻抗变化小，地震振幅响应较弱。步曲组地层波阻抗相对夏里组偏高，布曲组发育多套泥岩，累计厚度约为 500m，横向稳定，可以作为其下伏储层的直接盖层，泥岩波阻抗较低，泥岩层内伴生粉砂质泥岩夹层，阻抗较泥岩偏高，因此地震上表现为中强振幅的波峰、波谷交替出现。

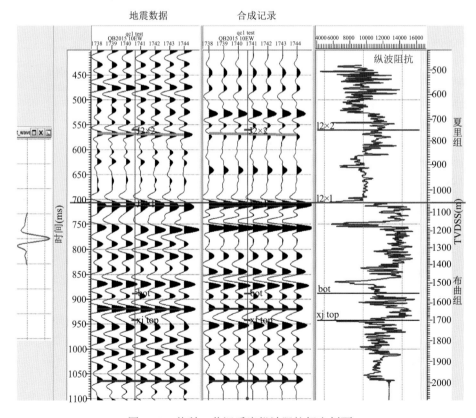

图 9-19　羌科 1 井泥质岩纵波阻抗标定剖面

（TTVDSS，true vertical depth subsea，海平面往下真实垂向深度）

通过上述分析以及测井统计，可利用纵波阻抗识别夏里组与布曲组泥岩。利用羌科 1 井进行约束完成了 10 条 400km 二维地震资料叠后波阻抗反演。图 9-20 波阻抗剖面中的蓝色低波阻抗部分为夏里组及布曲组的泥质岩响应。可以看出，夏里组底部泥岩厚度较大，纵向连续，横向稳定。布曲组泥岩分为上下两套，下套泥岩中发育相对高阻抗粉砂质泥岩夹层，两套泥岩在横向上均较稳定。

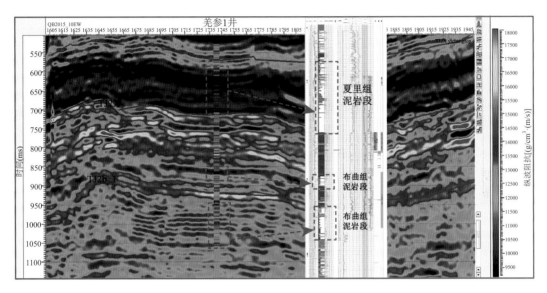

图 9-20　过羌科 1 井（羌参 1 井）波阻抗反演剖面图

测井数据统计的夏里组底部泥岩阻抗的上限门槛值为 10780[(g/cm^3) ·(m/s)]、布曲组泥岩阻抗上限门槛值为 12610[(g/cm^3) ·(m/s)]（图 9-21）。

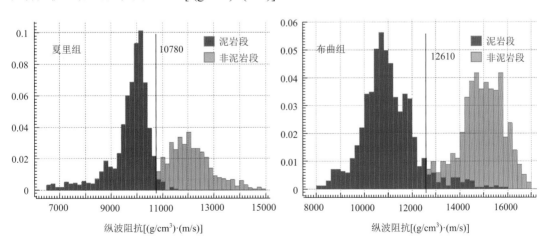

图 9-21　夏里组与布曲组泥岩段与非泥岩段纵波阻抗统计直方图

在井约束地震波阻抗反演剖面上，结合地震层位解释，利用门槛值法分别提取夏里组底部及布曲组中部的泥质岩厚度，最后用地震剖面组网编制出两层泥岩厚度图（图 9-22、

图 9-23)。可以看出，夏里组泥岩厚度较大，平面上厚度均大于 200m，羌科 1 井处厚度为 260.7m，由西北向东南泥岩厚度展布呈增加趋势，最大厚度达到近 320m（图 9-22）。布曲组泥岩更为发育，平面上厚度达到 330m 以上，最大厚度达到 540m，羌科 1 井处厚度为 482.3m，厚度展布特征与夏里组较一致，即由西北向东南泥岩厚度呈增加趋势（图 9-23）。

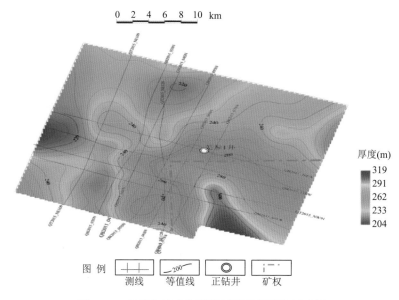

图 9-22　羌塘盆地半岛湖地区夏里组泥岩厚度图

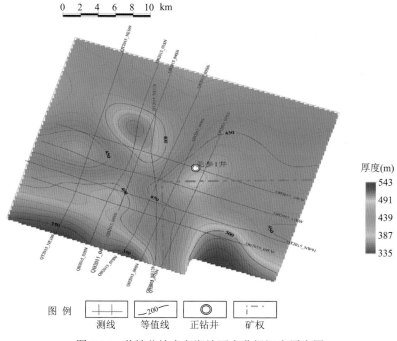

图 9-23　羌塘盆地半岛湖地区布曲组泥岩厚度图

第二节 储层录井测井特征

羌塘盆地储层具有发育层位多、分布面积广、厚度大、岩石类型复杂、储集空间类型和孔喉结构多变等特点，整体上以低孔低渗为特征，物性特征差异明显。布曲组礁滩相碳酸盐岩、雀莫错组及上三叠统碎屑岩及部分颗粒碳酸盐岩储集性相对较好，可能发育较优质储层。按储层发育层位及主要岩石类型分为 8 种：上三叠统碎屑岩、上三叠统碳酸盐岩、下侏罗统碎屑岩、中侏罗统碎屑岩、中侏罗统碳酸盐岩、上侏罗统碎屑岩、上侏罗统碳酸盐岩，以及少量上三叠统的火山岩。

一、储层录井评价

（一）羌科 1 井

羌科 1 井目前钻遇储层主要发育在布曲组，主要为碳酸盐岩储层，以生物碎屑灰岩、砂屑灰岩为主。

1. 储层岩石学特征

羌科 1 井布曲组发育大量的中厚层灰岩，岩性主要为深灰色生物碎屑砂屑灰岩、藻灰岩、鲕粒灰岩、泥晶灰岩；岩心以灰色泥晶灰岩为主，方解石含量在 90% 以上，白云石、石英少量发育；黏土含量较低；岩心整体致密，不发育未被充填的溶蚀孔洞；局部发育高角度缝和水平缝，倾角为 15°～90°，均被亮晶方解石全充填，部分水平缝开启。主要发育有"X"形、"Y"形、雁列形及伴生脉体，少量水平或近似水平裂缝被黑色泥质充填（图9-24）。镜下的岩石碎屑主要是由泥晶灰岩岩屑组成，部分为泥岩岩屑。泥晶灰岩几乎全部是由方解石组成，晶粒粒径细小，多小于 0.01mm，少量呈亮晶，主要是以方解石脉体的形式分布在岩石中；少量介形虫碎片，呈细小的月牙状，零散分布在泥晶方解石之中，均被方解石交代。偶见少量黄铁矿，呈黑色粒状零散分布。偶见少量碎屑颗粒，包括石英和部分长石，大小在 0.02mm 左右，零散分布在泥晶方解石中，并可见部分被方解石交代。可见泥晶灰岩中发育数条方解石脉体，宽为 0.01～0.04mm（图 9-25）。

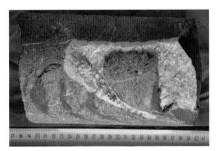

3—11/39 块，斜裂缝被黑色碳质泥岩和方解石全充填　　　3—12/39 块，高角度裂缝被方解石全充填

图 9-24　羌科 1 井布曲组岩心照片

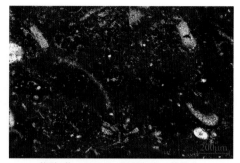

羌科1井，1056m，泥晶灰岩，单偏光　　　　　　羌科1井，1227m，泥晶灰岩，单偏光

图 9-25　羌科 1 井布曲组灰岩镜下特征

2. 储集空间类型

羌科 1 井布曲组灰岩整体比较致密，发育少量溶蚀孔，晶间孔发育程度较低；局部发育微裂隙；薄片样品中可见缝合线，镜下可见后期发生溶蚀，并被泥质充填；缝合线及微裂隙少量发育，对储集空间无太多作用；孔隙类型有晶间孔及溶蚀孔，发育程度较低，孔隙比较孤立（李忠雄等，2008）；孔隙周缘的颗粒表面有明显的溶蚀痕迹；粒状方解石晶体之间呈紧密镶嵌状接触，见个别晶间微孔隙（图 9-26 左），细晶结构方解石晶体之间呈镶嵌状接触，见晶间溶蚀孔隙（图 9-26 右）。

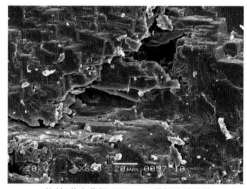

羌科1井布曲组 1223.4m 晶间微孔隙　　　　　　羌科1井布曲组 1224.85m 晶间溶蚀孔隙

图 9-26　羌科 1 井布曲组灰岩孔隙类型镜下特征

3. 储层物性及孔隙结构特征

作为油气储集层，最关键、最基本的因素是孔隙度和渗透率。根据国内外对储层的分级评价标准，本书储层评价标准采用原中国石油天然气总公司新区事业勘探部青藏石油勘探项目经理部的分类评价标准（表 9-9、表 9-10）。该标准以孔隙度和渗透率作为储层分级的主要指标，故采用孔隙度和渗透率作为储层评价的物性参数。

表 9-9 碎屑岩储层分类评价标准（赵政璋等，2001b）

名称		低渗透储层				类型	评价
		孔隙度 φ（%）	渗透率 K（$\times 10^{-3} \mu m^2$）	R_{50}（μm）	储层类型		
常规层	中孔、中渗	15～25	10～500	3～1	II	孔隙型	好-较好
	低孔、低渗	12～15	10～1	1～0.303	III		
非常规层	近致密层	12～8	1～0.5	0.303～0.137	IV	裂缝-孔隙型	中等-差
	致密层	8～5	0.5～0.05	0.137～0.05	V		
	很致密层	5～3	0.05～0.01		VI		
	超致密层	<3	<0.01	<0.05	VII	裂缝型	很差

表 9-10 碳酸盐岩储层分类评价标准（赵政璋等，2001b）

评价指标	I 类	II 类	III 类	IV 类
K（$\times 10^{-3} \mu m^2$）	10	10～0.25	0.25～0.002	<0.002
R_{50}（μm）	>1	1～0.2	0.2～0.024	<0.024
孔隙度（%）	>12	12～6	2～6	<2
孔隙结构类型	粗孔大喉型	粗孔中喉型或细孔中喉型	粗孔小喉型或细孔小喉型	微隙微喉型
储层类型	孔隙型或洞穴型	较好的裂缝-孔隙（洞）型	中等的裂缝-孔隙（洞）型	裂缝型
储层名称	中孔中渗	低孔低渗	特低孔特低渗	特低孔特低渗

物性分析结果表明，羌科 1 井布曲组灰岩储层孔隙度分布范围为 0.1%～2.4%，平均为 0.7%；渗透率主要为 0.0001～0.2136mD，平均为 0.0011mD 左右，属特低孔特低渗储层（表 9-11，图 9-27）。

表 9-11 羌科 1 井布曲组灰岩物性统计表

样品编号	层位	深度（m）	岩性	岩石密度（g/cm³）	孔隙度（%）	渗透率（$\times 10^{-3} \mu m^2$）	备注
2	布曲组	1057.21	深灰色泥灰岩	2.66	2.4	0.00046	H20186904
3	布曲组	1058.3	深灰色泥灰岩	2.67	2.2	0.214	H20186905
7	布曲组	1060.2	深灰色钙质泥岩	2.67	1.5	0.00781	H20186909
8	布曲组	1219.2	深灰色含砂屑泥灰岩	2.71	0.6	0.00013	H20186910
10	布曲组	1220.59	深灰色含砂屑泥晶灰岩	2.73	0.1	0.00049	H20186912
11	布曲组	1220.93	深灰色泥晶灰岩	2.71	0.4	0.00864	H20186913
14	布曲组	1222.15	深灰色含砂屑泥晶灰岩	2.72	0.1	0.00046	H20186916
15	布曲组	1223.4	深灰色含砂屑泥晶灰岩	2.70	0.4	0.00057	H20186917
16	布曲组	1223.8	深灰色含砂屑泥晶灰岩	2.71	0.2	0.00434	H20186918
18	布曲组	1224.85	深灰色砂屑泥晶灰岩	2.71	0.1	0.00016	H20186920
19	布曲组	1225.65	深灰色砂屑泥晶灰岩	2.71	0.2	0.00024	H20186921
20	布曲组	1226.7	深灰色砂屑灰岩	2.71	0.1	0.00016	H20186922

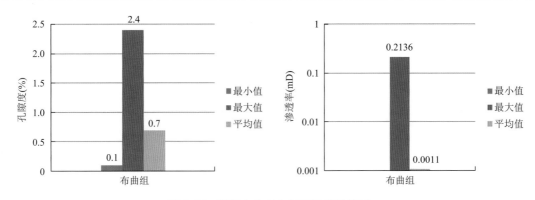

图 9-27　羌科 1 井布曲组灰岩物性特征

从压汞分析曲线来看，羌科 1 井灰岩排驱压力一般小于 1MPa，个别样点为 5～20MPa，孔喉半径普遍小于 0.5μm，最大为 1.43μm，反映孔隙度小，岩石渗透性较差；曲线平台斜率大，反映孔隙结构差，孔隙分选性差；退汞率普遍小于 60%，反映孤立孔隙多，孔隙连通性较差。总体上看，灰岩压汞曲线为中-低排驱压力、中细歪度曲线（图 9-28）。

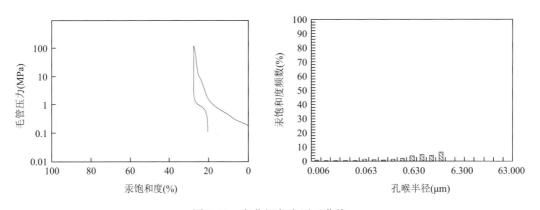

图 9-28　布曲组灰岩压汞曲线

综上认为，布曲组灰岩储层孔隙结构差，压汞曲线呈中-低排驱压力、中细歪度特征，储集性能较差。

（二）地质浅钻

从羌塘盆地 17 口钻井中已获得的资料和分析测试数据来看，上三叠统、中侏罗统色哇组、布曲组和夏里组的储集岩层物性资料较为丰富，井下储层物性总体（不包括白云岩）表现为低孔低渗的特点。需要说明的是，把白云岩储层特征作为单独一节在后文进行讨论。各层系孔隙度平均为 0.46%～6.95%，渗透率平均为 $0.0016 \times 10^{-3} \sim 2.1472 \times 10^{-3} \mu m^2$（表 9-12）。但各层系其孔渗特征又不尽相同，现分述如下。

表 9-12　羌塘盆地井下储层物性数据

钻井	地层	岩性	孔隙度（%）		渗透率（×10^{-3}μm^2）	
			变化范围	平均值（n）	变化范围	平均值（n）
羌资 1 井	J$_2$b	碳酸盐岩	0.10～2.40	1.03（31）	0.0001～0.0121	0.0022（7）
羌资 2 井	J$_2$b	碳酸盐岩	0.31～7.11	1.08（76）	0.0030～1.6215	0.032（76）
	J$_2$s	碎屑岩	0.63～19.59	6.95（58）	0.0096～26.7271	2.1472（58）
羌资 6 井	T$_3$	碎屑岩	0.80～11.20	6.28（15）	0.0200～6.2700	1.0313（15）
羌资 7 井	T$_3$	碎屑岩	0.67～2.56	1.72（3）	0.00007～0.7764	0.2912（3）
羌资 8 井	T$_3$	碳酸盐岩	0.71～3.52	1.66（11）	0.00008～0.1982	0.059（10）
羌资 9 井	J$_2$s	碎屑岩	0.43～1.87	1.27（4）	0.00004～0.0301	0.0076（4）
羌资 10 井	J$_2$s	碎屑岩	0.38～0.54	0.46（2）	0.00005～0.019	0.0095（2）
羌资 13 井	J$_2$b	碳酸盐岩	1.92～10.20	6.06（6）	0.00004～0.1132	0.0226（6）
羌资 16 井	J$_2$s	碎屑岩	0.73～3.76	1.66（10）	0.001～0.0025	0.0019（9）
	T$_3$	碎屑岩	0.29～5.87	1.52（13）	0.0004～0.0046	0.0016（3）
羌地 17 井	J$_2$x	碎屑岩	1.73～17.82	5.93（9）	0.0011～0.3361	0.0405（9）
	J$_2$b	碳酸盐岩、砂岩	1.18～2.36	1.56（7）	0.0012～0.0026	0.0018（7）

注："（n）" 指测试样品数量，下图相同。

1. 上三叠统

上三叠统物性数据来自 4 口钻井，其中羌资 6 井、羌资 7 井和羌资 16 井为碎屑岩储层，羌资 8 井为碳酸盐岩储层。碎屑岩储层孔隙度变化范围为 0.29%～11.20%，平均值为 3.17%；渗透率变化范围为 0.00007×10^{-3}～6.27×10^{-3}μm^2，均值为 0.44×10^{-3}μm^2。相对来说，羌资 6 井的孔隙度和渗透率最好，均值分别为 6.28% 和 1.0313×10^{-3}μm^2[图 9-29（a）、表 9-12]。羌资 8 井中碳酸盐岩储层孔隙度变化范围为 0.71%～3.52%，均值为 1.66%；渗透率变化范围为 0.00008×10^{-3}～0.1982×10^{-3}μm^2，均值为 0.059×10^{-3}μm^2（表 9-12）。

2. 中侏罗统色哇组

色哇组物性数据来自 4 口钻井，均为碎屑岩储层。储层孔隙度变化范围为 0.38%～19.59%，均值为 2.59%；渗透率变化范围为 0.00004×10^{-3}～26.7271×10^{-3}μm^2，平均值为 0.54×10^{-3}μm^2。相对来说，羌资 2 井的孔隙度和渗透率最好，均值分别为 6.95% 和 2.1472 ×10^{-3}μm^2[图 9-29（b）、表 9-12]。

3. 中侏罗统布曲组

布曲组物性数据来自 4 口钻井，其中羌资 1 井、羌资 2 井和羌资 13 井为碳酸盐岩储层，羌地 17 井为碳酸盐岩和碎屑岩储层。储层孔隙度变化范围为 0.10%～10.20%，平均值为 2.43%；渗透率变化范围为 0.00004×10^{-3}～1.6215×10^{-3}μm^2，均值为 0.01× 10^{-3}μm^2。相对来说，羌资 13 井的孔隙度和渗透率较好，均值分别为 6.06% 和 0.0226× 10^{-3}μm^2[图 9-29（c）、表 9-12]。

4. 中侏罗统夏里组

　　夏里组物性数据仅有羌地 17 井的 9 件样品，均为碎屑岩储层。储层孔隙度变化范围为 1.73%～17.82%，均值为 5.93%；渗透率变化范围为 $0.0011×10^{-3}～0.3361×10^{-3}μm^2$，均值为 $0.0405×10^{-3}μm^2$[图 9-29（d）、表 9-12]。

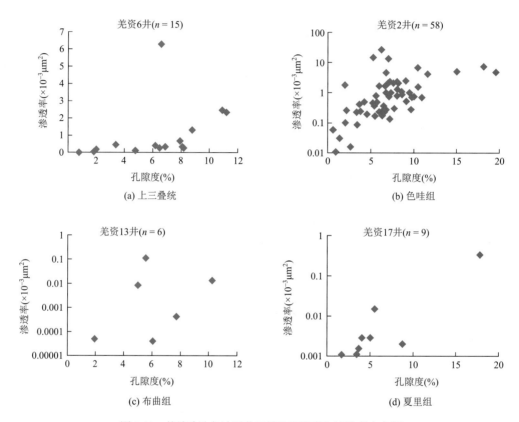

图 9-29　羌塘盆地各地层井下样品孔隙度与渗透率交会图

二、储层测井解释

（一）储层解释依据

1. 碳酸盐岩储层解释依据

　　碳酸盐岩储层分类评价的主要参数是孔隙度、渗透率、中值喉道宽度等，辅助参数是排驱压力、平均喉道宽度，测井无法提供中值喉道宽度、排驱压力及平均喉道宽度。一般情况下，经岩心刻度后，测井计算的孔隙度比较准确，但渗透率误差较大。碳酸盐岩本身存在裂缝或溶蚀孔洞，对储层的渗流性质有改善作用，因此主要利用孔隙度、结合渗透率以及测井曲线的特征反映对储层进行分类，划分出Ⅰ、Ⅱ、Ⅲ类储层。根据储层双侧向电阻率曲线数值、形状及计算的含气饱和度数值，参考钻井取心、岩屑录井与气测异常资料，进一步确定储层流体性质。储层划分标准如下：

Ⅰ类储层：$\varphi \geqslant 10.0\%$；

Ⅱ类储层：$5.0\% \leqslant \varphi < 10.0\%$；

Ⅲ类储层：$2.0\% \leqslant \varphi < 5.0\%$；

干层：$\varphi < 2.0\%$。

2. 致密砂岩储层解释依据

致密砂岩储层是指孔隙度低（$\varphi < 10.0\%$）、渗透率低（$K < 0.1 \times 10^{-3} m^2$）、含水饱和度高（$S_w > 40\%$）的非常规砂岩储层。它与常规高渗孔隙砂岩储层的地质特征有很大不同（邹才能等，2011），主要是从储层岩性、储层的物性下限、结合渗透率以及测井曲线特征对储层进行分类，划分出Ⅰ、Ⅱ、Ⅲ类储层，再参考钻井取心、岩屑录井与气测异常资料，进一步确定储层流体性质。储层划分标准如下：

Ⅰ类储层：$\varphi \geqslant 10.0\%$；

Ⅱ类储层：$6.0\% \leqslant \varphi < 10.0\%$；

Ⅲ类储层：$5.0 \leqslant \varphi < 6.0\%$；

干层：$\varphi < 5.0\%$。

（二）羌科 1 井储层特征

综合分析各项测井资料，参考岩屑录井和气测录井，依据储集层划分与评价标准，对羌科 1 井 59.04～3859.0m 井段进行了储层综合评价。整体上看，测量井段内储层不发育，仅在布曲组解释干层 3 层 28.9m、雀莫错组解释干层 14 层 60.6m、水层 1 层 12.8m。具体解释成果见表 9-13。

1. 夏里组储层

夏里组 59.04～1049.00m 井段，钻遇地层厚度为 989.96m。

该段地层岩性主要为泥岩、含钙泥岩和泥晶灰岩，间夹石膏和砂岩（图 9-30）。

泥岩自然伽马曲线数值多为 90～100API，三孔隙度曲线在互容刻度下呈现平行分开，声波时差值多为 76～90μs/ft，中子值多为 28%～33%，密度值多为 2.26～2.37g/cm³，光电吸收截面指数有所下降，多为 2.56～3.2b/e，深侧向电阻率曲线数值较低，多为 18～20Ω·m，自然电位曲线平直，井径规则扩径。

灰岩有较明显的电性特征，自然伽马曲线数值较低，大多为 15～30API，自然伽马能谱资料呈现低铀、低钍和低钾的低放射性特征；深侧向电阻率曲线呈现明显的高值特征，多为 400～600Ω·m，自然电位曲线平直。

测井曲线显示储层不发育，含气特征不明显，未分层解释。

表 9-13 羌科 1 井测井解释成果表 (59.04～3859.00m)

层号	井段 (m)	层厚 (m)	自然伽马 (API)	声波时差 (μs/ft)	岩性密度 (g/cm³)	补偿中子 (%)	深侧向电阻率 (Ω·m)	浅侧向电阻率 (Ω·m)	孔隙度 (%)	渗透率 (×10⁻³μm²)	含油气饱和度 (%)	有机碳含量 (%)	泥质含量 (%)	解释结论
1	1219.3～1226.1	6.8	14.8	56.5	2.52	6.4	617.8	586.9	1.51	0.0105	0.0	0.21	6.6	干层
2	1236.3～1252.5	16.2	16.6	52.9	2.48	11.1	477.5	453.6	1.70	0.0200	0.0	0.20	8.0	干层
3	1704.0～1709.9	5.9	23.1	64.9	2.43	21.4	43.2	41.9	1.33	0.0031	0.0	0.21	13.5	干层
4	2058.1～2065.9	7.8	41.5	56.2	2.58	3.9	212.3	214.3	1.51	0.0073	0.0	0.20	26.7	干层
5	2321.1～2323.4	2.3	55.1	55.7	2.52	10.6	114.6	123.7	3.00	0.1282	0.0	0.24	37.9	干层
6	2328.1～2329.4	1.3	40.6	59.2	2.45	10.7	133.3	139.0	4.51	0.5047	0.0	0.20	18.8	干层
7	2380.4～2381.9	1.5	54.6	56.8	2.54	6.6	257.0	270.4	3.54	0.1996	0.0	0.21	18.4	干层
8	2387.9～2393.3	5.4	66.5	56.7	2.54	10.2	264.2	236.7	3.64	0.2667	0.0	0.21	29.9	干层
9	2431.0～2433.0	2.0	58.6	55.2	2.57	8.1	170.7	168.2	3.15	0.1284	0.0	0.21	21.5	干层
10	2704.8～2715.0	10.2	32.8	56.9	2.49	4.6	1729.9	1833.2	1.18	0.0040	0.0	0.23	16.7	干层
11	3021.0～3025.6	4.6	29.0	50.6	2.61	4.9	518.9	559.0	1.65	0.0116	0.0	0.18	13.2	干层
12	3225.5～3230.4	4.9	61.6	58.6	2.56	8.0	216.3	216.3	3.72	0.2456	0.0	0.18	22.8	干层
13	3234.6～3236.9	2.3	60.5	56.1	2.63	8.9	269.0	295.0	3.15	0.1148	0.0	0.19	21.8	干层
14	3273.8～3286.6	12.8	91.7	63.3	2.63	13.2	35.9	36.4	4.46	0.5043	0.0	0.24	39.1	水层
15	3393.0～3396.3	3.3	22.9	51.8	2.60	0.2	865.2	865.7	1.15	0.0034	0.0	0.18	11.3	干层
16	3401.0～3404.4	3.4	29.0	54.6	2.65	0.1	3871.9	4638.4	0.75	0.0012	0.0	0.23	16.0	干层
17	3453.5～3462.3	8.8	28.7	58.3	2.59	1.0	1689.4	1528.8	1.87	0.0235	0.0	0.19	15.9	干层
18	3512.6～3515.4	2.8	25.8	55.4	2.87	-1.1	332.0	331.5	1.68	0.0121	0.0	0.20	13.6	干层

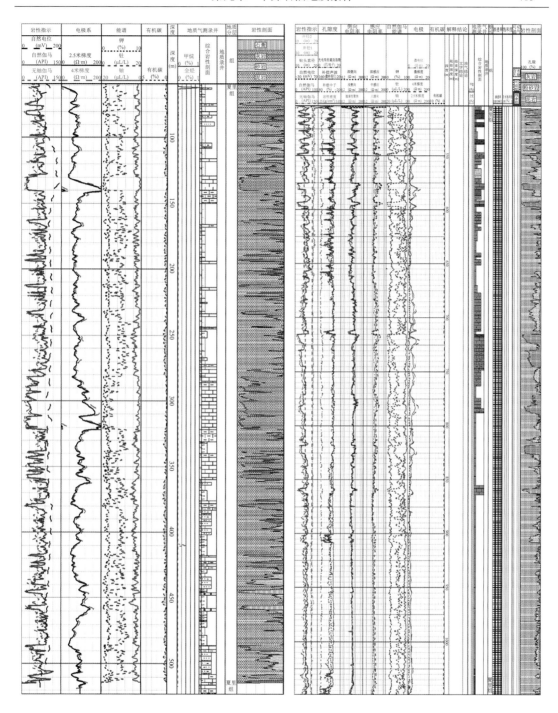

图 9-30　羌科 1 井夏里组测井组合成果图

2. 布曲组储层

布曲组 1049.0～1974.0m 井段，钻遇地层厚度为 925.0m。

该段地层岩性主要为含砂屑灰岩、含钙泥岩和泥岩，夹含钙粉砂岩和含钙粉砂质泥岩

（图 9-31）。含砂屑灰岩自然伽马数值大多为 12～20API，自然伽马能谱资料呈现"三低"的低放射性特征，声波时差值多为 48～54μs/ft，中子值多为 5%～8%，密度值多为 2.52～2.57g/cm³，光电吸收截面指数多为 3.7～5.2b/e，深侧向电阻率曲线呈现明显的高值特征，多为 300～700Ω·m，自然电位曲线平直，井径规则。

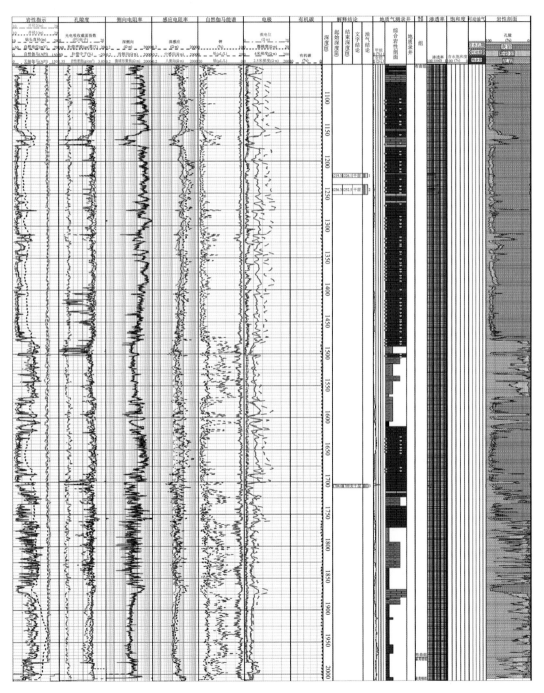

图 9-31　羌科 1 井布曲组测井组合成果图

本段储层不发育，地质录井见气测异常 2 层 13.72m。根据测井曲线特征，结合地质录井，综合解释干层 3 层 28.9m。

1 号层：1219.3～1226.1m 井段，1 层 6.8m，解释结论：干层。

常规特征：自然伽马和自然伽马能谱资料均显示低放射性特征，自然伽马为 14.8API，铀为 1.24μL/L，计算的有机碳含量为 0.21%，井径规则接近钻头直径，局部微扩径，深、浅侧向电阻率曲线在高阻背景下略有所下降，深侧向电阻率为 617.8Ω·m；三孔隙度曲线指示储层整体物性差，声波时差值为 56.5μs/ft，补偿中子为 6.4%，岩性密度为 2.52g/cm³，计算的孔隙度为 1.51%（图 9-32）。

图 9-32　羌科 1 井测井综合成果图（1 号层）

电成像特征：静态图像为亮黄色高阻特征，水平缝发育，显示为暗色条纹，见多条亮晶方解石脉，延伸方向见溶孔，均被亮晶方解石充填，解释低角度（半）充填缝 11 条。

交叉偶极声波特征：纵波、横波和斯通利波波列清晰，未出现明显的"V"字形条纹，反映储层内有效裂缝不发育。

录井特征：地质录井无显示。

钻井取心特征：在 1218.85～1227.67m 井段钻井取心一次，湿干照、滴照、氯仿浸泡液均无油气显示，见多条亮晶方解石脉，延伸方向见溶孔，均被亮晶方解石充填（图 9-33）。

图 9-33　羌科 1 井 1 号层岩心方解石脉、水平缝（碳质泥岩充填）

2 号层：1236.3～1252.5m 井段，1 层 16.2m，解释结论：干层。

常规特征：自然伽马曲线低值，为 16.6API，铀曲线低值，为 1.21μL/L，计算的有机碳含量为 0.20%，井径规则微扩径，深、浅电阻率曲线在高阻背景下略有所下降，深侧向电阻率为 477.5Ω·m；三孔隙度曲线反映储层物性差，局部由于井径微扩径造成密度曲线数值下降，声波时差为 52.9μs/ft，补偿中子为 11.1%，岩性密度为 2.48g/cm³，计算的孔隙度为 1.70%（图 9-34）。

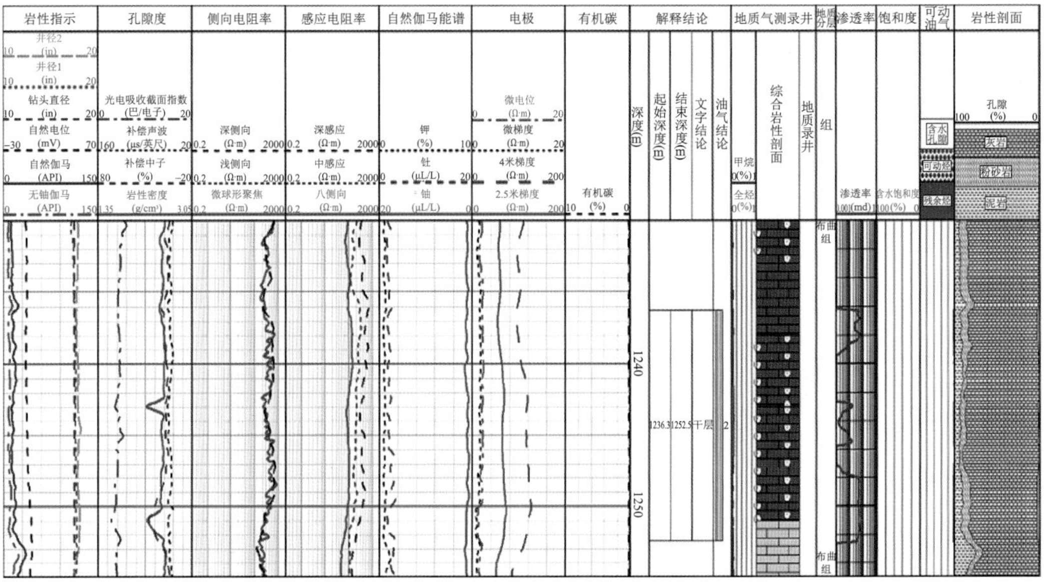

图 9-34　羌科 1 井测井综合成果图（2 号层）

电成像特征：图像上见到多条不规则的垂直缝，发育缝合线，有应力释放缝，见到麻点或斑点状的亮点或亮块。

交叉偶极声波特征：纵波、横波和斯通利波波列清晰，局部由于泥质含量的影响，波形略靠后，未见明显的"V"字形条纹，反映储层内有效裂缝不发育。

录井特征：地质录井在 1237.00～1249.26m 见气测异常显示，全烃由 0.028%↑0.074%，C1 由 0.0210%↑0.0675%；钻井过程中钻至 1249.26m，后效显示全烃由 0.049%↑4.467%，C1 由 0.0118%↑3.5771%。

3 号层：1704.0～1709.9m 井段，1 层 5.9m，解释结论：干层。

常规特征：自然伽马和自然伽马能谱资料均显示泥质含量自上而下略有增多，自然伽马由 15API 上升至 23.1API，铀曲线低值，为 1.24μL/L，计算的有机碳含量为 0.21%，井径规则，深、浅电阻率曲线在高阻背景下有所下降，深侧向电阻率为 43.2Ω·m；三孔隙度曲线反映储层物性差，声波时差为 64.9μs/ft，补偿中子为 21.4%，岩性密度为 2.43g/cm³，计算的孔隙度为 1.33%（图 9-35）。

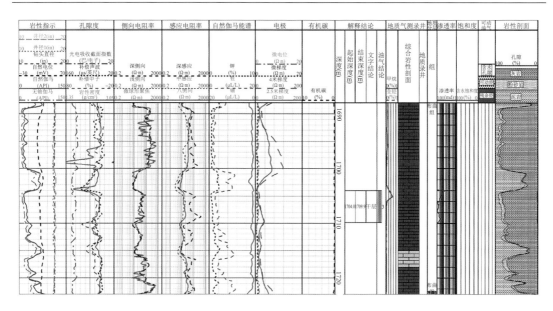

图 9-35　羌科 1 井测井综合成果图（3 号层）

　　电成像特征：图像上见高阻缝 1 条，（半）充填缝 2 条，有亮色斑块或斑点。

　　交叉偶极声波特征：3 号层上部井段受岩性界面的影响，纵波、横波和斯通利波波形位置明显滞后；和致密灰岩相比，波形位置略靠后，未见明显的"V"字形条纹，反映储层内有效裂缝不发育。

　　录井特征：地质录井在 1705.5～1706.96m 见气测异常显示，全烃由 0.245%↑0.621%，C1 由 0.2204%↑0.5123%。

3. 雀莫错组储层

　　雀莫错组地层岩性主要为灰岩、石膏、含钙粉砂岩、含钙泥质粉砂岩、含钙泥岩和泥岩，少量泥质粉砂岩（图 9-36）。

　　灰岩自然伽马大多为 12～30API，自然伽马能谱资料呈现"三低"的低放射性特征，声波时差多为 48.5～53μs/ft，补偿中子多为 0.4%～5%，密度值多为 2.61～2.69g/cm^3，深侧向电阻率曲线呈现明显高值特征，多为 100～1000Ω·m，自然电位曲线平直，井径规则或微扩径；石膏自然伽马曲线低值，为 12～15API，自然伽马能谱资料呈现明显的低放射性特征，声波时差为 49～53.5μs/ft，补偿中子为 2%～0%，密度为 2.85～2.9g/cm^3，深侧向电阻率曲线呈现异常高值特征，为 25258～68443Ω·m，自然电位曲线平直。

　　本段储层相对不发育，地质录井见气测异常 10 层 30.0m。根据测井曲线特征，结合地质录井，综合解释干层 14 层 60.6m、水层 1 层 12.8m。

　　4 号层：2058.1～2065.9m 井段，1 层 7.8m，解释结论：干层。

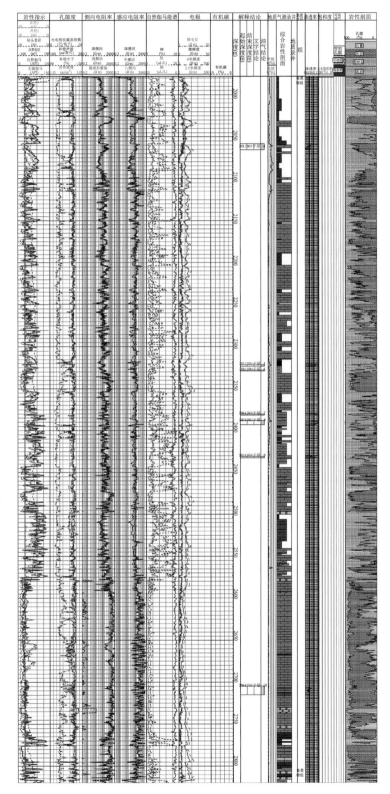

(a)

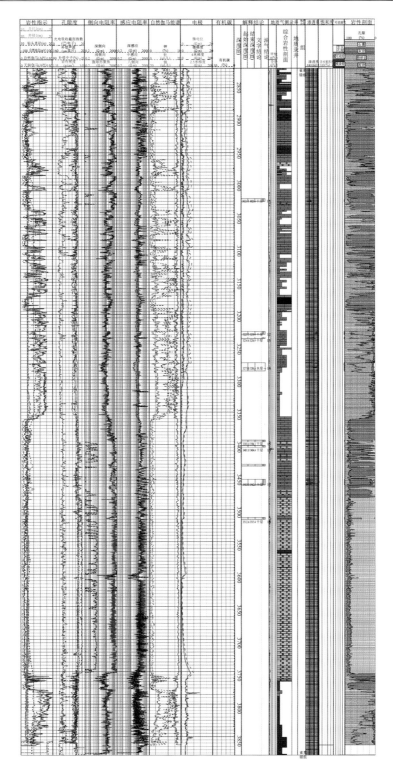

(b)

图 9-36 羌科 1 井测井组合成果图（雀莫错组）

常规特征：岩性为灰岩，自然伽马和自然伽马能谱资料均显示自上而下泥质含量略有增多，自然伽马由 30API 上升至 41.5API，铀为 2.34μL/L，计算的有机碳含量为 0.20%，井径接近钻头直径，深、浅电阻率曲线在高阻背景下有所下降，深侧向电阻率为 212.3Ω·m；三孔隙度曲线指示储层整体物性差，声波时差为 56.2μs/ft，补偿中子为 3.9%，岩性密度为 2.58g/cm^3，计算的孔隙度为 1.51%（图 9-37）。

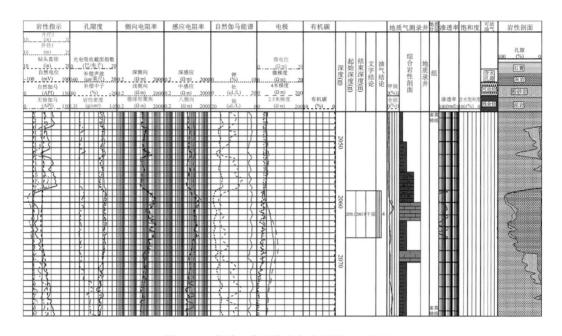

图 9-37　羌科 1 井测井综合成果图（4 号层）

电成像特征：静态图像为暗黄色高阻特征，灰岩中夹有薄层的泥质条带，顶部岩性较纯处见少量缝合线，钻井诱导缝较为发育。

交叉偶极声波特征：纵波、横波和斯通利波波列清晰，未出现明显的"V"字形条纹，反映储层内有效裂缝不发育。

录井特征：地质录井在 2059.0～2061.0m 见气测异常显示，全烃由 0.161%↑0.541%，C1 由 0.1434%↑0.5273%。

5 号层：2321.1～2323.4m 井段，1 层 2.3m，解释结论：干层；6 号层：2328.1～2329.4m 井段，1 层 1.3m，解释结论：干层。

常规特征：岩性为含钙粉砂岩，自然伽马和自然伽马能谱资料均显示 5 号层泥质含量略多于 6 号层，自然伽马分别为 55.1API、40.6API，铀分别为 2.91μL/L、2.42μL/L，计算的有机碳含量分别为 0.24%、0.20%，井径扩径，深、浅电阻率曲线重合，深侧向电阻率分别为 114.6Ω·m、133.3Ω·m；三孔隙度曲线指示储层整体物性差，声波时差分别为 55.7μs/ft、59.2μs/ft，补偿中子分别为 10.6%、10.7%，岩性密度分别为 2.52g/cm^3、2.45g/cm^3，计算的孔隙度分别为 3.0%、4.51%（图 9-38）。

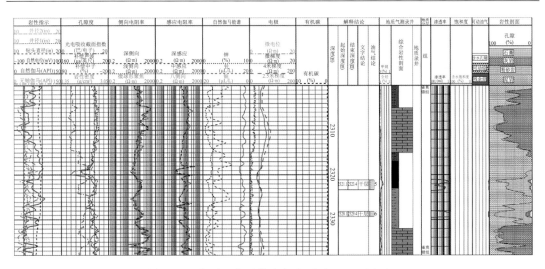

图9-38　羌科1井测井综合成果图（5、6号层）

电成像特征：静态图像为橘黄色高阻特征，见少量暗色不规则斑点或斑块发育，泥质条带较为发育，显示为暗色条纹，见明显的井壁崩落特征，在2322.2～2324.5m见不规则垂直缝一条。

交叉偶极声波特征：4号层和5号层的层界面处，受岩性影响，出现明显的"V"字形条纹，层内纵波、横波和斯通利波波列清晰，未出现明显的"V"字形条纹，反映储层内有效裂缝不发育。

录井特征：地质录井在2320.0～2322.0m见气测异常显示，全烃由0.145%↑0.328%，C1由0.1066%↑0.2775%。

7号层：2380.4～2381.9m井段，1层1.5m，解释结论：干层；8号层：2387.9～2393.3m井段，1层5.4m，解释结论：干层。

常规特征：岩性为含钙粉砂岩、含钙泥质粉砂岩，自然伽马和自然伽马能谱资料均显示8号层泥质含量略多于7号层，自然伽马分别为54.6API、66.5API，铀分别为2.49μL/L、2.53μL/L，计算的有机碳含量均为0.21%，井径接近钻头直径，深侧向电阻率分别为257.0Ω·m、264.2Ω·m；三孔隙度曲线指示储层物性差，声波时差分别为56.8μs/ft、56.7μs/ft，补偿中子分别为6.6%、10.2%，岩性密度均为2.54g/cm³，计算的孔隙度分别为3.54%、3.64%（图9-39）。

电成像特征：静态图像为橘黄色高阻特征，水平层理较为发育，顶部7号层见一条高角度高导缝发育，裂缝轨迹较为连续；中下部钻井诱导缝较为发育，图像上反映有斑点状或条带状的高阻物质。

交叉偶极声波特征：纵波、横波和斯通利波波列清晰连续，未出现明显的"V"字形条纹，反映储层内有效裂缝不发育。

录井特征：地质录井在2386.0～2389.0m见气测异常显示，全烃由0.143%↑0.425%，C1由0.1001%↑0.3527%。

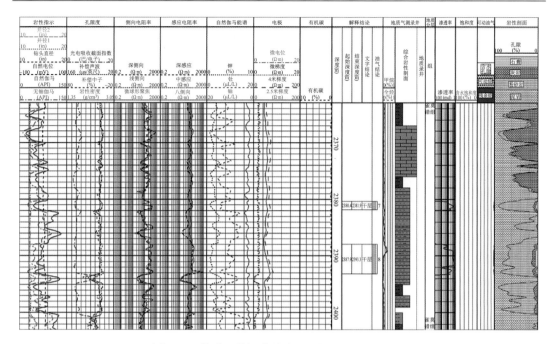

图 9-39　羌科 1 井测井综合成果图（7、8 号层）

9 号层：2431.0～2433.0m 井段，1 层 2.0m，解释结论：干层。

常规特征：岩性为含钙泥质粉砂岩，自然伽马曲线中等，为 58.6API，自然伽马能谱资料中钍值较高，反映储层泥质含量略多，铀曲线低值，为 2.46μL/L，计算的有机碳含量为 0.21%，井径规则，接近钻头直径，深侧向电阻率为 170.7Ω·m；三孔隙度曲线反映储层物性差，声波时差为 55.2μs/ft，补偿中子为 8.1%，岩性密度为 2.57g/cm³，计算的孔隙度为 3.15%（图 9-40）。

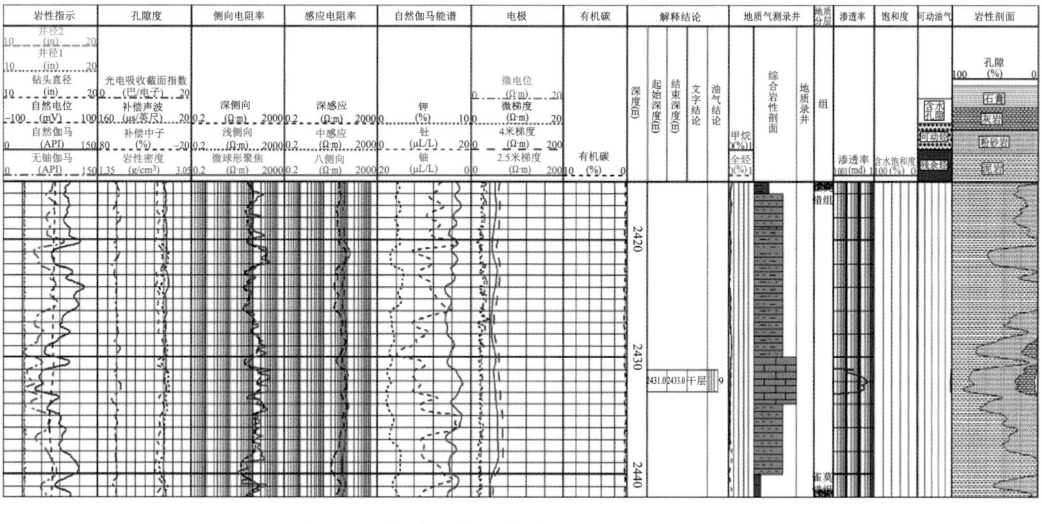

图 9-40　羌科 1 井测井综合成果图（9 号层）

电成像特征：图像上钻井诱导缝较为发育，有亮色斑块或斑点，在层底部见少量的不规则缝合缝。

交叉偶极声波特征：纵波、横波和斯通利波波形清晰连续未见明显的"V"字形条纹，反映储层内有效裂缝不发育。

录井特征：地质录井在 2440.0～2442.0m 见气测异常显示，全烃由 0.025%↑0.147%，C1 由 0.0082%↑0.1037%。

10 号层：2704.8～2715.0m 井段，1 层 10.2m，解释结论：干层。

常规特征：岩性为含膏灰岩，自然伽马曲线低值，为 32.8API，自然伽马能谱曲线呈现明显"三低"的低放射性特征，铀为 2.72μL/L，计算的有机碳含量为 0.23%，井径接近钻头直径或局部微扩，深、浅侧向电阻率在高阻背景下下降，深侧向电阻率数值为 1729.9Ω·m；密度曲线受井眼扩径的影响，数值偏低，但声波和中子曲线均反映储层物性差，声波时差为 56.9μs/ft，补偿中子为 4.6%，岩性密度为 2.49g/cm³，计算的孔隙度为 1.18%（图 9-41）。

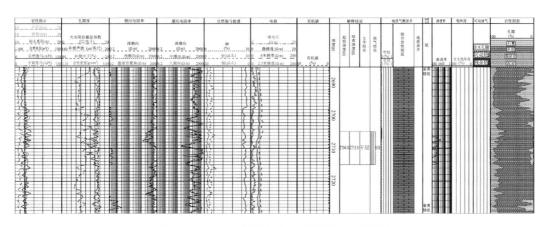

图 9-41　羌科 1 井测井综合成果图（10 号层）

电成像特征：图像上见亮白色不规则的斑块或斑点，见少量的泥质条带，见轨迹不连续的缝合线。取心的高角度亮晶方解石脉在图像上显示不清，电阻差异小。

交叉偶极声波特征：纵波、横波和斯通利波波列清晰，未见明显的"V"字形条纹，反映储层内有效裂缝不发育。

录井特征：地质录井未见气测异常显示。

钻井取心特征：在 2707.0～2716.0m 井段钻井取心一次，湿干照、滴照、氯仿浸泡液均无油气显示，见多条高角度亮晶方解石脉和缝合线，孔洞不发育（图 9-42）。

11 号层：3021.0～3025.6m 井段，1 层 4.6m，解释结论：干层。

常规特征：岩性为灰岩，自然伽马和自然伽马能谱资料均显示低放射性，自然伽马为 29.0API，铀为 2.11μL/L，计算的有机碳含量为 0.18%，井径接近钻头直径，深、浅侧向电阻率在高阻背景下下降，深侧向电阻率为 518.9Ω·m；三孔隙度曲线反映储层物性差，声波时差为 50.6μs/ft，补偿中子为 4.9%，岩性密度为 2.61g/cm³，计算的孔隙度为 1.65%（图 9-43）。

图 9-42　羌科 1 井 10 号层岩心方解石脉

电成像特征：图像上见（半）充填缝 1 条，少量缝合线，见不规则暗色裂缝。

交叉偶极声波特征：纵波、横波和斯通利波波列清晰，未见明显的"V"字形条纹，反映储层内有效裂缝不发育。

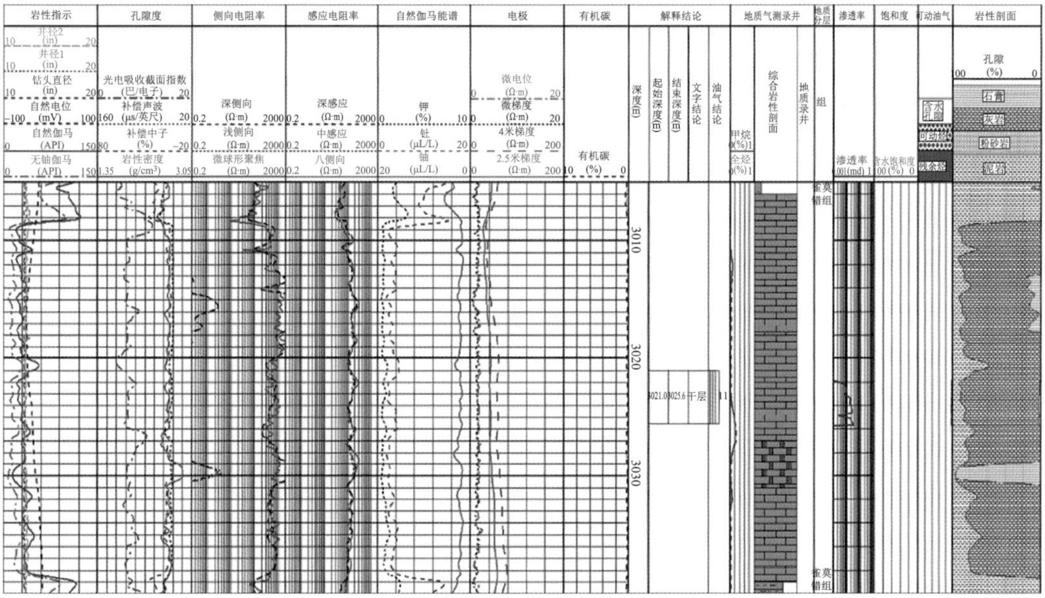

图 9-43　羌科 1 井测井综合成果图（11 号层）

录井特征：地质录井在 3023.0～3027.0m 见气测异常显示，全烃由 0.055%↑0.263%，C1 由 0.0283%↑0.2296%。

12 号层：3225.5～3230.4m 井段，1 层 4.9m，解释结论：干层；

13 号层：3234.6～3236.9m 井段，1 层 2.3m，解释结论：干层。

常规特征：岩性为含钙粉砂岩，自然伽马分别为 61.6API、60.5API，铀分别为 2.09μL/L、2.2μL/L，计算的有机碳含量分别为 0.18%、0.19%，井径接近钻头直径，深侧向电阻率分别为 216.3Ω·m、269.0Ω·m；三孔隙度曲线指示储层物性差，声波时差分别为 58.6μs/ft、56.1μs/ft，补偿中子分别为 8.0%、8.9%，岩性密度分别为 2.56g/cm³、2.63g/cm³，计算的孔隙度分别为 3.72%、3.15%（图 9-44）。

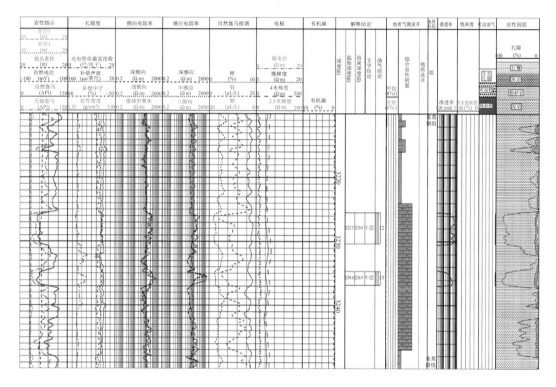

图 9-44　羌科 1 井测井综合成果图（12、13 号层）

电成像特征：静态图像为暗黄色特征，见少量亮色不规则斑点或斑块发育，泥质条带较为发育，显示为暗色条纹，在 12、13 号层内均见不规则垂直缝发育。

交叉偶极声波特征：纵波、横波和斯通利波波列清晰，和灰岩相比，位置靠后，未出现明显的"V"字形条纹，反映储层内有效裂缝不发育。

录井特征：地质录井未见异常显示。

14 号层：3273.8～3286.6m 井段，1 层 12.8m，解释结论：水层。

常规特征：岩性为含钙泥质粉砂岩，自然伽马和自然伽马能谱资料均显示泥质含量较多，自然伽马为 91.7API，铀为 2.81μL/L，计算的有机碳含量为 0.24%，井径接近钻头直径，深、浅侧向电阻率曲线受泥质含量和流体性质的双重影响明显下降，深侧向电阻率为 35.9Ω·m；三孔隙度曲线反映储层物性较差，声波时差为 63.3μs/ft，补偿中子为 13.2%，岩性密度为 2.63g/cm³，计算的孔隙度为 4.46%（图 9-45）。

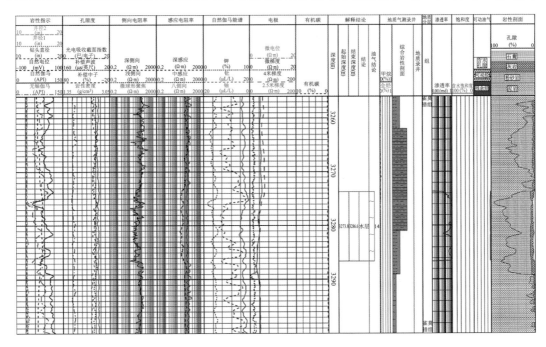

图 9-45　羌科 1 井测井综合成果图（14 号层）

电成像特征：图像上见 2 条中低角度高导缝，1 条低角度（半）充填缝，见不规则垂直缝，与泥浆压裂缝特征相近。

交叉偶极声波特征：纵波、横波和斯通利波波列清晰，和灰岩相比，位置靠后，未出现明显的"V"字形条纹，反映储层内有效裂缝不发育。

录井特征：地质录井未见气测异常显示。

15 号层：3393.0～3396.3m 井段，1 层 3.3m，解释结论：干层；

16 号层：3401.0～3404.4m 井段，1 层 3.4m，解释结论：干层。

常规特征：岩性为含膏灰岩，自然伽马分别为 22.9API、29.0API，铀分别为 2.18μL/L、2.78μL/L，计算的有机碳含量分别为 0.18%、0.23%，井径接近钻头直径或局部微扩径，深、浅侧向电阻率曲线在高阻背景下有所下降，深侧向电阻率分别为 865.2Ω·m、3871.9Ω·m；三孔隙度曲线指示储层物性差，声波时差分别为 51.8μs/ft、54.6μs/ft，补偿中子分别为 0.2%、0.1%，岩性密度分别为 2.60g/cm^3、2.65g/cm^3，计算的孔隙度分别为 1.15%、0.75%（图 9-46）。

电成像特征：静态图像为暗黄色特征，见少量亮色不规则斑点或斑块发育，解释高角度（半）充填缝 2 条。

交叉偶极声波特征：纵波、横波和斯通利波波列清晰，未出现明显的"V"字形条纹，反映储层内有效裂缝不发育。

录井特征：地质录井在 3395.0～3398.0m 见气测异常显示，全烃由 0.036%↑0.125%，C1 由 0.0124%↑0.0917%；在 3401.0～3407.0m 见气测异常显示，全烃由 0.036%↑0.576%，C1 由 0.0133%↑0.5282%。

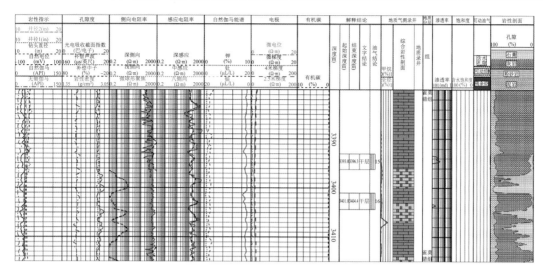

图 9-46 羌科 1 井测井综合成果图 (15、16 号层)

17 号层：3453.5～3462.3m 井段，1 层 8.8m，解释结论：干层。

常规特征：岩性为含膏灰岩，自然伽马和自然伽马能谱资料均显示低放射性，自然伽马为 28.7API，铀为 2.30μL/L，计算的有机碳含量为 0.19%，井径扩径，深、浅侧向电阻率曲线在高阻背景下有所下降，深侧向电阻率为 1689.4Ω·m；三孔隙度曲线反映储层物性差，声波时差为 58.3μs/ft，补偿中子为 1.0%，岩性密度为 2.59g/cm³，计算的孔隙度为 1.87%（图 9-47）。

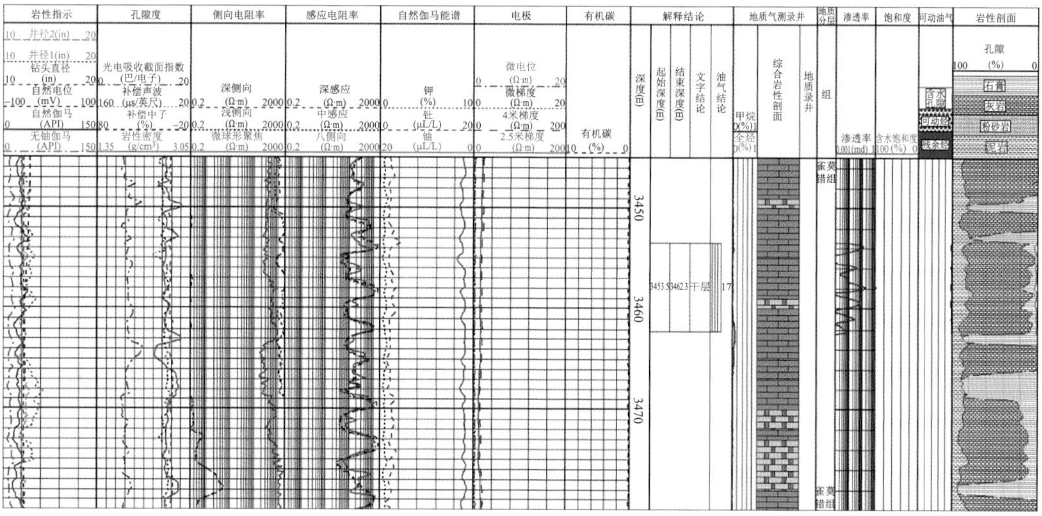

图 9-47 羌科 1 井测井综合成果图 (17 号层)

电成像特征：图像上见（半）充填缝 1 条，有亮色斑块或斑点。

交叉偶极声波特征：纵波、横波和斯通利波波列清晰连续，未出现明显的"V"字形条纹，储层内有效裂缝不发育。

录井特征：地质录井在 3461.0～3465.0m 见气测异常显示，全烃由 0.018% ↑ 0.112%，C1 由 0.0060% ↑ 0.0987%。

18 号层：3512.6～3515.4m 井段，1 层 2.8m，解释结论：干层。

常规特征：岩性为灰质膏岩，自然伽马为 25.8API，铀为 2.41μL/L，计算的有机碳含量为 0.20%，井径接近钻头直径，深、浅侧向电阻率曲线在高阻背景下有所下降，深侧向电阻率为 332.0Ω·m；三孔隙度曲线反映储层物性差，声波时差为 55.4μs/ft，补偿中子为 –1.1%，岩性密度为 2.87g/cm^3，计算的孔隙度为 1.68%（图 9-48）。

电成像特征：与膏岩相比，图像呈现暗色特征，在局部见亮色斑点或斑块状分布，未见明显裂缝发育。

交叉偶极声波特征：纵波、横波和斯通利波波列清晰，未出现明显的"V"字形条纹，储层内有效裂缝不发育。

录井特征：地质录井在 3513.0～3515.0m 见气测异常显示，全烃由 0.056% ↑ 0.269%，C1 由 0.0203% ↑ 0.2010%。

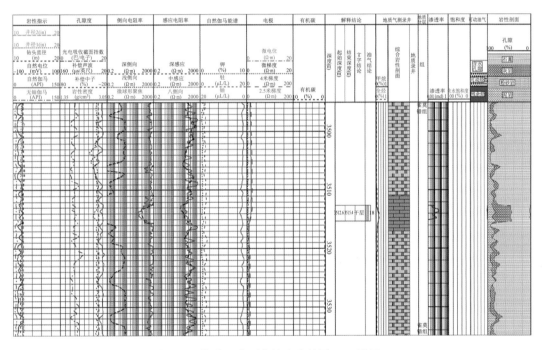

图 9-48　羌科 1 井测井综合成果图（18 号层）

三、储层录井测井综合评价

综合分析化验资料评价结果以及测井评级成果开展羌科 1 井储层评价，评价结果认为，羌科 1 井目前钻遇储层主要发育在布曲组，主要为碳酸盐岩储层，以生物碎屑灰岩、砂屑灰岩为主，孔隙度分布范围为 0.1%～2.4%，平均为 0.7%，渗透率主要分布为（0.0001～0.2136）×$10^{-3}\mu m$，平均为 0.0011×$10^{-3}\mu m$ 左右，属特低孔特低渗储层；储层孔隙结构差，压汞曲线呈"中-低排驱压力、中细歪度"特征，储集性能较差。其中布曲组 2 号层（1236.3～1252.5m、干层）以及 4 号层（2058.1～2065.9m、干层）为已钻井段中相对较好的储层段。

通过分析，可利用纵波阻抗识别布曲组碳酸盐岩与泥岩。利用羌科 1 井进行约束完成了 10 条 400km 二维地震资料叠后波阻抗反演。

测井数据统计的布曲组碳酸盐岩下限门槛值为[12980(g/cm^3)·(m/s)]（图 9-49）。在井约束地震波阻抗反演剖面上，结合地震层位解释，利用门槛值法分别提取 2 号层和 4 号层碳酸盐岩的厚度图（图 9-50、图 9-51）。

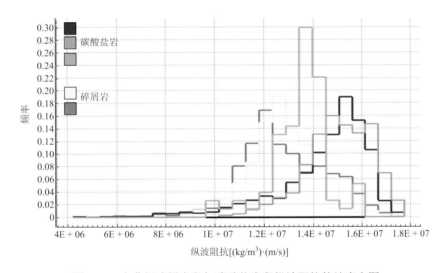

图 9-49　布曲组碎屑岩段与碳酸盐岩段纵波阻抗统计直方图

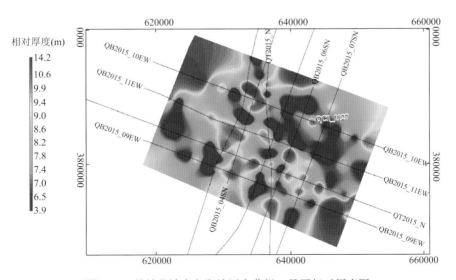

图 9-50　羌塘盆地半岛湖地区布曲组 2 号层相对厚度图

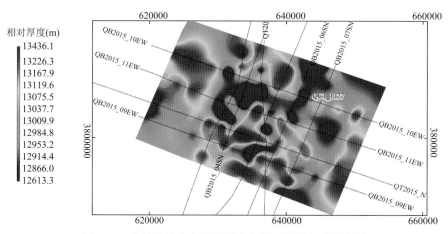

图 9-51　羌塘盆地半岛湖地区布曲组 4 号层相对厚度图

第三节　盖层录井测井特征

依据实钻地层情况，羌科 1 井目前共发育夏里组底部泥岩、布曲组中下部泥岩以及雀莫错组膏岩三套较好的盖层，从常规地震剖面以及波阻抗反演剖面上看，三套盖层均连续稳定分布，且结合油气显示，表明羌科 1 井整体保存条件较好。

一、夏里组盖层

夏里组泥质岩累厚近 700m，特别是底部纯泥岩段（厚 263m）横向分布稳定，可作为区域盖层。

羌科 1 井（羌参 1 井）与邻近的羌地 17 井在夏里组厚层泥岩之下均见到油气显示，通过羌地 17 井与羌科 1 井布曲组地层中的油气显示对比，认为两口井布曲组气测异常应在同一层位，表明半岛湖地区夏里组具有较好的封盖条件，布曲组地层若有规模性的优质储层，则能成为较好的勘探目标（图 9-52）。对于该套泥岩盖层的分布在烃源岩章节已做详细描述。

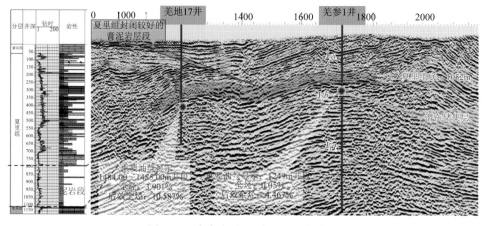

图 9-52　半岛湖地区夏里组泥岩盖层

二、布曲组盖层

布曲组中部的泥质岩累厚近 300m，可以作为其下伏储层的直接盖层。直接盖层下部的碳酸盐岩中有气测异常，表明该套直接盖层也具有一定的封盖能力（图 9-53）。对于该套泥岩盖层的分布在烃源岩章节也已做详细描述。

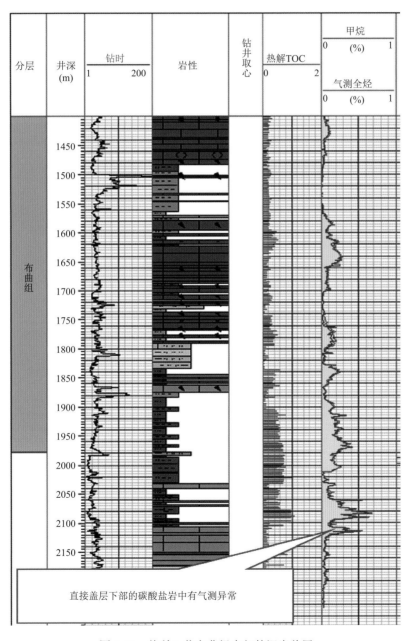

图 9-53　羌科 1 井布曲组中部的泥岩盖层

三、雀莫错组膏岩盖层

（一）羌科 1 井雀莫错组盖层

雀莫错组膏岩累厚近 270m，单层最厚可达 90m，可作为下部巴贡组储层的直接盖层，下部巴贡组若钻遇好的储层，则有望获得油气突破（图 9-54）。

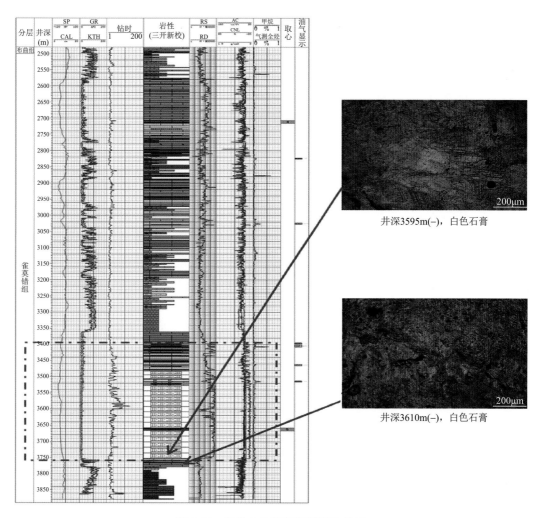

井深3595m(-)，白色石膏

井深3610m(-)，白色石膏

图 9-54　羌科 1 井雀莫错组膏岩盖层

中下侏罗统雀莫错组膏盐段岩石物理分析表明：膏盐段与上覆灰岩地球物理参数接近，分界面为弱反射界面，地震反射表现为中振幅特征；膏盐段与下覆泥岩段地球物理参数差异较大，分界面为强反射界面，地震反射结构为强振幅特征，石膏为高阻抗响应特征，可利用纵波阻抗识别雀莫错组膏岩（图 9-55）。

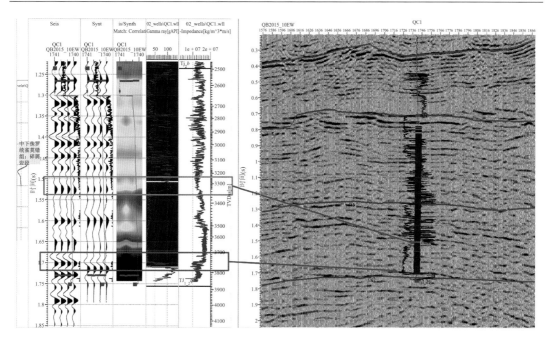

图 9-55　雀莫错组膏岩地球物理响应特征

测井数据统计的布曲组碳酸盐岩下限门槛值为 15300[(g/cm^3)·(m/s)]（图 9-56）。在井约束地震波阻抗反演剖面上、结合地震层位解释，利用门槛值法提取膏岩层段的厚度，并制作厚度图（图 9-57）。

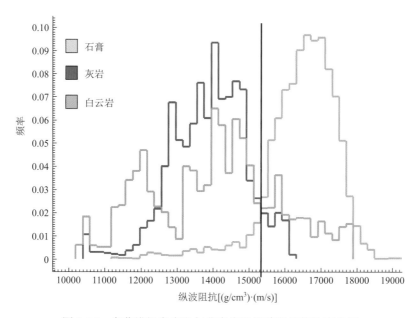

图 9-56　雀莫错组膏岩段与非膏岩段纵波阻抗统计直方图

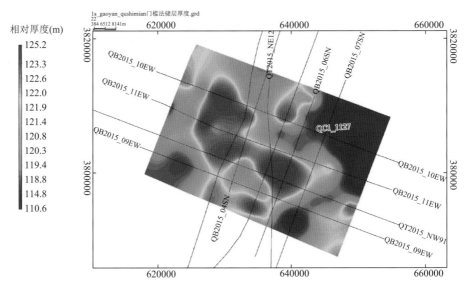

图 9-57 羌塘盆地半岛湖地区雀莫错组膏岩相对厚度图

（二）羌资 16 井雀莫错组盖层

1. 厚度

羌资 16 井雀莫错组（250～630m 含膏岩层段）主要岩石厚度统计分析，泥岩、粉砂岩、石灰岩、角砾岩、石英砂岩厚度分别为 2.30m、1.50m、8.40m、11.80m、2.20m，石膏总厚度为 131.70m，硬石膏总厚度为 222.10m，膏岩厚度达 353.80m，占总含膏岩层段的 93.1%。石膏和硬石膏呈灰白色、巨厚层块状，为优质盖层（图 9-58）。

图 9-58 羌资 16 井雀莫错组第 169 回次中的石膏段特征

2. 总孔隙度

结合研究区雀莫错组的岩性特征（图 9-59），利用复杂岩性测井解释模型，可以确定泥岩、砂岩、灰岩、角砾岩、膏岩、碳质泥岩的组成成分。膏岩的总孔隙度可由中子、密度测井曲线交会计算获得。

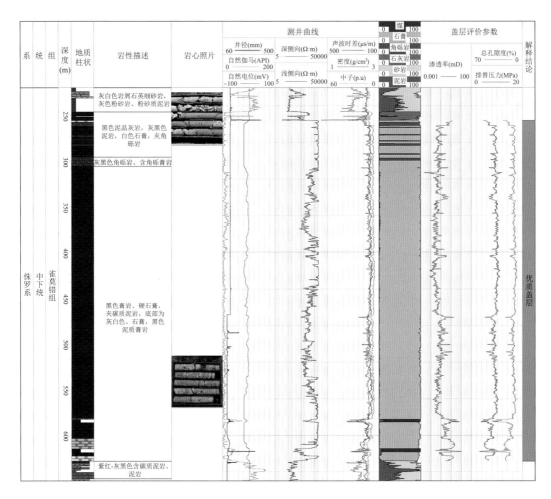

图 9-59 羌资 16 井雀莫错组膏岩盖层综合评价

通过分析计算，羌资 16 井石膏总孔隙度为 9.2%～23.9%，平均为 12.5%；硬石膏总孔隙度为 8.8%～23.9%，平均为 12.8%。总体来看，膏岩层的总孔隙度平均为 12.7%。

3. 渗透率

研究表明，渗透率对盖层的封隔性能影响很大，渗透率降低，突破压力呈指数增大，封闭质量越好。对于均质地层，基岩的渗透率主要由岩块孔隙度及束缚水饱和度决定，可采用 Timur 公式确定其渗透率。

羌资 16 井膏岩层渗透率为（0.019～1.679）×$10^{-3}\mu m^2$，平均为 0.265×$10^{-3}\mu m^2$。

4. 突破压力

突破压力是评价岩石封闭液体绝对能力的重要指标，也是最直接、最基本的参数。孔隙度与突破压力呈指数关系，且对突破压力的制约作用非常明显。

羌资 16 井膏岩层突破压力为 5.6～10.3MPa，平均为 9.0MPa。

5. 综合评价

综合以上关键参数测井评价结果，羌资 16 井雀莫错组膏岩单层厚度最大为 282.80m，总厚度达 353.80m，其权值为 3；石膏与硬石膏总孔隙度比较接近，平均为 12.7%，权值为 2；渗透率平均为 $0.265×10^{-3}\mu m^2$，权值为 1；突破压力较大，为 5～10MPa，平均为 9.0MPa，权值为 2。因此膏岩盖层的总权级系数为 8，封隔能力强，达到优质盖层的标准（图 9-59）。

第十章 钻井事故及处理过程

羌科 1 井自 2016 年 12 月 6 日开钻至 2018 年 11 月 13 日钻至井深 4696.18m 完钻，历时 580d，先后发生了 4 次钻具断裂、4 次卡钻（其中一次卡钻处理过程中钻具断裂）、1 次测井仪器落井及多次较大型井漏（总漏失量达 10336.79m³）等事故，严重影响了科探井设计井深目标的实现，除环境条件恶劣及环保因素以外，这些事故也是导致钻井周期达两年多的重要原因。本章对断钻具、卡钻及井漏等事故做简单介绍，以便为将来科探井实施或油气勘探提供借鉴。

第一节 钻具断裂事故

羌科 1 井先后发生了 4 次钻具断裂事故（图 10-1）：①2017 年 8 月 2 日钻进至井深 1658.54m 发生 Φ203.2mm 钻铤断裂事故，井底落鱼长 66.92m，事故处理耗时 56.9h；

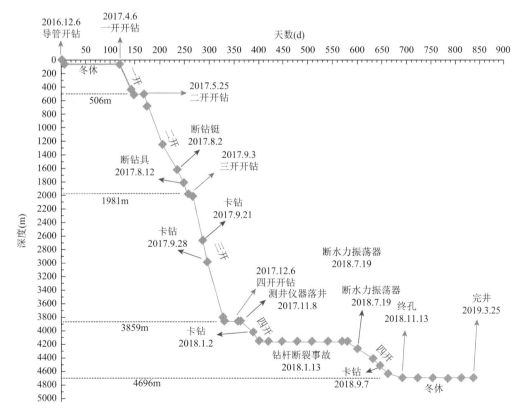

图 10-1 羌科 1 井钻井施工进度图

②2017 年 8 月 12 日 00:59 钻进至井深 1807.34m 时，Φ228.6 钻铤断裂，井底落鱼长 39.79m，事故处理耗时 38.5h；③2018 年 1 月 13 日钻进至 4158.60m，起钻至 3806m 时做承压堵漏，在井口附近发生钻具断裂落井事故，事故处理历时 180d；④2018 年 7 月 19 日钻进至井深 4266.51m，水力振荡器从脉冲接头处断裂落井，落鱼长 5.78m，事故处理耗时 25d。

一、第一次断钻具事故

2017 年 8 月 2 日 12:06 二开钻进至井深 1658.54m 时，Φ203.2mm 钻铤断裂，井底落鱼长 66.92m，事故处理耗时 56.9h。

钻头程序：Φ900mm 钻头×59.04m + Φ660.4mm 钻头×506m（领眼：Φ444.5mm 钻头×523m）+ Φ444.5mm 钻头×1658.54m。

套管程序：导管 Φ720mm×10mm×59.04m + 表层套管 Φ508mm×16.13mm×505.80m。

事故经过：2017 年 8 月 2 日 12:00 钻进至井深 1658.38m，排量为 53L/s，泵压为 7.5MPa，悬重为 105.5t，扭矩为 7kN·m；12:06 钻进至井深 1658.54m，大钩负荷由 106.6t 下降至 92.4t，钻压由 4.5↑18.5t（即由 4.5 上升至 18.5t，后同），扭矩由 7↓3kN·m，泵压 7.5MPa。录井当班操作员通知司钻钻压、悬重发生变化，钻井队立即停单泵，上提钻具进行检查，悬重最高为 95.5t。检查发现死绳固定器存在漏油情况，判断指重表存在问题。12:07 上提钻具大钩负荷为 93.6t，12:13 停泵开始维修死绳固定器传感器及校对指重表，12:31 校正大钩负荷由 99↑116t，12:39 开始钻进，13:21 钻进至井深 1658.98m，大钩负荷为 111.2t，钻压负荷为 4～5t。至 15:33 短起下钻（短起下 6 柱），循环至 15:56，泵压为 8MPa。16:30 钻进至 1661.10m，钻时由 36↓7min，20:07 进行地质循环，无油气显示，20:16 继续钻进至井深 1663.01m，钻时为 17↓2min，钻压为 40～60kN，扭矩恒定为 2kN·m，分析怀疑钻具可能发生断裂，将实际情况反馈现场监督。至 21:50 地质循环，无油气显示。观察返砂情况，从 1661m 开始返砂，主要岩性为灰色-灰白色白垩（超细碳酸钙），且棱角分明、质地极软，现场监督判断返出岩屑为未出现过的新打出岩屑，录井人员根据返出岩屑情况也认为钻具没有发生断裂，要求继续钻进。8 月 3 日 07:40 钻进至井深 1679.82m，在钻进过程中多次上提下放循环携砂。8 月 4 日 08:00，由于地质捞砂发现返砂量减少，现场早会研究决定起钻，地面清罐后配稠浆。循环至 10:20 开始起钻，16:30 起钻至 Φ228.6mm 钻铤处，发现 Φ228.6mm 钻铤断裂。井底落鱼长 66.92m。

钻具组合：Φ444.5mmPDC 钻头×1 支 + 730×730 接头 + Φ229mm 减震器×1 个 + Φ228.6mm 钻铤×2 根 + Φ440mm 扶正器×1 支 + Φ228.6mm 钻铤×4 根 + 731×630 接头 + Φ203.2mm 钻铤×7 根 + 631×520 接头 + 旁通阀 + Φ139.7mm 加重钻杆×15 根 + Φ139.7mm 钻杆。

落鱼组合：Φ444.5mmPDC 钻头×1 支 + 730×730 接头 + Φ229mm 减震器×1 个 + Φ228.6mm 钻铤×2 根 + Φ440mm 扶正器×1 支 + Φ228.6mm 钻铤×4 根 + 731×630 接头 + Φ203.2mm 钻铤×1 根。

泥浆性能：密度为 1.10g/cm^3，黏度为 55s，失水为 5.4mL，切力为 3/6，pH 为 10。

地层：布曲组。

岩性：深灰色泥晶灰岩，深灰色含生物碎屑泥晶灰岩，深灰色含生物碎屑泥晶粉屑灰岩，灰色、灰白色白垩。

处理过程：经现场研究决定下入公锥打捞落鱼。由于井眼尺寸较大（Φ444.5mm），而鱼头位置 Φ203.2mm 钻铤外径（Φ192mm）较小、内径（Φ76mm），环空间隙大；同时，考虑到钻铤断落时长时间坐于井底，鱼头可能靠一侧井壁，为保证成功率，现场使用 Φ339.7mm 套管加工 1.7m 长的引锥便于引导落鱼。8 月 4 日 04:40 打捞装置加工、焊接完毕，08:20 下钻至鱼头附近，开泵循环 20min 冲洗鱼头处沉砂，悬重 840kN，08:40 探得鱼顶井深 1593.09m，开始对扣，开泵憋压 3MPa，停泵后压力不降，判断对扣成功，开始造扣打捞，扭矩由 0↑25kN·m。9:20 上提钻具，悬重 1000kN，悬重增加 160kN 且泵压不降，初步判断造扣成功，泄压后开始起钻。8 月 4 日 21:00 落鱼起出转盘面，打捞成功。

打捞钻具组合：打捞公锥×1 只＋520×411 接头＋Φ139.7mm 加重钻杆×15 根＋Φ139.7mm 钻杆。

原因分析：井眼直径大，钻进时跳钻严重，钻具疲劳损坏。

损失时间：本次事故从 2017 年 8 月 2 日 12:06 开始至 8 月 4 日 21:00 结束，损失时间 56.9h。

二、第二次断钻具事故

2017 年 8 月 12 日 00:59 钻进至井深 1807.34m 时，Φ228.6mm 钻铤断裂，井底落鱼长 39.79m，事故处理耗时 38.5h。

钻头程序：Φ900mm 钻头×59.04m＋Φ660.4mm 钻头×506m（领眼：Φ444.5mm 钻头×523m）＋Φ444.5mm 钻头×1807.34m。

套管程序：导管 Φ720mm×10mm×59.04m＋表层套管 Φ508mm×16.13mm×505.80m。

事故经过：2017 年 8 月 12 日 00:30 钻进至井深 1806.77m，排量为 55L/s，泵压为 8.2MPa，悬重 106.7t，扭矩为 7.0kN·m；00:59 钻进至井深 1807.34m，大钩负荷由 106.6t 下降至 99.9t，钻压由 6.8↑9.5t，立管压力由 8.2↓6.1MPa，扭矩由 7↓3kN·m。录井当班操作员通知司钻钻压、悬重、立压变小，可能断钻具，建议起钻检查钻具。钻井队立即停泵，上提钻具，悬重最高为 101.3t，起钻进行检查。10:30 起钻至 Φ228.6mm 钻铤发现 Φ228.6mm 钻铤断裂，井底落鱼长 39.79m。

钻具组合：Φ444.5mmPDC 钻头×1 支＋730×730 接头＋Φ229mm 减震器×1 个＋Φ228.6mm 钻铤×2 根＋Φ440mm 扶正器×1 个＋Φ228.6mm 钻铤×4 根＋731×630 接头＋Φ203.2mm 钻铤×5 根＋631×520 接头＋旁通阀＋Φ139.7mm 加重钻杆×15 根＋Φ139.7mm 钻杆。

落鱼组合：Φ444.5mmPDC 钻头×1 支＋730×730 接头＋Φ229mm 减震器×1 个＋Φ228.6mm 钻铤×2 根＋Φ440mm 扶正器×1 支＋Φ228.6mm 钻铤×2 根。

泥浆性能：密度为 1.10g/cm³，黏度为 77s，失水为 4.6mL，切力为 5/10.5，pH 为 10；地层：布曲组。

岩性：灰色泥岩，浅灰色钙质粉砂岩，浅灰色粉砂岩夹灰色泥岩、深灰色泥岩。

处理过程：2017 年 8 月 12 日 13:00 下打捞钻具，13 日 04:10 下钻探鱼顶 1767.55m，04:19 开始造扣，扭矩由 0↑15kN·m，04:23 上提钻具，悬重由 98.3t 上升至 110.9t，开始起钻。15:30 落鱼全部出井，打捞成功。

打捞钻具组合：打捞公锥×1 只 + 520×411 接头 + Φ139.7mm 加重钻杆×6 根 + Φ139.7mm 钻杆。

原因分析：钻具疲劳损坏。

损失时间：本次事故从 2017 年 8 月 12 日 01:00 开始至 8 月 13 日 15:30 结束，损失时间 38.5h。

三、第三次断钻具事故

2018 年 1 月 13 日 17:50 钻进至 4158.60m 时，采用 ZYSD 进行固化堵漏作业后起钻，在井口附近发生钻具断裂落井事故，事故处理历时 180d。

事故经过：2018 年 1 月 13 日四开钻进至 4158.60m 发生失返性漏失，采用 ZYSD 进行承压堵漏作业，08:00～12:15 配堵漏浆，12:45 短起至 3806m，15:30 打堵漏浆（打堵漏浆 15m³，顶替泥浆 20.5m³），17:40 关井承压堵漏，压力为 7.5MPa，17:50 稳压至 5.5MPa，承压堵漏作业完成后，泄压，准备开封井器后起钻，17:53 司钻在未完全打开封井器的情况下直接上提钻具，导致钻具自封井器上闸板处断裂，发生钻具落井事故。

落鱼结构：Φ215.9mmPDC + 随钻捞杯 + Φ165mm 无磁钻铤×1 根 + Φ165mm 钻铤×1 根 + 210 扶正器 + Φ165mm 钻铤×13 根 + 4A11×410 接头 + Φ127mm 加重钻杆×14 根 + Φ127mm 钻杆×277 根 + 520×411 接头 + Φ139.7mm 钻杆×92 根。

落鱼长度：3800.13m。

处理过程：13 日 17:53 钻具落井后，井队平台经理王刚和技术员李立彬商议立即下入公锥打捞，20:27 造扣成功，上提钻具遇卡，开泵无法建立循环。钻井队将现场情况电话汇报项目部经理董维哲和副经理葛要奎，董维哲经理立即上报公司领导，公司安排副经理桑峰军和技术发展中心副主任孙书春立即赶赴现场处理事故。井队根据项目部领导指令，20:30 单凡尔开泵至 20MPa，停泵后压力下降缓慢，反复开泵数次泵开不通，环空不返浆。20:43 上提钻具悬重至 180t（钻具原悬重为 153t）公锥脱开。再次利用公锥造扣，上提吨位至 210t，未提出落井钻具，上提至 215t 公锥脱扣，起钻。14 日 03:30 下母锥打捞落鱼，07:28 造扣上提 140t 脱扣，再次起钻，16:00 项目部领导在赶往井场的路上电话通知现场下公锥打捞被拉断钻杆下部钻具。20:00 项目部经理董维哲和副经理葛要奎赶到现场，21:00 起出断钻杆下部本体。15 日 07:00 下钻对扣成功，对扣后开泵仍不通，等待公司技术专家处理。17 日 23:00 公司桑峰军副经理和孙书春副主任到井，商讨采用中和点倒扣方式处理事故，18 日因倒扣几次效果不理想，决定采用套铣加爆破松扣的方法处理事故。

第一阶段（应急处置）如下。

（1）1 月 13～14 日，采用公锥、母锥、公锥打捞工具多次进行打捞作业，未打捞出落鱼，14 日 21:00 打捞出拉断钻杆的下部本体。

（2）1月14~18日，多次采用对扣紧扣后倒扣方式倒出套管内钻具，效果不理想，放弃，后续决定采用套铣加爆破松扣的方法处理事故。

第二阶段（整改等待阶段）如下。

1月18~2月11日13:30等打捞工具、等爆破材料（1月19日套铣筒、套铣钻头、震击器等打捞工具到井；测卡车2月3日18:00到井；爆破材料于2月11日17:30到井）。

第三阶段（正扣套铣加爆破松扣）如下。

（1）2月9~10日，注磁测卡作业。下放至3780m遇阻，且3500m以下注磁不成功，由于地磁影响大导致无法测卡点，放弃注磁测卡作业。

（2）2月11~3月23日，采用正扣套铣加爆破松扣作业。

其间，2月12日于3383m爆破松扣成功，16日00:00起钻完发现第118柱下单根在距公接头1m处炸断，落鱼结构：Φ215.9mmPDC×1支＋随钻捞杯＋Φ165mm无磁钻铤×1根＋Φ165mm钻铤×1根＋扶正器＋Φ165mm钻铤×13根＋4A11×410接头＋Φ127mm加重钻杆×15根＋Φ127mm钻杆×53根；鱼长778.10m。

2月16~20日采用母锥打捞，起出断钻杆本体20cm，公接头部分未打捞出。

磨鞋修鱼头后26日母锥打捞爆破松扣作业，27日10:15起钻完发现打捞出断钻具公接头加一根钻杆。落鱼结构：Φ215.9mmPDC×1支＋Φ210mm随钻捞杯＋Φ165mm无磁钻铤×1根＋Φ165mm钻铤×1根＋Φ211mm扶正器＋Φ165mm钻铤×13根＋4A11×410接头＋Φ127mm加重钻杆×14根＋Φ127mm钻杆×52根；鱼长767.55m；鱼顶3394m。

3月1~3日下光钻杆对扣爆破松扣，捞出Φ127mm钻杆11根。落鱼结构：Φ215.9mmPDC×1支＋Φ210mm随钻捞杯＋Φ165mm无磁钻铤×1根＋Φ165mm钻铤×1根＋Φ211mm扶正器＋Φ165mm钻铤×13根＋4A11×410接头＋Φ127mm加重钻杆×14根＋Φ127mm钻杆×41根；鱼长661.98m；鱼顶3500m。

3月17~22日，下入母锥打捞工具配合爆破松扣，3558m爆破松扣，打捞出Φ127mm钻杆6根。落鱼结构：Φ215.9mmPDC×1只＋Φ210mm随钻捞杯＋Φ165mm无磁钻铤×1根＋Φ165mm钻铤×1根＋Φ211mm扶正器＋Φ165mm钻铤×13根＋4A11×410接头＋Φ127mm加重钻杆×14根＋Φ127mm钻杆×35根；鱼长604.46m；鱼顶3558m。

第四阶段（反扣套铣、倒扣打捞）如下。

3月23~31日组织并下反扣钻具及反扣母锥打捞钻具，打捞出落鱼钻具2根，此期间修理、更换、调试盘刹液压站。落鱼结构：Φ215.9mmPDC×1支＋Φ210mm随钻捞杯＋Φ165mm无磁钻铤×1根＋Φ165mm钻铤×1根＋Φ211mm扶正器×1个＋Φ165mm钻铤×13根＋4A11×410接头＋Φ127mm加重钻杆×14根＋Φ127mm钻杆×33根；鱼长585.61m；鱼顶3576.80m。

3月31日下反扣套铣钻具套铣，4月1日09:00套铣至深度3595.90m，套铣进尺19.10m，套铣最后无进尺无扭矩变化。4月2日00:15起钻完发现7根反扣套铣筒和铣鞋落井，长69.99m。落鱼结构：Φ215.9mmPDC×1支＋Φ210mm随钻捞杯＋Φ165mm无磁钻铤×1根＋Φ165mm钻铤×1根＋Φ211mm扶正器＋Φ165mm钻铤×13根＋4A11×410接头＋Φ127mm加重钻杆×14根＋Φ127mm钻杆×33根＋Φ200mm套铣筒×7根；鱼长636.50m；鱼顶3525.91m。

4 月 1～6 日，打捞反扣套铣筒。三次打捞后于 6 日 00:45 成功将 7 根落井反扣套铣筒及铣鞋全部打捞出井。落鱼结构：Φ215.9mmPDC×1 支 + Φ210mm 随钻捞杯 + Φ165mm 无磁钻铤×1 根 + Φ165mm 钻铤×1 根 + Φ211mm 扶正器 ×1 个 + Φ165mm 钻铤×13 根 + 4A11×410 接头 + Φ127mm 加重钻杆×14 根 + Φ127mm 钻杆×33 根；鱼长 585.61m；鱼顶 3576.80m。

第五阶段（正扣套铣、反扣倒扣）如下。

4 月 6～10 日下入正扣套铣筒套铣，套铣进尺 79.25m，套深至 3656.05m。起钻甩部分正扣钻具接反扣钻具下反扣公锥造扣倒扣，10 日 16:30 打捞出落鱼 10 根。落鱼结构：Φ215.9mmPDC×1 支 + Φ210mm 随钻捞杯 + Φ165mm 无磁钻铤×1 根 + Φ165mm 钻铤×1 根 + Φ211mm 扶正器 ×1 个 + Φ165mm 钻铤×13 根 + 4A11×410 接头 + Φ127mm 加重钻杆×14 根 + Φ127mm 钻杆×23 根；鱼长 489.45m；鱼顶 3672.96m。

第六阶段（反扣套铣、反扣倒扣）如下。

由于钻杆盒内不能放正反两套钻具，正扣套铣反扣倒扣每趟钻都要甩钻具、接钻具，耽误进度、处理效率低、增加职工劳动强度，决定将反扣套铣筒焊接起来进行反扣套铣倒扣。

4 月 13 日 6:30 套铣进尺 78.75m，套铣深度 3751.71m，循环后对扣倒扣，倒扣后悬重增加 2t，起钻打捞落鱼 5 根。14 日 22:00 套铣进尺 79.05m，套铣深度 3800.27m，循环后对扣倒扣，倒扣后悬重增加 4t，起钻打捞落鱼 12 根。16 日 23:00 套铣深度 3886.27m 套铣进尺 53.05m，因套铣扭矩大、套铣困难无进尺，遂起钻简化打捞钻具组合和更换铣鞋。18 日 12:30 套铣深度 3889.77m 套铣进尺 3.50m，套铣过程扭矩突然变小，决定起钻检查套铣筒等打捞工具，起完发现落鱼从铣鞋底部扭断、起钻带出 5 根半（5m）钻杆。落鱼结构：Φ215.9mmPDC×1 支 + Φ210mm 随钻捞杯 + Φ165mm 无磁钻铤×1 根 + Φ165mm 钻铤×1 根 + Φ211mm 扶正器 ×1 个 + Φ165mm 钻铤×13 根 + 4A11×410 接头 + Φ127mm 加重钻杆×14 根 + Φ127mm 钻杆×4.60m；鱼长 268.83m；鱼顶 3889.77m。

因套铣扭矩大继续简化打捞钻具组合，剩 2 根套铣筒加铣鞋下钻套铣，计划套铣完成后下母锥倒扣倒出坏鱼头。4 月 20 日 00:30～05:00 套铣进尺 4.00m，套铣深度为 3893.77m，套铣扭矩大、进尺慢，决定起钻检查并更换铣鞋。16:00 起完钻发现铣鞋和部分套铣筒本体胀裂落井，落井长度为 70cm。现场论证分析落鱼在裸眼内大井眼处弯曲严重，加上 ZYSD 水泥成分凝固，造成套铣困难。立即加工新铣鞋连（焊）接 1 根套铣筒，套铣筒上部加工捞杯下钻打捞。21 日中原工程公司组织专家论证，8:00 下钻中途钻井队接公司通知不再继续打捞准备填井侧钻，遂起钻甩反扣钻具。

此次打捞处理事故总计打捞出 Φ139.7mm 钻杆×92 根，127mm 钻杆×276 根（5m），520×411 接头×1 个。

为避开落鱼实施了两次侧钻。

第一次侧钻（裸眼侧钻）如下。

因裸眼侧钻还是开窗侧钻讨论结果未定。甩完反扣钻具接正扣钻具，下外引磨鞋磨铣鱼头，为裸眼侧钻增加井段做准备，4 月 24 日下钻磨铣鱼顶，磨铣落鱼 2.40m，鱼顶位置为 3890.26m（正扣钻具校深）。接到通知讨论结果为填井侧钻，于 5 月 2 日 19:00～20:00 光钻杆在井底打水泥浆固塞，注平均密度为 1.87g/cm³ 的水泥浆 9m³。候凝 48h 后探塞面

3550m，钻水泥塞至 3872.00m，起钻更换侧钻钻具组合。

5 月 6 日第一趟钻，下牙轮钻头加直螺杆加 2.5 度弯接头带 MWD 随钻仪器入井，在套管鞋至 3872.00m 井段定向（重力工具面 180°）划槽 10h，7 日 10:00 开始重力工具面 180°控时侧钻，控制钻速第一米 6h 钻完，第二米 5h，按照施工设计前 6m 控时（即 6-5-4-3-2-1）钻进，控时钻进弯接头在套管内时返出砂样中水泥比例很小约为 10%，弯接头出套管后砂样中水泥含量逐步增多。侧钻至 3890.24m 时憋两次泵，分析认为是侧钻用牙轮钻头碰到鱼头造成的。

5 月 11 日第二趟钻下铣锥修鱼顶，磨铣井段 3890.24～3891.74m，磨铣进尺 1.50m。返出砂样中含铁屑和堵漏剂。

5 月 12 日第三趟钻下牙轮钻头加 1.75°单弯螺杆带 MWD 随钻仪器入井，到底后控时侧钻，侧钻 20h 至井深 3893.29m，进尺仅为 1.55m，钻时慢返出砂样中含少量铁屑。起钻检查钻头，钻头牙齿磨光。

5 月 14 日第四趟钻下 PDC 钻头加 1.25°单弯螺杆带 MWD 随钻仪器入井，井深 3892.46m 遇阻划眼，划眼时螺杆频繁憋停，泵压上升，返出物有掉块和铁屑。配滴流稠泥浆推两次效果不明显，划眼至井深 3893.11m 划眼困难起钻。起钻检查钻头，钻头磨秃报废。

5 月 16 日第五趟钻下磨鞋加捞杯，磨铣井段为 3893.29～3893.81m，磨铣进尺 0.52m。起钻捞杯捞满铁块和井壁掉块。分析铁块是套铣筒碎片，还有三开完井测井仪器落物，铁块称重为 26.15kg。

因上趟钻捞杯捞满，5 月 18 日第六趟钻继续下磨鞋加捞杯。磨铣打捞两小时后起钻，打捞出井壁大掉块和少量铁片。

5 月 19 日第七趟钻下牙轮钻头加 1.75°单弯螺杆带 MWD 仪器。到底后控时钻进，至 21 日 00:30 侧钻至 3894.74m，进尺 0.93m。侧钻进尺慢，砂样含铁屑。起钻后发现牙轮钻头三个尖磨秃。判定这次侧钻不成功（一次侧钻侧钻点为 3872.00m，侧钻深度为 3894.74m，累计侧钻进尺 22.74m）。没有脱离原井眼，地层硬度高是主要原因，裸眼井径大，水泥强度不够，弯接头出套管进裸眼后侧向力不足导致侧钻失败是次要原因。经中原工程公司专家分析讨论，决定二次填井侧钻。

起完钻现场人员检查钻机时，发现钻机传动轴高速端轴承磨损较上趟钻加剧，轴承弹子几乎可以拿出来，不能保证下步施工固井后能起钻至安全井段，经请示领导，5 月 22 日下光钻杆至 3750m 后，组织修理钻机传动轴。拆掉传动轴后发现轴承已经散架，23 日拔掉传动轴坏轴承外侧所有链轮，24 日拔掉轴承后发现轴承内轨与传动轴本体接触处磨损严重，传动轴本体损坏不能直接换新轴承。期间由于气候逐渐变暖冻土层开化，机房基础下沉，柴油机无法保证正常工作，遂停工整改，进行设备维护保养修理和整改机房基础等工作。

第二次侧钻（裸眼导斜器）如下。

主要维护工作进行完成后，开始进行二次侧钻的准备工作，根据第一次侧钻失败的经验，计划采用裸眼导斜器，在裸眼段进行二次侧钻。

6 月 8 日 08:00～20:00 更换钻机传动轴，23:00 试运转钻机，9 日 15:30 循环钻井液调整泥浆性能，10 日 04:00 起完置于井内的光钻杆钻具。

6 月 10 日下通井钻具组合，04:00 组合钻具、调试 MWD 仪器（Φ215.9mmPDC 钻头＋Φ172mm1.75°单弯螺杆＋Φ165mm 无磁钻铤×1 根＋Φ165mm 钻铤×3 根＋Φ127mm 加重钻杆×15 根＋钻杆串），19:00 下钻至井深 3870.00m，11 日 08:00 循环处理钻井液，11 日 19:00 起出通井钻具，准备下导斜器进行二次侧钻。

6 月 11 日下裸眼导斜器，22:00 检查完传动链条和大绳，23:00 组合裸眼斜向器，由于大风雪停工，00:00 开始下钻（裸眼导斜器钻具组合：Φ190mm 注灰式斜向器×1 只＋Φ165mm 钻铤×2 根＋Φ127mm 加重钻杆×15 根＋钻杆串），12 日 10:00 下钻至井深 3895.45m，14:00 循环钻井液，15:00 完成斜向器固封（斜向器顶界为 3877.81m，打水泥 8m³，平均密度为 1.85g/m³），成功丢手后于 23:30 起钻完，候凝至 13 日 08:00。

6 月 13 日下 PDC 钻头下钻扫塞（扫塞钻具组合：Φ215.9mmPDC＋Φ165mm 钻铤×5 根＋Φ127mm 加重钻杆×15 根＋钻杆串），08:00 开始下钻，16:00 下钻至井深 3512m，循环探塞，19:45 探得塞面位置为 3736m，扫塞，14 日 03:00 扫塞至井深 3875.81m，04:15 循环，14:00 起出扫塞钻具。

6 月 14 日下铣锥准备侧钻（磨铣钻具组合：Φ215.9mm 铣锥＋Φ165mm 钻铤×5 根＋Φ127mm 加重钻杆×15 根＋钻杆串；），14:30 组合铣锥钻头下钻，15 日 00:30 下钻至底，10:00 磨铣至井深 3880.07m（深度为零钻压校核深度）（导斜器顶深 3877.81m，预计侧钻点为 3880.21m），由于磨铣速度慢，10:45 循环，23:00 起出磨铣钻具组合。

06 月 15 日下牙轮侧钻钻具（牙轮侧钻钻具组合：Φ215.9mm 牙轮钻头＋Φ212mm 扶正器＋Φ165mm 钻铤×14 根＋Φ127mm 加重钻杆×15 根＋钻杆串），01:00 组合完钻具，16 日 09:30 下钻到底（3880.07m）开始侧钻，15:45 钻进至 3886.77m，16:15 循环，17 日 02:00 起钻。

6 月 17 日下入 PDC 侧钻钻具（PDC 侧钻钻具组合 1：Φ215.9mmPDC 钻头＋Φ165mm 钻铤×1 根＋Φ165mm 无磁钻铤×1 根＋Φ165mm 钻铤×7 根＋Φ127mm 加重钻杆×15 根＋钻杆串），04:00 组合钻具、调试仪器，06:00 下钻至 800m，由于仪器无信号，08:00 起钻完开始调试仪器，09:00 完成调试随钻仪器，17:15 下钻到底（3886.77m），19:45 循环，18 日 14:00 钻进至 3894.46m，钻时慢，15:00 循环，19 日 02:00 起钻。

6 月 19 日下入 PDC 侧钻钻具（PDC 侧钻钻具组合 2：Φ215.9mmPDC 钻头＋Φ195mm 随钻捞杯＋Φ165mm 钻铤×1 根＋Φ165mm 无磁钻铤×1 根＋Φ165mm 钻铤×7 根＋Φ127mm 加重钻杆×15 根＋钻杆串），03:00 组合钻具、调试仪器，15:00 下钻至井深 3894.46m 开始钻进，20 日 01:30 钻进至井深 3896.05m，钻时慢，04:00 循环，20 日 14:00 起钻。

6 月 20 日下入强磁打捞钻具（强磁打捞钻具组合：Φ200mm 强磁捞杯＋Φ165mm 钻铤×1 根＋Φ127mm 加重钻杆×15 根＋钻杆串），19:45 组合钻具（强磁打捞钻具），21 日 04:00，下钻至 3881.80m 遇阻，05:00 循环起钻，14:30 起钻完（强磁捞杯钻具，强磁吸入 3cm 厚铁屑，已无磁力）。

6 月 21 日下 PDC 侧钻钻具（PDC 侧钻钻具组合：Φ215.9mmPDC 钻头＋Φ195mm 随钻捞杯＋Φ165mm 钻铤×10 根＋Φ127mm 加重钻杆×15 根＋钻杆串），15:30 组合钻具，

23:00 下钻到底，01:30 循环、打稠浆推砂（4 凡尔循环，未带出大块岩屑），22 日 04:00 钻进至 3897.45m（扭矩平稳），钻时变慢，06:00 循环，16:00 起钻。

6 月 22 日下入 PDC＋单弯钻具侧钻（PDC＋单弯钻具组合：Φ215.9mmPDC 钻头＋Φ172mm 单弯螺杆（1.5°）＋Φ165mm 无磁钻铤×1 根＋Φ165mm 钻铤×4 根＋Φ127mm 加重钻杆×15 根＋钻杆串），23 日 03:30 下钻，04:00 循环，07:00 找工具面并控时钻进（3895.00m 开始），06 月 24 日 08:00 控时钻进至 3901.11m（二次侧钻侧钻点 3880.21m，钻进至 3901.11m，累计侧钻进尺 20.90m），钻时慢，循环至 08:30，起钻更换钻头，17:00 起钻完。

6 月 24 日下 PDC＋单弯钻具侧钻（PDC＋单弯钻具组合：Φ215.9mmPDC 钻头＋Φ172mm 单弯螺杆（1.5°）＋Φ165mm 无磁钻铤×1 根＋Φ165mm 钻铤×4 根＋Φ127mm 加重钻杆×15 根＋钻杆串），17:00 组合钻具、调试仪器、下钻，25 日 05:00 下钻到底，循环时随钻仪器无信号，10:00 起钻，21:00 调试仪器后再次下钻，26 日 09:30 下钻到底开始侧钻，27 日 15:30 侧钻至 3917.52m。从返出岩屑观察 3901m 以后全部为地层岩屑，不包含铁屑等杂质，判断侧钻成功。由于钻时变慢，循环打封闭至 17:00，起钻，28 日 04:00 起钻完。

第二次侧钻于 2018 年 6 月 16 日使用牙轮钻头从裸眼导斜器位置 3880.21m 开始侧钻，至 3901m 由地层返砂情况判断确认侧钻成功。

6 月 28 日下入常规钻具组合＋复合钻头进行钻进，04:00 组合钻具，16:30 下钻至 3906m 划眼（划眼井段为 3906～3917.52m），30 日 15:30 钻进到井深 3949.31m，17:30 循环，7 月 1 日 05:00 起钻（钻时慢）。

7 月 1 日下入直螺杆＋PDC 钻头继续侧钻，05:00～08:00 组合钻具，15:30 下钻到底，钻进，至 7 月 3 日 10:00 钻进至 4011.73m，由于钻时变慢，循环至 14:00 起钻，至 7 月 4 日 00:00 起钻完。

7 月 4 日下入水力脉冲振荡器＋PDC 继续侧钻，00:00 开始组合钻具下钻，07:00 下钻至 1300m；发现大绳存在断丝，倒大绳至 7 月 4 日 15:00，22:30 下钻至井深 3994m 遇阻，23:30 划眼到底（划眼井段为 3994～4011.73m），7 月 6 日 21:30 钻进至 4082.58m 发生漏失，22:45 短起 8 柱至井深 3857m（套管内）配堵漏浆，7 日 04:00 配堵漏浆 38m³，05:30 泵入堵漏浆（共泵入堵漏浆 24m³，替浆 35m³，替浆至 30m³ 时出口返浆），静止堵漏至 16:45 开始下钻；17:00 下钻至井深 4032m 遇阻，18:15 划眼到底（划眼井段为 4045～4054m），再次井漏，再次短起配堵漏浆，20:00 短起 7 柱至井深 3857m（至套管内），04:30 配堵漏浆 44m³，05:00 下钻至 4032m，06:20 泵入堵漏浆（泵入堵漏浆 30.8m³，泵至 30m³ 开始返浆，替浆 35m³），7 月 8 日 09:00 短起至 3505m（套管内），承压堵漏至 13:00（其间，10:00 挤入 4.4m³ 不起压，12:30 挤入 3.8m³ 不起压），22:00 起钻完。

7 月 8 日下入常规钻具＋哈里伯顿 PDC 钻头侧钻（因漏失严重，采用本钻具组合利于堵漏作业），22:00 开始组合钻具下钻，9 日 08:00 下钻至井深 4045m，09:30 划眼到底（划眼井段为 4045～4082.58m），23:00 钻进至井深 4088.17m，由于钻时慢循环捞砂后起钻，循环至 10 日 00:30，10 日 10:30 起钻完。

7 月 10 日下入水力脉冲振荡器＋PDC 钻头继续侧钻，19:30 至 22:00 组合钻具，11 日

07:00 下钻到底，循环至 08:00，钻进至 12 日 20:00 时钻达原井深 4158.60m，此次事故解除。

本次断钻具事故始于 2018 年 1 月 13 日 17:53，结束于 2018 年 7 月 12 日 20:00，历时 180 天 2 小时 7 分。

四、第四次断钻具事故

2018 年 7 月 19 日 11:00 四开钻进至 4266.51m 时，水力振荡器从脉冲处断裂落井，落鱼长 5.78m，事故处理耗时 25d。

事故经过：2018 年 7 月 19 日 11:00，羌科 1 井四开钻进至井深 4266.51m，泵压由 16MPa 降至 12.5MPa，起钻检查。22:30 起钻完发现水力振荡器从脉冲处断裂落井，落鱼长 5.78m。

钻具组合：Φ215.9mmPDC + Φ172mm 水力脉冲振荡器 + Φ165mm 无磁钻铤×1 根 + Φ212mm 扶正器 + Φ165mm 钻铤×10 根 + Φ127mm 加重钻杆×15 根 + 钻杆串。

落鱼组合：Φ215.9mmPDC×0.35m + 430×4A10×0.61m + 4A11×410×0.49m + Φ172mm 水力脉冲推进级×2.02m + Φ172mm 水力脉冲推进级×2.31m；鱼长 5.78m。

泥浆性能：密度为 1.28g/cm³，黏度为 55s，失水为 4.0mL，切力为 5/6，pH 为 9。

处理过程：7 月 19 日 22:30 起钻完检查，发现出现断钻具情况后，立即组织工具进行打捞。第一趟下入公锥进行打捞作业（公锥 + Φ212mm 扶正器 + Φ165mm 钻铤×3 根 + Φ127mm 加重钻杆×2 根 + 钻杆串），20 日 08:00 下钻至井底鱼顶附近，开泵循环探鱼至 09:15，由于前期井壁失稳掉块、沉砂较多，公锥难以接触鱼头位置，判定打捞失败，21 日 00:45 起钻完。考虑到那底岗日组井壁稳定性差，钻进过程一直存在掉块，掉块和沉砂可能掩埋落鱼钻具，商讨后决定套铣环空部分的沉砂和掉块。

第二趟公锥 + 套铣筒打捞，7 月 21 日在上趟公锥打捞钻具外部加装套铣筒，套铣筒底部做成引鞋状，敷焊磨粒焊条，04:00 加工好打捞钻具开始下钻，13:30 下钻至井深 3840m（套管鞋内），循环至 14:30，由于井壁失稳掉块较多，划眼至 22:00 仅能划眼下放至井深 4248m（划眼井段 3880~4248m，预估鱼顶位置 4260.72m，距离鱼顶相差 12m），沉砂、掉块较多造成划眼困难，起钻准备更换钻具组合先通井携砂，22 日 08:00 起钻完。

第三趟通井，7 月 22 日下入牙轮钻头 + 随钻捞杯通井（Φ215.9mm 牙轮钻头 + 随钻捞杯 + Φ165mm 钻铤×1 根 + Φ212mm 扶正器 + Φ165mm 钻铤×5 根 + Φ127mm 加重钻杆×2 根 + 钻杆串），08:00 开始组合钻具下钻，18:30 下钻至井深 4245m，19:30 划眼至井深 4260m（划眼井段为 4245~4260m，探得鱼顶为 4260m），循环清洁井底至 23:30，划眼和循环期间，井壁掉块不断，振动筛处返砂不停，01:00 泵入封闭液后起钻，23:00 起完通井钻具，随钻捞杯中带出大量大块掉块。

第四趟公锥 + 套铣筒打捞，23 日 13:00 加工好打捞工具开始下钻，22:45 下钻至井深 4248m，划眼至 01:15（划眼井段为 4248~4260m），至 03:00 套铣至井深 4260.50m，井底沉砂较多，钻具憋跳严重，仅套入落鱼 0.5m，其间振动筛仍持续返砂。上部井段失稳，掉块、沉砂较多，埋住落鱼，极大影响打捞工作顺利进行，下步决定先解决上部井壁稳定问题后再继续进行打捞作业。至 24 日 16:00 起钻完。

第五趟光钻杆 + ZYSD 固化堵漏作业（Φ127mm 钻杆×325 根 + Φ139.7mm 钻杆×

71 根），24 日 16:00 开始下钻，22:00 下钻至 3800m（套管内），04:30 配 ZYSD 堵漏浆，05:30 泵堵漏浆（泵入堵漏浆 23m^3，返浆 15.7m^3；替浆 15.5m^3），06:45 承压堵漏（关井挤替 19.7m^3；6:17 憋挤 1.2m^3，6:25 憋挤 1.0m^3，不稳压），25 日 17:00 起钻（起钻中途，14:30 至 14:45 再次承压堵漏，整压 5MPa，压力不降，当量密度为 1.40g/cm^3）。

第六趟通井，25 日下入牙轮钻头通井（Φ215.9mm 牙轮钻头＋Φ165mm 钻铤×2 根＋Φ212mm 扶正器＋Φ165mm 钻铤×6 根＋Φ127mm 加重钻杆×8 根＋钻杆串），02:15 下钻至 3851m，10:15 通井至井深 4147m 时出现严重漏失，瞬时漏速达到 64m^3/h，判断上趟堵漏作业有效距离有限，难以封固下部裸眼段，漏失严重需要先对下部裸眼段继续封固。现场技术会商后决定起钻，计划再次采用 ZYSD 进行堵漏作业。

第七趟下光钻杆采用 ZYSD 堵漏（Φ127mm 钻杆×325 根＋Φ139.7mm 钻杆×71 根），27 日 01:30 开始组合钻具下钻，09:00 下钻至井深 3800m（套管内），17:00 配堵漏浆（ZYSD，50m^3），17:30 泵堵漏浆（泵入堵漏浆 37.00m^3，替浆 8.50m^3），关井，承压堵漏，19:00 承压堵漏（挤替 35.00m^3，憋挤 10.70m^3，不稳压），28 日 04:00 起钻。

第八趟牙轮通作业（Φ215.9mm 牙轮钻头＋Φ165mm 钻铤×2 根＋Φ212mm 扶正器＋Φ165mm 钻铤×4 根＋Φ127mm 加重钻杆×9 根＋钻杆串），28 日 04:00 组合钻具下钻，12:30 下钻至套管鞋遇阻，开泵划眼，29 日 01:30 划眼至鱼顶，03:15 循环清砂，04:00 泵入封闭液，13:30 起钻。商讨后措施是，继续采用公锥＋套筒铣鞋钻具，套铣落鱼段环空后使用公锥造扣进行打捞。

第九趟公锥套铣打捞钻具（公锥＋套筒铣鞋＋Φ212mm 扶正器＋Φ165mm 钻铤×6 根＋Φ127mm 加重钻杆×9 根＋钻杆串），29 日 14:30 组合钻具下钻，30 日 01:30 下钻至井深 3878mm（导斜器附近），03:30 划眼（井段为 3878～3919m），04:30 下钻至鱼顶附近，30 日 17:30 套铣至井深 4262.50m（套入 2.50m），由于套铣速度变慢，决定循环打封闭后起钻，18:30 泵入封闭液，31 日 04:30 起钻。

由于套铣筒多次加工后变短，现场无多余套铣筒，重新组织周期太长。商讨后决定甩掉公锥，仅采用套铣筒进行套铣作业，待清理完落鱼周围环空处沉砂，下步采用捞筒进行打捞。

第十趟套铣钻具（Φ203mm 套铣筒＋Φ212mm 扶正器＋Φ165mm 钻铤×3 根＋Φ127mm 加重钻杆×15 根＋钻杆串），31 日 04:30～12:00 加工打捞工具、甩钻具，15:00 大雨停工，21:30 倒大绳，8 月 1 日 08:00 组合钻具下钻至鱼顶开始套铣，15:00 套铣至井深 4262.00m，由于沉砂掉块多、套铣困难，循环至 16:00 起钻，2 日 01:30 起钻完套铣钻具。

第十一趟牙轮侧钻钻具（Φ215.9mm 牙轮钻头＋Φ165mm 钻铤×1 根＋Φ212mm 扶正器＋Φ165mm 钻铤×5 根＋Φ127mm 加重钻杆×12 根＋钻杆串），8 月 2 日 01:30～04:30 探伤并组合钻具开始下钻，11:00 下钻至井深 3858m（套管内），16:30 对吊环吊卡等井口工具进行磁粉探伤，17:30 下钻至井深 4224m，开泵循环，吊打悬空侧钻，3 日 08:00 吊打侧钻至井深 4225.00m（井段为 4224～4225m），08:30 吊打侧钻至 4225.18m，14:15 循环、配堵漏浆，15:00 泵入堵漏浆，16:45 短起至 3860m（套管内），18:00 整压堵漏（灌浆 15m^3 灌满，憋挤 9m^3，不稳压），4 日 04:00 起钻。

商讨后，计划采用套筒铣鞋钻具继续套铣落鱼环空，待环空清理干净后采用捞筒进行打捞作业。

第十二趟下入套铣钻具（Φ203mm 套铣筒＋Φ212mm 扶正器＋Φ165mm 钻铤×6 根＋Φ127mm 加重钻杆×12 根＋钻杆串），8 月 4 日 04:00 组合钻具下钻，16:00 下钻至鱼顶，18:30 套铣至井深 4262.07m，套铣过程中整扭严重，分析沉砂较多影响套铣，23:20 循环清砂、配堵漏浆，5 日 00:00 泵入堵漏浆，10:00 起钻、静止堵漏。

5 日进行钻开油气层前的试压工作，10:00～23:00 试压。其中，5″、51/2″闸板、主副节流压井管汇、内防喷管线试压 50MPa，30min 压降 0.2MPa；环形防喷器试压 49MPa，30min 压降为 0.3MPa。6 日 08:00～12:00 对外放喷管线试压，试压为 10MPa，10min 压降为 0MPa。

第十三趟下入公锥套铣打捞钻具（打捞公锥＋套筒铣鞋＋Φ212mm 扶正器＋Φ165mm 钻铤×6 根＋Φ127mm 加重钻杆×12 根＋钻杆串），铣鞋为波浪口超级铣鞋，6 日 16:00 至 7 日 02:00 加工公锥套铣打捞工具、组合钻具，10:30 下钻到鱼顶，8 日 01:45 套铣至井深 4264.10m，由于钻时变慢，分析认为套铣筒磨损，决定泵入封闭液后起钻，02:00 循环泵封闭液，13:00 起钻。

第十四趟下入公锥套铣钻具（打捞公锥＋套筒铣鞋＋Φ212mm 扶正器＋Φ165mm 钻铤×6 根＋Φ127mm 加重钻杆×12 根＋钻杆串），铣鞋为平底超级铣鞋；8 日 13:00 至 17:30 加工套铣打捞工具，9 日 03:00 下钻到鱼顶套铣，11:00 套铣至井深 4265.57m（鱼顶 4260.00m，套铣进尺 5.57m），16:30 循环清砂，17:30 公锥造扣打捞，因造扣未成功，未能打捞落鱼，决定起钻更换卡瓦打捞筒进行打捞，18:00 泵入封闭液，10 日 02:00 起钻。

第十五趟下入卡瓦打捞筒[卡瓦打捞筒（LT206）＋Φ212mm 扶正器＋Φ165mm 钻铤×6 根＋Φ127mm 加重钻杆×12 根＋钻杆串]，10 日 02:00 组合钻具下钻，10:45 下钻至鱼顶，11:30 捞筒打捞钻具，捞筒打捞不成功，分析认为鱼顶变形，决定起钻，22:00 起钻。

第十六趟下入公锥（套筒引鞋）打捞钻具（公锥＋Φ127mm 钻杆×1 根＋Φ165mm 钻铤×6 根＋Φ127mm 加重钻杆×12 根＋钻杆串），10 日 22:00 加工打捞工具，11 日 06:00 组合钻具下钻，14:30 下钻至鱼顶，18:30 打捞，进鱼困难，打捞不成功，分析认为落鱼段井眼尺寸经过多次套铣打捞后变大，12 日 04:00 起钻。

现场开会商讨，认为落鱼贴于一侧井壁，加之井眼尺寸变大，下步计划继续采用公锥打捞。

第十七趟下入公锥打捞钻具（公锥＋H 型安全接头×1 只＋Φ127mm 钻杆×1 根＋Φ165mm 钻铤×6 根＋Φ127mm 加重钻杆×12 根＋钻杆串），12 日 04:00 组合钻具下钻，13:00 下钻至鱼顶，13:15 打捞作业，23:30 起钻，起钻后发现落鱼钻具成功打捞出井，事故状态解除。

本次钻具断落事故从 2018 年 7 月 19 日 22:30 至 8 月 12 日 23:30，累计耗时 25 天 1 小时（601h）。

第二节　卡钻及测井仪落井事故

羌科 1 井先后发生了 4 次卡钻事故，1 次测井仪落井事故，排除故障累计耗时十余天：①2017 年 9 月 21 日钻进至井深 2663.51m 雀莫错组白垩化碳酸盐岩时，井壁失稳掉块卡钻；②2017 年 9 月 28 日钻进至井深 2920.51m 雀莫错组白垩化碳酸盐地层，提钻至 2918.81m 时卡钻；③2018 年 1 月 2 日钻进至井深 4027.30m 雀莫错组凝灰质粉砂岩地层时卡钻；④2018 年 9 月 7 日 14:23 钻进至井深 4535.17m 那底岗日组凝灰岩时，井壁失稳掉块导致钻头卡钻；⑤2017 年 11 月 8 日 13.95m 电测仪落井。

一、第一次卡钻

2017 年 9 月 21 日 08:20 钻进至井深 2663.51m 雀莫错组白垩化碳酸盐岩时，井壁失稳掉块卡钻。

发生经过：2017 年 9 月 21 日 8:20 钻进至井深 2663.51m，循环上提至井深 2656.46m 遇卡 10t，钻具倒转，锁住顶驱泵压上升至 21MPa，停泵下放遇阻。悬重为 130t，泵压为 13MPa，排量为 45L/s。

泥浆性能：密度为 1.14g/cm³，黏度为 58s，失水 5mL。

现场分析原因：一方面，钻遇雀莫错组地层的岩性主要为白垩化碳酸盐岩夹薄层（5～10cm）亮晶鲕粒灰岩、亮晶砂屑灰岩，薄夹层灰岩被网格状裂隙切割，岩性破碎，局部微裂隙被亮晶方解石脉充填，可形成较大的岩块；另一方面，由于当前较低密度钻井液产生的液柱压力不能平衡地层应力，导致井壁失稳产生掉块，掉落的大岩块卡住钻头。

处理过程：开单泵小排量循环，锁住顶驱防止钻具倒转，泵压为 15MPa（正常泵压为 7.5MPa）。在 40～180t 悬重范围内活动钻具，其间振动筛处返出大量掉块，至 10:30 未解卡。组织人员抢接地面震击器，11:30 开始地面震击，11:50 震击解卡。泵压恢复正常，钻头解卡。但上提还有阻卡现象，钻具自由活动井段只有 4m，经会议研究决定将钻井液密度提升至 1.22g/cm³，黏度提升至 65s，同时加入封堵防塌材料，循环充分等掉块减少后，进行倒划眼作业修复井壁和破碎大的掉块，18:00 恢复钻进。

损失时间 9.67h。

二、第二次卡钻

2017 年 9 月 28 日 09:20 钻进至井深 2920.51m 雀莫错组白垩化碳酸盐地层，井壁失稳掉块卡钻。

发生经过：2017 年 9 月 28 日 9:20 钻进至井深 2920.51m，循环上提至井深 2918.81m 遇卡 10t，钻具倒转，锁住顶驱泵压上升至 19MPa，停泵下放遇阻，钻头被掉块卡死。悬重为 137t，泵压为 13MPa，排量为 45L/s。

泥浆性能：密度为 1.24g/cm³，黏度为 64s，失水 4mL。

现场分析原因：井壁失稳产生掉块，掉落的大岩块卡住钻头。

处理过程：开单泵循环，锁住顶驱防止钻具倒转，泵压为 14MPa（正常泵压为 7.5MPa）。在 80～160t 悬重范围内活动钻具，其间振动筛处返出大量掉块，至 12:10 未解卡。组织人员抢接地面震击器，13:10 开始地面震击，13:30 震击解卡。泵压恢复正常，钻头解卡。上提还有阻卡现象，循环处理泥浆后倒划眼至井深 2910.00m 后恢复正常。经会议决定将密度提升至 1.28g/cm³，18:30 后恢复钻进。

损失时间 9.17h。

三、第三次卡钻

2018 年 1 月 2 日 08:20 钻进至井深 4027.30m 雀莫错组凝灰质粉砂岩地层时卡钻。

发生经过：2018 年 1 月 2 日 08:20 钻进至井深 4027.30m，循环上提时直接卡死，扭矩大导致转盘无法开启。悬重为 150t，泵压为 15MPa，排量为 32L/s。

泥浆性能：密度为 1.26g/cm³，黏度为 61s，失水 3.6mL。

现场分析原因：井壁失稳产生掉块，掉块和沉砂卡钻。

处理过程：持续开泵循环，3 凡尔泵压由 16MPa 逐渐上升至 18MPa，4 凡尔泵压 24MPa，多次尝试不同吨位上提钻具，23:50 上提解卡。

损失时间 15.5h。

四、第四次卡钻 + 钻具断裂

2018 年 9 月 7 日 14:23 钻进至井深 4535.17m 那底岗日组凝灰岩时，井壁失稳掉块导致钻头卡钻。

钻井参数：钻压为 8t，转速为 70r/min，排量为 32L/s，泵压为 14MPa。

泥浆性能：密度为 1.35g/cm³，黏度为 75s，失水为 3.6mL，切力为 4/6，pH 为 9.5。

发生经过：2018 年 9 月 7 日 14:23 钻进至井深 4535.17m（钻具组合：Φ215.9mm 钻头（KM1662DRT）+ 扭冲（DD190）+ Φ165mm 钻铤×2 根 + Φ212mm 扶正器 + Φ165mm 钻铤×10 根 + Φ127mm 加重钻杆×12 根 + 钻杆串），地层为那底岗日组，岩性为深灰色凝灰岩。前 1 米 4535.00m 钻时 24.5min，因钻时较快，钻进时扭矩变化大，要求司钻每钻进 0.5～1m 上提倒划眼，保证上部通畅扭矩正常后再钻进。钻进到 4535.17m 时距上次倒划眼井深 0.8m，遂停顶驱上提钻具倒划眼，悬重为 157t，摩阻为 15t，上提倒划眼过程遇卡，顶驱憋停。立即下放钻具到原悬重，开顶驱未转开。由于钻头在井底没有下压空间，逐步多次增加上提吨位，提至 220t 仍未提开，确认卡钻。

现场分析原因：井壁失稳产生掉块，掉块和沉砂卡钻。

处理过程：持续开泵循环，间断提放悬重为 12～220t 活动钻具。9 月 7 日 20:00 开始原悬重（155t）憋扭矩 25kN·m 循环，至 8 日 10:00 未解卡。9 月 8 日接地面震击器震击未解卡。13:00 因井漏速度增加而进行承压堵漏作业，然后静止堵漏，间隔 2h 顶泵一次。9 日 08:30 顶泵时循环不通，多次尝试顶通未成功。10 日 15:00 钻具分段紧扣，紧扣后采用中和点倒扣方式，倒开后钻具悬重为 154t，开泵循环打封闭起钻。9 月 11 日 8:00 起完钻检查，井内落鱼：Φ215.9mm 钻头（KM1662DRT）+ 扭冲 + 双母接头 + Φ165mm 钻铤×1 根，鱼长 10.55m。

第一次打捞落鱼：11 日组合超级震击器和加速器下钻打捞（打捞钻具结构：4A11× 410

接头＋正反接头＋超级震击器＋Φ165mm 钻铤×4 根＋加速器＋Φ165mm 钻铤×6 根＋
Φ127mm 加重钻杆×12 根＋钻杆串），12 日 02:00 下钻至鱼头，03:00 循环冲洗鱼头对扣，
04:00 震击 1 次解卡，悬重增加 1t，开泵不通。起钻，20:00 起完钻检查捞出落鱼（扭冲＋双
母接头＋Φ165mm 钻铤×1 根）。井内剩余落鱼仅余一只 PDC 钻头，鱼长 0.32m。

第二次打捞落鱼：12 日继续下上趟打捞钻具打捞（打捞钻具：430×4A10 接头＋212
扶正器＋正反接头＋超级震击器＋Φ165mm 钻铤×4 根＋加速器＋Φ165mm 钻铤×6 根＋
Φ127mm 加重钻杆×12 根＋钻杆串），13 日 12:00 下钻至井深 4524m 遇阻，16:45 循环冲
洗沉砂对扣，17:15 不同吨位（200～230t）震击 7 次解卡起钻。14 日 7:00 起钻，捞出全
部落鱼，事故解除。

本次事故自 2018 年 9 月 7 日 14:23 至 14 日 07:00，历时 6.69d（160 小时 37 分）。

五、测井仪落井事故

三开电测期间，2017 年 11 月 8 日测完电极，仪器起至井口遇卡，马龙头弱点断开，
导致 13.95m 电测仪器落井，后续打捞、磨铣结果并不理想，因考虑落鱼在测井领眼内，
决定放弃打捞直接下套管、三开固井，四开钻进过程中采用高效磨鞋和铣锥进行磨铣、带
随钻打捞杯钻进等方式，最终消除影响。

事故经过：2017 年 11 月 8 日 14:00 第六趟电极系下井（仪器组合：电缆头＋转换接
头＋9m 电极系＋加重，总长 13.95m）。15:30 下至 3861m 开始上提测井，测速小于 3000m/h，
上测过程无卡现象。17:50 仪器起至井口时遇卡，拉力棒断裂，仪器落井，落鱼长度为
13.95m。

处理过程：18:30 甲方组织召开了事故处置协调会。会议决定使用双感应八侧向仪器
进行探鱼，如落鱼在领眼以上位置，则进行打捞；如落鱼进入领眼，则完成剩余微电极测
井作业，下入三开套管后，四开下磨鞋磨掉落鱼。21:30 下放仪器，9 日 1:30 仪器下至 3869m
（进入领眼 10m）遇阻，探得鱼顶在 3869m，落鱼全部进入领眼。3:00 起出感应仪器，下
放微电极，13:30 完成微电极测量工作。

9 日 9:30 现场晨会讨论，考虑到下套管后只能采取下磨鞋磨掉落鱼，如不能成功只能
侧钻。钻井方建议进行一次落鱼打捞。18:00 打捞工具制作完成，20:00 开始下钻，10 日
12:00 下至距离鱼顶 5m 处开泵循环，钻具悬重为 160t。缓慢旋转钻具下探，下至 3868.13m
钻具悬重降低 2t，继续下钻至 3870m，钻具悬重降低 6t，上提钻具，悬重增加至 180t，
钻具遇卡，活动 3 次后解卡。考虑到井下安全，不再尝试判断落鱼是否进入捞筒，进行起
钻作业。11 日 4:20 打捞工具起出井口，未发现落鱼，判定打捞失败。6:00 组合钻具进行
下套管前通井作业，下入 280mm 磨鞋通井加磨铣，目的是把测井落鱼顶端磨掉或推到井
底领眼里，确保技术套管下到井底，下完套管固井后四开继续处理落鱼。

四开施工期间，2017 年 11 月 30 日扫塞到落鱼开始，两次下入磨鞋进行磨铣，磨铣
到 2017 年 12 月 05 日。磨铣井段为 3872.28～3875.85～3878.20m，磨铣进尺 5.92m。然后
于 2017 年 12 月 5 日下入随钻打捞钻具组合（Φ215.9mm 牙轮钻头×1＋Φ196mm 随钻捞
杯＋Φ165mm 无磁钻铤×1 根＋Φ165mm 钻铤×14 根＋4A11×410 接头＋Φ127mm 加重

钻杆×15 根＋复合钻杆串），进行钻进并打捞落鱼碎片，打捞出大量落鱼碎片。2017 年
12 月 8 日，下入 PDC＋螺杆进行钻进，发现钻时较慢，分析认为落鱼未磨铣完全，2017
年 12 月 13 日下入 PDC＋随钻捞杯，起钻后，捞杯中出现部分落鱼碎片，钻进至 12 月 29
日起钻，基本恢复正常，测井落鱼对钻井影响解除。

第三节　井漏及处理措施

羌科 1 井是本区第一口科探井，无邻井资料，地层情况未明，各项压力系数未知。自
2017 年 4 月 6 日一开至 2018 年 11 月 19 日，羌科 1 井发生了多次较大型井漏，总漏失量
达 10336.59m^3。

一、泥浆钻井液漏失情况

羌科 1 井井漏发生起止时间、井段、相关地层层位、岩性特征及漏失量见表 10-1。

表 10-1　羌科 1 井井漏数据

序号	起止时间 （年-月-日 时:分）	井段（m）	层位	岩性	漏失量（m^3）
1	2017-04-07 8:11/ 2017-04-08 08:00	81.35～ 82.14	中生界中侏罗 统夏里组	浅灰色泥晶灰岩	141.10
2	2017-04-08 8:11/ 2017-04-17 19:15	82.14～ 159.61	中生界中侏罗 统夏里组	浅灰色泥晶灰岩	1345.90
3	2017-04-19 7:10/ 2017-05-11 08:00	196～ 506	中生界中侏罗 统布曲组	灰色泥灰岩夹深灰色钙质泥 岩夹石膏	1135.2
4	2017-06-14 17:25/ 2017-06-18 08:00	1068.60～ 1138.15	中生界中侏罗 统布曲组	深灰色含生物碎屑砂 屑灰岩	340
5	2017-06-22 11:00/ 2017-07-01 19:45	1186.00～ 1250.34	中生界中侏罗 统布曲组	深灰色亮晶藻砂屑灰岩夹灰 绿色泥岩夹灰色泥岩夹石膏	293.4
6	2017-07-19 08:25/ 2017-07-25 08:00	1441.01～ 1502.83	中生界中侏罗 统布曲组	深灰色含生物碎屑亮晶 藻团块灰岩	235.4
7	2017-07-30 21:15/ 2017-07-31 23:15	1557.77～ 1593.17	中生界中侏罗 统布曲组	灰色含钙粉砂质泥岩，偶见 深灰色泥晶灰岩、灰色含钙 泥质粉砂岩	22.1
8	2017-08-06 12:00/ 2017-08-09 08:00	1705.60～ 1722.00	中生界中侏罗 统布曲组	深灰色砂屑灰岩夹灰白色白 垩、灰色泥晶灰岩（4：3：3） 偶见灰色粉砂岩、泥岩，深 灰色泥岩及方解石	158
9	2017-08-10 08:00/ 2017-08-28 08:00	1722～ 1981	中生界中侏罗 统布曲组	深灰色亮晶藻砂屑灰岩夹灰 绿色泥岩夹灰色泥岩夹石膏	558.1
10	2017-09-13 08:00/ 2017-09-16 08:00	2307～ 2482	中生界侏罗系 雀莫错组	深灰色含粉砂质泥岩 灰色白垩化碳酸盐岩	17.1
11	2017-09-21 18:00/ 2017-09-22 08:00	2688.33～ 3672.96	中生界侏罗系 雀莫错组	灰色白垩化碳酸盐岩	31.7
12	2017-09-25 08:00/ 2017-09-27 08:00	2761～ 2879	中生界侏罗系 雀莫错组	白色石膏 含泥粉砂岩	30

序号	起止时间 （年-月-日 时:分）	井段（m）	层位	岩性	漏失量（m³）
13	2017-10-03 04:00/ 2017-10-04 08:00	3001.14～ 3048.00	中生界侏罗系 雀莫错组	灰色灰岩、黄灰色灰岩、灰 白色石膏、灰色粉砂岩	33.3
14	2017-10-23 14:00/ 2017-10-23 17:05	3616.24～ 3619.41	中生界侏罗系 雀莫错组	白色石膏	17
15	2017-10-31 04:50/ 2017-11-03 00:30	3732.40～ 3849.52	中生界侏罗系 雀莫错组	白色石膏、深灰色泥岩、棕 红色粉砂质泥岩	27.20
16	2017-11-21 11:15/ 2017-11-24 05:00	固井 回接	中生界侏罗系 雀莫错组	浅红棕色含泥粉砂岩	102.21
17	2017-12-10 01:15/ 2018-01-13 17:50	3918.00～ 4158.60	中生界侏罗系 雀莫错组	紫红色砾岩、灰色细粒石英 砂岩	830.68
18	2018-06-29 16:30/ 2018-08-05 00:00	3949.31m～ 4266.51	雀莫错组/那 底岗日组	紫红色砾岩、灰色细粒石英 砂岩/灰绿色凝灰岩	2345.30
19	2018-08-13 05:45/ 2018-09-08 10:00	4266.51～ 4535.17	那底岗日组	灰绿色凝灰岩	1408.60
20	2018-09-15 21:00/ 2018-09-21 19:00	4335.17～ 4545.81	那底岗日组	灰绿色凝灰岩	268.00
21	2018-09-21 19:00/ 2018-10-06 18:00	4335.17～ 4692.42	那底岗日组	灰绿色凝灰岩	738.00
22	2018-10-22 08:00/ 2018-10-28 08:00	4692.42	那底岗日组	灰绿色凝灰岩	206.60
23	2018-11-06 13:00/ 2018-11-07 18:00	4696.18	那底岗日组	灰绿色凝灰岩	51.70

二、羌科 1 井井漏复杂处理情况表

羌科 1 井井漏发生时间、发生经过、堵漏浆配方、直接损失见表 10-2。

表 10-2　井漏复杂处理情况表

复杂 情况	发生时间 （年-月-日 时:分）	发生经过	堵漏浆配方	直接 损失
第一次 井漏	2017-04-07 8:11/ 2017-04-08 08:00	一开钻进至 81.35m，漏速增大，起钻至套管内静止堵漏，此次井漏共漏失 1.05g/cm³ 钻井液 141.10m³，漏速为 23.5～35.75m³/h	配方：坂土 10t，纯碱 0.6t，片碱 0.6t，NH₄-HPAN 2t，COP-HFL 2t，PL 2t，HP 0.5t，HV-CMC 0.5t，LV-PAC 0.2t，QS-2 5t，核桃壳 1t，蛭石 4t，贝壳粉 1t，锯末 1t，GXD 1t，FD-13t，SD-312t，DF-NIN6t	漏失泥浆 141.10m³，损失时间 22.75h
第二次 井漏	2017-04-08 8:11/ 2017-04-17 19:15	钻进至 82.14m，漏失持续，钻进至井深 159.61m 时配置 ZYSD 堵漏浆 50m³，泵入 40m³ 进行封堵作业。此次共漏失 1.06g/cm³ 钻井液 1345.90m³，漏速为 4.0～41m³/h	配方：坂土 71t，纯碱 12.54t，片碱 1t，COP-HFL15.5t，PL 6.5t，HP 1t，HV-CMC5t，LV-PAC 2.5t，QS-2 23t，核桃壳 7t，蛭石 4t，云母 4t，石棉绒 1t，贝壳粉 2t，棉籽壳 1t，锯末 3t，FD-1 18t，SD-3 49t，GD-2 28t，ZYSD 15t	漏失泥浆 1345.90m³，损失时间 175.5h
第三次 井漏	2017-04-19 7:10/ 2017-05-11 08:00	二开钻进至 196m，发生渗漏，钻进至井深 506m 共漏失 1.06g/cm³ 钻井液 1135.2m³，漏速为 2.1～7.1m³/h	配方：坂土 44t，纯碱 4.56t，片碱 5t，COP-HFL 17.4t，PL 1t，HP 0.5t，HV-CMC 5.2t，LV-PAC 7.6t，QS-2 14t，蛭石 2t，云母 2t，石棉绒 1t，贝壳粉 3t，FD-1 9t，SD-3 1t，GD-2 2t，橡胶颗粒 4t	漏失泥浆 1135.2m³，损失时间 51h

续表

复杂情况	发生时间（年-月-日 时:分）	发生经过	堵漏浆配方	直接损失
第四次井漏	2017-06-14 17:25/ 2017-06-18 08:00	二开钻进至 1068.6m，一直持续发生漏失，钻进至 1138.15m 起钻至套管配堵漏浆进行堵漏，共漏失 1.10g/cm³ 钻井液 340m³，漏速为 3.76～33m³/h	配方：坂土 10t，纯碱 0.84t，片碱 0.6t，COP-HFL 0.8t，PL 2t，HP 2t，LV-PAC 0.4t，QS-2 6t，核桃壳 1t，云母 1t，石棉绒 1t，FD-1 3t，黄原胶 2.9t	漏失泥浆 340m³，损失时间 44h
第五次井漏	2017-06-22 11:00/ 2017-07-01 19:45	二开钻进至 1186m，开始发生轻微渗漏，钻进至 1250.34m 进行堵漏浆封堵作业，共漏失 1.10g/cm³ 钻井液 293.4m³，漏速为 0.83～8.3m³/h	配方：坂土 20，纯碱 0.98t，片碱 2t，PL 1.4t，HP 1.2t，LV-PAC 4.5t，除硫剂 0.75t，核桃壳 4t，云母 2t，贝壳粉 1t，锯末 2t，重晶石粉 10t，FD-1 10t，SD-3 6t，DF-NIN 1t，黄原胶 1.2t，ZYSD 20t	漏失泥浆 293.4m³，损失时间 88h
第六次井漏	2017-07-19 08:25/ 2017-07-25 08:00	二开钻进至 1441.01m，开始发生渗漏，钻进至井深 1502.83m 起钻前共漏失 1.10g/cm³ 钻井液 235.4m³，漏速为 0.25～26.4m³/h	配方：坂土 16t，纯碱 1.12t，片碱 0.1t，PL 0.3t，HP 0.2t，LV-PAC 3.8t，核桃壳 3t，蛭石 2t，贝壳粉 2t，GXD 1t，重晶石粉 5t，FD-1 1t，SD-3 9t，黄原胶 0.8t	漏失泥浆 235.4m³，损失时间 52.25h
第七次井漏	2017-07-30 21:15/ 2017-07-31 23:15	二开钻进至井深 1557.77m 开始发生渗漏。钻进至井深 1593.17m 时共漏失 1.10g/cm³ 钻井液 22.1m³，漏速为 0.26～1.45m³/h	配方：坂土 4t，纯碱 0.14t，PL 0.5t，LV-PAC 1.8t，黄原胶 0.3t	漏失泥浆 22.1m³
第八次井漏	2017-08-06 12:00/ 2017-08-09 08:00	二开钻进至井深 1705.60m 开始比较大的漏缝性漏失，漏失 41.1m³/h。钻进至井深 1722m 时共漏失 1.10g/cm³ 钻井液 158m³，漏速为 1.1～41.1m³/h	配方：坂土 21t，纯碱 0.35t，LV-PAC 2.25t，核桃壳 1t，蛭石 2t，棉籽壳 0.5t，锯末 0.5t，SD-3 1t，黄原胶 0.45t，ZYSD 3.5t	漏失泥浆 158m³，损失时间 53h
第九次井漏	2017-08-10 08:00/ 2017-08-28 08:00	二开钻进至井深 1722m 时开始发生渗漏钻进至井深 1981m 固井前一直持续漏失共漏失 11.10g/cm³ 钻井液 558.1m³，漏速为 0.9～3.8m³/h	配方：坂土 18t，纯碱 0.86t，片碱 2.65t，COP-HFL 1t，AMPS 3.8t，LV-PAC 5.5t，乳化石蜡 2.5t，消泡剂 0.5t，除硫剂 0.4t，核桃壳 1t，蛭石 2t，重晶石粉 54t，SD-3 8t，DF-NIN 11.5t，黄原胶 1.4t	漏失泥浆 558.1m³，损失时间 31.5h
第十次井漏	2017-09-13 08:00/ 2017-09-16 08:00	三开钻进至井深 2307m 时开始发生裂缝型漏失。持续到钻进至井深 2482m 时共漏失 1.10g/cm³ 钻井液 17.1m³，漏速为 4～6m³/h	配方：AMPS 1.3t，LV-PAC 0.2t，乳化石蜡 4t，聚合醇 2t，重晶石粉 24t	漏失泥浆 17.1m³
第十一次井漏	2017-09-21 18:00/ 2017-09-22 08:00	三开钻进至井深 2688.33m 时发生比较大的漏失，持续到钻进至井深 2672.96m 时共漏失 1.23g/cm³ 钻井液 31.7m³，漏速为 6.5～7.2m³/h	配方：坂土 3t，纯碱 0.12t，片碱 0.2t，COP-HFL 0.6t，LV-PAC 0.2t，乳化石蜡 2t，QS-2 2t，重晶石粉 30t，SD-3 3t，单封 2t	漏失泥浆 31.7m³
第十二次井漏	2017-09-25 08:00/ 2017-09-27 08:00	三开钻进至井深 2761m 时发生渗透性漏失。到最后发展成裂缝性漏失，在钻进至井深 2879m 时漏失 1.23g/cm³ 钻井液 30m³，漏速为 1.46～5.3m³/h	配方：坂土 10t，纯碱 0.4t，片碱 0.6t，AMPS 1.3t，LV-PAC 1.2t，重晶石粉 43t	漏失泥浆 30m³，损失时间 3.75h
第十三次井漏	2017-10-03 04:00/ 2017-10-04 08:00	三开钻进至井深 3001.14m 时发生裂缝性漏失。钻进至井深 3048m 时共漏失 1.29g/cm³ 钻井液 33.3m³/h，漏速为 2.15～4.83m³/h	配方：AMPS 0.4 t，SMP-Ⅲ 2t。PMC 2t，QS-2 6t，重晶石粉 4t，SD-3 6t	漏失泥浆 33.3m³
第十四次井漏	2017-10-23 14:00/ 2017-10-23 17:05	三开钻进至井深 3616.24m 时发生裂缝性漏失，持续到钻进至井深 3619.41m 时漏失 1.30g/cm³ 钻井液 17m³，漏速为 4.86m³/h	配方：片碱 0.4t，K-PAM 0.3t，COP-HFL 0.2t，AMPS 0.3t，乳化石蜡 1t，SMP-Ⅲ 2t，PMC 1t，重晶石粉 5t，SD-32t，CGY 0.5t，黄原胶 1.4t，SO-10.1t	漏失泥浆 17m³

续表

复杂情况	发生时间（年-月-日 时:分）	发生经过	堵漏浆配方	直接损失
第十五次井漏	2017-10-31 04:50/ 2017-11-03 00:30	三开钻进至井深3732.4m时发生了裂缝性漏失。持续到钻进至井深3849.52m共漏失1.29g/cm³钻井液27.2m³，漏速为3.68～19.6m³/h	配方：坂土6t，纯碱1t，片碱0.8t，COP-HFL 0.8t，AMPS 1t，胺基聚醇2t，乳化石蜡3t，SMP-Ⅲ 10t，PMC 10t，QS-25t，重晶石粉12t，SD-37t，DF-NIN 1.5t，SO-1 1.6t	漏失泥浆27.2m³
第十六次井漏	2017-11-21 11:15/ 2017-11-24 05:00	三开下套管作业至固井作业期间一直持续漏失。共漏失1.29g/cm³钻井液102.21m³，漏速为5.94～10.34m³/h	配方：坂土5t，纯碱0.4t，片碱0.4t，COP-HFL 1t，AMPS 1t，PL 1t，LV-PAC 1t，SMP-Ⅲ 2t，核桃壳1t，贝壳粉1t，重晶石粉6t，FD-1 0.5t，SD-3 4t，DF-NIN 2t，单封2t	漏失泥浆102.21m³
第十七次井漏	2017-12-10 01:15/ 2018-01-13 17:50	四开钻进至井深3918m时开始发生漏失。有渗漏及裂缝性漏失在钻进至井深4158.60m发生，钻具落井前共漏失1.26g/cm³钻井液830.68m³，漏速为2.1～20.8m³/h	配方：坂土118t，纯碱5.1t，片碱2.4t，K-PAM 4.8t，COP-HFL 7t，AMPS 9.1t，PL 2.6t，HP 1.1t，胺基聚醇1t，HV-CMC 2.7t，LV-PAC 6.5t，LUB-S 3t。乳化石蜡8t，聚合醇8t，SMP-Ⅲ 17.5t，QS-2 9t，核桃壳5t，蛭石10t，石棉绒3t，贝壳粉1t，棉籽壳1.5t，锯末0.5t，GXD 1t，重晶石粉224t，FD-1 3t，SD-3 42.5t，DF-NIN 24.8t，黄原胶0.1t，ZYSD 12t，单封9t，SO-1 1.4t	漏失泥浆830.68m³，损失时间458.75h
第十八次井漏	2018-06-29 16:30/ 2018-08-05 00:00	四开钻进至井深3947m时发生了渗漏及裂缝性漏失。直至钻进至井深4266.51m时发生钻具落井事故及处理事故期间共漏失1.25～1.30g/cm³钻井液2345.30m³，漏速为0.5～14.55m³/h	配方：坂土102t，纯碱9.4t，片碱8.7t，COP-HFL1 6.7t，PL 0.2t，HP 0.4t，LUB-S 11.5t，聚合醇15t，HZN-102 2t，SMP-Ⅲ 17t，QS-2 18t，核桃壳12t，蛭石10t，贝壳粉1t，棉籽壳2t，锯末7t，重晶石粉532t，DS-302 1t，FD-1 20.5t，SD-3 141.3t，DS-301 1.5t，DF-NIN 12t，黄原胶3.3t，ZYSD34.5t，单封6t，SO-1 2.45t，DSP-2 7.7t，抗高温生物润滑剂3.1t	漏失泥浆2345.30m³，损失时间158.05h
第十九次井漏	2018-08-13 05:45/ 2018-09-08 10:00	四开钻进至井深4266.51m时发生了失返性漏失，在钻进至4535.17m前还持续出现渗漏，裂缝性漏失及近乎失返性漏失，共漏失1.32～1.35g/cm³钻井液1408.60m³，漏速为1.58～34.2m³/h	配方：坂土18t，纯碱1t，片碱3t，COP-HFL 7.7t，AMPS 0.2t，LV-PAC 0.5t，LUB-S 0.5t，聚合醇1.6t，SMP-Ⅲ 7.4t，QS-2 28t，核桃壳9t，蛭石14t，石棉绒6t，贝壳粉3t，棉籽壳5t，锯末15t，重晶石粉341t，DS-302 3t，FD-1 13t，SD-3 20t，DS-301 1t，DF-NIN 30t，黄原胶1.8t，SO-1 1.7t，抗高温生物质润滑剂4.9t	漏失泥浆1408.6m³，损失时间216.45h
第二十次井漏	2018-09-15 21:00/ 2018-09-21 19:00	四开钻进至井深4335.17m时发生裂缝性漏失，在钻进至井深4545.81m前还发生过一次近乎失返性漏失，共漏失1.45g/cm³钻井液268.00m³，漏速为1.1～33.75m³/h	配方：坂土3.5t，纯碱0.3t，片碱0.5t，COP-HFL 1.3t，聚合醇0.4t，SMP-Ⅲ 0.5t，QS-2 1t，石棉绒1t，贝壳粉1t，棉籽壳1t，重晶石粉100t，FD-1 4t，DF-NIN 3t，黄原胶0.6t，ZYSD 12t，橡胶颗粒2t，SO-1 0.7t，抗高温生物质润滑剂2t	漏失泥浆268m³，损失时间130h
第二十一次井漏	2018-09-21 19:00/ 2018-10-06 18:00	四开钻进至井深4545.81m开始发生渗漏。在钻进至井深4692.42m前发生了两次接近失返性漏失及裂缝性漏失，直到最后失返性漏失共漏失1.44g/cm³钻井液738.20m³，漏速为1.18m³/h至失返性漏失	配方：坂土21.5t，纯碱0.2t，片碱0.9t，K-PAM 1t，NH4-HPAN 3t，COP-HFL 0.7t，LV-PAC1t，聚合醇2t，消泡剂1t，SMP-Ⅲ 7.2t，QS-2 2t，核桃壳1t，贝壳粉2t，棉籽壳1t，重晶石粉238t，FD-1 1t，DF-NIN 1t，黄原胶1.2t，CaCl₂ 2t，橡胶颗粒2t，SO-1 1.8t，SY-27 0.4t，抗高温生物质润滑剂0.4t	漏失泥浆738.2m³，损失时间137h

续表

复杂情况	发生时间（年-月-日 时:分）	发生经过	堵漏浆配方	直接损失
第二十二次井漏	2018-10-22 08:00/ 2018-10-28 08:00	四开取心前通井。在下钻及划眼期间一直存在漏失现象。漏失速度随着井深的变化而逐渐变化，共漏失 1.45g/cm³ 钻井液 206.6m³	配方：坂土 10t，纯碱 0.3t，片碱 0.6t，COP-HFL 2.1t，AMPS 0.2t，LV-PAC 0.3t，LUB-S 2t，SMP-III4.1t，QS-2 5t，蛭石 3t，棉籽壳 2t，锯末 3t，重晶石粉 111t，FD-1 4t，SD-3 5t，DF-NIN 1t，黄原胶 0.2t，保温纺织材料专用纤维 1t	漏失泥浆 206.6m³，损失时间 81h
第二十三次井漏	2018-11-06 13:00/ 2018-11-07 18:00	四开中途电测前进行通井作业。下钻未返浆。漏速不固定，共漏失 1.44g/cm³ 钻井液 51.7m³	配方：坂土 2t，片碱 0.3t，COP-HFL 0.9t，AMPS 0.2t，LUB-S 2t，消泡剂 1t，SMP-III0.2t，QS-2 2t，蛭石 1t，棉籽壳 1t，重晶石粉 14t，SD-3 1t，抗高温生物质润滑剂 0.6t	漏失泥浆 51.7m³，损失时间 18h

三、井漏处理措施

羌科 1 井裂缝发育、漏失严重，井漏是影响进度的重要原因，针对漏失复杂情况有钻井措施方面和固井工艺方面的对策。

（一）钻井防漏堵漏技术措施

对付井漏应以预防为主，防堵结合，总的原则是："防漏为主，专项堵漏为辅"。做好防漏堵漏技术和物资准备，在出现井漏时及时加以封堵，防止发生复杂井漏或控制其复杂程度，尽可能避免因人为的失误而引起的井漏。

1. 防漏措施

（1）钻井液密度按照设计地层压力和钻井液密度尽量走下限降低压差。同时加强坐岗和综合录井检测以及时发现井漏。

（2）提前加入随钻堵漏剂、单向封闭剂等封堵材料提高钻井液封堵性能。

（3）提高钻井液密度时注意控制好加重速度，每循环周不超过 0.01g/cm³ 且提高幅度不能过大。

（4）为防止钻进时岩屑浓度过大憋漏地层，控制钻速，每打完一单根，划眼 1~2 次，延长钻井液携砂时间，减少钻井液循环压耗。

（5）将钻井液黏切控制在合适的范围内，降低滤失量，保持钻井液不仅有好的造壁性、提高地层的漏失压力，而且对井壁又有适当的冲刷作用，防止虚厚泥饼的形成，降低钻井液流动阻力，保证起下钻的畅通，减少漏失的可能。

（6）在布曲组等易漏地层中钻进，采用较低排量和较小的泵压，控制起下钻、接单根时的钻具下放速度，防止产生激动压力，压漏地层；在雀莫错组等易缩径地层中钻进时，提高钻井液抑制性，防止井径缩小而增加环空流动阻力。

（7）坚持下钻过程中分段循环，分段循环选择在稳定的井段进行。下钻时如发现连下三柱钻杆井口不返钻井液，应立即停止下钻，并上提钻具，接上方钻杆转动后慢慢开泵循环，直到正常方可继续下钻。

（8）下套管作业期间由于环空间隙小，一定控制下放速度平稳防止人为压漏地层。

2. 堵漏措施

（1）漏速≤5m³/h 的漏失：立即停止钻进，上提钻具，采用降低排量循环，随钻堵漏继续钻进的方式；若堵漏效果不佳，则全裸眼注入随钻堵漏剂，起钻至套管内静止堵漏。

（2）漏速 10～20m³/h 的漏失：立即停止钻进，降低排量，起钻至套管内。采用高浓度桥接堵漏材料浆堵漏，将堵漏浆替至漏层静止 4～12h，观察堵漏效果，并间隔 2h 承压挤堵一次。堵漏配方以粗、中、细堵漏材料复配，堵漏浆总浓度为 20%～25%。

（3）漏速≥20m³/h 的漏失：立即起钻至套管内，用大颗粒材料配制专项堵漏钻井液。使用高浓度粗颗粒堵漏材料架桥，再采用高浓度桥接堵漏材料浆堵漏将堵浆替至漏层，静止 3～4h 观察堵漏效果，并间隔 2h 承压挤堵一次。堵漏配方以粗、中、细堵漏材料复配，堵漏浆总浓度为 30%～35%。

（4）如果以上堵漏措施不见效果，则采用 ZYSD 专项堵漏。

3. 分段巩固

遵循"以防为主，分段强化"的堵漏思路施工，每钻进井段不大于 300m 或不多于 2 个漏失层，出现漏失时采用 ZYSD 专项堵漏工艺封堵强化一次。

（二）固井工艺主措施

固井工艺主要在以下几个方面采取了相应的措施，同时采用了控制排量、复合顶替等常规治漏措施。

1. 地层承压试验

基于平衡压力固井原则，每次固井前进行地层承压试验，获取准确的地层漏失压力，为制定固井施工方案及设计水泥浆体系提供参考依据。具体步骤如下。

（1）根据各种注入流体的流变性能（水泥浆、前置液、后置液等取室内小样测流变性能）及井径、井斜、方位等实测数据，利用固井工程设计软件模拟固井施工过程，得出施工时的最大环空动态当量密度。

（2）根据模拟得出的最大环空动态当量密度，采用提高钻井液密度后大排量循环的方法检验地层的承压能力。运用软件模拟这一过程，确保环空动态当量密度不小于施工时所需的最大环空当量密度。若地层不能满足要求，则堵漏提高地层承压能力。

2. 调整钻井液性能

因环空循环压耗与钻井液的黏度、切力呈正比，因此，在固井前合理降低钻井液的黏度和切力，可以降低环空循环压耗，从而有效预防井漏。

3. 前置低密度先导浆固井技术

固井施工前先注入一定量的低密度钻井液，可确保整个施工过程中环空液柱压力增加很少甚至不增加，从而有效避免井漏。

首先，当低密度先导浆全部进入环空后，这时环空动态压力必须大于地层压力；其次，当固井顶替结束时，低密度先导浆引起的环空液柱压力降低值应等于或接近水泥浆在低压易漏层以上引起的环空液柱压力增加值，从而确保整个固井施工过程中易漏失层位处的环空液柱压力始终控制在地层漏失压力之下，有效预防井漏的发生。

4. 防漏、堵漏水泥浆体系

为避免固井施工过程中发生漏失，羌科 1 井采用防漏、堵漏水泥浆体系，即固井干灰中掺入高强有机聚合物纤维，其原理是利用不同尺寸纤维自身所具有的搭桥成网特性，达到堵漏和提高地层承压能力的目的。实施结果表明，纤维水泥浆体系具有良好的防漏、堵漏能力，固井质量也能达到设计要求。

通过对漏失进行专项治理，采用了行之有效的手段，摸索出一套实用的防漏堵漏办法，尽管每开次都存在漏失风险，但都可以堵漏成功，并且未发生复漏情况，确保了施工的顺利进行和质量达到施工要求。

第十一章　高原钻井技术创新尝试

羌科 1 井是在我国藏北羌塘盆地工作环境极端特殊的高寒缺氧条件下完成的第一口科探井，尽管钻井工程无先例可循，缺乏经验，出现了不少问题，但也开展了一系列钻井技术创新尝试与研究，先后开展了钻井设备防冻保温、防斜打直、快速钻进、防漏堵漏和高原冻土层固井等方面的技术创新研究。本章重点介绍高寒缺氧特殊条件下钻井提速、防斜打直、防漏堵漏、设备改造及高原钻井施工经验。

第一节　钻井提速技术

羌科 1 井的施工周期比较长，为了尽快完成施工任务，需要进行钻井提速技术创新。为此，施工方提出了提速方案，实践证明具有一定实用的效果。

一、影响钻井速度的主要因素

羌科 1 井作为藏北羌塘盆地内布置的第一口科探井，影响钻井速度主要涉及以下 4 个因素。

（1）上部井眼尺寸大、井段长，无成熟的大井眼钻井工艺模板，$\Phi900mm$ 导眼段井深 59.06m，一开 $\Phi660.4mm$ 井段井深 506m，二开 $\Phi444.5mm$ 井段井深 2002m；地层主要为碎屑岩和碳酸盐岩互层，局部含有砂砾，不均质，软硬交错；地层地质年代古老，可钻性差，岩性致密且研磨性强，对钻头损伤极大，造成机械钻速较低，单只钻头行程进尺短。

（2）所钻遇地层复杂，岩性种类多，裂缝发育、漏失严重；设计井深较大，为 5500m，地温梯度高（3.5～4.5℃/100m），羌科 1 井最高井温为 170.61℃，钻井液材料降解、消耗快，钻井液高温高压滤失量控制难度大。

（3）缺乏现成的地层参数资料和施工经验，各项压力系数未知，地震测线提供的地层压力与实际相差较大，不能为实际钻井提供较高参考价值，易出现遭遇战。

（4）高寒缺氧，昼夜温差大，设备配件易龟裂、变形、密封失效，故障率高；由于含氧量约为平原地区的 1/3，造成设备普遍动力不足、平均功率约为内地的 75%。

二、提速技术方案

根据羌科 1 井的工程和地质基本特征，从 4 个方面进行提速：钻井工具及钻具组合优选、钻井参数的优化、钻井液优化和高原设备升级改造。

1. 钻井工具及钻具组合优选

（1）将钻具组合由塔式钻具组合调整为防斜效果更好的钟摆钻具组合（图 11-1）。

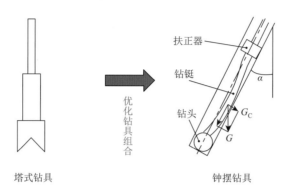

图 11-1　钻具组合调整方法

　　通过调整，相对解放了 PDC 钻头钻压，在保证井身质量相对稳定的情况下，提高了机械钻速。钟摆钻具组合：Φ444.5mmPDC 钻头×0.55m＋Φ286mm 直螺杆×9.90m＋Φ228.6mm 钻铤×2 根×17.55m＋Φ440mm 扶正器×0.85m＋Φ228.6mm 钻铤×4 根×35.75m＋（730×631）接头×0.46m＋Φ203.2mm 无磁钻铤×1 根×9.05m＋Φ203.2mm 钻铤×9 根×80.27m＋（631×520）接头×0.48m＋旁通阀×0.46m＋Φ139.7mm 加重钻杆×15 根×138.22m＋Φ139.7mm 钻杆×79 根×755.05m。

　　（2）对钻头进行优选。在羌科 1 井分别试用了牙轮钻头、普通 PDC 钻头（图 11-2）、双极 PDC 钻头（图 11-3）等各种型号钻头。在二开 Φ444.5mm 井段钻进过程中，主要试用了 Φ444.5mm 双级钻头＋水力脉冲发生器进行了提速实践尝试，钻进井段为 534.75～629.4m，进尺 94.65m，平均机械钻速为 1.81m/h，平均机械钻速较原 Φ444.5mm 牙轮钻头提高 40%～60%，提速效果明显（图 11-4，表 11-1）。双级钻头＋水力脉冲发生器钻具组合：Φ444.5mm 双级钻头＋水力脉冲发生器＋730×631 接头＋止回阀＋Φ228.6mm 钻铤×6 根＋730×631 接头＋Φ203.2mm 无磁钻铤×1 根＋Φ203.2mm 钻铤×9 根＋631×520 接头＋旁通阀＋Φ139.7mm 加重钻杆×15 根＋Φ139.7mm 钻杆。

图 11-2　普通 PDC 钻头使用前后照片

图 11-3 双级钻头使用前后照片

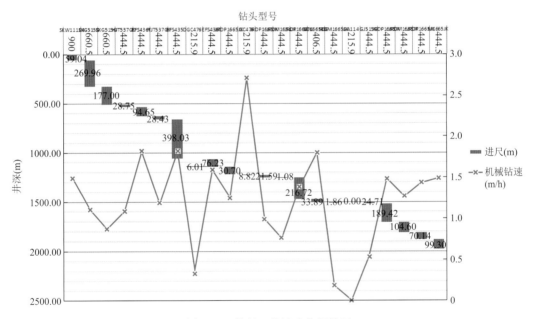

图 11-4 羌科 1 井钻头使用情况

表 11-1 夏里组钻进钻头使用情况分析表

编号	型号	厂家	井段	进尺	纯钻时间	平均机速（m/h）	备注
4	HJ537GK	江汉	506.00～534.75	28.75	26:20	1.09	钻头
5	EFS 436T	亿菲神	534.75～629.4	94.65	52:15	1.81	钻头 + 水力
6	HJ537GK	江汉	629.4～657.83	28.43	24:10	1.18	钻头 + 水力

（3）对螺杆工具进行优选。螺杆为井下动力钻具，可以将部分水力能量转化为机械能量，提高钻头转速，提高破岩速度（表 11-1）。配合牙轮钻头或者 PDC 钻头，可以和地面转盘复合使用，提高转速，从而提高机械钻速。螺杆具有转速较低、抗过载能力较强的特点。但是由于内部定子部分含有橡胶，因此耐高温程度低，轴承易损坏，使用寿命一般为150～180h，羌科 1 井采用的深远大功率等壁厚螺杆使用寿命相对较长。通过在 657.83～1055.91m 井段使用"大功率等壁厚螺杆 + PDC"组合，进尺 398.08m，纯钻时间为 219:10，平均机械钻速为 1.82m/h，对比牙轮钻头提速效果显著。通过对比发现，在大井眼使用螺杆钻具后，机械钻速最快时稳定达到 3.05m/h，是未使用井下工具时机械钻速 0.95m/h 的321%，提速效果显著。

（4）使用扭冲工具延长钻头寿命。羌科 1 井从 4075.00m 进入那底岗日组，钻遇大段火成岩（岩性主要为灰绿色、浅灰绿色凝灰岩，局部夹灰绿色辉长辉绿岩、沉凝灰岩、灰黑色玄武岩、灰白色碳酸盐岩化凝灰岩），厚度达 639.18m（设计预测仅有 40.00m），岩石硬度极高，达到 8 级以上，岩性致密且研磨性强，破岩难度极大，机械钻速低，钻头寿命短，严重制约了钻进速度，增加了钻井周期和成本，针对这种情况，先后实验了螺杆 + PDC钻井工艺、优选进口哈里伯顿钻头、引用贝克休斯复合钻头（图 11-5）、优选成熟的国内海相地层钻进效果好的百斯特钻头、扭冲工具 + 江汉 PDC 等工艺技术。

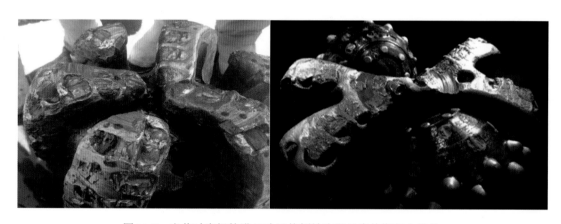

图 11-5　出井时磨损的进口哈里伯顿钻头和贝克休斯复合钻头

最后确定迪普扭冲工具配合江汉 M1662DTR 效果最佳，保护了钻头，延长了钻头寿命，钻井进尺稳定在 100m 以上（表 11-2），综合提速 2～3 倍，加快了钻井速度，节约了成本，为高原火成岩钻进技术提供了参考模板。

2. 钻井参数优化

使用钻具及工具的过程中，会因所采用的钻进参数不同而导致在井身质量、机械钻速、寿命方面产生差异，因此，需要优选钻进参数，获得期望的应用效果。因羌塘盆地布井较少，无可参考的临井资料，再加上设备功率限制，通过摸索、调整，总结出较适合的钻井参数（表 11-3）。

表 11-2 羌科 1 井那底岗日组钻头使用情况统计表

井眼尺寸 (mm)	型号	钻头 + 提速工具	钻进井段 (m)		所钻地层	进尺 (m)	机械钻速 (m/h)	纯钻时间 (h)	钻井参数			磨损情况		
			自	至					钻压 (kN)	转速 (r/min)	排量 (L/s)	牙齿	轴承	直径 (mm)
215.9	SFD65D	哈里伯顿 + 常规钻具	4082.58	4088.17	那底岗日	5.59	0.42	13.42	40~160	70	32	5	X	0
215.9	KM1662DTR	江钻 + 常规钻具	4088.17	4186.77	那底岗日	98.60	1.69	58.33	40~100	80	35	3	X	1
215.9	KM1662DTR	江钻 + 常规钻具	4186.77	4266.51	那底岗日	79.74	1.51	52.75	80~120	80	32	4	X	1
215.9	HJT537GK	江钻 + 螺杆	4245.00	4260.00	那底岗日	15.00	1.53	9.80	0	螺杆	32	1	E	0
215.9	M1665RJ	百施特 + 螺杆	4287.88	4287.97	那底岗日	0.09	0.02	4.25	80~120	螺杆	32	7	X	2
215.9	MD537K	江钻 + 螺杆	4287.97	4318.00	那底岗日	30.03	0.80	37.58	80~160	70	32	3	E	1
215.9	ZYS1660AR	中原管具 + 常规钻具	4318.00	4329.61	那底岗日	11.61	0.42	27.83	40~120	70	32	2	X	0
215.9	KM1662DTR	江钻 + 常规钻具	4329.61	4377.85	那底岗日	48.24	0.85	56.83	40~100	70	32	2	X	1
215.9	KM524	贝克休斯 + 常规钻具	4377.85	4416.88	那底岗日	39.03	0.61	63.50	100~140	70	32	5	E	1
215.9	KM1662DTR	江钻 + 扭冲	4416.88	4535.17	那底岗日	118.29	1.10	107.13	80~100	70	32	4	X	1
215.9	T1665B	百斯特 + 扭冲	4535.17	4549.40	那底岗日	14.23	0.50	28.25	80~120	70	28	6	X	1
215.9	KM1662DTR	江钻 + 扭冲	4549.40	4660.39	那底岗日	110.99	1.37	80.83	80~120	75	28	4	X	1

表 11-3　羌科 1 井钻井参数统计表

时段	钻头尺寸（mm）	井段（m）	进尺（m）	钻头型号	数量（只）	钻压（kN）	转速(r/min)	排量（L/s）
导管	900.0	0～60	60	SKG124C	2	180～00	50～90	60
一开	660.4	～501	441	ST517GK	2	180～280	50～90	60
				SKG515G	2			
二开	444.5	～2002	1501	PDC	4	40～80	60～150	50～55
				HJT537GK	5	160～230	60～150	
三开	311.2	～4002	2000	HJT537GK	5	140～220	60～150	35～50
				MD537HK	6			
				PDC	5	40～60	60～150	
四开	215.9	～5500	1500	PDC	5	30～50	60～150	25～30
				HJT537GK	6	80～110	60～150	
				MD537	6			
取心	215.9		(200)	PDC	10	20～60	40～60	12～26
				巴拉斯	6			
				孕镶	6			

3. 优化钻井液性能

羌科 1 井为直井，井眼尺寸大且井段长，因此，优选合理的钻井液体系，保障井下安全，满足钻井过程中的携砂要求、防卡、防塌、防漏显得十分重要。使用的钻井液应有利于快速和安全钻井；有利于环境保护；有利于发现和保护油气层；有利于地质资料录取；有利于复杂情况的预防和处理。具体如下。

（1）井壁稳定方面。夏里组、布曲组、雀莫错组泥岩、页岩易剥落掉块，出现井壁失稳产生掉块、坍塌，那底岗日组凝灰岩、火成岩硬脆性强，应力释放极易垮塌掉块，且钻井液安全密度窗口窄、漏失点多、漏失量大。在 1650m 以上井段选用聚合物封堵防塌钻井液，按设计配方及性能维护要求加足 CSMP、CFL、SCL、XCS-2 等处理剂，增强造壁封堵微裂缝的能力，减少滤液进入地层，达到稳定井壁的目的；1650m 以下井段按配方将钻井液转换为抑制性聚磺封堵防塌钻井液，其具有低固相、低滤失量、低摩阻、携砂能力强、热稳定性好的特点，即一次性加入 2% 的多软化点封堵防塌剂和超细碳酸钙，随后用 SMP-2、SMC、防塌剂等复配胶液，勤处理、勤维护，可以抑制泥岩井段井塌；井浆密度值要根据地层压力和井内情况及时进行调整，起到平衡井壁的作用，如发现坍塌、掉块，在其他措施无效的情况下，报甲方公司同意，适当提高钻井液密度，以平衡地层应力。

（2）防漏堵漏方面。羌科 1 井地层裂缝发育，窗口密度较窄，漏失严重。从开钻至完钻，整个裸眼段井漏一直伴随着钻进施工，钻一层漏一层，共计发生大型漏失 23 次，漏失钻井液 10336.8m³，井漏损失时间为 71.7d。"以防为主，防堵结合"的理念贯穿于钻井全过程。

针对地层存在空隙和裂缝采用积极防漏措施，一是加强的钻井液封堵防塌能力，钻井液中提前添加封堵防漏材料，减少钻井液漏失；二是结合不同井段实钻漏失压力，实行分段钻井液密度精细化控制，钻井液液柱压力要尽可能接近地层的孔隙压力，实现近平衡钻井；三是优化钻井液的黏切，预防井漏的发生，对于地层松软的布曲组，大直径钻头钻进时，选用低密度高黏切钻井液，以增大漏失阻力，防止井漏，对于雀莫错组和那底岗日组压力敏感层段，选用低黏切钻井液，以尽可能降低环空循环压耗，防止井漏；以降低环空循环压耗为目的，在高渗透易漏层段钻进时，降低钻井液滤失量，改善滤饼质量，防止形成厚滤饼而引起环空间隙缩小，易漏层段钻进，控制钻压，适当降低机械钻速，降低实际环空钻井液密度。

发生大型漏失后，在使用 C 配方堵漏无效后，采用 ZYSD 堵漏工艺。由于本井初期发生漏失后，采用常规堵漏方式难以起到良好效果，2017 年 4 月 16 日经中原工程公司专家讨论，决定应用中原工程钻井院研制的新型 ZYSD 堵漏材料进行堵漏作业，在漏层或者漏段上部打入 ZYSD 堵漏浆后起钻，在安全井段关井进行承压堵漏作业，新型 ZYSD 堵漏材料在羌科 1 井起到了良好堵漏效果，应用后极大地提高了堵漏效率。

（3）H_2S 防护方面。本井在布曲组钻遇 H_2S，钻井液中除硫剂加量要在 5%～10%，消除 H_2S 隐患，保持钻井液 pH 在 11 以上，并调整钻井液密度压稳地层流体，确保钻井液中 H_2S 含量不高于 $50mg/m^3$，并且井场始终保持足够储备的除硫剂和加重剂。

（4）携砂、防卡方面。按科学探井要求配备固控设备，强化固控管理，使用振动筛、除砂器、除泥器、离心机四级固控除砂，以使钻井液含砂量、固相含量控制在合理范围内，为安全快速钻进创造良好条件。合理控制钻井液中的劣质固相含量和低密度固相，含砂量小于 0.2%。振动筛的筛布目数要根据地层变化及时进行更换，具体要求为：振动筛运转率为100%，除砂器、除泥器为 90%～100%，离心机为 60%～70%及以上，除气器根据情况合理使用；本井在三开阶段现场固控设备由于受环低压缺氧环境影响，设备功率发挥不足，钻井液中含砂量居高不下，引进应用了瑞士达高频振动筛，效果明显，顺利解决清除固相问题；钻进过程中要注意观察井口返浆情况，观察振动筛上的岩屑返出、岩屑形状的变化，及时调整钻井参数，补充或提高抑制剂、封堵材料的含量，改善钻井液的流变性；根据井下摩阻变化情况及时加入润滑剂，保证钻井液润滑性；各种处理剂尽可能以胶液的形式加入，避免单独加水，避免因钻井液性能大幅度波动引起井下复杂；钻进过程中，定期短起下钻，以确保井眼清洁。

（5）抗高温钻井液维护措施。由于地温梯度高，钻井液抗高温能力尤为重要，尤其是三开下部和四开施工阶段，主要是做好如下几点：①选用抗高温抗盐的处理剂；②控制膨润土、低密度固相含量来保证钻井液的高温流变性；③加入抗高温的液体或固体润滑剂等来降低摩擦阻力；④在四开高温条件下，采用 KCl 聚磺体系，能改善钻井液的流变性，提高钻井液的热稳定性和抗污染能力；⑤高温条件下，pH 会促使黏土颗粒、钻屑的高温分散加剧，过高的 pH 会使钻井液增稠，导致流变性难以控制，合适的 pH 能减少处理剂的用量，本井摸索出高温情况下钻井液合适的 pH 为 9～10；⑥严格控制产品质量，特别是 SMP-Ⅱ，高温高密度钻井液中 SMP-Ⅱ是控制高温高密度钻井液滤失量的最好的处理剂，目前市面上很多 SMP-Ⅱ掺辅料太多，这些辅料可以使产品检验合格，但真正用在钻井液中起不到相应的效果。

三、结果分析

总体来看，通过从钻井工具及钻具组合优选、钻井参数的优化及钻井液性能优化三方面入手，羌科 1 井的钻井速度有所提高。另外，高原条件下钻井技术、生产组织的研究目前仍基本处于起步阶段，羌科 1 井在施工过程中井队方面充分发挥主观能动性，分析问题、解决问题，不断积累经验、优化调整，在多方面进行改进，促使钻井提速，逐步形成了区域钻井技术经验。此经验的形成为后期青藏高原钻井工作的组织开展打下了坚实的基础，为钻井提速工作的进行奠定了良好的开端。

第二节　防斜打直技术

羌科 1 井的岩性极其复杂，防斜要求较高，特别是在三开钻井过程中，井斜迅速加大。为此，施工方提出了防斜打直方案，经过实践检验，效果较好。

一、影响井斜的主要因素

井斜主要受到地层、钻具、施工参数等因素的影响。地层因素主要表现为地层倾角等导致地层可钻性不均影响井斜，为客观因素，难以改变。不同钻具组合结合土工施工参数容易造成井下钻具组合弯曲变形，导致钻头侧向切削造成井斜。这二者可以通过优化调整方式进行改变，是井斜控制时的主要改进方向。

二、防斜打直的技术方案

施工过程如下。

羌科 1 井自 2017 年 4 月 6 日一开开钻，至 8 月底已成功钻进至井深 1981m（二开电测领眼 2011m），实现二开中完。在前期施工过程中防斜打直技术处理措施如下。

1. 导眼（0～59m，索瓦组）

2016 年 12 月进行了导眼施工工作，由于导眼段尺寸过于巨大，且井段较短，缺少有效的防斜工具，施工过程中采用大尺寸钻铤组合成塔式钻具进行钻进，主要通过控制钻压的方式成功钻完导眼段，后未进行测斜工作。

钻具组合：Φ900mm 牙轮钻头 + 730×830 接头 + Φ330.2mm 钻铤×1 根 + Φ279.4mm 钻铤×3 根 + 831×730 接头 + Φ228.6mm 钻铤 + 731×520 接头 + Φ139.7mm 钻杆

2. 一开（59～506m，夏里组）

羌科 1 井于 2017 年 4 月 6 日 14:00 开始一开钻进，至 5 月 5 日 13:00 一开中完，井深

506m。设计井眼尺寸为 Φ660.4m，由于井眼尺寸较大，缺少合适尺寸的扶正器，也难以采用主动防斜系统，故继续采用大尺寸钻铤组合成塔式钻具组合进行钻进。

塔式钻具组合：Φ660.4mm 钻头×0.69m +（730×830）接头×0.45m + Φ280mm 减震器×2.87m + Φ330.2mm 钻铤×1 根×9.14m + Φ279.4mm 钻铤×2 根×17.70m +（730×831）接头×0.5m + Φ228.6mm 钻铤×4 根×35.29m +（731×630）接头×0.46m + 203.2mm 钻挺×1 根×9.04m +（631×520）接头×0.48m + 139.7mm 加重钻杆×15 根×138.22m + 139.7mm 钻杆×31 根×297.02m。

钻进过程中曾尝试将钻压加至常规钻压范围以提高机械钻速，发现井斜增大，后回归轻压吊打的方式进行钻进，并加密测量井斜情况优选钻进参数，钻进至一开设计井深后完钻。电测数据显示一开段最大井斜出现在井底499.87m 处，为 1.51°，井底位移为 2.61m，远小于井身质量控制要求的井底位移小于等于 10m 的标准，井身质量合格。

3. 二开（523～1981m，夏里组/布曲组）

二开段井眼尺寸为 Φ444.5mm，2017 年 5 月 25 日 05:00 二开钻进，8 月 20 日 21:10 二开中完，井深为 1981m。

1）塔式钻具组合

二开井段初期继续采用塔式钻具组合进行钻进。

钻具组合：Φ444.5mm 双级钻头 + 水力脉冲发生器 + 730×631 接头 + 止回阀 + Φ228.6mm 钻铤×6根 + 730×631 接头 + Φ203.2mm 无磁钻铤×1根 + Φ203.2mm 钻铤×9根 + 631×520 接头 + 旁通阀 + Φ139.7mm 加重钻杆×15 根 + Φ139.7mm 钻杆。

钻进参数：钻压为 40～60kN，转速为 40～60r/min，排量为 60L/s，泵压为 9MPa。

钻进井段：523.00～657.83m，平均井斜为 1.49°。

2）钟摆钻具组合

5 月 30 日在底部钻具组合中增加扶正器转换为钟摆钻具进行钻进。

钻具组合：Φ444.5mmPDC 钻头 + 730×631 接头 + 止回阀 + Φ228.6mm 钻铤×3 根 + Φ440mm 扶正器 + Φ228.6mm 钻铤×3 根 + 730×631 接头 + Φ203.2mm 无磁钻铤×1 根 + Φ203.2mm 钻铤×9根 + 631×520 + 旁通阀 + Φ139.7mm 加重钻杆×15 根 + Φ139.7mm 钻杆。

钻进参数：钻压为 20～40kN，转速为 90r/min，排量为 60L/s，泵压为 10MPa。

钻进井段：657.83～696.48m，平均井斜 1.51°。

3）钟摆 + 直螺杆组合

为进一步提高钻速，6 月 1 日底部钻具组合中增加 Φ286mm 直螺杆进行钻进。

钻具组合：Φ444.5mmPDC 钻头 + Φ286mm 直螺杆 + Φ228.6mm 钻铤×2 根 + Φ440mm 扶正器 + Φ228.6mm 钻铤×4 根 + 730×631 接头 + Φ203.2mm 无磁钻铤×1 根 + Φ203.2mm 钻铤×9 根 + 631×520 接头 + 旁通阀 + Φ139.7mm 加重钻杆×15 根 + Φ139.7mm 钻杆。

钻进参数：钻压为 20～60kN，转速为 70 r/min + 螺杆，排量为 60L/s，泵压为 11.5MPa。

钻进井段：696.48～1138.15m，平均井斜为 1.53°。

Φ286mm 直螺杆相对 Φ228.6mm 钻铤线重增大，钟摆力增加，井斜控制效果改善，且 PDC + 直螺杆方式可以在不提高钻压的情况下显著提高钻头转速，使得在保证井身质量的情况下机械钻速提高明显。后期，由于井漏堵漏原因，一度去掉直螺杆采用常规钟摆钻具进行钻进。

4）钟摆＋单弯单扶弯螺杆组合

7 月 1 日采用钟摆＋Φ244mm 单弯单扶弯螺杆（0.5°）组合进行钻进。

钻具组合：Φ444.5mm 钻头＋Φ244mm 单弯单扶螺杆（0.5°）＋Φ229mm 减震器×1 根＋Φ228.6mm 钻铤×1 根＋Φ440mm 扶正器×1 根＋Φ228.6mm 钻铤×5 根＋731×630 接头＋Φ203.2mm 钻铤×7 根＋631×520 接头＋旁通阀＋Φ139.7mm 加重钻杆×15 根＋Φ139.7mm 钻杆。

钻进参数：钻压为 20～40kN，转速为 50 r/min＋螺杆，排量为 60L/s，泵压为 14MPa。

钻进井段：1249.26～1250.34m，平均井斜为 0.83°。

受到柴油机故障及井漏等原因影响，为防止堵漏材料堵塞螺杆，后期主要采用常规钟摆钻具组合进行下部井段的钻进工作，直至二开中完。

三、结果分析

通过二开电测情况确定二开井身质量完全符合设计要求。在同样都符合设计井身质量要求的基础上，综合分析对比各井段采用不同钻具组合的效果。通过对比分析可以发现：采用钟摆＋单弯单扶弯螺杆组合的方式进行钻进时平均井斜最小（井段较短）；其他不同钻具组合方式平均井斜差异不大；考虑到进尺及机械钻速因素后钟摆＋直螺杆组合方式表现出极大的优势。

第三节　防漏堵漏技术

井漏是羌科 1 井面临的一项重大难题，为了完成羌科 1 井的钻井施工。经过甲乙方共同研讨，提出了多个防漏堵漏方案，并不停地进行试用。结果证明，部分防漏堵漏方法的效果非常良好。

一、导致井漏的原因

井漏形成的原因可分为两大类：一类是自然漏失通道；另一类是人为漏失通道。

1. 自然漏失通道

地层胶结不好，孔隙、微裂缝发育，渗透率高，承压能力低，是导致钻井工程中出现井漏的内因。在沉积过程中，由于自然条件和气候条件变化，存在多次沉积间断时间处于长期风化状态的界面，其岩层裂缝更加发育，纵横交错。漏失地层一般都是孔隙比较发育、裂缝、溶洞性地层，以及孔隙、裂缝、溶洞相互交叉共存的混合漏失性地层。通常容易发生漏失的地层有：

（1）渗透性很强的非胶结性地层；

（2）孔洞和洞穴性地层；

（3）断层、交界层和天然裂缝性地层；

（4）诱发性断层、交结层和裂缝地层。

对于渗透性的多孔地层，一般认为渗透率必须超过14D，会有井漏发生，而裂缝性漏失地层，虽然它们的裂缝孔隙度很低，但裂缝渗透率很高，往往超过这一数字。

2. 人为漏失通道

人为漏失通道主要指的是通常所说的诱导裂缝。诱导裂缝包括两个方面：一是由于外力（如液柱压力等）大于地层岩石破裂压力造成岩石破碎所形成的诱导裂缝；二是外力造成闭合裂缝的开启所形成的诱导裂缝。主要表现在两个方面：

（1）钻井液相对密度高，或加重过猛；

（2）下钻速度过快，开泵过猛，产生激动压力造成井漏。

另外若钻速过快，钻屑不能及时上返，则环空流动阻力增大，井筒液柱压力瞬间增大，引起井漏。

二、防漏堵漏的基本思路

1. 提前做好防漏措施

（1）优化井身结构设计。预防井漏，首先应该从井身的结构设计入手，以地层压力剖面为基础，设计合理的井身结构，确定套管层次和每层次的套管尺寸、下深，防止多个压力系统处于同一层段。用套管封隔高压层或漏失层，防止井漏情况的发生，以确保钻井作业的顺利进行。

（2）优选钻井液体系。不同钻井液体系的抗温性能及和岩性的配伍性存在差异，可以根据地层情况优选钻井液体系，选择配伍性较高的钻井液体系，同时添加泥浆药品，优化调整钻井液性能，进行预封堵处理。

（3）降低钻井液密度。井漏的根本原因在于井内压力大于地层压力，存在正压差。在井壁稳定的情况下，通过降低钻井液密度可以有效降低井内压力，减少井漏情况的发生。

（4）减少压力波动。钻井过程中起下钻过快、开泵过猛等操作造成激动压力，防止井底压力上升导致压漏地层，造成漏失。

（5）降低循环压耗。通过优选钻具组合，改变钻井参数，调整钻头喷嘴配置，调整泥浆性能等方式降低循环压耗，降低井底压力。

（6）提高地层承压能力。通过调整钻井液性能，在钻井液中预添加随钻堵漏材料，先期堵漏等方式提高较为脆弱地层的承压能力，防止钻遇高压地层时不同压力系统压力等级差异过大导致上部地层发生漏失的情况。

2. 分步骤进行堵漏

（1）随钻堵漏。在漏速较小的情况下可以在钻井液中添加随钻堵漏剂进行随钻堵漏，此种方法不影响钻进工作的正常进行。

（2）静止堵漏。通过静止堵漏的方式，使得地层中的裂缝自然闭合，停止漏失。

（3）桥堵。采用不同颗粒的堵漏材料进行复配，在漏失部位开口处形成架桥结构，进行堵漏。

（4）特殊堵漏。其他物理、化学等方法进行堵漏作业。

三、具体技术方案

针对不同的地层及漏速情况，应采用不同的堵漏方法有效提高堵漏成功率，减少堵漏材料消耗，减少时间损失，缩短钻井周期，缩减勘探开发总成本。

1. 索瓦组（0～59m）

索瓦组为表层地层，主要岩性为灰岩，且裂隙极为发育。由于是表层段井眼尺寸大且钻深较浅，宜采用清水加少量处理剂配浆，强钻完进尺后下导管进行固井，完成封堵处理。钻进过程中只需要储备足量钻井液进行补充即可，不需进行随钻堵漏处理。

2. 夏里组（59～1050m）

夏里组层段较厚，达到 991m，主要岩性为砂泥岩与灰岩互层。灰岩段裂隙较为发育，漏失情况较为严重。由于本段井段长、漏速高、漏失较为严重、井壁较为稳定并且是非含油层，宜采用堵漏浆进行钻进，同时辅助以降低钻井液密度、平稳操作的方式降低井筒压力，缓解井漏严重程度。当堵漏浆难以起到有效效果时，采用复合堵漏进行堵漏作业处理。钻进一段长度井段后，采用 ZYSD 对已钻井段进行堵漏处理。

复合堵漏配方：6%～7%棉籽壳 + 18%～19.5%SD-3 + 12%～13%GD-2 + 6%～7%蛭石 1+ 12%～13%核桃壳 + 基浆（4%～5%NV-1 + 0.3%～0.5%Na_2CO_3 + 0～0.2%NaOH + 0.3%～0.5%HP + 0.5%～1.0%PL + 1%～1.5%COP-HFL + 0.2%～0.5%聚胺 + 2%～3%TDW + 2%～4%QS-2 + 加重剂 + 2%NH_4-HPAN）。

ZYSD 堵漏配方：30%ZYSD + 基浆（清水 + 4%～5%NV-1 + 0.3%～0.5%Na_2CO_3 + 0.2%NaOH + 0.3%～0.5%HP + 0.5%～1.0%PL + 1%～1.5%COP-HFL + 2%～3%TDW-2 +2%～4%QS-2 + 加重剂）。

3. 布曲组（1050m 以上）

布曲组为羌塘地区第一个主要目的层位，对于此段的防漏堵漏作业主要应该以降低钻井液密度、减小激动压力、降低循环摩阻的方式降低井底压力，防止井漏或者降低井漏的严重程度。在进行堵漏作业的过程中，应优先采用油保类材料，防止储层伤害。在即将钻遇高压油气层前，宜采用复合堵漏方式对上部地层进行封堵以提高地层承压能力，防止多套压力系统导致下喷上漏的情况的发生。

改进的 ZYSD 堵漏配方：30%ZYSD + 4%～5%核桃壳 + 2%云母 + 2%锯末 + 4%～5%复合堵漏剂 2 型 + 4%～5%复合堵漏剂 3 型 + 基浆。

四、结果分析

通过该项目的实施,有效地提高了堵漏成功率,减少了堵漏时间消耗和堵漏材料消耗,加快了钻井速度、缩短了钻井周期,减少了复杂时效。

第一、二次漏失共计漏失钻井液 1487m³,损失时间 188:54。

第三次漏失共计漏失钻井液 1135.2m³,损失时间 51:30。

第四次漏失共计漏失钻井液 340m³,损失时间 44:00。

第五次漏失共计漏失钻井液 293.30m³,损失时间 160:30。

第六次漏失共计漏失钻井液 235.40m³,损失时间 143:35。

第七次漏失共计漏失钻井液 22.10m³,损失时间 26:00。

第八次漏失共计漏失钻井液 158.00m³,损失时间 55:05。

通过上述统计结果可以看出,随着堵漏工艺的优化调整,钻井液损失量明显降低,泥浆材料消耗成本下降。

第四节　设备改造技术

为了应对高原极端环境以及施工过程中出现的问题,经过甲乙双方的共同努力,提出了一系列设备改造方案,并成功申报了系列国家专利。

一、柴油机冷却水箱改造

高原低压、缺氧条件下井场动力设备功率下降显著,故障率升高,对生产产生较大影响,为保证羌科 1 井钻进工作顺利进行,提高工作效率,减少钻井周期,工作人员积极对设备进行改造升级。

首先,为应对高原缺氧环境下发电机输出功率下降,不满足井场需要的问题,积极主动与后方及厂家联系升级现有装备,将 1 台 300 型发电机升级为 400 型,满足了井场需要。

其次,柴油机存在两个问题:一是燃烧效率不高,输出功率较低;二是冷却系统难以发挥效果,冷却水低温状态下大量转化为水蒸气,极易导致柴油机故障。为此对柴油机进行了两方面的改造,取得了良好效果。

1. 增氧改造

标准气压状态下柴油机进气充分燃烧效率约为 90%,随着高原情况下大气压力降低、含氧量降低,柴油机进气量和进氧量严重不足,导致燃烧效率低下,输出功率下降严重。同样吸入 1 单位体积气体时,羌科 1 井井区含氧量仅为平原地区 1/3,虽经过涡轮增压器增压补充进气,但效果并不明显,输出功率约为标称值的 40%。

为减少柴油机等设备在高原地区的功率损失,需要补充进氧量使得柴油充分燃烧,从而提高输出功率。增加进氧量有两个办法:增加供气量或直接向柴油机补充提供氧量。增加供气量又可以通过改进涡轮增压设备的方法实施,也可以通过对柴油机进气口进行改造,强制压风进气的方法实施。改进涡轮增压装置,专门针对高原情况进行优化改进结构,增加叶片数目,调整叶片角度参数等,提高涡轮增压的效率,同一时间段内使得柴油机吸入更多体积的气体,从而提高供氧量。对柴油机进气口进行改造,强制压风进气,通过提高单位体积气体中气体的摩尔量,增加其中气体分子数量,提高柴油机吸入单位体积气体中的氧气含量达到补充供气、提高燃烧效率、提高输出功率的目的。以上方法皆为间接补充进氧量的方法,也可以通过制氧设备获得高浓度氧气后直接输送给柴油机设备增加进氧量的方法提高输出功率,如图 11-6、图 11-7 所示。

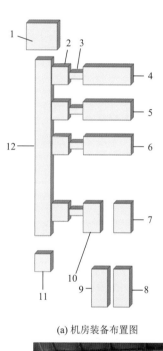

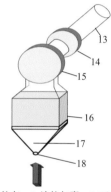

1. 绞车;2. 连接气囊;3. 万向轴;
4. 1#柴油机;5. 2#柴油机;
6. 3#柴油机;7. 3#压风机(新增);
8. 高压储气瓶;9. 2#压风机;
10. 节能发电机;11. 1#压风机;
12. 联动箱;13. 进气管;
14. 涡轮增压器;15. 细过滤器;
16. 粗过滤器;17. 整流罩;18. 进气口

(a) 机房装备布置图　　　　　　　　(b) 柴油机进气改造示意图

(c) 改装前　　　　　　　　　　(d) 改装后

图 11-6　羌科 1 井柴油机设备改造方案

(a) 改装前　　　　　　　　　　　　　　(b) 改装后

图 11-7　羌科 1 井柴油机改装前后使用效果对比

通过以上改装，增加了柴油机供氧量，显著提高了柴油机燃烧效率和输出功率，减少了油料消耗，降低了环境污染，取得了良好的环境效益和经济效益。

2. 冷却系统改造

钻井用柴油机设备作为主要动力设备对于钻井工作的顺利进行起到了关键影响作用。为保证柴油机设备的正常运行，需要通过水箱对其进行水冷降温。冷却水再通过柴油机一侧风扇进行风冷散热，从而保证柴油机工作温度。

柴油机冷却水箱注水口为非密封结构，仅能防止冷却液体飞溅外溢，无法憋压。平原地区标准压力状态下，柴油机正常工作状态时，工作温度可达 95℃，冷却水仍为液体状态（此时水的沸腾温度为 100℃），水冷却系统可以正常工作。在高原环境下，大气压力降低，冷却水在较低温度下及沸腾后大量转化为水蒸气（此时水的沸腾温度仅为 60℃甚至更低），水冷却系统无法正常工作。此时，对于柴油机的正常工作将造成极大的挑战，增加了正常使用时的维护工作量，也增大了柴油机损坏的概率。

为解决以上问题，需要提高冷却水的工作温度上限，防止冷却水沸腾，减少维护工作量，降低柴油机损坏概率。根据高压锅原理，需要对冷却水箱进行高原改造，保证密闭性，提高工作压力，提高冷却水沸腾温度，从而实现上述目标。见图 11-8～图 11-9。

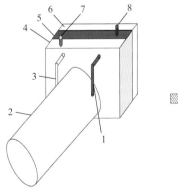
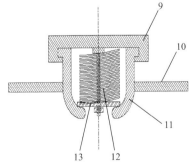

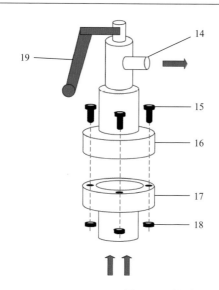

1. 高温管线；　　2. 柴油机本体；
3. 低温管线；　　4. 低温水箱；
5. 高温水箱；　　6. 风扇；
7. 低温水箱注水口；
8. 高温水箱注水口；　　9. 上盖；
10. 水箱；　　11. 下接头；
12. 弹簧；　　13. 压片；
14. 安全阀；　　15. 连接螺栓；
16. 上法兰；　　17. 下法兰；
18. 螺母；　　19. 手动泄压杆

图 11-8　羌科 1 井冷却系统改造图

(a) 改装前　　　　　　　　　　　　　　　(b) 改装后

图 11-9　羌科 1 井柴油机水箱改装前后照片

通过上述改装后，柴油机冷却系统工作恢复正常，工作温度提高，柴油机顶缸等故障率下降，检修维护工作量显著减少。

二、测井电缆设备改造

在高原测井施工过程中，一般气温非常低，为 −10～−30℃，从钻井里出来的测井电缆上常常带有泥浆水，会导致测井电缆上结冰，从而影响测井施工及电缆寿命。因此，需要除去测井电缆上的泥浆水，防止电缆上结冰。

改造一种电缆过滤装置（图 11-10），测井电缆从左往右运动过程中，首先被转动的毛刷刷掉大部分泥浆水，泥浆水从出水口流出；然后鼓风机吹出的高热量的热风吹干电缆上的残余少量水，防止电缆上有泥浆水导致结冰。通过使用本实用新型的防止测井电缆结冰的装置，可以完全除去电缆上所带的泥浆水，从而解决电缆结冰影响测井施工及电缆寿命的问题。

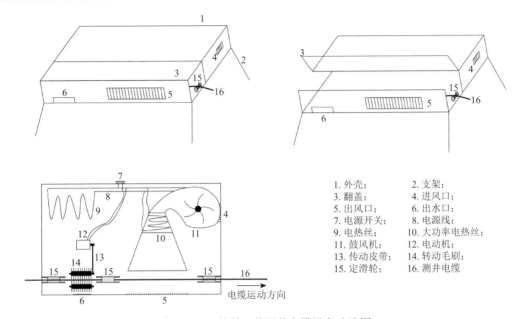

1. 外壳;	2. 支架;
3. 翻盖;	4. 进风口;
5. 出风口;	6. 出水口;
7. 电源开关;	8. 电源线;
9. 电热丝;	10. 大功率电热丝;
11. 鼓风机;	12. 电动机;
13. 传动皮带;	14. 转动毛刷;
15. 定滑轮;	16. 测井电缆

图 11-10　羌科 1 井测井电缆设备改造图

综上所述，通过使用本实用新型的防止测井电缆结冰的装置，可以简单、方便、有效地解决电缆结冰的问题。

三、打捞设备改造

钻井施工过程中，经常会遇到钻具断裂形成井底落鱼的情况，对于较为规则的落鱼管柱常用公锥或者打捞筒进行打捞。公锥是用于落鱼顶部水眼内无内螺纹或者不适合进行螺纹连接，而进行再造扣打捞的工具，一般用于打捞钻杆、钻铤及套管等。打捞筒则用于打捞外径规则的落鱼，具有引鞋结构，卡住外壁将落鱼启出。当出现钻杆、钻铤等管柱断裂且与井眼尺寸相差较大，落鱼贴于一侧井壁时，公锥打捞工具存在探鱼顶、对扣困难且难以打捞落鱼管柱的情况。

本装置将公锥与带多层引鞋结构的打捞外筒合而为一（图 11-11），解决了落鱼与井眼尺寸相差较大时公锥工具难以使用的问题。

本项目设计了一种大尺寸井眼多引鞋公锥打捞装置，其具有结构新颖、加工简单、适用范围广、使用方便的优点。

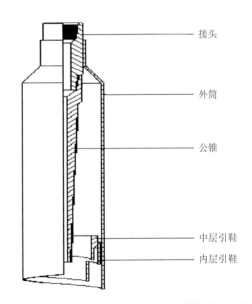

图 11-11　羌科 1 井多引鞋公锥打捞装置改造图

接头上部母接头可根据上部连接钻具的接头扣性灵活调整。接头和外筒可以通过焊接或螺纹方式进行连接。外筒下部为引鞋结构，可以引导落井管柱顶部进入工具内部。中层引鞋、内层引鞋位于外筒内侧底部位置，尺寸依次减小，可以进一步引导落井管柱顶部进入工具内部。外筒和中层引鞋之间，引鞋和内层引鞋之间通过焊接或螺纹方式进行连接，引鞋尺寸和引鞋层数可以灵活调整。通过钻杆串下放入井，通过多层引鞋装置依次引导落鱼管柱进入打捞工具内部，最后依靠公锥在落鱼管柱鱼顶部位水眼内部造扣后启出落井管柱，有效解决了落鱼管柱与井眼尺寸相差过大时常规公锥打捞工具难以打捞落鱼的情况。

四、岩屑清洗装置改造

在高原录井施工过程中，经常遇到施工环境温度低、水资源缺乏等问题。因此，要求对录井岩屑进行清洗时，既要解决温度低，水容易结冰的问题，又要解决水资源缺乏、节约用水的问题。

针对现有技术之不足，项目组提出了一种高原录井岩屑清洗装置，其包括加热装置、开关、电动搅拌装置、支架、网状盛样桶、漏斗、废弃物箱、网状格板、抽水泵、水管（图 11-12）。其中，加热装置是一个电加热装置，可以把水流快速加热；电动搅拌装置是通电后，带动下段的搅拌叶轮匀速转动，从而使岩屑在水里不停转动，达到淘洗的作用；网状盛样桶是一个桶壁为网格状的圆形桶，网眼大小根据岩屑大小确定，既能保

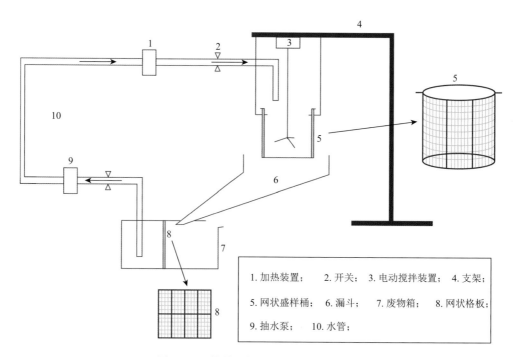

1. 加热装置；	2. 开关；	3. 电动搅拌装置；	4. 支架；
5. 网状盛样桶；	6. 漏斗；	7. 废物箱；	8. 网状格板；
9. 抽水泵；	10. 水管；		

图 11-12 羌科 1 井岩屑清洗装置改造图

证岩屑不被漏掉，又能使细沙和水漏出，钻井岩屑被装在桶里，然后放在支架上进行淘洗；漏斗用来收集上面出来的细沙和水；废弃物箱是盛装上面淘洗岩屑后的废弃物的容器；网状格板是一种带筛网的格板，能够确保右侧废弃物箱里的水被过滤到左侧，而细沙沉淀在右侧；抽水泵是把过滤出来的水抽出来再次循环利用。

使用时，首先将钻井出来的岩屑装入网状盛样桶，然后放在支架上，打开抽水泵、加热装置和水开关，再打开电动搅拌装置，这样既可以达到淘洗岩屑的目的，又能够达到节约用水的目的。

通过使用该岩屑清洗装置，既可以实现淘洗岩屑机械化，又可以解决高原气温低、水溶液结冰、水资源缺乏的问题。

综上所述，通过使用该录井岩屑清洗装置可以简单、方便、有效地解决岩屑清洗的问题，降低了工人的劳动强度、避免了淘洗岩屑过程中水结冰的问题，而且达到了节约用水的目的。

五、设备配套配置升级改造技术

青藏高原作为我国油气资源探明程度最低的地区之一，在高原石油工程施工过程中，存在诸多独特自然条件和地质条件，高原地区的气压低，空气稀薄，含氧量少，环境温度低，紫外线强，与平原地区差别很大，在本井施工过程中，动力设备的功率特性和施工人员的生活劳作都受到了很大的挑战和局限。通过总结基本摸清了青藏高原环境对人员和设备的影响情况，基本掌握了设备配置和改造方案技术，初步形成了《青藏高原伦坡拉盆地安全优快钻井配套技术研究》《高原钻井职业防护研究》《高原钻井对设备人员的影响》《高原钻井施工人员健康防护指南》等多项技术成果。设备配套配置升级改造技术主要围绕"降低职工劳动强度、降低功率损失和故障率"来开展。

1. 安全生产及自动化设备配置

（1）现场配备顶驱、气动卡瓦、机械臂、铁钻工、叉车、吊车、管具自动移送装置等自动化装置。顶驱、气动卡瓦、机械臂、铁钻工等配合使用，减轻起下钻、接单根等环节的劳动强度；现场备有吊车、挖掘机各一台，用来吊装重物；现场配叉车一台，用来长距离搬运重物、装载及辅助加钻井液处理剂等；钻井液处理剂尽量采用吨包装，可以直接使用叉车或吊车进行装卸，大大降低钻井液施工人员的劳动强度，尤其是处理井漏时，可大大提高工作效率。

（2）钻台配备自动升降机，减轻员工上下钻台时的体力消耗，同时避免员工上下钻台途中因为缺氧而发生危险。

（3）冬季施工现场配燃油锅炉1套、电加热锅炉3套（机房、循环罐、钻台各备一套），钻井液循环罐及储备罐内部穿暖气管线，达到保温效果，防止设备及钻井液因低温结冰而造成生产事故，耽误施工进度。

（4）配置气动或电动工具，减少员工在高原地区设备安装拆卸、维修时施工的劳动强度，提高工作效率。

（5）为了解决宿舍营房冬季保温与缺氧的矛盾，保证员工身体健康，为每个宿舍配备制氧机，避免员工冬季因缺氧而休息不好。

（6）为减轻干燥对员工的影响，保证员工睡眠健康，每个宿舍房内均配有带制氧功能的静音空气加湿器。

（7）厨具方面，配有特号高压锅一个、一号高压锅两个、电压力锅两个、炉灶一套、高压蒸车一台、电饼铛一台。为驻井人员提供一日三餐，并配备洗衣机、开水炉等设施，且开水炉开水温度根据高原特点专门找厂家重新设定。

（8）配备专门高原医疗室和吸氧室，配备制氧机、体征检测仪等设备，备有多种高原急救药品和常用药品及医疗器械。

（9）为保证员工能够及时与外界沟通，配备卫星通信设备三套，保证每个宿舍都有网络，配固定电话 3 部、卫星移动电话 5 部。

2. 进行现场技术改进，提高工程机械各系统的工作性能。

（1）为充分保证柴油机在高原环境下使用的可靠性和适应性，对现有的发动机，增设水套预热装置或增加一套乙醚助燃装置，用于改善发动机的低温起动性能，使发动机能在高原地区 $-25℃$ 时能正常起动。

（2）利用引进技术生产改进高原补偿增压发动机，配用进口增压器。这种发动机在高原地区的功率降到小于 3%，从而克服了高原环境下功率下降造成动力不足的问题。

（3）配气系统应采用低吸气阻力大容量型空气滤清器，可以解决高原地区因风沙、尘土严重，易使空气滤清器堵塞而影响发动机动力性能的问题。

（4）冷却系统应采用加大型号的风扇，并使风扇的线速度控制在合理范围内。采用加大散热面积的增强型散热器，保证其在低气压条件下有足够的散热面积。以在发动机热负荷增加时，能够快速、有效地进行散热。

（5）用耐低温、抗紫外线能力强的产品，也可以在橡胶管件上安装防紫外线护套，降低紫外线的照射强度。

（6）根据发动机的供气情况，适当调整进排气量，保证燃油与氧气混合时比例适当，既不能使氧气不足，又不能使氧气过剩，确保发动机能够进行充分燃烧，产生足够的动力。

（7）根据高原寒区的特点，合理选用适应高原环境的油料，这些油料应具备闪点高、凝点低、黏温性能变化小、抗氧化、抗腐蚀、防锈蚀的能力。保证在低温条件下雾化质量好、流动性能强、润滑性能佳，确保工程机械的动力性、可靠性和安全性处于最佳状态。

（8）针对钻井泵上水效率低的问题，采取适当提高上水泥浆罐与钻井泵的相对高度，或钻井泵加配灌注泵等措施。

第五节　高原固井技术

一、高原固井的难点

（1）高原特殊环境（低温、低压）对水泥浆现场施工影响很大，可能导致固井失败。

（2）存在冻土层，冻土层固井封固质量难以保证。

（3）上部地层存在溶洞、裂缝、暗河等，固井易发生大型漏失。

（4）索瓦组、布曲组、波里拉组可能存在溶洞或裂缝发育，固井易发生漏失。

（5）井眼条件差，井径不规则，顶替效率差。

（6）上部地层存在异常高温、高压。

（7）地层地温梯度高，井底静止温度高，压力大。

（8）裸眼井段长，封固段长，水泥环柱长，上下温差大，对水泥浆性能要求高。

（9）泵压高，水泥用量大，施工时间长，地面施工工艺要求严格。

（10）气测异常层位多而分散。含气井段长，单层厚度薄，钻进过程普遍存在气窜现象。

（11）地层压力系统复杂，高低压气层共存，地层对压力非常敏感，压力过高会压漏地层，过低气层溢流引起井喷。

（12）地下流体腐蚀性强，天然气中硫化氢含量较高，且高温，对井下工具质量要求高。

（13）远距离组织施工难度大。

（14）海拔 5200m 进行固井作业（含氧量极低），正常工作困难。

二、冻土层固井技术

藏北羌塘盆地冻土层为冰与砂砾、黏土的混合物，以砂砾、黏土为主体，以冰为胶结物，地层稳定性较差。由于常规水泥浆体系在低温下强度发展极为缓慢，在环境温度低于 0℃时，由于水泥浆体系中水组分凝固结冰，而不参与水泥水化反应，甚至导致水泥浆不凝固无强度，难以满足固井的需要，为此，对于冻土层固井而言，主要是优选适合低温条件的外加剂及调配 0℃性能优良的水泥浆配方。水泥浆体系性能方面，既要保证水泥浆在 0℃时有较好的搅动流变性，又要有较好的沉降稳定性；既要有较强的触变性并在短期有效稠化，也要保证井场的混拌安全；既要求水泥浆有最小的失水，又要求其强度能满足后期作业的需要。

根据冻土层的性质特点，配套的主要固井技术措施有：

（1）尽量减少裸眼口袋的长度，套管鞋距井底长度控制在 0.5m 以内；

（2）严格控制注水泥浆及替浆的排量，采用层流顶替，防止在高速流冲蚀下冻土层坍塌；

（3）降低配浆水的温度，将配浆水的温度控制在 0～10℃，防止温差大增大冻土层的溶蚀；

（4）水泥浆体系上，除满足 0℃以下低温凝固及早期强度高等特点外，还要保证其有较小的游离液以及较强的触变性，减少水泥浆体系中自由水的含量，减少水泥浆液态时间，减少对冻土的溶解；

（5）延长测井时间，根据化验时间的强度发展情况，确定测井时间为 72h。

三、优选固井水泥浆技术体系

针对羌科 1 井的地质情况，针对不同地层，进行水泥浆体系选型，设计合理的浆柱结构和注替排量，以及综合应用提高顶替效率工艺等，确保了固井成功率和固井质量，固井作业时应用了如下水泥浆体系。

1. 低温早强水泥浆体系

由于地层温度较低，油井水泥强度发展缓慢，候凝时间长，增加了钻井成本。为提高水泥石早期强度，缩短低温固井候凝时间，通过室内试验筛选出一种新型的无氯复合型早强剂 M59S，可大幅缩短低温下水泥水化时间，提高水泥石强度。形成了一套低温早强水泥浆体系，经室内性能评价，该体系稠化过渡时间短，浆体稳定性好，析水为 0，失水小于 40mL，流变性能良好，20℃常压养护水泥石 48h 抗压强度大于 20MPa，完全能满足低温浅井固井的施工及技术要求，圆满解决了冻土层固井技术难题。

2. 纤维防漏水泥浆体系

在水泥浆中优选添加了防漏纤维，有效提高了水泥浆的防漏效果。采用纤维作为堵漏剂的机理是利用不同尺寸的纤维自身所具有的搭桥成网和不同级配固相颗粒的填充特性。当堵漏纤维与水泥浆进入漏层时可形成"滤网结构"，增大水泥浆的流动阻力，借助水泥浆的水化胶凝作用和未水化固相颗粒的填充作用，达到堵漏和提高地层承压能力的目的。选用对表面进行特殊处理的高强有机聚合物单丝短纤维作为堵漏纤维，可以增加水泥浆的防漏效果，同时还可提高水泥浆的径向剪切应力，改善水泥环抗冲击韧性，显著提高固井质量。

3. 非渗透防气窜低密度水泥浆体系

利用漂珠作为减轻材料，配合不同粒度的超细材料，通过紧密堆积原理，使水泥、充填剂形成合理级配，从而增加水泥石的密实性，提高水泥石的抗压强度，降低水泥石的孔隙度和渗透率。目前采用国产漂珠配置的 1.35g/cm³ 低密度水泥浆，其顶部常压下抗压强度达到 12MPa/72h；1.45g/cm³ 低密度水泥浆，其顶部常压下抗压强度达到 17.4MPa/72h。国产漂珠由于承压能力有限，仅用于表层和技术套管固井。

4. 非渗透高温防气窜水泥浆

非渗透防气窜水泥浆是一种新型预胶联的液态成膜防气窜降失水剂，通过化学反应将线型 PVA 分子与引发剂制成具有一定立体网状结构的高分子化合物。初期瞬间完成滤失，聚合物浓度急剧升高，由交联作用在滤饼下的滤失层表面形成具有一定韧性的完整的致密聚合物膜层，对液体和气体的渗透率非常低，不仅具有优异的降滤失作用，而且可以有效阻止气窜。由于其具有较好的抗高温能力，滤失膜在 120℃时仍稳定，滤失量不显著增大，是一种性能优良的防气窜水泥浆。该水泥浆性能的流型指数 n 值大于 0.7、API 失水小于

30mL/(6.9MPa·30min)、24h 高温抗压强度大于 14MPa、稠化时间在 240～360min 间可调、防窜性能系数均小于 3，具有较强的防气窜能力。

四、堵漏提高地层承压能力

羌科 1 井低压易漏，钻井过程中经常出现井漏或者失返，只能维持正常钻进而井眼不能承受额外液柱压力作用的情况，不能给固井创造一个较好的井眼条件。因此，在固井前要对地层进行堵漏，以提高地层承压能力。

进行平衡压力注水泥设计及确定地层合理承压增值的步骤一般如下。

（1）根据地层压力的要求、水泥浆的性能，确定所使用的水泥浆密度。

（2）根据提高顶替效率及静压平衡初步设计浆柱结构及各液柱的密度与用量。在设计时既要防漏，又要防涌。对于防涌，一般校核水泥浆顶部和上部气层处，因为在水泥浆以上有密度较低的前置液，因此环空中一般此处当量密度最低。如果上部有气层，则需要校核气层处是否能压住。

（3）根据上述浆柱结构设计注替排量计划。首先计算流动摩阻，然后校核动压（静压＋流动摩阻）与地层漏失压力间是否平衡，一般取一个特殊井深点（如钻井过程中显示的漏失层）和特殊时刻点（如水泥浆刚开始返出套管鞋、顶替终了时刻等）计算。

（4）根据（3）的结果确定地层承压增值。如果动压大于地层漏失压力，则该差值即是所需的地层承压增值，也就是堵漏提高地层的承压能力。在设计过程中，步骤（2）～（4）可能要反复交叉进行，对于某特殊井（如严重漏失井），可能还要调整水泥浆密度。这样，最终可确定出合理的地层承压增值。

参 考 文 献

白嘉启，梅琳，杨美伶，2006. 青藏高原地热资源与地壳热结构[J]. 地质力学学报，12（3）：354-362.

白生海，1989. 青海西南部海相侏罗纪地层新认识[J]. 地质论评，35（6）：529-536.

边千韬，常承法，郑祥身，1997. 青海可可西里大地构造基本特征[J]. 地质科学，32（1）：37-46.

曹竣锋，宋春彦，付修根，等，2014. 藏北羌塘盆地羌资 5 井二叠系碳酸盐岩储层特征及影响因素[J]. 沉积与特提斯地质，34（2）：86-91.

陈浩，孙伟，占王忠，等，2018. 北羌塘拗陷冬曲地区上三叠统巴贡组扇三角洲沉积特征[J]. 沉积与特提斯地质，38（4）：97-103.

陈建平，梁狄刚，张水昌，等，2012. 中国古生界海相烃源岩生烃潜力评价标准与方法[J]. 地质通报，86（7）：1132-1142.

陈兰，伊海生，时志强，2002. 羌塘盆地雁石坪地区侏罗纪沉积物特征与沉积环境[J]. 沉积与特提斯地质，22（3）：80-84.

陈明，孙伟，陈浩，等，2020. 西藏南羌塘鄂斯玛地区中侏罗统布曲组沉积特征及油气地质意义[J]. 沉积与特提斯地质，40（3）：96-101.

陈明，谭富文，汪正江，等，2007. 西藏南羌塘拗陷色哇地区中-下侏罗统深色岩系地层的重新厘定[J]. 地质通报，26（4）：441-447.

陈丕济，1978. 生油岩研究项目和指标的选择[J]. 石油地质实验，1（1）：1-14.

陈文彬，付修根，谭富文，等，2015a. 藏北羌塘盆地上三叠统典型剖面烃源岩地球化学特征研究[J]. 中国地质，42（4）：1151-1160.

陈文彬，付修根，占王忠，等，2015b. 藏北羌塘盆地角木茶卡地区下二叠统展金组烃源岩特征及意义[J]. 沉积与特提斯地质，35（1）：43-49.

陈文彬，占王忠，付修根，等，2017. 南羌塘鄂斯玛地区早白垩世沥青地球化学特征及意义[J]. 地质通报，36（4）：624-632.

成海燕，2007. 海相碳酸盐岩烃源岩的评价参数[J]. 海洋地质动态，23（12）：14-18.

邓万明，1984. 藏北东巧-怒江超基性岩的岩石成因//喜马拉雅地质（Ⅱ）[M]. 北京：地质出版社.

邓万明，孙宏娟，1998. 青藏北部板内火山岩的同位素地球化学与源区特征[J]. 地学前缘，5（4）：307-317.

范和平，杨金泉，张平，1988. 藏北地区的晚侏罗世地层[J]. 地层学杂志，12（1）：68-72.

方德庆，云金表，李椿，2002. 北羌塘盆地中部雪山组时代讨论[J]. 地层学杂志，26（1）：68-72.

付孝悦，2004. 青藏特提斯板块构造与含油气盆地[J]. 石油实验地质，26（6）：507-516.

付孝悦，张修富，2005. 西藏高原石油地质[M]. 北京：石油工业出版社.

付修根，王剑，汪正江，等，2007a. 藏北羌塘盆地上三叠统那底岗日组与下伏地层沉积间断的确立及意义[J]. 地质论评，53（3）：329-336.

付修根，王剑，汪正江，等，2007b. 藏北羌塘盆地晚侏罗世海相油页岩生物标志物特征、沉积环境分析及意义[J]. 地球化学，36（5）：486-496.

付修根，廖忠礼，刘建清，等，2007c. 南羌塘盆地扎仁地区中侏罗统布曲组沉积环境特征及其对油气地质条件的控制作用[J]. 中国地质，34（4）：599-605.

付修根，王剑，陈文彬，等，2010. 羌塘盆地那底岗日组火山岩地层时代及构造背景[J]. 成都理工大学
　　学报（自然科学版），37（6）：605-615.

付修根，王剑，宋春彦，等，2020. 羌塘盆地第一口油气科学钻探井油气地质成果及勘探意义[J]. 沉积
　　与特提斯地质，40（1）：15-25.

古格，其美多吉，2013. 中国省市地理卷丛：西藏地理[M]. 北京：北京师范大学出版社.

郝太平，1993. 金沙江中段元古宙变质岩的 Sm-Nd 同位素年龄报道[J]. 地质论评，39（1）：52-56.

胡俊杰，李琦，张慧，等，2014. 北羌塘坳陷沃若山剖面上三叠统土门格拉组碎屑岩储集特征与主控
　　因素[J]. 东华理工大学学报（自然科学版），37（4）：403-408.

胡明毅，文志刚，肖传桃，等，2001. 羌塘盆地上侏罗统索瓦组沉积体系及生烃潜力[J]. 江汉石油学院
　　学报，23（1）：5-8.

黄继钧，李亚林，2006. 羌塘盆地构造应力场初步分析[J]. 地质力学学报，12（3）：363-370.

黄汲清，陈炳蔚，1987. 中国及邻区特提斯海的演化[M]. 北京：地质出版社.

黄汲清，陈国铭，陈炳蔚，1984. 特提斯-喜马拉雅构造域初步分析[J]. 地质学报，58（1）：1-17.

简平，汪啸风，何龙清，等，1999. 金沙江蛇绿岩中斜长岩和斜长花岗岩的 U-Pb 年龄及地质意义[J]. 岩
　　石学报，20：590-593.

蒋忠惕，1983. 羌塘地区侏罗纪地层的若干问题[C]//青藏高原地质文集. 北京：地质出版社：87-112.

蒋忠惕，1994. 青藏高原地区的特提斯性质、演化及区域构造发育特征[C]. 中国地质科学院 562 综合大队
　　集刊：115-119.

李才，1987. 龙木错-双湖-澜沧江板块缝合带与石炭—二叠纪冈瓦纳北界[J]. 长春地质学院学报，17（2）：
　　155-166.

李才，朱志勇，迟效国，2002. 藏北改则地区鱼鳞山组火山岩同位素年代学[J]. 地质通报，21（11）：732-734.

李才，程立人，张以春，等，2004. 西藏羌塘南部发现奥陶纪-泥盆纪地层[J]. 地质通报，23（5-6）：602-604.

李才，黄小鹏，翟庆国，等，2006. 龙木错-双湖-吉塘板块缝合带与青藏高原冈瓦纳北界[J]. 地学前缘，
　　13（4）：136-147.

李才，董永胜，翟庆国，等，2008. 青藏高原羌塘早古生代蛇绿岩-堆晶辉长岩的锆石 SHRIMP 定年及其
　　意义[J]. 岩石学报，24（1）：31-36.

李才，吴彦旺，王明，等，2010. 青藏高原泛非-早古生代造山事件研究重大进展——冈底斯地区寒武系
　　和泛非造山不整合的发现[J]. 地质通报，29（12）：1733-1736.

李才，等. 2016. 羌塘地质[M]. 北京：地质出版社.

李日俊，吴浩若，1997. 藏北阿木岗群，查叠群和鲁谷组放射虫的发现及有关问题讨论[J]. 地质论评，
　　43（3）：250-256.

李尚林，王根厚，马伯永，等，2008. 藏北比如县玛双布上三叠统波里拉组震积事件沉积的发现及意
　　义[J]. 吉林大学学报（地球科学版），38（6）：973-979.

李学仁，王剑，2018. 北羌塘东部晚三叠世同裂谷作用新证据：来自甲丕拉组火山岩和砾岩时代的重新
　　厘定[J]. 地学前缘，25（4）：50-64.

李亚林，王成善，孙忠军，等. 2011. 羌塘盆地托纳木地区石油地质特征与资源潜力[M]. 北京：地质出
　　版社.

李亚林，王成善，伍新和，等，2005. 藏北托纳木地区发现上侏罗统海相油页岩[J]. 地质通报，24（8）：783-784.

李亚林，王成善，伊海生，等，2006. 西藏北部新生代大型逆冲推覆构造与唐古拉山的隆起[J]. 地质学
　　报，80（8）：1118-1130.

李勇，王成善，伊海生，2002. 西藏晚三叠世北羌塘前陆盆地构造层序及充填样式[J]. 地质科学，37（1）：
　　27-37.

李勇，王成善，伊海生，2003. 西藏金沙江缝合带西段晚三叠世碰撞作用与沉积响应[J]. 沉积学报，

21（2）：191-197.

李勇，侯中健，司光影，等，2001. 青藏高原东南缘晚第三纪盐源构造逸出盆地的沉积特征与构造控制[J]. 矿物岩石，21（3）：34-43.

李忠雄，杜佰伟，汪正江，等，2008. 藏北羌塘盆地中侏罗统石油地质特征[J]. 石油学报，29（6）：797-803.

李忠雄，何江林，熊兴国，等，2010. 藏北羌塘盆地上侏罗统-下白垩统胜利河油页岩特征及其形成环境[J]，吉林大学学报（地球科学版），40（2）：264-272.

李忠雄，时代，雷扬，等，2013. 运用盒子波技术压制羌塘盆地托拉木-笙根地区干扰波[J]. 石油地球物理勘探，48（增刊 1）：1-6.

李忠雄，尹吴海，蒋华中，等，2017a. 羌塘盆地高密度高覆盖宽线采集技术试验[J]. 石油物探，56（5）：626-636.

李忠雄，卫红伟，马龙，等，2017b. 羌塘盆地可控震源采集试验分析[J]. 石油地球物理勘探，52（2）：199-208.

李忠雄，马龙，卫红伟，等，2019. 羌塘盆地油气二维地震勘探进展综述[J]. 沉积与特提斯地质，39（1）：96-111.

梁定益，聂泽同，郭铁鹰，等，1982. 西藏阿里北部二叠、三叠纪地层及古生物研究的新进展[J]. 地质论评，28（3）：57-58.

刘家铎，周文，李勇，等，2007. 青藏地区油气资源潜力分析与评价[M]. 北京：地质出版社.

刘训，傅德莱，姚培毅，等，1992. 青藏高原不同地体的地层、生物区系及沉积构造演化史[M]. 北京：地质出版社.

刘增乾，李兴振，叶庆同，等，1993. 三江地区构造岩浆带的划分与矿产分布规律[M]. 北京：地质出版社.

柳广弟，喻顺，孙明亮，2012. 海相碳酸盐岩层系油气资源类比评价方法与参数体系——以塔里木盆地奥陶系为例[J]. 石油学报，33（S2）：125-134.

鲁连仲，1989. 西藏地热活动的地质背景分析[J]. 中国地质大学学报（地球科学），14（S1）：53-59.

洛桑·灵智多杰，2003. 青藏高原的水资源[M]. 北京：中国藏学出版社.

马龙，刘函，吴成书，等，2016. 藏北双湖山字形山火山岩地层形成时代及其地质意义[J]. 地层学杂志，40（4）：389-395.

南征兵，李永铁，郭祖军，2008. 新构造运动对藏北羌塘盆地油气保存条件的影响[J]. 海相油气地质，13（1）：45-50.

牛志军，徐光洪，马丽艳，2003.长江源各拉丹冬地区上三叠统巴贡组沉积特征及菊石生物群[J]. 地层学杂志，27（2）：129-133，162.

潘桂棠，王立泉，朱弟成，2004. 青藏高原区域地质调查中几个重大科学问题的思考[J]. 地质通报，23（1）：12-19.

潘桂棠，郑海翔，徐跃荣，等，1983. 初论班公湖—怒江结合带[J]. 青藏高原地质文集：229-242.

潘桂棠，王培生，徐耀荣，等，1990. 青藏高原新生代构造演化[M]. 北京：地质出版社.

潘桂棠，陈智樑，李兴振，等，1996. 东特提斯多弧－盆系统演化模式[J]. 岩相古地理，16（2）：52-65.

彭清华，杜佰伟，谢尚克，等，2016. 羌塘盆地昂达尔错白云岩古油藏地质特征及成藏条件[J]. 海相油气地质，21（3）：48-54.

秦建中，2006a. 青藏高原羌塘盆地海相烃源层的沉积形成环境[J]. 石油实验地质，28（1）：8-14，20.

秦建中，2006b. 青藏高原羌塘盆地中生界主要烃源层分布特征[J]. 石油实验地质，28（2）：134-141，146.

秦建中，2006c. 青藏高原羌塘盆地有机相展布与成烃模式[J]. 石油实验地质，28（3）：264-270，275.

秦建中，刘宝泉，2005. 海相不同类型烃源岩生排烃模式研究[J]. 石油实验地质，27（1）：74-80.

秦建中，李志明，张志荣，2005. 不同类型煤系烃源岩对油气藏形成的作用[J]. 石油勘探与开发，32（4）：131-136，141.

秦建中，刘宝泉，国建英，等，2004. 关于碳酸盐岩烃源岩的评价标准[J]. 石油实验地质，26（3）：281-286.

青藏油气区石油地质志编写组，1990. 中国石油地质志（卷14）青藏油气区[M]. 北京：石油工业出版社.

青海省地质矿产局，1991. 青海省区域地质志[M]. 北京：地质出版社.

邱瑞照，周肃，邓晋福，等，2004. 西藏班公湖-怒江西段舍马拉沟蛇绿岩中辉长岩年龄测定——兼论班公湖-怒江蛇绿岩带形成时代[J]. 中国地质，31（3）：262-268.

沙金庚，王启飞，卢辉楠，2005. 羌塘盆地微体古生物[M]. 北京：科学出版社.

申添毅，王国灿，2013. 青藏高原腹地班戈—双湖一带晚新生代伸展构造及动力学机制[J]. 地质通报，32（1）：75-85.

沈显杰，1992. 西藏特提斯带地体构造变形的运动学特征[J]. 地震地质，14（3）：193-203.

宋春彦，王剑，付修根，等，2012. 羌塘盆地波尔藏陇巴背斜构造特征及其油气地质意义[J]. 大地构造与成矿学，36（1）：8-15.

宋春彦，王剑，何利，等，2014. 羌塘盆地含烃类流体活动的基本特征及成藏分析[J]. 新疆石油地质，35（4）：380-385.

宋春彦，王剑，付修根，等，2018. 羌塘盆地东部上三叠统巴贡组烃源岩特征及意义[J]. 东北石油大学学报，42（5）：104-114，11-12.

孙鸿烈，郑度，1998. 青藏高原形成演化与发展[M]. 广州：广州科技出版社.

谭富文，王剑，李永铁，等，2004a. 羌塘盆地侏罗纪末-早白垩世沉积特征与地层问题[J]. 中国地质，31（4）：400-405.

谭富文，王剑，王小龙，等，2004b. 羌塘盆地雁石坪地区中-晚侏罗世碳、氧同位素特征与沉积环境分析 [J]. 地球学报，25（2）：119-126.

谭富文，陈明，王剑，等，2008. 西藏羌塘盆地中部发现中高级变质岩[J]. 地质通报，27（3）：351-355.

谭富文，王剑，付修根，等，2009. 藏北羌塘盆地基底变质岩的锆石 SHRIMP 年龄及其地质意义[J]. 岩石学报，25（1）：139-146.

谭富荣，杨创，尘福艳，等，2020. 羌塘盆地巴青地区上三叠统巴贡组沉积相及其对油气等资源的控制[J]. 中国地质，47（1）：57-71.

汤朝阳，姚华舟，牛志军，等，2007. 长江源各拉丹冬地区上三叠统巴贡组双壳类组合与环境初探[J]. 古地理学报，9（1）：59-68.

佟伟，章铭陶，张知非，等，1981. 西藏地热[M]. 北京：科学出版社.

妥红，牛禄，姚志刚 ，等，2019. 综合录井仪传感器安装装置：CN201821507963. 0[P]. 2019-05-07.

汪啸风，Ian M etcalfe，简平，等，1999. 金沙江缝合带构造地层划分及时代厘定[J]. 中国科学（D辑：地球科学），29（4）：289-297.

汪正江，王剑，陈文西，等，2007. 青藏高原北羌塘盆地胜利河上侏罗统海相油页岩的发现[J]. 地质通报，26（6）：764-768.

王成善，胡承祖，吴瑞忠，等，1987. 西藏北部查桑-茶布裂谷的发现及其地质意义[J]. 成都地质学院学报，14（2）：33-47.

王成善，伊海生，李勇，等，2001. 羌塘盆地地质演化与油气远景评价[M]. 北京：地质出版社.

王成善，伊海生，刘池阳，等，2004. 西藏羌塘盆地古油藏发现及意义[J]. 石油与天然气地质，25（2）：139-143.

王冠民，钟建华，2002. 班公湖—怒江构造带西段三叠纪—侏罗纪构造—沉积演化[J]. 地质论评，18（3）：297-303.

王国芝，王成善，2001. 西藏羌塘基底变质岩系的解体和时代厘定[J]. 中国科学（D辑：地球科学），31

（B12）：77-82.

王鸿桢，杨森楠，刘本培，等，1990. 中国及邻区构造古地理和生物古地理[M]. 武汉：中国地质大学出版社.

王剑，谭富文，李亚林，等，2004. 青藏高原重点沉积盆地油气资源潜力分析[M]. 北京：地质出版社.

王剑，谭富文，李亚林，等，2005. 羌塘、措勤及岗巴-定日沉积盆地岩相古地理及油气资源潜力预测图集[M]. 北京：地质出版社.

王剑，付修根，杜安道，等，2007a. 藏北羌塘盆地胜利河海相油页岩地球化学特征及 Re-Os 定年[J]. 海相油气地质，12（3）：21-26.

王剑，汪正江，陈文西，等，2007b. 藏北北羌塘盆地那底岗日组时代归属的新证据[J]. 地质通报，26（4）：404-409.

王剑，付修根，陈文西，等，2007c. 藏北北羌塘盆地晚三叠世古风化壳地质地球化学特征及其意义[J]. 沉积学报，25（4）：487-494.

王剑，付修根，陈文西，等，2008. 北羌塘沃若山地区火山岩年代学及区域地球化学对比——对晚三叠世火山沉积事件的启示[J]. 中国科学（D 辑：地球科学），38（1）：33-43.

王剑，丁俊，王成善，等，2009a. 青藏高原油气资源战略选区调查与评价[M]. 北京：地质出版社.

王剑，付修根，李忠雄，等，2009b. 藏北羌塘盆地胜利河-长蛇山油页岩的发现及其意义[J]. 地质通报，28（6）：691-695.

王剑，付修根，谭富文，等，2010. 羌塘中生代（T3-K1）盆地演化模式[J]. 沉积学报，28（5）：884-893.

王剑，付修根，2018. 论羌塘盆地沉积演化[J]. 中国地质，45（2）：237-259.

工剑，曾胜强，付修根，等，2019. 羌塘盆地唢呐湖组地层时代归属新证据[J]. 地质通报，38（7）：1256-1258

王剑，付修根，沈利军，等，2020. 论羌塘盆地油气勘探前景[J]. 地质论评，66（5）：1091-1113.

王剑，王忠伟，付修根，等，2022. 青藏高原羌塘盆地首口油气科探井(QK-1)新发现[J]. 科学通报，67（3）：321-328.

王希斌，鲍佩声，邓万明，等. 1987. 西藏蛇绿岩[M]. 北京：地质出版社.

王兴涛，翟世奎，柳彬德，等，2005. 青藏高原羌塘盆地晚侏罗世索瓦期沉积特征研究[J]. 中国海洋大学学报（自然科学版），35（1）：49-56.

文世宣，1976. 青海南部海相侏罗系几个问题的初步认识[J]. 青海国土经略，2：24-26.

文世宣，1979. 西藏北部地层新资料[J]. 地层学杂志，3（2）：72-78.

吴福元，万博，赵亮，等，2020. 特提斯地球动力学[J]. 岩石学报，36（6）：1627-1674.

吴瑞忠，胡承祖，王成善，等，1985. 藏北羌塘地区地层系统[C]//青藏高原地质文集. 北京：地质出版社.

吴中海，赵希涛，吴珍汉，等，2005. 西藏安多-错那湖地堑的第四纪地质、断裂活动及其运动学特征分析[J]. 第四纪研究，25（4）：490-502.

伍新和，王成善，伊海生，等，2005. 西藏羌塘盆地烃源岩古油藏带及其油气勘探远景[J]. 石油学报，26（1）：13-17.

伍新和，张丽，王成善，等，2008. 西藏羌塘盆地中生界海相烃源岩特征[J]. 石油与天然气地质，29（3）：348-354.

西藏自治区地质矿产局，1993. 西藏自治区区域地质志[M]. 北京：地质出版社.

西藏自治区地质矿产局，1997. 西藏自治区岩石地层[M]. 武汉：中国地质大学出版社.

夏国清，伊海生，黄华谷，等，2009. 北羌塘盆地中侏罗统布曲组缓坡相及沉积演化[J]. 岩性油气藏，21（2）：29-34.

夏军，钟华明，童劲松，等，2006. 藏北龙木错东部三岔口地区下奥陶统与泥盆系的不整合界面[J]. 地质通报，25（1-2）：113-117.

肖序常，李廷栋，2000. 青藏高原的构造演化与隆升机制[M]. 广州：广东科技出版社.

谢义木，1983. 改则北部下石炭统的发现[J]. 中国区域地质，4（1）：107-108.

解龙，陶刚，刘和，等，2016. 羌塘盆地土门地区上三叠统土门格拉组烃源岩地球化学特征[J]. 地质与勘探，52（4）：774-782.

熊盛青，周道卿，曹宝宝，等，2020. 羌塘盆地中央隆起带的重磁场证据及其构造意义[J]. 地球物理学报，63（9）：3491-3504.

熊兴国，吴滔，陈文彬，等，2009. 西藏羌塘扎仁中侏罗世巴通期（布曲组）岩相古地理演化[J]. 沉积与特提斯地质，29（3）：36-41.

徐贵忠，常承法，1992. 大陆岩石圈构造与资源[M]. 北京：海洋出版社.

许志琴，杨经绥，李海兵，等，2011. 印度-亚洲碰撞大地构造[J]. 地质学报，85（1）：1-33.

许志琴，李海兵，杨经绥，2006. 造山的高原——青藏高原巨型造山拼贴体和造山类型[J]. 地学前缘，13（4）：1-17.

薛海涛，王欢欢，卢双舫，等，2007. 碳酸盐岩油源岩有机质丰度分级评价标准[J]. 沉积学报，5：782-786.

姚华舟，段其发，牛志军，等，2011. 中华人民共和国区域地质调查报告赤布张错幅[M]. 北京：地质出版社.

尹集祥，徐均涛，刘成杰，等，1990. 拉萨至格尔木的区域地层[M]//中英青藏高原综合地质考察队. 青藏高原地质演化. 北京：科学出版社.

阴家润，1989. 青海南部侏罗纪雁石坪群中半咸水双壳类动物群及其古盐度分析[J]. 古生物学报，28（4）：415-434.

雍永源，2012. 青藏高原西南部南北向构造研究的新见解[J]. 沉积与特提斯地质，32（3）：21-30.

余光明，王成善，1990. 西藏特提斯沉积地质[M]. 北京：地质出版社.

岳龙，牟世勇，曾昌兴，等，2006. 藏北羌塘丁固-加措地区康托组的时代[J]. 地质通报，25（1-2）：229-232.

占王忠，格桑旺堆，2018. 羌塘盆地鄂纵错地区上三叠统储层流体包裹体研究[J]. 断块油气田，25（1）：52-56.

占王忠，彭清华，陈文彬，2019. 羌塘盆地冬曲地区上三叠统巴贡组古网迹的发现及古环境意义[J]. 地质通报，38（2-3）：208-212.

曾敏，陈建平，位冲冲，2017. 木嘎岗日岩群是羌塘南缘的增生楔杂岩[J]. 地学前缘，24（5）：207-217.

张进江，丁林，2003. 青藏高原东西向伸展及其地质意义[J]. 地质科学，38（2）：179-189.

张胜业，魏胜，王家映，等，1996. 西藏羌塘盆地大地电磁测深研究[J]. 地球科学，21（2）：198-202.

张水昌，梁狄刚，张大江，2002. 关于古生界烃源岩有机质丰度的评价标准[J]. 石油勘探与开发，29（2）：8-12.

张以弗，郑健康，1994. 青海可可西里及邻区地质概论[M]. 北京：地震出版社.

张玉修，张开均，李勇，等，2007. 西藏羌塘盆地东部中-上侏罗统沉积特征及沉积相划分[J]. 大地构造与成矿学，31（1）：52-62.

张忠民，1998. 羌塘盆地侏罗系夏里组沉积相及模式[J]. 大庆石油学院学报，4：15-17，100-101.

赵政璋，李永铁，叶和飞，等，2001a. 青藏高原大地构造特征及盆地演化[M]. 北京：科学出版社.

赵政璋，李永铁，叶和飞，等，2001b. 青藏高原羌塘盆地石油地质[M]. 北京：科学出版社.

赵政璋，李永铁，叶和飞，等，2001c. 青藏高原海相烃源层的油气生成[M]. 北京：科学出版社.

赵政璋，李永铁，叶和飞，等，2001d. 青藏高原中生界沉积相及油气储盖层特征[M]. 北京：科学出版社.

赵政璋，李永铁，叶和飞，等，2001e. 青藏高原地层[M]. 北京：科学出版社.

郑祥身，边千韬，郑健康，1997. 青海可可西里地区侵入岩的岩石化学特征及其成因意义研究[J]. 岩石学报，13（1）：45-50，53-59.

中国科学院青藏高原综合科学考察队，1982. 青藏高原地质构造[M]. 北京：科学出版社.

周祥，曹佑功，朱明玉，等，1984. 西藏板块构造-建造图说明书1：1500000. 北京：地质出版社.

朱同兴，1999. 从弧后盆地到前陆盆地的沉积演化——以西藏北部羌塘中生代盆地分析为例[J]. 特提斯地质，（A01）：1-15.

Bjoroy M，Hall P B，Moe R P，1994. Stable carbon isotope variation of n-alkanes in central graben oils[J]. Organic Geochemistry，22（3-5）：355-381.

Blisniuk P M，Hacker B R，Glodny J，et al.，2001. Normal faulting in central Tibet since at least 13. 5Myr ago[J]. Nature，412（6847）：628-632.

Ding L，Kapp P，Yue Y H，et al.，2007. Postcollisional calc-alkaline lavas and xenoliths from the southern Qiangtang terrane，central Tibet[J]. Earth and Planetary Science Letters，254（1-2）：28-38.

Fu X G，Tan F W，Feng X L，et al.，2014. Early Jurassic anoxic conditions and organic accumulation in the eastern Tethys[J]. International Geology Review，56（12）：1450-1465.

Fu X G，Wang J，Qu W J，et al.，2008. Re-Os（ICP-MS）dating of the marine oil shale in the Qaingtang basin，northern Tibet，China[J]. Oil Shale，25（1）：47-55.

Fu X G，Wang J，Tan F W，et al.，2010. The Late Triassic rift-related volcanic rocks from eastern Qiangtang，northern Tibet（China）：Age and tectonic implications[J]. Gondwana research，17（1）：135-144.

Fu X G，Wang J，Chen W B，et al.，2016. Elemental geochemistry of the early Jurassic black shales in the Qiangtang Basin，eastern Tethys：constraints for palaeoenvironment conditions[J]. Geological Journal，51（3）：443-454.

Fu X G，Wang J，Wen H G，et al.，2021. A Toarcian Ocean Anoxic Event record from an open-ocean setting in the eastern Tethys：Implications for global climatic change and regional environmental perturbation[J].Science China（Earth Sciences），64（11）：1860-1872.

Li Y L，He J，Wang C S，et al.，2013. Late Cretaceous K-rich magmatism in central Tibet：Evidence for early elevation of the Tibetan plateau?[J]. Lithos，160-161：1-13.

Pullen A，Kapp P，Gehrels G E，et al.，2011. Metamorphic rocks in central Tibet：Lateral variations and implications for crustal structure[J]. Geological Society of America Bulletin，123（3-4）：585-600.

Song C Y，Wang J，Fu X G，et al.，2013. Mesozoic and cenozoic cooling history of the Qiangtang Block，Northern Tibet，China：New constraints from apatite and zircon fission track data[J]. Terrestrial Atmospheric And Oceanic Sciences，24（6）：985-998.

Song P P，Ding L，Li Z Y，et al.，2017. An early bird from Gondwana：Paleomagnetism of Lower Permian lavas from northern Qiangtang（Tibet）and the geography of the Paleo-Tethys. [J]. Earth & Planetary Science Letters，475（1）：119-133.

Wan B，Wu F，Chen L，et al.，2019. Cyclical one-way continental rupture-drift in the Tethyan evolution：Subduction driven plate tectonics[J]. Science China Earth Sciences，62（12）：2005-2016.

Wang C S，Zhao X X，Liu Z F，et al.，2008. Constraints on the early uplift history of the Tibetan Plateau. [J]. Proceedings of the National Academy of Sciences of the United States of America，105（13）：4987-4992.

Wang C S，Dai J G，Zhao X X，et al.，2014. Outward-growth of the Tibetan Plateau during the Cenozoic：A review[J]. Tectonophysics，621：1-43.

Wang J，Fu X，Chen W，et al.，2008. Chronology and geochemistry of the volcanic rocks in Woruo Mountain region，Northern Qiangtang depression：Implications to the Late Triassic volcanic-sedimentary events[J]. Science in China Series D：Earth Science，51（2）：194-205.

Wu F Y，Wan B，Zhao L，et al.，2020. Tethyan geodynamics[J]. Acta Petrologica Sinica，36（6）：1627-1674.

Zhang K J，Tang X C，Wang Y，et al.，2011. Geochronology，geochemistry，and Nd isotopes of early Mesozoic bimodal volcanism in northern Tibet，western China：Constraints on the exhumation of the central Qiangtang metamorphic belt[J]. Lithosphere，121（1-4）：167-175.

附　图

中国地质调查局王昆副局长一行慰问羌科 1 井施工人员

中国地质调查局李金发副局长一行出席羌科 1 井开钻典礼

国土资源部地勘司王军副司长一行到羌科 1 井指挥部慰问

羌科1井现场随钻综合研究团队部分成员

井场每日例会分析研究当日钻井情况

召开现场会议商讨解决问题

施工现场随钻研究确保质量问题

现场岩心录井观察

硫化氢超标紧急疏散

双湖、班戈县领导慰问一线职工

外围野外地质调查

外围地质调查野外宿营地

现场录井深夜换班归来

夏末初秋的工区夜晚

前期可控震源二维反射地震施工

后勤保障1号营地

拉萨基底工程指挥部

前线指挥部野外标准化营房

监控下的井场

卫星遥感照片中的井场

羌科 1 井井场所在地南邻半岛湖

羌科 1 井井场所在地南抵万安湖

维修道路

被洪水冲毁的简易道路

陷入泥沼

被洪水冲毁的涵洞桥梁

愈陷愈深的道路深坑

被湖水淹没的道路

道路深坑

湖水淹没道路

确保交通运输畅通

井场人工卸物资

风雪中施工

检修设备

井上人员健康检查

防井喷演习